高等学校遥感科学与技术系列教材

湖北省省级一流课程教材

武汉大学规划教材建设项目资助出版

空间数据分析

（第三版）

秦昆　卢宾宾　陈江平　李熙　李英冰　许艳青　编著

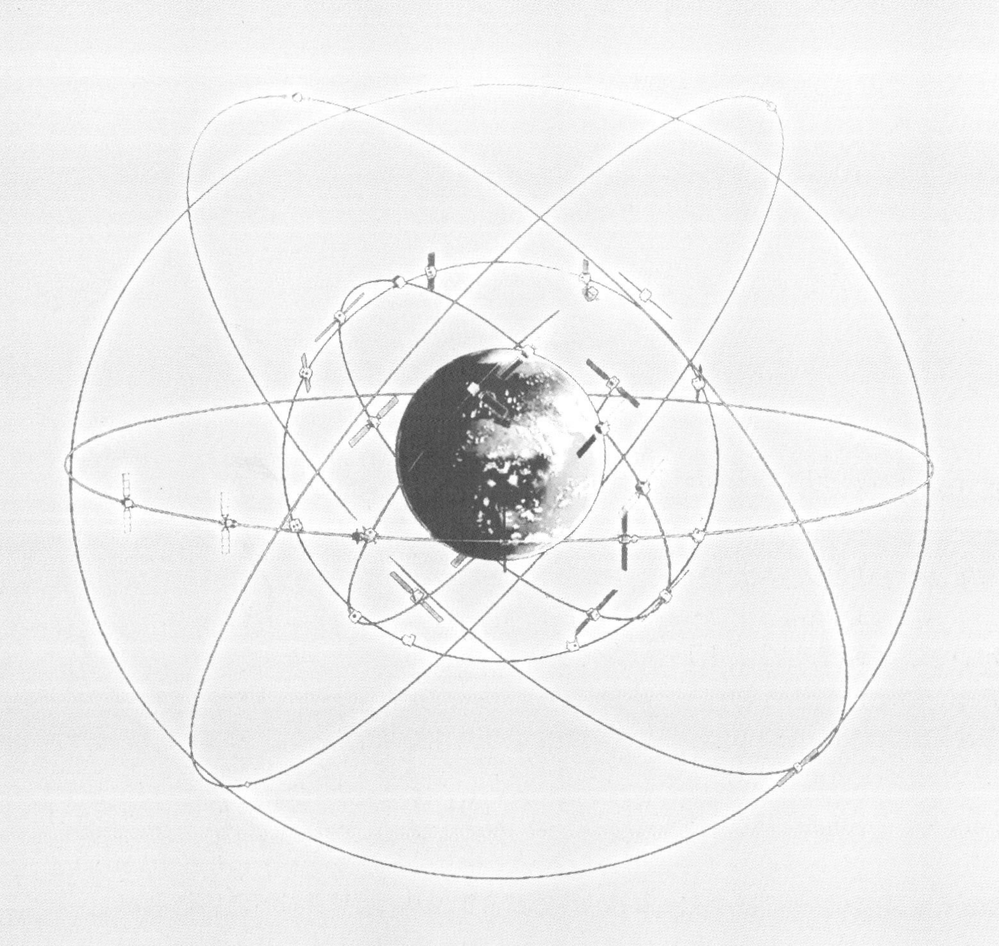

图书在版编目(CIP)数据

空间数据分析/秦昆等编著. —3版.—武汉:武汉大学出版社,2023.9
高等学校遥感科学与技术系列教材　湖北省省级一流课程教材
ISBN 978-7-307-23896-1

Ⅰ.空…　Ⅱ.秦…　Ⅲ. 空间信息系统—数据处理—高等学校—教材
Ⅳ.P208

中国国家版本馆CIP数据核字(2023)第145839号

责任编辑:王　荣　　　责任校对:李孟潇　　　版式设计:马　佳

出版发行:武汉大学出版社　(430072　武昌　珞珈山)
(电子邮箱:cbs22@whu.edu.cn 网址:www.wdp.com.cn)
印刷:武汉科源印刷设计有限公司
开本:787×1092　1/16　印张:27.5　字数:652千字　插页:1
版次:2004年10月第1版　2010年3月第2版
2023年9月第3版　2023年9月第3版第1次印刷
ISBN 978-7-307-23896-1　定价:69.00元

序　一

在时空大数据时代，我们正被浩瀚的时空数据所淹没，但是饥渴于所需要的时空信息以及有价值的知识。空间数据分析是从空间数据中提取时空信息(乃至知识)的过程与方法，是 GIS(Geographic Information System，地理信息系统)的核心内容。从传统的空间分析发展到空间数据分析和空间数据挖掘，体现了时空大数据时代对于如何从时空数据中提取信息、挖掘知识的迫切需求。

几十年来，国内外学者对空间分析/空间数据分析的理论、方法、过程与应用等开展了一系列研究和探索。特别是进入 21 世纪以来，国内外相关学者出版了 20 多本空间分析/空间数据分析的专著或教材。这些专著或教材的内容体系各异，分别从不同的方面介绍了空间数据分析的内容。学术界对空间数据分析的内涵和外延还没有给出被广泛接受的界定。我们需要从多个层次、不同的视角和领域编写空间数据分析的教材。

本书属于“高等学校遥感科学与技术系列教材”，由秦昆主要撰写，并组织卢宾宾、陈江平、李熙、李英冰、许艳青等从事空间数据分析教学与研究的青年学者参与写作。

秦昆在 2000—2004 年博士就读期间跟随我和我的博士生关泽群教授从事图像数据挖掘的研究，至今一直从事空间数据挖掘、空间数据分析方面的科研和教学工作，已经主讲“空间数据分析”(以前的名称为“空间分析”)课程近 20 年(2004 年开始)。本教材是他长期从事相关科研和教学的一个成果积累。秦昆同时担任了“高等学校遥感科学与技术系列教材”编审委员会副主任，协助龚健雅院士等积极推进和开展遥感系列教材建设，对教材建设倾注了极大的热情和精力。

本教材分别从空间数据分析的理论、方法和应用三大方面展开阐述。其中，空间数据分析方法部分是主体。本教材在介绍空间数据分析方法时，既介绍了基本的、传统的空间数据分析方法，如栅格数据基本空间分析方法、矢量数据基本空间分析方法、三维数据基本空间分析方法，同时将空间数据分析的一些新理论、新方法引入教材。例如：在第 3 章栅格数据分析与图像挖掘部分，介绍了图像挖掘与遥感大数据分析的新内容，并邀请夜光遥感专家李熙教授撰写了夜光遥感分析与挖掘部分。第 4 章介绍了轨迹分析与挖掘的新内容。第 5 章介绍了空间数据分析与社会科学结合的空间社会网络分析的新内容。第 6 章介绍了三维建模与三维空间分析的新内容。随后用五章的内容介绍了空间数据统计分析方法，包括探索性空间数据分析、空间相关性分析、空间点模式分析、地统计分析、地理加权回归分析(由卢宾宾副教授负责编写)等。并在第 12 章介绍了空间数据分析的重要发展方向——智能空间分析与空间决策支持。

总之，该教材既介绍了空间数据分析的基本理论和基础知识，也融入了空间数据分析的新发展和新进展。

希望作者们积极做好教学与科研的深度融合，在教学过程中既做好基础理论和基础知识的传授，同时通过一些新理论、新方法、新应用的介绍，激发学生的学习热情和科研探索精神，从而为培养一流的遥感人才积极贡献力量。

李德仁

2023 年 4 月 10 日

序　　二

遥感科学与技术本科专业自2002年在武汉大学、长安大学首次开办以来，截至2022年底，全国已有60多所高校开设了该专业。2018年，经国务院学位委员会审批，武汉大学自主设置“遥感科学与技术”一级交叉学科博士学位授权点。2022年9月，国务院学位委员会和教育部联合印发《研究生教育学科专业目录(2022年)》，遥感科学与技术正式成为新的一级学科(学科代码为1404)，隶属交叉学科门类，可授予理学、工学学位。在2016—2018年，武汉大学历经两年多时间，经过多轮讨论修改，重新修订了遥感科学与技术类专业2018版本科人才培养方案，形成了包括8门平台课程(普通测量学、数据结构与算法、遥感物理基础、数字图像处理、空间数据误差处理、遥感原理与方法、地理信息系统基础、计算机视觉与模式识别)、8门平台实践课程(计算机原理及编程基础、面向对象的程序设计、数据结构与算法课程实习、数字测图与GNSS测量综合实习、数字图像处理课程设计、遥感原理与方法课程设计、地理信息系统基础课程实习、摄影测量学课程实习)，以及6个专业模块(遥感信息、摄影测量、地理信息工程、遥感仪器、地理国情监测、空间信息与数字技术)的专业方向核心课程完整的课程体系。

为了适应武汉大学遥感科学与技术类本科专业新的培养方案，根据《武汉大学关于加强和改进新形势下教材建设的实施办法》，以及武汉大学“双万计划”一流本科专业建设规划要求，武汉大学专门成立了“高等学校遥感科学与技术系列教材编审委员会”，该委员会负责制定遥感科学与技术系列教材的出版规划、对教材出版进行审查等，确保按计划出版一批高水平遥感科学与技术类系列教材，不断提升遥感科学与技术类专业的教学质量和影响力。“高等学校遥感科学与技术系列教材编审委员会”主要由武汉大学的教师组成，后期将逐步吸纳兄弟院校的专家学者加入，逐步邀请兄弟院校的专家学者主持或者参与相关教材的编写。

一流的专业建设需要一流的教材体系支撑，我们希望组织一批高水平的教材编写队伍和编审队伍，出版一批高水平的遥感科学与技术类系列教材，从而为培养遥感科学与技术类专业一流人才贡献力量。

2022年12月

第三版前言

空间数据分析是地理信息系统的核心和灵魂。地理信息系统已经从数据库型 GIS 逐步发展为分析型 GIS。随着 21 世纪进入时空大数据分析时代，空间数据分析的理论、方法和应用得到很多新的发展，以前主要注重基本的空间分析操作方法和应用，现在更加侧重数据驱动的空间分析。本书将 2004 版、2010 版的名称《GIS 空间分析理论与方法》在第三版编写时更名为《空间数据分析》。第三版的酝酿和准备其实已经有 4 年多，迟至今日终于完成。

本书由秦昆主要撰写，由参与武汉大学遥感信息工程学院遥感科学与技术专业的"空间数据分析"本科课程教学的卢宾宾、陈江平、李熙、李英冰、许艳青等老师共同撰写完成。本书第 3 章的"夜光遥感分析"由李熙教授撰写，第 5 章的"人群活动分析"部分参考了方志祥教授提供的课件，第 6 章的"三维场景建模"部分参考了熊汉江教授提供的课件，第 8 章由陈江平副教授修改完成(陈一祥博士修改完成其中的"基于空间自相关的遥感图像分析")，第 11 章由卢宾宾副教授撰写，第 12 章由李英冰副教授修改，并撰写其中的"智能空间分析"部分，第 13 章由许艳青教授修改完成，并撰写其中的"空间分析在健康与公共卫生 GIS 中的应用"(许刚副研究员参与并完成了部分修改)。其余各章节均由秦昆撰写。

本书的出版得到国家重点研发计划项目"地理大数据挖掘与时空模式发现"(编号：2017YFB0503600)、国家自然科学基金项目"全球尺度地理多元流的网络化挖掘及关联分析"(编号：42171448)、"行为轨迹数据高性能时空聚类及社会分析"(编号：41471326)、"顾及尺度优化的地理加权回归分析技术研究"(编号：42071368)等科研项目的支持。本着科研反哺教学、将前沿学术成果融入本科教学的原则，在编写过程中将这些科研项目的研究成果，包括轨迹分析与挖掘、空间社会网络、夜光遥感分析、三维建模、地理加权回归分析等科研成果融入教材，融入本科教学课堂，以培养学生的科研探索精神。

本书是在《GIS 空间分析理论与方法》第一版(2004 年)、第二版(2010 年)的基础上，更新最近 10 多年空间数据分析理论与方法的新发展，并结合主要撰写者秦昆及参与编撰人员多年的教学与科研实践编撰而成。相对于第二版有比较大的改动。感谢第一版的编写者张成才、卢艳、孙喜梅，以及第二版的编写者张成才、余洁、舒红、陈江平、唐雪华、余长慧、孙喜梅等老师的前期贡献。感谢空间数据分析教学联盟的张洪岩、王劲峰、张书亮、邓敏、赵耀龙、程昌秀、孔云峰、李军、胡碧松、张红、赵建军、郭笑怡、卢宾宾、贾涛、贺三维、俞艳、邹松兵、赵永等老师参与本教材编撰过程中多次讨论会议，并提出宝贵建议。感谢研究生徐源泉、陈一祥、吴亚男、罗萍、喻雪松、周扬、王妮满、漆林、张凯、高牧寒、刘东海、高谢庆等，以及本科生刘贝宁、邢玲丽、梁天祺等同学所做的文字整理和图形编辑工作。感谢空间数据分析研究的学者们对空间数据分析理论、方法和应用的相关研究参考，感谢本书撰写过程中所参考文献的作者的贡献，引用过程中如有疏漏，在此表示抱歉。

由于作者学识疏浅，书中错误之处在所难免，欢迎批评指正！作者联系邮箱：qink@whu.edu.cn（秦昆）。该课程分别在武汉大学珞珈在线（http：//www.mooc.whu.edu.cn）、中国大学 MOOC 课程网站上线（https：//www.icourse163.org），欢迎输入课程名称“空间数据分析”查询访问。

2023 年 1 月

第二版前言

空间分析是地理信息系统(GIS)的重要功能，是GIS的核心和灵魂。空间分析是GIS领域中理论性、技术性和应用性都很强的分支。地理信息系统的成功应用依赖于空间分析模型的研究与设计。

空间分析建立在空间数据的有效管理之上，空间分析的研究严重滞后于空间数据结构、空间数据库、地图数字化等技术。在地理信息系统领域，关于图形自动绘制、空间数据结构和数据库的研究论文、学术专著很多，标志着这些分支的发展与成熟。在21世纪之前，有关空间分析的书籍很少。进入21世纪以后，相关学者逐步开始重视空间分析的相关研究，先后出版了10多本空间分析方面的书籍。我们于2004年出版了教材《GIS空间分析理论与方法》，将其作为武汉大学遥感信息工程学院遥感科学与技术本科专业的本科教材，已经使用了5年。在这5年的教学实践中，我们不断地查阅文献，并结合相关课题的研究，及时将相关内容吸收到教学中。2004年出版的该教材现在已远远不能满足教学需要，于是决定对教材进行改编，拟出版第二版。武汉大学遥感科学与技术本科专业将“空间分析”作为一门专业必修课，由秦昆主讲，并担任该课程小组的负责人。经过商讨，决定由秦昆担任第二版的主编，由张成才、余洁担任副主编，舒红、陈江平、余长慧、唐雪华、孙喜梅担任编委，共同完成第二版的改编工作。

如何组织空间分析的相关内容是我们反复思考的问题，通过多年的教学实践和相关研究，我们逐步总结出自己的体系，即从空间分析的理论、方法和应用三个方面分别介绍空间分析的相关内容。空间分析是GIS领域的理论性、技术性和应用性都很强的分支，空间分析的理论包括空间关系理论、空间认知理论、空间推理理论、空间数据的不确定分析理论等。对于空间数据的空间分析方法，我们从数据类型的角度将其划分为栅格数据空间分析方法、矢量数据空间分析方法、三维数据空间分析方法以及属性数据空间统计分析方法四个方面。如何设计高效率的空间分析过程十分有利于空间问题的解决，针对这个问题，我们介绍了空间决策支持的理论和方法。空间决策支持是基于知识和模型为空间决策服务，是智能空间分析的发展目标。空间分析的应用领域很广，在水利、卫生、城市管理、地震灾害、矿产资源、交通、电力、环保等领域都有很好的应用潜力。随着空间分析理论和方法的发展，一些比较成熟的空间分析软件或空间分析模块已相继开发出来，为空间分析的应用提供了有力的工具。

全书共分为10章。第1章为绪论，介绍空间分析的基本概念、空间分析的研究内容、空间分析的研究进展、空间分析与GIS的关系、空间分析与应用模型的关系等，由秦昆、张成才、余洁共同完成。第2章为理论篇，介绍空间分析的基本理论，包括空间关系理论、空间认知理论、空间推理理论、空间数据的不确定性分析理论等，主要由秦昆完成，其中的空间关系部分由唐雪华与舒红完成。第3章介绍空间分析的数据模型。空间分析是对空间数据的分析，空间数据模型是空间数据分析的基础，本章紧密结合空间分析的需要，详细介绍了空间分析的各种常用数据模型，由张成才和孙喜梅完成。第4章介绍栅格数据空间分析方法，详细介绍栅格数据的各种空间分析方法，并介绍基于ArcGIS的栅格数据空间分析方法，由秦昆完成。第5章介绍矢量数据的空间分析方法，详细介绍矢量数据的各种空间分析方法，并介绍基于ArcGIS的矢量数据空间分析方法，由余长慧完成。第6章介绍三维数据空间分析方法，详细介绍三维数据的各种空间分析方法，并介绍基于ArcGIS的三维数据空间分析方法，由唐雪华完成。第7章介绍空间数据统计分析方法，详细介绍空间数据的各种统计分析方法，并介绍基于ArcGIS的地统计分析方法，由舒红、陈江平和秦昆完成。第8章介绍空间决策支持，空间决策支持是空间数据分析的最终目的，也是智能GIS的主要趋势，由秦昆完成。第9章介绍空间分析在相关领域的应用，包括在洪水灾害评估中的应用、在城市规划与管理中的应用、在地震灾害与损失估计中的应用、在水污染防治规划中的应用、在矿产资源评价中的应用、在输电网GIS中的应用等，由余洁、张成才、余长慧、唐雪华、秦昆等人完成。第10章介绍空间分析的软件和二次开发方法，由秦昆、陈江平、舒红完成。最后，全书由秦昆统稿和定稿。

本书的出版得到了国家重点基础研究发展计划973项目(2006CB701305)的支持，以及武汉大学校级精品课程重点建设项目(200413)的支持。

本书在第一版的基础上，根据作者们多年来的教学实践和相关课题的研究，对第一版的内容进行了丰富和补充。感谢卢艳在第一版的编写过程中的辛苦工作；感谢孟令奎教授、李建松教授对空间分析课程的支持和帮助；感谢研究生吴芳芳、刘乐、刘瑶、刘文涛等所做的文字和图形整理工作；感谢空间分析研究的前辈所做的贡献；感谢本书撰写过程中所参考的文献的作者，引用过程中如有疏漏在此表示抱歉。

由于作者学识疏浅，书中错误之处在所难免，欢迎批评指正，作者联系方式：qink@whu.edu.cn。

秦　昆

2009年11月

第一版前言

地理信息系统(GIS)从20世纪60年代出现至今，只有短短40多年的时间，但是它的发展非常迅猛，已经成为多学科集成并应用于许多领域的基础平台，成为地学空间信息处理的重要手段和工具。

地理信息系统具有空间数据的输入、存储、管理、分析和输出等功能，地理信息系统的主要目的是为了分析空间数据，以提供空间决策支持信息，因此，空间分析是地理信息系统的主要功能，是核心，是灵魂。空间分析是通过利用空间解析式模型来分析空间数据，地理信息系统的成功应用依赖于空间分析模型的研究与设计。

空间分析建立在对空间数据有效的管理之上，它的研究一直滞后于空间数据结构、空间数据库以及地图数字化和自动绘图技术。在地理信息系统领域，关于图形自动绘制、空间数据结构和数据库的研究论文、学术专著很多，标志着这些分支的发展与成熟，特别是在进入20世纪90年代以后，基于数据库技术和因特网技术的支持并行处理和分布式计算的地理信息系统商业化软件平台的出现，标志着空间数据管理理论和技术的跨越式发展，但空间分析的理论和技术没有根本的突破，有关空间分析的专门著作仍不多。

空间分析内容繁杂，要在一本书中将空间分析的各种分析方法与分析模型作系统全面的阐述是不可能的。作者仅就目前常用的空间分析方法和空间决策模型以及与DEM有关的空间分析理论和方法作了论述。

在国家自然科学基金和黄河联合研究基金项目(50379048)以及武汉大学教务部资助下，完成了本书的编写和出版。本书共分九章，第一章介绍地理信息系统的基本概念、发展历史以及和其他学科之间的关系。第二章介绍地理信息系统空间分析和数据模型，重点介绍了空间数据模型，是空间分析的基本理论知识。第三章介绍栅格数据空间分析的基本方法，包括栅格数据的聚类、聚合分析，栅格数据的信息复合分析，栅格数据的追踪分析，栅格数据的窗口分析，是GIS栅格数据常用的空间分析方法。第四章介绍矢量数据空间分析的基本方法，包括包含分析，矢量数据的缓冲区分析，矢量数据的叠置分析，矢量数据的网络分析，是GIS矢量数据常用的空间分析方法。第五章讨论空间数据的量算及统计分析方法，包括空间数据的量算，空间数据的内插，空间信息分类，空间统计分析等内容。第六章介绍数字高程模型及其应用，首先介绍了DTM与DEM的基本概念，然后介绍DTM的数据采集与表示，DTM的空间内插方法，DEM数据质量控制，重点讨论不规则三角网，最后介绍了DEM在地图制图与地学分析中的应用。第七章讨论三维空间分析的方法，主要介绍了表面积、体积、坡度、坡向、剖面的计算方法，可视性分析以及基于DEM的水文分析方法，最后列举了三维空间分析的例子。第八章介绍空间决策支持系统的理论。第九章介绍GIS空间分析的几个示例，主要是作者近几年在课题研究中应用空间分析的一些成果。

本书由张成才确定整体结构，编写人员有秦昆、卢艳、孙喜梅。各章主笔分工为：第一章至第六章由张成才编写；第七章至第九章由秦昆完成草稿，卢艳、孙喜梅进行修改，其中第七章由孙喜梅修改，第八章和第九章由卢艳修改。最后由张成才统稿和定稿。

本书的完成得到武汉大学遥感信息工程学院的万幼川教授、孟令奎教授、李建松博士等大力支持和帮助。武汉大学出版社为本书的出版做了许多细致的工作，特向他们表示诚挚的谢意。

由于各方面的原因，书中定有不妥或错误之处，欢迎读者批评指正。

张成才

2004年5月

目　　录

第1章　绪　　论

1.1　空间数据分析的概念

1.1.1　空间分析的概念

空间分析是地学领域的重要概念，是 GIS(Geographical Information System)的核心功能。现在关于空间分析的定义尚不统一，比较典型的有以下几种：

(1)空间分析是对数据的空间信息、属性信息或者二者共同信息的统计描述或说明(Goodchild，1987)。

(2)空间分析是基于地理对象布局的地理数据分析技术(Haining，1990)。

(3)空间分析是对地理空间现象的定量研究，其常规能力是操作空间数据，使之成为不同的形式，并且提取其潜在的信息(Bailey，Gatrell，1995；Openshaw，1997)。

(4)空间分析是基于地理对象的位置和形态特征的空间数据分析技术，其目的在于提取和传输空间信息(郭仁忠，1997)。

(5)GIS 空间分析是从一个或多个空间数据图层获取信息的过程。空间分析是集空间数据分析和空间模拟于一体的技术，通过地理计算和空间表达挖掘潜在空间信息，以解决实际问题。空间分析的本质特征包括：①探测空间数据中的模式；②研究空间数据间的关系并建立相应的空间数据模型；③提高对适合于所有观察模式处理过程的理解；④改进发生地理空间事件的预测能力和控制能力(刘湘南等，2008)。

空间目标是空间分析的具体研究对象。空间目标具有空间位置、分布、形态、空间关系(距离、方位、拓扑、相关场)等基本特征。其中，空间关系是指地理实体之间存在的与空间特性有关的关系，是数据组织、查询、分析和推理的基础。不同类型的空间目标具有不同的形态结构描述，对形态结构的分析称为形态分析。例如，可以将地理空间目标划分为点、线、面、体四大类要素。其中，线具有长度、方向等形态结构，面具有面积、周长、形状等形态结构，体具有三维结构。考虑到空间目标兼有几何数据和属性数据的描述，因此必须联合几何数据和属性数据进行分析。不同的空间数据类型应用各具特色的空间分析方法，GIS 空间数据可以划分为矢量数据、栅格数据、三维数据、属性数据等数据类型，相应的有矢量数据空间分析方法、栅格数据空间分析方法、三维数据空间分析方法和空间数据统计分析方法等(汤国安，赵牡丹，2001；张成才等，2004；秦昆等，2010)。

空间分析的根本目标是建立有效的空间数据模型来表达地理实体的时空特性，发展面向应用的时空分析模拟方法，以数字方式动态地、全局地描述地理实体和地理现象的空间分布关系，从而反映地理实体的内在规律和变化趋势，GIS 空间分析是对 GIS 空间数据的一种增值操作(刘湘南等，2008)。

1.1.2　空间数据分析的概念

关于空间数据分析概念的解释，目前还没有统一的说法。Haining(2003)认为空间数据分析是对空间数据进行适当分析的统计技术的开发和应用，并应充分利用数据中的空间参考。O'Sullivan 和 Unwin(2003)认为在不同领域中至少存在四种相互联系的空间数据分析概念，包括空间数据操作、空间数据分析、空间统计分析以及空间建模。苏世亮等(2019)对空间分析/空间数据分析的概念进行了综合阐述。

以相关文献对空间分析/空间数据分析概念的阐述为基础，我们在对以上解释综合分析的基础上，尝试给出以下关于空间数据分析概念的解释。

空间数据分析是基于地理对象(地理实体、地理现象)的空间位置特征、属性特征和时态特征的数据分析技术，包括空间分析操作、空间统计分析、空间分析建模、时空数据分析等。空间数据分析也可以简称为空间分析，以前更多地称为"空间分析"，近期特别是进入时空大数据分析时代以后，更多地称为"空间数据分析"。相对来说，传统的空间分析主要是指叠置分析、缓冲区分析等基本的空间分析操作，空间数据分析更侧重一些数据驱动的空间分析方法，包括探索性空间数据分析、地统计分析等。下面分别从四个方面对空间数据分析的概念进一步阐释。

(1)空间分析操作：是指空间数据的一些基本的、操作性的分析方法，包括矢量数据的包含分析、缓冲区分析、叠置分析等，栅格数据的聚类分析、聚合分析、信息复合分析、窗口分析、量算分析等，三维数据(主要是指 DEM 数据)的表面积计算、体积计算、坡度计算、坡向计算等。

(2)空间统计分析：是指对具有空间分布特征的数据的统计分析理论与方法，是空间数据分析的核心和主体内容，包括探索性空间数据分析、空间点模式分析、空间相关性分析、地统计分析、地理加权回归分析等。有些学者认为，空间数据分析就是专指空间统计分析。

(3)空间分析建模：是指建立空间分析模型的方法，包括建立空间数据分析的数学模型、过程模型等。空间分析模型是在 GIS 空间数据基础上建立起来的空间模型，是分析型和辅助决策型 GIS 区别于数据管理型 GIS 的最重要特征。

(4)时空数据分析：是对带时间特征的空间数据进行分析，包括时空数据可视化、空间统计指标的时序分析、时空变化指标、时空格局和异常探测、时空插值、时空回归、时空过程建模、时空演化树等(王劲峰等，2014)。

1.2　空间数据分析的研究内容

空间数据分析是 GIS 的主要功能，是 GIS 的核心和灵魂。在 GIS 的早期发展阶段，人们的注意力多集中于空间数据结构及计算机制图方面，空间数据分析的问题尚不尖锐。随着 GIS 的发展，对 GIS 空间数据结构的研究已相对成熟，计算机制图也早已达到实用化水平，实用的 GIS 软件以及实际的 GIS 系统已有许多成功的实例，因此系统的空间数据分析功能就成为人们关注的焦点，GIS 的发展已经从数据库型 GIS 阶段进入分析型 GIS 阶段（郭仁忠，2001）。

目前已有一大批空间分析和空间数据分析的论文、研究报告、著作和教材，如 Unwin（1981）的 *Introductory Spatial Analysis*、Ripley（1981）的 *Spatial Statistics*、Haining 的 *Spatial Data Analysis in the Social and Environmental Science*（1990）和 *Spatial Data Analysis Theory and Practice*（2003）、Goodchild（1994）的 *Spatial Analysis Using GIS*、郭仁忠（1997、2001）的《空间分析》、张成才等（2004）的《GIS 空间分析理论与方法》、刘湘南等（2005、2008、2021）的《GIS 空间分析原理与方法》、王劲峰的《空间分析》（2006）和《空间数据分析教程》（2010、2019）、朱长青和史文中（2006）的《空间分析建模与原理》、汤国安和杨昕（2006）的《ArcGIS 地理信息系统空间分析实验教程》、黎夏和刘凯（2006）的《GIS 与空间分析——原理与方法》、Michael 等的《地理空间分析——原理、技术与软件工具》（*Geospatial Analysis: A Comprehensive Guide to Principle, Techniques and Software Tools*）（Michael et al., 2007；杜培军等译，2009）、王远飞和何洪林（2007）的《空间数据分析方法》、张治国等（2007）的《生态学空间分析原理与技术》、秦昆等（2010）的《GIS 空间分析理论与方法（第二版）》、周成虎和裴韬（2011）的《地理信息系统空间分析原理》、刘爱利等（2012）的《地统计学概论》、邓敏等（2015）的《空间分析》和《空间分析实验教程》、毕硕本（2015）的《空间数据分析》、刘美玲和卢浩（2016）的《GIS 空间分析实验教程》、杨玉莲（2018）的《空间分析与建模实验教程》、郑新奇和吕利娜（2018）的《地统计学（现代空间统计学）》、苏世亮等（2019）的《空间数据分析》、翁敏等（2019）的《空间数据分析案例式实验教程》、贺三维（2019）的《地理信息系统城市空间分析应用教程》、田永中等的《GIS 空间分析基础教程》（2020）和《GIS 空间分析实验教程》（2021）、史舟和周越（2021）的《空间分析理论与实践》等。

这些关于空间数据分析的著作或教材的内容体系各异，分别从不同的方面介绍了空间数据分析的相关内容。学术界对空间数据分析的内涵和外延还没有给出被广泛接受的界定。

空间数据分析是 GIS 领域理论性、技术性和应用性都很强的分支。

空间数据分析作为 GIS 的核心内容，是 GIS 区别于一般信息系统的主要功能特征。一些学者甚至提出空间数据分析可以作为一门单独的学科来对待。由此可见，必须研究空间数据分析的基础理论。空间数据分析的基础理论是空间数据分析的重要研究内容。

同时，空间数据分析的技术性很强，有一系列具体的空间数据分析方法，因此空间数据分析方法也应该是空间数据分析的重要研究内容。

随着空间数据分析理论与方法的发展，空间数据分析在众多领域都得到很好的应用，如卫生健康、城市管理、地质灾害、地震灾害、水利、交通、电力、环保，甚至包括历史、文学、艺术、国际关系等人文社会科学领域等。如何利用空间数据分析的理论与方法解决这些相关领域的具体问题，也是空间数据分析的重要研究内容。因此，空间数据分析的研究内容应该从理论、方法和应用三个方面展开。

1. 空间数据分析的理论

空间数据分析的理论部分主要包括地理学定律、空间关系理论、空间认知理论、空间推理理论、空间数据不确定性分析理论、尺度理论等。地理学定律包括现已广泛认可的反映空间相关性的地理学第一定律(Tobler, 1970)，以及正在探索的反映空间异质性的地理学第二定律(Goodchild, 2004)、反映空间相似性的地理学第三定律(Zhu et al., 2018)。空间关系理论研究空间关系的语义问题、空间关系的描述、空间关系的表达、基于空间关系的分析等。空间认知是指人们对物理空间或心理空间三维物体的大小、形状、方位和距离的信息加工过程(赵金萍等, 2006)。地理空间认知(geospatial cognition)是指在日常生活中，人类如何逐步理解地理空间，进行地理分析和决策，包括地理信息的知觉、编码、存储以及解码等一系列心理过程(Lloyd, 1997; 王晓明等, 2005)。地理空间认知是认知科学与地理科学的学科交叉。主要研究内容包括地理知觉、地理表象、地理概念化、地理知识的心理表征和地理空间推理，涉及地理知识的获取、存储与使用等。空间推理是指利用空间理论和人工智能技术对空间对象进行建模、描述和表示，并据此对空间对象间的空间关系进行定性或定量分析和处理的过程(刘亚彬, 刘大有, 2000)。目前，空间推理被广泛应用于地理信息系统、机器人导航、高级视觉、自然语言理解、工程设计和物理位置的常识推理等方面，并且正在不断向其他领域渗透，其内涵非常广泛。空间推理的主要研究内容包括利用概率推理、贝叶斯推理、可信度推理、证据推理、模糊推理、案例推理等推理方法对空间对象进行建模、描述和表示，涉及时空推理、空间关系推理等。GIS 空间分析过程中涉及很多不确定性问题，需要利用概率理论、模糊理论、粗糙集理论、云模型理论等理论和方法来研究和解决 GIS 空间分析过程中的不确定性问题(承继成等, 2004; 史文中, 2005)。尺度在地学领域中是一个比较古老的科学问题，是地理信息科学中的基本问题(Li, 1999; 李志林等, 2018)。在地理学中，可塑性面积单元问题(Modifiable Areal Unit Problem, MAUP)早在 1934 年就由 Gehlke 等(1934)提出。特别是自 Openshaw 于 1984 年发表 *The Modifiable Areal Unit Problem* 后，尺度问题受到越来越广泛的关注。在地图学中，地图综合就是一个典型的地图尺度问题。如何从最近更新的大比例尺地图中通过地图综合自动更新小比例尺地图是一个热门课题。在基于大数据研究人的空间行为模式时，需要注意生态学谬误(Ecological Fallacy)问题。无论是地理空间的 MAUP 问题，还是人群的生态学谬误问题，都需要在大数据研究中建立微观个体到宏观群体两个层面的关联(刘瑜等, 2016)。

2. 空间数据分析的方法

在空间数据分析的方法部分，考虑到不同的空间数据类型具有不同的空间数据分析模式和方法，分别有栅格数据空间分析方法、矢量数据空间分析方法、三维数据空间分析方法和空间数据统计分析方法等。其中，栅格数据空间分析方法包括栅格数据的聚类聚合分析、信息复合分析、追踪分析、窗口分析等基本的栅格数据空间分析操作，以及基于栅格数据的图像挖掘、遥感大数据分析、夜光遥感分析等；矢量数据空间分析方法包括包含分析、缓冲区分析、叠置分析、网络分析等基本空间分析操作，以及空间社会网络分析、轨迹数据分析等新的研究内容；三维数据空间分析方法包括表面积计算、体积计算、坡度计算、坡向计算、剖面分析、可视性分析、谷脊特征分析、水文分析等基本的三维数据分析操作，以及三维建模、三维空间分析等新内容；空间数据统计方法包括探索性空间数据分析、地理相关性分析、地统计分析、地理加权回归分析等。

随着21世纪人工智能时代的到来，人工智能与空间数据分析结合产生了智能空间分析与空间决策支持，包括：智能空间分析、空间决策支持、智能空间决策支持等相关技术。

3. 空间数据分析的应用

在空间数据分析的应用部分，主要介绍空间数据分析的应用领域，以及如何将空间数据分析的方法组成一个问题求解的过程模型，并进行空间决策支持分析等。由于空间数据分析的应用领域众多，无法一一分析，主要介绍空间数据分析的常用领域，包括城市规划、土地管理、环境评价、灾害风险评估等。对于空间数据分析的过程模型，还包括如何利用工作流技术构建空间数据分析过程的工作流模型。

1.3 空间数据分析与地理信息系统

空间数据分析是地理信息系统的核心和灵魂。空间数据分析是地理信息系统的主要特征，是评价一个地理信息系统的主要指标之一。一个地理信息系统如果不提供空间数据的分析处理功能，实际上它就退化为一个地理数据库。相反，一个地理数据库，如果加强了空间数据的分析处理功能，它就升格为一个地理信息系统。地理信息系统必将向着能够提供丰富、全面的空间数据分析功能的智能GIS方向发展(郭仁忠，2001)。

在现在的空间数据库中，一般带有一定的分析处理功能。因此，要区别地理数据库与地理信息系统已经难以用有无空间数据分析功能来判断。但是一般来说，地理信息系统应具有比地理数据库更全面、丰富、完善的空间和非空间数据分析功能。地理信息系统的目的不仅是绘图，而主要是分析空间数据，提供空间决策支持信息。空间数据分析是地理信息系统的主要功能，是地理信息系统的灵魂和核心(郭仁忠，2001)。

1.3.1 空间数据分析是GIS的核心和灵魂

地理信息系统(GIS)自20世纪60年代出现至今，发展非常迅猛，已经发展为多学科集成并应用于许多领域的基础平台，成为地学空间信息处理的重要手段和工具。在过去的几十年里，国内外GIS的发展主要是靠“应用驱动”和“技术导引”。随着GIS的理论、方法和应用的发展，研究者开始重视GIS中理论问题的分析和研究，地理信息系统(GISystem)已经从注重技术发展为理论与技术并重的地理信息科学(GIScience)，并逐步向地理信息服务(GIService)发展(李德仁，邵振峰，2008)。空间数据分析在GIS的发展历程中具有重要地位。空间数据分析是地理信息系统领域理论性、技术性和应用性都很强的分支，是提升GIS理论性的十分重要的突破口，也是GIS从地理信息系统发展成地理信息科学与地理信息服务的关键之一。

地理信息系统(GIS)是一种特定而又十分重要的空间信息系统，它是以采集、存储、管理、分析和描述整个或部分地球表面(包括大气层在内)与空间和地理分布有关的数据的空间信息系统。GIS定义中的5个动词(采集、存储、管理、分析和描述)反映了GIS的基本功能。其中，空间数据分析是GIS的核心。空间数据的采集、存储和管理为空间数据分析提供数据基础，空间数据的描述为空间数据分析结果提供表达方法。GIS定义中的5个动词之间的关系如图1.1所示。

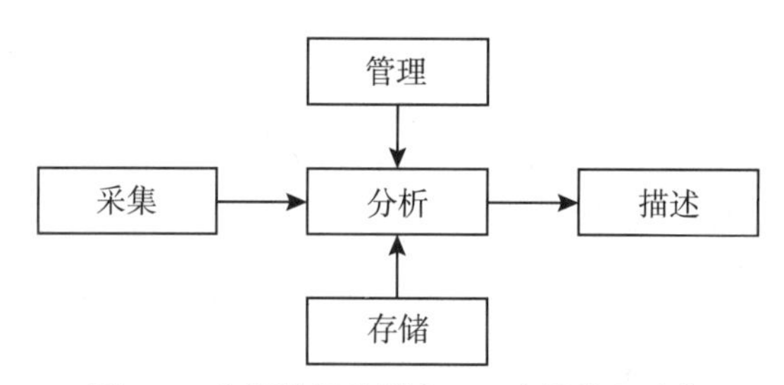

图1.1 空间数据分析在GIS中的核心地位

1.3.2 空间数据分析是GIS的核心功能

GIS是关于空间数据的采集、存储、管理、分析和描述的空间信息技术，其基本功能如下(边馥苓等，1996；龚健雅，2001；李建松，2006；龚健雅等，2019)。

(1)空间数据采集与编辑：利用手扶跟踪数字化仪、扫描数字化仪、键盘输入或文件读取等方式采集并输入空间数据，并对输入的空间数据进行拓扑编辑、拓扑关系建立、图幅接边、数据分层、地理编码、投影变换、坐标系统转换、属性编辑等操作处理，使之符合空间数据存储和建库的要求。

(2)空间数据存储与管理：空间数据具有空间特征、抽象特征、非结构化特征、空间关系特征和海量数据等特征，空间地物一般抽象成点、线、面、体等地理要素，空间数据的存储涉及地理要素(点、线、面、体)的位置、空间关系和属性数据的构造和组织等。主要由特定的数据模型或数据结构来描述构造和组织的方式，由空间数据库管理系统进行管理。

(3)空间数据处理与变换：包括数据变换、数据重构和数据抽取。数据变换指数据从一种数学状态转换为另一种数学状态，包括投影变换、辐射纠正、比例尺缩放、误差改正和处理等。数据重构指数据从一种几何形态转换为另一种几何形态，包括数据拼接、数据截取、数据压缩和数据结构转换等。数据抽取指对数据从全集到子集的条件提取，包括类型选择、窗口提取、布尔提取和空间内插等。

(4)空间数据分析：利用一种或多种空间数据分析方法(缓冲区分析、叠置分析、网络分析、剖面分析、空间统计分析等)对空间数据库中的数据进行处理和分析，提取出有用信息。

(5)空间数据输出与显示：将GIS的原始数据，经过系统分析、转换、重组后，以某种用户可以理解的方式提交给用户。GIS的输出方式可以是地图、表格、决策方案、模拟结果显示等。当前 GIS 可以支持纸质信息产品以及虚拟现实和仿真产品等方式。

(6) GIS 二次开发：由于不同的应用领域、不同的用户对 GIS 有不同的要求，一套 GIS 产品不可能提供用户所需要的所有功能，现在的 GIS 产品都提供二次开发功能，提供二次开发的接口或者专门的组件产品。用户可以根据自己的需要在 GIS 产品的基础上实现灵活的二次开发。

在以上所介绍的 GIS 的六大基本功能中，空间数据采集与编辑、空间数据存储与管理，以及空间数据处理与变换都是为空间数据分析提供数据作准备，是为更好地实现空间数据分析而服务。空间数据分析则是对经过数据预处理的空间数据进行深层次分析和处理。空间数据输出与显示是对空间数据分析结果的表达；GIS 二次开发是根据用户的需求对空间数据分析功能进行扩展。

根据以上分析可以看出，从 GIS 的基本功能的角度分析，空间数据分析是 GIS 的核心功能。GIS 的空间数据分析功能与其他基本功能的关系如图 1.2 所示。

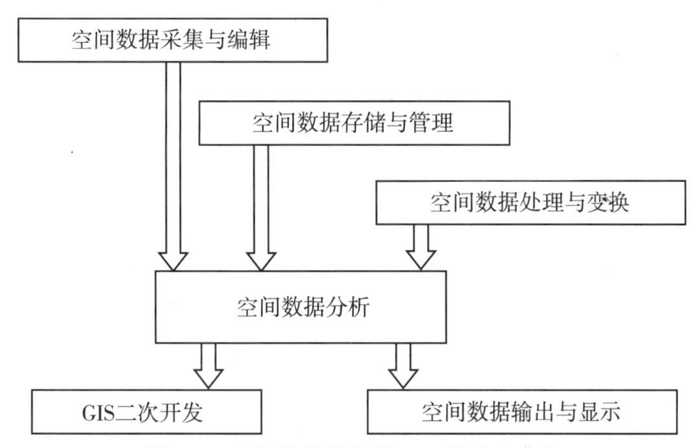

图 1.2　空间数据分析是 GIS 的核心功能

1.3.3　空间数据分析的理论性和技术性

过去的 GIS 以应用性和技术性为主要特征，理论性不强，甚至有些学者认为：GIS 没有理论，纯粹就是一些技术和方法。随着 GIS 的发展，大家逐步开始重视 GIS 的理论基础的研究，提升 GIS 作为一门独立学科的理论基础。空间数据分析是地理信息系统领域的理论性和技术性都很强的分支，是提升 GIS 理论性的十分重要的突破口。如果作一个比喻，理论性和技术性相当于一个人的两条腿，二者必须平衡，否则就成为跛腿，难以正常行走，如图 1.3 所示。GIS 的发展既需要发展技术，也需要发展理论，而空间数据分析是一个重要的突破口。

20 世纪 60 年代，地理学计量革命中的一些模型初步考虑了空间信息的关联性问题，成为当今空间数据分析模型的萌芽。同一时代，法国概率统计学家 G. Matheron（马特隆）在前人的基础上，总结提出“地统计学”，或称 Kriging（克里金）方法。该方法是一种用随机函数评价和估计自然现象的技术。同时，统计学家也对空间数据统计产生了兴趣，在方法完备性方面有诸多贡献。地理学、经济学、区域科学、地球物理、大气、水文等专门学科为空间信息分析模型的建立提供知识和机理。空间数据分析技术促进空间数据分析理论发展，空间数据分析理论的发展又促进了空间数据分析技术进步。

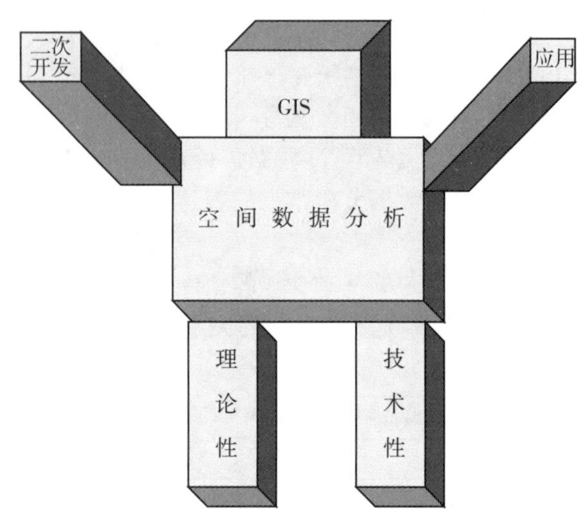

图1.3　空间数据分析的理论性和技术性

1.4　空间数据分析与应用模型

关于空间数据分析与应用模型的关系存在两种不同的观点。

(1)一种观点认为：应用模型是空间数据分析不可或缺的一部分，是GIS的重要组成部分。GIS可以输入、存储、操作、管理空间数据，并以图形等直观形式表达输出结果，但它本身缺少强大的空间数据分析能力。空间分析应用模型对空间数据进行精确的模型运算，但其结果常常需要通过GIS来表达。GIS和空间分析应用模型在功能上的互补是GIS与空间分析应用模型结合的主要动力(柏延臣等，1999)。根据这种观点，GIS的组成如图1.4所示。GIS由用户(提供图形用户接口GUI)、系统硬件、系统软件、空间数据(DBMS)和应用模型五部分组成。应用模型是在实践经验积累的基础上发展起来的，以空间数据分析的基本方法和算法模型为基础，用以解决一些需要专家知识才能解决的问题。应用模型可分为两类，一类用于模拟半结构化和非结构化的问题，也就是说研究对象部分或全部不能用精确的数学模型来描述表达，这类模型更多地依赖专家的知识和经验；另一类则用于解决结构化的问题，即能用精确的数学模型刻画研究对象(宫辉力等，2000)。空间数据分析模型包括所有对空间信息进行模拟、分析的数学模型，这些模型描述的问题既有半结构化和非结构化的，也有结构化的(杨驰，2006)。

(2)另外一种观点认为：应该把空间数据分析与空间应用模型区别开来。这是因为在地学研究中往往涉及很复杂的分析过程，这些过程尚不能完全用数学模型和算法来描述。GIS应用模型具有复杂性，GIS需要处理的问题可能是相当复杂的，且往往存在人为因素

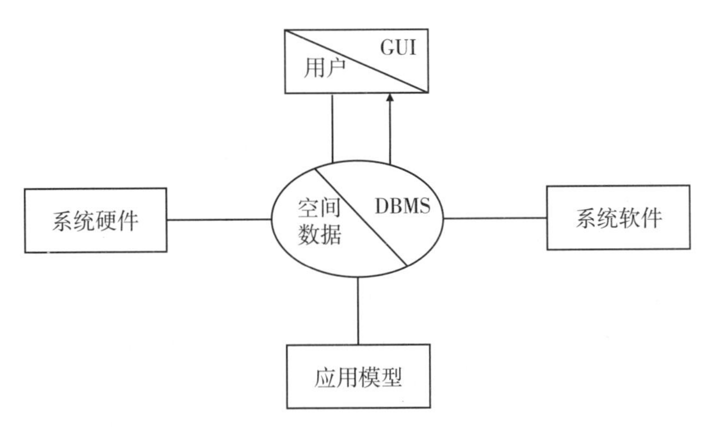

图 1.4　GIS 的基本组成(包括应用模型)

的干预与影响，很难用数学方法全面、准确、定量地加以描述，所以 GIS 应用模型时常采用定量和定性相结合的形式(王桥，吴纪桃，1997)。在地理学、环境科学、农林、规划、石油、地质等涉及空间数据处理的学科领域都需要进行空间数据分析，这些分析都是基于共同的原理和方法。各个学科使用这些共同的方法去解决自己独特的问题，建立或辅助建立自己专门化的空间应用模型。对于专业模型来说，由于 GIS 应用领域不同，不可能建立通用的、包罗一切的专业模型，专业模型只能由用户自己创建(孟鲁闽，白建军，1999)。空间数据分析是基本的、解决一般问题的理论和方法，空间应用模型是复杂(合)的、解决专门问题的理论和方法。例如，对于设施选址问题：一个工厂的选址与一个水库的选址遵循的是完全不同的原则，需要的支持信息也大相径庭，但是在这两个不同的应用模型中，可能需要采用一些相同的空间分析工具去处理不同的数据。

1.5　空间数据分析的研究进展

空间数据分析在地理学研究中具有悠久的传统与历史。本章结合空间数据分析的 6 个代表性研究成果，介绍空间数据分析的研究进展。

1. 空间数据分析孕育了地理学

我们一般认为，空间数据分析是 GIS 的核心功能，而 GIS 属于地理学的一个方面。其实，是空间数据分析孕育了地理学。因为，自古代有人类以来，人类出于生存和发展的需要，要学会分析周围地理事物的空间关系，人们始终在进行各种空间关系的分析，逐步孕育和发展了地理学。地图作为地理学的第二语言，在地图出现以后，人们逐步发展了各种基于地图的分析方法。例如，在地图上量测地理要素之间的距离，计算地理要素的方位、面积等，军事指挥员利用地图进行战术研究和战略决策等。

2. 基于空间数据分析的霍乱病发病原因分析

空间数据分析早期应用中一个最具有代表性的例子是约翰·斯诺(John Snow)博士利

用空间数据叠置分析方法找到了霍乱病患者的发病原因。1854年8月到9月，英国伦敦霍乱病流行，但是政府始终找不到患者的发病原因。后来，医生约翰·斯诺博士收集该地区所有死亡病例的基本信息，挨家挨户走访患者。为了让数据更加直观，约翰·斯诺在绘有霍乱流行地区所有道路、房屋、饮用水机井(共13个公共水泵)等内容的1∶6500的城区地图上，标出所收集到的578名霍乱病死亡病例的居住位置，从而得到了霍乱病死者居住位置的分布图，如图1.5所示。约翰·斯诺博士通过该地图发现：在布罗德街和坎布里格街交叉口的一处水泵，其周围聚集了大部分死亡病例标记。约翰·斯诺博士根据这张分布图找出霍乱病的发病原因：死者饮用了利用布洛多斯托水泵汲水的井水。政府根据约翰·斯诺博士的要求摘除了这个水井的水泵把手，关闭水泵，禁止使用该水泵汲水。从此以后，疫情逐步减弱。在这个例子中，通过将绘有霍乱病流行地区所有道路、房屋、饮用水机井等内容的城区地图与霍乱病死者位置的信息进行叠置，分析了患者的居住地与饮用水井之间的空间位置关系，从而揭示了霍乱病的发病原因(郭仁忠，2001；王晓雨等，2020)。

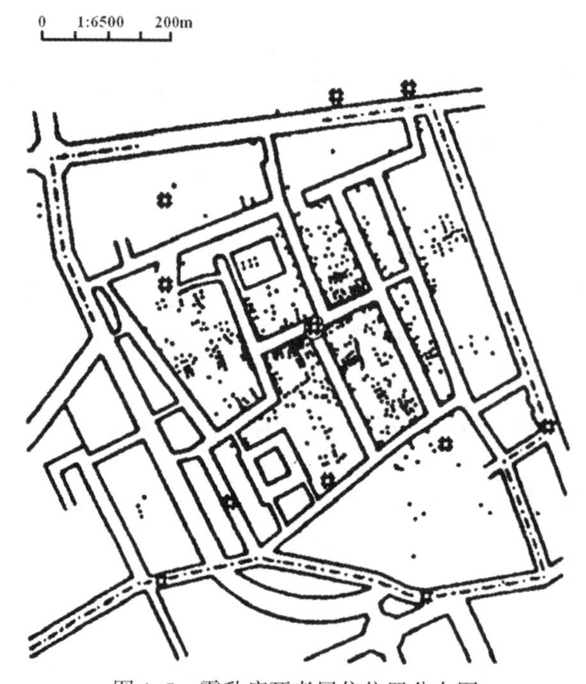

图1.5 霍乱病死者居住位置分布图

3. 计量革命与计量地理学

现代“空间分析/空间数据分析”概念的提出源于20世纪60年代地理与区域科学的计量革命。目前仍然在发展的计量地理学方法是空间数据分析的重要内容。计量地理学中从数理统计领域移植过来的统计分析方法占主导地位，包括相关分析、回归分析、聚类分析、因子分析等多元统计分析的内容(王远飞，何洪林，2007；Wang，2015)。

4. 地理学第一定律

Tobler 于 1970 年提出了描述地理现象空间相互作用的“地理学第一定律”，他指出：“任何事物都是空间相关的，距离近的事物的空间相关性更大(Everything is related to everything else, but near things are more related than distant things)”。这一定律的提出使得地理现象的空间相关性和异质性特征在研究中得到重视。Cliff 和 Ord 在 1973 年出版的专著中揭示了空间自相关的概念，使研究者能够从统计上评估数据的空间依赖性程度。统计学家 Ripley(1981)对空间点分布模式进行了研究和总结，提出测度空间点模式的 K 函数方法。Openshaw 等(1984)对空间数据中的可塑面积单元问题(MAUP，又称生态谬误问题)进行了深入探讨。该问题的本质是空间尺度变化对变量统计结果以及变量之间相关性的影响(王远飞，何洪林，2007)。空间分析研究的初始阶段主要是应用统计分析方法，定量描述点、线、面的空间分布模式，后期逐渐强调地理空间本身的特征、空间决策过程和复杂空间系统的时空演化过程(刘湘南等，2008)。

进入 20 世纪 90 年代以后，空间分析的发展和 GIS 的发展密切结合在一起。地理信息系统把人们从过去繁重的手工操作中解脱出来，集成了多学科的最新技术和所能利用的空间分析方法，包括关系数据库管理、高效图形算法、插值、区划和网络分析等，为解决地理空间问题提供了便捷途径，使空间数据分析能力发生了质的飞跃(刘湘南等，2008)。

5. 高性能空间数据分析

随着计算机技术的发展，出现了并行计算、分布式计算、云计算、集群计算、格网计算、普适计算等高性能计算技术，利用这些技术可以使一些受计算机条件限制而难以有效进行的空间数据分析与挖掘模型得以改进和有效运行。一些国内外相关学者针对高性能空间分析与数据挖掘进行了深入研究。如 Wang 和 Armstrong (2009) 提出利用 Cyberinfrastructure(网络基础设施)进行高性能地理分析的理论与方法；陈国良等(2009)提出并行算法研究的“理论—设计—实现—应用”的体系；王结臣等(2011)总结了高性能空间分析的研究进展。Yan 等(2007)提出贝叶斯时空地统计模型的并行马尔可夫链蒙特卡罗方法；Cui 等(2013)提出使用 GPU 增强的并行计算方法解决大数据量的聚类问题；Adeli(2000)提出使用共享内存方法用于分布式并行的策略，在计算集群上进行了有效的分布式高性能计算实验；Bentz 等(2007)研究了耦合簇算法在共享内存的 SMP (Symmetrical Multi-Processing，对称多处理)系统集群网络中的应用。高性能计算技术正在对空间数据分析产生深远的影响，可以实现数据信息和各种资源的高度共享，为空间数据分析提供了在统一环境下工作的可能，使一个系统的知识可以容易地转移到另一个系统，实现数据与知识的共享，系统之间硬件资源的互操作也变得非常方便(刘湘南等，2008)。格网 GIS 和云 GIS 具有更强的空间信息共享、地理信息发布、空间分析、模型分析的功能。特别是对涉及大量空间数据分析计算的问题，格网 GIS 和云 GIS 具有并行计算的能力(王铮，吴兵，2003)。随着 GIS 软件的进一步发展，其空间数据分析功能逐步增强，需要消耗的计算资源也越来越多，计算资源的短缺逐渐成为 GIS 应用的瓶颈问题，而格网技术和云计算技术是有效解决这一问题的重要方法(王喜等，2006；别勇攀等，2020)。

6. 智能空间数据分析

将人工智能技术，特别是深度学习技术与空间数据分析技术结合，提出智能空间数据分析的方法，是人工智能时代和时空大数据时代空间数据分析方法发展的新趋势。通过对非空间结构性空间知识、结构性空间知识(如数学和统计模型)及空间信息系统进行综合，交替运用于空间数据分析和空间决策，并构建智能空间决策支持系统是一种切实有效的思路(梁怡，1997)。将GIS空间数据分析方法与深度学习方法结合，可以产生一些智能空间数据分析的新方法(郑伟皓等，2020)。

7. 大数据时代的空间数据分析

大数据隐含着巨大的社会、经济和科研价值，已成为企业界、科技界乃至政府部门关注的热点。2008年和2011年*Nature*和*Science*等国际顶级学术刊物相继出版专刊展开对大数据的研究(David，2008；Wouter，John，2011)，标志着大数据时代的到来。在商业领域，IBM、Oracle、微软、谷歌、亚马逊、Facebook等国际巨头，以及阿里巴巴、腾讯、百度等互联网公司是发展大数据技术的主要推动者。美国在2012年宣布投资2亿美元联合启动"大数据研究和发展计划"，堪比20世纪的"信息高速公路计划"。英国也将大数据研究列为战略性技术，对大数据研究给予优先资金支持。我国高度重视大数据的研究和产业发展，于2015年9月由国务院印发了《促进大数据发展行动纲要》，指出"信息技术与经济社会的交汇融合引发了数据迅猛增长，数据已经成为国家基础性战略资源"。工业和信息化部于2016年、2021年先后发布了大数据产业的"十三五"规划、"十四五"规划，提出大数据产业规划的6项重点任务、6项保障措施。6项重点任务分别为：加快培育数据要素市场、发挥大数据特性优势、夯实产业发展基础、构建稳定高效产业链、打造繁荣有序产业生态、筑牢数据安全保障防线。6项保障措施分别为：提升数据思维、完善推进机制、强化技术供给、加强资金支持、加快人才培养、推进国际合作。

进入大数据时代后，空间数据分析的关键技术发生了重要变化，地理信息系统和遥感等新技术保证了空间数据的丰富环境，新的处理空间问题的分析模型和方法不断提出。由于分析过程受到不断增长的大量空间数据的驱动，从数据出发的探索性空间数据分析技术、可视化技术、空间数据挖掘技术、时空大数据分析技术、基于人工智能的空间数据分析技术等面向海量空间数据的分析方法受到重视，并且在最近几年中得到深入发展。这些方法和技术对于大规模空间分析问题中的不精确性和不确定性有着较高的容许能力(王远飞，何洪林，2007)。新一代空间数据分析的主要目的是从现有数据的空间关系中挖掘新的信息。探测性空间数据分析方法不仅可以揭示空间数据库中许多非直观的内容，如空间异常点、层次关系、时域变化及空间交互模型，还可以揭示用传统地图不能辨明的数据模式和趋势。

1.6 内容组织与结构

本教材根据空间数据分析的研究内容，按照理论、方法和应用三大部分进行组织。

第 1 章为绪论，介绍空间数据分析的概念和研究内容、空间数据分析与地理信息系统、空间数据分析与应用模型、空间数据分析的研究进展。

第 2 章介绍空间数据分析的基础理论，包括地理学定律、空间关系理论、空间认知理论、空间推理理论、空间不确定性理论等。

从第 3 章到第 11 章，介绍空间数据分析方法。分别从栅格数据空间分析、矢量数据空间分析、三维数据空间分析，以及空间统计分析四个方面分别介绍。其中，第 3 章介绍栅格分析与图像挖掘，包括基本的栅格数据分析，以及基于栅格数据的图像挖掘、遥感大数据分析、夜光遥感分析等。第 4 章介绍矢量数据空间分析方法，包括矢量数据分析的基本方法、轨迹分析与挖掘等。第 5 章介绍一类特殊的矢量数据空间分析方法——空间社会网络分析，包括复杂网络、社交媒体网络时空分析、国际关系网络时空分析、国际贸易网络时空分析等。第 6 章介绍三维数据空间分析，包括三维地形模型与特征量算、三维地形分析、三维场景建模、三维空间分析等。空间数据统计分析方法分五章分别进行介绍，包括第 7 章“探索性空间数据分析”、第 8 章“地理相关性分析”、第 9 章“空间点模式分析”、第 10 章“地统计分析”、第 11 章“地理加权回归分析”。

第 12 章介绍智能空间分析与空间决策支持，包括智能空间分析、空间决策支持系统，以及空间决策支持的相关技术。

第 13 章介绍空间数据分析应用及过程模型。首先介绍空间数据分析过程建模方法，然后分别介绍空间数据分析在各相关领域的应用。

◎ 思考题

1. 如何理解空间数据分析的概念？
2. 简述空间数据分析的主要研究内容。
3. 简述空间数据分析与 GIS 的关系。简述空间数据分析在 GIS 中的地位和作用。
4. 简述空间数据分析与应用模型的关系。
5. 简述空间数据分析的研究进展。

第2章　空间数据分析的基础理论

从地理信息系统(GIS)学科属性的角度来看，GIS主要是描述、表达现实世界的空间实体及其相互间的关系，在计算机环境下进行空间数据的组织、存取、分析、可视化、应用系统的设计、数据集成和业务化运作等。在过去的几十年里，国内外GIS的发展主要是靠“应用驱动”和“技术导引”的。

为了给GIS应用与产业化发展提供更多的理论支持，国内外相关学者加强了对GIS和空间数据分析基础理论问题的研究。研究重点包括地理学定律、空间关系理论、空间数据模型理论、空间认知理论、空间推理理论、地理信息机理理论(产生、施效和人机作用等)、地理信息的不确定性理论、尺度理论、时间地理学、时空大数据理论等。

本章将从空间数据分析的角度对部分理论问题进行探讨。加强空间数据分析基础理论的研究是提升GIS的学科性和理论性的重要突破口。

2.1　地理学定律

《汉语大词典》对“定律”一词的解释为：“客观规律的概括，它体现事物之间在一定环境中的必然的关系”。“定律”有两个特点：①它是一种规律，是一种“必然关系”，有一定的广泛性；②它是有条件的，只能在“一定环境中”存在，而且只局限于现有的认知条件下。因此，“定律”是经过综合和提炼被概括出来的某种规律，它并非放之四海而皆准的，也不是行之百世而不悖的。在物理学中，有人们熟知的牛顿第一运动定律、牛顿第二运动定律，它们阐述了力与运动之间的必然关系(规律)。在地理学学科领域，有大家已经广泛认可的反映空间相关性的地理学第一定律(Tobler，1970)，以及现在正在探索的反映空间异质性的地理学第二定律(Goodchild，2004)、反映空间相似性的地理学第三定律(Zhu et al.，2018；朱阿兴等，2020)。下面分别对这三个地理学定律进行介绍。

2.1.1　地理学第一定律：空间相关性

Tobler于1970年提出了描述地理现象空间相互作用的“地理学第一定律”，其核心思想是“任何事物都是空间相关的，距离近的事物比距离远的事物的空间相关性更大(Everything is related to everything else, but near things are more related than distant things)”(Tobler，1970)，简而言之就是“相近即相似”。为了对地理学第一定律进行全面阐述和分析，Cliff和Ord在1973年出版了专著，揭示了空间自相关的概念，使研究者能够从统计上评估数据的空间依赖性程度(Cliff，Ord，1973)。

地理学第一定律中的“距离”，不是指欧氏空间中几何点之间的距离，而是指地理空间中地理单元之间的距离。为了更加科学，合理地度量空间自相关性，可以用空间邻近度来度量这种“距离”。空间邻近度正比于公共边界长，反比于中心距。李小文等(2007)进一步引入了“流”的概念，扩展并提出“时空邻近度”，即地理空间任意两匀质区域(含点)之间的时空邻近度，对给定的“流”，正比于二者之间的总流量，反比于从一端到达另一端的平均时间。时空邻近度的提出有效地弥补了传统的空间邻近度的不足，从而能够对“邻国相望，鸡犬之声相闻，民至死不相往来”“柏林墙”“朝鲜韩国三八线”等古今社会空间的现象、事物给出更合理的解释。例如，“柏林墙”倒掉之前，东德、西德之间虽然空间距离很近，其空间邻近度很大，但是由于此时两个国家之间的交流甚少，其时空邻近度很小。当“柏林墙”倒掉之后，两个区域的各种物质、信息、人口的流动量非常大，其时空邻近度变得很大。

2.1.2 地理学第二定律：空间异质性

Goodchild(2004)提出了“地理学第二定律”可能诞生的方向，即空间异质性，或者地理现象的分散性。空间异质性，或在统计学上称为非平稳性，意味着地理变量表现出不受控制的变异。例如，同一事物可能因为观察位置的不同，而产生了不同的观测结果。Goodchild 认为正是由于这种不确定性原理(即地理世界是无限复杂的)的存在，任何表示都必须包含不确定性元素，用于获取地理数据的许多定义都包含模糊元素，并且不可能精确地测量地球表面上的位置(Zhang，Goodchild，2002)。空间异质性是区域化变量在不同空间位置上存在明显差异的性质。空间数据既受到总的条件或规律的制约，存在一定的空间分布规律，又存在局部变异性，呈现出随机变化的特点(万丽，2006)。例如，湖泊中的各种水质参数表现出空间异质性(刘瑞民，王学军，2001)、土壤中矿物元素含量表现出空间异质性(潘成忠，上官周平，2003)等。空间数据关系中的异质性或非平稳性特征是空间统计或相关应用领域的研究热点之一，而局部空间统计分析技术的提出与发展是其关键环节。利用地理加权回归分析技术，通过关于位置的局部加权回归分析模型求解，利用随着空间位置不同而变化的参数估计结果，可以量化反映数据关系中的异质性或非平稳特征(卢宾宾等，2020)。

2.1.3 地理学第三定律：空间相似性

朱阿兴等(2018、2020)在探索空间推测的理论依据时，将地理现象所遵循的另外一个规律命名为地理学第三定律：“地理环境越相似，地理特征越相近”(The more similar geographic configurations of two points (areas), the more similar the values (processes) of the target variable at these two points (areas))，即地理相似性规律。

地理学第三定律的特点首先是它的比较性，该定律能够度量两个位置的地理配置的相似性，然后将这种相似性与目标变量在这些位置的值(过程)的相似性联系起来；其次，地理学第三定律能够反映“地理构型”，即一个点周围某一空间邻域上的地理变量的组成和结构(Zhu et al.，2018；朱阿兴等，2020)。

2.2 空间关系理论

空间关系是 GIS 的重要理论问题之一，在 GIS 空间数据建模、空间查询、空间分析、空间推理、制图综合、地图理解等过程中起着重要的作用(陈军，赵仁亮，1999)。本节从空间关系的分类、不同类型空间关系的表达及描述、时空空间关系的描述，以及空间关系的应用等方面对空间关系的基本理论进行介绍。

GIS 中的空间关系主要描述空间对象之间的各种几何关系，为 GIS 空间分析提供基本的理论和方法支持。空间关系可以是由空间现象的几何特性(空间现象的地理位置与形状)引起的空间关系，如距离、方位、连通性、相似性等，也可以是由空间现象的几何特性和非几何特性(高程值、坡度值、气温值等度量属性，地名、物体名称等名称属性)共同引起的空间关系，如空间分布现象的统计相关、空间自相关、空间相互作用、空间依赖等，还有一种是完全由空间现象的非几何属性所导出的空间关系(郭仁忠，1997)。

2.2.1 空间关系的类型

GIS 空间关系主要分为顺序关系、度量关系和拓扑关系三大类型。其中，顺序关系描述目标在空间中的某种排序，主要是目标间的方向关系，如前后左右、东西南北等。度量关系是用某种度量空间中的度量来描述的目标间的关系，主要是指目标间的距离关系。拓扑空间关系是指拓扑变换下的拓扑不变量，如空间目标的相邻和连通关系，以及表示线段流向的关系等(陈军，赵仁亮，1999)。

空间关系(或空间介词)表达了空间数据之间的一种约束(Egenhofer，1994)，其中度量关系对空间数据的约束最强烈，而顺序关系次之，拓扑关系最弱。

随着 GIS 空间关系研究的深入，有更多的空间关系被发现和研究。Florence 等(1996)提出相离关系(disjoint relation)的概念，认为其在空间关系中占有很大的比例。Gold(1992)把具有公共 Voronoi 边的两个空间目标定义为空间相邻关系，提出邻近关系的概念。胡勇和陈军(1997)对邻近关系进一步研究，定义了最邻近空间关系、次邻近空间关系等。这里主要介绍空间度量关系、空间拓扑关系及空间顺序(方向)关系三大类型。

2.2.1.1 度量空间关系

度量空间关系包括定量化描述和定性化描述两种。最常用的是定量化描述，即利用距离公式来测量两个空间目标间的度量关系。定性度量测量最早由 Frank 提出，定义了“近”和“远”两种定性距离描述方式(Frank，1992)；Hong(1994)进一步用“近”“中”“远”“很远”等定性指标来描述距离；Hernandez(1995)研究了不同粒度下的定性距离，利用组合表的方式得到定性距离的结果。这里主要讨论定量的描述方式。

空间对象的基本度量关系包含点/点、点/线、点/面、线/线、线/面、面/面之间的距离。在基本空间目标度量关系基础上，可构造出点群、线群、面群之间的复杂度量关系。例如，在已知点/线拓扑关系与点/点度量关系的基础上，可求出点/点间的最短路径、最优路径、服务范围等；已知点、线、面的度量关系，可进行距离量算、邻近分析、聚类分析、缓冲区分析、泰森多边形分析等。

定量的度量空间关系分析包括空间指标量算和距离度量两大类。空间指标量算是用区域空间指标量测空间目标间的空间关系。其中，区域空间指标包括几何指标(位置、长度、距离、面积、体积、形状、方位等)、自然地理参数(坡度、坡向、地表辐照度、地形起伏度、分形维数、河网密度、切割程度、通达性等)、人文地理指标(集中指标、差异指数、地理关联系数、吸引范围、交通便利程度、人口密度等)。地理空间的距离度量则是利用距离来量算目标间的空间关系。空间中两点间距离的计算有不同的方法，可以沿着实际的地球表面进行，也可以沿着地球椭球体进行距离量算，相应的有不同的距离计算公式。

2.2.1.2　拓扑空间关系

拓扑空间关系是指拓扑变换下的拓扑不变量，如空间目标的相邻和连通关系，以及表示线段流向的关系(闫浩文，2003)。

“拓扑”研究的是几何图形的一些性质，它们在图形被弯曲、拉大、缩小或任意的变形下保持不变，在变形过程中不使原来不同的点重合为同一个点，又不产生新点。这种变换的条件是：原来图形的点与变换后图形的点之间存在一一对应关系，并且邻近的点还是邻近的点，这样的变换叫作拓扑变换。

有人把拓扑形象地比喻为橡皮几何学。假设图形都是用橡皮做成的，橡皮图形的弹性变化可以看成拓扑变换。例如，一个橡皮圈能变形成一个圆圈或一个方圈，其拓扑关系不会变化。但是一个橡皮圈变成一个阿拉伯数字 8 就不属于拓扑变换，如图 2.1 所示。因为在变成“8”的过程中，圈上的两个点重合在一起，不再是单纯的弹性变换，变换前后的点不再具有一一对应关系。

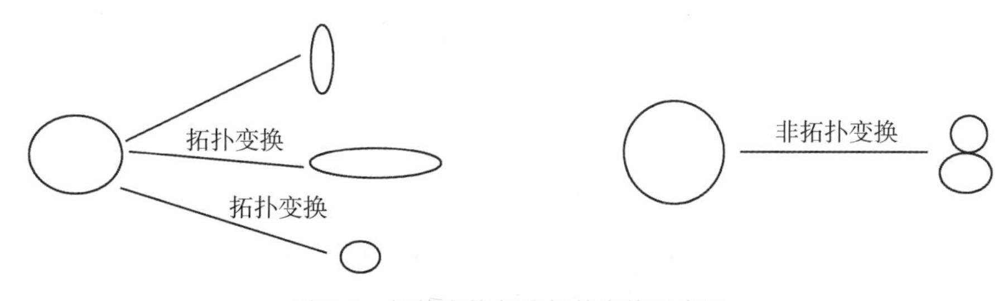

图 2.1　拓扑变换与非拓扑变换示意图

例如，在橡皮表面有一个多边形，多边形内部有一个点。无论对橡皮进行压缩或拉伸，点依然位于多边形内部，点和多边形之间的空间位置关系不改变，而多边形的面积则会发生变化。前者是空间的拓扑属性，后者是非拓扑属性。如图 2.2 所示为拓扑空间关系的示例。

表 2.1 列出了包含在二维欧氏平面中对象的拓扑属性和非拓扑属性。

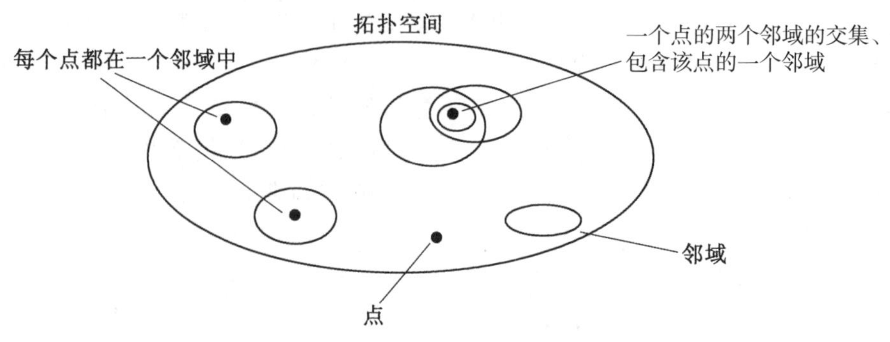

图 2.2　拓扑空间关系的示例

表 2.1　欧氏平面上实体对象所具有的拓扑或非拓扑属性

属性类型	属 性 示 例
拓扑属性	一个点在一个弧段的端点 一个弧段是一个简单弧段(弧段自身不相交) 一个点在一个区域的边界上 一个点在一个区域的内部 一个点在一个区域的外部 一个点在一个环的内部 一个面是一个简单面(面上没有“岛”) 一个面的连续性(给定面上任意两点，从一点可以完全在面的内部沿任意路径走向另一点)
非拓扑属性	两点之间的距离 一个点指向另一个点的方向 弧段的长度 一个区域的周长 一个区域的面积

拓扑关系在 GIS 中有广泛的应用，是空间分析的基础。例如，拓扑关系是空间数据的重要约束条件，可以作为自动查错的依据；两个国家的范围不能相互重叠、等高线与等高线之间不能相交。因此，拓扑关系约束在空间数据中具有重要的作用。

2.2.1.3　方向空间关系

方向空间关系又称为方位关系、延伸关系，是指源目标(primary object)相对于参考目标(reference object)的顺序关系(方位)。如“河南省在湖北省北部”就属于方向关系描述。

方向关系的定义首先要确定方向关系的参考体系。定性方向关系定义的参考体系包括相对方向参考体系(如前后左右，三维空间中还包括上下关系)和绝对方向参考体系(如东南西北)。由于相对方向的定义不具备确定性，一般方向关系的形式化描述使用的是绝对方向关系参考。

由于空间目标边界的不同，又可把方向关系描述分为确定性对象间的方向关系描述和不确定性对象的方向描述。本节只讨论确定性目标间的方向关系的定义问题。

两点之间的方向关系是最简单的方向关系类型，也是其他类型目标方向关系定义的基础和参照。为了给出两点之间的方向定义，首先给出二维空间中的方向关系定位参考，即相互垂直的 X、Y 坐标轴，利用垂直于坐标轴的直线作为方向关系参考。

设 p 和 q 是二维平面中的两个目标，其中 p 为待定方向的源目标，q 为参考目标，p_i 为源目标 p 的点，q_j 为参考目标 q 的点，$X(p_i)$ 函数与 $Y(p_i)$ 函数返回点 p_i 的 X、Y 坐标。

下面将介绍基于点集拓扑学的 9 类常用方向关系的定义(Papadias, 1994)。

1. 正东关系

如图 2.3 所示为正东关系的示意图。正东关系的形式化定义为：

$$\text{restricted\_east}(p_i, q_j) \equiv X(p_i) > X(q_j) \wedge Y(p_i) = Y(q_j) \tag{2.1}$$

2. 正南关系

如图 2.4 所示为正南关系的示意图。正南关系的形式化定义为：

$$\text{restricted\_south}(p_i, q_j) \equiv X(p_i) = X(q_j) \wedge Y(p_i) < Y(q_j) \tag{2.2}$$

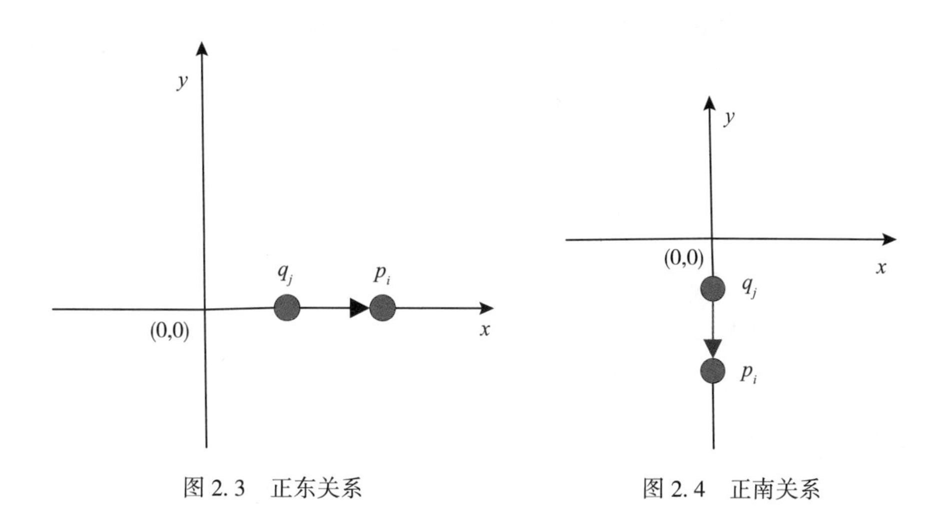

图 2.3 正东关系　　图 2.4 正南关系

3. 正西关系

如图 2.5 所示为正西关系的示意图。正西关系的形式化定义为：

$$\text{restricted\_west}(p_i, q_j) \equiv X(p_i) < X(q_j) \wedge Y(p_i) = Y(q_j) \tag{2.3}$$

4. 正北关系

如图 2.6 所示为正北关系的示意图。正北关系的形式化定义为：

$$\text{restricted\_north}(p_i, q_j) \equiv X(p_i) = X(q_j) \wedge Y(p_i) > Y(q_j) \tag{2.4}$$

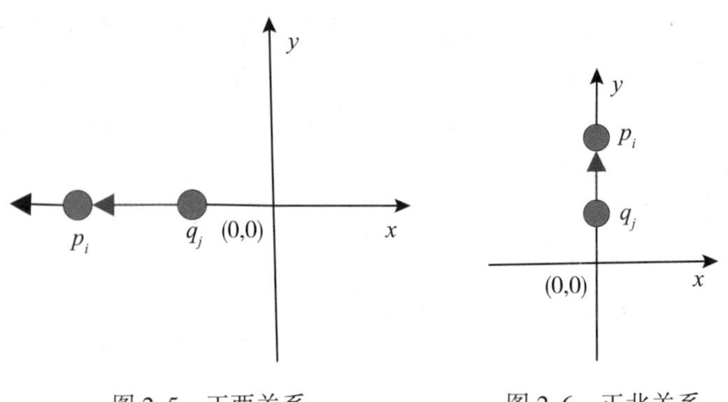

图2.5　正西关系　　　　图2.6　正北关系

5. 西北关系

如图2.7所示为西北关系的示意图。西北关系的形式化定义为：

$$\text{north\_west}(p_i, q_j) \equiv X(p_i) < X(q_j) \wedge Y(p_i) > Y(q_j) \tag{2.5}$$

6. 东北关系

如图2.8所示为东北关系的示意图。东北关系的形式化定义为：

$$\text{north\_east}(p_i, q_j) \equiv X(p_i) > X(q_j) \wedge Y(p_i) > Y(q_j) \tag{2.6}$$

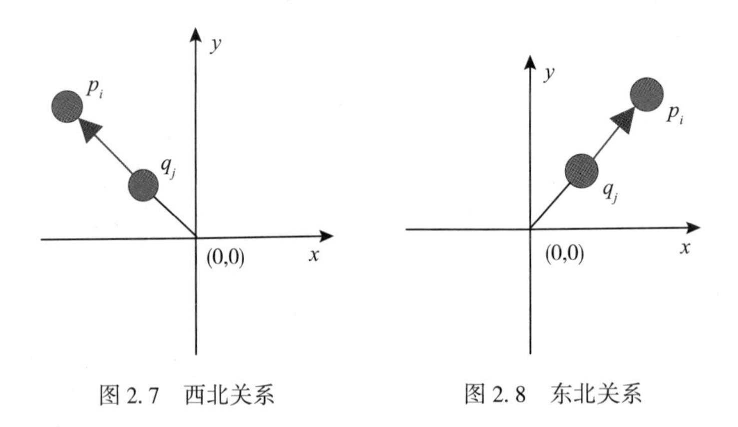

图2.7　西北关系　　　　图2.8　东北关系

7. 西南关系

如图2.9所示为西南关系的示意图。西南关系的形式化定义为：

$$\text{south\_west}(p_i, q_j) \equiv X(p_i) < X(q_j) \wedge Y(p_i) < Y(q_j) \tag{2.7}$$

8. 东南关系

如图2.10所示为东南关系的示意图。东南关系的形式化定义为：

$$\text{south\_east}(p_i, q_j) \equiv X(p_i) > X(q_j) \wedge Y(p_i) < Y(q_j) \tag{2.8}$$

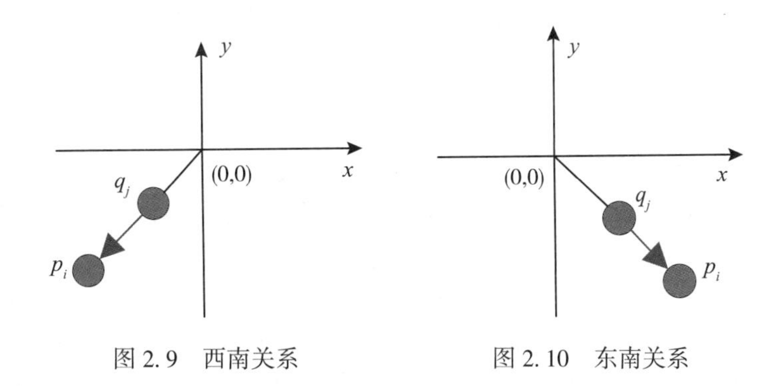

图 2.9 西南关系　　图 2.10 东南关系

9. 同一位置关系

如图 2.11 所示为同一位置关系的示意图。同一位置关系的形式化定义为：

$$\text{same\_position}(p_i,\ q_j) \equiv X(p_i) = X(q_j) \wedge Y(p_i) = Y(q_j) \tag{2.9}$$

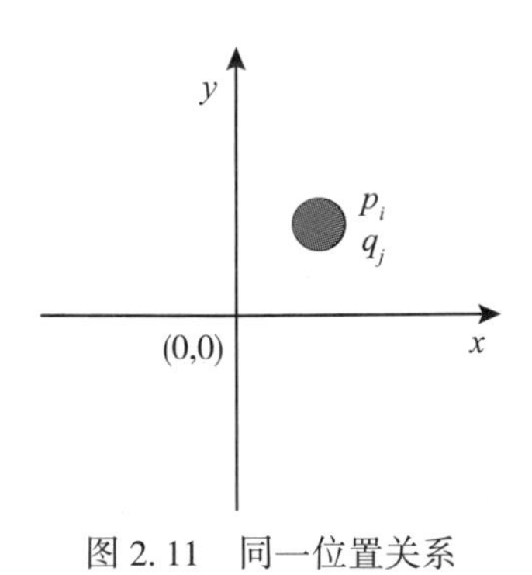

图 2.11 同一位置关系

以上 9 种关系可以通过点的投影进行精确判断，具有完备性和传递性。对于任意两点，上述 9 种关系必有一种满足。方向关系具有传递性，根据已知方向关系可相互转换，如已知 north_east(p_i, q_j)可得到 south_west(q_j, p_i)。

如果将东南西北作为主方向，可将前 8 种方向关系合并为 4 种方向关系，即：

east(p_i,q_j)= north_east(p_i,q_j) or restricted_east(p_i,q_j) or south_east(p_i,q_j)

south(p_i,q_j)= south_west(p_i,q_j) or restricted_south(p_i,q_j) or south_east(p_i,q_j)

west(p_i,q_j)= north_west(p_i,q_j) or restricted_west(p_i,q_j) or south_west(p_i,q_j)

north(p_i,q_j)= north_west(p_i,q_j) or restricted_north(p_i,q_j) or north_east(p_i,q_j)

以两点之间的方向关系定义为基础，可以对其他几何类型目标间的方向关系进行定义。

2.2.2 空间关系的描述

空间关系描述的基本任务是以数学或逻辑的方法区分不同的空间关系，给出形式化的描述。其意义在于澄清不同用户关于空间关系的语义，为构造空间查询语言和空间数据分析提供形式化工具。

2.2.2.1　度量空间关系描述

度量空间关系包括空间指标量算和距离度量两大类。

空间指标量算主要包括长度、周长、面积等指标，其定量计算通常采用数学描述公式，形式简单、较为统一(陈军，赵仁亮，1999)。

在距离度量描述中，以两个点目标间的距离为基本距离。基本距离的计算有不同的方式。最常用的是平面中两个点之间的距离计算，包括欧氏距离、广义距离、切氏距离等。除此以外，为了适应地球球面距离的量算，还有大地测量距离、曼哈顿距离等球面距离的定义方式。在不同学科中对距离的理解及应用目的不同，所用到的距离定义及描述方法也不同。例如统计学中的斜交距离和马氏距离等，旅游业中的旅游时间距离等。

首先介绍平面中两点之间的距离计算方法。设 $A(a_1, a_2, \cdots, a_n)$、$B(b_1, b_2, \cdots, b_n)$ 为两个对象，其中 a_i 和 b_i 分别为其相应的属性。

(1)欧氏距离(Euclidean Metric)：

$$d(A, B) = \|A - B\| = \left[\sum_{i=1}^{n} (a_i - b_i)^2\right]^{\frac{1}{2}} \tag{2.10}$$

欧氏距离公式是空间运算中应用最广的一种距离定量化描述方式。例如，$A(x_1, y_1)$、$B(x_2, y_2)$ 两点之间的欧氏距离为：

$$d(A, B) = \sqrt{(x_1 - x_2)^2 + (y_1 - y_2)^2} \tag{2.11}$$

(2)切氏距离(Chebyshev Distance)：

$$d(A, B) = \max_i |a_i - b_i| \tag{2.12}$$

切氏距离也称为切比雪夫距离。如 A，B 为平面直角坐标系下的两个点，利用切氏距离公式分别计算 A，B 两点的 x 坐标之差的绝对值，y 坐标之差的绝对值，然后求最大值。$A(x_1, y_1)$、$B(x_2, y_2)$ 两之间的切氏距离为：

$$d(A, B) = \max(|x_1 - x_2|, |y_1 - y_2|) \tag{2.13}$$

(3)马氏距离(Mahalanobis Distance)：由印度统计学家马哈拉诺比斯(P. C. Mahalanobis)提出，也称为绝对值距离、街坊距离。其计算公式如下：

$$d(A, B) = \sum_{i=1}^{n} |a_i - b_i| \tag{2.14}$$

$A(x_1, y_1)$、$B(x_2, y_2)$ 两点之间的马氏距离为：

$$d(A, B) = (|x_1 - x_2| + |y_1 - y_2|) \tag{2.15}$$

(4)闵氏距离(Minkowski Distance)：为俄裔德国数学家赫尔曼·闵可夫斯基(H. Minkowski)最先表述，其计算公式如下：

$$d(A, B) = \left(\sum_{i=1}^{n} |a_i - b_i|^m\right)^{\frac{1}{m}} \tag{2.16}$$

$A(x_1, y_1)$、$B(x_2, y_2)$ 两点之间的闵氏距离为：

$$d(A, B) = (|x_1 - x_2|^m + |y_1 - y_2|^m)^{\frac{1}{m}} \tag{2.17}$$

另外一类距离的计算是考虑地球球面特性而定义的。由于 GIS 中的空间数据大多是投影到平面上的，具有投影的两点间距离不能用平面距离公式计算，要考虑球面上两点间的距离，即大圆距离。下面分别介绍大地测量距离和曼哈顿距离两种计算方法。

(1)大地测量距离：球面上两点间的大圆距离，如图 2.12 所示。

(2)曼哈顿距离(Manhattan Distance)：球面上两点之间的距离可以用曼哈顿距离来表示，即：纬度差的绝对值加上经度差的绝对值，如图 2.13 所示。

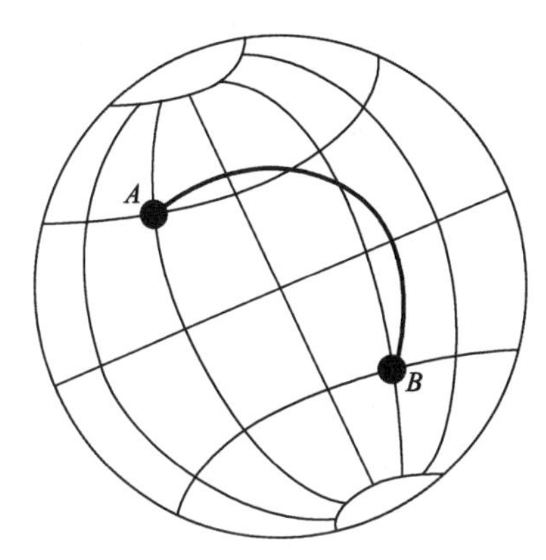

图 2.12　大地测量距离

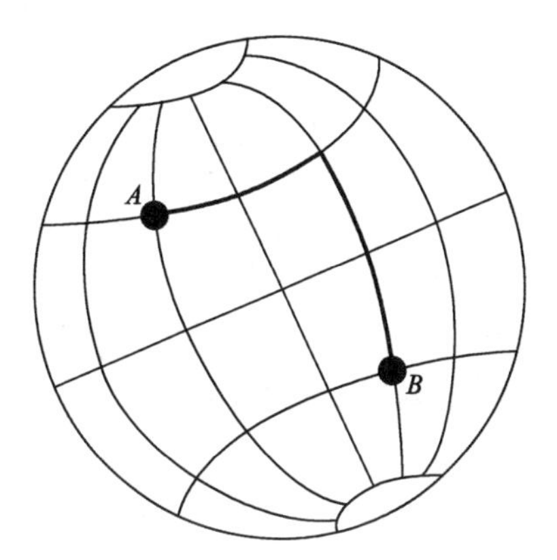

图 2.13　曼哈顿距离

不同的学科和行业应用中由于考虑的因素不同，对距离的定义和理解也不同，下面介绍两种具有行业特色的距离定义。首先是在旅游业中应用的旅游时间距离。两个点(如两个城市)之间的旅游时间距离为从一个点(城市)到另一个点(城市)的最短时间。例如，可以用取得这一最短时间的一系列指定的航线来表示这个距离(假设每个城市至少有一个飞机场)，如图 2.14 所示。例如，从 *A* 城市到 *B* 城市的旅游时间距离为 8 小时。

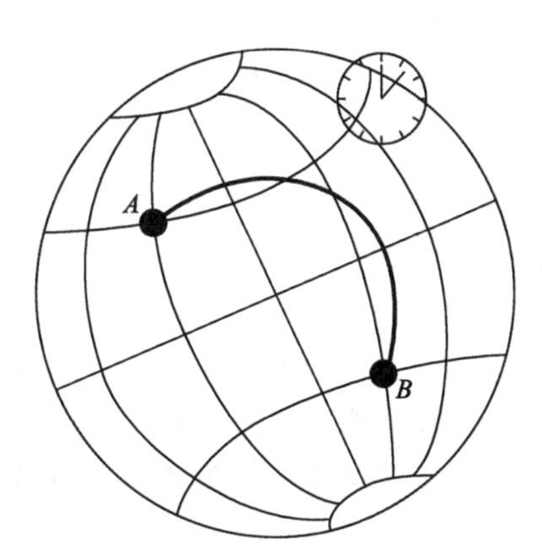

图 2.14　旅行时间距离

另一种是在词典中用到的编纂距离。在一个固定的地名册里两个点(城市)间的编纂距离为这两个城市的词典位置之间的绝对差值，如图 2.15 所示。

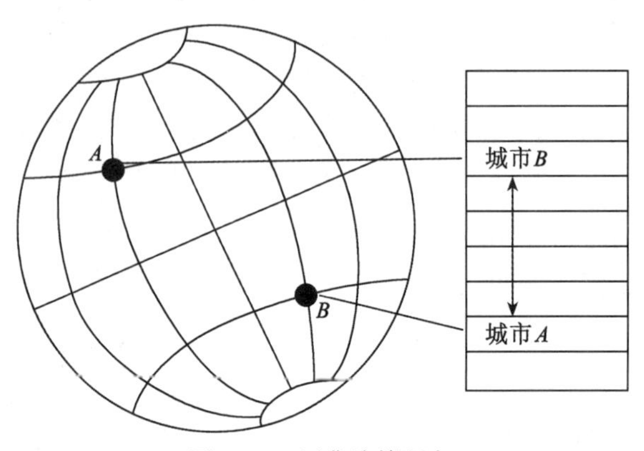

图 2.15　词典编纂距离

以上讨论的是基于两个点目标之间的距离定义，对于非点状目标之间的距离而言，由于目标的模糊性，不同类型实体间(如面状与线状)的距离往往有多种定义。例如，对于如图 2.16 所示的两个对象 A、B 之间的距离如何计算还没有统一的方法。

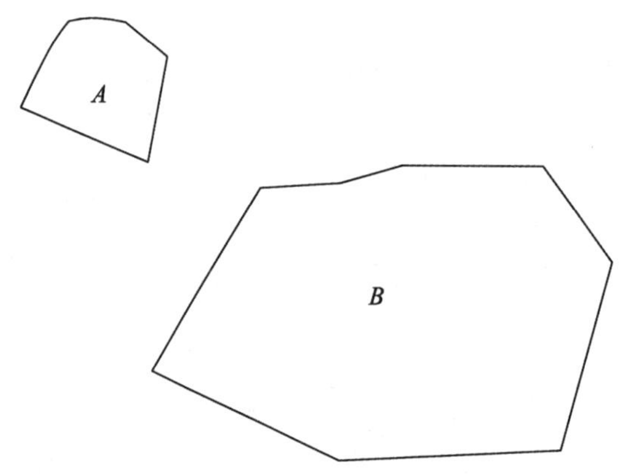

图 2.16　非点状目标之间的距离

2.2.2.2　拓扑空间关系描述

由于拓扑关系在空间分析中的重要地位，其描述方式的研究一直是空间关系理论研究的热门话题。拓扑关系形式化描述模型的种类很多，下面重点介绍其中的部分代表性模型。

在二维简单空间目标间的拓扑关系描述方面，最具有代表性的拓扑关系描述模型当属由 Egenhofer 和 Franzosa(1991)提出的 4 元组(4-Intersection)模型，考虑到 4 元组模型在线与线、线与面关系上的表达缺陷，Egenhofer 和 Herring(1990)对 4 元组模型进一步拓展，提出现在最流行的 9 元组(9-Intersection)模型。由于 4 元组模型和 9 元组模型中涉及的“外部”概念定义的范围理论上是一个无限量，这种定义不利于数学实现。陈军等利用 Voronoi

多边形替代 9 元组中的外部定义，提出基于 Voronoi 区域的 V9I 模型(Chen，Li，1997)。另外，RCC 模型利用代数方法，实现空间面目标之间的拓扑关系描述(Randell et al.，1992)。

由于三维空间技术研究的深入，空间拓扑关系的研究转向三维甚至多维空间。Pigot(1992)对二维拓扑空间关系描述框架进行了扩展，对多维空间实体间的拓扑空间关系的描述进行了研究，其结果仅限于 N 维欧氏空间中最简单的二值拓扑关系的描述。郭薇和陈军(1997)对三维情形进行了研究，定义了第六种拓扑关系，即相等关系，提出三维空间中满足互斥性与完备性的空间关系最小集。舒红等(1997)将时间作为一维欧氏空间，把 Egenhofer 等的 4 元组与 9 元组空间关系描述从空间域扩展到时空域，提出基于点集拓扑的时态拓扑关系描述框架。

以上介绍的模型都是在假设空间目标的边界等数据不存在误差或者不存在其他不确定性情况下研究的，为确定性空间目标间的拓扑关系模型。随着不确定性空间分析方法的发展，对于拓扑关系的不确定性研究也取得了一定的成果(史文中，2005)。

下面分别介绍 4 元组模型、9 元组模型、基于 Voronoi 图的 V9I 模型、RCC 模型和空间代数模型等拓扑关系表达的代表性模型。

1. 4 元组模型

4 元组模型是一种基于点集拓扑学的二值拓扑关系模型。该模型将简单空间实体看作边界点和内部点构成的集合，即每个空间实体表示为由边界点集 ∂P 和内部点集 P° 构成的集合，4 元组模型由两个简单空间实体点集的边界与边界的交集、边界与内部的交集、内部与边界的交集、内部与内部的交集构成的 2×2 矩阵(4 个元素)构成。两个简单空间实体之间的关系可以由 4 元组中 4 个元素的不同取值来确定。假设 P，Q 为两个空间物体，∂P，∂Q 分别表示 P 和 Q 的边界，P°，Q° 分别表示 P 和 Q 的内部，则点目标 P 和 Q 间的拓扑关系可以用下面的矩阵表示：

$$\boldsymbol{R}(P,\ Q)=\begin{pmatrix}\partial P\cap\partial Q & \partial P\cap Q^{\circ}\\ P^{\circ}\cap\partial Q & P^{\circ}\cap Q^{\circ}\end{pmatrix}\tag{2.18}$$

矩阵中的元素取值只有空(ϕ)和非空($\overline{\phi}$)两种情况，总共有 16 种组合情况。排除不具有实际意义的取值组合，该模型可表达 8 种面/面拓扑关系、16 种线/线拓扑关系、13 种线/面拓扑关系、3 种点/线拓扑关系、3 种点/面拓扑关系和 2 种点/点拓扑关系。

八种面面关系如图 2.17 所示，如果将关系矩阵中的 4 元组中的元素用 0(交集为空)和 1(交集为非空)表示，则得到关系矩阵的形式化表示，分别表示为图 2.17 中每幅图形下面的 4 元组关系矩阵。请注意“相交”关系与“覆盖”关系 ($P^{\circ}\cap\partial Q=0$)、“被覆盖”关系 ($\partial P\cap Q^{\circ}=0$)的区别。

三种点线拓扑关系如图 2.18 所示(A、B 分别对应图 2.17 中的 P、Q)。其中，点的内部和边界就是点本身；线的边界指线的两个端点，内部是线除了端点的部分。

两种点点拓扑关系如图 2.19 所示。

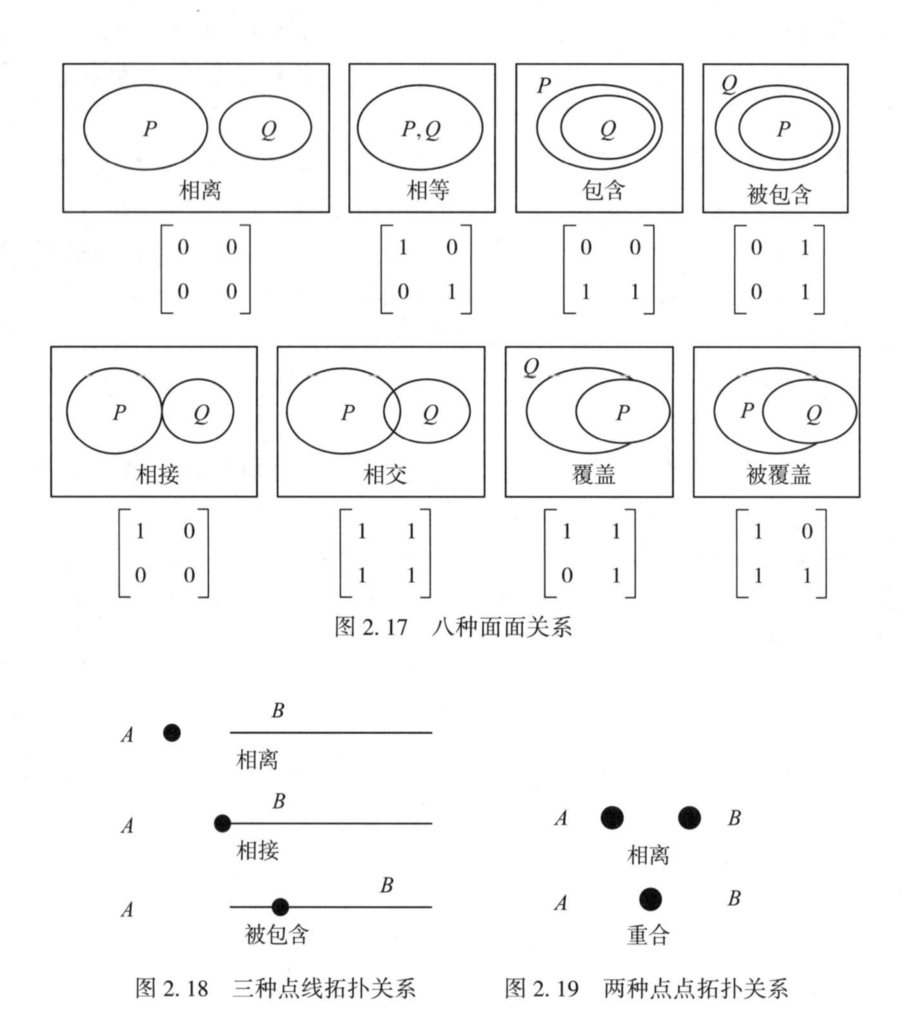

图 2.17　八种面面关系

图 2.18　三种点线拓扑关系

图 2.19　两种点点拓扑关系

三种点面拓扑关系如图 2.20 所示。

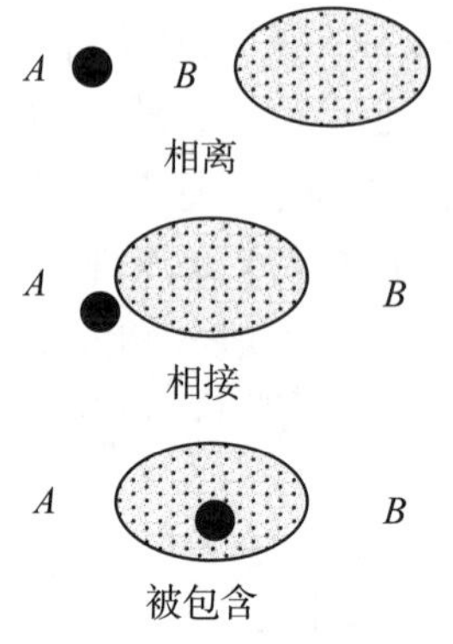

图 2.20　三种点面拓扑关系

4元组模型利用点集拓扑学，较系统地描述了两个简单空间实体间的拓扑关系。利用此模型基本可以表示所有常用的拓扑关系，但该模型存在致命的缺点，即其对简单线目标间关系以及简单线目标和简单面目标间关系的表达具有不唯一性。这种不唯一性可以用图2.21来说明。图2.21(a)中线目标A的两个端点位于面目标B上，而在图2.21(b)中A仅有一个端点在B上，另一端点则位于B的外部，但这两种不同的关系用4元组模型表示的结果相同，即都为：

$$\begin{bmatrix} -\phi & \phi \\ \phi & \phi \end{bmatrix} \tag{2.19}$$

显然，利用4元组模型表示线面间关系时，存在不唯一性的问题(李成名，陈军，1997)。

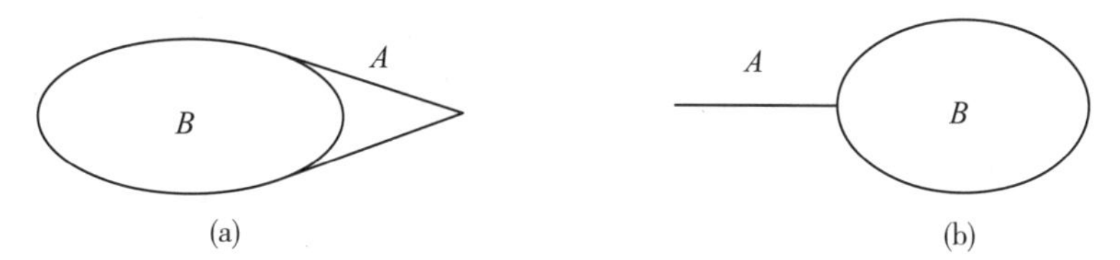

图2.21　4元组空间关系描述线线间关系的不唯一性

2. 9元组模型

针对4元组模型表达中的缺点，Egenhofer等(1990)对其进行了拓展，提出了9元组模型。9元组模型在4元组模型的基础上，在空间描述框架中引入空间实体的“补”，将空间目标A表示为边界(∂A)、内部(A°)和外部(A^-)三个部分的集合。通过比较目标A(边界、内部、外部)与B的边界(∂B)、内部(B°)、外部(B^-)之交集的内容(空或非空)、维数(dimension)、分块(number of separations)等，分析确定A和B之间的空间拓扑关系。空间目标A、B之间空间关系的9元组表示为：

$$\boldsymbol{R}(A,\ B) = \begin{pmatrix} \partial A \cap \partial B & \partial A \cap B^\circ & \partial A \cap B^- \\ A^\circ \cap \partial B & A^\circ \cap B^\circ & A^\circ \cap B^- \\ A^- \cap \partial B & A^- \cap B^\circ & A^- \cap B^- \end{pmatrix} \tag{2.20}$$

9元组模型由于引入了“补”的概念，9元组矩阵模型可区分512(2^9)种关系，但具有实际意义的只有一小部分。9元组模型能表示具有实际意义的2种点点间关系、3种点线间关系、3种点面间关系、33种线线间关系、19种线面间关系及8种面面间关系。

和4元组模型相比，9元组模型的主要优点在于引入了空间实体“补”的概念，将空间实体的外部考虑进来，将4元组模型中的4种线面间的包含关系及3种线线间的包含关系区分开来，克服了4元组表达的不唯一性。

9元组模型是目前应用最广的一种模型，被很多流行的商业化GIS软件所采用。如ESRI公司以Macro宏语言的方式将9元组模型用于查询命令中。Oracle将9元组和SQL相结合，拓展传统的SQL查询谓词，使之支持空间域查询。

但是，9 元组模型在点点、点线、点面及简单面目标间拓扑关系的表达能力上与 4 元组模型相比并没有任何扩展。而空间实体“补”的引入大大增加了描述和计算的复杂性，给查询语言和查询操作的实现带来了困难。另外，9 元组模型对空间实体间的关系分类过细，对一般要求的空间分析操作是没有意义的。

3. 基于 Voronoi 图的 V9I 模型

针对 9 元组模型中“补”的概念存在重叠太大、空间实体定义方面的不足，不能描述空间邻近关系等缺陷(陈军，赵仁亮，1999)，陈军等用 Voronoi 多边形取代 9 元组中的“补”来重新定义 9 元组模型，并将其定义为 V9I 模型(Chen，Li，1997)。

Voronoi 图又叫泰森多边形，由俄国数学家 M. G. Voronoi(沃罗诺伊)在 1908 年提出并命名，由于早在 1850 年数学家 G. L. Dirichelet(狄利克雷)已经对其进行过研究，因此又称为 Dirichelet 图。Voronoi 图由一组连接两邻点连线的垂直平分线组成的连续多边形组成。N 个在平面上有区别的点按照最邻近原则划分平面；每个点与它的最近邻区域相关联。

空间实体的 Voronoi 区域的定义为：设二维空间 R^2 中有一空间目标集合为 $S=\{O_1, O_2, \cdots, O_n\}(n \geqslant 1)$，$O_i$ 可以是点目标，也可以是线目标或面状目标，其中面状目标并不要求为凸域，可以含洞(它们在空间数据库中具有唯一的 ID，因此也可称为几何目标)，则目标 O_i 的 Voronoi 区域(简记为 O_V)为：

$$O_V=\{P \mid \text{distance}(P, O_i) \leqslant \text{distance}(P, O_j), j \neq i\} \tag{2.21}$$

即由到目标 O_i 的距离比到所有的其他目标的距离都近的点所构成的区域。

Delaunay 三角形(德洛内三角形，或狄罗尼三角形)是由与相邻 Voronoi 多边形共享一条边的相关点连接而成的三角形。如图 2.22 所示，实线构成的三角形为 Delaunay 三角形，虚线构成的区域为 Voronoi 区域。

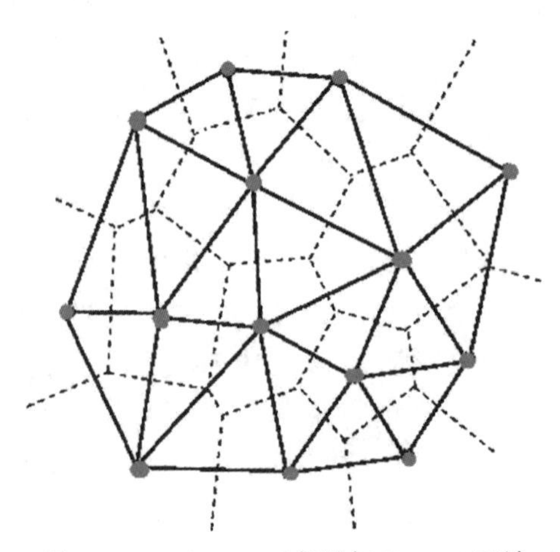

图 2.22　Delaunay 三角形与 Voronoi 区域

用 Voronoi 图建立空间目标之间的邻近关系，用空间目标的 Voronoi 区域替代 9 元组模型中的"补"，内部和边界的定义与9元组模型相同，借助9元组模型的拓扑关系定义方法，可以得到V9I模型的拓扑关系描述矩阵。其中，A^V 表示目标 A 的Voronoi区域。

$$\boldsymbol{R}(A,\ B)=\begin{pmatrix}\partial A\cap\partial B & \partial A\cap B^{\circ} & \partial A\cap B^{V}\\ A^{\circ}\cap\partial B & A^{\circ}\cap B^{\circ} & A^{\circ}\cap B^{V}\\ A^{V}\cap\partial B & A^{V}\cap B^{\circ} & A^{V}\cap B^{V}\end{pmatrix} \tag{2.22}$$

由于V9I模型既考虑了空间实体的内部和边界，又将Voronoi区域看作一个整体，因而该模型有机地集成了交叉方法与交互方法的优点，能够克服9元组模型的一些缺点，包括无法区分相离关系、难以计算目标的"补"等。表2.2说明了V9I模型与9元组模型表达能力的比较。

表2.2　**V9I模型和9元组模型可区分的拓扑关系的数量对比(郭庆胜等，2006)**

关系类型	V9I模型可区别的拓扑关系数	9元组模型可区别的拓扑关系数
区域与区域	13	8
线与线	8	33
线与区域	13	19
点与点	3	2
点与线	4	3
点与区域	5	3

4. RCC模型

RCC模型是由Randell等(1992)提出的一种运用区域连接演算(Region Connection Calculus，RCC)理论来表达空间区域的拓扑特征和拓扑关系的代数拓扑关系模型。RCC模型和前面的模型不同，其仅能对空间面实体间的拓扑关系进行表达，而不能表示点、线目标间的空间拓扑关系。RCC模型又可分为RCC-5模型和RCC-8模型两种。RCC模型对面目标间的拓扑关系的描述如图2.23所示。其中，PO，partially overlapping(部分重叠)，指两个空间区域的部分重叠，见图2.23(a)；EQ，equal(相等)，指两个区域具有相同的空间范围，见图2.23(b)；TPP，tangential proper part，指第一个区域 P 完全在第二个区域 Q 的里面，并且边界在内部相切，见图2.23(c左)；NTPP，non-tangential proper part，指第一个区域 P 完全在第二个区域 Q 的里面，但是它们的边界无接触(不相接、不相切)，见图2.23(c右)；TPPI，tangential proper part inverse，指第一个区域 P 完整地包含第二个区域 Q，并且边界从内部相切，见图2.23(d左)；NTPPI，non-tangential proper part inverse，指第一个区域 P 完整地包含第二个区域 Q，但是它们的边界无接触(不相接、不相切)，见图2.23(c右)；DC，disconnected，指两个区域没有任何连接点，见图2.23(e左)；EC，externally connected，指两个区域从外部相接(内部不相交)，见图2.23(e右)。

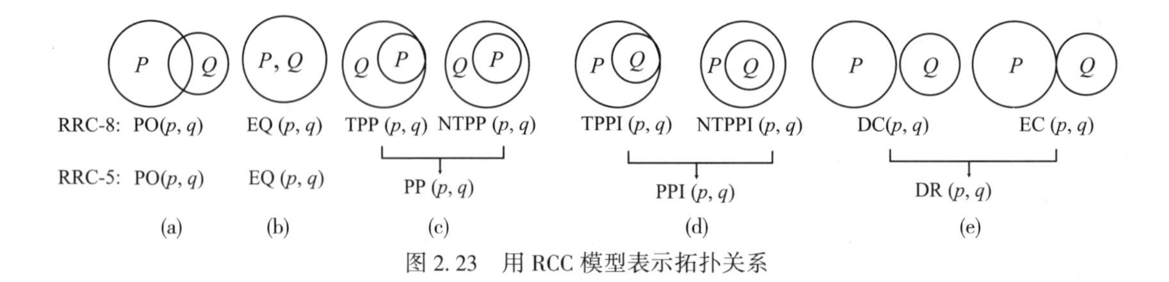

图 2.23　用 RCC 模型表示拓扑关系

5. 空间代数模型

空间代数模型是基于空间代数方法建立的一种拓扑关系代数模型。其基本思想是用并(union)、交(intersection)、差(difference)、反差(difference by)等空间代数算子描述两个空间实体间的空间拓扑关系，其表示结果为一个数学函数。空间代数模型可以表示空间点、线间的拓扑关系，可以区分多种拓扑关系。

2.2.2.3　方向空间关系描述

方向关系是顺序关系中最主要的关系。方向关系的描述方式包括定量描述和定性描述两类描述方式。

方向关系的定量描述方法使用方位角或者象限角对目标间的方向关系值进行精确定义。其中，点状目标间的角度最简单，但对于其他类型的目标，方位角的计算则复杂得多。

方位角是指以正北方向为零方向，沿顺时针方向旋转到目标点所在位置时经过的角度，其取值范围为 0°~360°。

如图 2.24(a)所示，B 相对于 A 的方位角 α 和 A 相对于 B 的方位角 β 之间的关系为：

$$|\alpha - \beta| = 180° \tag{2.23}$$

平面上的方位角的计算往往将 X 轴设为纵轴(正北方向)，Y 轴设为横轴，其目的是同方位角的计算一致。设二维平面中 A、B 两点的坐标分别为 (x_A, y_A) 和 (x_B, y_B)，B 点相对于 A 点的方位角 α 为：

$$\alpha = \arctan \frac{y_B - y_A}{x_B - x_A} \tag{2.24}$$

如图 2.24(b)所示，在测量学中将球面上 B 点相对于 A 点的方位角 α 的定义为：过 A、B 两点的大圆平面与过 A 点的子午圈平面(大圆平面)间的夹角。这是因为球面上的正北方向是由经线方向表示的。同理，球面上的 A 点相对于 B 点的方位角定义为：过 A、B 两点的大圆平面与过 B 点的子午圈平面间的二面角。由于球面三角不满足平面三角的定律，所以上面用来描述 α、β 间的绝对值关系在球面定义中不成立。

设 A 和 B 是球面上的两个点目标，地理坐标分别为 (φ_A, λ_A) 和 (φ_B, λ_B)，则 B 相对于 A 的方位角为：

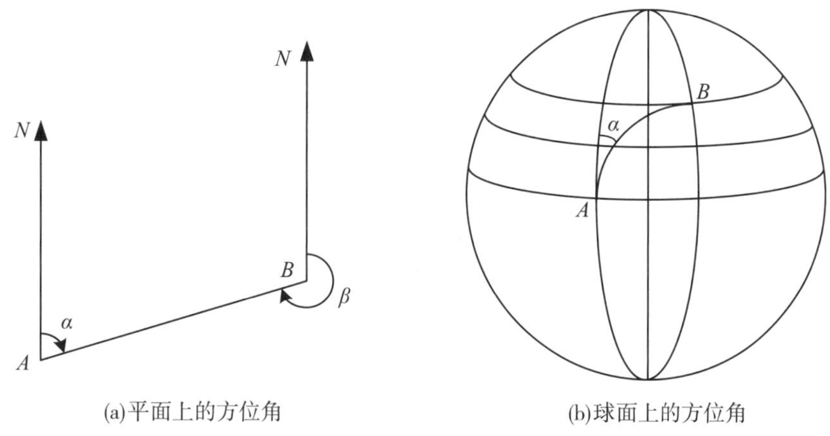

(a)平面上的方位角 (b)球面上的方位角

图 2.24 方位角定义

$$\cot\alpha = \frac{\sin\varphi_B\cos\varphi_A - \cos\varphi_B\sin\varphi_A\cos(\lambda_B - \lambda_A)}{\cos\varphi_B - \sin(\lambda_B - \lambda_A)} \tag{2.25}$$

而 A 相对于 B 的方位角为:

$$\cot\beta = \frac{\sin\varphi_A\cos\varphi_B - \cos\varphi_A\sin\varphi_B\cos(\lambda_A - \lambda_B)}{\cos\varphi_A - \sin(\lambda_A - \lambda_B)} \tag{2.26}$$

如果知道 A 和 B 的投影平面坐标，求球面的方位角可以将投影坐标先转换为地理坐标再用上面的公式计算方位角。

日常生活中，应用最广的是方向关系的定性描述。方向关系的定性描述模型主要包括锥形模型、最小约束矩形模型(MBR)、方向关系矩阵模型、基于 Voronoi 图的方向关系模型、二维字符串模型(2-D String)等。

1. 锥形模型

锥形模型最早由 Harr(1976)提出，后来由 Peuquet 和 Zhan(1987)进行了改进。锥形模型的基本思想是：在从某个空间目标出发指向另一个空间目标的锥形区域中，确定两个空间目标间的空间方向关系。具体步骤为：首先选择两个目标中较小的一个作为源目标，较大的一个作为参考目标；然后从参考目标的质心(centroid)出发作两条相互垂直的直线，将所在的平面划分为 4 个无限锥形区域，且每个锥形顶点的角平分线指向方向为一个主方向(东、南、西、北)；判断源目标方向的方法为：判断源目标位于参考目标哪一个主方向所在的锥形区域。如图 2.25(a)所示，Q 位于 P 的东主方向的锥形区域，则可得出 Q 位于 P 的东面。

由于将线状参考目标和面状参考目标表示为一个点，锥形模型仅适用于两个空间目标间的距离与空间目标的尺寸相比差别较大的情况，而如果当两个空间目标间的距离小于或接近空间目标的尺寸、两目标相交或缠绕、空间目标为马蹄形时，很可能出现错误的结论，见图 2.25(b)。为了克服这一缺陷，Peuquet 和 Zhan(1987)在原有的锥形模型中加入多边性的大小、形状、走向、最小投影矩形等因子，并使用“朝向面(face side)”的概念，使原有的模型可以处理一些复杂空间目标间的方向关系。

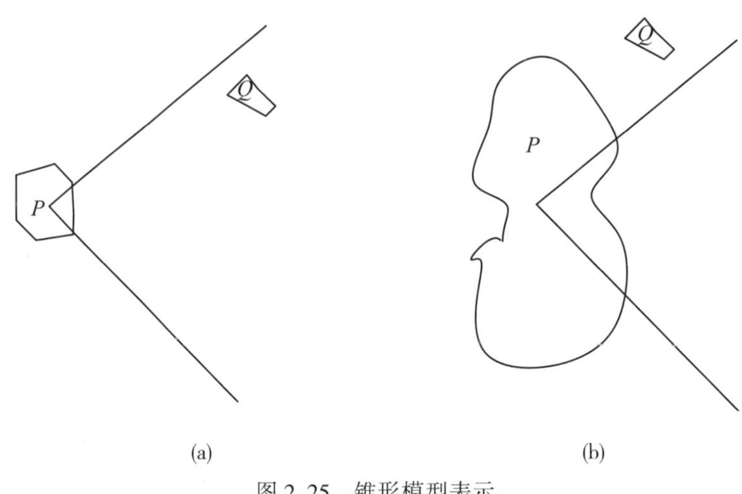

图 2.25　锥形模型表示

总体来说，锥形模型在两个空间目标的距离和大小相差较大时，其方向关系判断结果较为理想。但是，锥形模型不是一个形式化的空间方向关系描述模型，不适用于空间数据库的查询。

2. 最小约束矩形模型

最小约束矩形模型的基本思想为利用两个目标间的 MBR (Minimum Bounding Rectangle，最小约束矩形)间的关系来定义方向关系。其基本思想是找出空间目标在 X 和 Y 轴上的投影最大值和最小值(左上角点、右下角点)，构成该空间目标的 MBR(最小约束矩形)，两个空间目标间的方向关系的确定转变为相应的两个目标 MBR 的方向关系的判断(陈琳等，2002)。

MBR 模型利用空间对象的几何近似关系取代实际空间对象的关系，优点是简单、直观。其将二维方向关系问题变换为一维方向关系问题，极大地降低了模型的复杂性，在描述精度较低时(不超过 8 种方向)可以基本满足表达需要。MBR 模型在很多的空间数据和索引技术中得到应用。

但在描述空间对象间的邻近关系时，MBR 出现相交的频率很高，对象间的 MBR 关系与对象的真实关系往往不一致。部分学者对该模型提出改进设想，提出在计算方向时引进一个被称为“提炼”(refinement)的步骤，对容易出现错误关系的 MBR 进行特殊处理。

3. 方向关系矩阵模型

方向关系矩阵模型(Goyal，2000)的思想是将平面空间划分为 9 个区域，每个区域为一个方向片(direction tiles)，且每个方向片对应一个主方向，参考目标所在的方向片称为同方向。如图 2.26 所示，对于参考目标 A，其方向集为 $\{N_A, NE_A, E_A, SE_A, S_A, SW_A, W_A, NW_A, O_A\}$。

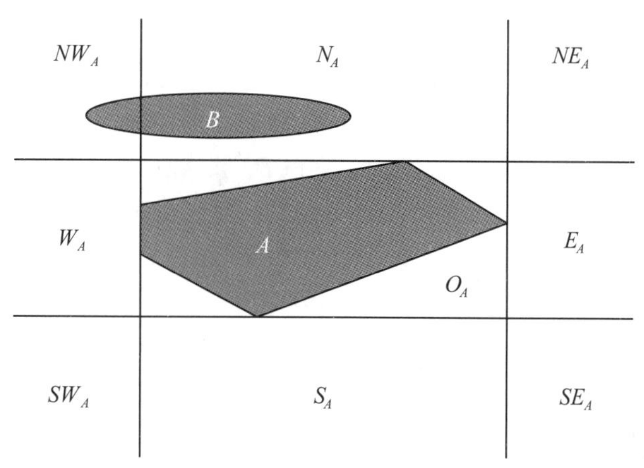

图 2.26 方向关系矩阵模型

在研究源目标 B 与参考目标 A 的关系时，可以将 B 与 A 的 9 个方向片分别求交，得到方向关系矩阵，如式(2.27)所示。根据该矩阵中非空元素的位置就可知道源目标 B 和参考目标 A 间的方向关系。

$$\mathrm{Dir}(A,\ B)=\begin{pmatrix} NW_A\cap B & N_A\cap B & NE_A\cap B \\ W_A\cap B & O_A\cap B & E_A\cap B \\ SW_A\cap B & S_A\cap B & SE_A\cap B \end{pmatrix} \tag{2.27}$$

该 3 × 3 矩阵可以有 512(即 2^9)种取值组合，Goyal(2000)在其中选了 218 种有意义的取值，建立了标象描述矩阵来表示源目标对于参考目标的空间位置，如图 2.27 所示。

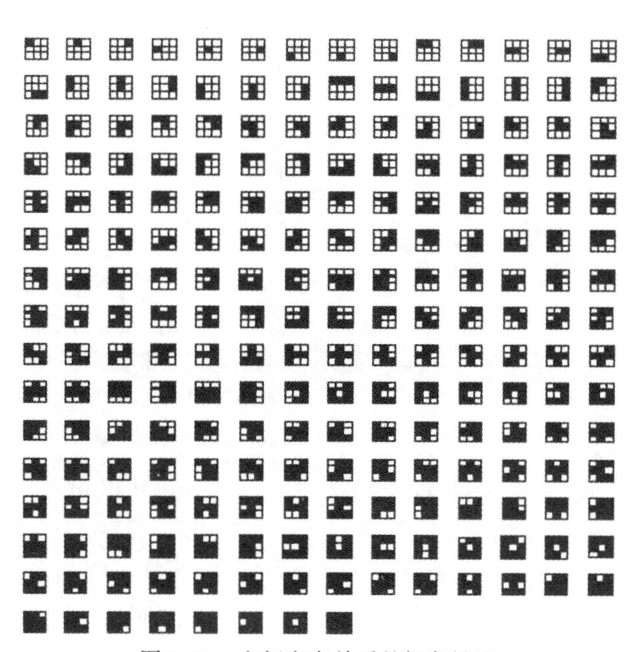

图 2.27 空间方向关系的标象描述

为了避免该模型存在的矩形模型缺陷，Goyal(2000)用源目标在某一方向片区的面积比例代替交集，原有的方向关系矩阵变为：

$$\begin{bmatrix} \dfrac{\mathrm{Area}(NW_A \cap B)}{\mathrm{Area}(B)} & \dfrac{\mathrm{Area}(N_A \cap B)}{\mathrm{Area}(B)} & \dfrac{\mathrm{Area}(NE_A \cap B)}{\mathrm{Area}(B)} \\ \dfrac{\mathrm{Area}(W_A \cap B)}{\mathrm{Area}(B)} & \dfrac{\mathrm{Area}(O_A \cap B)}{\mathrm{Area}(B)} & \dfrac{\mathrm{Area}(E_A \cap B)}{\mathrm{Area}(B)} \\ \dfrac{\mathrm{Area}(SW_A \cap B)}{\mathrm{Area}(B)} & \dfrac{\mathrm{Area}(S_A \cap B)}{\mathrm{Area}(B)} & \dfrac{\mathrm{Area}(SE_A \cap B)}{\mathrm{Area}(B)} \end{bmatrix} \tag{2.28}$$

方向关系矩阵模型较好地克服了原有矩阵模型和锥形模型在描述空间目标近似时存在的缺陷，用关系矩阵的形式描述了两个空间目标间方向关系的细节，该关系矩阵可作为空间查询、推理的基础。该模型的主要缺点在于该模型用目标所在的区域取代目标本身，使得判断容易出现偏差甚至错误；模型中对方向片的划分和人们日常对空间方向的判断思维的锥形区域不同，导致判断结果可能会出现错误，此时应根据具体情况进行分析。

4. 基于 Voronoi 图的方向关系模型

基于 Voronoi 图的模型的基本思想是通过空间目标的 Voronoi 图与空间目标的关系来描述和定义空间目标间的方向关系。在空间目标 MBR 的基础上建立 Voronoi 区域，通过空间目标 MBR 与 Voronoi 区域边界线之间的关系来描述空间目标之间的方向关系，如图 2.28 所示(李成名等，1998)。空间实体 A 和 B 之间的方向关系可以利用空间实体的最小矩形边和 Voronoi 多边形的边界线构成的 5×5 矩阵形式化描述表达。

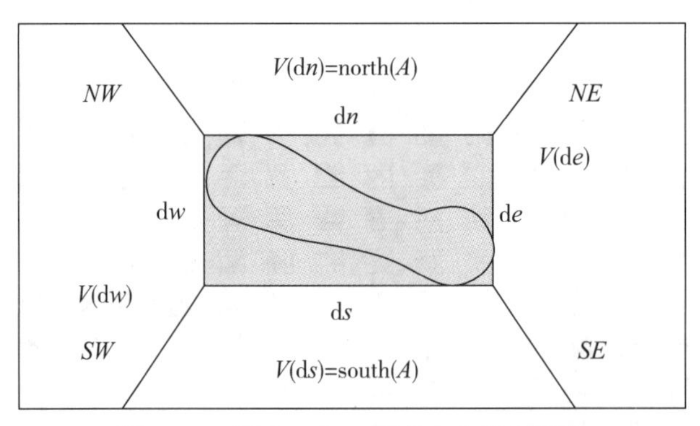

图 2.28　基于 Voronoi 图的方向关系模型

闫浩文(2003)通过建立与空间目标间指向线的法线比较近似的方向 Voronoi 图来描述空间目标间的方向关系，计算方向 Voronoi 图每条边的方位，得到空间目标之间方向关系的精确描述。如：源目标 B 的 50%位于参考目标 A 的北边，23%位于 A 的东北方向，27%位于 A 的东边等。如果连接两目标可视区域内方向 Voronoi 图的首尾端点，计算方向 Voronoi 图整体走向的方位角，可以转换为两空间目标的方向关系的概略表达，如 B 位于 A 的东北方向。

5. 二维字符串模型(2-D String)

Chang 等(1987、1992)提出了一种用于符号化图像编码的二维字符串(2-D String)的表达方法。这种方法属于基于坐标轴的投影方法，其基本思想是用某一固定大小的格网覆盖目标所在的整个区域，并使用一个二维字符串来记录每个格网中的空间物体。该二维字符串由一对一维字符串（u，v）组成，其中 u 表示物体在 x 轴方向的投影，v 表示物体在 y 轴方向的投影。不难看出，这种表示方法直接表示了空间物体间的方向关系，而没有直接表示物体间的拓扑关系。但是在某些特定情况下，可以通过该二维字符串提取出物体间的某些拓扑关系。

后来，Chang 等(1989)对原来的二维字符串进行扩展，提出 2D-G 字符串表示法。这种方法用分割函数来分割图像，找出空间物体在 X 轴水平方向和 Y 轴垂直方向的投影的关系，并用二维的字符串记录空间物体间的关系。图 2.29 是一个用 2D-G 字符串表示空间物体的例子，其中的“*es*”表示空集。

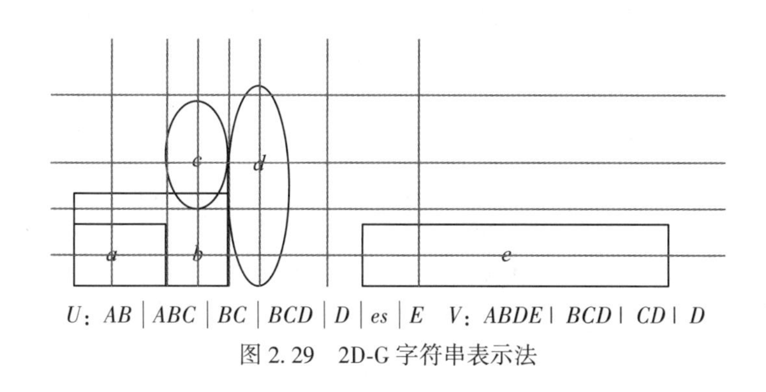

图 2.29　2D-G 字符串表示法

二维字符串表示法的主要优点是：利用线来分割空间目标，并将空间目标主方向上的图形特征记录下来，提高了方向关系的精度。主要缺点是：模型计算较复杂、无法处理某些复杂情况(如缠绕、包含、相交等)，有时由于对方向关系描述的概括而导致错误结果。

2.2.2.4　空间关系描述模型的评价

空间关系描述模型的评价一般基于完备性(completeness)、严密性(soundness)、唯一性(uniqueness)、通用性(universality)等准则进行(Abdelmoty，Williams，1994)。其中，完备性是指空间关系描述结果能包含目标间所有可能的定性关系；严密性是要求所推出的一组关系是实际存在的并且是正确的；唯一性要求所有关系是互斥的；通用性指描述方法应能处理各种形状的目标和各类关系。

具体来说，空间关系表达模型表达能力的衡量标准包括(Abdelmoty，Williams，1994)：

(1)表达的无歧义性：空间关系表达是否是形式化的、无歧义的。

(2)表达的完备性：根据该模型对空间关系进行划分，表达结果能否包含目标间实际存在的所有空间关系。

(3)表达的可靠性：根据该模型对空间关系进行划分，其结果必须与目标间实际存在的空间关系相符。

(4)表达的唯一性：根据该模型对空间关系进行划分，其结果必须是互斥的。

(5)表达的可推理性：通过该模型进行的空间关系划分结果可以用于空间推理。

2.2.3　时空空间关系

地理实体之间的空间关系往往随着时间而变化，时间关系交织在一起就形成了多种时空关系。例如，当点、线、面目标之间的空间相邻(spatial contiguity)、空间连通(spatial connectivity)、空间包含(spatial inclusion)等关系随时间发生变化时，往往与目标间的时间拓扑关系(temporal topology)交织在一起，形成了一种新的时空拓扑关系(spatiotemporal topology)。

James F. Allen(1984)提出一种时态关系描述逻辑，即时间区间逻辑。时间区间逻辑简洁实用，逐渐被人工智能界广泛接受。Max J. Egenhofer(1990)提出一种空间拓扑关系描述理论，即 4 元组模型。在时空位置的语义层次上，考虑时间和空间形式上的分离性，正交组合时间区间逻辑和四元组空间模型，形成了时空关系模型(舒红，1997；Claramunt，Jiang，2001)。

Allen 的时间区间逻辑中，时间区间为基元，两个时间区间之间的定性关系有 13 种类型：时间相等(TR_equal)、时间前(TR_before)、时间后(TR_after)、时间相遇(TR_meet)、时间被遇见(TR_met)、时间交叠(TR_overlap)、时间被交叠(TR_overlapped)、时间包含(TR_contain)、时间被包含(TR_during)、时间开始(TR_start)、时间被开始(TR_started)、时间终止(TR_finish)、时间被终止(TR_finished)。在这 13 种时间区间关系中，只有时间相等关系单一，其余 6 对关系在方向上对称。Allen 的时间区间关系是一种拓扑关系和方向关系在一维线性时间上的抽象复合。

图 2.30 中的时空关系模型是时间区间关系和空间区域关系的正交组合。其中，时间区间关系包括时间方向关系和时间拓扑关系，空间区域关系仅为空间拓扑关系。

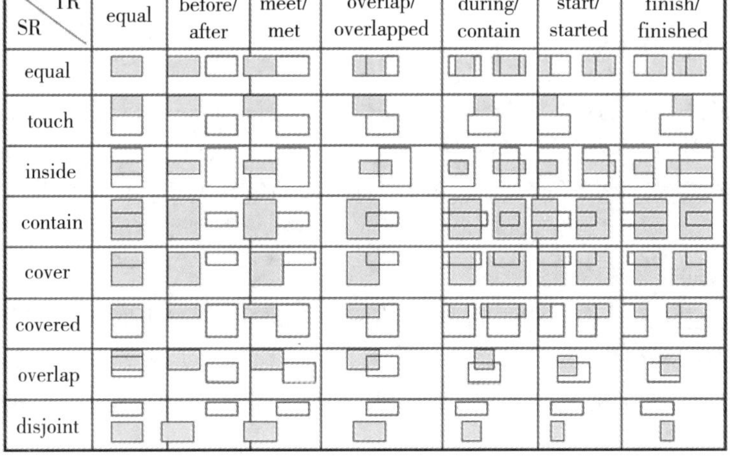

TR / SR	equal	before/ after	meet/ met	overlap/ overlapped	during/ contain	start/ started	finish/ finished
equal							
touch							
inside							
contain							
cover							
covered							
overlap							
disjoint							

图 2.30　时空关系模型

时空关系是人们定性地认识运动事物的一种视角，可以将时空关系视为相对时空、抽象时空和时空结构等概念，在上述简单空间关系模型的基础上发展相对时空定位模型、定性运动模型、层次时空模型、拓扑和形状(度量、方向和维度)复合时空模型等高级理论。

2.2.4　空间关系理论的应用

空间关系理论的研究进展直接影响 GIS 空间数据模型、空间数据库查询、空间分析、空间推理、制图综合、地图理解、自然语言界面标准化等方面的发展与应用(陈军，赵仁亮，1999)。

在 GIS 空间数据建模与空间数据库设计时，既要表达空间实体，也要表达空间实体间的空间关系。ArcGIS、TIGER 等 GIS 系统采用关系表法表达端点与弧段、弧段与面块之间的拓扑关联等空间关系，使重叠的端点与面块的坐标只需存储一次，不仅节省了存储空间，而且便于进行拓扑一致性检验和查询分析。基于 Voronoi 图的空间关系方法可以用于动态建立拓扑关系来扩展 MapInfo 的功能(陈军，崔秉良，1997)。

空间数据库的查询往往是依赖空间目标间的关系。目前的传统数据库的查询语言因为只提供了对简单数据类型(如整数或字符)的相等或排序等操作，不能有效地支持空间查询。为了构造空间查询，Arc/Info(ArcGIS 的早期版本)中通过 Macro 语言方式，把 9 元组模型的描述结果加入查询命令中；Oracle 数据库软件把 9 元组模型与 SQL 相结合，使查询功能扩展到空间域；9 元组描述模型还被用于构造基于图标的或基于自然语言的空间关系查询界面，有助于使用户从繁琐枯燥的 SQL 语法中解脱出来(Shariff et al., 1998；陈军，赵仁亮，1999)。

空间分析在某种程度上是在处理空间实体之间的相互关系，如点模式识别是在处理点状目标之间的邻近关系与分布，叠置分析则处理多个空间目标之间的相交、重叠等拓扑关系，网络分析处理的是空间实体之间的拓扑邻接与关联，邻域分析是在相互邻近的空间实体之间进行的(陈军，赵仁亮，1999)。

利用 9 元组进行空间推理是空间关系理论成果的另一重要应用，例如，人们用 9 元组模型组建空间关系的组合表，建立检测拓扑关系一致性的推理机制，通过 9 元组建立空间关系之间的概念邻接模型，推导空间关系的渐变过程，用于反映空间实体的变形过程。

2.3　空间认知理论

2.3.1　地理空间认知的概念

认知心理学中的空间认知是指人们对物理空间或心理空间三维物体的大小、形状、方位和距离的信息加工过程(赵金萍等，2006)。地理空间认知(geospatial cognition)是指在日常生活中，人类如何逐步理解地理空间，进行地理分析和决策，包括地理信息的知觉、编码、存储以及解码等一系列心理过程(Lloyd，1997；王晓明等，2005)。这里主要限定是对地理空间认知进行研究。

地理空间认知作为地理信息科学的一个重要研究领域得到广泛重视。1995 年美国国家地理信息与分析中心(National Center for Geographic Information and Analysis，NCGIA)发表了“Advancing Geographic Information Science”的报告，提出了地理信息科学的三大战略领域，包括：地理空间认知模型研究、地理概念计算方法研究、地理信息与社会研究。1996 年美国地理信息科学大学研究会(University Consortium for Geographic Information Science，UCGIS)发布的 10 个优先研究主题中也有对地理信息认知的研究。美国国家科学基金会(National Science Foundation，NSF)为了支持 NCGIA 继续推动和发展地理信息科学，自 1997 年连续 3 年资助这三大战略领域的研究。空间信息理论会议(Conference on Spatial Information Theory，COSIT)是有关地理信息科学认知理论极富影响力的论坛，它是促进地理信息科学认知基础研究领域发展和成熟的一个重要标志。COSIT 自 1993 年每两年举行一次，会议主题是大尺度空间，特别是地理空间表达的认知和应用问题。1997 年在北京举行的专家讨论报告中，地理信息认知作为地球信息机理的组成部分而成为 GIS 的基础理论研究之一。2001 年中国自然科学基金委员会在地球空间信息科学的战略研究报告中，把地理空间认知研究作为基础理论之一列入优先资助范围。地理空间认知研究作为地理信息科学的核心问题之一，已经得到普遍的认同(王晓明等，2005)。董卫华等(2022)对比分析了人们在虚拟环境和现实环境中的寻路行为和空间知识获取能力，研究发现：人们在两种环境下的寻路行为表现基本一致，但是在两种环境中的视觉注意表现出明显的区别。

2.3.2　地理空间认知的研究内容

地理空间认知作为认知科学与地理科学的交叉学科，需要对认知科学研究成果进行基于地理空间相关问题的特化研究。与认知科学研究相对应，地理空间认知研究主要包括地理知觉、地理表象、地理概念化、地理知识的心理表征和地理空间推理，涉及地理知识的获取、存储与使用等。下面分别从地理知觉、地理表象、地理概念化、地理知识心理表征、地理空间推理等方面分别介绍地理空间认知的研究内容。

1. 地理知觉

地理知觉是指将地理事物从地理空间中区分出来，获取其位置并对其进行识别。地理知觉的研究主要涉及以下几个方面。

(1)格式塔心理学(Gestalt Psychology)。现代认知心理学的先祖格式塔心理学知觉理论是对知觉组织通用原则的研究。格式塔心理学又称“完形心理学”，是一种研究经验现象中的形式与关系的心理学。格式塔心理学揭示了知觉的 4 个基本特征：相对性、整体性、恒常性和组织性。并总结了称为组织律的系列知觉组织原则，包括图形-背景原则、接近原则、连续原则、相似性原则、闭合和完整倾向原则、共向性原则、简单性原则等(王晓明等，2005)。

(2)知觉的透镜模型和供给模型。目前知觉领域影响较大的通用模型是透镜模型和供给模型。透镜模型强调了知觉者的内在世界的不确定性，知觉被看作通过一系列近端线索获得远端变量的一种间接过程(王乃弋，李红，2003)。透镜模型承认知觉包含信息加工过程，而供给模型则强调地理环境提供了足够的信息，感觉器官能直接从外界获得所需信息，根本不存在信息加工过程。其中透镜模型的影响较大(王晓明等，2005)。

(3)对象系统和位置系统的分离。地理信息加工的基本原则是对象系统和位置系统的分离。位置系统处理空间信息，判断物体在空间中的位置、大小和方向，并对各物体间的空间关系进行编码。对象系统处理用于空间物体辨识的各种信息，包括形状、颜色、纹理等(王晓明等，2005)。

(4)Marr 的草图模型及其相关研究。Marr 的草图模型是关于地理知觉过程和步骤影响最大的理论，对知觉过程和步骤的进一步研究大多在 Marr 的基础上进行。Marr 认为：神经系统所作的信息处理与机器相似。视觉是一种复杂的信息处理任务，目的是要把握对我们有用的外部世界的各种情况，并把它们表达出来(姚国正，汪云九，1984)。草图模型的研究从场景的感觉登记(图像记忆)开始，到场景被识别为一系列配置在空间中的物体、概念的实例结束(王晓明等，2005)。

(5)地理空间基于知觉方式的尺度划分。地理空间是一个连续的统一体，地理对象(现象)之间具有空间关联性和空间异质性，时空框架中地理对象的绝对位置和相对位置依其尺度和时间而变化(马荣华等，2005)。尺度问题是地理信息科学有关认知最优先的研究之一。知觉方式的不同是空间尺度划分的主要依据。心理学根据不同尺度空间知觉方式的不同，将空间划分为：图形、街景、环境和地理空间。基于空间的可处置性、移动性和尺寸，可以将空间区分为几种类型：可处置物体、非可处置物体、环境、地理、全景和地图空间。这些不同空间概念的划分对未来 GIS 的设计具有重要意义。地理空间作为空间的特例，具有其特有的性质(王晓明等，2005)。

(6)地理空间知觉方法差异性研究。地理空间知觉方法存在差异，环境空间的知觉主要靠导航经验，地理空间的知觉主要靠读图。基于地图的地理空间认知，就是通过阅读地图来实现人们对地理空间的认知，基于地图的地理空间知觉过程是基于地图的地理空间认知基本过程中的首要步骤(张本昀等，2007)。知觉方法对地理知识的获取、存储和使用都具有重要影响。读图方式和导航方式存在较大差异(王晓明等，2005)。

2. 地理表象

表象是创造性科学思维中的关键因素，作为认知科学中一个重要概念，是人类意识对物质世界主动和积极的形象化反映，表现为“象”“形”等。地理表象用来表示在地理意向性理论指导下的地理形象思维所产生的各种“象”，它既是地理思维活动的产物，又是地理思维得以进行的载体，与地理知识的使用和地理空间的推理密切相关(王晓明等，2005)。地理表象的研究主要涉及以下内容。

(1)研究表象的重要方法。心理旋转实验是研究表象的重要方法。心理旋转的研究是当前认知心理学表象理论的重要组成部分，它有力地支持了表象是一个独立的心理表征的观点。心理旋转作为一种空间认知能力，与语言相同的是，都属于个体认知发展过程中的一种相对高水平的能力；不同的是，心理旋转是一个没有标记的、不用计算的、连续的、类比的过程(赵晓妮，游旭群，2007)。

实验中给出两个几何体，要求被试者以最快的速度判断其是否是同一物体。实验发现被试者在心理旋转这些物体时，角度越大，需要时间越长，且旋转速率相对稳定(王晓明等，2005)。

(2)类命题理论和准图片理论。在心理表象研究中，影响最大的两个理论是类命题理论和准图片理论，这两大理论是相互对立的。类命题理论认为表象作为服务于思维的抽象概念结构，对场景的描述不是类似图片，而是类似于命题的符号结构系统。人们使用概念进行知识表征，只是概念化的记忆东西，记忆中存储的是对事物的说明、解释，而不是具体的表象；人有内部的表象体验，但存储的只是事物的意义。但是，按照准图片理论，表象内部结构和产生机制与视知觉类似，具有大小、方位和位置等空间特性，是类图片形式的二维表面矩阵。矩阵的每一成分由表示局部视野的基元组成，基元与一些其他基元相邻，可以形成方向、纹理、位置和景物。除了上述两个理论，还有其他表象理论，如知觉行为理论和结构描述理论等(王晓明等，2005)。

(3)地理表象的基本形式。地理表象分为4种基本类型：地理区域、综合体、地理景观和区域地理系统。地理区域是地理学家为研究地理环境所产生的一个知识概念，可以表示任意大小的区域，具有相对均质性。综合体是指由若干个相互作用的成分组成的地理实体。地理景观指在某个发生上一致的区域，若干地理现象的某种组合关系的节律性典型重复，可以包含若干个最小空间功能单元体。区域地理系统是对地理区域进行系统研究所建立的系统，它以地理景观为结构组件，按照地理事件发生的过程来构造系统模型(王晓明等，2005)。

3. 地理概念化

概念化是把具有共同特征的事物归为一类，而把不同特征的事物放在不同类中。地理实体通过概念化得到辨识，地理知识通过概念化得以概括和精简，其对地理知觉和地理知识存储具有重要意义。通过概念化分类可以将大量知识简化到可以处理的比例。地理概念化是地理世界已知地理实体、实体属性和实体间关系的知识库，依据概念化知识记忆和理解地理世界。地理概念化研究主要包括概念化方法、理论和地理实体的本体(王晓明等，2005)。

(1)地理概念化方法。地理概念化方法主要有基于经典集合论的方法和原型分类方法。集合论方法的概念化目前在GIS语义表达和共享中广泛采用，主要内容包括：分类是任意的；类型具有定义属性或关键属性；集合的内涵(一系列的属性)决定其外延(集合的成员或元素)。Rosch运用原型分类法曾对自然概念的分类进行研究，他认为原型是关于某一类事物的典型特征模式，当物体特征与原型认知范畴越接近，就越有可能被划归到某一原型范畴中(于松梅，杨丽珠，2003)。原型分类的方法更符合日常生活中人的认知分类，主要内容包括：分类并不是任意的，而是受多种知觉和认知因素的影响；基础层次类型各个成员享有更多相似的知觉和功能特征，更容易形成心理表象；类型具有一种内在的渐变结构，是基于核心成员——原型而构建的，类型不具有关键属性，事物类型的归属通过其与原型的相似程度来判定；在原型分类下，类型集合的边界是模糊的，为模糊集(王晓明等，2005)。

(2)地理概念化理论。地理概念化理论主要包括图式理论和初级次级理论。图式理论是有关地理概念存储方式的理论，初级次级理论是有关概念形成影响因素的理论。图式理论强调，人们已经具有的知识和知识结构对其认知活动起决定作用。根据鲁梅尔哈特的观点，图式代表一种相互作用的知识结构，涵盖了词汇意义、复杂事件、意识形态等不同层面的知识网络，也就是指人们通过不同途径所积累的各种知识、经验等的集合。图式有序地储存在人类大脑的长期记忆中，构成了一个庞大的网络(潘红，2008)。图式是围绕某一主题组织起来的知识表征和存储方式，是人们用以逐步理解世界的基础概念化组织。地理类型的图式是存储和编码环境中“日常”地理对象相关类型的认知结构，可用于发现环境中特定地理类型的新实例，并将该实例的特定信息填充进来。在知识获取和精化的过程中，图式起关键导向作用。初级理论是在人类文化和人类发展阶段都能找到的地理常识，由基本的心理学和物理学知识组成，主要与一些能直接感知和交互的中等尺度地理现象的知识相关；次级理论由具有不同经济和社会特性的民间信念、知识组成，主要与一些大尺度地理现象的知识相关(王晓明等，2005)。

(3)地理实体本体。本体是对世界本质的研究，地理实体本体主要处理地理实体类型的本质和内涵。地理信息科学中的本体兼具哲学本体和信息本体的双重含义。地理本体是面向地理领域的概念模型，它包含领域内通用的、普遍的概念，并且规定了领域级别上的约束，这些约束可以被用来进行知识级别上的推理，因此地理本体表达的是更高级别的信息需求(苏里等，2007)。地理分类的一个显著特点是分类的实体不仅位于空间之中，而且以一种内在的方式与空间绑定，继承了空间的多种结构属性(隶属、拓扑和几何等)。地理实体本体的研究包含地理实体真实/认可二元划分及其隶属拓扑原则和基础层次地理类型。隶属拓扑是地理类型划分的最重要原则，此外，定性几何(凸凹、长短、大小和形状等)及物体的维度也与基础层次地理类型划分相关。地理实体在地理对象和地理边界划分的基础上，根据真实/认可的二元划分，可进一步划分为真实地理对象、认可地理对象和真实地理边界、认可地理边界。人类主要生活在由认可对象层次结构构成的世界中，认可对象类型划分在分类模式中起关键的组织作用。认可对象的类型划分为：某些特殊地理对象的部分边界、法律认可对象、科学认可对象、舆论认可对象、模糊认可对象。隶属理论和拓扑理论是地理类型划分的核心理论，真实对象和认可对象遵循不同的原则。真实对象的所有边界都是真实边界，其隶属拓扑遵循开闭原则；认可对象边界不完全是真实边界，其隶属拓扑不支持开闭原则，而采用边界空间一致性原则。在基础层次，地理类型比其超类和附属类包含相关实体的更多信息，超类和子类主要以一种语义(如效用)规范的形式出现，基础层次地理类型包含的多数信息是可观测对象及其属性信息。尺度、位置和形状是基础层次类型的关键信息，因此基础层次的地理类型通常以成组或系列方式出现，如“池塘—湖—海—洋”等。地理类型的形状信息通常可分解为不同类型间的部分-整体关系，其是基础层次类型的关键信息。部分-整体关系有时可转变为地理类型间的传递包含关系(王晓明等，2005)。

4. 地理知识心理表征

心理表征指长时记忆中知识的存储，可区分不同的类型或系统。地理知识心理表征的研究需要区分不同的编码系统和类型(王晓明等，2005)。

(1)地理知识编码。地理知识是高层次的地理信息，是关于地理时空问题的认知、理解与规律表达(龚建华等，2008)。地理知识的编码方法主要存在3个理论：表象理论、概念命题理论和双重编码理论。表象理论的核心内容是图片的隐喻，环境的视觉信息经过大脑加工，以图解的形式进行简化和有序编码与存储，并存在一定的扭曲。它同地图一样具有度量内涵。概念命题理论认为所有视觉信息和语言信息都以概念命题的形式进行存储，其强调视觉信息被输入后，必须处理为概念命题的形式才能进行存储。双重编码理论认为表象和命题形式的编码共存，其相互分离，并行运转，同时又互相联系（王晓明等，2005）。

（2）地理知识类型。地理知识类型主要存在两种不同的划分方法。一种划分方法是将地理知识类型划分为地标知识、路线知识和测量知识。地标知识是地理空间中显著的、容易从多个方向辨别和记忆的要素，用来定位附近的地理对象。路线知识是按特定行进路径对已知地标次序信息和其相配套的行为要求，将路线的行为去除后就是路径。测量知识是地理空间详细和全面的概览知识。另一种地理知识类型的划分方法是划分为过程性知识和陈述性知识。过程性知识表示在地理空间中如何行动，路线知识就是典型的过程性知识。陈述性知识表达地理空间的布局，测量知识和地标知识属于陈述性知识，采用双重编码（王晓明等，2005）。

5. 地理空间推理

地理空间推理主要研究地理事物在地理空间中位置的表达和相关推理。地理空间推理就是地理空间关系的推理，它也包括一般的空间推理问题（褚永彬，2008）。为深入理解推理过程，必须利用相关推理方法对推理过程进行深入研究。推理方法主要包括定性推理和定量推理，定性推理主要包括空间关系推理和分层空间推理（王晓明等，2005）。

（1）定性推理和定量推理。思维中存在定量推理和定性推理。定量推理的方法和表象编码的结构相一致，而定性推理的方法与命题编码的结构相一致。定量推理基于绝对空间的观点，将空间作为容器，建模为坐标空间，如欧氏几何空间。定性空间推理研究的是人类对几何空间中空间对象及其定性关系认知常识的表示与处理过程（郭平，2004）。定性推理基于相对空间的观点，认为空间是由实体间空间关系构成的，实体通过与其他实体间空间关系进行相对定位，实体间空间关系是表达和推理的主要内容（王晓明等，2005）。

（2）空间关系推理。地理空间推理不仅要处理空间实体的位置和形态，而且应当对空间实体之间的空间关系进行处理（郭庆胜等，2006）。空间关系通常分组为拓扑、方向和距离，它是定性空间推理的核心。在地理空间中，拓扑关系被认为是在认知中最常用的空间信息，方向和距离则被认为是拓扑分离关系的精化。大量的证据表明，人类在利用空间关系表达地理空间时，拓扑关系是非常精确的，而方向关系和距离关系则经常被扭曲（王晓明等，2005）。

（3）分层空间推理。空间信息在认知中以分层的形式进行组织。分层空间推理下，对象间空间包含和语义分组可以形成一种分层的数据结构，并可能导致方向和距离判断的偏好和错误。研究表明，一般层次信息和同容器下各对象间的空间关系会明确编码，而不同容器对象间空间关系则不会明确编码，当信息不完整时，对象间空间关系的判定常常利用这种分层的数据组织进行推理（王晓明等，2005）。基于层次表示的推理需要解决的问题包括3个方面：层次间的泛化与细化，以及同一层内的组合表推理（郭平，2004）。

在日常生活中，人们如何逐步理解地理空间，进行地理分析和决策，包括地理信息的知觉、编码、存储、记忆和解码等一系列心理过程，构成了地理空间认知的过程(王晓明等，2005)。地理空间认知着重研究地理事物在地理空间中的位置和地理事物本身性质，包括研究地理知觉，如何形成地理表象及地理表象的基本形式，并通过地理概念化对地理知识进行概括和精简，有效地存储地理知觉和地理知识，通过区分不同的编码系统和类型形成地理知识心理表征，并进行地理事物在地理空间中位置的表达和相关推理。

2.4　空间推理理论

2.4.1　空间推理的概念

空间推理是指利用空间理论和人工智能 AI(Artificial Intelligence)技术对空间对象进行建模、描述和表示，并据此对空间对象间的空间关系进行定性或定量分析和处理的过程(刘亚彬，刘大有，2000)。目前，空间推理被广泛应用于地理信息系统、机器人导航、高级视觉、自然语言理解、工程设计和物理位置的常识推理等方面，并且正在不断向其他领域渗透，其内涵非常广泛。空间推理的研究在人工智能中占有很重要的地位，是人工智能领域的一个研究热点，也是 GIS 领域的一个重要研究热点(刘亚彬，刘大有，2000)。

空间推理的研究起源于 20 世纪 70 年代初。在国外，成立了许多专门从事空间推理方面研究的协会和联盟，如：①美国国家地理信息与分析中心 NCGIA；②美国地质勘探局 USGS(U. S. Geological Survey)；③欧洲定性空间推理网 SPACENET；④匹兹堡大学空间信息研究组；⑤慕尼黑大学空间推理研究组等。

国际知名期刊 *Artificial Intelligence* 发表了许多有关空间推理的文章，而且呈逐年增长的趋势。在一些大学里，不仅有越来越多的研究人员从事空间推理方面的研究工作，而且还在大学生和研究生中开设了空间推理方面的课程。空间推理方面的学术会议众多。例如，1993 年以来，一些重要的国际 AI 学术会议，如 IJCAI(International Joint Conference on Artificial Intelligence，国际人工智能联合会议)，AAAI(Association for the Advancement of Artificial Intelligence，国际先进人工智能协会)，ECAI(European Conference on Artificial Intelligence，欧洲人工智能大会)等，都把时态推理和空间推理作为重要的专题(刘大有等，2004)。2000 年 6 月在美国新奥尔良召开的 IEA/AIE 2000(International Conference on Industrial and Engineering Application of Artificial Intelligence and Expert Systems，人工智能与专家系统的工业工程应用国际会议)研讨会，2000 年 6 月在美国得克萨斯州召开的 AAAI 2000 研讨会，2000 年 8 月在柏林召开的 ECAI 2000 等人工智能学术会议，都是以时空推理为主题的。许多大学和研究机构纷纷在 Internet 网上建立空间推理网站，通过这些网站，研究人员可以十分方便地查询资料和进行交流。空间推理已成为人工智能的一个热点领域(刘亚彬，刘大有，2000)。在空间信息处理领域，人们也逐步开始重视地理空间推理的研究(郭庆胜等，2006)。

2.4.2　空间推理的特点

空间推理具有以下特点：

(1)空间推理是以空间和存在于空间中的空间对象为研究对象。我们不能脱离空间和存在于空间中的空间对象来研究空间推理。

(2)在空间推理过程中运用了人工智能技术和方法。

(3)空间推理处理的是一个或几个推理问题。

(4)空间推理是基于空间和存在于空间中的空间对象已经被建模的前提下，不能在没有模型的情况下讨论空间推理。

(5)空间推理必须能够给出关于空间和存在于空间中的空间对象的定性或定量的推理结果(吴瑞明等，2002)。

(6)空间推理必须能够描述空间行为。

(7)当空间推理模型把问题分解为几个组成部分时，必须能够描述这些组成部分的相互作用。

(8)在空间推理过程中，可能用到空间谓词，空间中确定的点使某些空间谓词为真，而使另一些空间谓词为假。

(9)空间推理应该能够处理带有模糊性和不确定性的空间信息(杨丽，徐扬，2009)。

(10)空间推理应该能够添加和处理时间因素，即成为时空推理。

(11)空间推理应该具有空间自然语言理解能力。

目前，空间推理被广泛地应用于地理信息系统、机器人导航、高级视觉、自然语言理解、工程设计和物理位置的常识推理等领域，并且正在不断向其他领域渗透。正是由于空间推理具有广阔的应用前景，才激励着空间推理研究者不断研究和探索(刘亚彬，刘大有，2000)。

2.4.3　空间推理的研究内容

空间推理除了具有常规推理的一般共性之外，还具备地理空间特性，这种空间特性是指地理空间实体的位置、形态以及由此产生的特征。所以，空间推理要处理空间实体的位置、形状和实体之间的空间关系。

空间推理也叫作空间关系推理(郭庆胜等，2006)。从广义上讲，地理空间关系所包含的内容比较丰富，例如：空间拓扑关系、空间方位关系、空间距离关系、空间邻近关系、空间相关关系、空间相关性等。为了提高空间推理的效率，需要研究适合空间目标表达的空间数据索引。目前，空间推理的研究主要集中在如下几个方面。

(1)根据空间目标的位置，基于给定的空间关系形式化表示模型，推断空间目标之间的空间关系。学者们讨论比较多的是空间拓扑关系，例如，基于2D-String(二维字符串)模型，根据空间目标在每个坐标轴上投影的起始点和终止点的位置关系，推断空间目标之间的关系(Lee，Hsu，1992)；基于4交集模型或9交集模型，把空间目标看成点集，根据两个空间目标点集的边界、内部和补集之间的交集是否为空来推断空间拓扑关系(陈军，赵仁亮，1999)。

(2)根据空间目标之间的已知基本空间关系，推断空间目标之间未知的空间关系。该研究涉及空间关系推理规则的表示和推理策略。

(3)利用空间推理，从空间数据库中挖掘空间知识，也可以利用事件推理的方法进行空间目标的模糊查询(郭庆胜等，2006)。

(4)基于常识的空间推理研究。所谓常识，是相对于专业知识而言的，常识推理就是用到常识的推理。常识推理是一种非单调推理，即基于不完全的信息推出某些结论，当得到更完全的信息后，可以改变甚至收回原来的结论；常识推理也是一种可能出错的、不精确的推理模式，是在允许有错误知识的情况下进行的推理，即容错推理。实际上人的常识推理包含很多方面，上述仅是在不完全知识下推理的一般性质。不确定性推理、模糊推理、定性推理、次协调推理、类比推理、基于案例的推理、信念推理、心智推理等都从不同的方面对常识推理的某个特性进行了形式化研究(葛小三，边馥苓，2006)。

(5)时空推理。影响空间推理结果的因素包括空间因素和时间因素。时空推理是指在空间推理过程中添加时间因素。地表、地下和大气等空间对象的状态不仅受到空间因素的影响，同时，从一个漫长的时间过程来看，也必将受到时间因素的影响。时空推理是更一般的空间推理，或者可以说空间推理是时空推理的一个特例。

(6)定性空间推理。当描述一个空间配置或对这样的配置进行推理的时候，要获得精确、定量的数据通常是不可能的或不必要的。在这种情况下，可能要用到关于空间配置的定性推理。定性空间表示包括许多不同的方面，不仅要判定什么样的空间实体是我们可以接受的，同时还要考虑描述这些空间实体之间关系的不同方法(廖士中，石纯一，1998)。

2.5 空间数据不确定性分析理论

2.5.1 不确定性

“上帝从不掷骰子”，爱因斯坦以此来表示他对量子力学中不确定性理论的态度。然而，海森贝格(Heisenberg)认为：“上帝也许不仅掷骰子，而且往往把骰子掷到意想不到的地方。”爱因斯坦坚决反对量子力学的非决定论思想。1927年3月23日，海森贝格(Heisenberg)在《物理学杂志》上发表了一篇论文，在物理学界掀起了一场革命，他提出的量子理论颠覆了数百年来人们对物质、光和现实本身的看法。这一原理被称为“Uncertainty Principle”，最初被翻译为“测不准原理”，现在改译为更加具有普遍意义的：不确定性原理(史文中，2005)。Heisenberg不确定性原理是世界的一个基本的不可回避的性质问题。不确定性是现实不可避免的一部分，是人们达到全知的永久障碍。在自然界和人类社会中，到处充满了不确定性，可以认为我们与不确定性共处，不确定性具有普遍性(史文中，2005)。

早期的不确定性概念是误差的近义词，两者在大多数情况下可以相互通用，但在测量界还是采用“误差”这一概念。误差，指统计意义下的偏差(variation)或错误(mistake)，主要包括系统误差、随机误差和粗差。在强调不确定性的统计内涵时，测量工作者常常习惯于将不确定性称为观测误差，而地理工作者则更多地直接称为不确定性(史文中，2005)。

“不确定性”(uncertainty)是一个比“误差”更广义、更抽象的概念(Zhang, Goodchild, 2002)。不确定性可以看作一种广义的误差，既包含随机误差，也包含系统误差和粗差；还可包含可度量和不可度量的误差，以及数值上和概念上的误差。

一般而言，不确定性是指被测量对象知识缺乏的程度，通常表现为随机性和模糊性。

1. 随机性

在自然界与人类社会中，经常会遇到这样一种现象：在完全相同的条件下，一个试验或观察出现的结果可能是不同的。例如：在完全相同的条件下掷骰子，结果有 6 种可能，这种现象称为随机现象。其特点是：可重复观察，在观察之前知道所有可能的结果，但不知道到底哪一种结果会出现。这种现象是一种由客观条件决定的不确定现象。这是因为事件发生的条件不充分，使得条件和结果之间没有必然的因果关系，因而在事件的出现与否上表现出不确定性。

随机性有极为普遍的来源，是客观世界固有的普遍特征。随机性使得人类对宇宙的探索更艰巨，科学家们认识世界时需要更复杂的理论。但是，随机性也使得这个世界丰富多彩，魅力无穷。无论在客观世界还是主观世界，随机性都无处不在。社会、历史，乃至每个人的生活也都充满了随机性。人与人、人与事的相互作用，相互影响都是随机的。任何人的出生都是一系列的巧合的结果，在成长的过程中，遇到什么样的同学、朋友、同事、爱人，人生道路上会遇到什么样的意外，在人生的十字路口上会作出什么样的选择，会成长为什么样的人，最终会以什么样的方式离开这个偶然来到的世界，都是随机的。但正是这种随机性，使我们有了追求与奋斗的源动力(李德毅，杜鹢，2005、2014)。

2. 模糊性

不确定性的早期研究内容仅仅是针对随机性，概率论和数理统计已经有了近 100 年的历史。随着研究的深入，人们发现一类不确定现象无法用随机性来描述，这就是模糊性。美国的系统科学家扎德(L. A. Zadeh)于 1965 年发表了“Fuzzy Sets”，创立了模糊集理论(Zadeh, 1965)。模糊集自提出以来，受到广泛重视，迄今已成为一个较为完善的数学分支，并且在很多领域得到卓有成效的应用(胡宝清, 2004)。

有一个古老的希腊悖论：一粒种子肯定不能叫“一堆”，两粒也不是，三粒也不是……。另一方面，所有人都同意，一亿粒种子肯定称为“一堆”。那么，适当的界限在哪里？我们能不能说，123585 粒种子不叫“一堆”，而 123586 粒就构成“一堆”？在这个悖论中，“一粒”和“一堆”是有区别的两个概念，它们的区别是渐变的，不是突变的，两者之间并不存在明确的界限。“一堆”这个概念带有某种程度的模糊性。类似的概念，如年老、高个子、很大、很小等也是具有模糊性的概念(刘应明，任平，2000)。

精确和模糊，是一对矛盾，根据不同情况有时要求精确，有时要求模糊。比如打仗，指挥员下达命令：“拂晓时发起总攻”，就很可能引发混乱。这时，一定要求精确“某月某日清晨六点发起总攻”，不能有片刻的误差。但是，如果事事要求精确，人们就没有办法顺利地交流思想。例如，我们在评价一个人时说“这个人还可以”，那么这时什么是“还可以”，就没有一个明确的定义。有些现象本质上是模糊的，如果硬要使之精确，自然难以符合实际。如考试中“90分以上为优秀”，那么89分的就不优秀了，用一分之差来区别优秀和不优秀，是否有点不合理。另一方面，有些问题的模糊化可能使问题得到简化，灵活性大大提高。例如，在地里摘玉米，要求摘一个最大的，那就很麻烦；但是如果要求摘一个较大的，那么就比较容易(刘应明，任平，2000)。

2.5.2 空间分析的不确定性

地球空间信息科学、生物科学和纳米技术三者一起被认为是当今世界上最重要的、发展最快的三大领域。从原理上讲，地球空间信息科学主要包括以下几个方面：地理现象的表达模型、地理参考系统、地理数据的自身本质、不确定性、多尺度及地理抽象。因此，不确定性是地球空间信息基础理论的主要组成部分之一，空间数据的不确定性分析是地球空间信息科学的重要基础理论之一(史文中，2005)。

空间数据及分析中的不确定性直接影响GIS产品的质量。空间分析的不确定性及其影响体现在以下几个方面。

(1)空间数据的获取和处理产生不确定性：空间数据在获取过程中，由于仪器设备和处理技术的限制，在每一个环节上都可能会产生难以预料的系统误差和随机误差。尽管空间数据中所存在的不确定性可以通过数据编辑、纠正等得以部分消除，但空间数据结果中仍然存在大量随机或系统的不确定性，有时甚至严重影响产品的可靠性(刘文宝，1995)。因此，GIS产品中不可避免地存在误差(史文中，2005)。

(2)空间数据的不确定性影响决策结果的质量：在利用空间数据辅助人类决策过程中，如城市规划、土地管理等，不确定性是广泛存在的(史文中，2005)。许多基于地学数据的决策，都会受到数据不确定性问题的影响。在决策分析时，如果考虑数据中的不确定性及其在分析过程中的传输和积累，那么可能避免不确定性在数据采集者、数据使用者和不确定性分析者之间的脱节。空间数据的不确定性可以直接或间接地影响最终决策的准确性和可靠性(Mowrer，2000)。

(3)空间数据的不确定性直接影响GIS产品的质量：当前GIS软件设计的假设前提是空间数据中不包含误差，并且GIS主要处理确定性数据。但是这与空间数据中不确定性的普遍存在性相抵触。利用只能处理确定性数据的GIS软件来处理大量具有不确定性的空间数据，会导致与现实不符的结果(史文中，2005)。Alber(1987)曾经十分尖锐地指出：由于现有的GIS不能处理数据、模型和空间操作中的不确定性问题，虽然它能以相当快的速度生产各种表面上看来精美无比的产品，但实际上是一堆废物。GIS的发展必须高度重视和研究GIS的不确定性理论。

空间数据与分析中的不确定性理论研究对发展地球空间信息科学具有十分重要的意义。空间数据与分析中的不确定性理论研究是GIS基础理论研究的一个重要组成部分，其发展有利于完善GIS基础理论的研究(史文中，2005)。

2.5.3 空间分析方法的不确定性

利用GIS空间分析功能，通过对原始数据模型的观察和实验，用户可以获得新的知识和发现，并以此作为空间行为的决策依据。然而，由于空间数据总是受到不同类型不确定性的影响，而这些不确定性又通过空间分析而传播，其结果势必导致空间分析的结论不正确(史文中，2005)。下面具体介绍相关的空间分析方法的不确定性。

1. 网络分析及其不确定性

网络分析不确定性问题是一个值得深入研究的领域(史文中，2005)。网络分析的不确定性可以初步归纳为以下几个方面。①路径分析中的不确定性，主要是由于网络节点和边的动态性引起的网络分析的不确定性。例如：在实时交通网络分析过程中，网络节点(如十字路口)和边(站点之间的交通拥塞情况)具有动态性，以致在实时的最佳路径分析中具有不确定性。②地址匹配分析中的不确定性，由于地址编码出现错误、地址语义理解的不一致性等原因使得地址匹配分析中存在不确定性。③资源分配分析中的不确定性，资源分配网络模型由中心点(分配中心)及其状态属性和网络组成。一种是由分配中心向四周输出，另一种是从四周向中心集中。由于分配中心的资源具有动态性、分配方案具有不确定性等原因引起资源分配分析中也存在不确定性。

2. 空间统计分析及其不确定性

空间统计分析是 GIS 空间分析的重要功能之一，空间统计分析方法包括：常规统计分析、空间自相关分析、回归分析、趋势分析、专家打分模型分析等(史文中，2005)。在统计分析过程中，由于统计分析方法选择的不同，所得的统计分析结果也将不一致。前面 4 种统计方法都是按照各自的算法来执行的，具有一定的客观性，而专家打分则具有明显的主观成分，对最终结果必然带来不同程度的不确定性。

3. 叠置分析及其不确定性

叠置分析是 GIS 中基本的空间分析方法之一，它将两层或多层地图要素进行叠加产生一个新的要素层，其结果是将原来的要素分割成新的要素，新要素综合了原来两层或多层要素所具有的属性。在叠置分析过程中，叠置结果既保留了叠置前各层的点、线、面等空间对象的固有属性及其不确定性，同时由于叠置操作也产生了新的不确定性(史文中，2005)。

4. 缓冲区分析及其不确定性

缓冲区分析既是一类基本的 GIS 数据查询操作，也是 GIS 中一项重要的空间分析功能。它采用宽度预先确定的多边形来描述某一特殊空间特征周围的不确定性，位于该缓冲区内的任何其他的空间特征都被看作一定程度地靠近缓冲区对应的空间特征，而靠近的程度则由预先确定的缓冲区宽度来量化。缓冲区分析的不确定性主要是由于源空间特征的位置不确定性、缓冲区宽度的不确定性两个方面的原因引起的(史文中，2005)。

5. 不确定性及其分布的可视化

不确定性的可视化也是 GIS 空间分析的主要研究领域之一。可视化是不确定性数据和分析结果的一种表现形式，其操作的目的是更好地理解空间数据及模型。空间数据质量的可视化采用直观的二维、三维图形或其他灵活的形式表现出数据的质量，可以把抽象的数据质量度量表现出来。这方面的研究主要有空间矢量数据误差模型的可视化表示、栅格数据(如影像分类)结果不确定性的可视化表示、GIS 分析应用结果不确定性的可视化表示等(史文中, 2005)。

2.5.4 空间数据不确定性分析的数学基础

2.5.4.1 概率理论

概率理论是研究随机现象的一门学科，是在建立随机现象一般数学模型的基础上研究事件、概率、随机变量等的基本规律。对于研究由空间数据的随机误差而产生的不确定性问题，概率论提供了一种良好的工具。

在确定条件下重复 n 次试验，记其频率为 $\frac{m}{n}$，其中 m 为事件 A 发生的频数；若 n 足够大，$\frac{m}{n}$ 会趋向于某一常数值 p(即 $\lim\limits_{n\to\infty}\frac{m}{n}=p$)，则称常数 p 为事件 A 的概率，记为 $P(A)=p$。这就是概率的统计定义。其中，数值 p 是事件 A 发生的可能性大小的客观数量描述。由其定义可知，$0\leqslant P(A)\leqslant 1$，样本空间的概率 $P(\Omega)=1$，Ω 表示必然事件。不可能事件 $\varnothing$ 的概率 $P(\varnothing)=0$。频率是由试验决定，随试验结果的不同有所变化，而概率值 p 是客观存在的，是事物本身的一种属性，不依赖试验而改变。概率的统计定义提供了一种概率值近似计算方法，即采用大量试验事件中的频率 $\frac{m}{n}$ 作为事件概率 p 的近似值。一般情况下，n 越大，近似程度越高。

由概率论、数理统计和随机过程构成的概率理论，为研究不确定性奠定了数学基础，也为研究不确定性提供了工具。

2.5.4.2 证据理论

证据理论是一种重要的不确定性理论，它首先由德普斯特(Dempster)提出，并由沙拂(Shafer)进一步发展起来，因而又称为 D-S 理论。1981 年巴纳特(Barnett)把该理论引入专家系统中。同年，卡威(Garvey)等利用它实现了不确定性推理，从而引起人们的兴趣。由于该理论具有较大的灵活性，因而受到人们的重视(蔡自兴，徐光祐，2004)。

证据理论是用集合表示命题的。设 D 是变量 x 所有取值的集合，且 D 中各元素是互斥的。在任一时刻 x 都能且仅能取 D 中的某一个元素为值，则称 D 为 x 的样本空间。在证据理论中，D 的任何一个子集 A 都对应一个关于 x 的命题，称该命题为“x 的值在 A 中”。例如，用 x 代表所能看到的红绿灯的颜色，$D=\{$红、黄、蓝$\}$，则 $A=\{$红$\}$ 表示“x 是红色”；若 $A=\{$红、绿$\}$ 则表示“x 是红色，或者绿色”。设 D 为样本空间，2^D 表示 D 的所有子集，分别为 $A_1=\{$红$\}$，$A_2=\{$黄$\}$，$A_3=\{$绿$\}$，$A_4=\{$红、黄$\}$，$A_5=\{$红、绿$\}$，$A_6=\{$黄、绿$\}$，$A_7=\{$红、黄、绿$\}$，$A_8=\{\varnothing\}$，子集的个数为 $2^3=8$ 个。

在证据理论中，可分别用概率分配函数、信任函数和似然函数等概念来描述和处理知识的不确定性。

1. 概率分配函数

概率分配函数定义如下：

设函数

$$M: 2^D \to [0, 1] \tag{2.29}$$

而且满足

$$M(\varnothing) = 0$$
$$\sum_{A \subseteq D} M(A) = 1 \tag{2.30}$$

则称 M 是 2^D 上的概率分配函数，$M(A)$ 为 A 的基本概率数。

概率分配函数的作用是把 D 的任意一个子集 A 都映射为 $[0, 1]$ 上的某个数 $M(A)$。当 $A \subseteq D$，且 A 由单个元素组成时，$M(A)$ 表示对相应命题的精确信任度。例如，

$$A = \{红\}, \quad M(A) = 0.3 \tag{2.31}$$

它表示命题"x 是红色"的精确信任度是 0.3。当 $A \subseteq D$，$A \neq D$，且 A 由多个元素组成时，$M(A)$ 也表示对 A 的精确信任度，例如，

$$A = \{红, 黄\}, \ M(A) = 0.2 \tag{2.32}$$

它表示命题"x 或者是红色，或者是黄色"的精确信任度是 0.2。

概率分配函数实际上是对 D 的各个子集进行信任分配，$M(A)$ 表示分配给 A 的那一部分。当 A 由多个元素组成时，$M(A)$ 虽然也表示对 A 的子集的精确信任度，但由此无法知道应对 A 中的哪些元素进行分配。例如，$M(\{红、黄\}) = 0.2$，表示不知道将这个 0.2 分配给$\{红\}$还是$\{黄\}$。

2. 信任函数

命题的信任函数(belief function) Bel：$2^D \to [0, 1]$ 为：

$$\mathrm{Bel}(A) = \sum_{B \subseteq A} M(B), \ 对所有的\ A \subseteq D \tag{2.33}$$

因此，Bel 函数又称为下限函数，$\mathrm{Bel}(A)$ 表示对 A 命题为真的信任程度。

由信任函数及概率分配函数的定义容易推出：

$$\mathrm{Bel}(\varnothing) = M(\varnothing) = 0$$
$$\mathrm{Bel}(D) = \sum_{B \subseteq D} M(B) = 0 \tag{2.34}$$

根据上例给出的数据，可求得：

$\mathrm{Bel}(\{红\}) = M(\{红\}) = 0.3$。

$\mathrm{Bel}(\{红、黄\}) = M(\{红\}) + M(\{黄\}) + M(\{红、黄\}) = 0.3+0+0.2=0.5$。

$\mathrm{Bel}(\{红、黄、绿\}) = M(\{红\}) + M(\{黄\}) + M(\{绿\}) + M(\{红、黄\}) + M(\{红、绿\}) + M(\{黄、绿\}) + M(\{红、黄、绿\}) = 0.3+0+0.1+0.2+0.2+0.1+0.1 = 1$。

3. 似然函数

似然函数(plausibility function)又称为不可驳斥函数或上限函数，其定义如下：

似然函数 Pl：$2^D \to [0, 1]$ 为：

$$Pl(A) = 1 - Bel(\sim A)，对所有的 A \subseteq D \tag{2.35}$$

式中，$\sim A = D - A$。

由于 Bel(A) 表示对 A 为真的信任程度，所以 Bel(~ A) 就表示对 ~ A 为真(即 A 为假)的信任程度，因此 Pl(A) 表示对 A 为非假的信任程度。

对于以上所介绍的红绿灯的例子，可求得：

Pl({红})= 1-Bel(~{红})= 1-Bel({黄，绿})= 1-[M(黄)+M(绿)+M(黄，绿)]= 1-[0+0.1+0.1]=0.8。

2.5.4.3　模糊集理论

在经典集合中，元素只能属于或者不属于某个集合。模糊理论对此提出质疑，认为元素和集合之间还有第 3 种关系：在某种程度上属于，属于的程度用 [0，1] 之间的一个数值表示，称为隶属度。隶属度的定义如下：

设 U 是一论域，论域 U 到实数区间 [0，1] 上的任一映射：

$$\mu_{\tilde{A}}: U \to [0, 1],\ \forall x \in U,\ x \to \mu_{\tilde{A}}(x) \tag{2.36}$$

确定 U 上的一个模糊集合 $\widetilde{A}$，$\mu_{\tilde{A}}$ 叫作 $\widetilde{A}$ 的隶属函数，$\mu_{\tilde{A}}(x)$ 叫作 x 对 $\widetilde{A}$ 的隶属度。记为：

$$\widetilde{A} = \left\{ \int \frac{\mu_{\tilde{A}}(x)}{x} \right\} \tag{2.37}$$

这样，经典集合成为模糊集合的特例，隶属度的取值为 0 或 1。

模糊集合的一个基本问题就是如何确定一个明晰的隶属函数，但至今没有严格的确定方法，通常靠直觉、经验、统计、排序、推理等方式确定，常用的隶属函数包括线性隶属函数、Γ 隶属函数、凹(凸)隶属函数、柯西隶属函数、岭形隶属函数、正态(钟形)隶属函数等(李洪生，汪培庄，1994)。

其中，正态(钟形)隶属函数为：

$$\mu_{\tilde{A}}(x) = \exp\left[-\frac{(x-a)^2}{2b^2} \right] \tag{2.38}$$

隶属函数一旦确定，对于某个具体的定量数值 x，代入相应的隶属函数就得到唯一的隶属度，是一个确定的值，没有考虑隶属度自身的随机性和统计特征。

正态(钟形)隶属函数具有普适性，其原因有三：①大量的模糊概念用高斯隶属函数刻画，更接近人类的认知；②在众多的模糊控制文献中，高斯隶属函数使用最频繁；③许多其他隶属函数和正态函数有相当的吻合。

2.5.4.4　粗糙集理论

20 世纪 80 年代初，波兰科学家 Pawlak(1982)基于边界区域的思想提出粗糙集的概念，成为粗糙集的奠基人。粗糙集理论认为，人类智能的重要表现形式之一，就是对具体世界的对象按照不同属性取值形成各种分类模式，这种分类的结果，形成了对具体世界在认识上的一种抽象，这就是知识。分类成为推理、学习与决策中的关键。类在数学语言中被称为关系，同类被称为等价关系。论域 U 的子集 $X \subseteq U$ 称为 U 的一个概念或范畴，U 中的任何概念簇称为关于 U 的抽象知识，简称知识。$[x]_R$ 或 $R(x)$ 表示包含元素 $x \in U$ 的等价类。

给定知识库 $K = (U, R)$，U 为论域，R 为关系。对于每个子集 $X \subseteq U$ 和一个等价关系 R，由此定义两个子集：

$$\underline{R}X = U\{Y \in U / R \mid Y \subseteq X\} = \{x \subseteq U \mid [x]_R \subseteq X\} \tag{2.39}$$

$$\overline{R}X = \{Y \in U/R \mid Y \cap X \neq \varnothing\} = \{x \in X \mid [x]_R \cap X \neq \varnothing\} \tag{2.40}$$

分别称它们为 X 的下近似集和上近似集。集合 $\mathrm{bn}_R(X) = \overline{R}X - \underline{R}X$ 为 X 的 R 边界域；$\mathrm{pos}_R(X) = \underline{R}X$ 为 X 的 R 正域。$\mathrm{neg}_R(X) = U - \overline{R}X$ 称为 X 的 R 负域。

下近似又称为正域，是由那些根据知识 R 判断肯定属于 X 的 U 中元素组成的集合，如图 2.31 中的黑色部分；上近似是由那些根据知识 R 判断可能属于 X 的 U 中元素组成的集合，如图 2.31 中的黑色部分与灰色部分之和；负域由那些根据知识 R 判断肯定不属于 X 的 U 中元素所组成的集合，如图 2.31 中的白色部分；边界域由那些根据已有知识 R 既不能判断肯定属于 X，又不能判断肯定属于 $(U - X)$ 的 U 中元素的集合，如图 2.31 中的灰色部分。

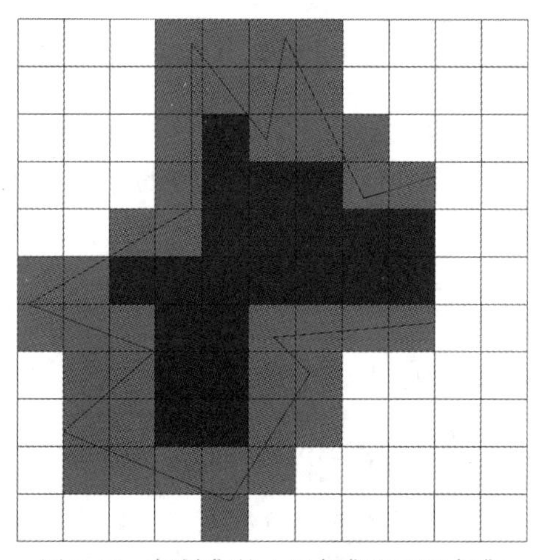

图 2.31　粗糙集的上近似集和下近似集

2.5.4.5　云模型

模糊性和随机性是不确定性的两个重要方面，传统的研究方法往往单独从模糊性，或者单独从随机性的角度研究不确定性。对于一些既具有随机性，又具有模糊性的不确定性数据，如果能够找到一个模型既考虑随机性，又考虑模糊性，并且考虑二者之间的关联性，那么对于不确定性的表达和分析应该更全面和科学。针对此问题，李德毅等(1995)提出了云模型，用一个统一的云模型实现定性概念与定量描述之间的不确定转换，并以此为基础发展了一系列的关键技术，目前已经发展成为一个新的不确定性处理和分析的理论，得到广泛应用(李德毅，杜鹢，2005、2014)。

设 U 是一个用精确数值表示的定量论域，C 是 U 上的定性概念，若定量值 $x \in U$，且 x 是定性概念 C 的一次随机实现，x 对定性概念 C 的确定度 $\mu(x) \in [0, 1]$ 是有稳定倾向的随机数：μ：$U \rightarrow [0, 1]$，$\forall x \in U$，$x \rightarrow \mu(x)$。则 x 在论域上的分布称为云，每一个 x 称为一个云滴(李德毅，杜鹢，2005、2014)。

云模型的数字特征用期望 E_x、熵 E_n 和超熵 H_e 来表征，它们反映了定性概念 C 的整体特性。

期望 E_x：云滴在论域空间分布的期望，就是最能够代表定性概念的点，反映了这个概念的云滴群的重心。将期望的概念扩展，期望可以是一个点，也可以是一个数据集、一段声音、一幅图像或者是一个网络拓扑等。如 (0, 0) 就是“坐标原点附近”这个定性概念的期望点；某著名歌星的原唱可以认为是该歌曲的所有唱法的期望声音；某名人的真实图像是所有关于他的画像的期望图像；某计算机网络的最佳拓扑网络表示所有设计出的网络拓扑中的期望。

熵 E_n：定性概念的不确定性度量，由概念的随机性和模糊性共同决定，揭示了模糊性和随机性的关联性，反映了概念外延的离散程度和模糊程度。一方面，E_n 是定性概念随机性的度量，反映了能够代表这个定性概念的云滴的离散程度；另一方面，又是定性概念模糊性的度量，反映了论域空间中可被概念接受的云滴的取值范围。用同一个数字特征 E_n 反映模糊性和随机性，体现了二者之间的关联性。

超熵 H_e：超熵是熵的不确定性的度量，即熵的熵，反映了二阶不确定性，是对熵反映的不确定性的再控制。超熵由熵的随机性和模糊性共同决定，对定性概念最终表现出的不确定性非常敏感。正态云模型是一种泛正态分布，超熵 H_e 反映了偏离正态分布的程度。如果超熵 $H_e=0$，那么云模型就退化为正态分布。超熵是熵的熵，一般情况下比熵小一个数量级。

云的数字特征的独特之处在于仅用三个数值就可以勾画出由成千上万的云滴构成的整朵云，把定性表示的语言值中的随机性及通过随机性计算求得的模糊性完全集成到一起。根据云模型可以计算出任意一个云滴属于这个概念的隶属度，但是该隶属度不是一个确定的值，而是一个具有稳定倾向的随机数。

云模型的示意如图 2.32 所示。其中，期望 $E_x=0$，熵 $E_n=3$，超熵 $H_e=0.3$，云滴数 $n=10000$。

2.5.4.6 分形理论

分形理论是由美国科学家 Mandelbrot 于 20 世纪 70 年代中期创立的一门新学科，现已被广泛应用到自然科学和社会科学的大多数领域，成为当今国际上许多学科的前沿研究课题之一。分形最基本的性质是它的自相似性，而这一性质为分形的计算机模拟提供了理论基础。用分形理论来刻画自然界中蕴藏着自相似或无尺度的重要而简单的特征的非线性复杂现象，可仅由少量信息来重现原来的研究对象，具有指定信息少、计算容易和重现精度高等特点(朱晓华，王建，1999)。计算机技术和计算机图形学的发展，使大量的自然景物可以进行模拟。对地理事物或现象进行计算机分形模拟，是深入研究分形地学的重要

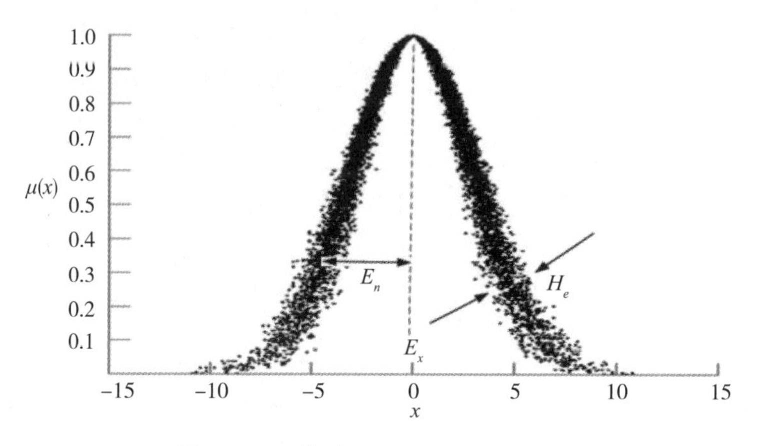

图 2.32　云模型 CG(0，3，0.3，10000)

方向。

分形几何学为描述不可微、不光滑、不连续的现象提供了工具，具备如下性质(孙霞，吴自勤，2003)：

(1)在任意小的尺度下，都有复杂的细节，具有精细结构。

(2)自相似性：自相似可以是近似的或者统计意义的。

(3)不规则性：整体和局部都难以使用传统的几何语言描述。

(4)分形的维数大于拓扑的维数。分形的维数是分形不规则性的度量，可以从相似维、容量维、信息维、关联维等不同的角度刻画不规则性，分形的维数可以取分数维。

(5)大多数情况下，分形可以以非常简单的方式生成，如迭代。

2.5.4.7　空间分析不确定性的展望

空间数据不确定性的研究，涉及测绘学、数学、地理学、计算机科学、地理信息科学等多门学科，是地学界的重大理论问题。合理认识空间数据分析中的不确定性，对评价空间数据质量、确定 GIS 数据录入标准、改善 GIS 算法、提高 GIS 分析结果的可信度、完善 GIS 基础理论和技术等有着重要的意义。

空间数据分析不确定性是 GIS 理论与方法研究的一个关键且具有潜力的发展方向。

◎ 思考题

1. 空间数据分析有哪些基础理论？
2. 如何理解地理学第一定律、第二定律、第三定律？
3. 简述空间关系的类型及各类型的特点。
4. 简述拓扑空间关系的特点。
5. 简述方向空间关系的类型和特点。
6. 简述距离关系的类型和计算方法。

7. 简述拓扑空间关系描述的4元组模型、9元组模型、V9I模型。它们各有什么优缺点？

8. 简述方向关系定性描述的锥形模型、最小约束矩形模型、二维字符串模型、方向关系矩阵模型、Voronoi图模型。

9. 简述空间关系描述模型的评价准则。

10. 简述时空空间关系的特点。

11. 简述空间关系理论的应用。

12. 简述空间认知的概念及研究内容。

13. 简述空间推理的概念、特点和研究内容。

14. 简述随机性和模糊性的特点。

15. 简述空间数据分析方法的不确定性。

16. 简述空间数据不确定性分析的数学理论。

第3章 栅格数据分析与图像挖掘

栅格数据是GIS的重要数据模型，基于栅格数据的空间分析方法是空间分析的重要内容。栅格数据由于其自身数据结构的特点，在数据处理与分析中通常使用线性代数的二维数字矩阵分析法作为数据分析的数学基础。栅格数据空间分析方法具有自动分析处理较为简单、分析处理模式化强等特点。一般来说，栅格数据的分析处理方法可以概括为聚类聚合分析、多层面复合叠置分析、窗口分析及追踪分析等几种基本的分析方法(汤国安，赵牡丹，2001；张成才等，2004；秦昆等，2010)。

图像数据的表现形式之一是栅格数据，绝大多数经成像设备直接生成、未经后期处理的原始图像都是由栅格数据构成。随着遥感技术的快速发展，遥感图像越来越成为GIS最重要的数据源，以遥感图像为数据源的栅格数据空间分析逐步成为空间数据分析的主要方法。

图像数据挖掘是指在大量图像数据中发现隐含其中的特征、规律、知识和各种模式信息，是抽取图像数据隐含知识的一种技术(秦昆，2004)。遥感大数据的自动分析是进行遥感大数据信息挖掘、实现遥感观测数据向知识转化的前提(李德仁等，2014)。将GIS数据直接纳入图像处理(李德仁，关泽群，1999)，实现遥感与GIS的集成(李德仁，关泽群，2000)，在此基础上进行空间数据分析和挖掘是一个可行的思路。

本章首先介绍栅格数据分析，然后介绍图像挖掘与遥感大数据分析，最后介绍夜光遥感分析与挖掘。

3.1 栅格数据分析

3.1.1 栅格数据分析方法

相对于矢量数据，栅格数据结构更简单、更利于数学计算，更便于进行空间数据分析。栅格数据空间分析是空间数据分析的重要组成内容。特别是随着遥感技术的快速发展，获取遥感数据相对更加容易，以遥感图像数据为数据源的栅格数据空间分析逐步成为空间数据分析的主流。由于栅格数据自身数据结构的特点，在空间数据分析过程中主要使用基于地图代数的基本运算对数据进行分析，处理方法灵活多样、过程相对简单。一般来讲，栅格数据分析的主要方法包括聚类分析、聚合分析、信息复合分析、追踪分析、窗口分析、量算分析等。

3.1.1.1 栅格数据的聚类聚合分析

栅格数据的聚类聚合分析是指将栅格数据系统经某种变换而得到具有新含义的栅格数

据系统的数据处理过程，既可以对单一层面的栅格数据进行处理，也可以对多个层面的栅格数据进行处理。基于单一层面的栅格数据聚类聚合分析方法也称为栅格数据的单层面派生处理法，包括栅格数据的聚类分析、栅格数据的聚合分析两大类型(汤国安，赵牡丹，2001；汤国安等，2017)。

1. 栅格数据的聚类分析

栅格数据的聚类分析是根据设定的聚类条件对原有数据系统进行有选择的信息提取而建立新的栅格数据系统的方法。既可以对单一层面的栅格数据进行聚类分析，也可以对多个层面的栅格数据进行聚类分析。

1)单一层面的栅格数据聚类分析

单一层面的栅格数据聚类分析是指根据设定的某种聚类条件对单一层面的栅格数据进行有选择的信息提取，从而建立新的栅格数据系统的方法。

图 3.1(a)为一个栅格数据系统，其中标号为 1，2，3，4 的多边形表示四种类型要素，图 3.1(b)为提取其中要素“2”的聚类结果，其中的黑色区域为提取结果。

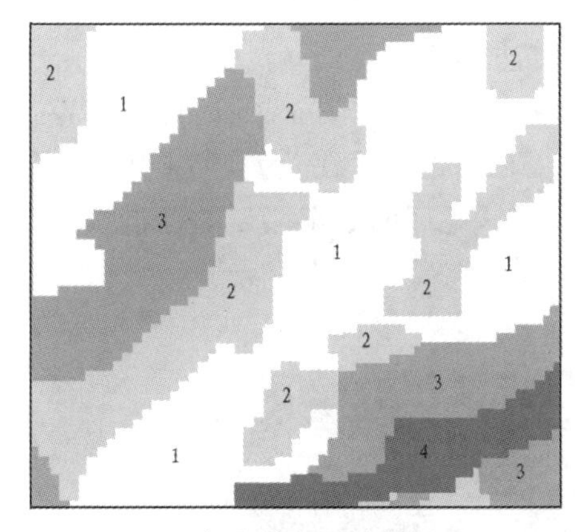

(a)栅格数据系统样图

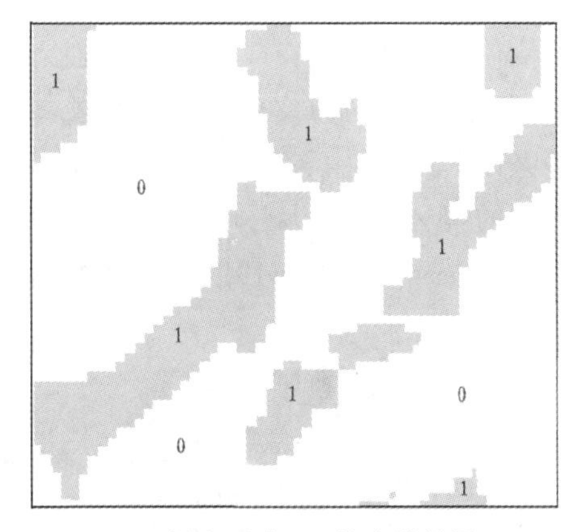

(b)提取要素“2”的聚类结果

图 3.1 单一层面的栅格数据的聚类分析

2)多层面栅格数据的聚类分析

在实际应用过程中，常常需要利用多层面的栅格数据构成的栅格数据集进行聚类分析，每个栅格图层代表某个专题，如土地利用、土壤、道路、河流、高程等，或者是遥感图像某波段的光谱值。栅格图层的每个栅格单元对应多个属性值，如图 3.2 所示。这里以 K 均值聚类算法为例，说明多层面栅格数据的聚类分析方法。

设栅格数据集 $X=\{x_1, x_2, \cdots, x_n\} \subseteq R^s$ 为 s 维的特征矢量，s 表示栅格数据的层数，n 表示每层的栅格单元数。$x_i=(x_{i1}, x_{i2}, \cdots, x_{is})$ 为栅格单元 x_i 的特征矢量或模式矢量，表示栅格单元 i 的 s 个栅格层面的属性值。

具体的聚类方法如下(孙家抦，2003)：

假设要将栅格数据聚成 k 类。

第一步：适当地选取 k 个类的初始中心 $Z_1^{(1)}$，$Z_2^{(1)}$，…，$Z_k^{(1)}$。

第二步：在第 m 次迭代中，对任一栅格单元 X，计算其到每个聚类中心的距离，距离计算采用常用的欧氏距离法。栅格单元 i 到第 j 个聚类中心的距离计算公式为：

$$D_{ij} = \| X_i - Z_j^{(1)} \| = \sqrt{\sum_{p=1}^{s} (x_{ip} - z_{jp})^2} \tag{3.1}$$

对于所有的 $i \neq j$，$i=1, 2, \cdots, k$，如果 $\| X - Z_j^{(m)} \| < \| X - Z_i^{(m)} \|$，则 $X \in S_j^{(m)}$，其中 $S_j^{(m)}$ 是以 $Z_j^{(m)}$ 为中心的类。

第三步：由第二步得到 $S_j^{(m)}$ 类新的中心 $Z_j^{(m+1)}$：

$$Z_j^{(m+1)} = \frac{1}{N_j} \sum_{X \in S_j^{(m)}} X \tag{3.2}$$

式中，N_j 为 $S_j^{(m)}$ 类中的样本数。$Z_j^{(m+1)}$ 是按照使 J 最小的原则(最小平方误差准则)确定的，J 的表达式为：

$$J = \sum_{j=1}^{k} \sum_{X \in S_j^{(m)}} \| X - Z_j^{(m=1)} \|^2 \tag{3.3}$$

第四步：对于所有的 $i=1, 2, \cdots, k$，如果 $Z_j^{(m+1)} = Z_j^{(m)}$，或者二者的差值小于一个很小的阈值，则迭代结束，否则跳转到第二步继续迭代。

按照以上方法可以实现多层面的栅格数据的聚类分析。如图 3.2 所示，(a)为武汉市局部地区 TM 影像的 1，2，3，4，5，7 共 6 个层面的栅格数据，(b)为利用上述 K 均值聚类方法得到的聚类结果。从图 3.2(b)中可以看出，将该地区的 6 个层面的栅格数据聚类成长江、湖泊、建筑用地和其他共四种类型。

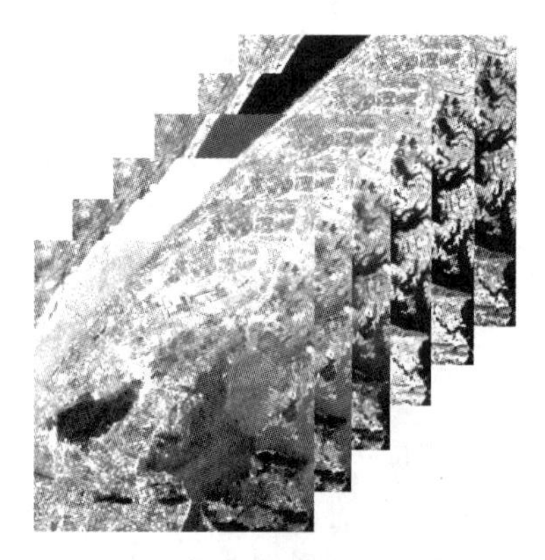

(a)多层面的栅格图层

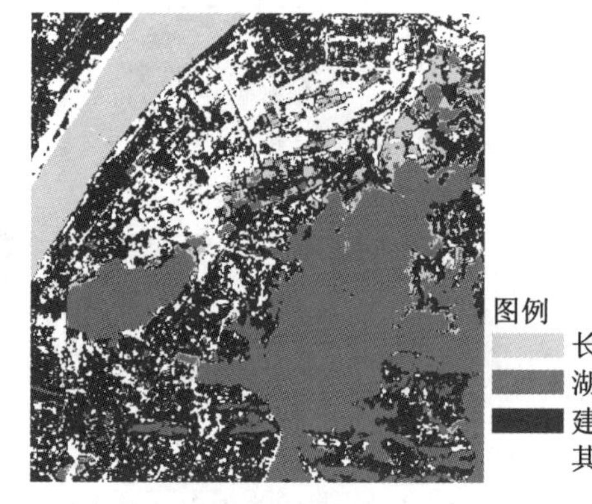

(b)K 均值聚类结果

图 3.2　多层面栅格数据的 K 均值聚类

2. 栅格数据的聚合分析

栅格数据的聚合分析是指根据空间分辨率和分类表，进行数据类型的合并或转换以实现空间地域的兼并。空间聚合的结果往往将较复杂的类别转换为较简单的类别，并且常以较小比例尺的图形输出。当从小区域到大区域的制图综合变换时常需要使用这种分析处理方法(汤国安，赵牡丹，2001)。

对于图 3.1(a)的栅格数据系统样图，如给定聚类的标准为 1 和 2 合并为 b，3 和 4 合并为 a，则聚合后形成的栅格数据系统如图 3.3(a)所示。如果给定的聚合标准为 2 和 3 合并为 c，1 和 4 合并为 d，则聚合后形成的栅格数据系统如图 3.3(b)所示。

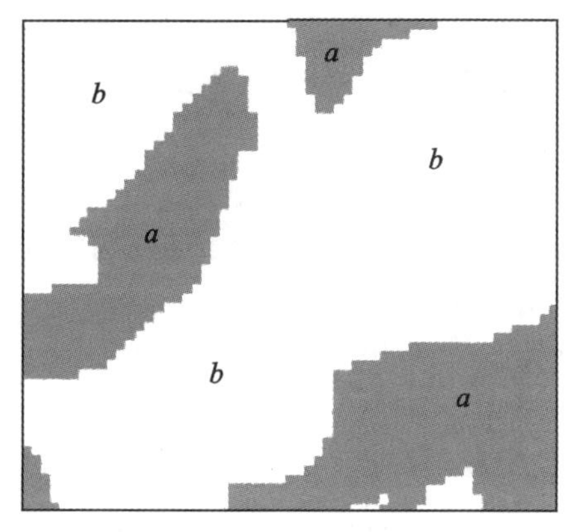

(a)聚合为 *a* 与 *b*　　(b)聚合为 *c* 和 *d*

图 3.3　栅格数据的聚合分析

栅格数据的聚类分析、聚合分析处理方法在数字地形模型及遥感图像处理中的应用是十分普遍的。例如，由数字高程模型转换为数字高程分级模型便是空间数据的聚合；而从遥感数字图像信息中提取其中某一地物的方法则是栅格数据的聚类。如图 3.4 所示为将数字高程模型转换为数字高程分级模型的示意图，图 3.4(a)为某地区的数字高程模型数据，图 3.4(b)为利用聚合分析得到的数字高程分级模型，划分为三级，黑色、灰色、白色分别表示低、中、高三个高程等级。

(a)数字高程模型

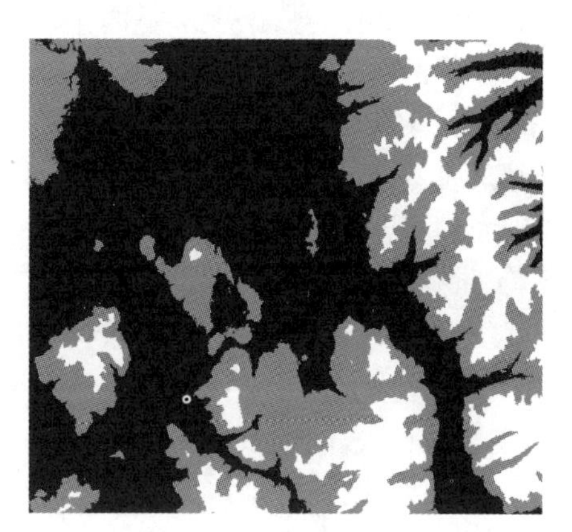

(b)数字高程分级模型

图 3.4　数字高程模型的聚合分析

3.1.1.2　栅格数据的信息复合分析

利用栅格数据能够非常便利地进行同地区多层面空间信息的自动复合叠置分析，这是栅格数据的一个突出优点。正因为如此，栅格数据常被用来进行区域适宜性评价、资源开发利用、城市规划等多因素分析研究工作。在数字遥感图像处理工作中，利用该方法可以实现不同波段遥感信息的自动合成处理；还可以利用不同时期的数据信息进行某类空间对象动态变化的分析和预测。该方法在计算机地学制图与分析中具有重要的意义。

信息复合模型包括两种类型：简单的视觉信息复合和较为复杂的叠加分类模型。

1. 视觉信息复合

视觉信息复合是将不同专题的内容叠加显示在结果图件上，以便系统使用者判断不同专题地理实体的相互空间关系，获得更丰富的信息。

地理信息系统中视觉信息复合包括以下几种类型(汤国安，赵牡丹，2001)：

(1)面状图、线状图和点状图之间的复合；

(2)面状图区域边界之间或一个面状图与其他专题区域边界之间的复合；

(3)遥感影像与专题地图的复合；

(4)专题地图与数字高程模型复合显示立体专题图；

(5)遥感影像与DEM复合生成三维地物景观。

视觉信息的叠加不产生新的数据层面，只是将多层信息复合显示，便于分析。

2. 叠加分类模型

简单视觉信息复合之后，参加复合的平面之间没有发生任何逻辑关系，仍保留原来的数据结构；叠加分类模型则根据参加复合的数据平面各类别的空间关系重新划分空间区域，使每个空间区域内各空间点的属性组合一致。叠加结果生成新的数据平面，该平面图形数据记录了重新划分的区域，而属性数据库结构中则包括原来几个参加复合的数据平面的属性数据库中所有的数据项。下面按复合运算方法的不同进行分类讨论。

1)逻辑判断复合运算

逻辑判断运算也叫布尔运算，主要包括：逻辑与(and)、逻辑或(or)、逻辑异或(xor)、逻辑非(not)。它们是基于布尔运算来对栅格数据进行判断的。若判断为“真”，则输出结果为1；若为“假”，则输出结果为0。

具体包括以下几种逻辑运算。

(1)逻辑与(&)：比较两个或两个以上栅格数据层，如果对应的栅格值均为非0值，则输出结果为真(赋值为1)；否则，输出结果为假(赋值为0)。

(2)逻辑或(|)：比较两个或两个以上栅格数据层，对应的栅格值中只要有一个或一个以上为非0值，则输出结果为真(赋值为1)；否则，输出结果为假(赋值为0)。

(3)逻辑异或(!)：比较两个或两个以上栅格数据层，如果对应的栅格值的逻辑真假互不相同，即一个为0，一个为非0，则输出结果为真，赋值为1；否则，输出结果为假，赋值为0。

(4)逻辑非(¬)：对一个栅格数据层进行逻辑“非”运算。如果栅格值为0，则输出结果为 1；如果栅格值为非 0，则输出结果为 0。

例如，对于 C=A&B，解算过程如图 3.5 所示。其中，A、B、C 均为栅格数据层。

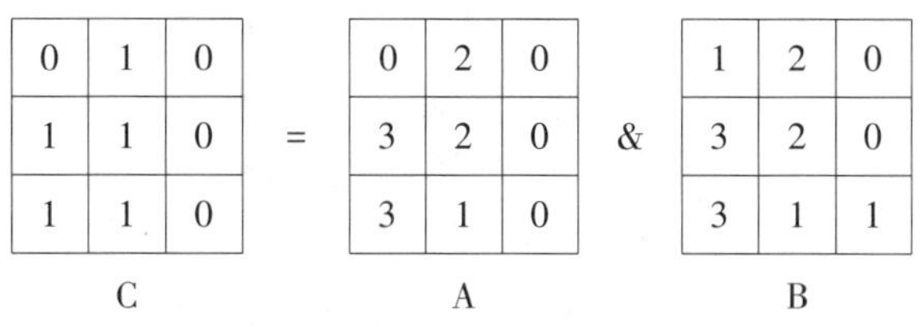

图 3.5 栅格数据逻辑运算示意图

2）数学运算复合法

数学运算复合法是指不同层面的栅格数据逐格网按一定的数学法则进行运算，从而得到新的栅格数据系统的方法。其主要类型有以下几种。

(1)算术运算：指两层以上的对应格网值经加、减等算术运算，而得到新的栅格数据系统的方法。这种复合分析法被广泛应用于地学综合分析、环境质量评价、遥感数字图像处理等领域中。如图 3.6 给出了该方法在栅格数据分析中的应用例证。

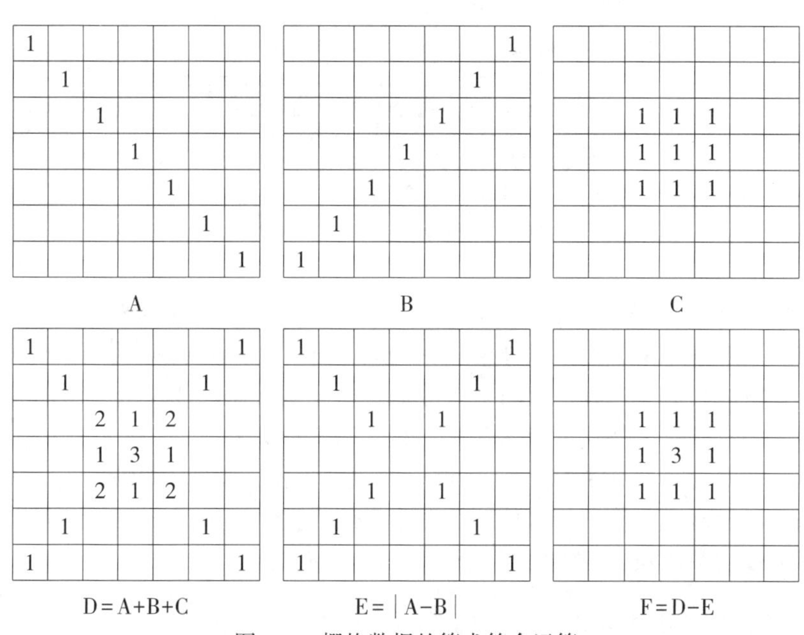

图 3.6 栅格数据的算术符合运算

(2)函数运算：栅格数据的函数运算指两个以上层面的栅格数据系统，以某种函数关系作为复合分析的依据进行逐格网运算，从而得到新的栅格数据系统的过程。这种复合叠置分析方法被广泛地应用于地学综合分析、环境质量评价、遥感数字图像处理等领域。类似这种分析方法在地学综合分析中具有十分广泛的应用前景。只要得到对于某项事物关系及发展变化的函数关系式，便可以完成各种人工难以完成的极其复杂的分析运算。这也是目前信息自动复合叠加分析法受到广泛应用的原因。

下面给出一个数学运算的例子。例如，某森林地区的融雪经验模型为：

$$M = (0.19T + 0.17D) \tag{3.4}$$

式中，M 是融雪速度(cm/d)，T 是空气温度，D 是露点温度。

根据此方程，使用该地区的空气气温栅格图层和露点温度分布的栅格图层，就能计算出该地区的融雪速率分布图，如图 3.7 所示。其计算过程是：先分别把温度分布栅格图层乘以 0.19、露点温度分布栅格图层乘以 0.17，然后把得到的结果相加。根据这种方法，可以根据一些比较容易获得的专题信息(如空气温度、露点温度)，计算出较难获得的专题信息(如融雪速度)。

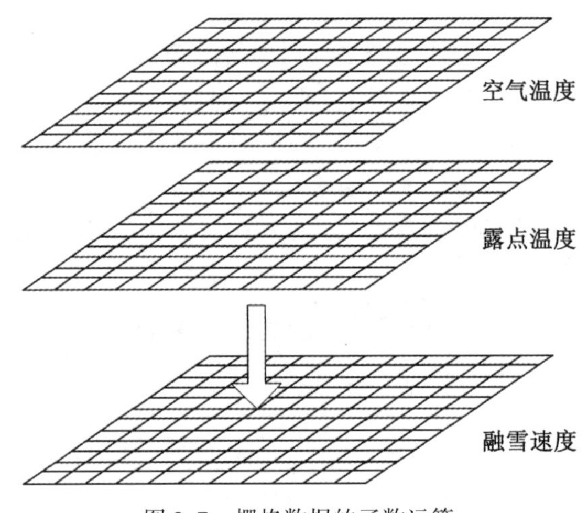

图 3.7　栅格数据的函数运算

ArcGIS 的空间分析模块(Spatial Analyst)提供了一个栅格计算器(Raster Calculator)，如图 3.8 所示。栅格计算器由 4 部分组成：①左上部 Layers 选择框为当前 ArcMap 视图中已加载的所有栅格数据层列表，双击一个数据层名，该数据层便可自动添加到左下部的公式编辑器中；②左下部为公式编辑器，用于显示所编辑的公式；③中间部分是常用的算术运算符、1~10、小数点、关系和逻辑运算符面板，单击所需要的按钮，按钮内容便可自动添加到公式编辑器中；④右边可伸缩区域为常用的数学运算函数面板，同样单击一个按钮，内容便可自动添加到公式编辑器中。

3.1.1.3　栅格数据的追踪分析

栅格数据的追踪分析是指对于特定的栅格数据系统，由某一个或多个起点，按照一定的追踪线索进行目标追踪或者轨迹追踪，以便进行信息提取的空间分析方法(汤国安，赵牡丹，2001)。

例如，对于图 3.9 的栅格数据，栅格记录的是地面点的海拔高程值，根据地面水流必然向最大坡度方向流动的原理分析追踪线路，可以得出地面水流的基本轨迹。

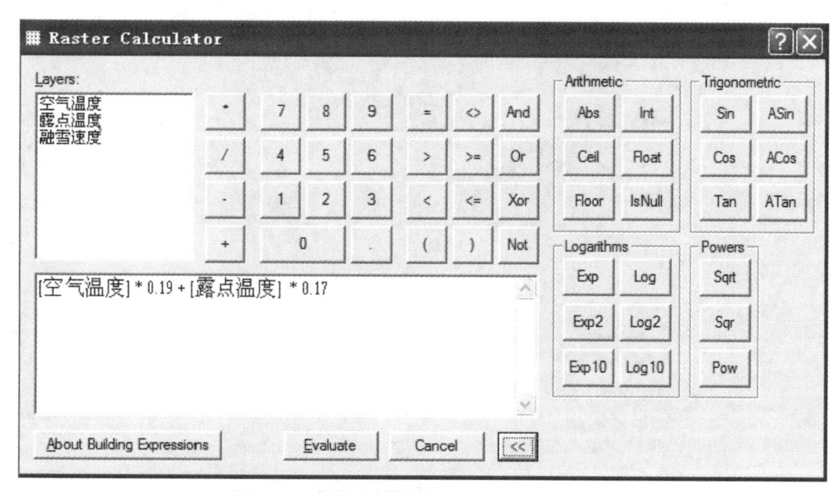

图 3.8　栅格计算器(Raster Calculator)

3	2	3	8	12	17	18	17
4	9	9	12	18	23	23	20
4	13	16	20	25	28	26	20
3	12	21	23	33	32	29	20
7	14	25	32	39	31	25	14
12	21	27	30	32	24	17	11
15	22	34	25	21	15	12	8
16	19	20	25	10	7	4	6

图 3.9　追踪分析提取水流路径

追踪分析方法在扫描图件的矢量化、利用数字高程模型自动提取等高线、污染水源的追踪分析等方面都发挥着十分重要的作用。如图 3.10 所示显示了利用 GIS 显示的追踪分析得到的河流图。

3.1.1.4　栅格数据的窗口分析

地学信息除了在不同层面的因素之间存在一定的制约关系外，还表现在空间上存在一定的制约关联性。对于栅格数据所描述的某项地学要素，其中的某个栅格往往会影响其周围栅格属性特征。准确而有效地反映这种事物在空间上联系的特点，是计算机地学分析的重要任务。

窗口分析是指对于栅格数据系统中的一个、多个栅格点或全部数据，开辟一个有固定分析半径的分析窗口，并在该窗口内进行诸如极值、均值等一系列统计计算，或与其他层面的信息进行必要的复合分析，从而实现栅格数据有效的水平方向扩展分析。

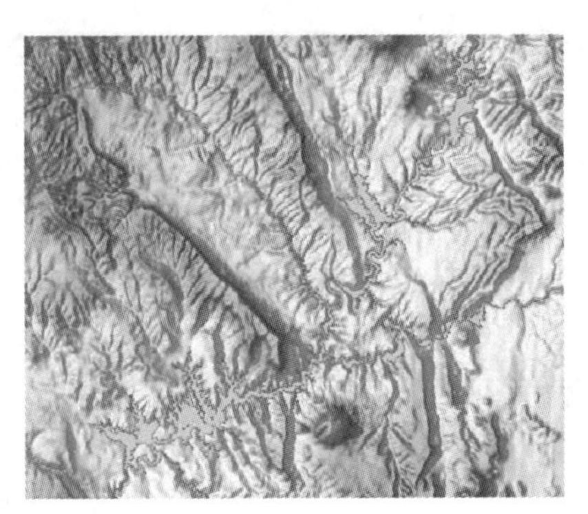

图 3.10　由 GIS 显示的追踪分析得到的河流图

1. 分析窗口的类型

按照分析窗口的形状，可以将分析窗口划分为以下 4 种类型：

(1)矩形窗口：是以目标栅格为中心，分别向周围 8 个方向扩展一层或多层栅格，从而形成的矩形分析区域，如图 3.11(a)所示。

(2)圆形窗口：以目标栅格为中心，向周围作一个等距离搜索区，构成一个圆形分析窗口，如图 3.11(b)所示。

(3)环形窗口：以目标栅格为中心，按指定的内外半径构成环形分析窗口，如图 3.11(c)所示。

(4)扇形窗口：以目标栅格为起点，按指定的起始与终止角度构成扇形分析窗口，如图 3.11(d)所示。

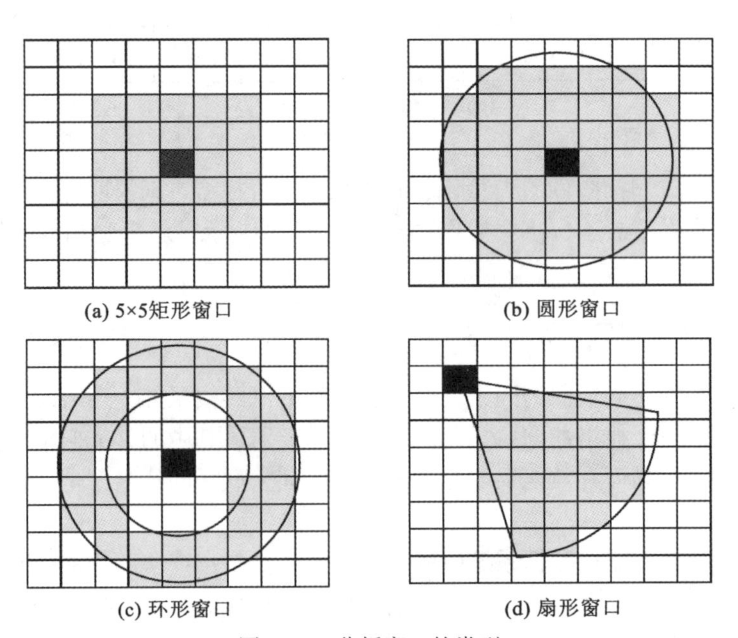

图 3.11　分析窗口的类型

2. 窗口内统计分析的类型

栅格分析窗口内的空间数据的统计分析类型主要包括：①最大值；②最小值；③均值；④中值；⑤范围；⑥总和；⑦方差；⑧频数；⑨众数等。

例如，对于一幅栅格格式的 DEM，可以统计分析其最大高程、最低高程、平均高程、某给定高程出现的频率等，通过这些统计参数的计算和分析可以对该 DEM 数据有一个整体的认识，可以了解数据分布的趋势。

3.1.1.5 栅格数据的量算分析

空间信息的自动化量算是地理信息系统的重要功能，也是进行空间分析的定量化基础。栅格数据模型由于自身特点很容易进行距离、面积和体积等数据的量算。

例如，基于遥感图像数据(栅格)可以计算某种地物类型，如计算耕地的面积，只需要统计出该地物类型所占栅格数，然后乘以栅格单元的面积即可。例如，分辨率为 2.5m 的遥感图像的栅格单元面积就是 6.25(2.5×2.5)m^2。对于栅格格式的 DEM 数据，可以方便地进行体积计算，这种计算常应用于工程土方计算、水库库容估算等。

3.1.2 栅格数据分析应用示例

栅格数据作为空间数据分析的重要数据来源之一，尽管其数据结构简单，但它在各种应用中都非常重要。在 GIS 中，栅格数据的使用主要分为 4 个类别：①将栅格数据用作底图，在 GIS 中栅格数据通常用来作为其他要素图层的背景进行显示；②将栅格数据用作表面地图，栅格数据格式非常适合表示那些沿地表(表面)连续变化的数据；③将栅格数据用作主题地图，表示主题数据的栅格可通过分析其他数据获得；④将栅格数据用作要素的属性，用作要素属性的栅格可以是与地理对象或位置相关的数字照片、扫描的文档或扫描的绘图。

在 GIS 中，栅格数据除了作为不同类别要素图层使用外，结合空间数据分析技术的栅格数据分析在各领域中也有着重要的应用。栅格数据分析应用广泛，其应用方向通常包括适宜性建模(如建筑选址、农作物适宜性分析、风电场选址等)、距离建模(如最小成本路径分析、综合旅行代价问题等)、表面建模(如降水分析、视域分析、核电站水污染分析等)、空间关系识别(如病毒传播分析、交通事故分析等)等。

下面将以学校选址分析与最佳路径分析为例，对栅格数据分析的应用示例进行详细介绍。

3.1.2.1 学校选址分析

1. 问题背景

本应用示例以美国佛蒙特州(Vermont)Stowe 镇的学校选址为例进行应用分析。美国佛蒙特州 Stowe 镇正处于一个人口大量增长的过程。人口统计显示，由于大量有孩子的家庭为了享受附近丰富的娱乐设施而移居本地，导致人口剧增，当地决定新建一所学校来缓解人口增长带来的学校资源紧张状况。

2. 任务

作为一名空间数据分析师，将利用栅格数据空间分析方法解决新学校的选址问题。

3. 学校选址条件

通过对新学校选址的任务进行分析，将学校选址的条件归纳为4个方面：①地形相对平坦；②离娱乐场所尽量近一些；③离其他学校尽量远一些；④土地类型合适，土地类型优先考虑荒地、灌木丛地等。

4. 可用数据集

可用数据如表3.1所示。

表3.1 **学校选址分析可用数据集**

数据集	描　　述
Elevation	本地区高程的栅格数据集
Landuse	本地区土地利用类型的栅格数据集
Roads	本地区线性道路网络要素数据集
Rec_sites	本地区娱乐场所点位置要素数据集
Schools	本地区现有学校点位置要素数据集
Destination	寻找最短路径时所使用的终点要素数据集

5. 学校选址方案

基于上述背景、任务、选址条件和可用数据集，设计的基于栅格数据的学校选址分析方案如下：

(1)数据准备。

数据准备是为了确认需要哪些数据作为分析的输入数据。根据学校选址条件可以确认栅格数据分析所需要使用的数据包括：数字高程模型数据集(Elevation)、土地利用类型数据集(Landuse)、娱乐场所点位置要素数据集(Rec_sites)、现有学校点位置要素数据集(Schools)。

(2)派生数据集。

从现有数据中派生新的数据以获得新的信息。根据选址条件，需要使用高程数据集派生坡度数据集，使用娱乐场所点位置数据集派生距离数据集，使用现有学校点位置数据集派生距离数据集，如图3.12所示(彩图见附录)。

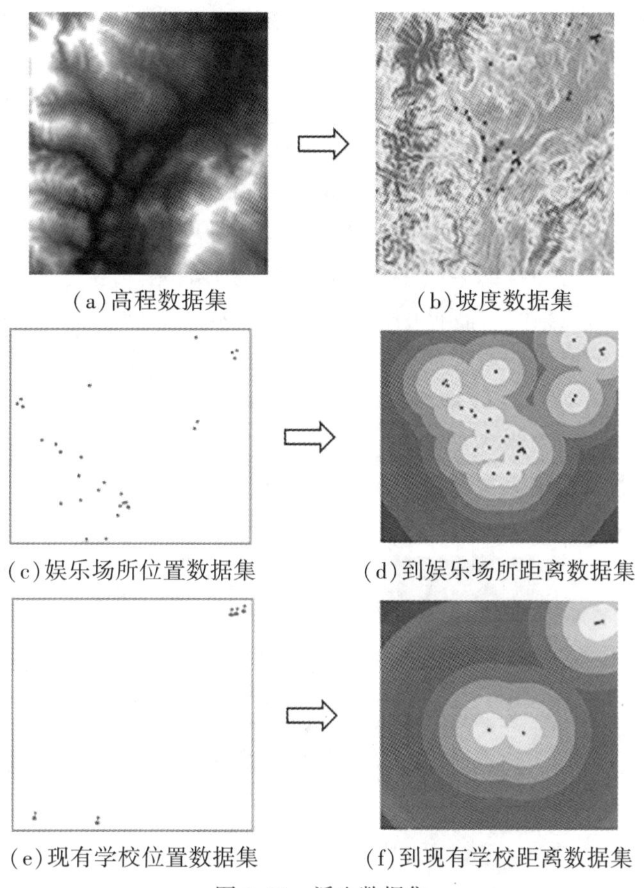

(a)高程数据集　(b)坡度数据集

(c)娱乐场所位置数据集　(d)到娱乐场所距离数据集

(e)现有学校位置数据集　(f)到现有学校距离数据集

图 3.12　派生数据集

(3)重分类数据集。

重分类数据集即用同一等级体系对每个数据集重分类，给适宜性较高的属性赋较高的值。在本应用示例中，相同等级体系是指在一个特定位置(每一个单元)建设新学校的适宜程度。使用同一等级范围对坡度数据集、到娱乐场所距离数据集、到现有学校距离数据集、土地利用数据集进行重分类。重分类结果如图 3.13 所示(彩图见附录)。

具体的重分类方法说明如下：

①重分类坡度数据集：新学校的位置应选择相对平坦的地区。因此，对最适宜的坡度(坡度值最小的单元)赋值为 10，对最不适宜的坡度(坡度值最大的单元)赋值为 1。按照此规则给位于两者之间的坡度分级赋值。坡度数据重分类赋值结果如图 3.13(a)所示。

②重分类到娱乐场所距离数据集：根据学校选址条件，新学校应当位于靠近娱乐场所的地区。重分类到娱乐场所距离数据集时，给距离娱乐场所最近的位置(适宜性最高的位置)赋值为 10，给距离娱乐场所最远的位置(适宜性最低的位置)赋值为 1。按照此规则给两者之间的位置分级赋值。通过该步骤，可以比较容易地找出哪些位置距离娱乐场所较近、哪些位置距离娱乐场所较远。到娱乐场所距离数据重分类赋值结果如图 3.13(b)所示。

③重分类到现有学校距离数据集：为了避免新学校的辐射区与现有学校的辐射区重叠而造成相互影响，把新学校建在尽可能远离现有学校的位置是十分必要的。因此，再重分类到现有学校距离数据集时，给距离现有学校最远的位置（适宜性最高的位置）赋值为 10，给距离现有学校最近的位置（适宜性最低的位置）赋值为 1。按照此规则给两者之间的位置分级赋值。到现有学校距离数据集的重分类结果如图 3.13(c)所示。

④重分类土地利用类型数据：考虑到在不同土地利用类型的土地上建设学校的费用不同，在进行学校选址时需要考虑某些土地利用类型的土地比其他类型的土地更有优势。在重分类土地利用类型数据集时，较低的值表示该土地利用类型不太适合建设新学校，较高的值表示该土地利用类型比较适合建设新学校。例如，可以将荒地(barren land)赋值为 6、灌木林地(brush)赋值为 5、林地(forest)赋值为 4、建筑区(build)赋值为 3、农田(agriculture)赋值为 2。由于水体(water)上面无法建设学校，因此将水体(water)单元赋值为空值(NoData)。土地利用类型重分类结果如图 3.13(d)所示。

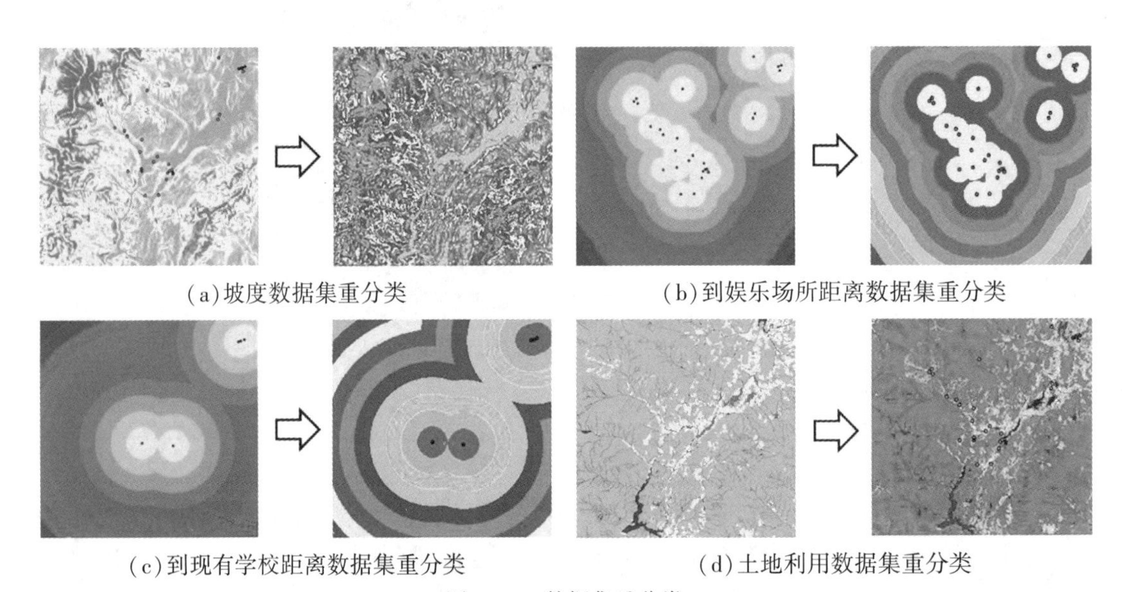

(a)坡度数据集重分类　　(b)到娱乐场所距离数据集重分类

(c)到现有学校距离数据集重分类　　(d)土地利用数据集重分类

图 3.13　数据集重分类

(4)赋权重并合并各数据集。

给适宜性模型中影响较大的数据集赋予较高的权重，然后合并数据集。在重分类之后，各个数据集都统一到相同的等级体系，而且每个数据集中那些被认为具有较高适宜性的属性都被赋予较高的值。假设"把新学校建在靠近娱乐设施和远离现有其他学校的位置"这两点更重要，则在合并时，需要给"到娱乐场所的距离和到现有学校的距离"两个数据集赋予更大的权重。例如，本应用示例中，可以将重分类坡度数据集的权重设为 12.5%、重分类土地利用类型数据集的权重设为 12.5%、重分类到现有学校距离数据集的权重设为 25%、重分类到娱乐场所距离的数据集的权重设为 50%。

(5)评估及实地考察确定最终选址。

根据加权合并的最终结果确定多个候选地区，对候选地区进行实地考察并结合现有的各地区资料综合比较，选定最终的学校选址。

3.1.2.2　最佳路径分析

1. 问题背景

美国佛蒙特州 Stowe 镇由于人口大量增长，因此在当地重新选址准备修建新的学校。除了修建学校之外，同时需要修建通往新学校的公路。

2. 任务

作为一名空间规划师，需要利用栅格数据空间分析方法规划一条通往新学校的公路的最佳线路。

3. 规划公路应满足的条件

通过对规划公路的任务分析，规划公路的路线应满足如下条件：①线路经过区域的坡度尽量小；②特定的土地利用类型；③总代价最小。

4. 可用数据集

可用数据集与学校选址分析可用数据集相同，如表 3.1 所示。

5. 规划通往新学校的公路的最佳路径分析方案

根据上述问题背景、任务和规划公路应满足条件的分析，规划通往新学校公路的最佳路线方案如下：

(1)创建“源”数据集。

创建“源”数据集，此任务中的“源”是指新学校的位置。根据新学校的选址区域，在地图上勾绘一个矢量多边形作为“源”。

(2)创建“成本”数据集。

利用坡度数据和土地利用类型数据生成成本数据集。按照以下成本计算标准生成成本数据集：①穿越陡坡地区的公路成本比平地高；②建在某些土地利用类型上的公路成本比在其他土地利用类型上高。对坡度数据集和土地利用类型数据集进行重分类，合并重分类数据集获得最终的“成本”数据集。

(3)重分类坡度数据集。

根据计算通往新学校的公路路径成本计算标准，建设公路时应避开陡坡的区域，所以在成本数据集中将给陡坡单元赋较高的值。例如，在重分类坡度数据集时，将坡度数据分为 10 级，坡度最高的一级赋值为 10，坡度最低的一级赋值为 1，介于二者之间的区域分级赋值。

(4)重分类土地利用类型数据集。

根据计算通往新学校的公路路径成本计算标准，建在某些土地利用类型上的公路成本比在其他土地利用类型高。例如，对农田(agriculture)赋值为 4、灌木林地(brush)赋值为

5、荒地(barren land)赋值为 6、林地(forest)赋值为 8、建筑用地(build up)赋值为 9、水体(water)赋值为 10。较高的值意味着较高的建路成本。

(5)赋权值并合并各数据集。

将合并重分类之后的坡度数据集和土地利用数据集，从而产生一个成本数据集，以显示在整个区域上各位置建设公路的成本大小。计算成本的模型主要考虑各区域的坡度和土地利用类型。本应用示例中，坡度和土地利用类型这两个数据具有同样的重要性，不需要进行权重分配，因此直接将两个数据集进行相加运算，得到规划公路的"成本"数据集。

(6)执行成本权重距离函数。

把"源"数据集和"成本"数据集作为输入，执行成本加权距离函数，输出一个距离数据集和一个方向数据集。距离数据集的每个单元值代表从该单元到学校位置的累计最低成本。方向数据集给出每个单元上溯到"源"的最低成本的路径方向。

(7)执行最佳路径函数。

现在已经为寻找通往学校位置的最短路径做好大部分准备工作。通过执行成本加权距离函数，创建了以学校为"源"的距离数据集和方向数据集。然后还需要确定终点的位置，并创建"终点"数据集。将"源"数据集(新学校位置)、目标点数据集、距离数据集、方向数据集作为输入，执行最佳路径函数，生成目标点通往新学校的最佳路径。计算结果如图 3.14 所示。

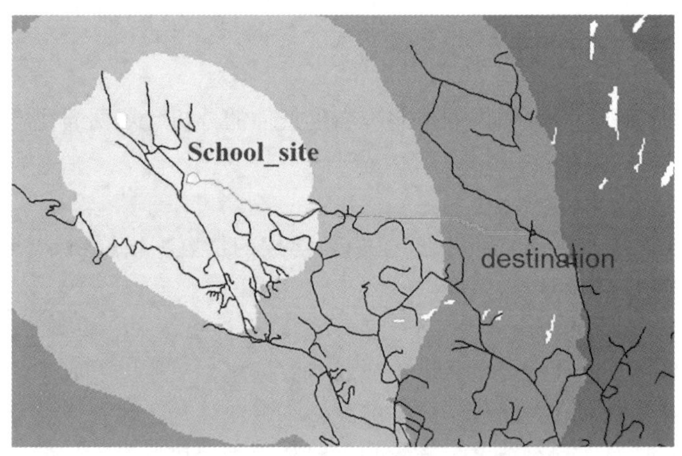

图 3.14　目标点到学校的最佳路径

3.2　图像挖掘与遥感大数据分析

3.2.1　图像数据挖掘的概念

3.2.1.1　研究背景

随着空间数据获取技术、存储技术的迅速发展，我们已经积累了大量的空间数据，其中大部分是图像数据。由于图像数据能够客观、形象地反映客观世界，在很多领域都得到很好的应用。在遥感领域，遥感技术正在形成一个多层次、多角度、全方位和全天候的全球立体对地观测网，高、中、低轨道结合，大、中、小卫星协同，粗、细、精分辨率互补。每日获取的遥感图像数据量以 PB 级计算。在其他领域，我们也获取了海量的图像数据，如医学图像、工业图像、视频图像等。并且随着网络技术的迅速发展，Internet 网络正成为图像数据的一个巨大存储仓库。在这些图像中必然包含各种反映实体对象的变化、相互关系以及隐藏在其中的各种模式、演化规律等高层次的知识，迫切需要发展图像数据挖掘技术。根据空间数据的类型，可以将空间数据挖掘划分为：基于矢量 GIS 数据的空间数据挖掘(邸凯昌，2001)、基于栅格图像数据的空间数据挖掘(秦昆，2004)。如何充分利用这些图像数据，从图像数据中挖掘出隐含的、潜在的、规律性的知识，是目前迫切需要解决的问题。在此背景下，图像数据挖掘作为数据挖掘的一个分支应运而生，图像数据挖掘被广泛应用于图像检索、卫星遥感图像分析、医学影像诊断分析、地下矿藏预测等各种领域。

3.2.1.2 基本概念

图像数据挖掘与知识发现(Image Mining and Knowledge Discovery，IMKD)，是指利用空间数据挖掘的理论和方法(空间聚类分析、空间关联规则分析、空间序列分析等)从图像数据库(或多幅图像、一幅图像的多个分块)中提取出规律性的潜在的有用的信息、图像数据关系、空间模式等，自动抽取出具有语义意义的信息(知识)，从而为图像的智能化处理服务的过程(秦昆，2004)。在遥感领域，则称为遥感图像数据挖掘与知识发现(Remote Sensing Image Mining and Knowledge Discovery，RSIMKD)。遥感图像数据挖掘综合了多种技术，如遥感技术、一般图像处理技术、基于内容的图像检索技术、计算机视觉、图像理解、人工智能、模式识别、数据挖掘和数据库技术(包括图像数据库技术)等。

虽然图像数据挖掘是由数据挖掘技术发展而来的，但它并不仅是传统数据挖掘理论与技术在图像数据上的简单扩展或延伸。图像数据组织结构不同于其他数据组织结构，在图像数据知识挖掘过程中涉及的技术更加广泛，除传统的常规挖掘技术外，通常还涉及图像获取、图像存储、图像处理分析、模式识别、计算机视觉、图像检索、机器学习、人工智能、知识表现等。

图像数据挖掘是对图像数据不断地抽象，从低层概念中抽取出高层概念并分析这些概念之间关系的过程，是一个从数据到信息到知识，从低层概念到高层概念的过程(秦昆，2004)。图像数据挖掘的目的是从图像数据中挖掘出知识。知识是人们对于可重复信息之间联系的认识，是认识的信息和信息之间的联系，是信息经过加工整理、挑选和改造而形成的(朱福喜等，2002)。以遥感图像数据挖掘为例，利用空间数据挖掘与图像数据挖掘技术对遥感图像数据进行挖掘，可以发现空间特征知识、空间分类知识、空间区分知识、空间聚类知识、空间关联知识、空间例外知识、空间预测知识、空间序列知识、空间分布模式和分布规律、空间过程知识、面向对象知识等。

一般来讲，图像数据库中包含的原始图像数据不能直接用以挖掘，图像数据必须进行处理以生成高层挖掘模型可以利用的信息。根据图像挖掘的驱动机制可以划分为三大类图像挖掘的系统框架，即功能驱动型的图像挖掘框架、信息驱动型的图像挖掘框架以及概念驱动型的图像挖掘框架。①功能驱动型重点在于用不同的模型去组织图像挖掘系统的功能；②信息驱动型则被设计成一个分层结构，重点集中在不同层次之间的信息的抽象程度所不同的处理方面；③概念驱动型主要是体现在图像数据挖掘过程中，从不同的层次、不同的侧面、不同的粒度，抽取出不同层次的概念以及概念之间的关系，从而挖掘出关联关系，进行概念聚类分析等。在进行图像挖掘的过程中，以提取出不同层次的概念为主要目标，在不同的概念层次，实现概念的泛化与例化，下层概念为上层概念的提升服务，上层概念指导下层概念的提取，实现从数据到信息，从信息到知识，从低层概念到高层概念的过程(秦昆，2004)。

图像数据挖掘综合了多种技术，是在多种技术的基础上发展起来的，图像数据挖掘与这些相关技术之间的界限比较模糊，因此有必要将图像数据挖掘与其他概念之间的区别和联系尽可能地阐述清楚(秦昆，2004)。

1. 图像数据挖掘与一般的数据挖掘

数据挖掘首先是在数据库领域以及商业应用领域展开研究和应用的，数据挖掘的对象主要是针对事务型数据进行的，这些数据主要是基于关系型数据模型，数据的结构性良好，数据是明确而清楚的。遥感图像(普通图像)数据挖掘的对象是图像数据，与事务型数据相比较，具有以下几个方面的特点。

(1)具有海量的数据量，可以从 TB 级到 PB 级别，与一般数据挖掘相比较，遥感图像数据挖掘的数据量要大很多，因此必须研究更加有效的数据挖掘理论与方法。

(2)由于获取图像的传感器不同、获取时间和条件不同等因素的影响，图像数据具有多样性的特点，具有不同的空间分辨率、时间分辨率、光谱分辨率等特点。因此，进行图像数据挖掘必须针对这些特点设计数据挖掘的算法。

(3)图像数据具有空间信息(空间位置、空间关系、空间分布等)，而一般数据挖掘不需要考虑空间信息。

(4)图像数据的值具有相对的含义，而关系型数据的值具有绝对的含义。例如，一件 100 元的商品比一件 80 元的商品贵，这是显然的；但是对于一个灰度值为 100 的像元与一个灰度值为 80 的像元哪个更亮却不一定，这与像元周围的背景有关，如果周围的背景很暗，灰度值为 100 的像元比灰度值为 80 的像元可能更暗。因此，在进行图像数据挖掘时，必须处理好图像数据值的相对性问题。

(5)图像内容的理解具有主观性的特点，由于用户的目的和兴趣不同，对于同样一幅图像内容的理解也不同，图像中内容的含义也就不同，或者说对于同样的图像，可能会有多种解释(Datcu，Siedel，2002)。

由于图像数据的以上这些特点，决定了图像数据挖掘具有与一般数据挖掘不同的理论和方法。图像数据挖掘并不仅是一般的数据挖掘技术在图像处理领域的应用的扩展，还需要研究适合于图像数据挖掘的新理论和新方法。

对于一般的基于关系型数据库的数据挖掘，数据项是十分明确的，但是对于图像数据挖掘，有一个难点就是如何确定数据挖掘算法所需要的数据项；图像数据挖掘的另外一个难点是如何将包含在原始图像或图像序列中的低层次的像元形式表达的图像信息进行处理，从而识别出高层次的空间对象和语义信息，图像数据挖掘具有十分明显的层次性。解决这些难点的一个思路就是建立图像数据挖掘不同粒度之间的映射，在不同的概念层次进行图像数据挖掘。通过对图像内容进行自动/半自动的分析，然后对所生成的描述符进行挖掘。例如，颜色、纹理、形状、大小等可以自动地生成。图像中的对象可以通过这些属性的近似度计算来确定，然后基于这些对象和特征挖掘图像内容和对象之间的关系和规律。可以直接在像元层次上进行，可以在特征层次(颜色、纹理、形状、大小)上进行，也可以在对象层次上进行，利用商空间的形式化的粒度理论可以对图像数据挖掘的层次性进行有效的解释(秦昆，2004)。

2. 图像数据挖掘与空间数据挖掘

空间数据挖掘是指从空间数据库中提取用户感兴趣的空间模式与特征、空间与非空间数据的普遍关系及其他一些隐含在数据库中的普遍的数据特征的过程(邸凯昌，1999、2001)。根据空间数据的类型，空间数据包括以矢量数据为对象的 GIS 数据和以栅格数据为对象的图像数据，由于二者的数据格式、数据表达方式具有很大的不同：矢量数据可以通过坐标精确地表达空间对象，数据量相对比较小，同时，矢量数据一般具有丰富的属性数据；栅格数据具有模糊性、数据量大，相关的属性数据很少的特点。二者的空间数据挖掘方法也有较大差别。因此，将空间数据挖掘分为基于 GIS 数据的 GIS 空间数据挖掘(邸凯昌，1999、2001)，以及基于图像数据的图像数据挖掘(秦昆，2004)，图像数据挖掘是空间数据挖掘的一个重要方面。同时，由于 GIS 数据与遥感图像数据往往是紧密联系的，在进行 GIS 数据挖掘的过程中，可能需要图像数据知识的参与，在进行图像数据挖掘的过程，也可能需要 GIS 数据的参与，因此有时候并不能很容易区分，只是当我们用图像数据挖掘这一术语时表示更加强调空间数据挖掘的图像数据挖掘部分的功能。

3. 图像数据挖掘与多媒体数据挖掘

多媒体数据库是指存储和管理大量多媒体对象的数据库，如视频数据、音频数据、图像数据、序列数据以及超文本数据(包含文本、文本标记和网络链接等)。针对这些多媒体数据进行的数据挖掘称为多媒体数据挖掘，主要涉及多媒体数据的相似性检索、多维分析、分类和预测以及多媒体数据的关联规则挖掘等(Han，Kamber，2001)。

图像数据挖掘是多媒体数据挖掘的一个重要方面，当前的多媒体数据挖掘也主要是针对图像数据进行研究的。由于遥感图像数据挖掘需要用到大量的与地学相关的信息，因此与以上所述的多媒体数据挖掘也具有一些不同，主要区别在于前者处理的任务基本上与地学知识无关，而后者主要处理的是与地学相关的问题，因此，二者并不是一种严格的隶属关系。对于空间信息处理方面的研究者来说，更愿意把图像数据挖掘归入空间数据挖掘的范畴。

4. 图像数据挖掘与一般的图像处理

常规的遥感图像处理理论和方法主要基于数理统计分析模式，主要是完成数据到信息的过程，所能处理的数据量有限，自动化和智能化水平十分低下。结果大多停留在定性的程度，没有实现从信息到知识的转换过程。而图像数据挖掘就是研究如何对低层的、基于像元的表达层次进行有效的处理，从而识别出高层的空间对象以及这些空间对象之间的关系的过程。传统的遥感图像处理方法很难实现从图像中自动挖掘出知识的目标，迫切需要一些新的理论、新的概念来指导，研究出一些新的思路和方法。一般来说，图像处理是对一幅图像或一个试验区的图像进行处理，而图像数据挖掘强调对大量图像数据处理、分析和对比，找出共性和特性，总结出规律和规则，而这些规律和规则在后续的图像分析中具有指导作用，能够提高自动化程度，并且在应用中得到修正、完善和丰富(邸凯昌，1999、2001)。

5. 图像数据挖掘与基于内容的图像检索

图像数据挖掘与基于内容的图像检索(Content-based Image Retrieval，CBIR)的一个共同特点就是对大量的图像数据进行处理和分析。基于内容的图像检索的目的主要是基于低层的图像内容从图像集合中检索出满足某种要求的相关图像。但是图像数据挖掘的概念远远超过基于内容的图像检索的目的和要求，图像数据挖掘的目标是从大量图像数据集合中发现某种具有重要语义意义的模式，发现某种特征性的规则。下面从基于内容的图像检索技术的发展过程来分析二者的关系。

传统的图像检索方法主要是基于关键字进行图像检索，但是这种方法对于大型的图像数据库是不适用的。近年来的一个重要研究趋势，就是基于内容的图像检索的概念和系统的研究和开发，即根据图像的可视化特征，如颜色、纹理、形状等特征来进行图像的检索。但是随着图像大小和图像内容的逐渐增加，基于内容的图像检索不再令人满意，因此提出基于区域的图像检索(Region-based Image Retrieval，RBIR)。在 RBIR 中，对每幅图像进行图像分割，得到不同的图像对象区域，并且通过每个对象的原始属性，如颜色、纹理和形状等建立索引。RBIR 是处理图像内容的可变性的一种有效的解决方法。

但是，CBIR 和 RBIR 都是以计算为中心的方法，这些概念很难适应用户根据语义实现精确检索的需求。为了解决这些问题，部分学者进行了进一步的研究，在图像检索系统中增加了相关反馈函数，即将用户的假设加入图像检索过程中，系统被设计为搜索与用户的假定近似的图像，该算法是分析基于一幅图像接近搜索目标的概率。另外一种处理方法是基于一个选择和组合特征分组的学习算法，允许用户给出正例和反例。该方法精练了用户的交互作用，并增强了查询的质量(Djeraba，2000、2001)。

以上提到的两种方法，是将用户包含在检索循环中的一种尝试，也就是说，在进行图像检索时结合了人的知识，如果能够将人的这些相关知识通过数据分析自动地或者半自动地产生，那么就是属于图像数据挖掘的范畴，这些方法是符合设计以人为中心的系统的基本思路的。

图像检索的研究者目前比较注重对图像数据挖掘的研究，通过对大量的图像进行深层次的挖掘，找出图像特征、图像对象之间的规律性的东西，同时辅助人的主观知识，从而提高图像检索的效率和准确度。

图像数据挖掘与基于内容的图像检索都是通过分析抽取图像的低层特征(颜色、纹理、形状)进行高层语义分析的过程。基于内容的图像检索的主要目的是搜索到满足用户要求的图像，而图像数据挖掘更加强调对图像内容的高度概括和总结，对某个区域的图像内容中所包含的规律性知识的抽取，如图像中各空间对象之间的相互关系。

基于内容的图像检索主要是利用低层的像元层次的信息，即利用像元的值以及低层特征，如颜色、纹理和形状，不能使用结合了人的领域知识的对象或区域的信息。因此，基于内容的图像检索很难回答“什么地方可以停放直升机”，以及“寻找一个环境很好的地方修建我的别墅”这样的查询。与此相比较，图像数据挖掘具有更多的语义概念分析的特点。

利用图像数据挖掘技术从图像数据中提取出规律性的知识，进行基于知识辅助的图像检索，可以大大提高图像检索的效率和准确度。

6. 图像数据挖掘与模式识别

模式识别是研究一种自动技术，依靠这种技术，机器将自动地(或尽量少的人为干预)把待识模式分配到各自的模式类中。所谓模式，是对某些感兴趣的客体作定量的或结构的描述，模式类是某些共同特性的模式的集合(沈清，汤霖，1991)。模式识别是图像处理的重要方法之一，模式识别强调从图像中找出某种预定的模式，并且尽可能使这些符合实际情况。例如，利用模式识别技术进行遥感图像分类，就是对各像素在各波段的光谱值进行分析，从而分配到各自的模式类中，如林地、耕地、道路、水体等。一般来说，模式识别的结果是预先设定的，并且一般来说是对单幅图像进行处理。而图像数据挖掘强调从大量图像中找出潜在的、隐含的、高层的语义知识或规律性的知识，一般来说，挖掘的结果预先是未知的，强调在隐含未知的情况下对图像数据中的规律性东西进行分析。图像数据挖掘概念的出现晚于模式识别，模式识别可以作为图像数据挖掘的方法之一，可以用于解决图像数据挖掘时从数据中挖掘出模式的任务，但是图像数据挖掘概念的内涵和外延都大于模式识别，可用的理论与方法远远多于模式识别。模式识别不能简单地说就是图像数据挖掘，模式识别还可以完成其他不属于图像数据挖掘的任务。图像数据的知识也可以辅助模式识别，提高模式识别的效果。理论与技术可以交叉使用，集成它们可以促进遥感图像处理的自动化和智能化(王树良，2002)。

7. 遥感图像数据挖掘与遥感图像分类

遥感图像的计算机分类，就是对地球表面及其环境在遥感图像上的信息进行属性的识别和分类，从而达到识别图像信息所对应的实际地物，提取所需信息的目的(孙家抦，2003)。遥感图像分类可以分为以下三大类型：①传统的遥感图像分类，利用数理统计方法进行遥感图像分类，如 K 均值聚类、ISODATA 算法、最大似然法等；②基于神经网络、遗传算法等非线性算法的遥感图像分类算法；③基于知识的遥感图像分类，充分利用各种相关知识来辅助遥感图像分类。知识的来源，一部分直接来自有经验的专家，另一部分来自利用空间数据挖掘算法从 GIS 辅助数据或图像数据中挖掘出的知识。遥感图像分类是遥感图像数据挖掘的重要应用领域之一。如果遥感图像分类的过程体现了直接对图像数据进行分析，从图像数据中挖掘出知识，并应用这些知识进行遥感图像分类，那么也可以把这种情况直接称为遥感图像数据挖掘(秦昆, 2004)。这两个概念既有区别，也有重叠。

一般来说，遥感图像分类是对一幅图像进行分析，而遥感图像数据挖掘强调对大量的遥感图像进行分析，总结出一些规律性的东西，从而进一步为遥感图像的自动分类等遥感图像的自动化处理任务服务。

8. 图像数据挖掘与目标识别

图像数据中的目标识别是根据目标的属性特征，从图像中识别出目标的过程。基于知识的目标识别或者说知识辅助下的目标识别可以大大提高目标识别的准确度。这些知识一部分来自专家，一部分来自利用空间数据挖掘技术从图像数据中挖掘出的知识。目标识别是图像数据挖掘的应用领域之一，或者说目标识别是图像数据挖掘的重要任务之一。在目标识别的过程中，如果体现了从图像数据中挖掘出知识，并应用这些知识辅助目标识别的过程，则这种目标识别的过程本身就是图像数据挖掘的过程，但是图像数据挖掘概念的内涵和外延都要大于目标识别，图像数据挖掘还包含除了目标识别以外的其他挖掘任务(秦昆, 2004)。

9. 图像数据挖掘与机器学习

学习是人类具有的一种重要的智能行为，人工智能专家西蒙(H. A. Simon)认为，学习就是系统在不断重复的工作中对本身能力的增强或者改进，使得系统在下次执行同样的任务或类似的任务时，会比现在做得更好或效率更高。机器学习就是一门研究使用计算机获取新知识和技能，并能够识别现有知识的科学。机器学习包括归纳学习、解释学习、类比学习、神经网络学习等。机器学习是图像数据挖掘的主要方法之一，机器学习强调通过学习获取知识的过程，在这个意义上与图像数据挖掘是相同的，但是目前的很多机器学习方法在数据量较小的情况下很有效，但是难于处理海量的数据。数据挖掘强调从大量的数据中分析、挖掘出知识的过程，更强调算法适应大数据量的能力，以及挖掘出潜在的、隐含的知识。将机器学习的方法引入图像数据挖掘中时，一般根据图像数据挖掘的需要进行适当调整和改造。

10. 图像数据挖掘与图像理解

图像理解是用计算机系统来帮助解释图像的含义，从而实现利用图像信息解释客观世界的目标。图像理解确定为完成某个视觉任务需要通过图像采集从客观世界获取哪些信息，通过图像处理和分析从图像中提取哪些信息，以及利用哪些信息继续加工以获得所需要的解释。图像理解需要研究理解能力的数学模型，并通过数学模型的程序化，实现理解能力的计算机模拟(章毓晋, 2000)。图像理解强调利用计算机来解释图像，主要是图像处理的高层操作，是对从描述抽象出来的符号进行运算，其处理过程和方法与人类的思维推理过程有许多类似之处。图像数据挖掘包括从图像处理的低层到中层再到高层的整个过程。图像理解一般来说是针对一幅图像进行处理，而图像数据挖掘强调对大量的图像数据进行分析，从而挖掘出有用的知识(秦昆, 2004)。

3.2.2 图像数据挖掘方法

图像数据挖掘作为多学科交叉领域，其涉及的理论和方法也是多方面的。因各学科对各自领域内的技术都有较为全面和详细的介绍，此处不再赘述，仅对图像数据挖掘的一些主要方法进行介绍。

1. 统计与空间统计方法

统计方法是指收集、整理、分析和解释有关统计数据，并作出一定结论的方法。空间统计方法基于传统统计方法发展而来，是对具有空间分布特征数据进行统计分析的理论和方法。统计方法通常对描述数据的集中趋势、离散程度等特征分布的基本统计量进行统计。对于图像数据，统计分析量通常包含图像的灰度平均值、灰度众数、灰度中值、灰度方差、灰度值域、信息熵、波段协方差、波段相关系数等。空间统计学的应用已被扩展到图像数据挖掘领域。例如，以某地的森林林场遥感影像为数据源，选择具有云层遮挡的遥感数据作为实验，利用空间统计学理论中的克里格插值(Kriging)技术，可以对云层遮挡区和云层阴影遮挡区的像素信息进行恢复。对于遥感数据，各地物类的影像特征具有显著的结构性，该特性对进一步的影像解译和信息提取具有重要作用(秦昆等，2013)。空间自相关统计量可用于描述遥感影像的空间纹理和结构特征，并结合机器学习算法实现影像的地物分类(陈一祥，2013)。

2. 分类和聚类方法

分类和聚类是数据挖掘中应用广泛的两种技术，针对图像数据挖掘而言，它们都是给图像集或图像像素进行归类的。分类是指按照种类、等级或性质分别归类，是一种有监督的学习方法。聚类是将物理或抽象对象的集合分成由类似的对象组成的多个类的过程，是一种无监督的学习方法。当两种方法具体应用于图像数据时，如果事先给定了归类规则或给定了部分已经归类完成的图像数据集，要求只需从已有规则或给定数据集中学习经验知识完成对剩余图像归类的方法，则称为图像分类。若事先没有给出任何先验知识，没有经验规则可以参考，直接对所有图像数据集进行归类，则称为图像聚类。从分析的不同角度来看，图像分类和聚类可以分为基于图像描述和基于图像内容两类(杜琳等，2011)。基于图像描述的方法一般根据图像的标题、格式、大小、来源等信息对图像进行归类，而基于图像内容的方法一般根据图像的像素信息、形状、颜色、纹理等图像特征和图像语义表达信息对图像进行归类，重在关注图像本身表达出来的信息。分类和聚类两种方法除了分开使用以外，有时也经常将二者结合使用，通常是一种半监督的学习方法，可以应对更多复杂的情况。分类和聚类技术在图像数据挖掘中应用广泛，例如，将图像分类和聚类技术应用于图像检索，可以极大地提高图像数据的检索效率，同时也使得在此基础上的其他图像数据挖掘工作更便捷。

3. 关联规则挖掘方法

传统数据挖掘中关联规则的目的是挖掘大量数据中项集之间有趣的关联或相互关系。

关联规则描述的是一个数据集中数据项之间同时出现的规律和知识模式，不同数据集蕴含的关联规则不一样，挖掘图像数据这种具有空间性、关联性、语义模糊性的特殊数据结构的数据集，针对其所使用的方法也有所不同。图像数据的关联规则挖掘通常是针对图像表达内容进行分类，例如对“乔木”和“水体”两种图像进行分类，这两种纹理图像的不同位置的像素值之间的关联规则是不一样的，可以利用图像数据挖掘的方法挖掘这些不同位置的像素值之间的关联规则，利用这些关联规则作为图像类型的区分规则，从而将“乔木”与“水体”这两种纹理图像区分开(Qin et al., 2003)。

4. *云模型方法*

云模型是用自然语言值表示的某个定性概念与其定量表示之间的不确定性转换模型(李德毅等, 1995)。图像数据的信息具有不确定性，即在图像处理的过程中，由于噪声的干扰、图像退化或是人类认知水平的不确定性等原因，很难对图像信息做到精确化。此外，在图像处理的整个生命周期里，即在图像获取、处理、分析等各个阶段中，都会加入各种不同类型和不同程度的不确定性因素并向后传播，导致图像信息具有不确定性。云模型可以很好地表达概念的不确定性、降低概念分层的不确定性，在知识表达上弥补了粗集理论和模糊集理论的弱点，建立了定性描述的概念和定量表示数值之间的转换，同时也反映了定性和定量之间影射的随机性和模糊性。云模型的数字特征仅使用三个数值完美地将模糊性和随机性集成到一起，构成定性和定量之间的映射关系作为知识表示的基础(李德毅，杜鹢, 2005)。现如今，云模型方法已广泛应用于图像分析和处理中(秦昆等, 2006)。例如，使用云模型表达图像纹理特征，将训练数据集每个类别的属性定义为定性概念，用云模型表达定性概念与类别的属性数值的转换关系，从而将不同类别的对象区分开(秦彩云, 2011)。云划分的方法边界是模糊且不确定的，比起其他硬分类技术更加符合实际的数据分布和人的思维方式。

5. *概念格方法*

概念格理论，也称形式概念分析理论，首先由德国的数学家 Rudolf Wille 提出(Wille, 1996)。形式概念分析理论是一种基于概念和概念层次的数学化表达的应用数学的一个分支。在应用形式概念分析理论时，需要用数学的思维方式进行概念数据分析和知识的处理。概念格是形式概念分析理论的基本数据结构。概念格的基本思想是：将每一个概念用一个节点来表示，对概念进行形式化的表达，称为形式概念。每个形式概念由外延和内涵两部分组成。外延即概念所覆盖的实例，是概念所包含的对象；内涵即概念的描述，就是该概念覆盖实例的共同特征。形式概念分析理论通过数学的形式化语言将概念的内涵和外延表达出来。概念格可以通过 Hasse 图体现这些概念之间的泛化和特化关系，反映数据中所蕴含的概念之间的相互关系。概念格是进行数据分析十分有力的一种工具，例如应用于图像检索中，利用语言变量描述图像语义特征，根据模糊语义值构建概念格，利用形式概念分析方法发现图像语义潜在的格结构和相互关系，用基于概念格的方法进行图像语义检索、图像数据挖掘等(秦昆, 2004; Qin et al., 2003)。

6. 遗传算法

遗传算法是一种自适应启发式群体型概率性迭代式的全局收敛搜索算法，其基本思想来源于生物进化论和群体遗传学，体现了适者生存、优胜劣汰的进化原则。遗传算法的整体搜索策略和优化计算不依赖于梯度信息，应用范围广泛，非常适合解决高复杂度的非线性问题。在图像获取和处理过程中，由于仪器扫描、特征提取等环节存在不确定性，不可避免地会产生误差从而影响图像分析，如何使这些误差最小是计算机视觉的重要要求，遗传算法的优化计算在此方面得到广泛的应用。针对图像数据的复杂性，遗传算法可以用于图像的预处理和图像数据挖掘及知识发现。遗传算法是模拟自然进化的通用全局搜索算法，能够避免搜索过程中的局部最优解，因此遗传算法可以作为一种搜索策略，针对大规模图像数据集可以获取很好的图像检索效果。遗传算法作为一种指导性、鲁棒性的随机化技术，非常适用于图像处理与分析问题。

7. 神经网络与深度学习方法

人工神经网络是一种模仿动物神经网络功能和结构特征，进行分布式并行信息处理的数学模型或计算模型。神经网络算法相比传统算法表现出了很大的优越性，广泛应用于图像处理和分析的各个阶段。相比传统算法，神经网络算法处理图像的优势体现为以下 4 个方面：①高度并行处理能力，处理的速度远远高于传统的序列处理算法；②具有自适应功能，能够根据学习提供的数据样本找出和输出数据的内在联系；③非线性映射功能，图像处理的很多问题是非线性问题，神经网络为处理这些问题提供了有用的工具；④具有泛化功能，能够处理带有噪声的或不完全的数据(许峰等, 2003)。

深度学习概念基于人工神经网络发展而来，包含多隐藏层的多层感知机就是一种深度学习结构。深度学习通过组合低层特征形成更加抽象的高层表示属性类别或特征，以发现数据的分布式特征表示。自 2006 年 Geoffrey Hinton 提出深层网络训练中梯度消失问题解决方案之后，深度学习掀起了学术界和工业界的研究热潮(Hinton, Salakhutdinov, 2006)。随着计算机性能的不断提升，高性能硬件的不断完善，以卷积神经网络、生成对抗网络等为代表的深度学习技术已广泛应用于图像识别、目标检测、图像分割等领域，深度学习成为图像处理与分析领域最流行的技术之一。

3.2.3 图像数据挖掘实验及分析

3.2.3.1 图像数据挖掘的实验框架

当我们面对一堆纷繁复杂的图像数据时，为了从这些大量的图像数据中挖掘出一些规律性的东西，一些有用的知识，首先根据分层递阶的思想对图像数据进行不同粒度世界的分割，将图像数据挖掘问题分解成不同的侧面、不同的视角、不同的层次。然后，对这些不同粒度的图像数据分别进行挖掘，然后再对挖掘出的知识进行综合(Qin et al., 2003; 秦昆, 2004)。

遥感图像数据中蕴含地物丰富的光谱特征信息、纹理特征信息、形状特征信息、空间分布特征信息及不同地物之间的空间关系、空间分布信息，以及多时相图像的反映地物特征随时间变化的时间特征信息等，遥感图像数据挖掘可以充分利用这些复杂的信息挖掘出有意义的空间特征规则、空间区分规则以及空间分布规律等空间知识。对于遥感图像数据，我们可以在不同的层次、不同的侧面、不同的视角对遥感图像数据进行分析，挖掘出不同粒度世界的图像数据中蕴含的空间知识(Qin et al., 2003；秦昆，2004)。

根据图像的内容，可以把图像数据挖掘划分为：光谱特征数据挖掘、纹理特征数据挖掘、形状特征数据挖掘、空间关系特征数据挖掘、时序特征数据挖掘等。

(1)光谱特征数据挖掘：遥感图像的同一个像素往往具有多个波段的光谱信息，如TM有7个波段，SPOT有4个波段，MODIS有36个波段。基于遥感图像中这些丰富的光谱信息，利用图像数据挖掘的方法可以挖掘出这些光谱信息中所蕴含的规律性的东西，从而为遥感图像的智能解译等遥感图像的智能化处理任务服务。

(2)纹理特征数据挖掘：图像数据中的各种地物类型一般都具有一定的结构，这些地物的结构在遥感图像上的反映就是纹理结构，这种纹理结构反映的是图像像元与其周围像元之间的一种约束关系，不同的地物类型具有不同的纹理结构。这些不同的地物的纹理结构具有特定的规律，这些纹理特征值之间构成一定的规律性。因此，可以利用图像数据挖掘的方法挖掘出图像数据的纹理特征中所蕴含的规律性知识，利用这些规律性的知识作为不同类型的纹理图像的特征，从而为图像的自动(半自动)分类、智能检索等任务服务。

(3)形状特征数据挖掘：图像数据中的不同地物对象具有自己独特的形状，这些地物对象的形状特征中也必然存在一定的规律性，可以利用图像数据挖掘方法对图像对象的形状特征进行挖掘。例如，对于不同的水体，虽然其光谱特征值基本一致，但是具有不同的形状特征，如湖泊、河流、鱼塘等具有类似的光谱特征，但是这些地物类型具有不同的边界形状类型，可以利用这些地物的形状信息进行地物类型的判断。基于图像数据中不同的地物类型的形状特征信息，利用图像数据挖掘方法，可以分析、挖掘出这些地物类型的形状特征中所蕴含的规律性知识。

(4)空间关系特征数据挖掘/空间分布规律挖掘：图像数据中的地物对象之间存在复杂的空间关系，如邻近关系、距离关系、方向关系等，这些不同地物之间的空间关系信息中蕴含一些规律性的知识。在进行图像数据中的空间关系数据挖掘时，可以首先利用空间分析的方法对图像数据中的空间目标和空间对象进行处理，提取出空间关系数据，然后利用数据挖掘的方法进行空间关系特征数据挖掘，从而分析、挖掘出这些不同地物对象之间的空间关系数据中所蕴含的规律性知识，以及图像数据中的地物分布规律或空间分布规律。

(5)时间特征信息挖掘/空间变化规律挖掘：同一个地区不同时段的图像信息中蕴涵着图像数据的时空变换特征，利用图像数据挖掘方法可以挖掘出地物的时空变化规律，反映出地物随时间变化的规律，从而挖掘出图像数据中蕴含的时空变化规律。例如，利用多年的土壤侵蚀遥感图像数据，可以挖掘出土壤侵蚀的规律。

利用图像数据挖掘可以分析、挖掘出大量的图像知识，为了进行遥感图像数据挖掘的应用，必须对从遥感图像数据中挖掘出的知识进行统一的管理。因此，必须设计图像知识的管理模块，利用这些知识可以为遥感图像的智能化处理任务服务，如基于知识的遥感图像分类、基于知识的图像检索、基于知识的目标识别等。

秦昆(2004)提出了遥感图像数据挖掘的实验框架，如图3.15所示。

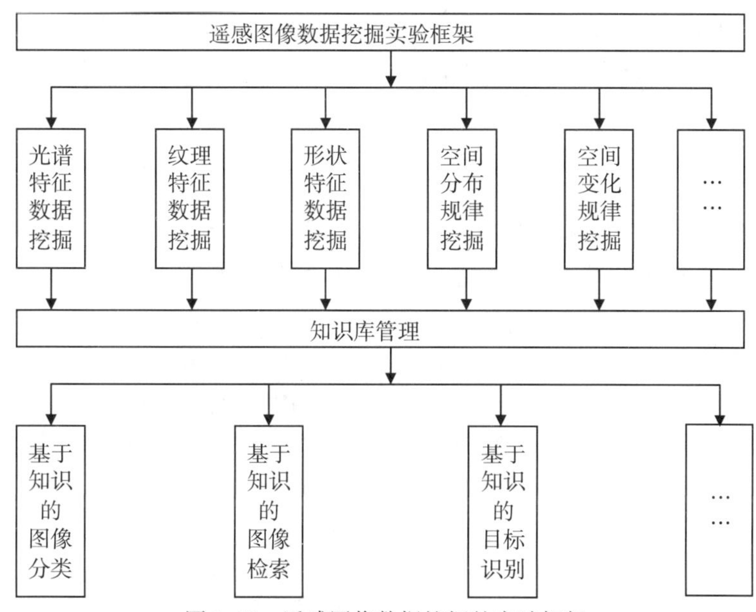

图3.15　遥感图像数据挖掘的实验框架

3.2.3.2　纹理图像数据挖掘实验

1. 纹理的解释

对于什么是纹理，存在很多种解释，很难给予一个很好的定义。已有大量学者对图像的纹理问题进行了深入研究，可以归纳为两种观点。①第一种观点认为：纹理是由按一定规则排列的基元构成的，基元可以有确定的或变化的形状，如圆、六边形等，粗纹理由大基元组成，细纹理由小基元组成。②另一种观点认为：纹理产生的过程是随机过程，纹理基元的排列是不规则的、随机的，但是这种随机的排列符合某种概率分布规律，例如，沙地、草地、水域等这些地物的纹理基元是无法用规则排列的基元来描述的(郑肇葆，2000、2001)。

航空图像上包括了地面上许多目标的影像，不同目标的影像在像片上的配置相互交叉，在航空图像上很难圈出一个只含有一种目标影像的范围，即使在同一目标的影像区域内也没有明显的基元重复出现。因此，航空图像纹理不能视为某种纹理基元的重复出现。航空图像上不同目标的影像的确呈现出不同的纹理特征，这种纹理特征可以通过中心像元与它的近邻像元之间的约束关系来表述，马尔可夫随机场方法可以有效地用于航空遥感图像的纹理描述和分析(黄桂兰，郑肇葆，2000)。

对于遥感影像来说，第二种解释更合理一些。例如，遥感影像中的农田、乔木、草地、幼林地、水体等地物类型的纹理反映的是图像的局部区域的某种模式，反映的是图像的局部区域像素之间的一种结构关系，或者说反映了中心像元与它的周围的邻近像元之间的一种相互约束关系，如果利用某种方法可以反映出这种相互约束关系，就可以作为纹理的特征。利用图像数据挖掘的方法，可以挖掘出遥感纹理图像的邻域范围内具有空间邻近关系的像素值之间频繁出现的关联模式，对纹理图像局部区域的像素之间的相互约束关系通过纹理关联规则挖掘的方法挖掘出来，并将这些纹理关联规则知识作为反映图像纹理的特征(Qin et al., 2003；秦昆，2004)。

2. 关联规则挖掘

关联规则是数据挖掘的最重要内容之一。关联规则是数据中一种简单但很实用的规则，关联规则的模式属于描述型的模式，关联规则挖掘的目的是发现大量数据中项集之间有趣的关联或相互关系(Agrawal et al., 1993)。

考察一些涉及许多物品的事务，例如，事务 1 中出现了物品甲，事务 2 中出现了物品乙，事务 3 中则同时出现了物品甲和乙。那么，物品甲和乙在事务中的出现相互之间是否有规律可循呢？在数据库的知识发现中，关联规则就是描述这种在一个事务中物品之间同时出现的规律的知识模式。更确切地说，关联规则通过量化的数字描述物品甲的出现对物品乙的出现有多大的影响。

下面给出关联规则的具体的形式化定义。

关联规则：设 $I=\{i_1, i_2, \cdots, i_n\}$ 是项的集合。设任务相关的数据 D 是数据库事务的集合，其中每个事务 T 是项的集合，使得 $T \subseteq I$。每一个事务有一个标识符，称作 TID。设 A 是一个项集，事物 T 包含 A，当且仅当 $A \subseteq T$。关联规则是形如 $A \Rightarrow B$ 的蕴含式，其中 $A \subseteq I$，$B \subseteq I$，并且 A、B 之间的交集为空。

支持度和置信度是关联规则最重要的两个度量指标。

1) 支持度(Support)

关联规则 $A \Rightarrow B$ 的支持度就是指：在事务集 D 中包含 $A \cup B$ (即同时包含 A 和 B)的事务的百分比，它是概率 $P(A \cup B)$，即：$\text{support}(A \Rightarrow B) = P(A \cup B)$。

支持度描述了项集 A 和项集 B 的并集在事务集 D 中出现的概率有多大。

2) 置信度(Confidence)

关联规则 $A \Rightarrow B$ 的置信度就是指：在事务集 D 中包含 A 的事务同时也包含 B 的百分比，这是一种条件概率 $P(B \mid A)$，即：$\text{confidence}(A \Rightarrow B) = P(B \mid A)$。

置信度描述了事务集 D 中包含了项集 A 的事务中，项集 B 也同时出现的概率有多大。

支持度和置信度可以作为反映规则的有趣程度的两个重要指标，可以分别定义一个最小支持度阈值 min_sup 和最小置信度阈值 min_conf，将同时大于 min_sup 和 min_conf 的规则称为有趣的规则，或者称为强规则。在进行实际的关联规则挖掘分析时，必须选择恰当的最小支持度阈值和最小置信度阈值。如果取值过小，则会发现大量无用的规则，不但影响执行效率、浪费系统资源，而且可能把主要目标淹没；如果取值过大，则可能得不到规则，或者得到的规则过少，把所需要的有意义的规则过滤掉了。一般需要根据具体的情况设定合适的阈值。

下面介绍关联规则挖掘的具体步骤，首先介绍两个相关的概念：

(1)k 项集：包含 k 个项的项集称为 k-项集。所谓项集，就是项的集合。

(2)频繁项集：如果在事务集 D 中项集出现的频率大于或等于 min_sup 与 D 中事务总数的乘积，则称为频繁项集(Frequent Itemset)。

关联规则挖掘的主要过程包括以下几个步骤：

(1)准备数据；

(2)设定最小支持度阈值和最小置信度阈值；

(3)根据数据挖掘算法找出所有支持度大于或等于最小支持度阈值的所有频繁项集；

(4)根据频繁项集生成所有置信度大于或等于置信度阈值的有趣规则(强规则)；

(5)如果生成的规则过多或过少，则需要对支持度阈值和置信度阈值进行调整，并重新生成强关联规则；

(6)关联规则的理解：挖掘出关联规则以后，需要结合领域相关知识对规则的意义进行解释、理解，这样才能体现利用数据挖掘概念挖掘出有意义的规则的含义。

在这几个步骤中，最繁杂、最耗时的工作是第三步，即生成频繁项集的工作；第四步根据频繁项集生成关联规则的工作相对简单，但是如何避免过多的、冗余的规则的生成也是需要认真考虑的。其他的步骤可以认为是一些相关的辅助性的步骤。

关联规则挖掘常用的算法包括：Apriori 算法(Agrawal et al., 1993)、概念格方法(胡可云等, 2000；胡可云, 2001；Qin et al., 2003；秦昆, 2004)等。

3. 纹理关联规则挖掘

关联规则其实就是反映出数据项之间的相互蕴含关系，可以理解为数据项之间的一种相互约束关系，反映的是数据集中相关的数据项频繁出现的模式。因此，可以利用关联规则挖掘的方法来分析图像的纹理特征。

关联规则挖掘最开始主要用于市场货篮数据分析，用于发现事物数据库中“项”之间频繁出现的关联关系。关联规则分析被成功地用于确定和预测大量的数据集中数据项或事件之间的共生(同时发生的)关系，也叫关联关系。

在图像数据挖掘中，关联规则挖掘可以用于发现图像数据中频繁出现的局部结构。对于像素级的图像数据中这种频繁出现的局部区域的模式其实就是图像的纹理。关联规则挖掘可以获取图像的结构信息和统计信息，从而自动识别出频繁出现的结构，并且这种关联关系可以具有重要的区分能力，这是因为不同类型的纹理图像中这种频繁出现的结构是不同的。利用关联规则挖掘的方法可以发现图像数据中频繁出现的局部区域的像素灰度值变化的模式，这种模式可以用于反映图像的纹理特征(Qin et al., 2003；秦昆, 2004)。

纹理关联规则反映了图像的局部区域的结构信息和统计信息，可以作为纹理特征。不同的纹理类型的图像可以挖掘出不同的关联规则，因此，可以利用纹理关联规则进行图像的分类、聚类和图像分割等。例如，从北京地区、哈尔滨地区的航空图像中，分别选取了30 个 64 × 64 的农田、乔木、草地、幼林地、水体的样本图像，示例图像如图 3.16 所示。对于每种地物类型，选择 10 个样本图像作为训练样本，另外 20 个图像作为待分类的图像。

(a)农田

(b)乔木

(c)草地

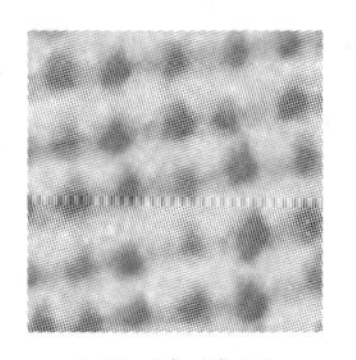
(d)幼林地

(e)水体

图 3.16　纹理样本图像

利用纹理关联规则挖掘算法，分别计算出每种地物类型的纹理关联规则，然后根据这些地物类型的纹理关联规则，对待分类的图像进行纹理图像分类(Qin et al.，2003；秦昆，2004)。具体方法如下：

将通过纹理关联规则挖掘的方法所得到的每种纹理图像的关联规则表示为：

Rules_{ij}，S_{ij}，C_{ij}：表示第 i 种纹理图像的第 j 条规则，其支持度为 S_{ij}，置信度为 C_{ij}。

对于其他的待分类的每一幅纹理样本图像，首先按照同样的方法进行归一化处理，分别计算归一化处理后的图像满足每一条规则的支持度和置信度，然后计算其与已知类型的纹理图像的纹理特征关联规则之间的距离，最后根据距离最小原则对该样本图像进行分类。

对于每幅待分类的图像 I_m，分别计算其与某种纹理图像的每条关联规则对应的支持度 S_{mij} 和置信度 C_{mij}。

图像 I_m 与第 i 种纹理图像之间的纹理关联规则特征之间的距离计算公式如下：

$$D_{mi} = \sqrt{\sum_{j=1}^{n} (S_{mij} - S_{ij})^2 + (C_{mij} - C_{ij})^2} \tag{3.5}$$

式中，n 为第 i 种纹理图像的纹理关联规则数。

$D_m = \min(D_{mi})$ 为待分类图像与已知类型的样本图像之间的纹理关联规则特征之间的距离的最小值。根据此条件判断待分类图像与某种已知类型的样本图像是否属于同一类型。

根据以上方法，对所有的测试样本图像进行基于纹理关联规则的图像分类，将分类结果与预先判定的分类结果进行对比，计算分类精度。同时利用基于灰度共生矩阵的纹理分析方法和基于马尔可夫随机场的纹理分析方法对这些样本图像进行分类，并进行分类精度的评定。这三种方法的分类精度如表 3.2 所示。通过这些实验证明，基于纹理关联规则的航空遥感纹理图像的分类方法的分类精度比另外两种纹理分类方法的精度更高。这证明了基于图像数据挖掘的纹理分析方法是切实有效的。

表 3.2　**遥感图像分类精度对比**

分类方法	分类精度
纹理关联规则法	86%
灰度共生矩阵法	78%
马尔可夫随机场法	81%

3.2.4 遥感大数据分析与挖掘

3.2.4.1 遥感大数据

随着信息基础设施的完善以及计算机技术和网络通信技术的快速发展，全球的数据量飞速增长。2008 年和 2011 年，*Nature* 和 *Science* 等国际顶级学术刊物相继出版专刊展开对大数据的研究(David, 2008; Wouter, John, 2011)，标志着大数据时代的到来。大数据隐含巨大的社会、经济和科研价值，被誉为未来世界的“石油”，已成为企业界、政界和学术界关注的热点。

在遥感和对地观测领域，随着对地观测技术的发展，人类对地球的综合观测能力达到空前水平。不同成像方式、不同波段和分辨率的数据并存，遥感数据日益多元化；遥感影像数据量显著增加，呈指数级增长；数据获取的速度加快，更新周期缩短，时效性越来越强。遥感数据呈现出明显的“大数据”特征(李德仁等, 2014)。

天地一体化对地观测系统和智能计算技术的快速发展为遥感科技进步甚至变革提供了难得的机遇。遥感信息技术在历经 20 世纪 60—80 年代以统计数学模型为核心的数字信号处理时代、从 90 年代至今以遥感信息物理量化为标志的定量遥感时代之后，现在正逐渐进入一个以数据模型驱动、大数据智能分析为特征的遥感大数据时代(张兵, 2018)。

大数据的价值不在其“大”而在其“全”，在其对数据后隐藏的规律或知识的全面反映。同样，遥感大数据的价值不在其海量，而在其对地表的多粒度、多时相、多方位和多层次的全面反映，在于隐藏在遥感大数据背后的各种知识(地学知识、社会知识、人文知识等)。遥感大数据利用的终极目标在于对遥感大数据中隐藏知识的挖掘(李德仁等, 2014)。因此，有必要研究适用于遥感大数据的自动处理和数据挖掘方法，通过对数据做智能化和自动分析，从遥感大数据中挖掘地球上的相关信息，实现从遥感数据到知识的转变(李德仁等, 2014)。

3.2.4.2 遥感大数据的自动分析

遥感大数据的自动分析是进行遥感大数据挖掘、遥感观测数据向知识转化的前提，其主要目的是建立统一、紧凑和语义的遥感大数据表示，从而为后续的数据挖掘奠定基础。遥感大数据的自动分析主要包含数据的表达、检索和理解等(李德仁等, 2014)。

1. 遥感大数据的表达

遥感大数据的特征提取需要考虑具有多源数据转换、多分辨率特征表达能力的模型。遥感大数据的特征计算方法，可以从光谱、纹理、结构等低层特征出发，获取更具差异性的中层特征和高层特征，从而跨越局部特征与目标特性之间的语义鸿沟，建立目标一体化的遥感大数据表达模型。遥感大数据表达的主要研究内容包括：遥感大数据的多元离散特征提取、遥感大数据多元特征的归一化表达等(李德仁等, 2014)。

2. 遥感大数据的检索

研究图像的相似性和差异性，充分挖掘图像语义信息，提高影像管理能力和检索效率是遥感大数据应用的基础。针对遥感大数据检索困难的现状，发展以知识驱动的遥感大数据检索方法是有效解决途径之一。遥感大数据检索的主要研究内容包括：场景检索服务链的建立、多源海量复杂场景数据智能检索系统、融入用户感知信息的知识更新方法等(李德仁等，2014)。

3. 遥感大数据的理解

遥感大数据理解目的在于发现隐藏在遥感大数据背后的各种知识(地学知识、社会知识、人文知识等)。因此，遥感大数据场景的语义理解至关重要(Datcu et al.，2003；Aksoy et al.，2005；Porway et al.，2010；袁德阳等，2012)。为了实现遥感大数据的场景高层语义信息的高精度提取，在遥感大数据特征提取和数据检索的基础上，应主要研究以下内容：特征-目标-场景语义建模、遥感大数据的场景多元认知等(李德仁等，2014)。

4. 遥感大数据云

遥感云基于云计算技术将各种遥感信息资源进行整合，建立基于遥感云服务的新型业务应用与服务模式，提供面向公众的遥感资源一体化的地球空间服务(李德仁等，2014)。一个遥感影像云计算平台，主要包含影像管理模块、数据处理与分析模块和云环境等，例如，OpenRS Cloud 就是一个基于云计算的开放式遥感数据处理与服务平台，可以直接利用其虚拟 Web 桌面进行快速的遥感数据处理和分析。目前正在建立的空天地一体化对地观测传感网旨在获取全球、全天时、全天候、全方位的空间数据，为遥感云的数据获取、处理及应用奠定基础(李德仁等，2014)。

3.2.4.3　遥感大数据挖掘

1. 遥感大数据挖掘的过程

遥感大数据挖掘是发现遥感大数据背后潜在信息和知识的过程，整个过程包含数据的获取与存储、数据处理与分析、数据挖掘、数据可视化及数据融合等。遥感大数据挖掘具体过程如图 3.17 所示。①数据获取与存储：存储从各种传感器获取的海量、多源遥感数据并利用去噪、采样、过滤等方法进行筛选整合成数据集。②数据处理与分析：例如，利用线性和非线性等统计学方法分析数据并根据一定规则对数据集分类，并分析数据间及数据类别间的关系等。③数据挖掘：对分类后的数据进行数据挖掘，利用人工神经网络、决策树、云模型、深度学习等方法探索和发现数据间的内在联系、隐含信息、模式及知识(李德仁等，2013)。④数据可视化：可视化这些模式及知识等，用直观的展示来方便用户理解。⑤数据融合：将有关联的类别进行融合，方便分析和利用(李德仁等，2014)。

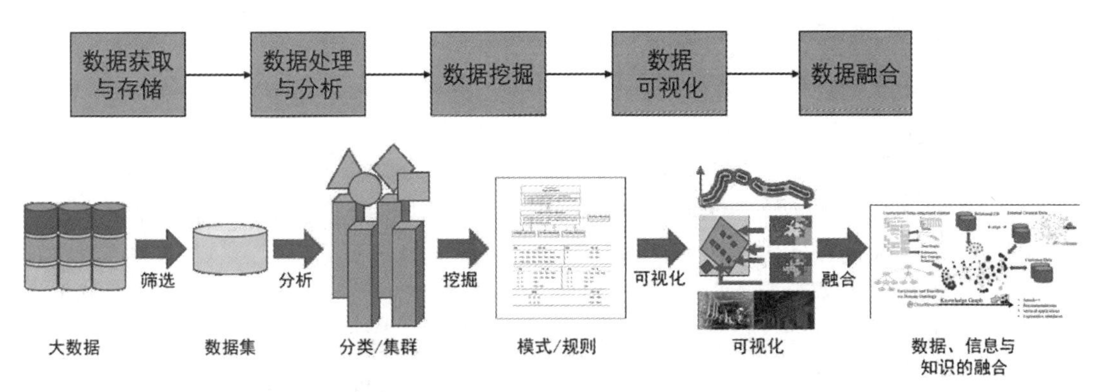

图 3.17　遥感大数据的数据挖掘过程(引自李德仁等，2014)

2. 遥感大数据和广义遥感大数据的综合挖掘

遥感大数据是地物在遥感传感器下的多粒度、多方位和多层次的全面反映。一方面，它能与 GIS 数据等其他空间大数据有较好的互补性；另一方面，广义的遥感大数据应包含所有的非接触式的成像数据(如城市的视频监控数据)。这些遥感大数据和广义遥感大数据的综合信息挖掘能揭示更多的地球知识和变化规律(李德仁等，2014)。例如，城市视频监控摄像头作为一种特殊的遥感传感器，在城市的智慧安防、智慧交通和智慧城管中有大量应用，将遥感大数据与视频监控数据结合进行挖掘，可以发现地球上一些精细尺度的变化规律，如人类的生活和行为规律等。

3. 遥感大数据挖掘的潜在应用

遥感大数据挖掘不仅能用于挖掘地球各种尺度的变化规律，而且能用于发现未知的，甚至与遥感本身不相关的知识。其中，一个典型的应用是通过夜光遥感影像发现夜光和战争之间的关系(Li，Li，2014)。当夜光突然减少，这可能对应于战争或自然灾害的发生，造成大规模移民；相反，夜光突然增加可能意味着战争结束以及战后、灾后重建。总体来说，遥感大数据的挖掘应用适用于地球各种尺度和方位的变化，可以对未知信息进行良好的筛选和挖掘，推动科学信息的不断进步和发展。

未来 10 年，我国遥感数据的种类和数量将飞速增长，对地观测的广度和深度快速发展，急需开展遥感大数据的研究。然而，卫星上天和遥感数据的收集只是遥感对地观测的第一步，如何高效地处理、利用已有的和这些即将采集的海量多源异构遥感大数据，将遥感大数据转化成知识是主要的理论挑战和技术瓶颈。研究遥感大数据的自动分析和数据挖掘，能为突破这一瓶颈提供有效方法，有望显著提高对遥感数据的利用效率，从而加强遥感在环境遥感、城市规划、地形图更新、精准农业、智慧城市等方面的应用效力。重视和抓紧遥感大数据的研究不仅具有非常重要的学术价值，而且具有重要的现实意义(李德仁等，2014)。

3.3　夜光遥感分析与挖掘

3.3.1　夜光遥感

大多数可见光遥感传感器的成像时间是在白天，但少部分传感器具有捕捉地表夜间可见光的能力。在夜间无云情况下，遥感卫星获取陆地或水体可见光源的过程即为“夜光遥感”。夜光遥感是遥感领域的一个重要分支，近年来越来越受重视(Li, Li, 2014)。相比于传统的日间光学遥感影像，夜光遥感获取的地物辐射信息有所不同，夜光遥感主要用于接收夜间无云条件下地表反射的可见光信息，记录地表灯光强度分布结构。人们常将人造光源与现代社会经济联系在一起，夜光遥感从太空的角度为我们提供了一个独特的视角，可以通过观察夜光遥感影像的夜间灯光分布情况，分析人类社会活动的差异。

夜光遥感起源于 20 世纪 70 年代美国军事气象卫星计划的线性扫描业务系统(Defense Meteorological Satellite Program/Operational Linescan System，DMSP/OLS)，其设计初衷是捕捉夜间云层反射的微弱月光，来获取夜间的云层分布信息，然而科学家们却意外发现 DMSP/OLS 可以捕捉到无云情况下的夜间城镇灯光分布情况(李德仁，李熙，2015)。至今，美国、中国、阿根廷、以色列等多个国家拥有了获取地表夜间可见光和近红外波段影像的对地观测传感器。表 3.3 列出了夜光遥感的观测平台以及基本属性。值得说明的是，虽然夜光遥感影像的来源已从最开始的唯一平台扩展到多平台的影像，但是由于空间覆盖范围和历史数据存档的原因，目前多数夜光遥感影像的研究是基于 DMSP/OLS 和 NPP/VIIRS(Net Primary Production/Visible Infrared Imaging Radiometer Suite)影像展开的。

表 3.3　**夜光遥感观测平台信息**

观测平台	传感器	空间分辨率	所属国	数据可获取性
DMSP 系列卫星	OLS	2700m	美国	年平均影像免费， 月平均和每日影像需订购
Suomi NPP 卫星	VIIRS	740m	美国	月平均和每日影像可免费下载
SAC-C 卫星	HSTC	200~300m	阿根廷	不对普通用户开发
SAC-D 卫星	HSC	200m	阿根廷	不对普通用户开放
EROS-B 卫星	全色波段传感器	0.7m	以色列	需订购
吉林一号	RGB 波段传感器	1m	中国	需订购
珞珈一号	全色波段传感器	130m	中国	可免费获取
国际空间站	数码相机	30~50m	美国、俄罗斯等	已有影像可免费下载

DMSP/OLS 传感器从 20 世纪 70 年代起持续运行，获取夜间灯光影像，每晚可覆盖整个地球表面一次。DMSP/OLS 传感器沿极轨扫描，幅宽 3000km，搭载了可见光和热红外

波段。DMSP/OLS 夜间灯光数据主要包括稳定灯光数据、辐射标定夜间灯光强度数据、非辐射标定夜间灯光强度数据 3 种产品，这些数据产品具有获取容易、能够探测低强度灯光、不受光线阴影影响等优点，数据可以从 NOAA 网站下载①。

NPP 卫星系统搭载了 5 个传感器(ATMS，CRIS，OMPS，CERES，VIIRS)，其中搭载的 VIIRS 可见光红外成像辐射仪可收集陆地、大气、冰层和海洋在可见光和红外波段的辐射图像。SNPP/VIIRS 传感器提供了 22 个波段，波长范围从 0.4μm 到 12.5μm，其中有 5 个高分辨率图像通道，16 个中等分辨率通道和 1 个白天/夜间波段，使用较多的夜光遥感数据通常是指白天/夜间(DNB)波段。SNPP/VIIRS 数据可从 EOG(Earth Observation Group)网站下载②。

2018 年 6 月 2 日，“珞珈一号”卫星搭乘长征二号丁运载火箭准确进入运行轨道，成为全球首颗专业夜光遥感卫星。“珞珈一号”扫描幅宽为 260km，搭载了大视场、高灵敏的专业夜光遥感相机，拥有 130m 极高的分辨率，理想条件下可在 15 天内绘制完成全球夜光影像。“珞珈一号”数据提供我国及全球 GDP 指数、碳排放指数、城市住房空置率指数等专题产品，应用领域广泛，具有极大的应用潜力。“珞珈一号数据”可以免费下载③。

夜光遥感的部分数据示例如图 3.18 所示。

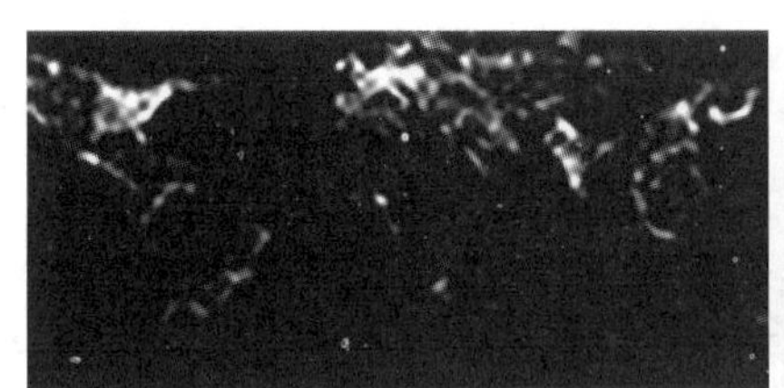

(a)DMSP/OLS 数据示例

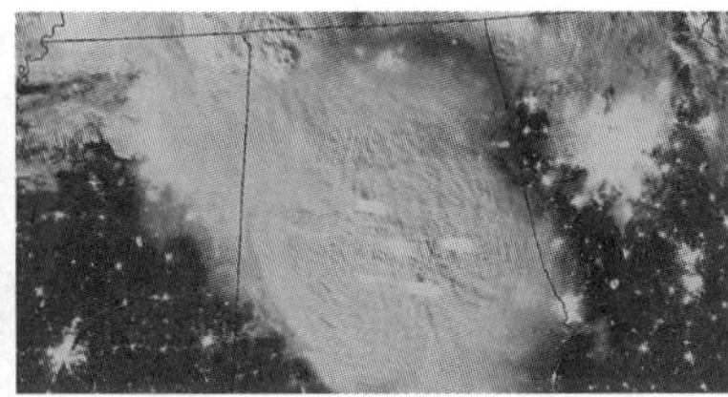

(b)NPP/VIIRS 数据示例

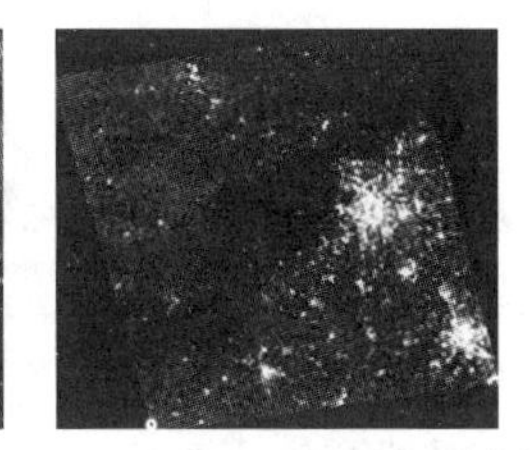

(c)“珞珈一号”数据示例

图 3.18　夜光遥感数据示例

3.3.2　夜光遥感的分析与挖掘方法

夜光遥感在自然科学和社会科学等不同领域有着大量的应用，以下将介绍夜光遥感的一些常用分析与挖掘方法。

1. 影像饱和校正

DMSP/OLS 夜光影像中的稳定灯光数据是应用最广泛的夜光遥感数据之一，该数据过滤了月光、林火、极光等非持续光源，仅记录了来自城市、城镇和其他具有持续性照明场所的所有灯光，同时进行了去云处理并且把数据的背景噪音用 0 值替换。由于传感器设计年代久远，其拍摄影像像元的数据值(Digital Number，DN)范围仅为 1~63。随着现代社会

---

① https：//ngdc. noaa. gov/eog/dmsp/downloadV4composites. html.

② https：//eogdata. mines. edu/products/vnl/.

③ http：//59. 175. 109. 173：8888/app/login. html.

经济快速发展，许多城市中心区域的实际夜间灯光强度早已超过了 DMSP/OLS 上搭载的光电倍增管所能记录的上限值，进而引发了影像过饱和的问题。针对 DMSP/OLS 影像过饱和的问题，研究者提出一系列的影像饱和校正方法。例如，基于不变目标去饱和，假设某个区域的灯光强度在某一时间段内没有发生改变，通过不变目标区的灯光 DN 值与辐射定标影像 DN 值之间的对应关系实现对夜间灯光影像的饱和修正(Letu et al., 2012)。也可以引入其他辅助参数或辅助数据(如 NDVI 归一化植被指数、GDP 格网数据等)，实现影像饱和校正的目标(Small, 2001；景欣等，2017)。

2. 影像连续性校正与几何配准

在 DMSP/OLS 夜光影像数据分析过程中，另一个值得关注的问题是灯光强度连续性问题。在 DMSP/OLS 提供的 1992—2013 年间的稳定灯光数据集中，这些数据由 6 个不同的传感器提供，传感器在获取夜间地表灯光辐射过程中受诸多因素影响，导致数据产品会出现不同传感器获取的不同时间段的灯光影像不连续和同一年份不同传感器获取的灯光影像存在差异等问题。因此，在应用多时相 DMSP/OLS 遥感数据时，需要对影像连续性进行校正，其中最常用的方法是不变目标区域连续性校正法，选定一个分析时间序列中灯光强度变化不显著的区域，以该区域作为参考构建待校正影像与参考标准影像的校正方程实现连续性校正(Elvidge et al., 2009)。

在分析多时相遥感数据时，不同遥感影像之间经常存在几何偏差。经验表明，不同的 DMSP/OLS 稳定夜光影像几何误差通常会有 2~3 个像素，几何误差的存在会导致后续分析精度降低。针对几何误差的问题，可以利用几何配准的方式消除不同夜光影像之间的几何误差，很多软件具有几何配准的功能，例如，利用 ERDAS 的 AutoSync 工具可以轻松地实现不同夜光遥感影像之间的几何配准。

3. 重投影与夜光总量计算

计算某个区域内的夜光亮度总和，是挖掘夜光遥感经济信息的重要手段。对于部分夜光遥感应用方向，如 GDP 估算、人口估算等，提取某区域的夜光亮度值是开展分析的前提。由于投影格网变形的原因，原始的夜光遥感影像每个像素代表的地面面积并不相同。为了计算区域内的灯光亮度总和，通常需要对影像进行重投影，使得不同像素之间代表的面积相等，从而计算夜光总量。除此之外，还有另一种解决方案，通过计算每个像素的面积，灯光总量等于像素 1 的亮度乘以像素 1 的面积加像素 2 的亮度乘以像素 2 的面积，并以此类推，直至计算完分析区域内的所有像素，最后即可获取该区域的夜间灯光总量。

4. 城市范围提取

夜光遥感除了用于提取经济信息外，也经常用于提取城市范围。由于 MODIS、Landsat 等日间遥感影像提取城市范围容易产生同谱异物的现象，而夜光遥感影像可以根据阈值分割快速提取城市范围，使得夜光遥感成为研究城市化进程的必要数据源。城市范围提取是城市化监测、城市群演化分析等应用的基础，对于理解全球和区域城市化进程有着重要作用。

3.3.3 夜光遥感的典型应用

由于夜光遥感的特殊性，夜光遥感具有捕获地表夜间可见光的能力。夜光遥感的应用领域众多，在评估、保障社会经济发展质量中起到重要作用(陈颖彪等，2019)。本节将对夜光遥感的部分典型应用进行介绍。

1. 社会经济参数估算

社会经济参数估算对于政府决策、科学研究都有重要价值，由于受到传统统计调查方式的局限，社会经济参数的获取往往存在误差较大以及缺乏空间信息等缺点。夜光遥感影像和人类活动存在较高的相关性，且具备时空连续、独立客观等优势，因此夜光遥感常被应用于社会经济参数的估算。例如，照明设施密度通常能反映某区域的繁荣程度，通常将夜间灯光值与 GDP 进行回归分析从而估算某地区的 GDP(李宗光等，2016)。同时，由于灯光密度与人口密度存在较好的相关性，夜光影像能够反映照明设施的密度和使用程度以及夜光影像能够表征区域内的经济发展水平，因此夜光影像也常被应用于人口指标估算、电力消费估算、贫困系数和基尼系数估算等。

2. 城市化发展评估

城市化是发展中国家经济发展的重要推动力之一，同时城市化也深刻影响了全球和区域气候变化。城镇建成区范围及动态变化制图是开展城市化发展评估的一项基本工作。由于城镇区域有着较高密度的照明设施，在夜光遥感影像中，这些区域有着较高的亮度值，通过提取夜光遥感影像中较明亮的部分，可以对城镇范围进行快速制图。通过提取多时相的夜光影像城市范围，可以分析城市的扩张变化以及城市群的演化分析。通过城市的发光强度对比，还能评估城市的发展质量(Wu et al., 2014；Ma et al., 2015)。

3. 环境与健康评估

城市扩张、人口增长等人类活动造成了诸多的资源环境问题，夜光遥感可以用来研究生态环境和健康问题。例如，由于碳排放和人类经济活动密切相关，而经济活动与夜光有较强的相关性，因此可以利用夜光遥感对碳排放进行估算(Doll et al., 2000)。夜间灯光在给人类带来生活便利的同时，灯光的过度使用也给人的健康带来负面影响，因此夜光遥感被用于光污染研究，发现全球男性前列腺癌的发病率与光污染强度显著相关(Kloog et al., 2009)。同时，由于夜光遥感覆盖了全球大部分区域，夜光遥感也常结合其他数据被应用于全球陆地生态系统和河流的压力分布评估(Geola et al., 2015)。

4. 重大事件评估

夜光可以表征社会经济参数，当社会经济系统发生重大变化时。城镇夜光往往也会发生急剧变化，从而为一些重大事件评估提供了一定的依据。例如，李熙和李德仁利用夜光遥感数据对叙利亚内战进行评估(Li, Li, 2014)。由于叙利亚内战极端残酷，战地记者不便报道，导致国际社会和公众并不了解叙利亚内战的全貌，然而使用价格低廉的夜光遥感影像，可以直接反映人道主义灾难。研究发现，叙利亚内战期间夜间灯光损失高达 74%(Li，Li，2014)，如图 3.19 所示。夜光减少与难民迁徙存在较高的相关性，同时利用聚类分析的方法发现夜光的时空变化模式被国境线分割(Li，Li，2014)。一系列研究结果表明，夜光遥感可以很好地用于人道主义危机评估。也有学者将夜光遥感用于能源危机和自然灾害等影响的评估(Hayashi et al.，2000；李钢，2014)。

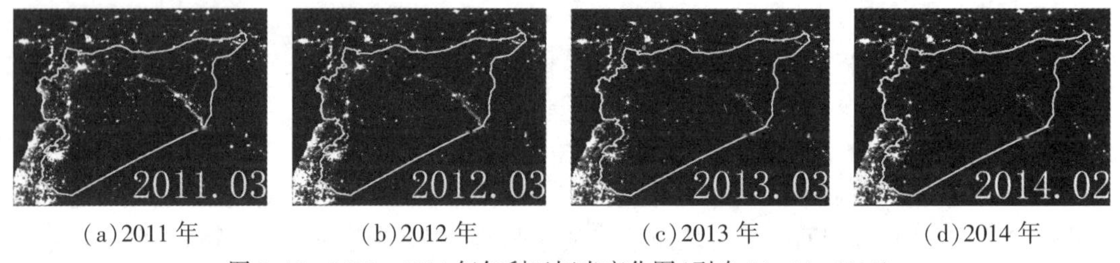

(a)2011 年　(b)2012 年　(c)2013 年　(d)2014 年

图 3.19　2011—2014 年叙利亚灯光变化图(引自 Li，Li，2014)

◎ 思考题

1. 简述对栅格数据的理解。
2. 简述栅格数据的聚类、聚合分析方法，并举例说明。
3. 简述栅格数据的窗口分析方法，并举例说明。
4. 简述对图像数据挖掘的理解。
5. 简述遥感大数据挖掘的过程。
6. 遥感大数据挖掘有哪些潜在应用?
7. 夜光遥感分析与挖掘的方法主要有哪些?
8. 如何将夜光遥感应用于人文社会科学领域?

第4章　矢量数据分析与轨迹挖掘

矢量数据模型把GIS数据组织成点、线、面几何对象的形式，是基于对象实体模型的计算机实现，对有确定位置与形状的离散要素是理想的表示方法。矢量数据分析是空间数据分析的重要内容之一。矢量数据以坐标形式表示离散的对象，在此基础上的空间数据分析一般不存在模式化的分析处理方法，而表现为处理方法的多样性和复杂性。本章将具体介绍矢量数据的空间分析方法，包括：包含分析、叠置分析、缓冲区分析等。

网络是由一些节点和边构成的特殊的矢量数据形式，基于图论和拓扑学的网络分析是矢量数据分析的重要内容。本章将介绍网络分析的最短路径算法、次最短路径算法及最佳路径算法等。

轨迹数据是移动对象的位置和时间的记录序列，是由一系列随时间变化的轨迹点组成的一种特殊的矢量形式，基于轨迹数据的分析和挖掘，可以发现移动对象的行为规律和模式。本章将介绍轨迹数据的预处理方法、热点提取与分析、异常轨迹检测与分析、城市交通拥堵分析等。

4.1　矢量数据

4.1.1　矢量数据模型

矢量数据模型用坐标点构建空间要素，把空间看作由不连续的几何对象组成的。构建矢量数据模型的步骤一般包括：①用简单的几何对象(点、线、面)表示空间要素；②在GIS的一些应用中，明确地表达空间要素之间的相互关系；数据文件的逻辑结构必须恰当，使计算机能够处理空间要素及其相互关系(Chang，2006)。

4.1.2　几何对象

根据维数和性质，空间要素可以表示为点、线、面几何对象，三维空间要素可以表示为体几何对象。点对象表示零维的且只有位置性质的空间要素。线对象表示一维的，且有长度特性的空间要素。面对象表示二维的且有面积和边界性质的空间要素。在GIS中点对象也称为节点、结点、折点等，线对象称为边(edge)、链路(link)、链(chain)等，面对象称为多边形(polygon)、区域(face)、地带(zone)等。

矢量数据模型的基本单元是点及点的坐标。线要素由点构成，包括两个端点和端点之间标记线形态的一组点，可以是平滑曲线或折线，如图4.1所示(Chang，2006)。

面要素通过线要素定义，面的边界把面要素区域分成内部区域和外部区域。面要素可以是单独的，也可以是相连的，如图 4. 2 所示，a 表示两个相互邻接的面。单独的区域只有一个特征点，既是边界的起始点，又是边界的终点，如图 4. 2b 所示。面要素可以相互重叠产生重叠区域，如网络服务区域可能重叠，如图 4. 2c 所示。面要素可以在其他面要素内形成岛，如图 4. 2d 表示一个面中的岛(Chang，2006)。

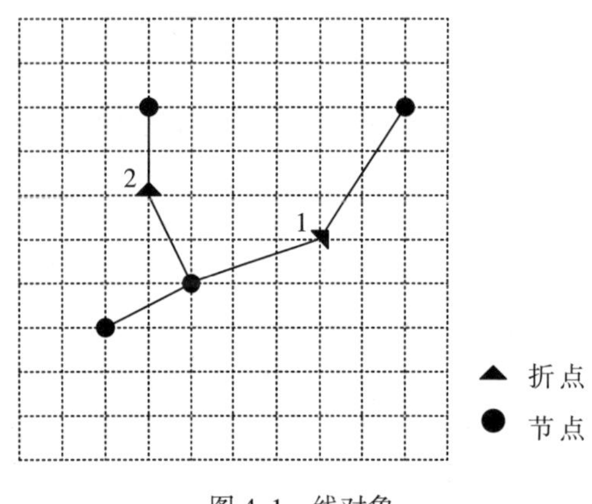

图 4. 1　线对象

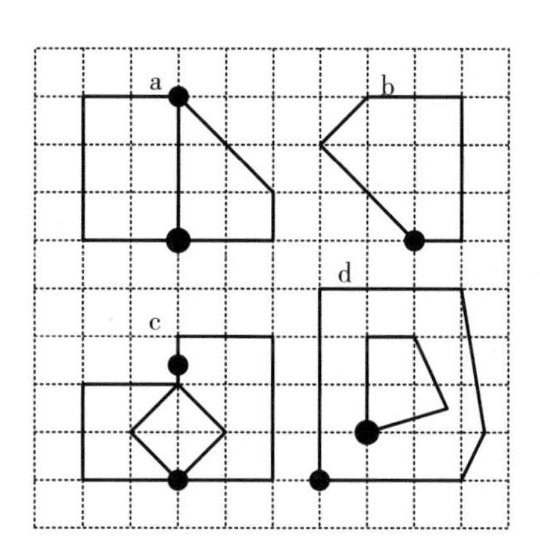

图 4. 2　面对象(a. 邻接的面；b. 单独的面；c. 两个重叠的面；d. 面中的岛)

4. 1. 3　拓扑关系

拓扑关系用来表达空间要素之间的空间关系。“拓扑”研究几何对象在弯曲或拉伸等变换下仍保持不变的性质。如区域内的岛无论怎样弯曲和拉伸，仍然在区域内。拓扑是指通过图论这一数学分支，用图表或图形研究几何对象排列及其相互关系。矢量数据模型常用有向图建立点、线对象之间的邻接和关联关系，有向图包括点和有向线(弧段)。

4. 1. 4　拓扑数据结构

基于拓扑关系的矢量数据模型在计算机中表现为数字数据文件结构和文件之间的关系。点要素直接用标识码和 x，y 坐标对进行编码，如图 4. 3 所示(Chang，2006)。

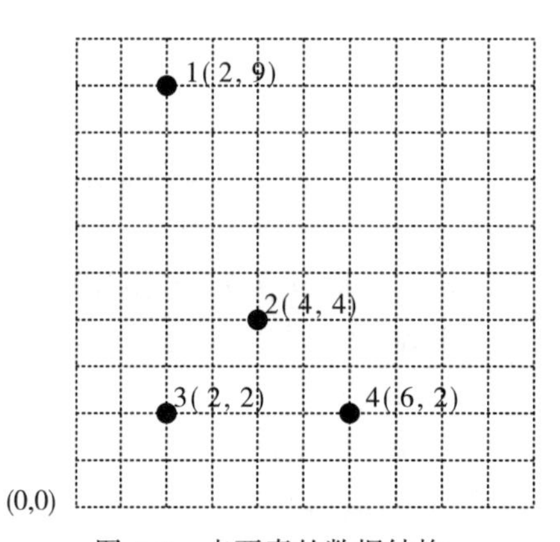

图 4. 3　点要素的数据结构

线要素的数据结构如图 4.4 所示(Chang，2006)，在 Arc/Info(ArcGIS 的早期版本)中，一条线段被称为一条弧段，与两个端点连接，开始点为始节点，结束点为终节点。弧段-节点之间的关系用弧段-节点清单来表示(表 4.1)。如弧段 2 的始节点是 12，终节点为 13。弧段-坐标清单显示了组成弧段的 x，y 坐标。如弧段 3 由始节点 12(2，9)、折点(2，6)、(4，4)和终节点 15(4，2)四个点及四个点连接的三条线段组成(表 4.2)。

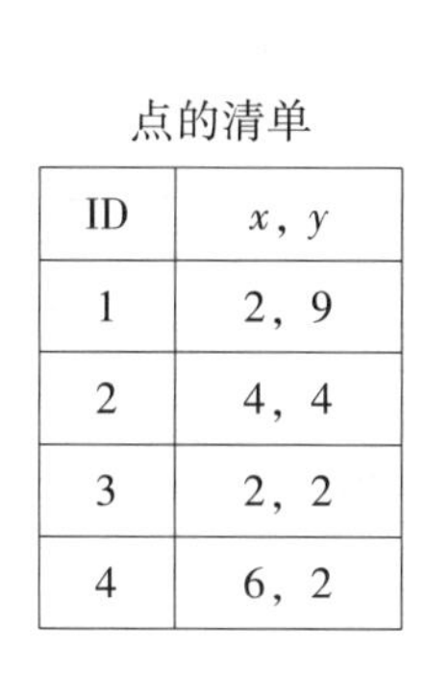

点的清单

ID	x，y
1	2，9
2	4，4
3	2，2
4	6，2

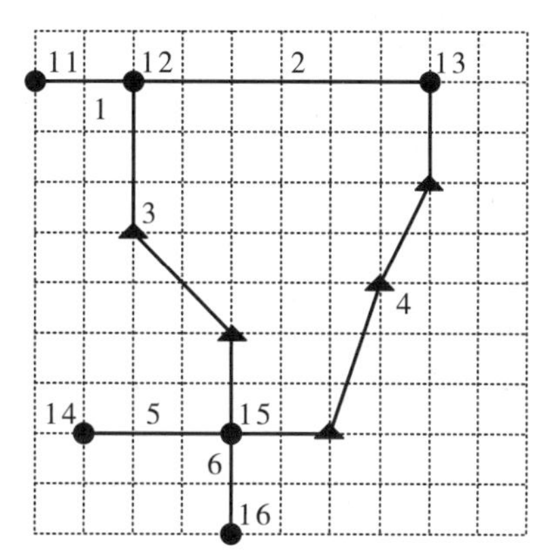

图 4.4　线要素的数据结构

表 4.1　**弧段-节点清单**

弧段号	始节点	终节点
1	11	12
2	12	13
3	12	15
4	13	15
5	15	14
6	15	16

表 4.2　**弧段-坐标清单**

弧段号	x，y 坐标
1	(0，9)，(2，9)
2	(2，9)，(8，9)
3	(2，9)，(2，6) (4，4)，(4，2)
4	(8，9)，(8，7) (7，5)，(6，2)，(4，2)
5	(4，2)，(1，2)
6	(4，2)，(4，0)

面要素的数据结构如图 4.5 所示，多边形/弧段清单表示多边形和弧段之间的关系，图 4.5 中的多边形 101 由弧段 1、4、6 连接构成。多边形 102 中包含多边形 104，其表示方法是在弧段清单中的多边形 102 含有一个 0 来区分外边界和内边界(0 表示内边界)，显示在 102 中存在一个岛。而多边形 104 是一个独立的多边形，由唯一的一个弧段 7 和一个节点 15 构成。左/右多边形清单显示弧段的左多边形和右多边形的关系，如弧段 1 是从始节点 13 到终节点 11 的有向线，其左多边形为 100，右多边形为 101。图 4.5 中的多边形/弧段清单如表 4.3 所示，图 4.5 中的左/右多边形清单如表 4.4 所示。

基于拓扑关系的数据结构有利于数据文件的组织、减少数据冗余。两个多边形之间的共享边界只列出一次，使多边形的更新相对容易。

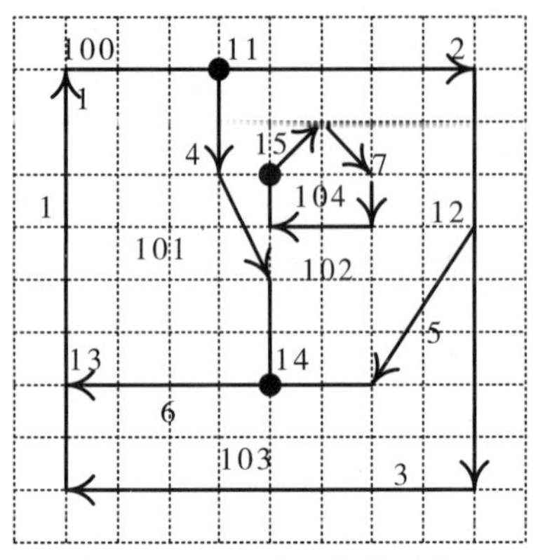

图 4.5　面要素的数据结构

表 4.3　**多边形/弧段清单**

多边形号	弧段号
101	1, 4, 6
102	4, 2, 5, 0, 7
103	6, 5, 3
104	7

表 4.4　**左/右多边形清单**

弧段号	左多边形	右多边形
1	100	101
2	100	102
3	100	103
4	102	101
5	103	102
6	103	101
7	102	104

4.1.5　简单对象的组合

对于一些空间要素，如陆地表面数据、重叠的空间要素、路网等适合用简单几何对象的组合来表示。

陆地表面数据可用 TIN(Triangulated Irregular Network，不规则三角网)这种矢量数据结构来表示。TIN 模型把地表近似描述成一组互不重叠的三角面的集合，每个三角面有一个恒定的倾斜度。

重叠空间要素可用区域数据模型表示，如图 4.6 所示(Chang，2006)。区域数据模型包含两个重要特征：区域层和区域。区域层表示属性相同的区域，区域层可以重叠或涵盖相同的范围，如不同历史年代的区域范围可能重叠。当不同区域层覆盖相同区域时，区域之间形成一种等级区域结构，一个区域层嵌套在另一个区域层中。区域可以包括分离或者隔开的部分。如某大学由多个校区组成，这些校区在空间上不一定相邻。此特性也可以用于区域的空白范围，如国家林地中的私人宗地可作为空白区分出来。图 4.6 中 a 为重叠区域；b 是包括三个相互隔开的组成部分的区域；c 表示一个区域内包括一个空白区，同时具有一个外部区。

区域数据结构包括两个基本元素：①一是区域与弧段关系的文件；②另一个是区域与多边形关系的文件，如图4.7所示(Chang, 2006)。图4.7中包括4个多边形、5个弧段和3个区域。区域-多边形列表连接区域和多边形(表4.5)，区域101由多边形11和多边形12组成，区域102包括两个组成部分：①一个是多边形12和13；②另一个由单独的多边形14构成。多边形12是两个区域101和102的重叠区域。区域-弧段列表把区域和弧段链接起来(表4.6)，区域101只有一个圈，由弧段1和弧段2连接而成，区域102有两个圈：一个由弧段3和弧段4连接而成，另一个由弧段5构成。

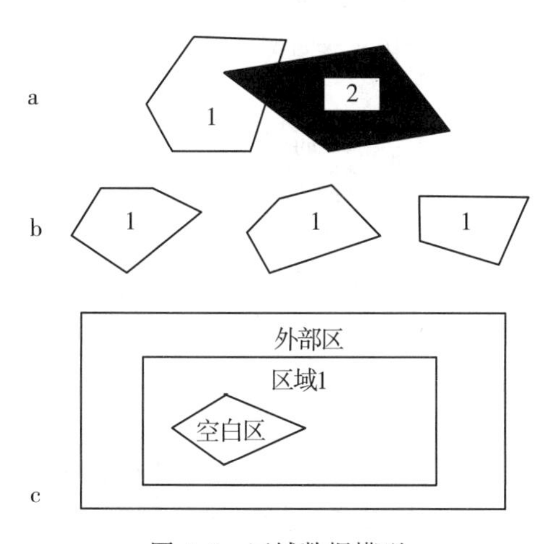

图4.6　区域数据模型

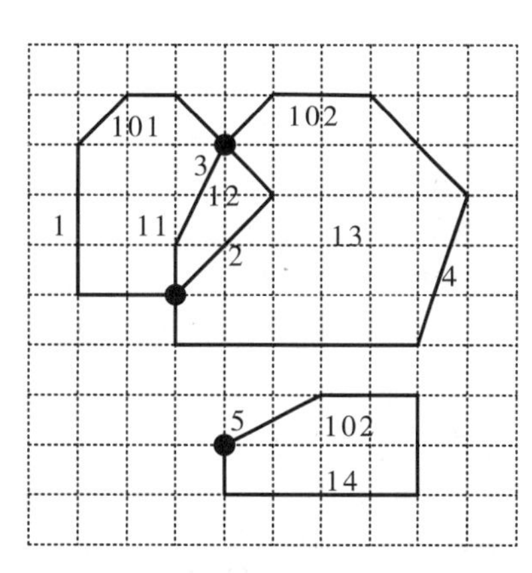

图4.7　区域数据结构的文件结构

表4.5　**区域-多边形清单**

区域号	多边形号
101	11
101	12
102	12
102	13
102	14

表4.6　**区域-弧段清单**

区域号	圈号	弧段号
101	1	1
101	1	2
102	1	3
102	1	4
102	2	5

4.2　矢量数据分析的基本方法

4.2.1　包含分析

矢量数据的包含分析用于确定空间要素之间是否存在直接的联系，即点、线、面之间在空间位置上的联系，具体包括以下6种类型：

(1)点和点之间的包含关系：通过计算两点之间的距离，如两点之间的距离为零或者小于某个距离阈值，则认为两点之间具有包含关系。

(2)点与线的包含关系：一个点落在线状目标上。通过计算点到线之间的距离，如距离为零或者小于某个距离阈值，则认为线包含点。

(3)点与面的包含关系：一个点完全落在一个面内。判断点是位于面域范围之内还是之外，用多边形表示面状物体时，即为著名的“点在多边形内”的识别问题。

(4)线与线的包含关系：一条线完全或部分包含了另一条线。例如，行政区边界可能包含了一段河流。

(5)线与面的包含关系：一条线完全落在一个面内。通过判断组成该线的所有节点是否都包含在某个面之内来判定，线与面的包含问题可转化为计算多个点与面之间的包含关系的问题。

(6)面与面的包含关系：一个面完全被另一个面包含。通过判断组成一个面的所有节点是否都包含在另外一个面的区域范围之内来判定，面与面的包含问题可转化为判断多个点与面之间的包含问题。

在矢量数据的包含分析中，点与面的包含、线与面的包含、面与面的包含分析都可以归结为点在多边形内的判断问题，这种判断的实现算法主要有两个：一个是计算通过点的垂直线与多边形相交的交点的分布情况，如图4.8(a)所示；另一个是计算点与多边形顶点连线的方向角之和，如图4.8(b)所示。

(1)第一种方法中，用过点的垂直线与多边形交点分布的奇偶特性判别多边形与点的关系。若两侧交点个数均为奇数，则可判断点位于多边形内，若与某一侧交点个数为偶数，则可判断点位于多边形外。对于如图4.8(a)中的三个点 P_1，P_2 和 P_3。P_1，P_3 位于多边形内部，而 P_2 位于多边形外部。这种方法计算简单，并且能够识别点在多边形边界上的情况，但若过点的垂直线与多边形的边重合时则需要进行附加判断。

(2)第二种方法通过角度计算进行判断，若点与多边形顶点连线形成的方向角之和为360°，则点必位于多边形内，否则(等于0°)位于多边形外，如图4.8(b)所示。角度计算比交点计算稍微复杂，对于点在多边形边界上的情况则不便识别。

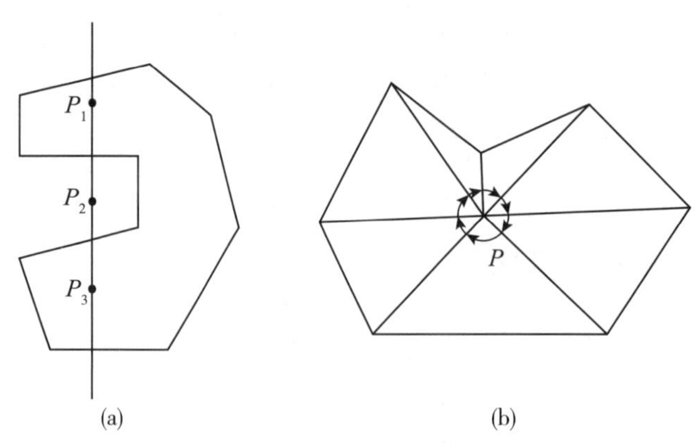

图4.8　点与多边形关系的计算

在GIS中，包含分析的实现具有重要的地位，GIS的空间查询如鼠标点击查询、图形查询、开窗查询等各种查询的实现，都离不开点与其他物体之间关系的判断这一最基本的运算。对 GIS 的其他空间分析功能，如叠置分析、缓冲区分析来说，包含分析也是其重要的组成部分。如确定某个矿井属于哪个行政区，需要先对矿井、行政区等相关图层进行叠置运算，再通过点在多边形的包含分析确定具体关系。缓冲区分析中，缓冲区域确定后通常需要通过包含分析确定缓冲内所包含地物要素的情况。

4.2.2 缓冲区分析

缓冲是基于近邻的概念把空间分为两个区域：一个区域位于所选空间要素的指定距离之内，另一个区域在距离之外，在指定距离之内的区域称为缓冲区。选定的空间要素可以是点、线、面或复杂要素。缓冲区分析是 GIS 最重要、最基本的空间操作功能之一。例如，公共设施的选址、确定服务半径等，都是点缓冲问题；河流两侧灌溉区域的确定为线缓冲问题。

从数学的观点看，缓冲区分析可视为基于空间目标拓扑关系的距离分析，其基本思想是给定一个空间目标，确定它们的某邻域，邻域的大小由邻域半径决定。对一个空间目标 O_i，其缓冲区可定义为：

$$B_i = \{x: d(x, O_i) \leqslant R\} \tag{4.1}$$

即：对象 O_i 的半径为 R 的缓冲区是全部距 O_i 的距离 d 小于等于 R 的点的集合，d 一般是指最小欧氏距离。

对于空间目标的集合 $O=\{O_i: i=1, 2, 3, \cdots, n\}$，其半径为 R 的缓冲区是单个物体的缓冲区 B_i 的并，即：

$$B = \sum_{i=1}^{n} B_i \tag{4.2}$$

从缓冲区的定义可见，点目标的缓冲形成围绕点的半径为缓冲距的圆形缓冲区；线目标的缓冲形成围绕线目标两侧距离不超过缓冲距的一系列长条形缓冲带；面要素缓冲形成围绕多边形边界线内侧或外侧距离不超过缓冲距的面状区域；复杂目标的缓冲形成由组成复杂目标的单个目标的缓冲区的并组成的区域。图 4.9 表示了点状、线状和面状目标的缓冲区示例。

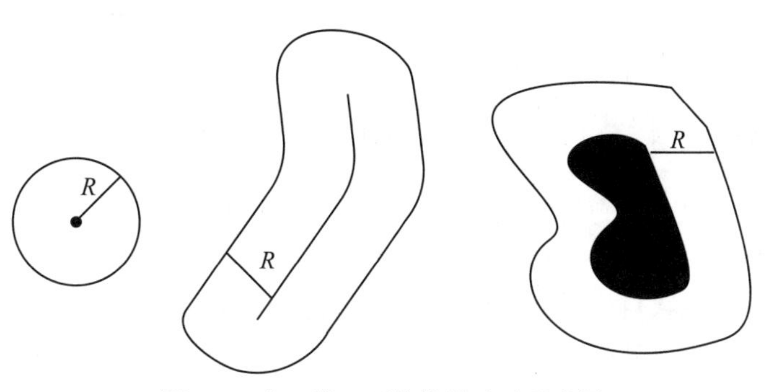

图 4.9 点、线、面物体缓冲区示意图

缓冲区分析包括两个部分：①一部分是缓冲区域的生成；②另一部分是在缓冲区域内进行各种统计分析或查询分析。缓冲区分析的关键算法是缓冲区的生成和多个缓冲区的合并。

1. 点状要素的缓冲区

点状要素的缓冲区比较简单，对选定的目标点，设定缓冲距，生成圆形缓冲区。有两种常用的生成方法。①直接绘圆法：以点目标为中心，以缓冲区距离为半径直接绘圆，如图 4.10 所示。②基于步进拟合的圆弧拟合法：将圆心角等分为若干等分，用等长的弦来代替圆弧，用直线代替曲线，用已知半径为 R(缓冲距)的圆弧上 n 个等间距的离散点来逼近缓冲圆，如图 4.11 所示(朱长青，史文中，2006)。

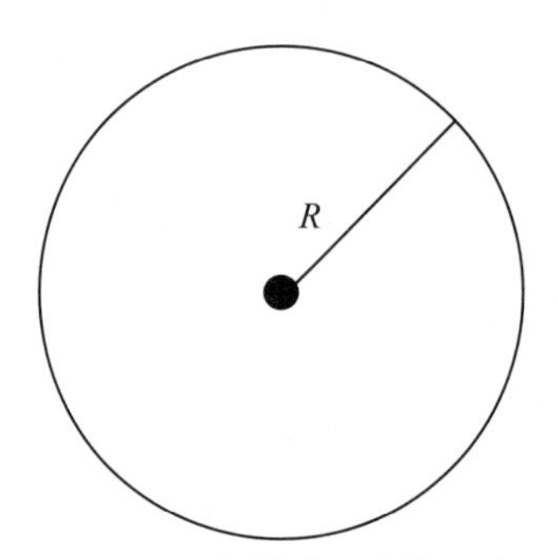

图 4.10　点缓冲区直接生成

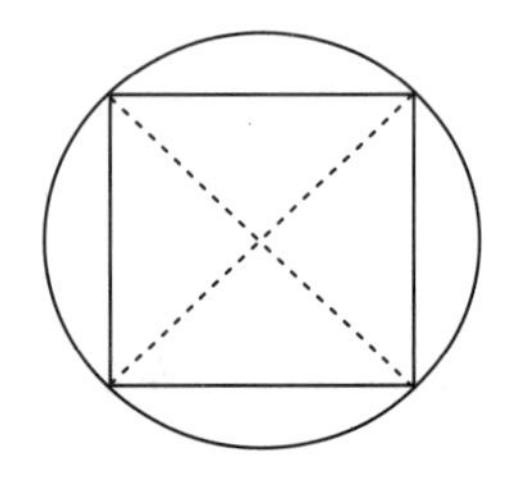
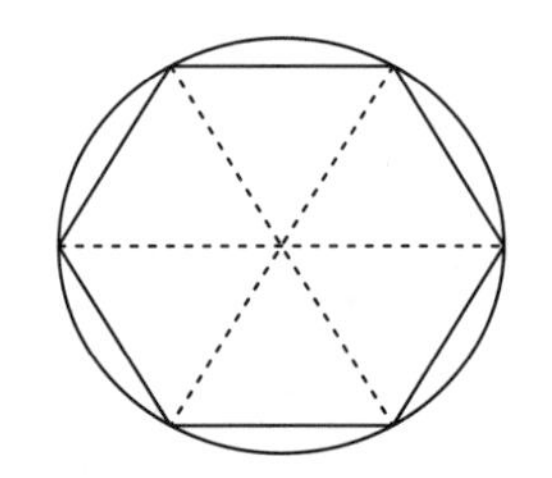
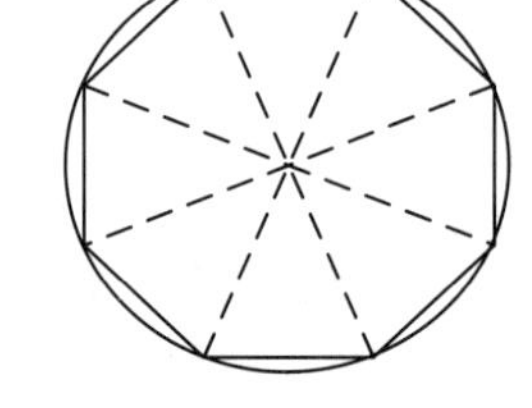

图 4.11　圆弧步进拟合法

特殊情况下，对点状目标，还可以生成三角形、矩形、圆形等特殊形态的点缓冲区；对于相邻多个点目标的缓冲区分析，根据实际应用需要进行缓冲区的合并，消除重叠区域。缓冲带的边界可以融合，也可以保留。

2. 线状要素的缓冲区

线状要素在 GIS 中表示为折线的集合，线缓冲区的建立是以线状目标为参考轴线，以轴线为中心向两侧沿法线方向平移一定距离，并在线端点处以光滑曲线连接，所得到的点组成的封闭区域即为线状目标的缓冲区。生成线状目标缓冲区的过程实质上是一个对线状目标上的坐标点逐点求取其缓冲点的过程。其关键算法是缓冲区边界点的生成和多个缓冲区的合并。缓冲区边界点的生成有多种算法，代表性的有角平分线法和凸角圆弧法。

1) 角平分线法

角平分线法的基本思想是在转折点处根据角平分线确定缓冲线的形状，如图 4.12 所示。基于角平分线的缓冲区生成算法的基本步骤如下：

(1)确定线状目标左右侧的缓冲距离 d_l，d_r；

(2)提取线状目标的坐标序列；

(3)沿线状目标轴线的前进方向，依次计算轴线上各点的角平分线，线段起始点和终止点处的角平分线取为起始线段或终止线段的垂线；

(4)在各点的角平分线的延长线上分别用左右侧缓冲距离 d_l 和 d_r 确定各点的左右缓冲点位置；

(5)将左右缓冲点顺序相连，即构成该线状目标的左右缓冲边界的基本部分；

(6)在线状目标的起始端点和终止端点处，以角平分线(即垂线)为直径所在位置，直径长度为(d_l+d_r)，向外作外接半圆；

(7)将外接半圆与左右缓冲边界的基本部分相连，即形成该线状目标的缓冲区。

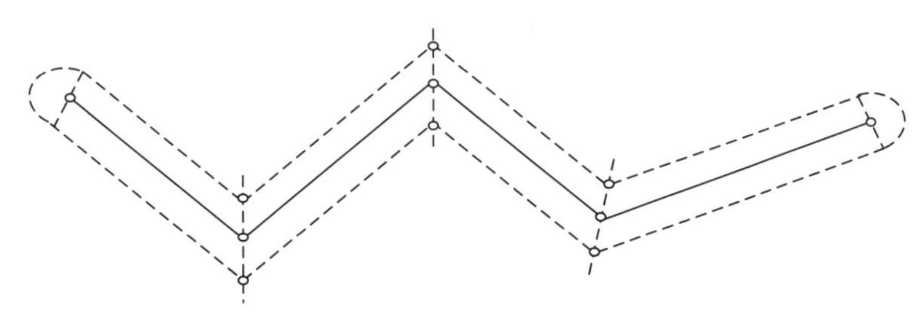

图 4.12　角平分线法

角平分线的缺点是难以保证双线的等宽性，尤其是对凸侧角点在变成锐角时将远离轴线定点。为了克服角平分线法的缺点，一种较好的改进方法是凸角圆弧法，它能较好地保持凸侧角点与轴线的距离。

2)凸角圆弧法

凸角圆弧法的基本思想是：在轴线的两端用半径为缓冲距的圆弧拟合；在轴线的各转折点，首先判断该点的凹凸性，在凸侧用半径为缓冲距的圆弧拟合，在凹侧用与该点关联的两缓冲线的交点为对应缓冲点(毋河海，1997)。

该算法的优点是：可以保证凸侧的缓冲线与轴线等宽，凹侧的对应缓冲点位于凹角的角平分线上，因而能最大限度地保证缓冲区边界与轴线的等宽关系，如图 4.13 所示。

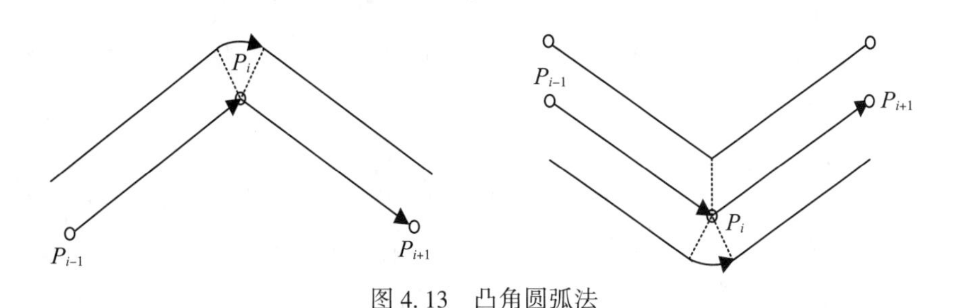

图 4.13　凸角圆弧法

特殊情况下，可以指定不同线状目标的不同的缓冲区宽度，同一线状目标两侧的缓冲区宽度也可以不一样，甚至同一线状目标不同段的缓冲区宽度也可以不一样，还可以生成双侧对称、双侧不对称或单侧缓冲区。

3. 面状要素的缓冲区

面目标可视为由边界线目标围绕而成，面目标缓冲区生成算法的基本思路与线目标缓冲器生成算法基本相同。对面状物体可以生成内侧缓冲区和外侧缓冲区。面状目标的缓冲区宽度可以不一样，甚至同一面状目标内外侧的缓冲区宽度也可以不一样，如图 4. 14 所示。

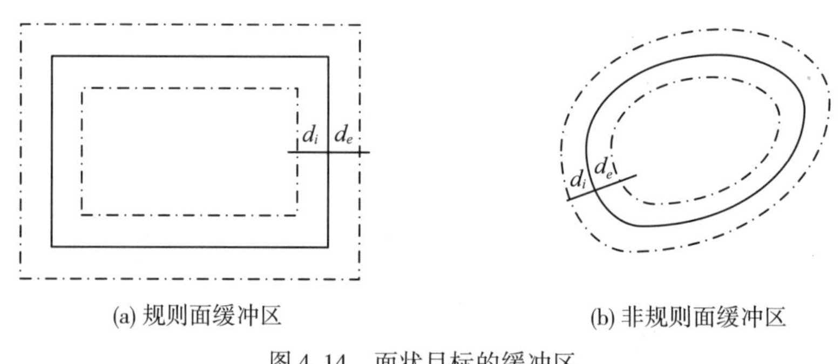

(a) 规则面缓冲区　(b) 非规则面缓冲区

图 4. 14　面状目标的缓冲区

4. 特殊缓冲区情况

简单空间要素的缓冲区可根据基本计算方法生成，但对形状比较复杂的目标或者目标集合的缓冲区进行计算时，问题要复杂得多，这种复杂主要指数据组织方面的复杂。由于 GIS 中线状目标和面状目标的复杂性，在缓冲线生成过程中往往会遇到一些特殊情况，如缓冲线失真、缓冲线自相交、缓冲区重叠等。

1) 缓冲区失真问题

当轴线转角太大时，会导致转角处的缓冲线交点随缓冲距的增大迅速远离轴线，出现尖角或凹陷等失真现象。

如图 4. 15 所示为按角平分线法得到的大转角处的缓冲线。由于 B 点的右转角太大，按照前述缓冲区的生成算法得到的 B 点的左右缓冲点 B_l 和 B_r 点均远离 B 点，使缓冲区宽度发生变异，这是不合理的。

2) 缓冲线自相交问题

当轴线的弯曲空间不能容许缓冲区边界自身无压覆地通过时，缓冲线将产生自相交现象，并形成多个自相交多边形，包括岛屿多边形和重叠多边形，如图 4. 16 所示。缓冲线自相交处理的关键是识别自相交产生的是岛屿多边形还是重叠多边形。需要删除重叠多边形，保留岛屿多边形。

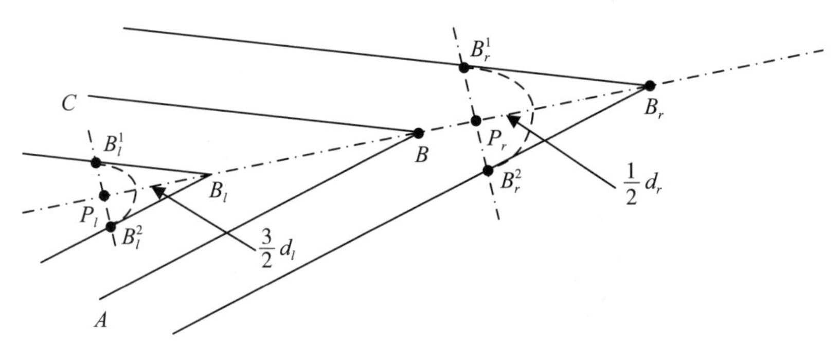

图 4.15 缓冲区失真

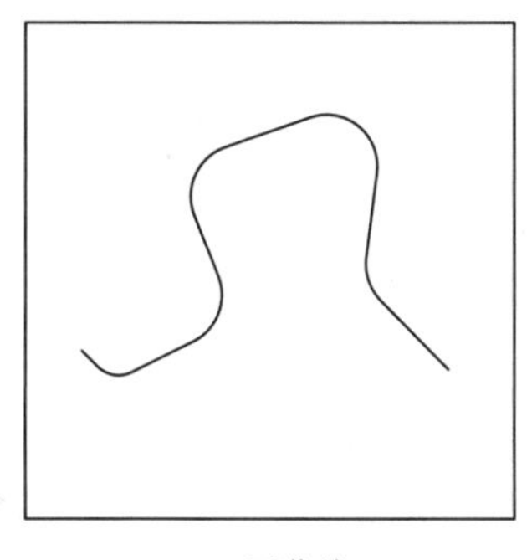

(a) 原曲线

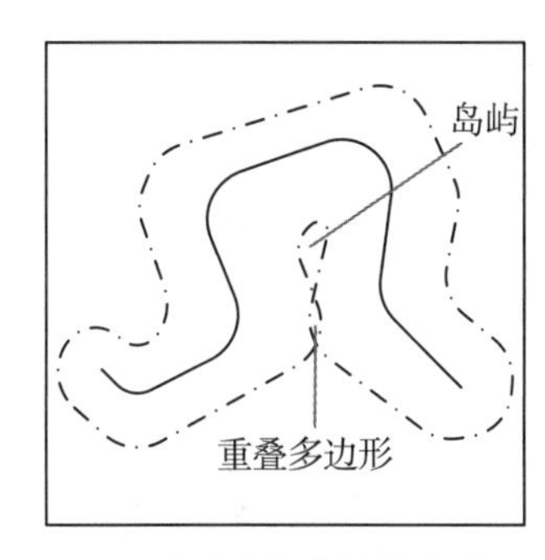

(b) 生成自相交的缓冲区

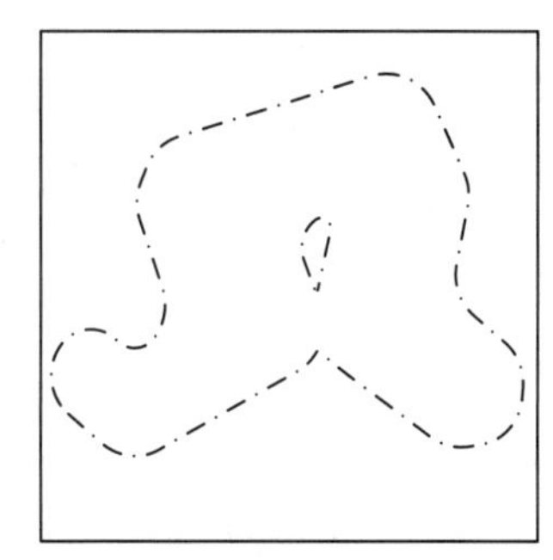

(c) 删除重叠多边形

图 4.16 缓冲区自相交的处理

3) 缓冲区重叠问题

缓冲区的重叠主要指不同目标的缓冲区之间的重叠。对于这种重叠，首先通过拓扑分析方法自动识别出落在某个特征区内部的线段或弧段，然后删除这些线段或弧段，最后得到处理后相互连通的缓冲区，如图 4.17 所示。

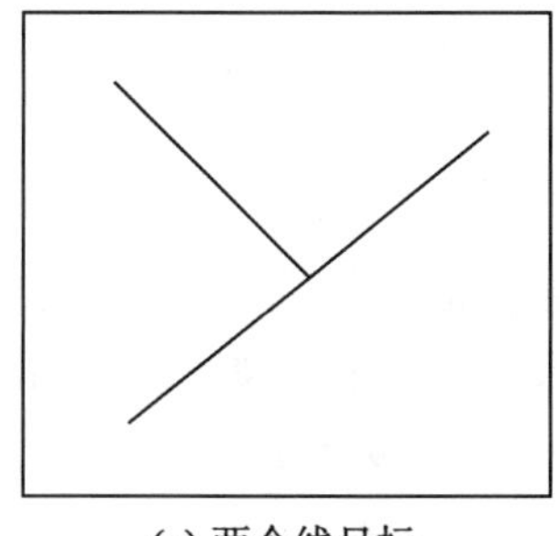

(a) 两个线目标

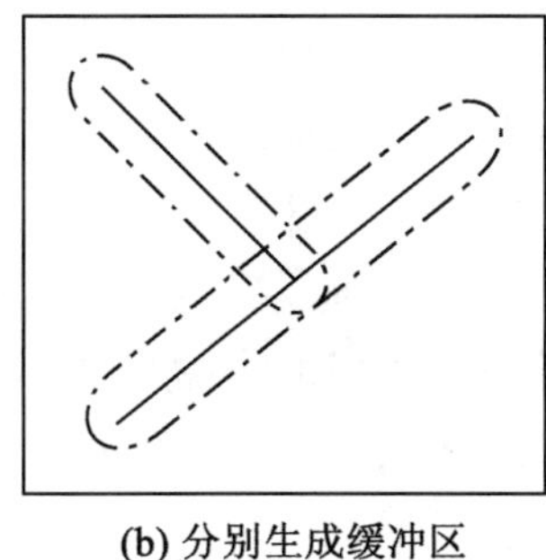

(b) 分别生成缓冲区

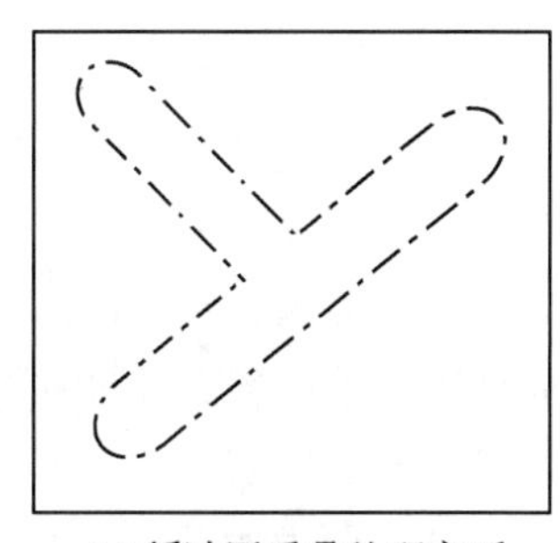

(c) 缓冲区重叠处理之后

图 4.17 缓冲区重叠的处理

图 4.18 给出了一个河网缓冲区的例子，从图 4.18(a) 中可以看到，河网不同部位的缓冲区相互重叠，使得最后的缓冲区不能以简单多边形表示。对于此类情况，必须计算出

所有的重叠，通过一系列判断而产生一个复杂多边形(含有洞的多边形)或多边形集合表示的缓冲区。图 4. 18(a)为河网的缓冲区，图 4. 18(b)为处理后的缓冲区多边形。

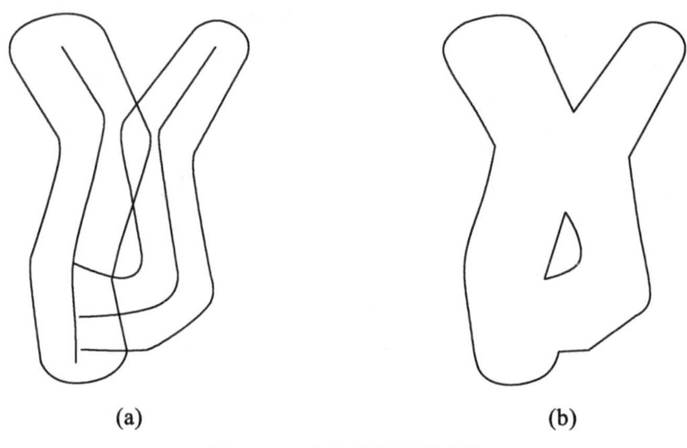

图 4. 18　河网缓冲区示例

5. 动态目标缓冲区

前面讨论的缓冲区都属于静态缓冲区，即空间目标对邻近对象的影响呈现单一的距离关系。在实际应用中，空间目标的缓冲区生成会受到其他因素的影响，空间目标对邻近对象的影响呈现不同强度的扩散或衰减关系，如污染对周围环境的影响呈梯度变化，这样的缓冲区称为动态缓冲区。

动态缓冲区的生成不能简单地设定距离参数，而要根据空间目标的特点和要求选择合适的方法。动态缓冲区生成是针对两类特殊情况提出的：①一类是流域问题；②另一类是污染问题。

1)流域问题中的动态缓冲区生成

在流域问题中，从流域上游的某一点出发沿流域下溯，河流的影响半径或流域辐射范围逐渐扩大；从流域下游的某一点出发沿流域上溯，河流的影响半径或流域辐射范围逐渐缩小。类似问题还有参数动态变化的运动目标的影响范围分析等。

对于流域问题，可以基于线目标的缓冲区生成算法，采用分段处理的办法分别生成各流域分段的缓冲区，然后按某种规则将各分段缓冲区光滑连接。也可以基于点目标的缓冲区生成算法，采用逐点处理的办法分别生成沿线各点的缓冲圆，然后求出缓冲圆序列的两两外切线，所有外切线相连即形成流域问题的动态缓冲区，如图 4. 19 所示。

2)污染问题中的动态缓冲区生成

在污染问题中，污染源对邻近对象的影响程度随距离的增大而逐渐缩小。类似问题还有城市辐射影响分析、矿山开采影响分析等。对于污染问题，可以根据物体对周围空间影响度变化的性质，通过引入一个影响度参数来确定缓冲区半径的动态变化，从而生成动态缓冲区。

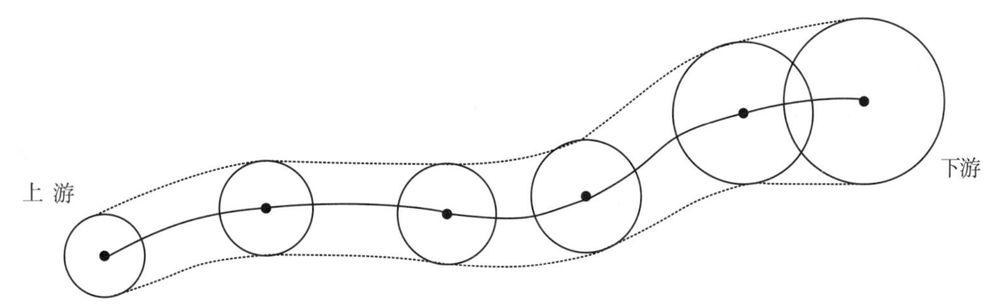

图 4.19 流域问题逐点处理原理图

4.2.3 叠置分析

叠置分析是在统一的空间坐标系下，将同一地区的两个或两个以上的地理要素图层进行叠置，产生空间区域的多种属性特征的分析方法。过去由于计算机运算速度慢和算法的原因，一般认为矢量叠置分析效率低，因而许多系统采用栅格的叠置分析算法。但随着计算机的发展和算法的改进，矢量叠置分析的效率大大提高，用户完全可以接受这样的效率。

矢量数据的叠置分析即点、线、面对象之间的叠置分析，包括 6 种不同的叠置分析，分别是：①点与点的重叠；②点与线的重叠；③点与面的重叠；④线与线的重叠；⑤线与面的重叠；⑥面与面的重叠。

1. 点与点的叠置

点与点的叠置是把一个图层上的点与另一个图层上的点进行叠置，为图层内的点建立新的属性，同时对点的属性进行统计分析。点与点的叠置通过不同图层间点的位置和属性关系完成，得到一张新属性表，属性表示点之间的关系(朱长青，史文中，2006)。如图 4.20 表示城市中网吧与学校的叠置及相应的属性表，从属性表中可判断网吧与学校的距离，从而为学校周围的网吧管理提供信息参考。

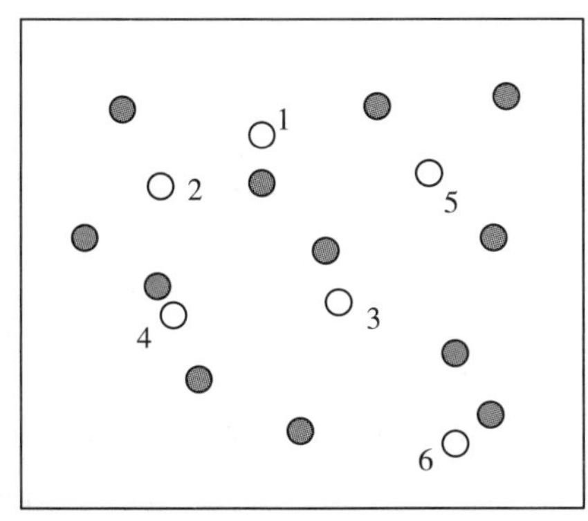

图 4.20 网吧与学校的叠置分析

表 4.7 **网吧-学校距离计算**

网吧	网吧与学校的距离/m
1	100
2	150
3	125
4	50
5	160
6	100

2. 点与线的叠置

点与线的叠置是把一个图层上的点目标与另一个图层上的线目标进行叠置，为图层内的点和线建立新的属性。叠置分析的结果可用于点和线的关系分析，如计算点与线的最近距离(朱长青，史文中，2006)。图 4.21 表示城市与高速公路两个图层叠置分析的结果，可以分析城市与高速公路之间的关系、高速公路的分布情况等。

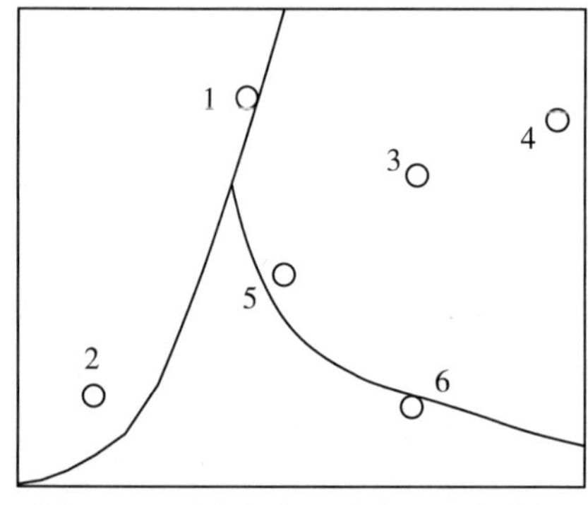

图 4.21　城市与高速公路的叠置分析

表 4.8　**城市-高速公路距离**

城市	城市与高速公路的距离/km
1	0
2	20
3	80
4	140
5	10
6	0

3. 点与多边形的叠置

点与多边形的叠置，实际上是计算多边形对点的包含关系。将一个含有点的图层叠加到另一个含有多边形的图层上，以确定每个点落在哪个多边形内，如图 4.22 所示。

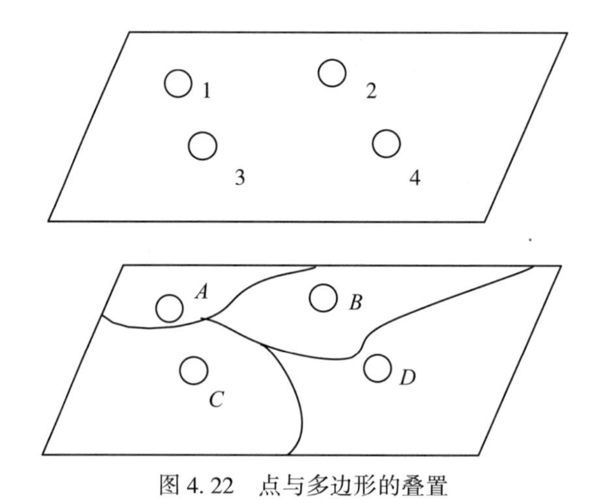

图 4.22　点与多边形的叠置

点与多边形的叠置通过点在多边形内的判断完成，通常是得到一张新的属性表，该属性表除了原有的属性以外，还含有落在那个多边形的目标标识(朱长青，史文中，2006)。如果必要还可以在多边形的属性表中提取一些附加属性。

通过点与多边形叠置，可以计算出每个多边形内有多少个点，不但要区分点是否在多边形内，还要描述在多边形内部的点的属性信息。例如，将油井(点图层)与行政区划(多边形图层)叠置，可以得到油井本身的属性(井位、井深、出油量等)，还可以得到行政区划的相关信息，如目标标识、行政区名称、行政区首长姓名等。

4. 线与线的叠置

线与线的叠置是将一个图层上的线与另一图层的线叠置，分析线之间的关系，为图层中的线建立新的属性关系。图 4.23 是河流(虚线)与公路(实线)的叠置分析结果，可以分析水陆交通运输的分布情况。

5. 线与多边形的叠置

线与多边形的叠置是将线图层叠置在多边形图层上，以确定一条线落在哪一个多边形内。线与多边形的叠置是比较线上各点坐标与多边形坐标的关系，判断线是否落在多边形内。一个线目标可能跨越多个多边形，需要先进行线与多边形边界的求交，将线目标进行切割，对线段重新编号，形成新的空间目标的结果集，同时产生一个相应的属性数据表来记录原线的属性信息及多边形的属性信息。如图 4.24 所示，线状目标 1 与多边形 B 和 C 的边界相交，因而将它分切成两个目标。建立起线状目标的属性表，包含原来线状目标的属性和被叠置的面状目标的属性。根据叠置的结果可以确定每条弧段落在哪个多边形内，查询指定多边形内指定线穿过的长度。例如，将公路线图层与县城多边形图层进行叠加分析，能够回答每个县所包含的公路里程等问题。若线状图层为河流，叠置的结果是多边形将穿过它的所有河流分割成弧段，可以查询多边形内的河流长度，进而计算河流密度。

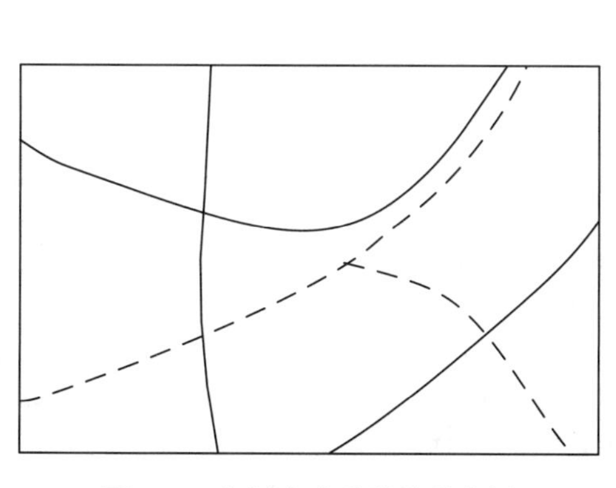

图 4.23 河流与公路的叠置分析

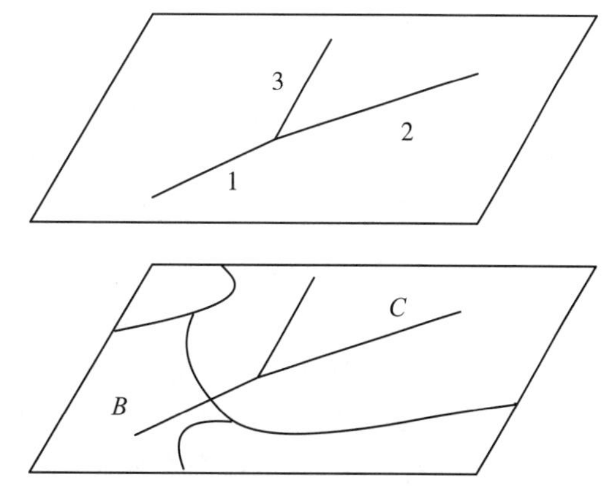

图 4.24 线与多边形的叠置

6. 多边形与多边形的叠置

多边形与多边形的叠置分析是指同一地区、同一比例尺的两组或两组以上的多边形要素之间进行叠置。参加叠置分析的两个图层都是矢量数据结构。若需进行多层叠置，也是两两叠置后再与第三层叠置，依此类推。其中被叠置的多边形为本底多边形，用来叠置的多边形为上覆多边形，叠置后产生具有多重属性的新多边形。多边形与多边形的叠置比前面两种叠置复杂得多，需要将两层多边形的边界全部进行边界求交的运算和切割，然后根据切割的弧段重建拓扑关系，最后判断新叠置的多边形分别落在原多边形层的哪个多边形内，建立叠置多边形与原多边形的关系，如果必要再抽取属性。

其基本的处理方法是：根据两组多边形边界的交点建立具有多重属性的多边形，或进行多边形范围内的属性特性的统计分析。其中，前者称为地图内容的合成叠置，如图 4.25(a)所示；后者称为地图内容的统计叠置，如图 4.25(b)所示。

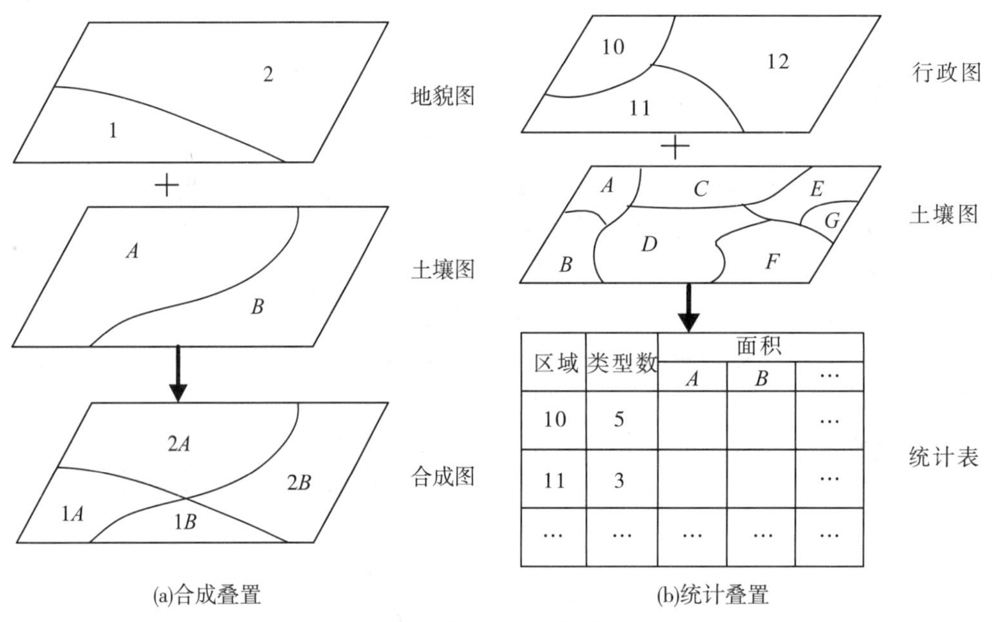

区域	类型数	面积		
		A	B	…
10	5			…
11	3			…
…	…	…	…	…

(a)合成叠置　　(b)统计叠置

图 4.25　合成叠置与统计叠置

(1)合成叠置的目的：通过区域多重属性的模拟，寻找和确定同时具有几种地理属性的分布区域。或者按照确定的地理目标，对叠置后产生的具有不同属性的多边形进行重新分类或分级，因此叠置的结果为新的多边形数据文件。

(2)统计叠置的目的：准确地计算一种要素(如土地利用)在另一种要素(如行政区域)的某个区域多边形范围内的分布状况和数量特征(拥有的类型数、各类型的面积以及所占总面积的百分比等)，或提取某个区域范围内某种专题内容的数据。

多边形叠置完成后，根据新图层的属性表可以查询原图层的属性信息，新生成的图层和其他图层一样可以进行各种空间分析和查询操作。

叠置分析方法已得到广泛研究和应用，国内外的一些常用地理信息系统软件中，叠置分析是其主要功能之一。

上述 6 种叠置分析中，点与多边形的叠置、线与多边形的叠置、多边形与多边形的叠置是比较常用的叠置分析。

叠置分析的基本步骤是：

(1)判定点、线、多边形；

(2)判定点的位置，进行线与多边形的裁剪、多边形与多边形的裁剪；

(3)对应的点、线、多边形要素进行重组和合并。

4.3 网络分析

4.3.1 网络分析的基本方法

GIS 中的网络具有图论中网络的边、节点、拓扑等特征，同时还具有空间定位上的地理意义，目标复合上的层次意义和地理属性意义。例如，交通网络中除道路网络外，还涉及车站、路况、通行能力等。

网络分析是对地理网络和城市基础设施网络等网状事物以及它们的相互关系和内在联系进行地理分析和模型化。网络分析的主要用途：①一是选择最佳路径；②二是选择最佳布局中心的位置。

所谓最佳路径，是指从起始点到终止点的最短距离或花费最少的路线；最佳布局中心位置是指各中心所覆盖范围内任一点到中心的距离最近或花费最小；网络流量是指网络上从起点到终点的某个函数，如运输价格、运输时间等。

网络上任意点都可以是起点或终点。其基本思想在于人类活动总是趋向于按一定目标选择达到最佳效果的空间位置。这类问题在生产、社会、经济活动中不胜枚举，如电子导航、交通旅游、城市规划管理以及电力、通信等各种管网管线的布局设计等。

在任何定义域上，距离总是指两点或其他对象间的最短间隔。在讨论距离时，定义这个距离的路径也是重要的方面。但在一个网络中，给定了两点的位置，在计算两点间的距离时，必须同时考虑与之相关联的多条路径。因为路径的确定相对复杂，无法直接计算。在“计算网络上两点的距离”时，多数情况下都称为“最短路径计算”。这里“路径”显然比“距离”更重要。网络分析的基本方法包括路径分析、地址匹配和资源分配等。

1. 路径分析

路径分析是网络分析的核心问题，是对最佳路径的求解。从网络模型的角度看，最佳路径的求解就是在指定网络的两个节点之间找一条阻抗强度最小的路径。一般情况下，可分为 4 种。

(1)静态求最佳路径：由用户确定权值关系后，给定每条弧段的属性，当求最佳路径时，读出路径的相关属性，求最佳路径。

(2)N 条最佳路径分析：确定起点、终点，求代价较小的几条路径。在实际应用中仅求出最佳路径并不能满足要求，可能因为某种因素不走最佳路径，而走近似最佳路径。

(3)最短路径：确定起点、终点和所要经过的中间连线，求最短路径。

(4)动态最佳路径分析：实际网络分析中权值是随着权值关系式变化的，而且可能会临时出现一些障碍点，所以往往需要动态地计算最佳路径。

2. 地址匹配

地址匹配实质是对地理位置的查询，它涉及地址的编码。地址匹配与其他网络分析功能结合起来，可以满足实际工作中非常复杂的分析要求。所需输入的数据，包括地址表和含地址范围的街道网络及待查询地址的属性值。

3. 资源分配

资源分配网络模型由中心点(分配中心)及其状态属性和网络组成。分配有两种方式：①一种是由分配中心向四周输出；②另一种是由四周向中心集中。这种分配功能可以解决资源的有效流动和合理分配。其在地理网络中的应用与区位论中的中心地理论类似。在资源分配模型中，研究区可以是机能区，根据网络流的阻力等来研究中心的吸引区，为网络中的每一链接寻找最近的中心，以实现最佳的服务。

资源分配模型可用来计算中心地的等时区、等交通距离区、等费用距离区等。可用来进行城镇中心、商业中心或港口等地的吸引范围分析，用来寻找区域中最近的商业中心，进行各种区划和港口腹地的模拟等。

4.3.2　最短路径基本概念

最短路径的数据基础是网络，组成网络的每一条弧段都有一个权值，用来表示此弧段所连接的两节点间的阻抗值。在数学模型中，这些权值可以为正值，也可以为负值。在权值都是正值，以及有正有负(权值为负称为负回路)两种情况下，其最短路径的算法是有本质区别的。由于在 GIS 中一般的最短路径问题都不涉及负回路的情况，因此以下所有讨论中假定弧段的权重都为非负值。

若一条弧段 $\langle v_i, v_j \rangle$ 的权表示节点 v_i 和 v_j 之间的长度，那么道路 $u=\{e_1, e_2, \cdots, e_k\}$ 的长度即为 u 上所有边的长度之和。所谓最短路径问题，就是在 v_i 和 v_j 之间的所有路径中，寻求长度最短的路径，这样的路径称为从 v_i 到 v_j 的最短路径。其中，第一个顶点和最后一个顶点相同的路径称为回路或环(cycle)，而顶点不重复出现的路径称为简单路径。

在欧氏空间 E^n 中，设 x, y, z 为任意三点，令 $d(x, y)$ 为 $x \to y$ 的距离，根据三角不等式原理，有 $d(x, y) \leqslant d(x, z) + d(z, y)$，当且仅当 z 在 x, y 的连线上时等式成立。

类似地，令 d_k 为节点 v_i 到 v_j 的最短距离，w_{ij} 为 v_i 到 v_j 的权值，对于 $(v_i, v_j) \notin E$ 的节点对，令 $w_{ij} = \infty$，显然：

$$\begin{cases} d_1 = 0 \\ d_k \leqslant d_j + w_{jk} \quad (j, k = 2, 3, \cdots, p) \end{cases} \tag{4.3}$$

当且仅当边 (v_j, v_k) 在 v_1 到 v_k 的最短路径上时，等式成立。由于 d_k 是到 v_1 到 v_k 的最短路径，设该路径的最后一个段弧为 (v_j, v_k)，则由局部与整体的关系，路径的前一段 v_1 到 v_j 的路径也必为从 v_1 到 v_j 的最短路径。这个整体最优则局部也最优的原理正是最短路径算法设计的重要指导思想。式(4.3)可改写为：

$$\begin{cases} d_1 = 0 \\ d_k = \min(d_j + w_{jk}) \quad (j, k = 2, 3, \cdots, p; k \neq j) \end{cases} \tag{4.4}$$

这就是最短路径方程，然而直接求解此方程比较困难。几乎所有最短路径的算法都是围绕怎样解这个方程的问题。

4.3.3 最短路径求解方法

1. 单源点间最短路径的戴克斯徒拉算法

戴克斯徒拉(Dijkstra)算法是 E. W. Dijkstra 于 1959 年提出的一个按路径长度递增的次序产生最短路径的算法。此算法公认为是解决此类最短路径问题最经典的、比较有效的算法。其基本思路为：假设每个点都有一对标号(d_j, p_j)，其中 d_j 是从源点 S 到该点 j 的最短路径的长度，p_j 则是从 S 到 j 的最短路径中的 j 点的前一点。求解从起源点 S 到各点 j 的最短路径算法，也称标号法或染色法，其基本求解过程如下：

(1)初始化。

起源点设置为：$d_s=0$，p_s为空；

所有其他点 j 设置为：$d_j=\infty$，$p_j=?$；

对起始源点 S 标号，记 $k=S$，其他点尚未处理。

(2)距离计算。

检验从所有标记的点 k 到其他直接连接的未标记的点 j 的距离，并设置：

$$d_j = \min[d_j, \ d_k + l_{kj}] \tag{4.5}$$

式中，l_{kj}是从点 k 到 j 的直接连接距离。

(3)选取下一个点。从节点中，选取 d_j 最小的一个连接点 i：$d_i=\min[d_j$，所有未标记的点 $j]$，点 i 为最短路径中的下一个点，并标记。

(4)找到点 i 的前一点。从已标记的点中找到直接连接到点 i 的点 j^*，将其作为前一点。

(5)标记点 i。如果所有点已标记，则算法完全退出，否则记 $k=i$，转到第(2)步继续计算。

如图 4.26 所示为一个带权的有向图，若对其执行戴克斯徒拉算法，则所得从 V_0 到其余各顶点的最短路径以及运算过程中距离的变化情况如表 4.9 所示。

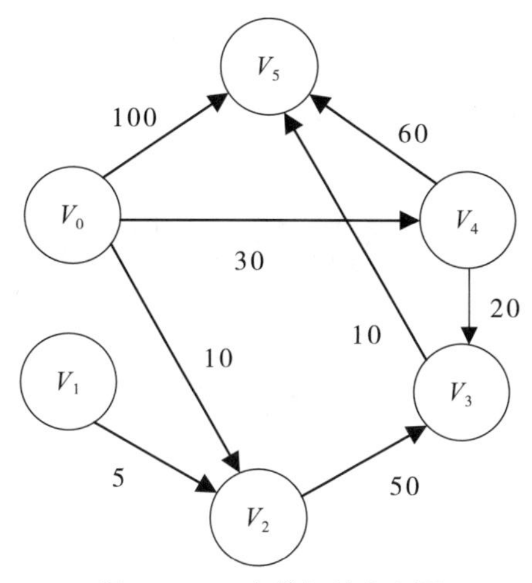

图 4.26 一个带权的有向图

表 4.9　**Dijkstra 算法示例及计算过程**

终点	从源点 V_0 到各终点的距离值和最短路径的求解过程				
	$i=1$	$i=2$	$i=3$	$i=4$	$i=5$
V_1	∞	∞	∞	∞	∞
V_2	10 (V_0, V_2)				
V_3	∞	60 (V_0, V_2, V_3)	50 (V_0, V_4, V_3)		
V_4	30 (V_0, V_4)	30 (V_0, V_4)			
V_5	100 (V_0, V_5)	100 (V_0, V_5)	90 (V_0, V_4, V_5)	60 (V_0, V_4, V_3, V_5)	
V_j	V_2	V_4	V_3	V_5	
S	$\{V_0, V_2\}$	$\{V_0, V_2, V_4\}$	$\{V_0, V_2, V_3, V_4\}$	$\{V_0, V_2, V_3, V_4, V_5\}$	

由此可见，在求解从源点到某一特定终点的最短路径过程中还可得到源点到其他各点的最短路径，因此，这一计算过程的时间复杂度是 $O(n^2)$，其中 n 为网络中的节点数。利用标号法或染色法求解如图 4.26 所示的最短路径的戴克斯徒拉算法的具体过程如下：

(1)初始化，对每一个点进行设置，并对 V_0 点进行标记，如图 4.27 所示。

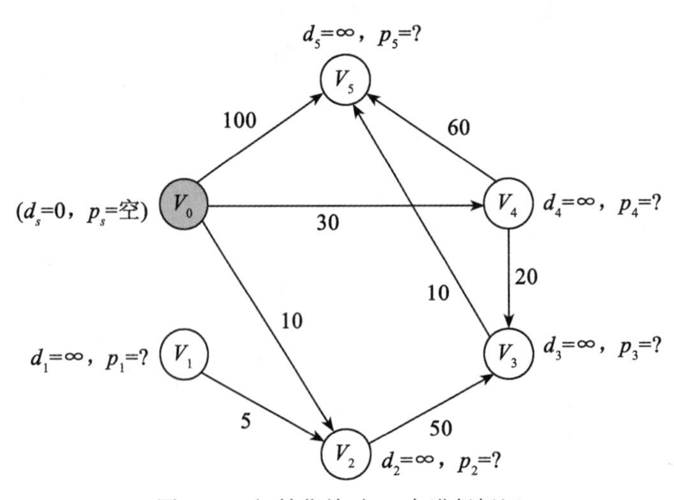

图 4.27　初始化并对 V_0 点进行标记

(2)检测从 V_0 点到与之直接连接的未标记点之间的距离，得到：

$$d(V_0, V_2)=10, \ d(V_0, V_4)=30, \ d(V_0, V_5)=100$$

其中，$d_{min}=d(V_0, V_2)=10$；得到 $V_j=V_2$；$S=\{V_0, V_2\}$，对 V_2 点进行标记，如图 4.28 所示。

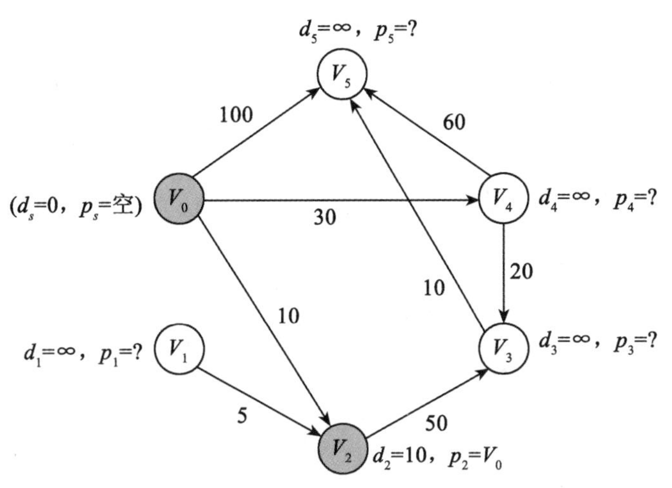

图 4.28　对 V_2 点进行标记

(3)检测经过标记点 V_0 和 V_2 到与其直接连接的未标记的点的距离。即：

$$d(V_0, V_2, V_1)=\infty, \ d(V_0, V_2, V_3)=60, \ d(V_0, V_4)=30, \ d(V_0, V_5)=100$$

显然，$d_{min}=d(V_0, V_4)=30$；$V_j=V_4$；$S=\{V_0, V_2, V_4\}$，对 V_4 点进行标记，如图 4.29 所示。

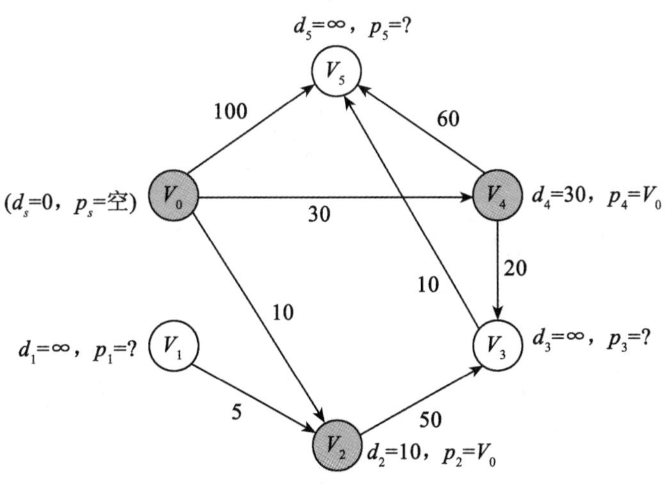

图 4.29　对 V_4 点进行标记

(4)检测经过标记点 V_0、V_2 和 V_4 到与其直接连接的未标记的点的距离。得：

$d(V_0, V_2, V_3)=60$，$d(V_0, V_4, V_3)=50$，$d(V_0, V_4, V_3)=50$，$d(V_0, V_5)=100$，$d(V_0, V_4, V_5)=90$，$d(V_0, V_4, V_5)=90$

显然，$d_{min}=d(V_0, V_4, V_3)=50$；$V_j=V_3$；$S=\{V_0, V_2, V_3, V_4\}$。对 V_3 点进行标记，如图 4.30 所示。

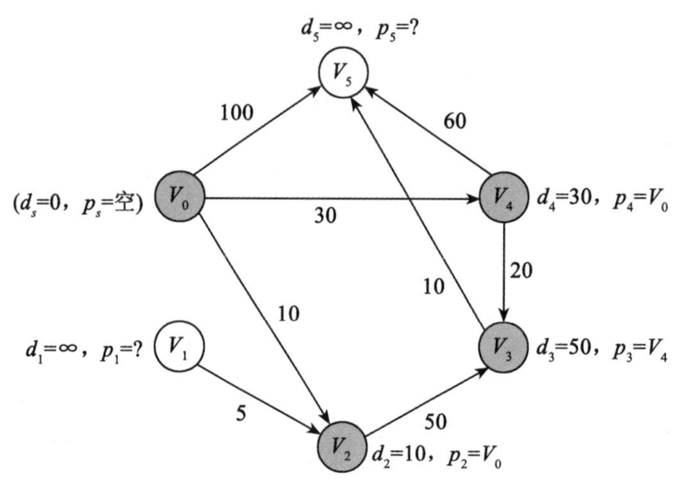

图 4.30　对 V_3 点进行标记

(5)检测经过标记点 V_0、V_2、V_3 和 V_4 到与其直接连接的未标记的点的距离。得：

$d(V_0, V_5)=100$，$d(V_0, V_2, V_3, V_5)=70$，$d(V_0, V_2, V_3, V_4, V_5)=140$，$d(V_0, V_4, V_5)=90$，$d(V_0, V_4, V_3, V_5)=60$

显然，$d_{min}=d(V_0, V_4, V_3, V_5)=60$；$V_j=V_5$；$S=\{V_0, V_2, V_3, V_4, V_5\}$。对 V_5 点进行标记，如图 4.31 所示。

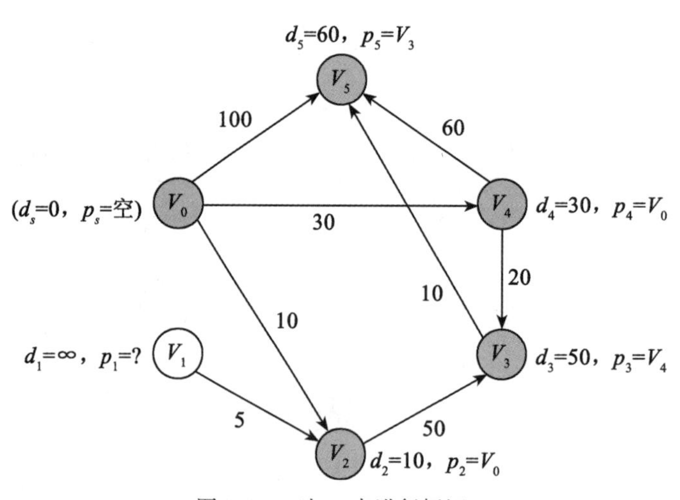

图 4.31　对 V_5 点进行标记

(6)V_5 没有后续节点，所以就没有最短路径的比较，接着对最后一个节点 V_1 进行标记，如图 4.32 所示。

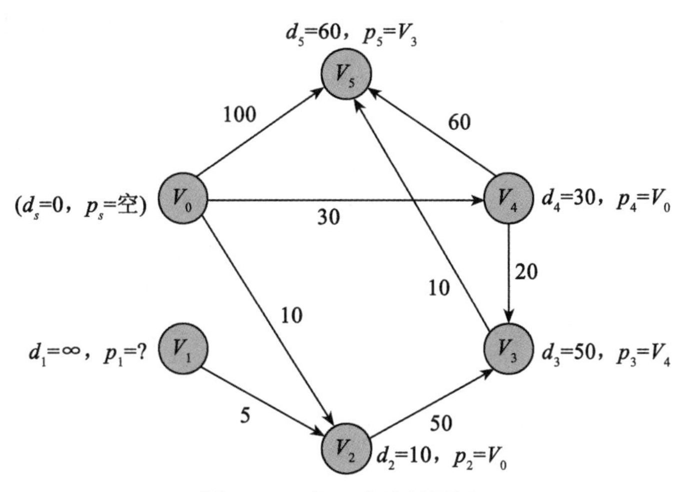

图 4.32　对 V_1 点进行标记

(7)所有点已标记，算法完成，退出。

2. 多点对间最短路径

求解网络系统中多点对乃至所有节点对之间的最短路径，可以重复多次执行上述戴克斯徒拉算法，也可以使用弗洛伊德(Floyd)算法。

3. Floyd 算法

Floyd(弗洛伊德)算法是一种求多点对间最短路径的方法，该算法有效地利用了邻接矩阵。其基本思想是：递推地产生一个矩阵序列 $M(0)$，$M(1)$，$M(2)$，…，$M(n)$。其中，$M(0)$就是邻接矩阵，$M(0)[i, j]$等于从 V_i 到 V_j 的边的权值，即从 V_i 到 V_j 的路径上不经过任何中间顶点；$M(k)[i, j]$等于从顶点 V_i 到顶点 V_j 的路径上中间顶点序号不大于 k 的最短路径长度值(k=1，2，…，n)。

由于在具有 n 个顶点的有向网络中，任何一对顶点之间的最短路径上都不可能出现序号大于 n 的中间点。因此，矩阵元素 $M(n)[i, j]$就等于从 V_i 到 V_j 的最短路径长度值。递推地产生 $M(0)$，$M(1)$，$M(2)$，…，$M(n)$的过程就是逐步允许越来越多的顶点作为路径上的中间顶点，直到所有顶点都允许作为中间顶点。

假设已求得矩阵 $M(k-1)$，如何由它求 $M(k)$呢？

从 V_i 到 V_j 的路径上中间点数不大于 k 的最短路径只有以下两种可能的情况：

(1)中间不经过顶点 V_k。在这种情况下，

$$M(k)[i, j] = M(k-1)[i, j] \tag{4.6}$$

因为在这种情况下，在最短路径中并没有增加节点。

(2)中间经过顶点 V_k。在这种情况下，

$$M(k)[i, j] < M(k-1)[i, j] \tag{4.7}$$

这条由 V_i 经 V_k到达 V_j 的最短路径由两段组成：①一段是从 V_i 到 V_k中间序号不大于

$k-1$ 的最短路径，其长度为 $M(k-1)[i, k]$；②另一段是从 V_k 到 V_j 的中间序号不大于 $k-1$ 的最短路径，其长度为 $M(k-1)[k, j]$。因此，可得到递推公式：

$$M(k)[i, j]=\min\{M(k-1)[i, j], M(k-1)[i, k]+M(k-1)[k, j]\} \tag{4.8}$$

例如，在如图 4.33 所示的有向网络中，$M(k)[1, 2]$表示由节点 1 到节点 2 经过节点序号不大于 k 的最短路径。

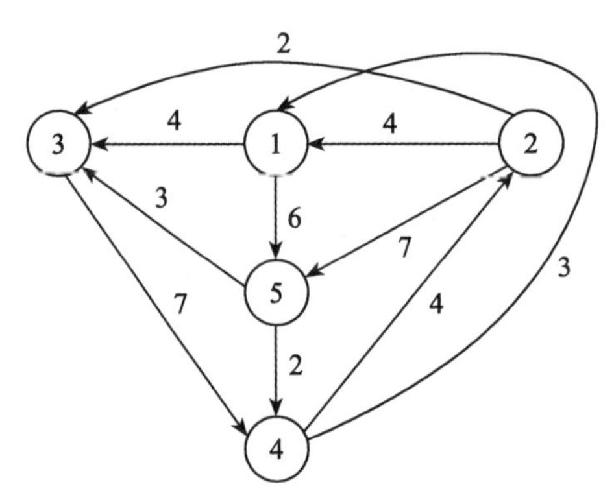

图 4.33　有向网络

$M(1)[1, 2]$，$M(2)[1, 2]$，$M(3)[1, 2]$，$M(4)[1, 2]$和 $M(5)[1, 2]$的计算结果为：

$M(1)[1, 2]=M(2)[1, 2]=M(3)[1, 2]=\infty$；

$M(4)[1, 2]=\min\{M(3)[1, 2], M(3)[1, 4]+M(3)[4, 2]\}=\min\{\infty, 15\}=15$；

$M(5)[1, 2]=\min\{M(4)[1, 2], M(4)[1, 3]+M(4)[3, 2], M(4)[1, 4]+M(4)[4, 2]+M(4)[1, 5]+M(4)[5, 2]\}=\min\{15, 15, 15, 12\}=12$。

因此，从 V_1 到 V_2 的最短路径长度值为 12。

4.3.4　次最短路径求解算法

在某些情况下，除了需要求出两个给点之间的最短路径之外，还可能需要求出这两点之间的次最短路径，第 3 短路径，…，第 k 短路径。可以在求出第 1 最短路径 P_1 之后，用枚举法求出与 P_1 有尽可能多公共边的次最短路径 P_2。

算法的基本思路是：假定第 1 最短路径 P_1 包含了 n 条有向弧，每次删除其中的一条弧，即得到 n 个与原来只有一弧之差的新的网络。按原最短路径算法分别求解这 n 个新网络的最短路径，然后比较这 n 条最短路径，其中最短的那条即为所求的次最短路径。依此进行，可以分别求出第 3 短路径，…，第 k 短路径。

4.3.5　最佳路径算法

最佳路径，是指网络两节点之间阻抗最小的路径。“阻抗最小”有多种理解，如基于单因素考虑的时间最短、费用最低、风景最好、路况最佳、过桥最少、收费站最少、经过乡村最多等；基于多因素综合考虑的风景最好且经过乡村较多，或时间短、路况较佳且收费站最少等。最短路径问题是最优路径问题的一个单因素特例，即认为路径最短就是最优。

最佳路径的求解算法有几十种，包括基于贪心策略的最近点接近法、最优插入法、基于启发式搜索策略的分支算法、基于局部搜索策略的对边交换调整法，以及广泛采用的 Dijkstra 算法等。这里分别介绍基于最大可靠性的最优路径和基于最大容量的最优路径。

1. 最大可靠路径

利用最短路径算法可以求解最大可靠路径。

具体方法是：定义网络 $D(V, A)$ 中的每条弧 $a_{ij}(V_i, V_j)$ 的权为：

$$W_{ij}=\ln P_{ij} \tag{4.9}$$

因 $0 \leqslant P_{ij} \leqslant 1$，所以 $W_{ij} \geqslant 0$。可以用前述 Dijkstra 算法求出关于权 W_{ij} 的最短路径。由于 $\sum w_{ij}=-\ln(\prod P_{ij})$，所以，关于权 W_{ij} 的最短路径就是 (V_i, V_j) 的最大可靠路径，其完好概率为：$\exp(-\sum w_{ij})$。

2. 最大容量路径

设网络 $D(V, E, W)$ 中任意一条路径 P 的容量定义为该路径中所有弧的容量 c_{ij} 的最小值，即：

$$c(P)=\min_{e_{ij}\in E(P)}(c_{ij}) \tag{4.10}$$

则网络 $D(V, A)$ 中所有 (V_i, V_j) 路径中的容量最大的路径，即为 (V_i, V_j) 的最大容量路径。

同样，可以将网络中的每条边或弧的权值定义为通过该边或弧的时间，就可以求出时间最优路径；若定义为该弧的费用，则所求出的就是费用最优路径。

最优路径的求解有多种形式，如两点间最优路径、多点间指定顺序的最优路径、多点间最优顺序的最优路径、经指定点回到起点的最优路径等，如图 4.34 所示。

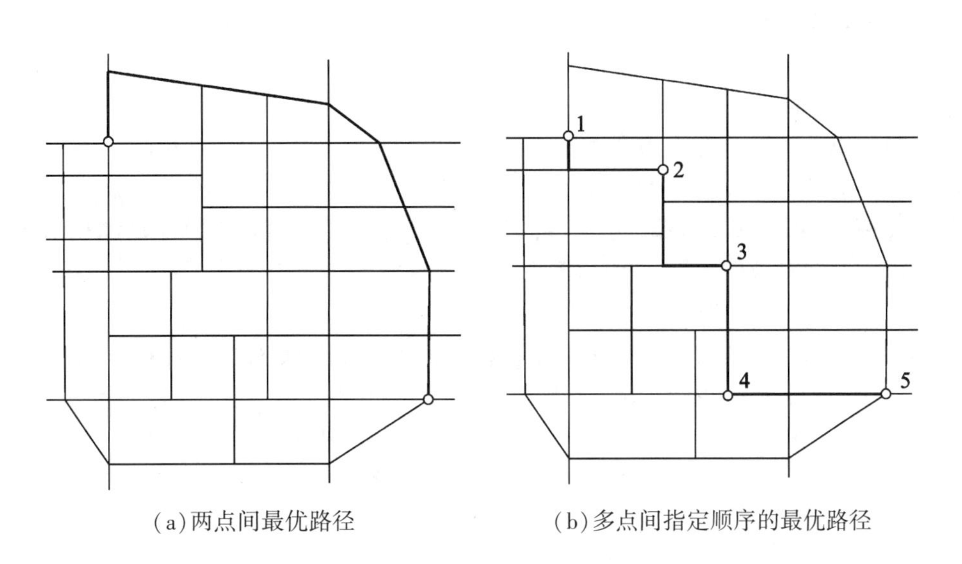

(a)两点间最优路径　　(b)多点间指定顺序的最优路径

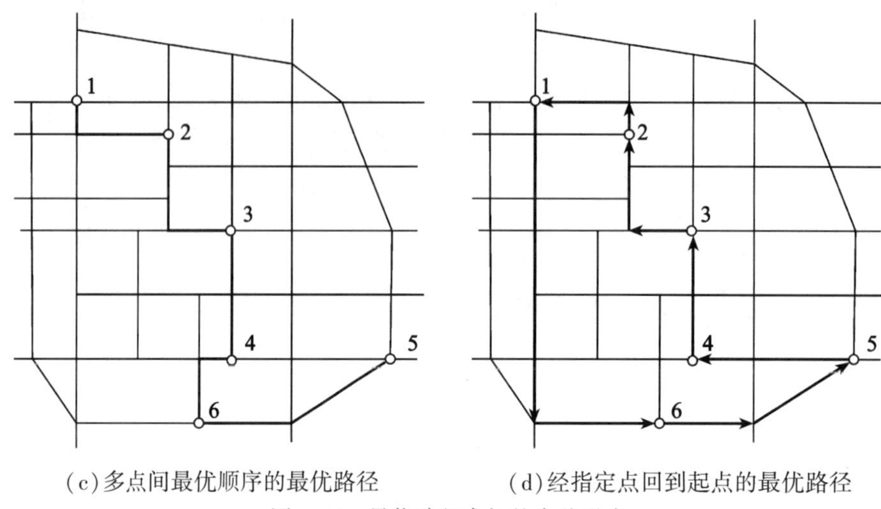

(c)多点间最优顺序的最优路径　　(d)经指定点回到起点的最优路径

图 4.34　最优路径求解的多种形式

4.4　轨迹分析与挖掘

4.4.1　人类动力学与人群活动分析

人类行为是一种纷繁复杂的现象，能够全面深刻地认识自身行为特征一直是人们不懈努力的方向(樊超等, 2011)，对人类行为的研究吸引了包括心理学、社会学、社会心理学、人类学，以及地理信息科学、遥感科学在内的众多学科的共同关注，产生了一系列研究成果(韩晓燕, 朱晨海, 2009；曹杰, 1987；方志祥, 2020)。“人”这个系统可以划分为人的个体性和社会性两个子系统，人类行为的发生既与个体因素相关联，也受各种外界因素影响，具有复杂性(王瑞鸿, 2002)。而“整个世界是相互联系的”正是系统论的一个核心观点，利用系统论和复杂性科学解释人类行为成了一个新兴的研究方向和热点(樊超等, 2011)。

人类动力学(Human Dynamics)是一门跨学科研究领域，旨在探讨微观的人地关系叙事机制、模式以及人类行为跨物理世界和虚拟世界的相互作用。人员和信息的轨迹和流动性是此类研究的核心(Song et al., 2010)。人类动力学的理论和方法在传染病传播和疫情防控领域发挥了重要作用(段伟等, 2019；Hao et al., 2020)。通过人群移动和疫情大数据分析，可以为制定有效的区域防控政策建议提供有力支撑(周成虎等, 2020)。

2005 年，Barabasi 发表在 *Nature* 上的一篇文章，显示了人类行为的时间规律具有高度的非均匀性：在非常长的时间内可能了无一事，而这些长长的空白与空白之间则被密集的活动所填充。Barabasi 等(2005)的工作开创了“人类动力学”的新研究方向，吸引了多学科领域的众多学者积极参与该研究方向，产出了一系列科研成果。

城市人群活动分析是人类动力学的重要应用领域之一(方志祥等, 2020)。城市人群活动空间可以划分为 3 种类型：现实空间活动、网络空间活动、社交空间活动。

(1)现实空间活动：指现实物理空间开展的活动，包括：工作、通勤、购物、休闲娱乐及其派生出来的交通出行活动等。现实空间的人群活动受时空约束明显，呈现较强的时间-空间分异特性(方志祥等，2020)。

(2)网络空间活动：指人们在网络空间开展的各种活动，包括：网络通信、网络购物、远程工作、在线休闲娱乐、在线自主学习等。特别是2019年以来，人们的很多原来在现实空间的活动逐步转业到了网络空间，各种网络在线会议、在线教学几乎成了主流。网络空间的活动特点是：突破距离，具有很强的自由性、开放性和自主性，活动多样，并且呈虚拟化特征(方志祥等，2020)。

(3)社交空间活动：指人们的社交活动所处的空间活动，包括：QQ、微信(Wechat)、微博、朋友圈、推特(Twitter)、脸书(Facebook)等。社交空间活动的特点是：现实空间与网络空间密不可分，呈现时空联动效应，表现为群体化、多元化、多层次特征等。

城市人群活动分析的重要理论基础是时间地理学。时间地理学由瑞典科学家哈格斯特朗(Hägerstrand)于1969年在丹麦首都哥本哈根召开的区域科学学会第九次欧洲大会上首次提出，用来研究物质环境中限制人们行为的制约条件，来说明人的空间行为(Hägerstrand，1985)。

生命路径(Life Path)是时间地理分析的重要方法，用来表示个体生命时间内位置信息的连续变化情况，为表示和研究相应的人文现象提供了一个十分可观、有效的方法，如图4.35所示。

可达性是一种用来表征某个地点被接近的容易程度的属性，同时也被认为是用来表征人们到达一些潜在目的地进行某些活动的容易程度(Kwan，1998、1999；Dijst，2002；Miller，2007)。可达性又分为两类：①基于地点(place-based)的可达性：表征某个地点被接近的容易程度的属性，如绿地可达性、医院可达性等；②基于个人的(personal-based)可达性：表征人们到达一些潜在目的地进行某些活动的容易程度。例如，分析住在不同小区的居民就业的可达性、到健身场所的可达性等。

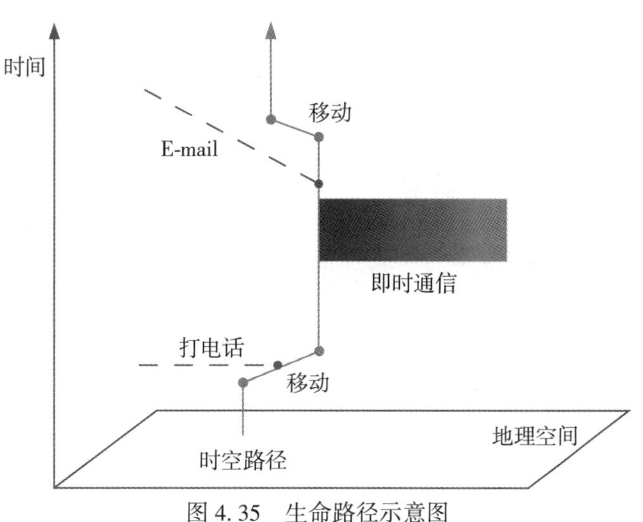

图4.35 生命路径示意图

4.4.2　轨迹与轨迹数据

轨迹(trajectory)是移动对象的位置和时间的记录序列。作为一种重要的时空对象数据类型和信息源，轨迹的应用范围涵盖了人类行为、交通物流、应急疏散管理、动物习性和市场营销等诸多方面(龚玺等，2011)。

虽然轨迹从定义上是连续的曲线，但是由于实际的数据获取格式和处理习惯，通常对曲线进行采样，用一组时空记录点序列以离散的方式表示。轨迹的数学表达如下：

$$T = \{(x_1^1,\ \cdots,\ x_1^d,\ t_1),\ (x_2^1,\ \cdots,\ x_2^d,\ t_2),\ \cdots,\ (x_n^1,\ \cdots,\ x_n^d,\ t_n)\} \tag{4.11}$$

式中，T 代表一条长度为 n 的时空轨迹，序列中的每个 $d+1$ 元组 $(x_n^1,\ \cdots,\ x_n^d,\ t_n)$ 代表了轨迹对象于 t_n 时刻在 d 维空间中的一个记录点，坐标为 $(x_n^1,\ \cdots,\ x_n^d)$。习惯用 $(x,\ y)$ 表示二维空间位置，$(x,\ y,\ z)$ 表示三维空间位置。

轨迹数据的示意如图 4.36 所示。图中为一条二维空间中由 5 个轨迹点组成的时空轨迹，即 $n=5$，$d=2$，其中 $t_1 \to t_2$，$t_3 \to t_4$ 时段为驻留，$t_2 \to t_3$，$t_4 \to t_5$ 时段则发生了空间位移。

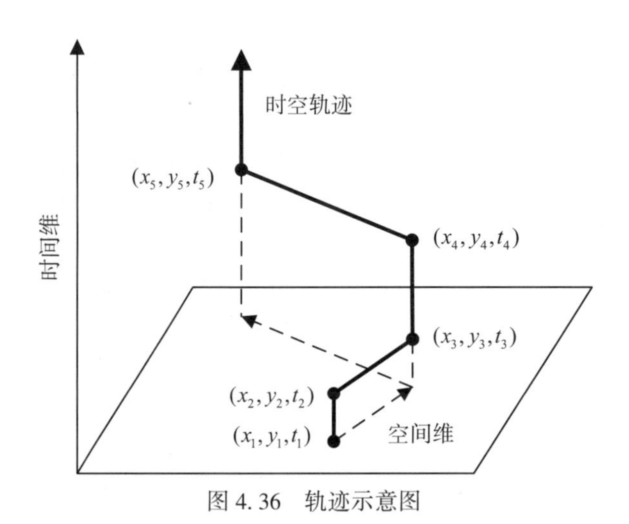

图 4.36　轨迹示意图

将轨迹中时间维和空间维分开讨论，轨迹可以看作时间到空间的映射，由一个以时间为自变量的函数 o 表示，给定某一时刻 $t(t \in R^+)$，通过该函数可以得到 t 时刻该对象所处的 d 维空间 R^d 中的位置，映射关系为：

$$o:\ R^+ \to R^d \tag{4.12}$$

尽管如图 4.36 所表示的轨迹可以表示完整的时空信息，实际上很多时候我们更关注一定时段内研究对象的空间移动模式，因此可视化时会隐藏时间维，本章后续介绍的轨迹挖掘都是采取这种模式。

轨迹数据有多种类型，不同轨迹数据有不同的应用场景。部分轨迹数据示例如图 4.37 所示，包括志愿者轨迹、出租车轨迹、动物的轨迹、台风的轨迹等。其中，图 4.37(a)的志愿者轨迹是通过可穿戴 GNSS 设备采集的，每个点代表了某一时刻某一名志愿者所处的位置，可用于研究志愿者行为规律；图 4.37(b)的出租车轨迹是通过车载传感器采集，每个点不仅有出租车位置数据，还有速度、方向等车况信息等，可用于研究城市交通、土地规划等；图 4.37(c)的动物轨迹是将 GNSS 设备佩戴在野生动物上，记录了动物在野外的迁徙、觅食等行为，用于动物习性、自然生态等研究；图 4.37(d)的台风轨迹又叫台风路径，是通过气象观测，将台风的位置、强度等信息展示在地图上，为沿海地区居民的生活生产提供辅助预报。

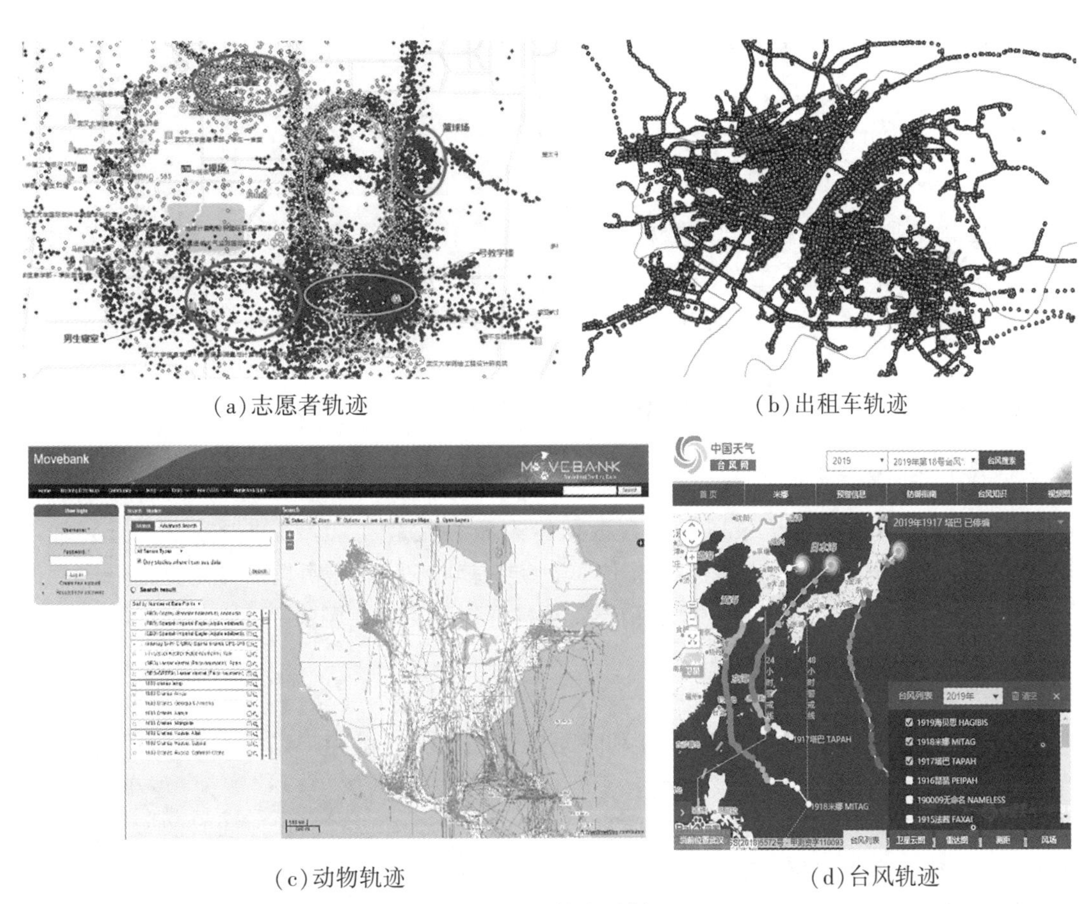

(a)志愿者轨迹　　(b)出租车轨迹

(c)动物轨迹　　(d)台风轨迹

图 4.37　轨迹示例

4.4.3　轨迹数据预处理

由于卫星信号质量、传感器精度等问题，原始的轨迹数据存在定位错误、数据项缺失等各种问题。例如，出租车轨迹点没有定位在车道上，而是偏移到路旁人行道中。显然这种数据是不可用的，需要对原始的轨迹数据进行预处理，然后才能进行后续的分析和处理。这里以出租车轨迹数据为例介绍轨迹数据的预处理方法。

原始的出租车轨迹数据示例如表 4.10 所示。

表 4.10　　出租车轨迹数据示例

车 ID	日期	时间	经度	纬度	速度	方向	ACC	载客状态
0001	20150201	00：01：10	114. ***	30. ***	21	286	ON	空车
0002	20150201	00：01：00	114. ***	30. ***	0	15	OFF	空车
0003	20150201	00：01：05	114. ***	30. ***	11	66	ON	重车
…	…	…	…	…	…	…	…	…
0001	20150201	00：02：10	114. ***	30. ***	30	78	ON	重车
0002	20150201	00：02：05	114. ***	30. ***	40	36	ON	重车
0003	20150201	00：02：00	114. ***	30. ***	0	50	OFF	空车

如表 4.10 所示的出租车轨迹数据示例中，每一行代表一辆车的一个 GNSS 轨迹记录点，包含了时间、位置、速度、方向等信息。经纬度是 WGS-84 坐标系；速度指瞬时速度；方向指车头与正北方向的夹角；ACC 是指油门状态。空车指没有乘客，重车表示有乘客。

出租车轨迹数据预处理主要包括以下几个方面。

1. 异常数据清理

由于车载 GNSS 设备记录以及后台数据传输等系统原因，原始数据中常含有异常数据。如部分字段记录值为“未定位”“补传”等，或是轨迹点坐标明显不在研究区域内，说明该轨迹点属性不全，或者存在取值错误，这样的轨迹点需要删除。

2. 上下车点提取

将车辆原始轨迹数据按照车辆 ID 和时间排序，“重车”和“空车”状态改变的轨迹点即为上下车点。上下车点的判断方法为：①轨迹点的状态信息从“空车”变为“重车”，则视该重车点为上车点；②轨迹点的状态信息由“重车”变为“空车”，则视此时的空车点为下车点。通过上下车点将混合的轨迹点切分成各辆车的载客轨迹段和巡航轨迹段，可以根据需求筛选需要的轨迹进行处理。

3. 轨迹数据道路匹配

轨迹匹配是轨迹数据分析和应用的关键步骤之一，只有将轨迹点与出租车行驶的路段进行匹配才能获得较为准确的城市交通信息。如图 4.38 所示是轨迹数据道路匹配的示意图，其中红色点为轨迹点，黑线直线为道路，可以看到 t_1、t_4、t_8时刻对应轨迹点没有落在路网上，因此需要进行偏移处理。

一种轨迹数据道路匹配的方法为：①对于每个轨迹点，计算离散轨迹点与附近各路段的距离，若距离大于阈值，则认为该轨迹点为错误点，将其删除；②将上一步计算所得距离小于阈值的路段作为待选路段，将轨迹点到待选路段的投影作为待选匹配点；③计算各待选匹配点与前后轨迹点形成的转角角度；④综合选择距离和角度都较小的待选匹配点，完成该点的路网匹配。除了上述基于几何的路网匹配算法，还有基于拓扑信息的路网匹配、基于概率信息的路网匹配等算法。

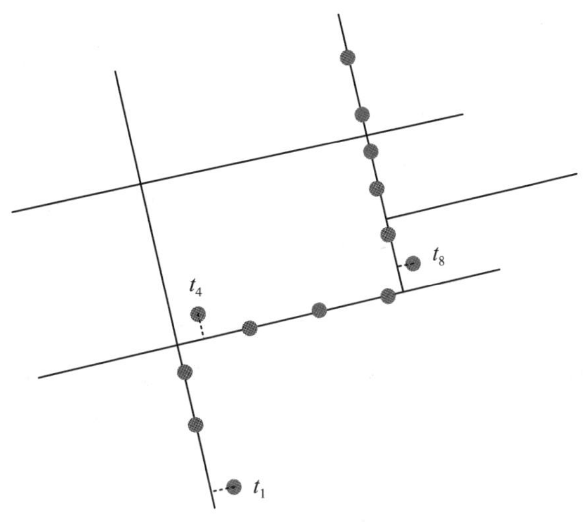

图 4.38 轨迹数据道路匹配示意图

4. 数据格式转换(txt 转 shp)

轨迹数据的原始数据格式为 txt，一天内所有的轨迹信息为一份 txt 文件，每份 txt 内的轨迹信息按行存储，每一列是一个轨迹字段，每一行即为一个轨迹点。上述的上下车点提取和路网匹配也都可根据 txt 文件进行。为更好地分析及研究轨迹数据的时空特性，还需要将所研究的轨迹数据转换为 Shapefile 格式(shp 格式)，便于可视化分析和空间分析。

4.4.4 热点提取与分析

1. 概述

热点区域是指某一事件频繁发生的区域。不同的研究数据和研究目的对于“热点”的定义不同，有犯罪热点(Malleson，Andrese，2015；Newton，Felson，2015；Steil，Parrish，2009)、事故多发热点(Anderson，2006；Vemulapalli et al.，2017)、疾病发生地热点(Wanjala et al.，2016；Hu et al.，2013)和商业热点(陈蔚珊等，2016；Turner，2013)等。这里所研究的热点区域，是指集中了较高热度的城市活动，其所承担的区域功能会吸引人们频繁出行的区域。城市热点区域，作为城市中更多居民出发地和目的地的选择区域，是城市活力和功能运转的表征。对城市热点区域进行提取和分析，有助于城市规划的合理性检验，可为居民出行规避高峰和目的地选择提供参考，为交通管理部门道路规划和公共交通站点(如地铁出入口、公交车站等设施)的选址提供辅助决策支持等(赵鹏祥，2015；周勍，2017)。

热点提取的主要方法包括：扫描统计法、空间点模式分析方法、空间自相关法、空间聚类分析法等(周勍，2017)。扫描统计法是在一定的时空邻域内，通过对比数据的聚集分布和随机分布来确定最大聚集可能性的集合，将其视为热点区域。空间点模式分析方法通过分析点数据的分布模式(聚集分布、随机分布、均匀分布)来探测热点区域。空间自相关分析通过计算空间自相关统计量(Moran's I统计量、Geary's C统计量和Getis-Ord G统计量)来探测不同观察对象同一属性在地理空间上的相互关系。例如，可以通过Getis-Ord G统计量探测"热点区(高值聚集区)"和"冷点区(低值聚集区)"。空间聚类方法包括：基于划分的聚类、基于层次的聚类、基于密度的聚类、基于网格的聚类、基于模型的聚类等。空间聚类方法通过探测空间对象的空间聚集区来实现热点探测。

2. 轨迹聚类

空间聚类是热点区域探测的重要方法之一。将空间聚类方法应用于轨迹数据可以形成轨迹聚类方法。这里介绍一种基于决策图和数据场的轨迹聚类方法(赵鹏祥，2015；Zhao et al.，2017)。

Rodriguez和Laio于2014年在*Science*期刊上发表了一篇论文*Clustering by Fast Search and Find of Density Peaks*，指出聚类中心元素需要同时满足两个特点：①自身的密度较大，即该对象被密度均不超过它的邻近对象包围；②与其他密度更大的数据对象之间的距离也相对更大一些。

Rodriguez和Laio(2014)利用决策图对两种特征进行了定量表达，将决策图量化为两个指标，即局部密度ρ_i和与密度较大对象之间的最小距离δ_i。对于有着相对较大的ρ_i和较大δ_i的对象可认为是聚类中心。对于数据对象i，其局部密度可定义为：

$$\rho_i = \sum_j \chi(d_{ij} - d_c) \tag{4.13}$$

式中，当$x<0$时，$\chi(x)=1$，否则，$\chi(x)=0$；d_c表示截断距离；d_{ij}表示对象i和对象j之间的距离。距离δ_i表示表示对象i与任意密度比其大的对象之间的最小距离，其计算公式可表示为：

$$\delta_i = \min_{j:\ \rho_j > \rho_i} (d_{ij}) \tag{4.14}$$

式中，对于密度最大的点，将其δ_i定义为该对象与任意其他对象之间的最大距离，即$\max_j(d_{ij})$。

此处以一组模拟数据为例，对决策图进行阐述。图4.39(a)为一组包含了20个点的模拟数据，该数据可分为两个类簇及个别噪声点。由图中可以发现，1号点和8号点具有较大的密度，可认为是两个类簇的聚类中心。图4.39(b)为模拟数据对应的决策图，X轴和Y轴分别为依据式(4.13)和式(4.14)计算得到的局部密度ρ和距离δ，此处选取了截断距离$d_c=6$。由图4.39(b)可以发现，1号点和8号点具有较大的ρ和δ，对应了图4.39(a)中的聚类中心。18号点和19号点在图4.39(a)中是孤立的点，具有较小的ρ和较大的δ，在数据中通常表现为噪声点。

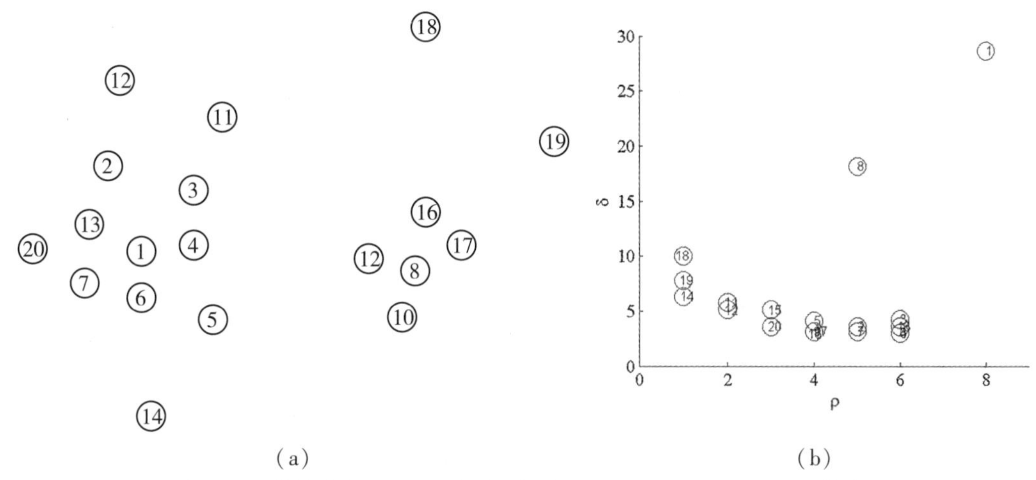

（a）　　　　　　　　　　　　（b）

图 4.39　模拟数据及其决策图实例(据 Rodriguez，Laio，2014 年修改)

对于轨迹数据来说，邻近的轨迹点之间具有较强的空间相关性，随着轨迹点间距离的增大，空间相关性会减弱。当距离超出一定范围时，则认为轨迹点之间不再具有相关性，体现了一种空间上的距离衰减效应，这是与地理学第一定律相符合的。因此，对于轨迹数据，利用数据场理论来描述轨迹点之间的相互作用和量化上述距离衰减效应是比较合适的。数据场是指借鉴物理学中场论的思想，将物质粒子(如点电荷)之间的相互作用及场描述方法引入抽象的数域空间，实现数据对象或样本点之间的相互作用的形式化描述(李德毅，杜鹢，2005、2014；淦文燕等，2006)。

假设由 n 个轨迹点组成的数据集 $P=\{p_1, p_2, \cdots, p_i, \cdots, p_n\}$，我们将每个轨迹点看作一个带有质量的粒子，其周围存在一个作用场，位于场中的任何轨迹点都将受到其他轨迹点的联合作用，所有轨迹点间的作用在轨迹空间上所构成的整体就形成了轨迹数据场(赵鹏祥，2015；Zhao et al.，2017)。

由于数据空间中的轨迹点往往不止一个，因此在计算某个轨迹点的势值时需要考虑到所有其他轨迹点的相互作用。由于数据场是一个标量场，根据标量的可叠加性，数据集 P 中的任意轨迹点 p_i 的势值 $\varphi(P_i)$ 可表示为：

$$\varphi(P_i)=\sum_{j=1}^{n}\left(m_j \times \mathrm{e}^{-\left(\frac{d_{ij}}{\sigma}\right)^k}\right) \tag{4.15}$$

式中，m_j 表示轨迹点 p_j 的质量；d_{ij}表示轨迹点 p_i 与 p_j 之间的距离；σ 为影响因子；k 为距离指数。

轨迹数据场对比于普通的数据场，表现出一些独有的特性，这种特性在很大程度上受数据分布的影响。这里以出租车轨迹数据为例进行说明。出租车轨迹数据由于受路网结构的限制，沿道路呈现了不均匀的分布。由图 4.40(a)可以发现，轨迹数据场在某些轨迹点密集分布的路段(如道路交叉路口)沿道路呈条带状分布，而普通的数据场则是由中心向四周呈辐射式分布，如图 4.40(b)所示。

以往的数据场聚类方法主要包括以下两种策略：①第一种是基于势场拓扑的层次聚类，通过搜索数据空间中势场分布的所有拓扑临界点并根据 Hesse 矩阵(黑塞矩阵)的特征

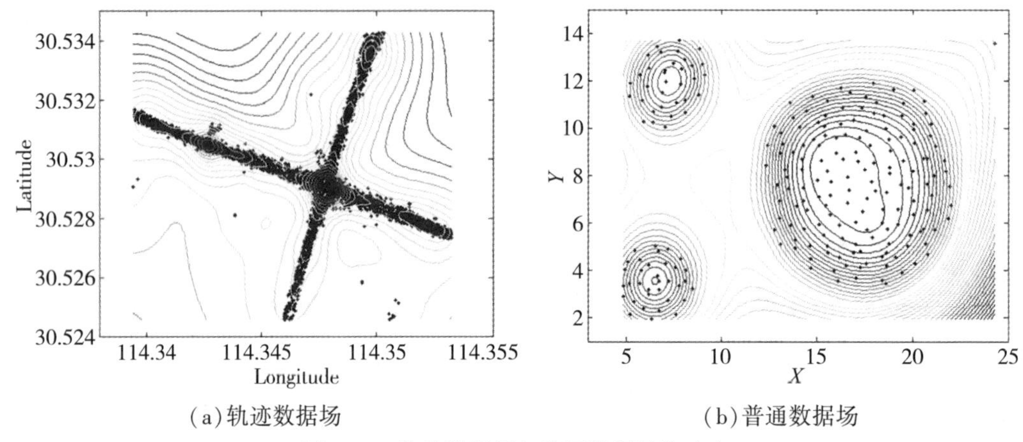

(a)轨迹数据场　　　　(b)普通数据场

图 4.40　轨迹数据场与普通数据场的对比

值确定局部极大值和鞍点，以局部极大值点为聚类中心，形成数据的初始划分，并根据鞍点对初始聚类进行迭代合并，得到不同层次的聚类结果(淦文燕，2003；淦文燕等，2006)；②第二种是基于数据场的动态聚类，通过最小化势函数与总体密度间的误差平方积分来估计每个数据对象的质量，选取少数具有较大质量的对象作为聚类中心，然后采用场强方向指引的爬山法将非噪声数据对象划分给相应的聚类中心(淦文燕，2003；淦文燕等，2006；Wang et al.，2011)。

本书将 *Clustering by Fast Search and Find of Density Peaks* 算法(简称决策图聚类算法)(Rodriguez，Laio，2014)中利用决策图选取聚类中心的思想与数据场理论相结合，提出一种基于决策图和数据场的轨迹聚类算法(Trajectory Clustering Method Based on Decision Graph and Data Field，TC-DGDF)(赵鹏祥，2015；Zhao et al.，2017)，对比于以往的数据场聚类方法的策略，该算法通过计算两个定量指标(势值 φ 和距离 δ)能够较快地确定聚类中心，从而实现对数据的聚类，具有自动确定聚类参数和对轨迹数据聚类更有效两大优点。

该聚类方法(TC-DGDF)主要包括以下 6 个步骤(赵鹏祥，2015；Zhao et al.，2017)：

(1)任意选取几组 σ 的值，分别计算各个 σ 下轨迹点的势值，根据势熵最小原则来获取优化的影响因子 σ。

(2)结合选取的优化影响因子 σ，依据式(4.15)计算每个轨迹点的势值 φ_i。

(3)计算每个轨迹点的 δ_i 值。某点的 δ_i 为该点与任意势值比其大的点之间的最小距离，计算公式可表示为：

$$\delta_i = \min_{j:\ \psi_j > \psi_i}(d_{ij}) \tag{4.16}$$

对于势值最大的点，取其 δ_i 为该点与任意其他点之间的最大距离，即 $\delta_i = \max_j(d_{ij})$。

(4)依据计算得到的 φ_i 和 δ_i，选取具有相对较大的 φ_i 和 δ_i 的轨迹点作为聚类中心。

(5)通过对势值 φ_i 设定阈值，去除噪声点。

(6)根据选取的聚类中心，对非异常的轨迹点进行类的划分，得到最终的聚类结果。

整个算法实现流程如下：

输入：数据集 $P=\{p_1, p_2, \cdots, p_n\}$；

输出：数据的划分 $\{C_1, C_2, \cdots, C_k\}$。

算法步骤：

①任意选取几组 σ 的值，分别计算各个 σ 下轨迹点的势值。

②优化影响因子 σ 的选取。

③基于优化影响因子 σ，计算每个轨迹点的势值 φ_i。

④计算每个轨迹点的 δ_i 值。

⑤分别对势值 φ 和 δ 值求取阈值 φ_T 和 δ_T，然后基于 φ_T 和 δ_T 选取聚类中心，如果 $\varphi_i > \varphi_T$ 且 $\delta_i > \delta_T$，则 p_i 为聚类中心。

⑥去除噪声点。

⑦根据聚类中心进行类的划分。

⑧返回类簇 $\{C_1, C_2, \cdots, C_k\}$。

基于该算法，可以有效地实现行为轨迹数据的空间聚类分析(赵鹏祥，2015；Zhao et al., 2017)。

3. 热点提取实验

本节利用 TC-DGDF 方法，基于浮动车数据进行城市热点区域的提取，并分别对节假日、工作日和周末热点区域的分布及变化进行了比较与分析。实验数据上，选取了 2014 年 5 月 1 日至 5 月 10 日十天内武汉市 3000 辆出租车的轨迹数据，数据的采集频率约为每 60s 采集一次。由于人们的日常出行多集中在市区范围内，因此选取了武汉市三环线范围内的区域作为本节的研究区域。

数据预处理工作主要包括：数据分时段提取、地图匹配、上下车点提取三个方面。首先，由于人们的日常出行受时间的影响较大，往往在不同的时间段内出行目的也不一样，分时段提取轨迹数据有助于分析各个时段内热点区域的动态变化。这里将实验数据按小时划分为 24 个时段。其次，出租车的出行受道路网络的限制，本节利用地图匹配方法将轨迹点匹配到对应的路段上。最后，针对轨迹数据进行了乘客上、下车点的提取。

实验中分别选取了 8:00—9:00、12:00—13:00、18:00—19:00、23:00—24:00 四个时段内上、下车点的数据进行日常出行热点区域的提取，这样便于进一步分析热点区域在上午、中午、下午和晚上的变化。考虑到实际生活当中，出租车乘客下车后往往选择以下车点为中心的较小范围内的服务设施，比如走过一个道路交叉口或横穿一条街道后到达目的地。因此，本节在利用上下车点提取热点区域时，根据一般经验选取了 800m 作为搜索范围，与聚类中心之间的距离超出给定范围的区域不再属于热点区域的范围。

1) 节假日热点区域提取及分析

这里主要分析节假日期间热点区域的分布。利用 TC DGDF 方法分别对选取的四个时段内的上、下车点进行聚类，得到如图 4.41 所示的结果(彩图见附录)。由图 4.41 可以发现，4 个不同时段内交通需求热点区域的分布呈现了一定的模式。例如，某些区域为持续性热点区域，总体上随时间变化较小，而另一些热点区域只在个别时间段内出现，这与

Yue 等(2009)的结论相一致。持续性热点区域的产生主要取决于不同时段的客流量。如图 4.41 所示，五一节假日期间，得到的持续性热点区域主要集中在汉口站、武昌站、武汉站、新荣客运站等区域，这与五一期间往返客流量较大有关。火车站及客运站作为城市间客流输送的主要场所，承载了较大的客流量，在节假日期间表现为持续性热点区域。此外，光谷、徐东、武广等重要商圈表现为热点区域的频率也比较高。

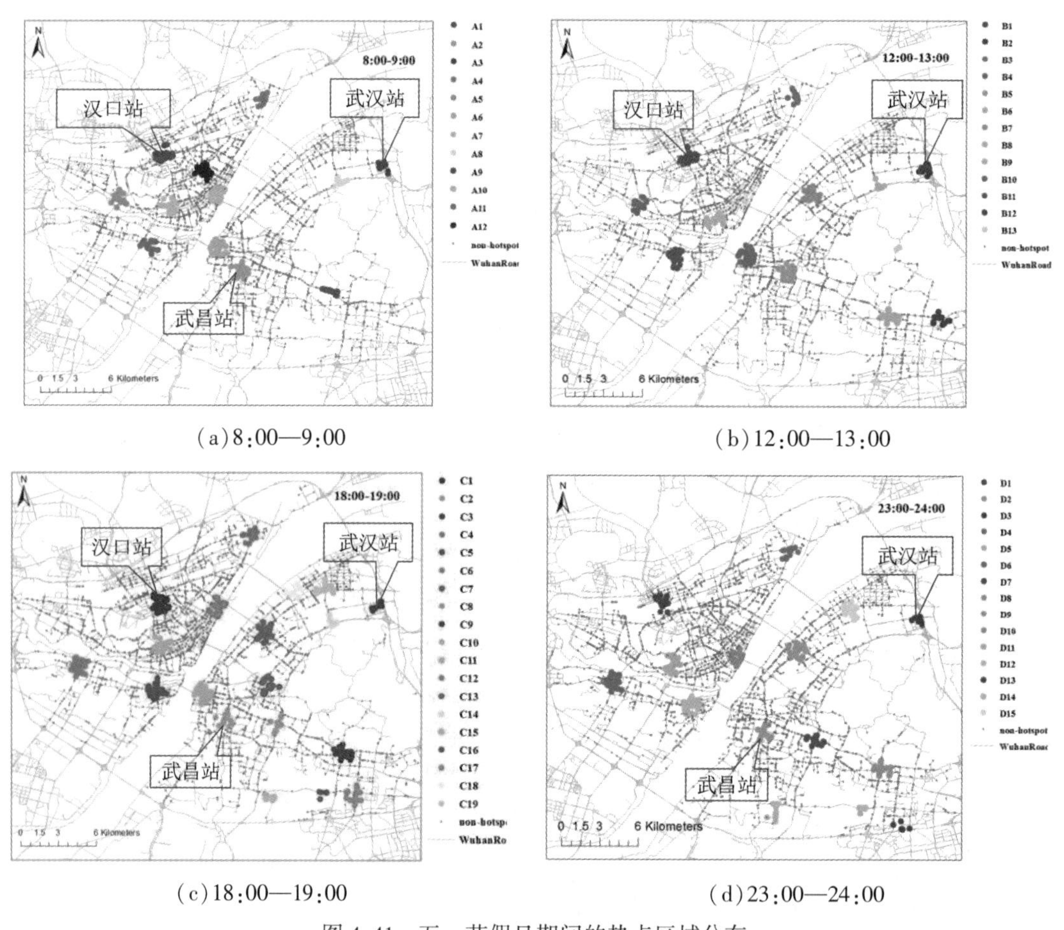

(a)8:00—9:00　　(b)12:00—13:00

(c)18:00—19:00　　(d)23:00—24:00

图 4.41　五一节假日期间的热点区域分布

由持续性热点区域的分布模式可以发现，五一节假日期间热点区域的分布及变化在很大程度上受五一长假的影响。武汉市作为湖北省最大的城市，包含很多景点、休闲娱乐场所、商业中心等，如黄鹤楼、户部巷、东湖、江滩、光谷、江汉路步行街等，很多外地游客过来游玩，因此五一假期伴随很大的往返客流量，汉口站、武昌站、武汉站、新荣客运站等车站区域表现为持续性热点区域，与图 4.41 中的发现是相一致的。

进一步，对各个时段内热点区域的分布进行了分析。如图 4.42 所示，各个时段内热点区域的分布还存在一定的差异性。除去车站等持续性热点区域，8:00—9:00 时段内其余的热点区域主要集中在休闲娱乐中心，这是因为欢乐谷(A8)、动物园(A11)等娱乐场所通常上午 9 点开始对外开放；12:00—13:00 时段内热点区域主要集中在休闲娱乐中心、商业中心，这与人们在外出娱乐时就近就餐的习惯相符，商业中心在此时呈现为热点区域是因为假期市民倾向于到商业中心内的各类特色餐厅就餐；18:00—19:00 时段的热点区域内主要集中在商业中心、休闲娱乐中心、大学校区附近，大学校区成为热点区域是因为这些校区均相对偏远，交通不太便捷，外出了一天的大学生往往会选择乘坐出租车返校；23:00—24:00 时段内主要集中在商业中心、大学校区附近，此时室外娱乐场所已停止营业，因此休闲娱乐中心未表现为热点区域。

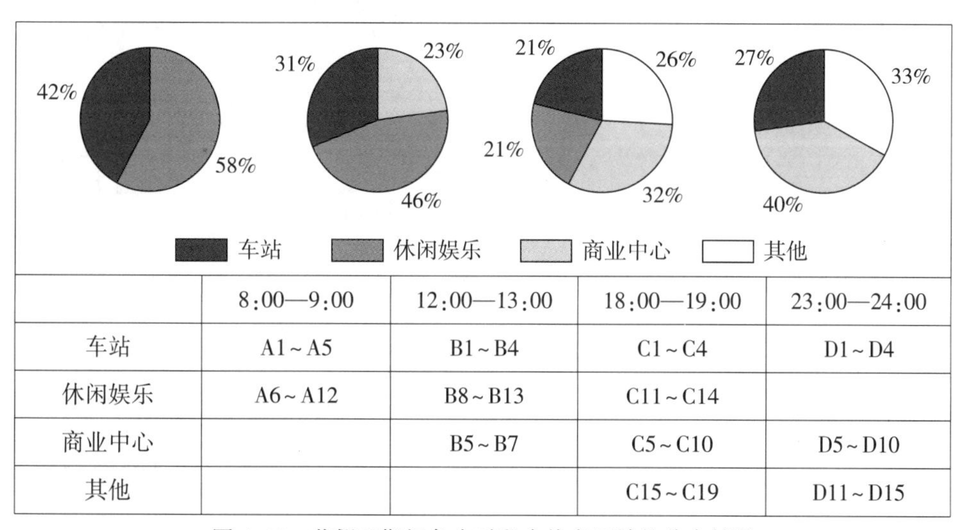

	8:00—9:00	12:00—13:00	18:00—19:00	23:00—24:00
车站	A1～A5	B1～B4	C1～C4	D1～D4
休闲娱乐	A6～A12	B8～B13	C11～C14	
商业中心		B5～B7	C5～C10	D5～D10
其他			C15～C19	D11～D15

图 4.42 节假日期间各个时段内热点区域的分布情况

2)工作日与周末热点区域提取及分析

这里主要分析工作日与周末期间热点区域的分布。利用 TC-DGDF 方法分别对工作日与周末期间选取的 4 个时段的上、下车点进行聚类，分别得到工作日与周末期间的热点区域分布，如图 4.43 和图 4.44 所示(彩图见附录)。对比图 4.43 和图 4.44 可以发现，持续性热点区域仍然主要集中在汉口站、武昌站、武汉站等区域，与节假日是一致的，这也反映了武汉市作为华中地区的政治、经济、文化、金融中心，每天承载了较大的往返客流量。

接下来，对工作日和周末期间热点区域的分布进行比较分析。如图 4.45 和图 4.46 所示，分别对各个时段进行比较分析发现，在 8:00—9:00 和 12:00—13:00 时段内，工作日的热点区域主要集中在车站、学校、商业中心等附近，周末的热点区域则集中在车站、商业中心、休闲娱乐中心等区域，这是因为工作日人们乘出租车出行多为处理日常工作上的事情，周末出行多为购物、休闲娱乐；在 18:00—19:00 和23:00—24:00 时段内，工作日和周末的热点区域分布较为相似，均主要集中在车站、商业中心、休闲娱乐中心，推断这与人们工作一天下班后会选择出去吃饭、购物、休闲娱乐等因素有关。

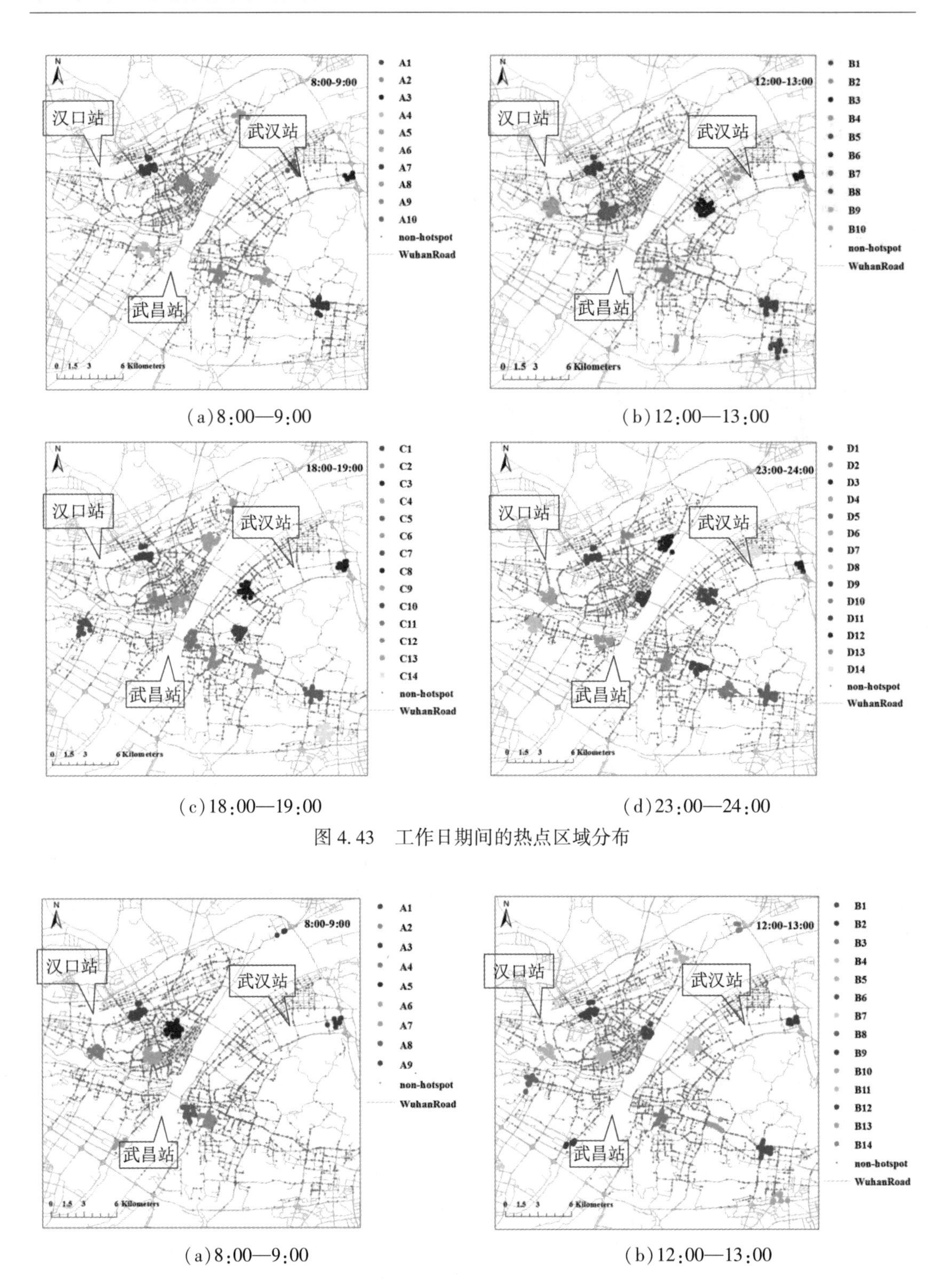

(a)8:00—9:00　　(b)12:00—13:00

(c)18:00—19:00　　(d)23:00—24:00

图 4.43　工作日期间的热点区域分布

(a)8:00—9:00　　(b)12:00—13:00

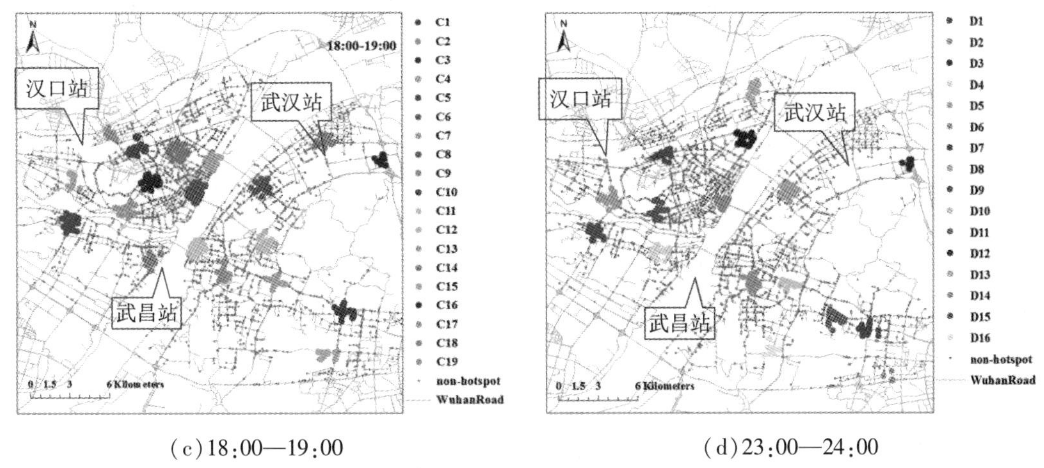

(c)18:00—19:00　　(d)23:00—24:00

图 4.44　周末期间的热点区域分布

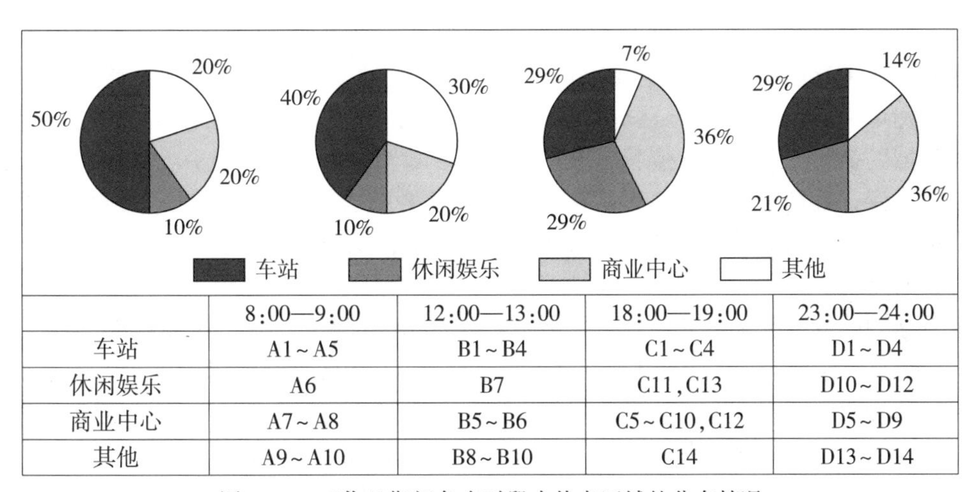

	8:00—9:00	12:00—13:00	18:00—19:00	23:00—24:00
车站	A1~A5	B1~B4	C1~C4	D1~D4
休闲娱乐	A6	B7	C11,C13	D10~D12
商业中心	A7~A8	B5~B6	C5~C10,C12	D5~D9
其他	A9~A10	B8~B10	C14	D13~D14

图 4.45　工作日期间各个时段内热点区域的分布情况

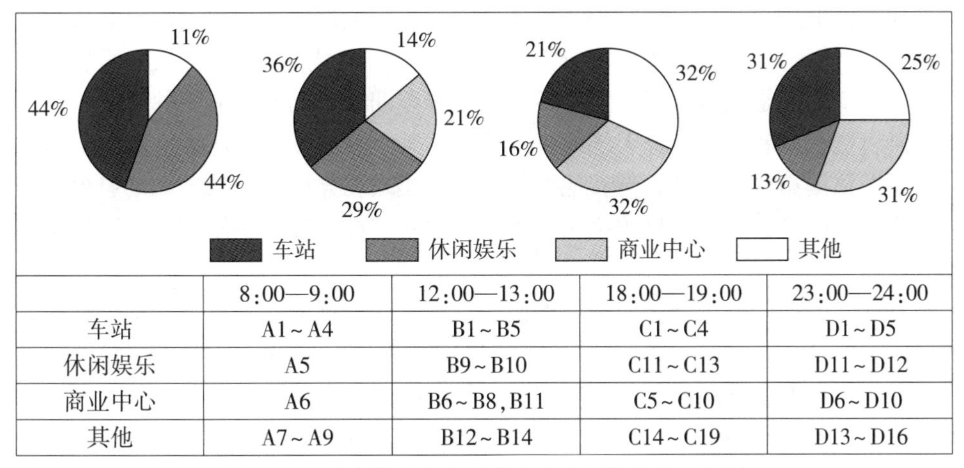

	8:00—9:00	12:00—13:00	18:00—19:00	23:00—24:00
车站	A1~A4	B1~B5	C1~C4	D1~D5
休闲娱乐	A5	B9~B10	C11~C13	D11~D12
商业中心	A6	B6~B8,B11	C5~C10	D6~D10
其他	A7~A9	B12~B14	C14~C19	D13~D16

图 4.46　周末期间各个时段内热点区域的分布情况

最后，对节假日和周末期间热点区域的分布进行了分析与比较。对比图 4.45 和图 4.46 可以发现，节假日和周末的热点区域分布体现了一定的相似性，均主要集中在车站、商业中心、休闲娱乐中心、学校及社区附近等，这在很大程度上受假期的影响，如假期人们外出就餐、购物、休闲娱乐及办理其他事情等。但是二者之间又存在一定的差异性。节假日期间绝大多数机构会放假，人们外出多为与处理工作无关的事情；周末期间一些与工作相关的事情(如考试)仍可以正常进行，因此，受这个因素的影响，周末期间还会出现一些除商业中心、休闲娱乐中心之外的热点区域，如图 4.44(a)和(b)中的黄埔驾校(可能是一些学生利用周末到驾校学开车)等。

4.4.5　异常轨迹探测与分析

1. 概述

数据挖掘与时空大数据分析一个方面是找规律，另外一个重要方面就是探测异常。异常检测的目的是发现与预期不同的非正常现象。那些与众不同、较少发生的事件往往比经常发生的事件更有意义(王玉龙，2018)。轨迹数据反映了人们的出行规律，通过轨迹数据的异常探测可以发现人们的异常行为模式。目前，轨迹异常探测主要从两个方面考虑：①异常区域的探测。其中的轨迹数据被用作城市区域出行活动的观察手段，反映了城市区域活动的演变，旨在发现区域出行量在时空分布上发生很大差异的区域。②异常轨迹的探测。其中，轨迹数据被看作驾驶员或乘客行为的记录，反映了人们出行活动的规律，旨在发现异常的路线。

异常探测的基本准则是从数据中找出明显偏离其他对象的对象。异常探测可以概括为 3 个问题：①异常的定义；②提出异常探测的方法；③分析异常探测的结果。一般来说，先对正常行为或模式进行定义，再以此为依据判断与之相异的行为或模式为异常。但是，异常在不同的应用领域是由明显区别的，没有一个通用的定义能够涵盖所有的异常行为模式(Huang，2015)。针对不同的应用和异常探测的基本准则，从统计分析、距离度量、聚类分析、密度度量、图论等不同切入点出发，提出一系列异常探测方法。

轨迹数据的形成是移动对象行为与所处空间相互影响造成的，移动对象的行为受到空间的约束，同时空间又受到移动对象行为的影响。轨迹数据的异常探测研究可以从这两个方面考虑：①一方面是轨迹数据中那些不遵守某种预期模式的对象或事件，比如风向突然变化的飓风轨迹，或者由于意外天气或事故导致的某个区域交通状况混乱等；②另一方面是轨迹数据中根据相似性准则，与其他对象的行为模式相异的对象，比如港口附近异于其他渔船的船只，或者出租车司机的绕路行为等。因此，在不同的应用中，轨迹数据的异常有不同的描述。

异常轨迹，即那些不符合某种预期模式的轨迹，这种预期模式可以是基于经验或规则定义的，也可以是无先验的。考虑到轨迹数据的复杂性和人类出行行为的多变性，基于聚类、分类等无监督方法发现异常是主要方法。早期的研究主要是通过分析司机调查问卷数据或者交通事故记录数据等进行提取，这些数据获取不易，且覆盖范围有局限性(Parker，1995；Sohn，Shin，2001)。随着海量 GNSS 轨迹数据的不断获取，浮动车在城市空间上无处不在的位置信息记录了这些交通现象和模式，使得基于轨迹数据的异常轨迹探测与分析成为热点。其中轨迹聚类是异常轨迹探测的常用手段之一。

2. 轨迹聚类方法

轨迹数据集蕴含人们出行时基于某个出发点—目的地之间常规选择的最优路线。在实际中，出行会遇到意外情况，比如事故、道路拥堵、道路管制等，另外司机在路线选择时会考虑自身经验和利益，这些情况无法在最优路线中反映，而是隐藏在那些少数选择路线中。在地理空间上，最优路线具有明显的相似性，少数选择的路线则是孤立的对象。异常轨迹是从轨迹数据中自动发现不同于大多数驾驶者常规选择路线的轨迹，并利用这些异常轨迹分析驾驶者的异常行为，为城市交通管理、社会管理等提供数据支撑。

这里介绍一种基于编辑距离与层次聚类的轨迹聚类方法(王玉龙，2018；Wang et al.，2018)。假设有 N 条轨迹 $T=\{T_1, T_2, \cdots, T_n\}$，每条轨迹 T_i 包含一系列采样点 $\{t_{i1}, t_{i2}, \cdots, t_{in}\}$，$n$ 为 T_i 的采样点个数。基于轨迹聚类的异常轨迹探测的流程如图 4.47 所示，主要包括 4 个步骤：①一是基于编辑距离计算轨迹之间的距离矩阵，并作为层次聚类算法的距离度量准则；②二是在层次聚类算法中，基于平方和指标自动确定聚类数目；③三是正常轨迹和异常轨迹的定义，以及四种异常行为模式的定义；④四是基于编辑距离和层次聚类的轨迹聚类算法实现。

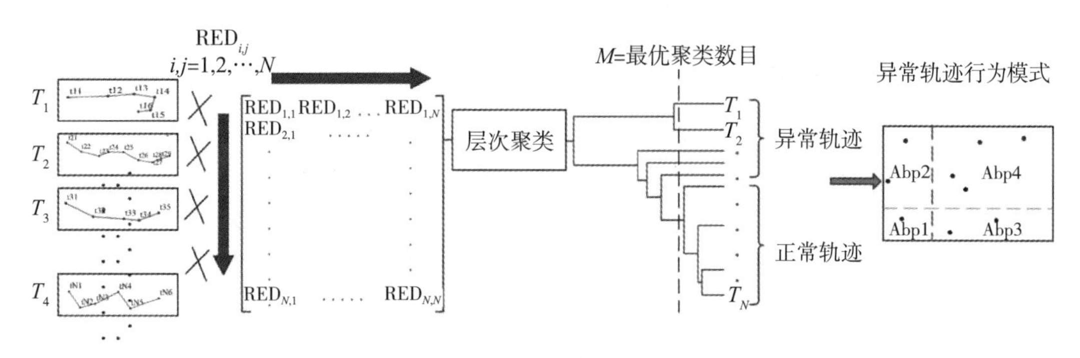

图 4.47　轨迹聚类方法流程

1)基于改进编辑距离的轨迹距离度量

编辑距离算法最早用于字符串之间的比较，是由 Wagner 和 Fischer(1974)提出的。其基本思想是：将一个字符串序列转换成另一个字符串序列所需的最小操作(插入、删除和替换)步骤作为两个字符串的距离。算法描述如下：

给定两个字符串 $R(r_1, r_2, \cdots, r_m)$ 和 $S(s_1, s_2, \cdots, s_n)$，m 和 n 分别是字符串的长度，为将字符串 R 转换为字符串 S，理想情况下有三种解决办法：

(1)删除 r_m 和将 $r_1, r_2, \cdots, r_{m-1}$ 转换成 $s_1, s_2, \cdots, s_n$；

(2)将 $r_1, r_2, \cdots, r_m$ 转换成 $s_1, s_2, \cdots, s_{n-1}$ 和插入 s_n；

(3)将 r_m 转变为 s_n 和将 $r_1, r_2, \cdots, r_{m-1}$ 转换成 $s_1, s_2, \cdots, s_{n-1}$。

Wang 等(2018)提出一个改进的编辑距离方法来计算轨迹之间的相似性，主要包括两个方面的改进：

(1)两条真实轨迹的编辑距离计算实际上是它们所包含的与坐标对相对应的点操作。需要重新定义对应坐标对之间的操作代价。考虑到轨迹数据是按照时间顺序记录的点序列，当前操作的点与它之前记录点有着显著的关系。因此，定义操作代价为当前操作的点与它之前操作点之间的间隔。根据两个操作点之间的实际坐标位置计算操作代价的值。

(2)所采用的轨迹数据记录的时间和长度是不同的，而编辑距离计算值与轨迹中所包含的记录点数目有关，因此会导致包含记录点个数多的长序列轨迹之间的编辑距离值要大于包含记录点个数较少的短序列轨迹之间的编辑距离值。为了解决这个问题，需要选择合适的方法对编辑距离进行归一化。

2)异常轨迹定义

假设地理空间存在两个点：起始点(S)和目的点(D)，经过 S-D 点对的轨迹有 N 条 $T=\{T_1, T_2, \cdots, T_n\}$，利用层次聚类方法将这些轨迹划分为 C 个类簇 $C=\{C_1, C_2, \cdots, C_m\}$，$m$ 为类簇个数，如图 4.48 所示。聚类结果共包含了 5 个类簇，类簇 C_1 和 C_2 包含的轨迹数大于 1，被认为是司机经常选择的路线，这些类簇定义为正常类簇，类簇中包含的所有轨迹定义为正常轨迹，在图 4.48 中用灰色实线表示。其他 3 个类簇 C_3、C_4 和 C_5 包含的轨迹数为 1，被认为是司机较少选择的路线，这些类簇定义为异常类簇，类簇中包含的 3 条轨迹定义为异常轨迹，分别标记为 t_1、t_2 和 t_3，在图 4.48 中用黑色实线表示。

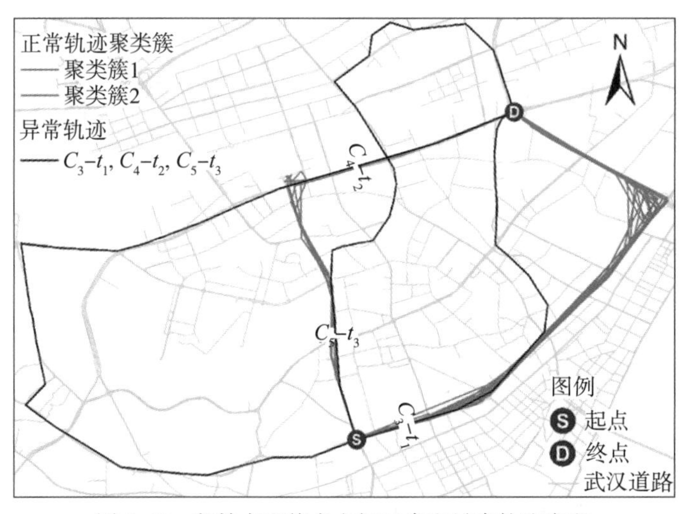

图 4.48　起始点和终点之间正常和异常轨迹定义

3)聚类数目的确定

层次聚类方法中聚类数目自动确定基本的方法是将聚类过程可视化为一个树形结构图，在树形结构图中，节点代表一个类，而茎长代表合并类之间的距离，通过人工目测来选择合适的层次来确定聚类数目。自动确定聚类数目的方法中，经典的方法是肘点法。将聚类数目和类簇合并距离进行曲线拟合，肘点出现在该曲线斜率变化最大值处，对应的值即为合适的聚类数目。

这里采用 Zhao 和 Fränti(2014)的方法，根据轨迹数据的特点，定义了三种基于平方和的指标 WB 指标、CH 指标和 Xu 指标，来确定轨迹聚类的最优数目。这三种指标的计算需要两个基本元素 SSW 和 SSB。SSW 是指类簇的紧凑度，SSB 是指类簇之间的分离度，其定义如下：

$$\mathrm{SSW}(M) = \max_{t}\{\max_{i,j}(1 - \mathrm{IED}(T_i, T_j)_{T_i \neq T_j \in C_t})\} + \sum_{|C_t = 1|} 1 \tag{4.17}$$

$$\mathrm{SSB}(M) = \sum_{t=1}^{M}\sum_{s>t}^{M} \min(1 - \mathrm{IED}(T_i, T_j)_{T_i \in C_t,\ T_j \in C_s}) \tag{4.18}$$

在 SSW 公式中，T_i 和 $T_j(i, j=\{1, 2, \cdots, N\})$是轨迹类簇 C_t，$t=\{1, 2, \cdots, M\}$中第 i 和 j 条轨迹。当轨迹类簇中包含的轨迹个数大于 1 时，两两计算轨迹 T_i 和 T_j 之间的编辑距离值，并找到其编辑距离最小的值。在 SSB 公式中，C_t和 $C_s(t, s=\{1, 2, \cdots, M\})$ 是第 t 和第 s 个轨迹类簇，T_i 和 $T_j(i, j=\{1, 2, \cdots, N\})$是在轨迹类簇 C_t和 C_s中不同的第 i 条和第 j 条轨迹。两两计算轨迹 T_i 和 T_j 之间的编辑距离，并计算其编辑距离最大值的累加和。M 是轨迹类簇的数目。三个基于平方和的指标公式如下：

$$\text{WB-index} = \frac{M \cdot \mathrm{SSW}(M)}{\mathrm{SSB}(M)} \tag{4.19}$$

$$\text{CH-index} = \frac{\frac{\mathrm{SSB}(M)}{M - 1}}{\frac{\mathrm{SSW}(M)}{N - M}} \tag{4.20}$$

$$\text{Xu-index} = \log\sqrt{\frac{\mathrm{SSW}(M)}{N^2}} + \log M \tag{4.21}$$

根据式(4.19)~式(4.21)计算三个基于平方和指标的值，并画出它们与聚类数目之间的关系图。聚类数目作为 x 轴，三个指标值作为 y 轴。通过比较这三条曲线的变化情况，根据这三个指标的最小值或者最大值，确定最优的聚类数目。

4)轨迹聚类算法流程

基于轨迹聚类的异常轨迹探测算法主要包含三个步骤，实现了两个关键算法，包括改进的编辑距离算法和层次聚类算法。具体算法流程如下：

算法名称：基于轨迹聚类的异常轨迹探测算法

输入：轨迹数据集 $T = [T_1, T_2, \cdots, T_N]$，$x$：最优聚类数目

输出：轨迹聚类结果 $C = [C_1, C_2, \cdots, C_x]$，$T$ 的异常轨迹标签

第一步：基于改进编辑距离方法的轨迹相似性度量

begin

$l_i(i = 1, 2, \cdots, N)$：采样点数目 T_i。b_{ij}：T_i 和 T_j 的标准化编辑距离。M_{ij}：T_i 和 T_j 的编辑距离矩阵。

ED：T 的距离矩阵。

for $i=0$ **to** $N-1$

续表

```
for j=0 to i
  选取一对轨迹 T_i 和 T_j
  计算 M_ij 第一行和第一列的值
  for i=2 to l_i +1
    for j=2 to l_j +1
      min( M_ij[i][j] +insert, M_ij[i][j] +delete, M_ij[i][j] +replace) (式(2)~式(4))
      b_ij = M_ij[i][j]/(M_ij[l_i][0] + M_ij[0][l_j])
    ED[i][j] = b_ij
return 轨迹数据集的编辑距离矩阵 ED[i][j]
第二步：基于层次聚类将轨迹分组
开始每一个轨迹形成一个初始类簇 C_i = [T_i(i = 1, 2, …, N)], x：最优聚类数目
repeat
  基于相似性最小来发现要合并的类簇
    d(C_q, C_r) = arg min_{T_i∈C_q, T_j∈C_r} ED(T_i, T_j)
    add C' = C_q ∪ C_r to C and delete C_q, C_r from C
    N=N-1
until N=x
end
return the result of hierarchical clustering C = [C_1, C_2, …, C_x]
第三步：将异常轨迹标记到轨迹结果
repeat
  将聚类簇中只有一条轨迹的类簇 C_i 标记为异常轨迹
end
return 轨迹数据集 T = [T_1, T_2, …, T_N] 带有异常轨迹标签
```

第一步：利用动态规划的思想对编辑距离算法进行求解，算法返回所有轨迹之间的编辑距离矩阵 ED 结果。

第二步：实现层次聚类方法，首先将每一条轨迹当作一个聚类簇，当两条轨迹之间的编辑距离最小时，将这两条轨迹合并到一个类簇中，经过循环迭代，直到聚类数目等于设置的最优聚类数目。

第三步：根据异常轨迹的定义，将聚类簇中只包含一条轨迹的所有轨迹标记为异常轨迹。

3. 异常轨迹探测与分析实验

1）轨迹数据介绍与预处理

实验数据来自武汉市 2014 年 5 月 1 日的出租车轨迹数据，它包含了大约 8000 辆出租车的活动轨迹，数据的采集频率约为每 60s 采集一次。实验选取 4 组起点和终点(SD)，

经过提取，获取了4组SD的所有载客轨迹，其地理分布如图4.49所示，每组的载客轨迹数目也显示在地图中。

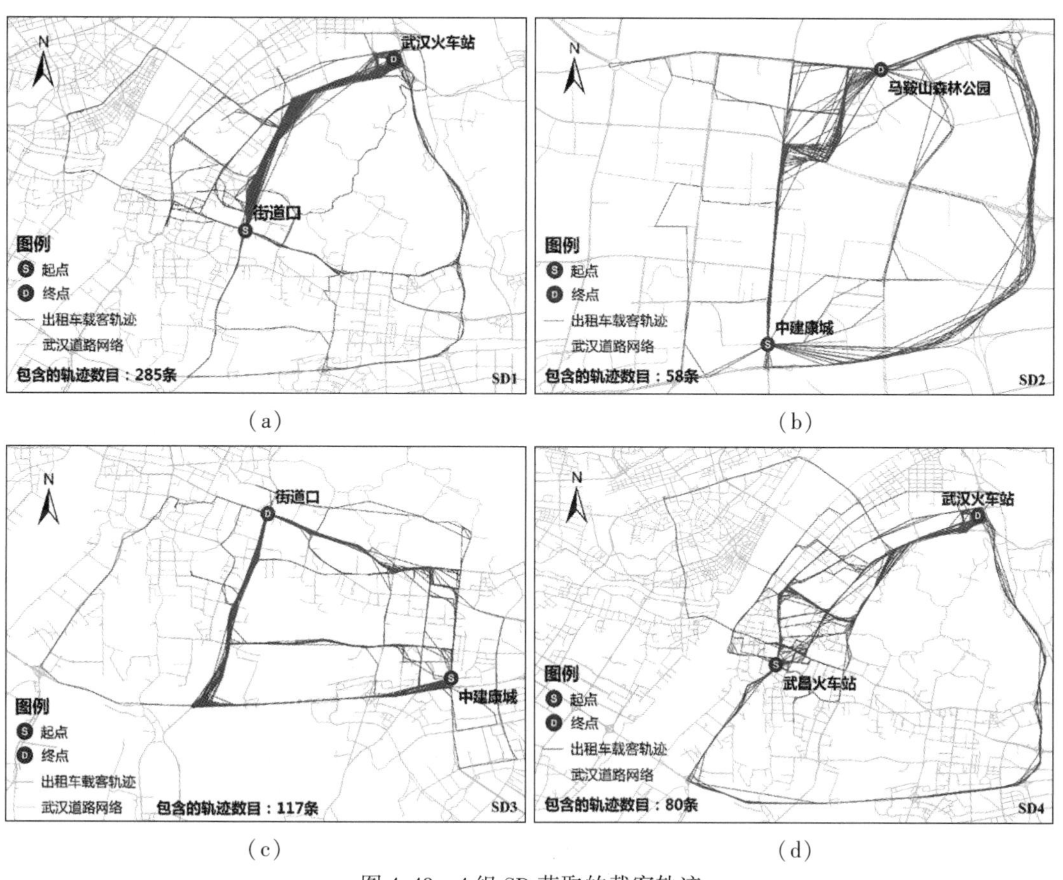

(a) (b) (c) (d)

图4.49 4组SD获取的载客轨迹

2)聚类数目确定

基于聚类数目确定方法，对4组SD实验数据分别计算三种基于平方和指数WB-index、CH-index和Xu-index，如图4.50所示。计算过程中轨迹之间的距离计算是基于改进的编辑距离方法。层次聚类采用AGENS方法，在计算指数的过程中将轨迹聚类成不同的组。对于实验数据，当聚类数目超过100可能是无意义的。因此，实验设定最大聚类数目为100。

4组SD对计算的三个基于平方和的指数如图4.50所示，横坐标为聚类数目，纵坐标为三个指标值。由图可以看出，WB-index和CH-index指数变化不呈现单调性，而Xu-index指数变化是单调递增的，因此，Xu-index指标不适用于轨迹数据。对于SD2、SD3和SD4而言，CH-index在聚类数目分别为8、20和24时，有一个明显的最大值，同时相应的WB-index的最小值也出现在8、20和24处。因此，可以确定SD2、SD3和SD4的最佳聚类数目分别是8、20和24。

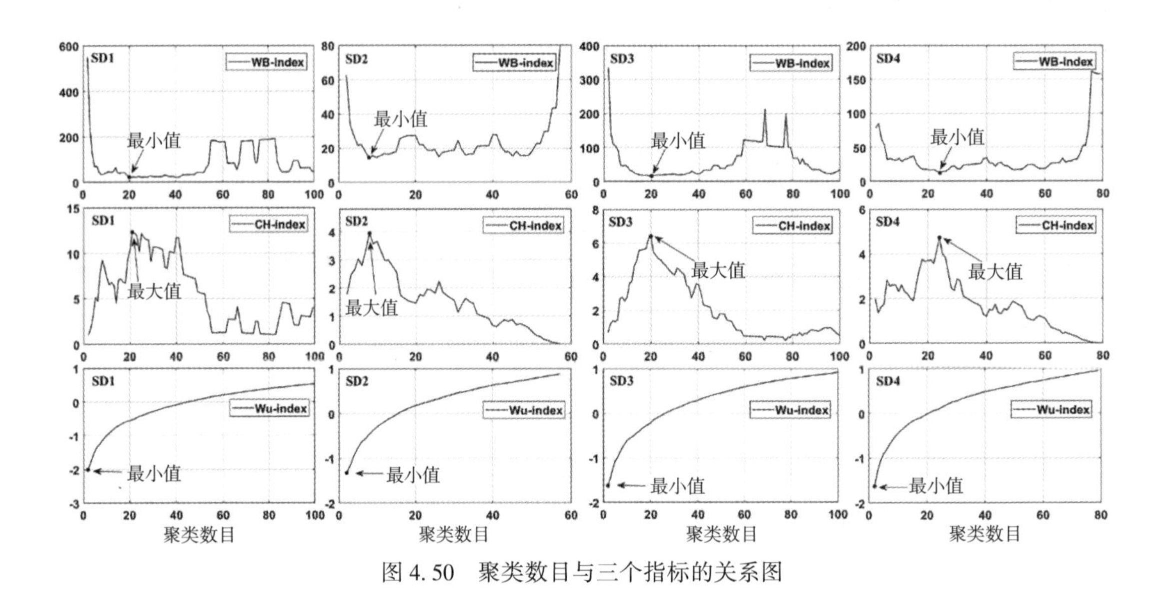

图 4.50　聚类数目与三个指标的关系图

对于 SD1，CH-index 最大值对应的聚类数目为 21，WB-index 最小值对应的聚类数目是 20，出现了不一致的情况。有研究表明，当数据量很大时，因子 $(M-1)/(N-m)$ 相比于 SSW/SSB，在基于平方和指标计算中起到更重要的作用。因此，当 CH-index 和 WB-index 值不同时，选择 CH-index 作为判断最佳聚类数目的指标，即 SD1 的最佳聚类数目为 21。

3)聚类结果分析

基于轨迹聚类方法对这 4 组数据进行聚类，获取正常轨迹聚类簇和异常轨迹。异常轨迹聚类簇结果如图 4.51 所示，用黑色实线来显示，图 4.51 中标注了异常轨迹的平均长度和平均时间，长度和时间的单位分别是千米(km)和分钟。

异常轨迹与正常轨迹聚类簇的区别是形状上不一致，这与编辑距离的思想是一致的。编辑距离的核心思想是对一条轨迹相邻轨迹点之间的欧氏距离进行增加、删除和修改，以变成另一条轨迹。当两者区别较大时，计算的距离较大，其相似性就越小。另外，异常轨迹的平均长度和平均时间与正常轨迹聚类簇的平均长度和平均时间大小是不一致的。

4. 异常行为模式探测与分析

由于缺少形成异常轨迹的先验知识，基于异常轨迹的统计特征来推测异常轨迹形成的原因是可行的。本书选择两个合适的统计指标：轨迹长度和轨迹时间。假设异常轨迹 AL_r 的长度和时间分别表示为 AL_r 和 $AT_r(r=1, 2, \cdots, n)$，正常轨迹 NL_r 的平均长度和平均时间分别表示为 NL_{value} 和 NT_{value}。基于上述指标，异常轨迹可以被分为 4 种异常行为模式。L_ρ 和 T_ρ 分别是长度阈值和时间阈值。

(1)异常行为模式 1(Abp1)：$AL_r \leqslant NL_{value}+L_\rho$ and $AT_r \leqslant NT_{value}+T_\rho$。

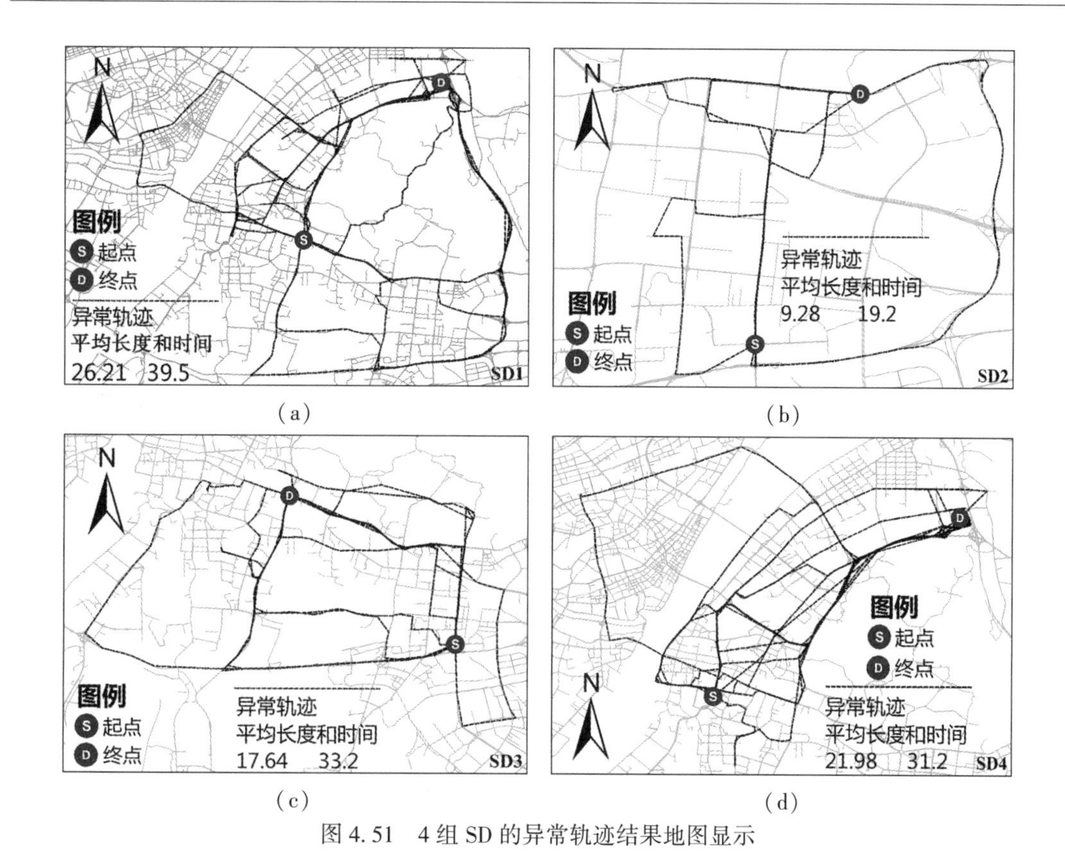

(a) (b) (c) (d)

图 4.51 4 组 SD 的异常轨迹结果地图显示

(2)异常行为模式 2(Abp2)：$\mathrm{AL}_r \leqslant \mathrm{NL}_{\text{value}}+L_\rho$ and $\mathrm{AT}_r>\mathrm{NT}_{\text{value}}+T_\rho$。

(3)异常行为模式 3(Abp3)：$\mathrm{AL}_r>\mathrm{NL}_{\text{value}}+L_\rho$ and $\mathrm{AT}_r \leqslant \mathrm{NT}_{\text{value}}+T_\rho$。

(4)异常行为模式 4(Abp4)：$\mathrm{AL}_r>\mathrm{NL}_{\text{value}}+L_\rho$ and $\mathrm{AT}_r>\mathrm{NT}_{\text{value}}+T_\rho$。

基于实验统计，确定 L_ρ 和 T_ρ 值分别是 5km 和 5 分钟。基于异常行为模式的定义，4 组 SD 数据划分异常行为模式的结果如图 4.52 所示。x 轴为异常轨迹的长度，y 轴为异常轨迹的时间。正常轨迹的平均长度和平均时间以横线和竖线分别表示，它们将二维空间划分为 4 个象限，对应 4 种异常行为模式。

4 组实验数据可以获取不同的异常行为模式，其地理分布如图 4.53~图 4.58 所示。4 种行为模式用不同的颜色表示。颜色深浅的变化表示轨迹时间的长短；浅色轨迹时间相对较短，深色轨迹时间相对较长。轨迹的长度可以从地图上观察出来。

1)异常行为模式 1 推测

在 Abp1 中，只有三组 SD 包含 Abp1，分别是 SD2、SD3 和 SD4，如图 4.53 所示。许多异常轨迹发生在早晨时间段，比如 Abp1-SD3 中的所有轨迹和 Abp1-SD4 中的浅蓝色轨迹，这些时间段代表在城市非高峰时段可以选择的出行路线。此外，在 Abp1-SD2 中，异常轨迹的发生时间在 11:45—11:57，Abp1-SD4 中的深蓝色轨迹发生时间在 12:37—13:52，这些时间段代表城市的高峰时段，可以预期城市许多道路会遇到严重的交通拥堵，这些时段却是司机在高峰时段选择的行车路线。

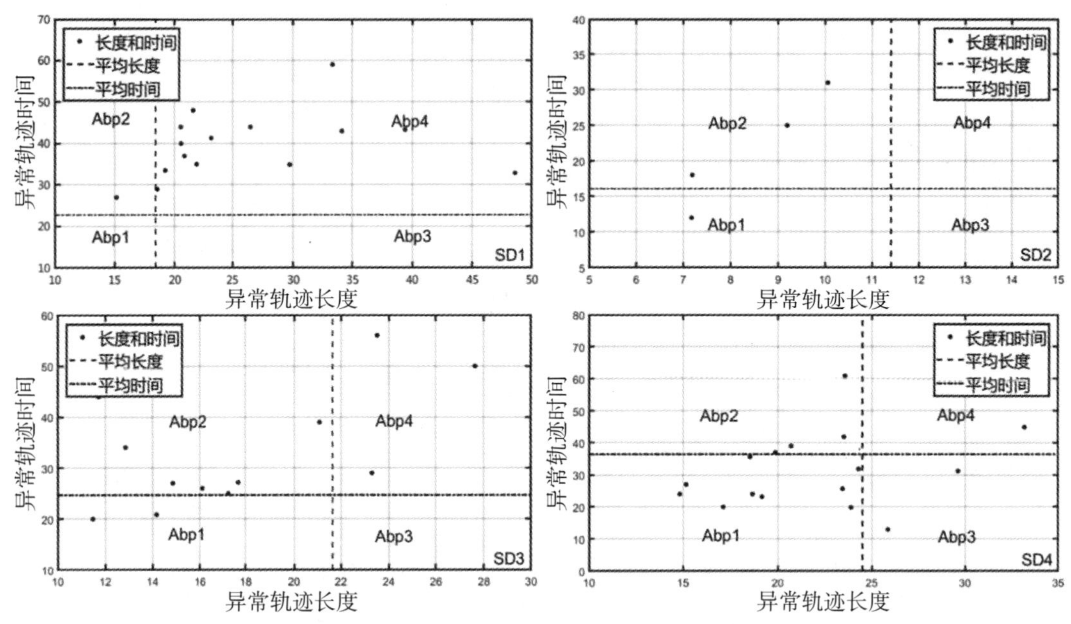

图 4.52　4 组 SD 异常轨迹长度和时间分类图

(a)

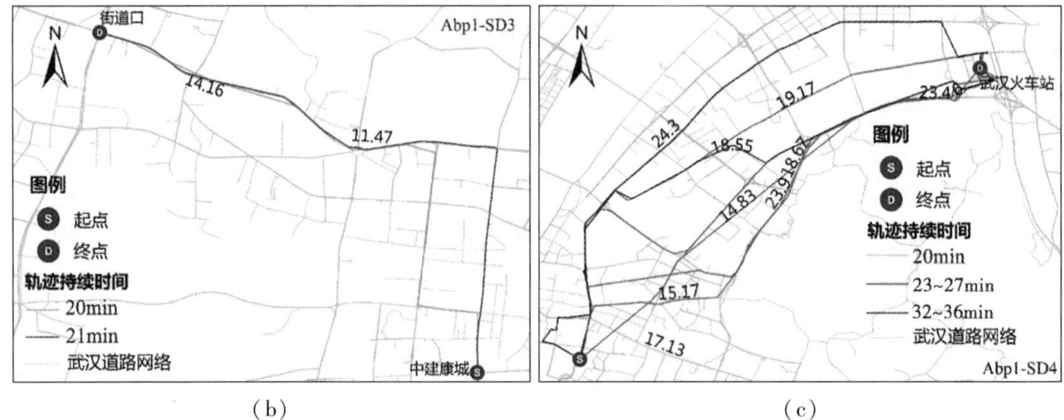

(b)　　　　　　　　　　　　　　　(c)

图 4.53　4 组 SD 异常行为模式 1 分布图

对于 Abp1 而言，异常轨迹长度和时间都小于或接近正常轨迹平均长度和时间，说明司机非故意绕道且没有意外事件发生的可能性。再加上这些轨迹的发生时间多在早晨或中午等高峰时段。由此可以推断：这些异常轨迹可能是一个经验丰富的出租车司机在城市高峰时段为了躲避拥堵路段，凭经验选择的一条更加通畅的捷径。利用该方法可以自动发现一些最优路线，指导高峰时段居民出行路线的推荐。

2)异常行为模式 2 推测

在 Abp2 中，4 组 SD 都包含 Abp2，如图 4.54 所示。许多异常轨迹与对应 SD 的正常聚类簇相似，但是这些轨迹的平均时间长于正常聚类簇的平均时间，比如 SD2 中，正常聚类簇的平均时间最大值为 12.2 分钟，要远小于其异常轨迹的平均时间。同时，统计 4 组 SD 异常轨迹的发生时间，多集中在城市上下班高峰时段，比如 Abp2-SD3 组中这样行为的轨迹有 6 条，其中有 3 条时间集中在 7:29—8:20，且都经过相同的道路，说明在该时段有遇到意外事件的可能性。

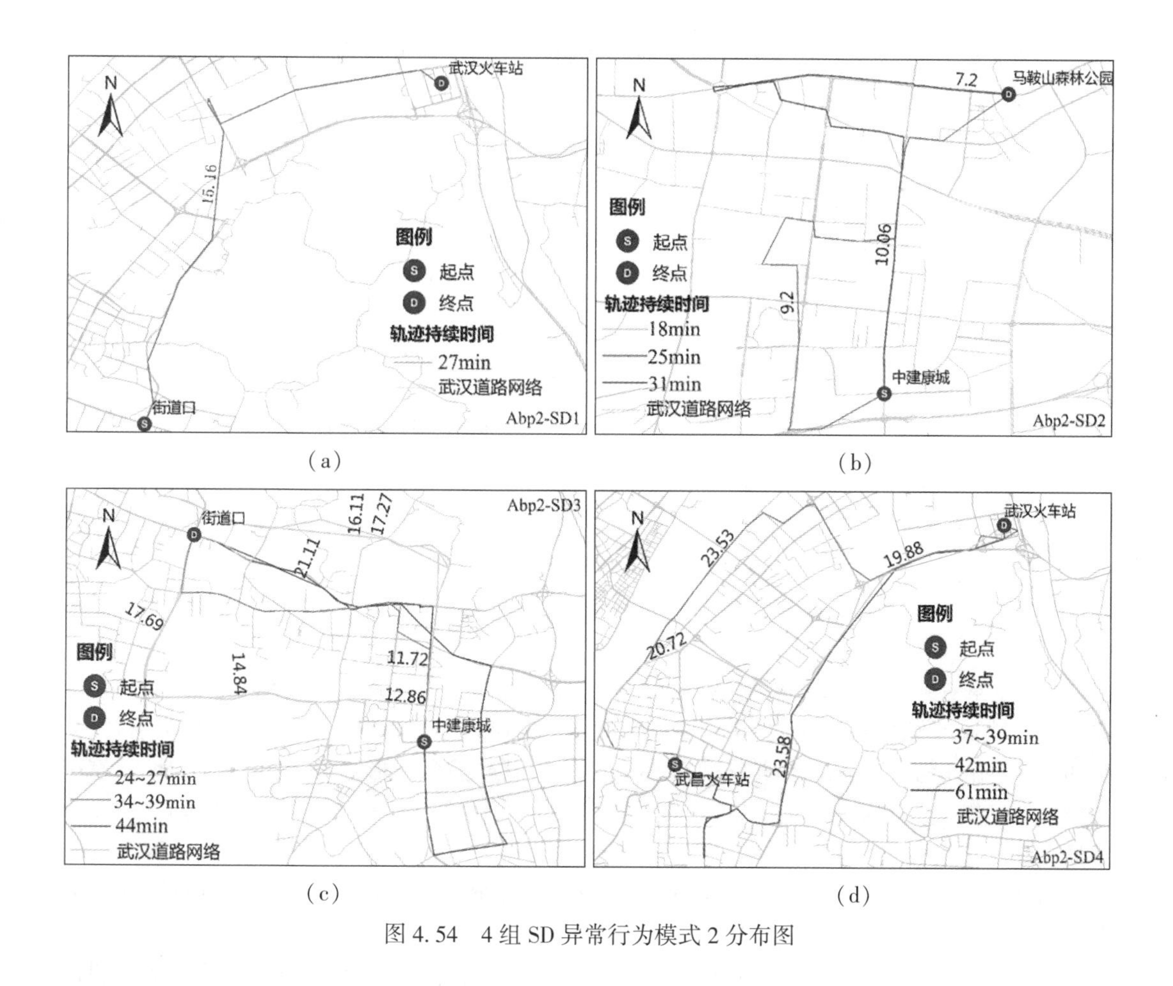

图 4.54　4 组 SD 异常行为模式 2 分布图

对于 Abp2 而言，异常轨迹长度小于或接近正常轨迹平均长度，但时间却大于正常轨迹平均时间，说明司机在非故意绕道的情况下遇到意外事件的发生，导致载客时间的增加。由此可以推断：这些异常轨迹可能遇到交通事故、交通拥堵、交通管制等意外事件。根据 Abp2 中异常轨迹发生的时间和地点，再结合武汉道路网，可以自动发现一些路段中可能存在的交通意外事件。

3) 异常行为模式 3 推测

在 Abp3 中，只有 SD4 包含 Abp3，如图 4.55 所示，其他 3 组 SD 没有该模式。SD4 中的起点和终点都是火车站，司机选择较长的路线到达目的地，但花费时间比正常轨迹的平均时间较短，并且异常轨迹的发生时间在 5:09—5:41。对于 Abp3-SD4 而言，该轨迹的后半段选择水果湖隧道，虽然在一定程度上绕路，但是隧道通车情况好，且速度快，这说明是司机有意绕路，花费时间较短，且发生在凌晨，很可能是乘客需要在最短的时间内赶到另一个车站。

对于 Abp3 而言，异常轨迹长度大于正常轨迹平均长度，但时间却小于或接近正常轨迹平均时间，说明司机在故意绕道且没有意外事件的发生，且行驶时间没有显著增长。由此可以推断：司机可能是为了赶时间或者帮助乘客更快地到达目的地，为了避开拥堵区域，选择虽然路程较远，但是可以节约时间的路线。利用该方法可以自动发现一些可以节约时间的路线。

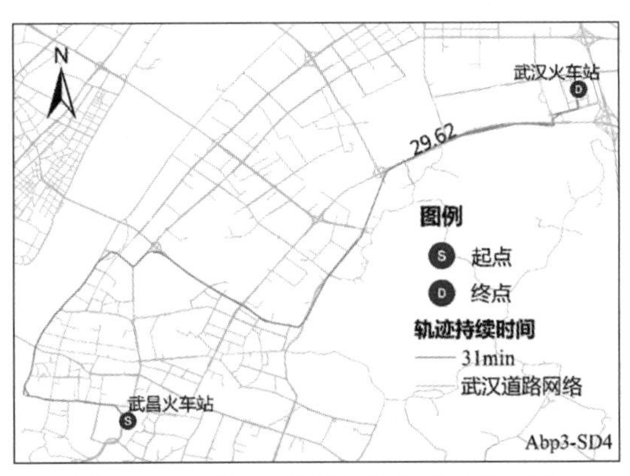

图 4.55　4 组 SD 异常行为模式 3 分布图

4) 异常行为模式 4 推测

在 Abp4 中，只有三组 SD 包含 Abp4，分别是 SD1、SD3 和 SD4，如图 4.56 所示。大多数异常轨迹的发生时间超过 30 分钟，长度大于 20km，可以被认为是严重的绕路行为。例如，在 Abp4-SD3 中，三条异常轨迹都选择首先通过三个环形道路再前往目的地，有一条异常轨迹甚至先到达长江沿岸道路再折返往北而去。在 Abp4-SD4 中，一条异常轨迹从武昌火车站出发前往武汉火车站，两个火车站同在长江一侧，却两次经过长江。这可能是明显的绕路行为，也有可能是司机应乘客的要求，先前往长江对岸再返回。还需要更多的先验知识才能确定。

对于 Abp4 而言，异常轨迹长度和时间都大于正常轨迹平均长度和时间，说明司机故意绕道导致行驶长度明显增加，有意外事件发生的可能性导致行驶时间明显增长，可能存在司机欺诈乘客的行为。由此可以推断：这些轨迹可能是司机故意绕道。利用该方法可以自动发现一些可能的出租车司机故意绕道行为，从而为出租车管理提供一些参考，对司机的驾驶行为起到一定的监督作用。异常模式 4 的分布如图 4.57 所示。

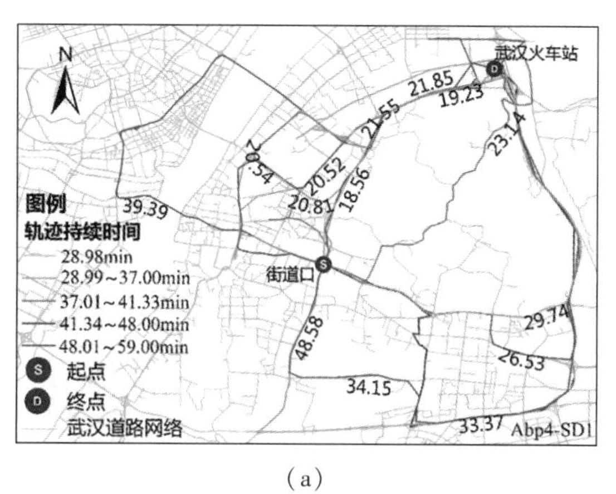

(a)

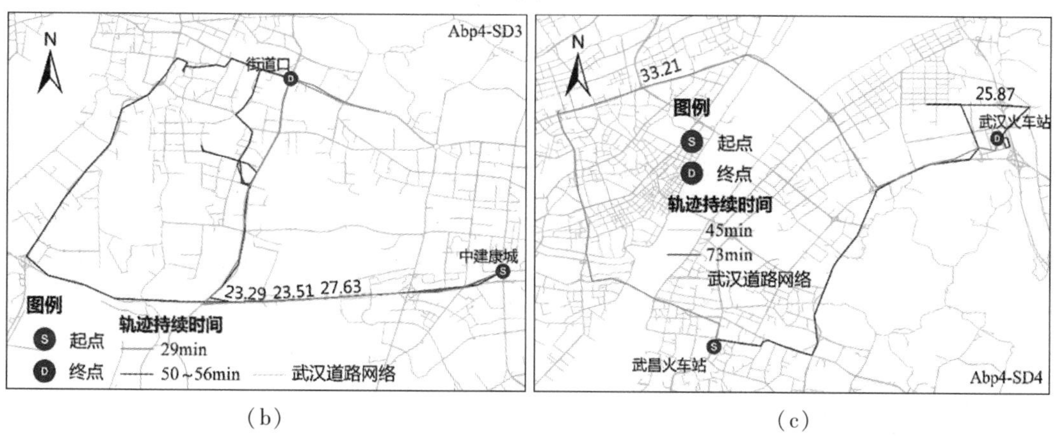

(b)　　　　(c)

图 4.56　4 组 SD 异常行为模式 4 分布图

4.4.6　城市交通拥堵分析

城市交通拥堵具有十分明显的时空模式，其在时间上具有一定的周期性变化，在空间上又呈现出“聚集”的现象。由于城市内部功能结构与环境的不同，城市内部不同区域的交通拥堵模式存在空间异质性。同时城市居民的出行行为也导致同一区域的交通状态会随着时间的推移而动态变化。因此，研究城市交通拥堵网络的时空演变模式，需要综合时间和空间两个维度来分析交通拥堵特征。构建相关指标来度量城市全局以及局部交通状态，利用时间与空间依赖性分析方法定量研究这些指标在时间以及空间上的差异与变化规律，这对挖掘城市交通拥堵时空模式，了解城市居民的出行行为以及城市功能结构至关重要(赵鹏祥，2015)。

出租车是城市居民出行的主要交通工具之一，其行驶区域覆盖城市的每一个角落。为了满足相关部门的监督和管理，目前几乎所有的出租车上都安装了 GNSS 定位装置。这些定位装置每隔一段时间会记录车辆的地理位置、时间以及速度等轨迹信息，并将这些海量的轨迹信息源源不断地上传至指定的数据存储服务器。出租车轨迹数据不仅记录了城市居民的出行模式，也刻画了城市的交通状态。

本节通过对城市交通网络进行建模，并从城市交通网络上的轨迹数据中提取流量、速度等交通指标，利用时空统计学中的时间和空间自相关性分析方法，从时间和空间两个角度分析城市拥堵网络的时空变化特征，研究城市拥堵的时间依赖性和空间依赖性等特性。

本节选取武汉市三环以内的区域作为研究区，并收集了武汉市 8600 辆出租车轨迹数据和武汉市交通路网数据，以此为数据源对武汉市的交通拥堵网络进行分析。

1. 轨迹数据预处理与建模

轨迹数据的采集时间是 2014 年 5 月 1 日至 31 日，共 31 天。其中 5 月 1 日至 3 日(劳动节)、5 月 31 日(端午节)这 4 天为节假日，5 月 10 日、11 日、17 日、18 日、24 日以及 25 日这 6 天为周末，其他时间共 16 天为工作日。每天约有 1000 万条轨迹点，原始数据以 csv 格式存储，每天的数据文件约 1GB。原始的轨迹数据包含出租车 ID、定位时间、经度、纬度、行车方向、速度、ACC 状态、运营状态、载客状态以及其他等字段信息。但这些字段顺序不是固定的，且并不是每条轨迹都包含这些字段信息。例如，部分轨迹数据缺失经纬度信息，部分轨迹数据还存在“未定位”“登录”“补传”等补充信息。这些不规范的数据格式不利于后续的数据分析。因此，首先对原始轨迹数据进行预处理，具体包括以下 3 步。

1)数据清理

首先对轨迹数据进行空间过滤处理，只保留研究区域以内的轨迹数据。此外，删除了字段信息不全的轨迹数据，如缺失经纬度信息的“未定位”的数据。具体的预处理方法见“4.4.3 轨迹数据预处理”小节。

2)轨迹数据建模

出租车轨迹数据由一组连续的具有时间信息的 GNSS 采样点构成，其描述了出租车在地理时空上的活动轨迹。一般来说，出租车上传的 GNSS 轨迹点除了采样时间、采样坐标外，还会包含采样时的速度以及发动机状态等信息。出租车轨迹的定义如下：

$$\text{Traj} = \{p_0,\ p_1,\ p_2,\ \cdots,\ p_n\} \tag{4.22}$$

式中，$p_i = \{x_i,\ y_i,\ t_i,\ s_i\}$，其中，$x_i$ 和 y_i 分别为采样点的经纬度坐标，t_i 为采样时间，s_i 为采样时的出租车速度。

3)基于轨迹数据的拥堵判定

可以根据车辆速度、车辆密度以及行程时间等指标来判定城市交通拥堵状态。通常的做法是根据速度来判定。由于没有对城市交通网络中的道路进行分级，因此当道路交叉口在某时段的平均速度小于 20km/h 时，视为该时段的交通路口为拥堵状态，否则为非拥堵状态(自由状态)。

2. 交通拥堵网络分析指标

在城市交通网络中，速度和流量是描述城市交通状态的重要指标，通过对这两个指标进行时空相关性分析，可以掌握城市交通拥堵的时空变化模式。

1)流量

流量是描述城市交通状态的重要指标之一，一般是指单位时间内通过某点的交通流量。本节的研究对象是道路交叉口，实验数据是轨迹数据，本节中道路交叉口的流量是指单位时间内通过道路交叉口 200m 范围内的出租车数量，计算公式如下：

$$\mathrm{Flux} = \frac{N}{T} \tag{4.23}$$

式中，T 表示观测时间；N 表示时间 T 内通过道路交叉口 200m 范围内的出租车数量。

2)速度

速度是反映城市交通状态最直观的指标之一，也是评判交通是否拥堵的重要指标。速度可以分为瞬时速度和平均速度。瞬时速度是指车辆通过某点的速度，轨迹数据记录的是出租车的瞬时速度。平均速度是指一定时间范围内所有车辆通过某点的平均速度。本节中道路交叉口的速度是指一定时间范围 T 内，道路交叉口 150m 范围内所有轨迹的瞬时速度的平均速度，计算公式如下：

$$\bar{s} = \frac{\sum s_i}{N} \tag{4.24}$$

式中，N 表示时间 T 内通过道路交叉口 200m 范围内的出租车数量；s_i 为这些出租车的速度。

3. 交通拥堵网络统计分析

城市交通拥堵是人、车辆、道路和环境等因素共同作用的结果。城市居民的出行模式与城市交通密切相关，其“日出而作，日落而休”的固定出行模式，促使城市交通拥堵大多发生在每天的固定时间和特定的地点。城市道路网络是城市交通在空间上运行的载体，道路网络的拓扑结构以及车辆的流动决定了交通拥堵的传播模式。此外，恶劣的天气、特殊活动以及交通事故等偶然事件也会导致交通拥堵。受这些因素的影响，城市交通拥堵在时间和空间的动态变化具有周期性、聚集性和不确定性的特点。通过对城市交通在时间和空间上的变化过程进行研究，挖掘城市交通在时空上的变化规律，对研究城市交通拥堵的时空演化模式具有重要的意义。

为了解轨迹数据的时间和空间变化特征，分别从流量和速度两个角度对其进行统计分析。首先对整个研究区域内每天运营的出租车数量进行分时段统计，结果如图 4.57 所示。图 4.57 中的横坐标是时间，纵坐标是出租车运营数量，可以看出，无论是工作日、节假日(红色区域)还是周末(绿色区域)，出租车运营数量都呈现出周期性的变化规律。其中，每天凌晨 1 点至 5 点半时的出租车运营数量少，其他时间的出租车运营数量多，而中午 1 点左右有一个向下波动的趋势(徐源泉，2020)。

为了进一步了解工作日、节假日以及周末的出租车流量差异，统计了这三种日期在一天内每小时出租车流量情况，其结果如图 4.58 所示。从图 4.58 中可以看出，无论是工作日、节假日还是周末，武汉市出租车运营数量的变化模式基本相同。其中，凌晨 4 点时的出租车数量最少，早上 9 点至 10 点和下午 4 点至 5 点时的出租车数量最多。武汉市的出租车司机一般都是两班制，通常在每天中午 1 点左右换班，因此在这一时段出现了一个很小的波谷。此外还可以看出，节假日凌晨 1 点至 4 点时的出租车数量要略多于周末同一时期的出租车数量，同一时期工作日的出租车数量最少。这说明在凌晨时分，城市居民在节假日的出行需求比较高，周末次之，工作日最低。到了早上 6 点至 9 点，工作日的出租车数量要多于节假日和周末，这是因为在工作日，城市居民因上班导致出行需求较多(徐源泉，2020)。

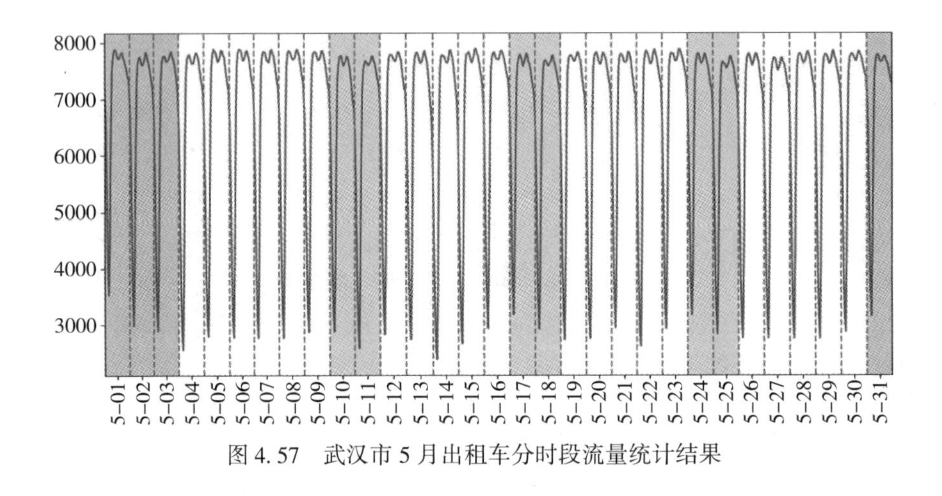

图 4.57　武汉市 5 月出租车分时段流量统计结果

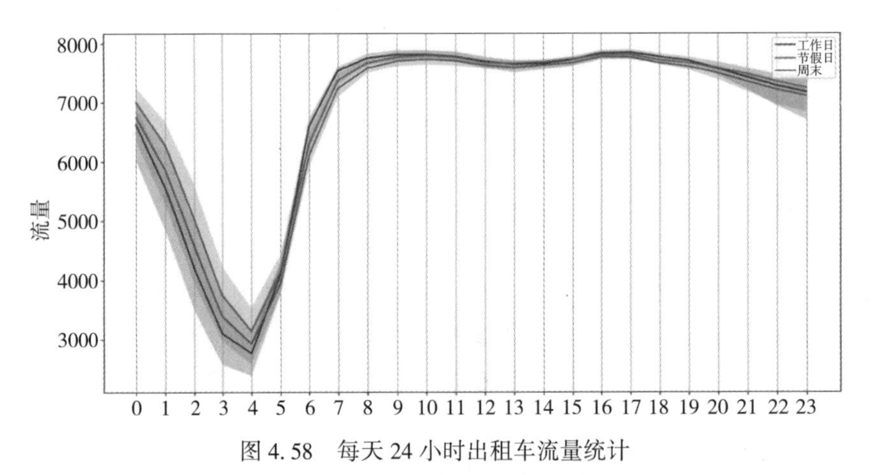

图 4.58　每天 24 小时出租车流量统计

接着对整个研究区域内各道路交叉口的出租车速度进行分时段统计。以每 3 分钟为一个时间间隔，统计整个研究区域以及位于 3 个商圈(光谷、街道口、江汉路)和 2 个火车站(武昌火车站和汉口火车站)的道路交叉口周围的平均速度，其结果如图 4.59 所示。可以看出，无论是工作日、节假日(红色区域)还是周末(绿色区域)，武汉市出租车的平均速度都存在明显的周期性变化规律，且每天的出租车的速度变化模式基本相同，凌晨和晚上的车辆速度较高，每天中午也会出现一个小高峰。主要是由于该段时间内的出行需求少，道路上的运营车辆较少，一般不会发生拥堵状态，因此出租车的车速较高。此外，每天会出现两个波谷，第一个是在上午 6 点半到 9 点左右，第二个为下午 16 点到 18 点半左右。这是因为相对应的时段内为上下班高峰期，城市居民出行需求大，导致道路上的车辆很多，容易发生拥堵(徐源泉，2020)。

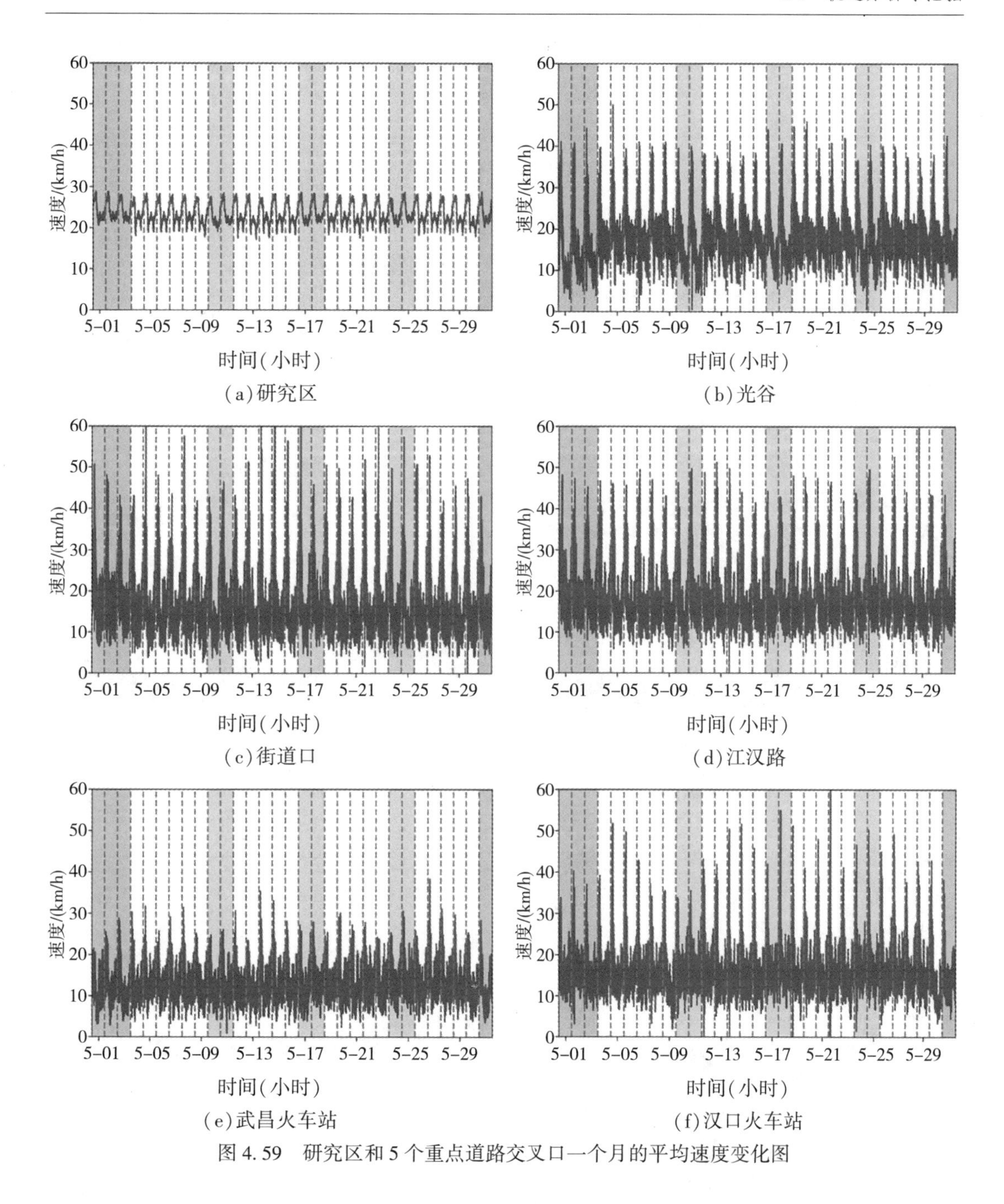

(a)研究区　(b)光谷　(c)街道口　(d)江汉路　(e)武昌火车站　(f)汉口火车站

图 4.59　研究区和 5 个重点道路交叉口一个月的平均速度变化图

为了进一步分析城市交通在一天内的变化模式，对比了节假日、工作日和周末在 24 小时的平均速度变化，结果如图 4.60 所示。通过对比分析，可以得出以下结论：

(1)从整个研究区看，节假日和周末的平均速度变化模式基本相似，凌晨 4 点左右的平均车速最高，早上 7 点到晚上 10 点内的平均车速较低，即交通拥堵一般发生在早上 7 点到晚上 10 点这个时间段内，且变化比较平稳。工作日则出现了两个波谷，分别为上午的 8 点左右和下午的 6 点左右，这两个时期为城市居民上下班高峰期，车流量较大，许多路口比较容易发生拥堵，因此整体的平均速度较低。

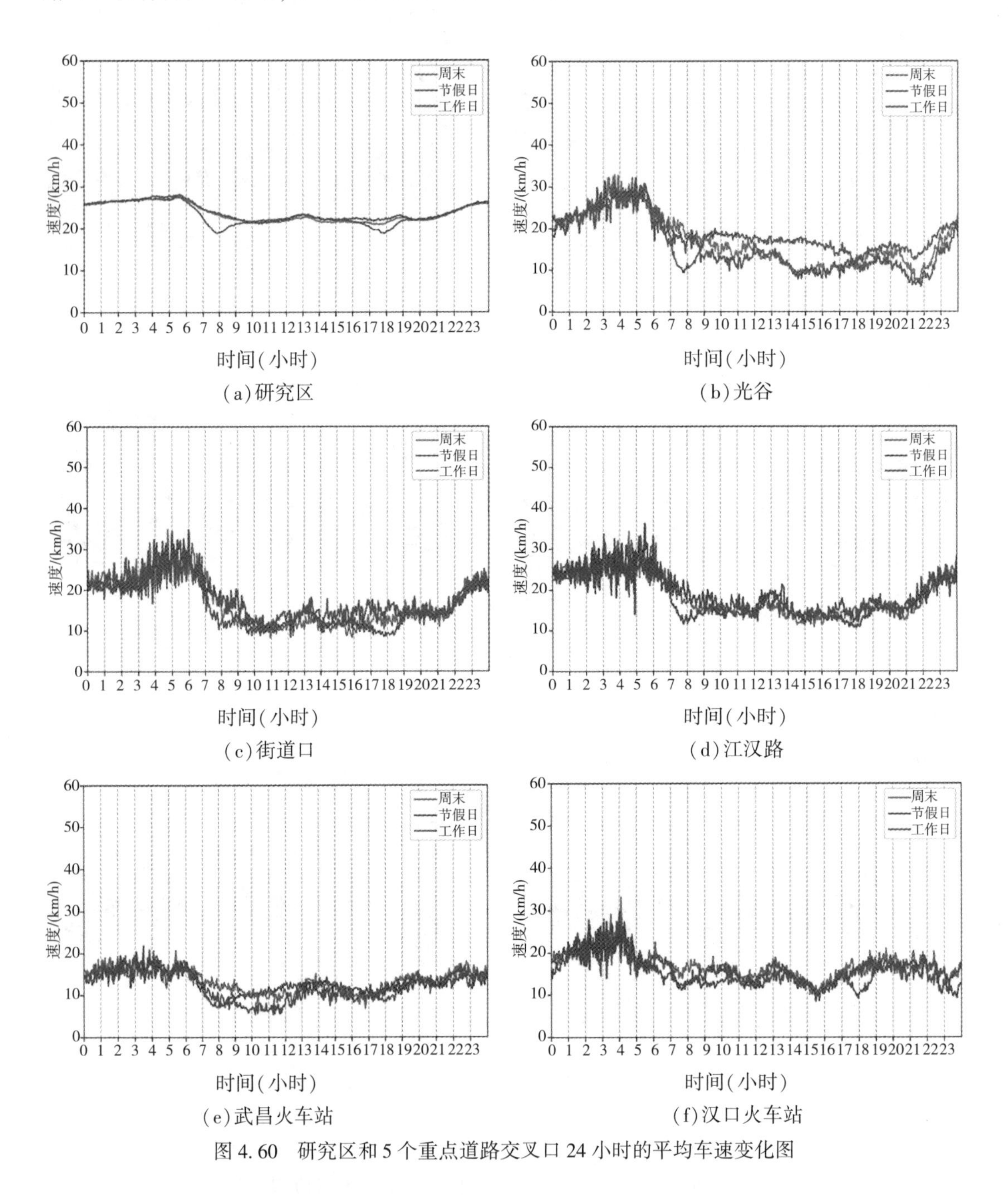

(a)研究区　(b)光谷　(c)街道口　(d)江汉路　(e)武昌火车站　(f)汉口火车站

图 4.60　研究区和 5 个重点道路交叉口 24 小时的平均车速变化图

(2)不同类型商圈的平均速度变化模式存在差异。无论是在节假日、工作日还是周末，位于街道口和江汉路的道路交叉口的平均速度的变化模式基本相似。相比于节假日和周末，工作日早上 7 点至 9 点和下午 5 点至 7 点的平均车速较低，这是由于在工作日城市居民需要上下班所导致的。不同于街道口和江汉路的道路交叉口，位于光谷的道路交叉口的平均车速呈现出另一种变化模式，即工作日上午10点到晚上10点的平均车速要高于周末和节假日同一时期的车速，且晚上10点左右都有一个波谷。主要是因为该路口是珞喻路、虎泉街、民族大道、鲁磨路以及光谷步行街5条交通要道的交会处，同时也是武汉最繁忙的地铁2号线的经过地，此外，光谷步行街又是武汉较大的商圈之一，且周围高校众多，节假日和周末经过此处或来此处游玩的人数要远高于工作日，从而导致位于光谷的道路交叉口在周末和节假日上午10点以后的平均车速较低。

(3)位于交通枢纽处的道路交叉口，工作日、节假日和周末的平均车速变化模式的大致相同。其中，武昌火车站一直处于拥堵状态(平均车速低于20km/h)，节假日早上9点至下午1点是城市居民外出长途旅行的高峰期，平均车速较低。此外，由于武昌火车站与武汉宏基长途客运站、航海客运站相邻，人流量、车流量要高于汉口火车站，武昌火车站在各时期的平均车速要低于汉口火车站。

4. 交通拥堵网络时间依赖性分析

对交通速度与流量进行统计分析，发现在城市交通网络中，无论是速度与流量都存在一定的周期性变化规律，且不同的时间、不同地点的变化模式也不同。本节将利用时间相关性分析方法对城市交通网络中的时间依赖性进行定量分析。

以整个研究区以及处于光谷、街道口、江汉路、武昌火车站和汉口火车站5个重点区域内的道路交叉口为例，对相关道路交叉口的原始轨迹数据的平均速度时序数据与滞后3分钟到7天后的平均速度时序数据进行相关性分析，其结果如图4.61所示。纵坐标为两个时间序列的相关性系数，横坐标为以3分钟为时间间隔的时序数据滞后时间。通过对比分析，可以发现以下结论：

(1)无论是整个研究区，还是5个重点研究道路交叉口，城市交通存在较强的时间依赖性，且以天为单位成周期性变化。此外，时间越近，城市交通的时间依赖性越强，且成正相关。随着时间的推移，相关性逐渐下降，12小时后到达最小值，成负相关，随后相关性又逐渐上升。当时间延迟接近7天时，相关性上升至接近延迟1小时的值，这表明城市交通除了每日的周期性变化外，还存在每周的周期性变化。整个研究区域的时间依赖性最强，延迟1个小时以内的相关性在0.75以内，而位于光谷、街道口和江汉路商圈内延迟30分钟以内的相关性在0.5以上。武昌火车站和汉口火车站的相关性最低，在30分钟以内的相关性只有0.4以上，这可能是由火车站周围的路况较为复杂导致的。

(2)江汉路和街道口处的道路交叉口的时间依赖性变化规律基本相似，相关性系数的波动幅度基本为-0.5~0.65。但是由于光谷区域在研究时段一直在修路，导致光谷区域道路交叉口的时间依赖性呈另外一种变化模式，相关性系数的波动幅度基本为-0.3~0.65。特别是延迟8小时至16小时的时间依赖性变化模式，光谷区域的相关性系数的变化曲线呈倒“W”形，而江汉路和街道口区域相关性系数的变化曲线呈“V”形。

武昌火车站和汉口火车站处的道路交叉口的时间依赖性变化模式基本相同，但相比于其他处的道路交叉口，位于火车站的道路交叉口的时间依赖性变化较弱，相关性系数的波动幅度基本为-0.25~0.54，最高处也只有0.53左右。这可能是由于武昌火车站和汉口火车站附近的人流量和车流都较多，且周边的环境比较复杂，受其他因素的影响较大而导致时间依赖性较弱。

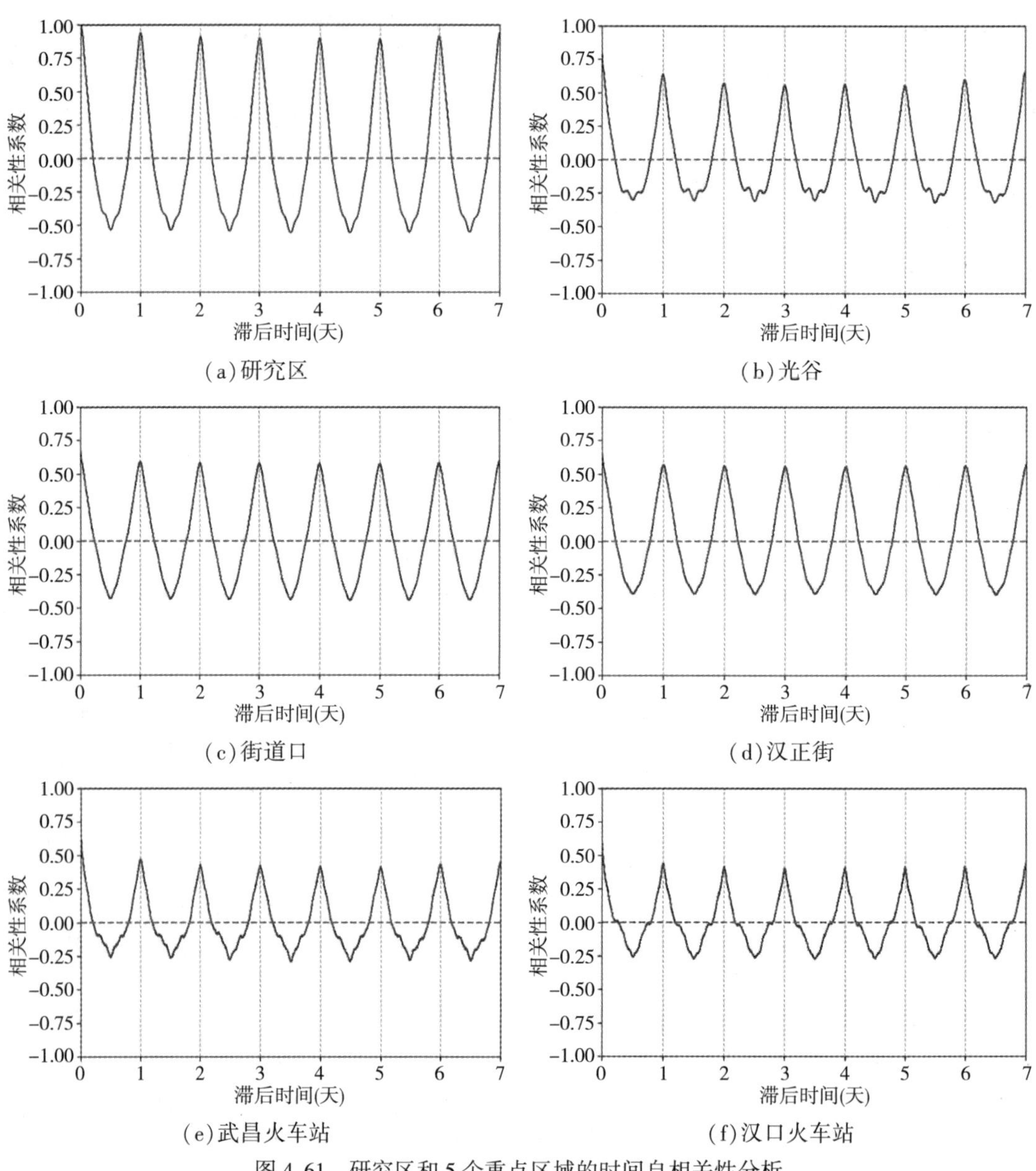

图 4.61　研究区和 5 个重点区域的时间自相关性分析

5. 交通拥堵网络空间依赖性分析

分别利用全局 Moran's I 自相关性分析方法和局部 Moran's I 自相关性方法，对城市交通网络中的各道路交叉口的平均速度进行了空间依赖性分析，以挖掘城市交通拥堵在空间上的分布模式。

城市交通网络可表示为无向图 $g=(V, E, \boldsymbol{W})$，其中 V 表示节点，即交通网络中的道路交叉口；E 表示边，即交通网络中的道路；$\boldsymbol{W}$ 表示权重矩阵，即空间权重矩阵，代表城市交通网络的拓扑结构关系。本节基于距离阈值法来初始化空间权重矩阵 $\boldsymbol{W}$，具体为：

当节点 v_i 与节点 v_j 之间（v_i，$v_j \in V$）的距离小于 500m 时，它们之间的权重 $w_{ij}(w_{ij} \in \boldsymbol{W})$ 为距离的倒数。接着以道路交叉口每小时的平均速度为属性值，计算城市交通网络的全局自相关性系数及其 Z 统计量，最终得到工作日、节假日和周末 24 小时的全局 Moran's I 分析结果，如图 4.62 所示。

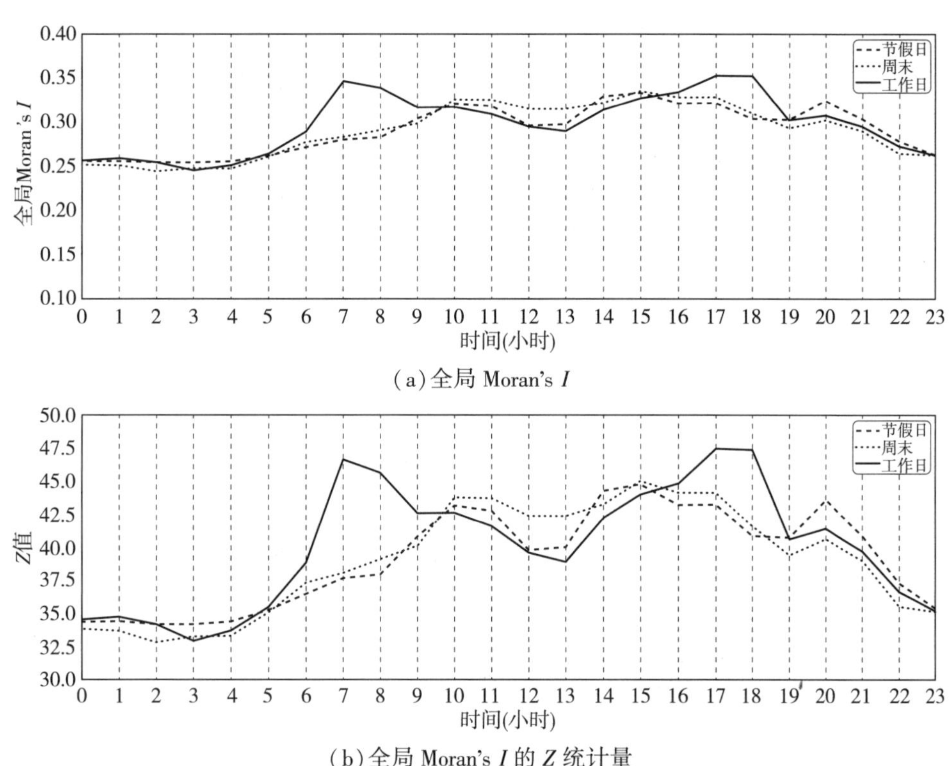

(a) 全局 Moran's I

(b) 全局 Moran's I 的 Z 统计量

图 4.62 研究区平均速度的全局 Moran's I 分析结果

从图 4.62(a) 可知，无论是节假日、周末还是工作日，城市交通网络中各道路交叉口的平均速度的自相关性都为 0.24~0.38，这表明城市交通状态存在一定程度的空间依赖性关系。通过对 Moran's I 的 Z 统计量进行分析，结果如图 4.62(b) 所示，通过分析发现各时段 Z 统计量的值要远大于正态分布函数在 0.05 显著性水平下的 1.96，这表明城市交通网络中的平均速度在空间上呈现出一种聚集分布的模式。

另外，结合图 4.62(a) 和图 4.62(b) 分析可知，无论是在节假日、周末还是工作日，中午 12 点至下午 2 点均会出现一个波谷。但是在整体变化模式上，周末与节假日在各个时段的相关性变化基本相似，而在工作日的早上 7 点至早上 9 点和下午的 5 点至 7 点的自相关性和 Z 统计量出现了两个波峰，且都要高于节假日和周末的同一时间段的值。这可能由于工作日的这两个时段是城市居民的上下班时间，城市交通网络中的出行量较大，拥堵路口也较多所导致的结果，进一步说明了城市交通在工作日与节假日和周末的呈现出两种不同的模式。

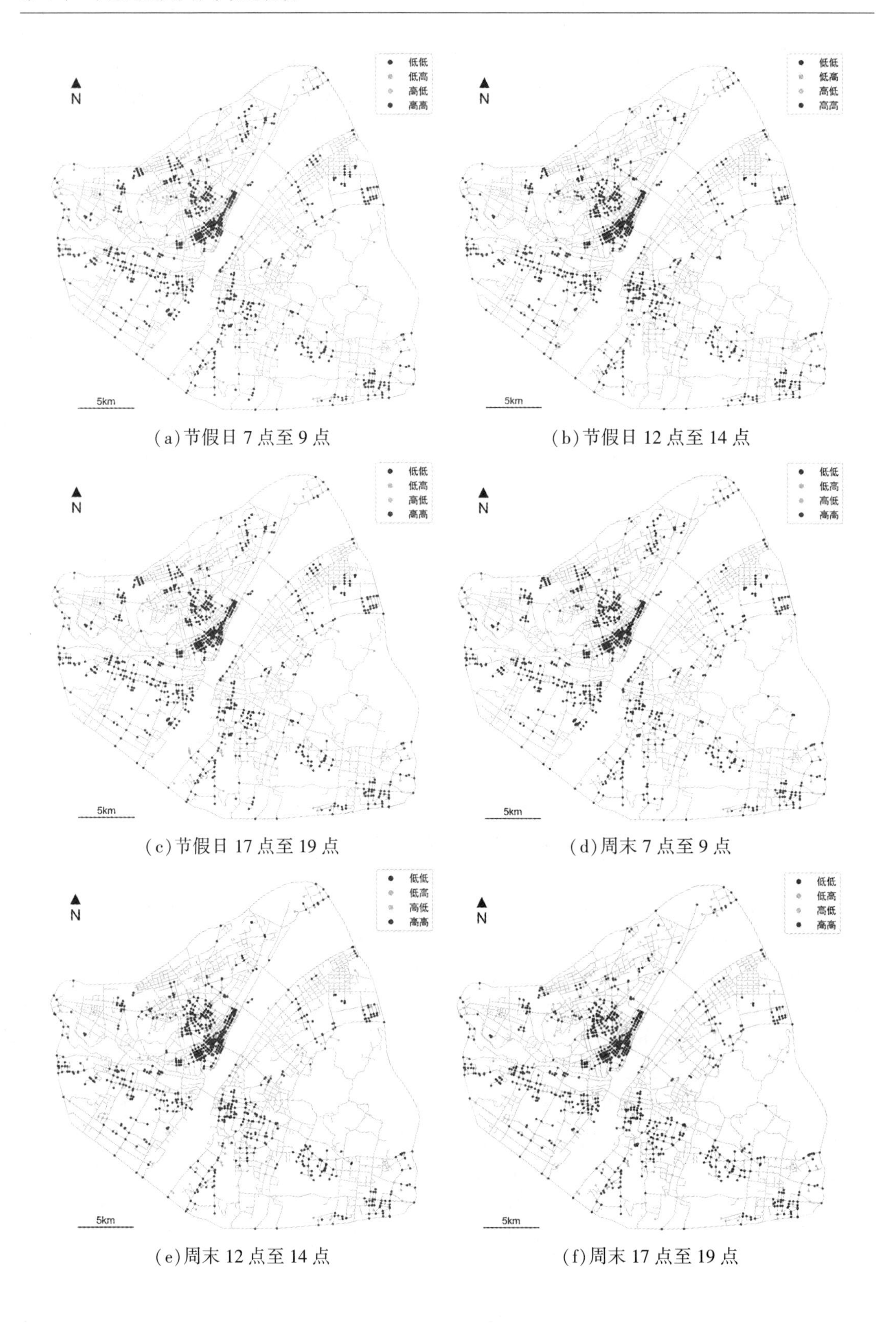

(a)节假日 7 点至 9 点

(b)节假日 12 点至 14 点

(c)节假日 17 点至 19 点

(d)周末 7 点至 9 点

(e)周末 12 点至 14 点

(f)周末 17 点至 19 点

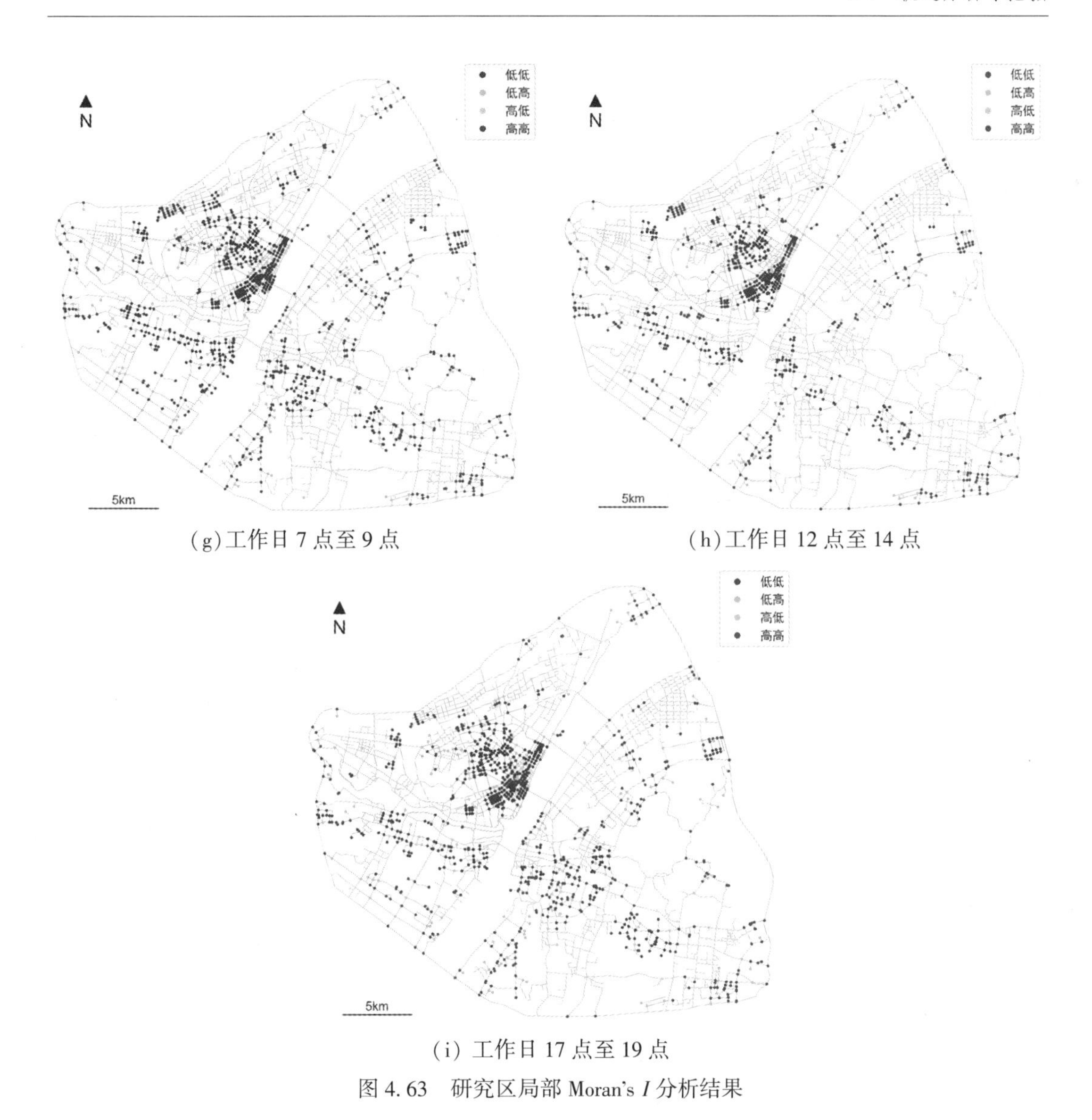

(g) 工作日 7 点至 9 点　　(h) 工作日 12 点至 14 点

(i) 工作日 17 点至 19 点

图 4.63　研究区局部 Moran's *I* 分析结果

接下来，利用局部 Moran's *I* 对城市交通网络中的各道路交叉口的平均速度进行空间依赖性分析，以提取城市交通拥堵在交通路网上的聚集区域。考虑到城市交通在节假日和周末与工作日呈现出的模式不一样，并且在早上 7 点至 9 点、中午 12 点至下午 2 点以及下午 5 点至 7 点的差异较大，因此，为了解不同时间的空间分布差异，本节分别对节假日、周末和工作日在早上 7 点至 9 点、中午 12 点至下午 2 点以及下午 5 点至 7 点的城市交通进行局部自相关性分析，结果如图 4.63 所示。经过统计分析，图 4.62 中红色道路交叉口的交通速度均小于 21km/h，接近于拥堵判定阈值 20km/h，因此，将局部 Moran's *I* 分析得到的"低低聚集"区域定义为拥堵区域。

从图 4.63 可以看出(彩图见附录)，在不同时间的拥堵区域的空间分布是相似的，即拥堵区域多发生在汉口火车站、汉口商圈、武昌老城、武昌火车站、汉阳商圈和王家湾十字路口的区域，部分区域在特定的时段才会出现拥堵。例如，光谷商圈在节假日和周末的下午 5 点至 7 点，以及工作日的上午 7 点至 9 点和下午 5 点至 7 点会出现拥堵区域，这主要是因为城市居民大多选择在节假日和周末时外出购物和游玩，一般来说，外出的时间较为分散，而返回的时间较为集中，通常在下午 5 点至 7 点。此外，光谷周围有众多高校和商业住宅区，而学生和居民一般会选择在下午 5 点至 7 点出来购物和休闲。工作日上午 7 点至 9 点和下午 5 点至 7 点是上下班高峰期。因而，光谷商圈在这些时段会出现拥堵聚集区域。

◎ 思考题

1. 简述矢量数据的包含分析方法。
2. 分别简述点状要素的缓冲区生成方法、线状要素的缓冲区生成方法和面状要素的缓冲区生成方法。
3. 简述特殊缓冲区的处理方法。
4. 简述动态目标缓冲区及其生成方法。
5. 简述矢量数据的叠置分析类型和方法。
6. 简述网络分析的基本方法。
7. 简述最短路径分析的戴克斯徒拉算法。
8. 简述次最短路径求解方法。
9. 简述最大可靠路径和最大容量路径算法的基本思路。
10. 简述最佳路径的常用算法。
11. 简述人类动力学的基本理论。
12. 简述人群活动空间的类型及特点。
13. 简述常用的轨迹数据预处理方法。
14. 简述热点提取与分析的方法。
15. 简述异常轨迹探测与分析的方法。
16. 简述基于轨迹数据的城市交通拥堵分析方法。

◎ 分析应用题

1. 如何利用热点提取与分析方法为人们推荐旅游地或就餐地？
2. 如何利用异常轨迹探测与分析方法进行最优路径选择？
3. 如何利用轨迹分析与挖掘技术，为解决城市拥堵问题提供支撑？

第5章　空间社会网络分析

空间社会网络分析(Spatial Social Network Analysis，SSNA)是空间数据分析(Spatial Data Analysis，SDA)与社会网络分析(Social Network Analysis，SNA)的结合，是遥感科学、地理信息科学，与人文学、社会科学的学科交叉融合的新方向。本章首先介绍空间社会网络分析的基本概念，然后介绍空间社会网络分析的理论基础“复杂网络理论”，最后介绍空间社会网络分析的几个应用示例，包括：社交媒体网络分析、国际关系网络时空分析、国际贸易网络时空分析等。

5.1　空间社会网络分析概述

5.1.1　空间社会网络分析的概念

空间社会网络(Spatial Social Network，SSN)是一种带有地理空间位置属性的社会网络，根据其网络节点的空间位置在地理空间上进行定位，并进一步根据节点之间的“流(一种物质、信息或能量的移动或交换)”构建边，从而构建空间化的社会网络。空间社会网络分析是将空间数据分析方法与社会网络分析方法相结合的分析方法。空间社会网络分析属于地理信息科学与人文社会科学的交叉融合。

5.1.2　社会地理计算与空间人文社会科学

空间社会网络分析是遥感科学、地理信息科学与社会科学交叉融合的新兴研究方向，将网络科学的分析方法引入空间社会分析，为相关问题的研究和解决提供了新的思路和方法。社会地理计算与空间人文社会科学是空间社会网络分析的重要理论基础。

1. 社会学(社会科学)

社会学是系统地研究社会行为与人类群体的学科，社会学的研究范围很广泛，包括了由微观层级的社会行动或人际互动，至宏观层级的社会系统或结构，因此社会学通常与经济学、政治学、人类学、心理学、历史学等学科并列于社会科学领域之下。

社会科学是用科学的方法，研究人类社会种种现象的各学科总体或其中任一学科。例如，社会学研究人类社会(主要是当代)，政治学研究政治、政策和有关的活动，经济学研究资源分配。社会科学所涵盖的学科包括：经济学、政治学、法学、伦理学、历史学、社会学、心理学、教育学、管理学、人类学、民俗学、新闻学、传播学等。

交互性是社会学(社会科学)的本质特征之一。社会学主要研究人与人、人与社会系统之间的交互作用。

2. 社会网络

社会网络(Social Network，SN，也称社交网络)是指社会个体成员之间因为互动而形成的相对稳定的关系体系，是由许多节点构成的一种社会结构。这里的节点一般指个人或组织。社会网络代表各种社会关系，经由这些社会关系，把从偶然相识的泛泛之交到紧密结合的家庭关系的各种人或组织串联起来。如图 5.1 所示，图中的每个节点代表社会网络的一个个体，如某个人，或者某个组织；节点之间的连线表示社交对象之间的某种社会交往，如打电话、商业网络等。

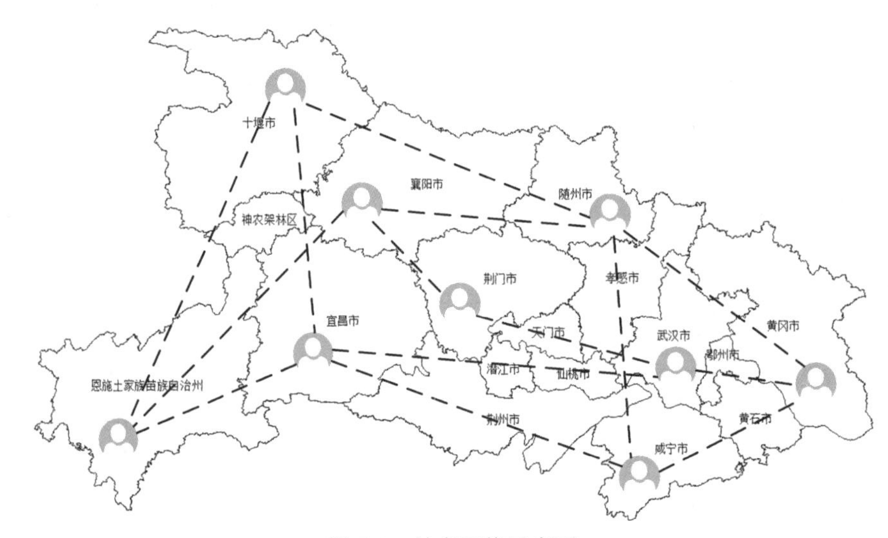

图 5.1　社交网络示意图

社会网络的关注点是人们之间的互动和联系，社会互动会影响人们的社会行为。社会关系包括朋友关系、同学关系、科研合作关系、生意伙伴关系等。一些社会网络平台包括：QQ 群、微信朋友圈(Wechat)、新浪微博、Facebook、Twitter、Flikr 等。

3. 计算社会学与社会地理计算

随着大数据时代的来临，科学研究进入了“数据密集型科学发现(Data-intensive Scientific Discovery)”的第四研究范式(Hey et al., 2009)。互联网、移动互联网、物联网三大网络的普及，将大量的人类生产、生活活动等行为记录为数据，为社会科学家开展社会科学研究提供了前所未有的大数据源，知识发现和数据挖掘是多个学科的综合领域(舒晓灵，陈晶晶，2017)。“计算社会科学”(Computational Social Science)，一词最早出现于 20 世纪 90 年代的一些文献中，当时主要是指应用计算机模拟技术开展社会科学研究(Bankers et al., 2002；Kuznar，2006)。2009 年发表于 *Science* 杂志的论文 *Computational Social Science* 引起了学术界的极大重视(Lazer et al., 2009)，掀起了计算社会科学的研究热潮，相关论文不断涌现。

数据密集型时代的到来，对社会科学的实证研究具有极其重要的意义。计算社会科学正在从单纯的数据驱动向理论与数据双向驱动的方向发展(罗俊，李凤翔，2018)。数据驱动是在没有理论假设的前提下，利用数据资源与新的数据处理技术，通过模式识别、深度学习等方法开展分析和研究，从人类行为互动数据中发现规律，进而给出合理的理论解释。但是，单纯的数据驱动存在很大的“被动性”，难以直接满足社会科学研究的需要。针对数据驱动在实际研究中存在的“被动性”，罗俊等(2018)提出计算社会科学需要将理论与数据驱动结合起来，形成双向驱动。理论与数据双向驱动是以现实问题为导向，以社会科学相关领域的理论、知识、经验为基础，提出理论假设和研究框架，收集适当的原始数据，并采用适当的分析技术从中提取信息、挖掘知识，然后以科学可靠的方式运用数据和知识来验证理论假设，从而发现和揭示人类社会的规律。

大数据时代的计算社会科学具有复杂性、自适应性和社会交互性等特点，并逐步开始重视从时空角度开展计算社会科学的相关研究。时空问题已经成为大数据时代计算社会科学顺利发展的关键问题之一。如何借助遥感(Remote Sensing，RS)、地理信息系统(Geographic Information System，GIS)、全球导航卫星系统(Global Navigation Satellite System，GNSS)等空间信息科学与技术，从时空观的角度，研究和探讨计算社会科学的时空分析理论和方法，是拥抱大数据时代计算社会科学的重要发展方向(秦昆，康朝贵，2016)。大数据时代的计算社会科学与地理信息科学的交叉融合，为创新性地产生社会地理计算这一新的发展方向奠定了基础。时空问题是计算社会科学的核心问题之一，社会科学是以“人”为研究对象的学科，同时研究人与地理空间的关系；地理信息科学是以“地理空间”为研究对象的学科，同时研究地理空间与人的关系。二者分别从不同的视角研究“人-地关系”和“地-人关系”。将计算社会科学与地理信息科学进行交叉融合，就衍生出社会地理计算，三者的关系如图 5.2 所示(秦昆等，2020a)。

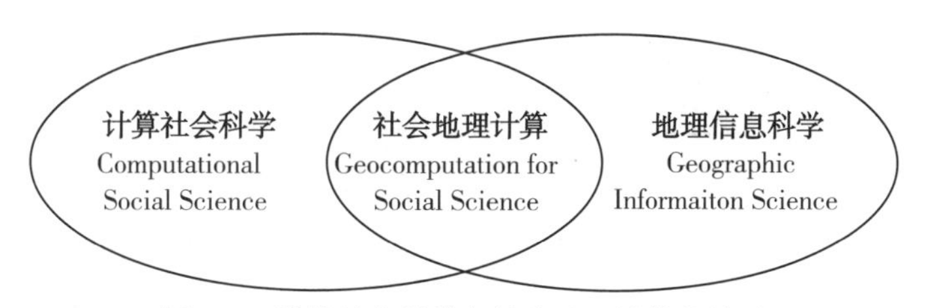

图 5.2 计算社会科学与社会地理计算的关系

关于社会地理计算的概念，目前还没有统一的认识。社会地理计算是大数据时代下计算社会科学与地理信息科学的交叉融合，社会地理计算是在遥感、地理信息系统、全球导航卫星系统等地理信息科学与技术的支持下，从时空观的角度，研究和探讨计算社会科学的时空分析理论与方法，探索社会学、经济学、心理学、法学、政治学、文学、艺术、历史等相关学科与地理相关的模型和算法等(秦昆等，2020b)。社会地理计算的主要研究方向包括：社会地理计算的理论与方法、社会地理计算的软件平台建设、社会地理计算的案例研究与教程培训等。

4. 社会物理学

社会物理学是一门定量的社会科学，旨在描述信息和想法的流动与人类行为之间可靠的数学关系。社会物理学是关于想法流的科学。社会物理学有助于我们理解想法是如何通过社会学习机制在人与人之间流动的，以及这种想法的流动最终如何形成公司、城市和社会的规范、生产率和创意产出(Petland, 2014)。驱动社会物理学的引擎是大数据。社会物理学的作用体现在分析人类活动的规律，以及人类活动所留下的数字“面包屑”(通话记录、信用卡交易记录、GNSS 定位等)里包含的想法。

5. 空间综合人文学与社会科学

人文学是关于人的内心世界的学问，包括哲学、历史、文学、语言学、新闻学、艺术学等。社会科学是研究人类社会的各种社会现象的学科，包括：经济学、政治学、社会学、法学、管理学等。随着学科的发展和交融，还出现了一些人文学与社会科学融合的交叉学科，如政治地理学、人文地理学等。空间综合人文学是指从地理空间的角度整合、表达多种人文信息，并提供一个平台，使得来自不同领域的学者可以使用地理空间信息技术分析和探讨人文问题(林珲等, 2006、2010；秦昆等, 2020b)。空间综合社会科学是在社会科学领域中，引入空间思维，强调空间概念，探索空间形态与过程。空间概念包括地理位置、区域、距离、尺度等。综合是指从空间、时间的角度组织研究资料，围绕数据库、数据模型和相关技术设计研究方法(林珲等, 2006；林珲等, 2010)。考虑到学科交叉融合，人文学与社会科学的界限逐渐模糊，有些研究方向属于地理信息科学、人文学、社会科学三者的交叉融合，这些研究方向可称为空间综合人文社会学。空间综合人文学与社会科学的研究框架如图 5.3 所示(秦昆等, 2020b)。

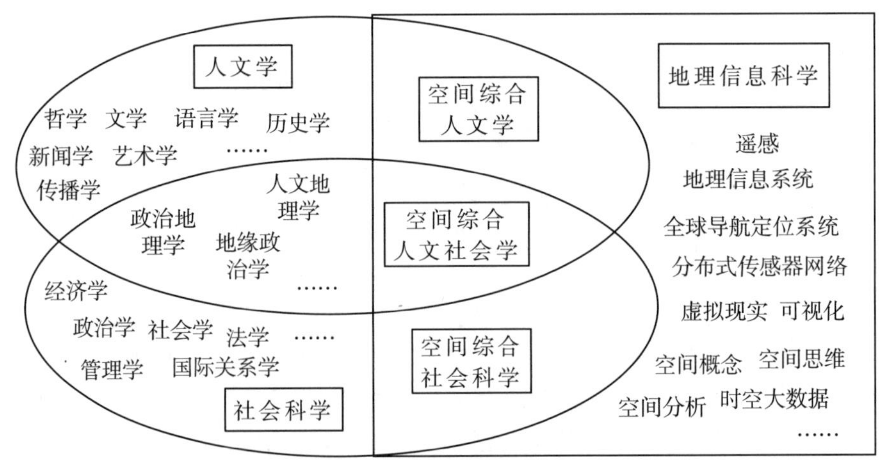

图 5.3　空间综合人文学与社会科学的研究框架

在人文学与社会科学领域引入空间概念和空间思维，利用遥感技术(RS)、地理信息系统技术(GIS)、全球导航卫星系统技术(GNSS)、分布式传感器网络技术，以及虚拟现实与可视化技术、空间分析与时空大数据分析技术等为人文学、社会科学提供空间化、可视化的技术手段和平台。通过学科交叉融合，产生了一系列的学科分支或新的研究方向。例如：地理信息科学与经济学交叉融合产生了空间计量经济学，与政治学融合产生了地缘政治学，与社会学结合产生了社会地理计算，与文学结合产生了文学 GIS，与语言学结合产生了语言学 GIS、语言地理，与历史学结合产生了历史 GIS，与艺术学结合产生了艺术 GIS 等。空间综合人文学和社会科学的初衷是借助并发挥好 GIS 的技术优势，但关键仍在于把握人文学和社会科学自身研究问题的核心和本质。空间综合人文学与社会科学的研究方法包括：①空间思维与空间计量方法；②认知心理学与空间认知；③空间可视化与虚拟地理分析；④平台研发等，需要根据具体问题选择合适的研究方法(秦昆等，2020b)。

5.1.3 空间交互与地理多元流网络

1. 空间交互网络

空间交互网络(Spatial Interaction Network，SIN)无处不在，通信、贸易、人口迁移、人群出行、交通、国家关系、社交等网络中存在人流、商品流、信息流等嵌入地理空间而形成的有向流网络(Roy，Thill，2004；闫小勇，2017)。空间交互网络是利用多源数据构建的包括多个主题、多个层次的多元网络，并且具有随时间而不断变化的特征。如何从这些具有多主题、多层次、时变特征的多元空间交互网络中挖掘出时空演变规律，并进行有效的预测分析，进而为领域专家决策提供辅助支持，是社会地理计算领域迫切需要解决的科学问题。

空间交互网络研究的难点和未来研究方向集中于多元空间交互网络和时序多元空间交互网络。多元空间交互网络是根据多源空间数据构建的多主题、多层次、时变的复杂网络，网络内部、层与层之间存在复杂的相互依赖关系，利用复杂网络、结构模式识别理论与方法，可以挖掘和识别出其中的小世界、无标度、集群等复杂网络结构特征，从而为进一步的时空演变与预测分析提供基础。由于单一网络难以准确、全面地表达事物之间复杂的交互作用，必须构建多层交互网络来捕捉层内、层间关系，多层复杂网络构建与分析是复杂网络领域的研究热点之一(Buldyrev et al.，2010；张欣，2015)。

时序多元空间交互网络结构的演化，是传播动力学与网络结构演化动力学的耦合过程，具有十分复杂的空间动力学过程。在特定的时空范围内，空间信息自身的传播动力学处于平稳状态，网络结构的演化动力便成为影响空间信息在网络中传播的主要因素。研究多元空间交互网络结构的时空演化模式，对于提取空间信息的时空传播演化特征、时空分布演化特征和空间关系时空演化特征等具有重要的意义。在时序多元空间交互网络演变模式分析的基础上，可以进一步构建预测分析模型，预测网络节点属性特征的变化，以及空间交互作用的变化，从而探索网络节点特征和节点间交互关系的变化趋势，可以为领域专家制定区域未来发展策略提供基础。

2. 地理多元流网络

与“空间交互”密切相关的另外一个概念是“地理流(Geographical Flow)”。二者的含义基本一致，都是关于地理现象发生的起点(origin)和终点(destination)位置及其相关性。全球各国、城市之间，存在各种物质、信息、能量等的移动或交换而形成的各种形式的“流(flow)”，将这些流嵌入地理空间则形成“地理流”。当不同类型的地理流共存时，就形成了“地理多元流”(Geographical Multiple Flow，GMF)(裴韬等，2020)。既有现实空间、物理空间的地理流，如国家或地区之间的资金流、贸易流、人口流等；也有网络空间、虚拟空间的地理流，如新闻媒体反映的国家间合作或冲突的信息、社交媒体反映的不同地区人员的社交关系流等。“地理流”是空间交互的一种表达形式(刘瑜等，2020)。“地理流”相对于“空间交互”更具有动态感，已经成为研究地理对象移动特征和位置之间交互作用的重要概念模型和分析工具(裴韬等，2020)。

基于“流”的时空分析是时空数据分析新的研究范式(裴韬等，2020)。针对地理流的研究不仅有益于理解地理系统的格局与功能，而且有助于弄清地理系统演化的动力学机制，故而将成为地理格局与机理分析的新视角(裴韬等，2020)。随着网络社会的到来，各种形式的地理流无处不在，如人口迁移、人群出行、交通、贸易、通信、国际关系、社交等网络中形成的嵌入地理空间的人流、商品流、信息流等。如何从这些地理多元流网络(Geographical Multiple Flow Network，GMFN)中挖掘出知识，并为相关领域的专家决策提供辅助支持，是地理信息科学，以及政治学(含国际关系学)、社会学、经济学等人文社会科学领域都迫切需要研究的问题(秦昆等，2022)。

将地理单元及地理单元之间的各种流分别表达成节点和边，可构成具有复杂网络特性的网络，进而结合时空分析理论与方法、复杂网络理论与方法探测不同时空尺度下的网络模式及其背后的地理格局。

5.2　复杂网络理论与方法

21 世纪是复杂性和网络化的世纪。网络科学发展经历了三个重要阶段：规则网络理论阶段、随机网络理论阶段和复杂网络理论阶段。

5.2.1　规则网络理论阶段

规则网络理论的发展得益于图论和拓扑学等应用数学的发展。欧拉(Leonhard Euler)于 1736 年首先开创了图论这门新的数学分支，因此他被誉为“图论之父”。1936 年，匈牙利数学家 König 发表了图论的第一本专著《有限图与无限图的理论》。图论的研究对象是由一些节点按照一定的方式连线组成的图(集合)。用图论的语言和符号可以精确、简洁地描述各种网络，为物理学家和数学家提供了共同描述的语言和平台。图论是一种强有力的研究工具和研究方法(郭世泽，陆哲明，2012)。有 4 个基本的图论问题代表了规则网络理论阶段的主要研究问题，包括：哥尼斯堡七桥问题、哈密顿问题、四色猜想问题和旅行商问题。

1. 哥尼斯堡七桥问题

在 18 世纪 30 年代，哥尼斯堡(Konigsberg)是当时东普鲁士的首都，位于现在的俄罗斯的加里宁格勒州，普莱格尔河贯穿其中，这条河上建有七座桥，将河流中间的两个岛和河岸联结起来，如图 5.4 所示。人们在这里散步时提出了这样一个问题：怎样散步才能不重复地走过每座桥？针对这个看似简单却有趣的问题，很多人进行了尝试，但是都没有成功。1736 年，有人带着这个问题找到当时的大数学家欧拉。欧拉思考后很快就用一种独特的方法给出了解答。他把两座小岛和河的两岸分别看作四个点，然后把七座桥看作这四个点之间的连线，得到如图 5.4 所示的由节点和连线构成的图，将这个问题简化为：能不能用一笔就把这个图形画出来？经过进一步的分析，欧拉得出结论：不可能每座桥都走一遍最后回到起点，并且给出了所有能够一笔画出来的图形所具备的条件。这项工作使得欧拉成为图论(及拓扑学)的创始人。

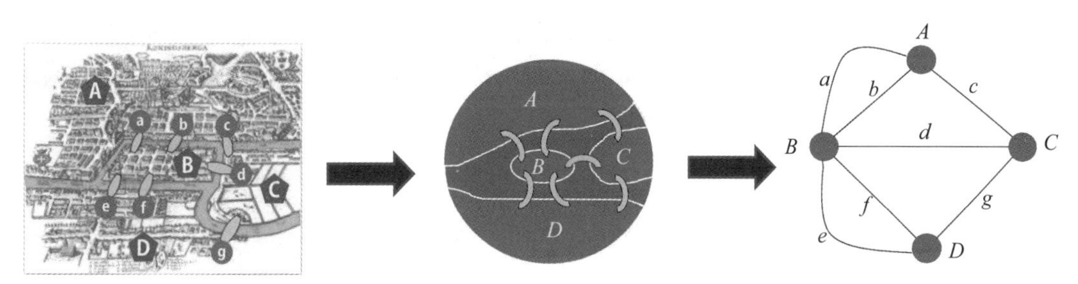

图 5.4　将七桥问题简化为图(据网络图片修改)

2. 哈密顿问题

哈密顿问题是图论的另外一个著名问题。英国数学家哈密顿(William Rowan Hamilton)于 1859 年以游戏的形式提出：把一个正十二面体(图 5.5(a))的 20 个节点看作 20 个城市，要求找出一条经过每个城市恰好一次而回到出发点的路线。这条路线就称为“哈密顿圈”，如图 5.5(b)所示。对于一个给定的网络，在确定起点和终点后，如果存在一条路径能够穿过该网络，就称该网络存在“哈密顿路径”。对哈密顿问题的研究，促进了图论的发展。哈密顿路径问题于 20 世纪 70 年代初，终于被证明是“NP 完备”的，也就是说难于找到一个有效的算法求解该问题。

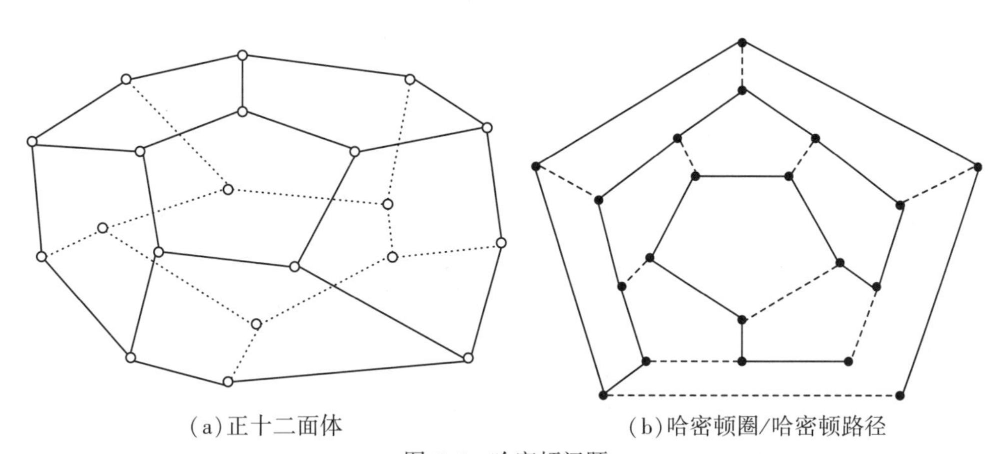

(a)正十二面体　　(b)哈密顿圈/哈密顿路径

图 5.5　哈密顿问题

3. 四色猜想问题

四色猜想又称为四色问题、四色定理，是世界近代三大数学难题之一（四色问题、费马大定理、哥德巴赫猜想）。1852 年，毕业于伦敦大学的格里斯在一家科研单位做地图着色工作时，发现了一个有趣的现象：每幅地图似乎只需要用四种颜色着色，就可以使得具有共同边界的行政区赋予上不同的颜色（如图 5.6 所示）。但是这个结论如何从数学上证明？针对此问题，英国数学家凯利于 1872 年正式向伦敦数学学会提出该问题，于是四色猜想问题成为世界数学界普遍关注的问题。但是该问题一直没有得到很好的解决。一直到 1976 年，美国伊利诺伊大学哈肯（Wolfgang Haken）和阿佩尔（Kenneth Appel）在大学里的两台不同的电子计算机上，用了 120 小时，做了 100 亿次判断，终于完成了四色定理的证明，从而解决了一个历时 100 多年的难题。四色猜想的证明过程也极大地促进了图论的发展。

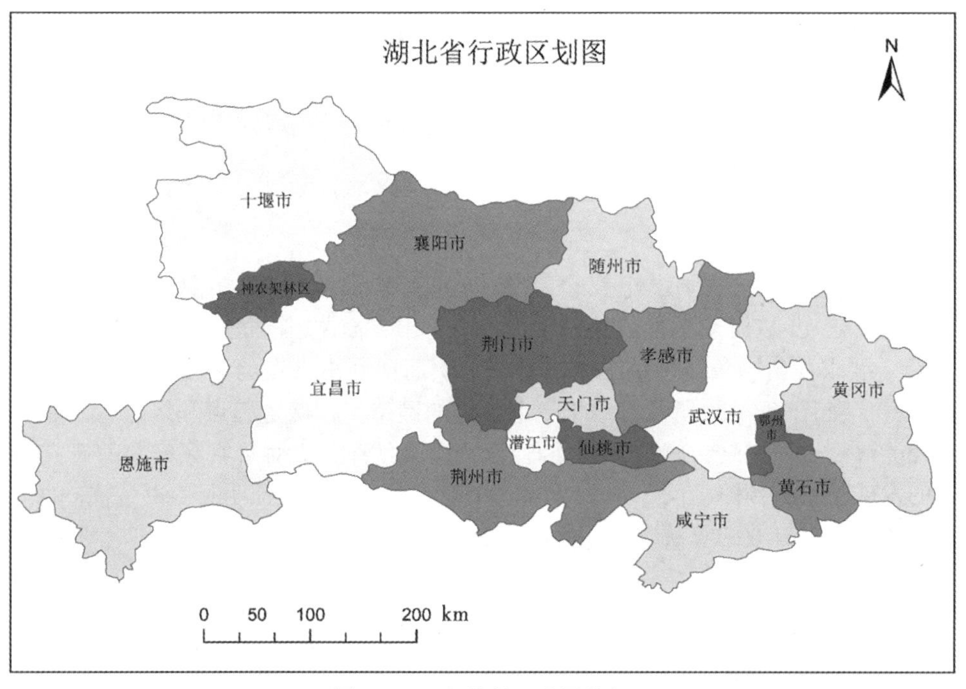

图 5.6　四色猜想：地图着色

4. 旅行商问题

旅行商问题（Traveling Salesman Problem，TSP）也称为货担郎问题或中国邮路问题等。该问题描述为：给定 N 个节点和任意一对节点 $\{v_i, v_j\}$ 之间的距离为 $\text{dist}(v_i, v_j)$，要求找出一条闭合的回路，该回路经过每个节点有且仅有一次，并且该回路的费用最小（这里指距离）。实际上，旅行商问题就是加权的哈密顿路径问题，因此也是 NP 难问题。旅行商问题的求解需要利用图论的相关理论和方法。

5.2.2 随机网络理论阶段

1959 年，两个匈牙利数学家保罗·厄多斯(Paul Erdös)和阿尔弗雷德·雷尼(Alfréd Rényi)又一次对图论作出第二个里程碑式的贡献。他们建立了著名的随机图理论，用相对简单的随机图来描述网络，简称 ER 随机图理论。随机网络是指由 N 个节点构成的图中以概率 P 随机连接任意两个节点而构成的网络，即两个节点之间连边与否不再是确定的，而是由概率 P 来决定，如图 5.7(a)所示。而规则图的任意两个节点之间的连接是确定的，每个节点与固定个数的邻居相连，如图 5.7(b)所示。

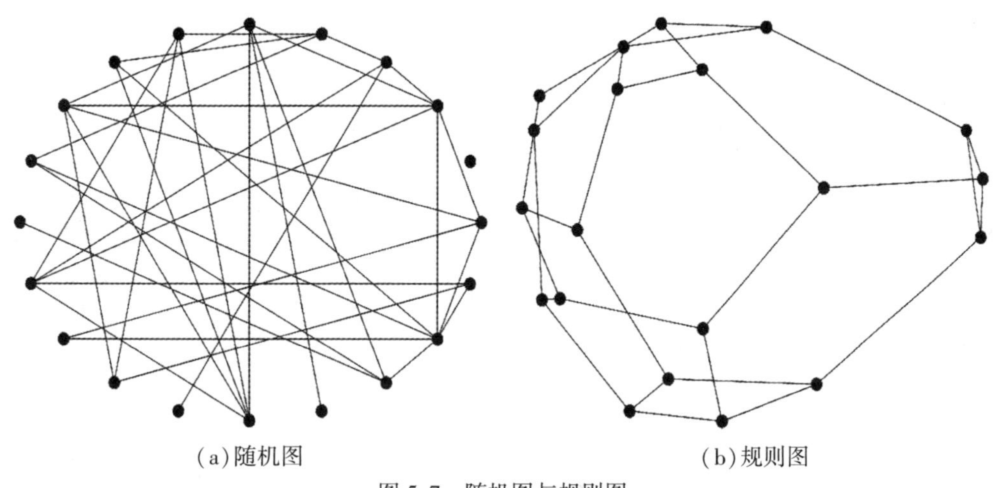

(a)随机图　　(b)规则图

图 5.7　随机图与规则图

5.2.3 复杂网络理论阶段

复杂网络是具有不同于规则网络和随机网络特性的网络，具有小世界特性、无标度特性、层次特性、自相似特性、自组织特性等特殊的性质。

1. 小世界特性(Small World)与小世界网络

1998 年，网络科学又一次取得了突破性进展，出现了第三个里程碑。美国的邓肯·瓦茨(Duncan Watts)和斯蒂文·斯特罗加茨(Steven Strogatz)首先冲破了随机网络理论的框架，于 1998 年在 *Nature* 上发表了题为 *Collective Dynamics of "Small World" Networks*(小世界网络的群体动力行为)的论文，他们推广了"六度分离"的科学假设，提出了小世界网络模型。"六度分离"最早来自 20 世纪 60 年代美国哈佛大学心理学家 Milgram 对社会调查的推断，是指在大多数人中，任意两个素不相识的人通过朋友的朋友，平均最多通过 6 个人就能够彼此相识。

具有小世界特性的网络称为小世界网络，其特点为：即使网络规模很大，网络中任意两个节点间也能通过较短路径达成连接；小世界网络具有较小的平均路径长度、较高的聚类系数。小世界网络与规则网络、随机网络的对比示意图如图 5.8 所示。

图 5.8　规则网络、随机网络与小世界网络

2. 无标度特性(Scale free)与无标度网络

艾伯特-拉斯洛·巴拉巴西(Albert-László Barabási)和雷卡·阿尔伯特(Réka Albert)于1999 年在 *Science* 期刊上发表了题为 *Emergence of Scaling in Random Networks*(随机网络中标度的涌现)的论文，提出了一种无标度网络模型，指出在复杂网络中节点的度分布具有幂指数的规律，也就是说，绝大部分节点的度相对较低，而存在少量的度相对很高的节点。具有无标度特性的网络一般符合幂律分布，也通俗地称为“二八定律”。例如：世界上 20%的人拥有世界上 80%的财富；某明星 80%的时间只穿了自己 20%的衣服等。

无标度网络是具有无标度特性的网络模型。其特点为：较少的节点掌握了大量的资源；具有强者越强、弱者越弱的马太效应；无标度网络的度分布符合幂律分布，是一种非均匀网络；无标度网络的增长特性是优先连接，增长和偏好连接是形成无标度网络的根本原因。

3. 层次特性(Hierarchical Characteristics)与层次网络

复杂网络具有层次性，可以构建多层网络，层次网络示例如图 5.9 所示。层次网络的特点为：具有相对独立的模块组合相连；具有无标度性、模块性；内部连接紧密、外部连接疏松。

4. 复杂网络的统计特性

复杂网络的统计特性主要通过度、聚类系数、平均路径长度、介数、紧密度、核数等测度指标进行衡量。

(1)度与度分布：这两类指标刻画了网络局部和整体的连接性能，其中节点 v_i 的度 k_i 定义为与 v_i 相连的节点个数，一个节点的度值越大，说明与该节点相连的节点越多，连通性能好，一定程度上说明该节点的重要性也越强，因此，度也被称为“度中心性”。而度分布则是度的概率分布函数，即从网络中随机选择一点，度恰好为 k 的概率 $P(k)$，反映了网络整体的特性(例如节点度符合泊松分布或幂律分布等)。

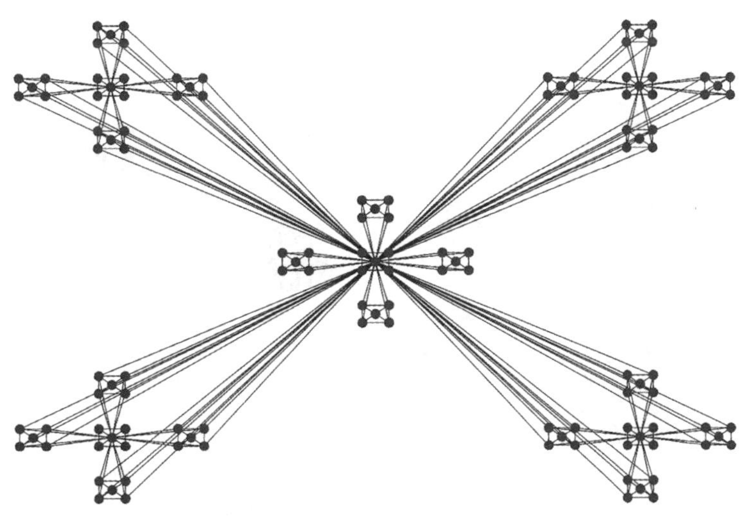

图 5.9 层次网络

在如图 5.10 所示(彩图见附录)的网络中，有两个节点与节点 v_i 相连，因节点 v_i 的度为 2。进一步从图 5.10 所示网络中可以发现，网络中有 5 个节点，其中白色节点的度为 1，蓝色节点的度为 2，红色节点的度为 3，则随机从网络中选择一点，$P(1)=P(3)=1/5=0.20$，$P(2)=3/5=0.60$。

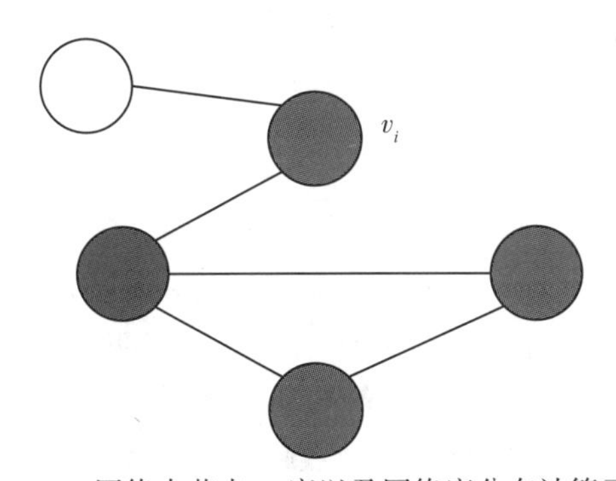

图 5.10 网络中节点 v_i 度以及网络度分布计算示例

(2)聚类系数：表征网络的节点共享能力，能够反映节点间或整个网络的紧密程度或凝聚力(如社交网络中某人的两个朋友彼此之间也是朋友)。节点 v_i 的聚类系数定义为包含节点 v_i 的三角形个数与以节点 v_i 为顶点的三元组最大可能个数的比值，其值介于 0 至 1 之间，聚类系数值越大，表明聚集性越好。

例如，以图 5.11(彩图见附录)为例，对于节点 v_i，以 v_i 为顶点可以构成 3 个三元组，而图中所示网络中以 v_i 为顶点的三元组实际有 1 个，由此得 v_i 的聚类系数为 1/3。

(3)平均路径长度：定义为网络中任意两点间最短路径的平均值，针对的是网络整体的特性，描述了网络的通行效率。

在如图 5.12 所示(彩图见附录)的网络中，节点 u、v、s、t 两两之间的最短路径长度如表 5.1 所示。

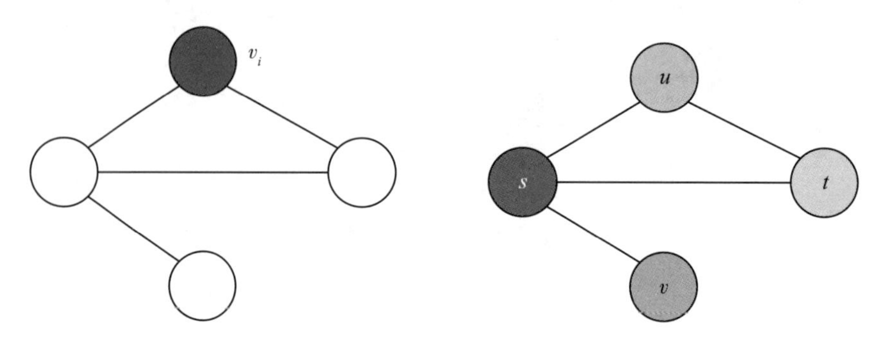

图 5.11　网络中节点 v_i 聚类系数计算实例　　图 5.12　网络的平均路径长度计算示例

表 5.1　**示例网络中节点对之间最短路径长度**

序号	节点对	最短路径长度
1	u—s	1
2	u—t	1
3	u—v	2
4	s—t	1
5	s—v	1
6	v—t	2

由表 5.1 可知，网络中共有 6 对节点，所对应的 6 条最短路径长度之和为 1+1+2+1+1+2=8，因此网络平均最短路径长度为 8/6≈1.33(保留两位小数)。

(4)介数：定义为通过该节点或边的最短路径条数，象征信息传递的中间人或桥梁，刻画了节点或边在网络整体中的影响力。介数越大，则表明在信息传播中，经由该节点或边的数据量越大，则越容易发生信息拥堵，也可以认为是越重要。介数包括节点介数、边介数两种类型。

如图 5.13 所示(彩图见附录)，以网络中节点 v_i 的介数计算为例，从节点 s 到 t，共有两条最短路径(长度为 2)。其中，有一条路径是经过节点 v_i 的，因此节点 v_i 的介数为 1/2。

(5)紧密度：定义为当前节点 v_i 到其他节点的平均距离的倒数，刻画了节点通过网络到达网络中其他节点的接近程度和难易程度，反映了节点通过网络对其他节点施加影响的能力。介数和紧密度一般比节点度能更好地反映网络的全局结构。

以图 5.14 所示(彩图见附录)的网络中的节点 v_i 为例计算紧密度，节点 v_i 到其他三个节点的平均距离为 $\frac{1+2+2}{3}=\frac{5}{3}$，则其紧密度为 $\frac{3}{5}=0.6$。

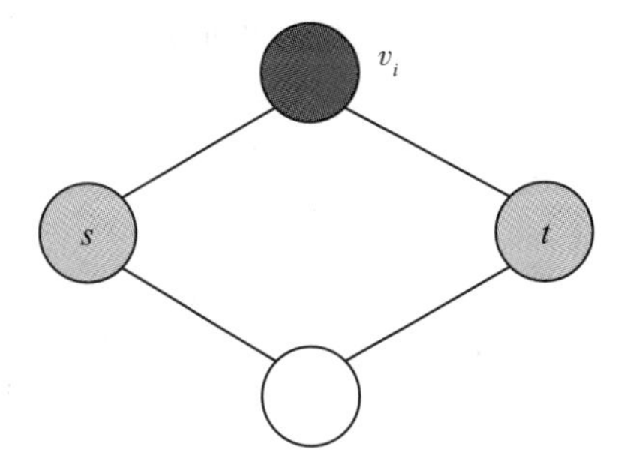

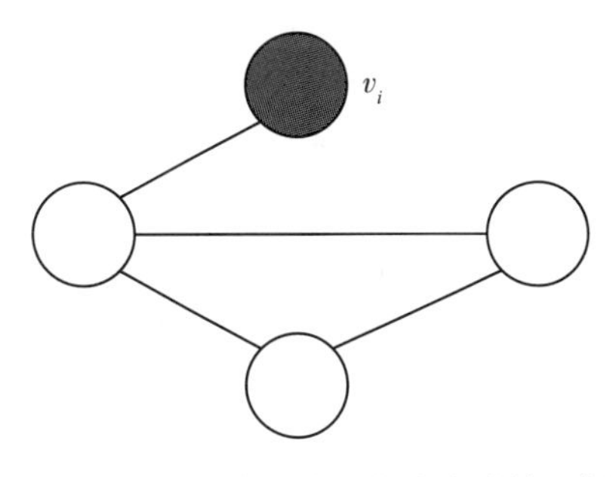

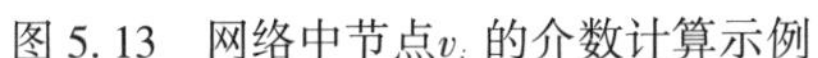

图 5.13 网络中节点v_i 的介数计算示例　　　图 5.14 网络中节点v_i 紧密度计算示例

5. 社团结构

网络中有一种特殊的结构，由多个节点聚集产生，是“物以类聚”思想的体现，这种结构在网络中被称为“社团”(Community)。社团也可称为社区，是网络中的节点内聚子图，子图内部的节点间存在较多的连接，而不同子图的节点间连接相对稀少。网络中的社区结构划分是对网络节点的聚类探测，是网络模块化与异质性的反映，例如，人际网络中可能因为专业、年龄等不同因素形成不同的群聚。层次网络往往具有明显的社团结构，其单个模块由于具有内部联系紧密、外部联系松散的特征，因此可认为是一个社团。

如图 5.15 所示，网络中划分出三个社团结构，社团内部各个节点的连接密集，不同社团节点之间仅有少量连接。

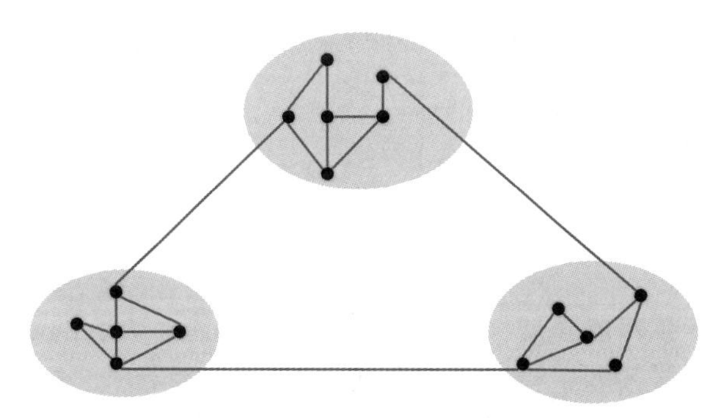

图 5.15 社团结构示例

社团划分常用的思路主要有两种：①基于凝聚的方法；②基于分裂的方法。

(1)基于凝聚的方法的思路是：将网络中的每一个顶点视为一个社团，然后根据某种距离衡量标准将距离最近的社团合并，代表性算法包括层次聚类算法、随机游走算法等。以随机游走算法为例，该算法用随机行走粒子的跃迁行为定义顶点间的距离，它假设网络上有一个可以任意跳跃到其邻居位置上的粒子，每一步跳跃都只与其当时所处的位置有关，每一次跳转的转移概率由节点的度决定，使得从一个节点出发的粒子通常能在较少的步数内到达同一社区内的节点，最终将彼此连接紧密的节点划分到同一社团。

(2)基于分裂的方法的思路是：首先将网络中的所有顶点都视为一个社团，通过逐步分割这个大社团形成更小的社团，代表性算法包括 GN 算法(Givan 和 Newman 提出的一种分裂算法)、边集聚系数法等。以 GN 算法为例，最初整个网络被视为一个整体，逐步用边介数来标记每条边对网络连通性的影响，然后迭代移除介数高的边(即模块间联通边)，从而实现社团划分。

评价社团划分结果是否理想的重要指标是模块度，其表示一个网络在某种社区划分下与随机网络的差异。因为随机网络并不具有社区结构，对应的差异越大，说明该社区划分越好，即模块度越大，则社团结构划分越好，计算公式为式(5.1)。

$$Q = \frac{1}{2m}\sum_{ij}\left(A_{ij} - \frac{k_i k_j}{2m}\right)\delta_{ij} \tag{5.1}$$

式中，m 为网络的总边数；A_{ij} 是网络的邻接矩阵的对应元素，$A_{ij} = 1$ 代表节点 v_i 和节点 v_j 之间存在连边，否则不存在连边；k_i 则为节点 v_i 的度；而 δ_{ij} 则表示为式(5.2)。

$$\delta_{ij} = \frac{C_{ij} + 1}{2} \tag{5.2}$$

式中，$C_{ij} = 1$ 表示节点 v_i 和节点 v_j 属于同一社区；$C_{ij} = -1$ 则表示二者不在同一社区。

6. 复杂网络实例的类型

现在的很多网络都具有复杂网络特性，概括地可以划分为以下 4 种类型。

(1)社交网：包括 Email 网络、交友网、科研合作网、国际关系网络等。

(2)交通运输网：包括铁路网、航空网、公路网、地铁网、水运网等。

(3)生物网络：包括食物链网络、基因网络、神经网络、蛋白质网络等。

(4)技术网络：包括电力网络、电话线网络、Internet 网络等。

5.3 社交媒体网络时空分析

5.3.1 研究背景

随着互联网和通信技术的发展，微博、微信、Facebook、Twitter 等为代表的社交平台逐渐成为人们日常沟通联系的主要媒介。在社交平台的支持下，有着相似的观念、友谊、兴趣等的用户，通过发帖、聊天等行为形成了丰富多样的联系。基于图论的思想，将社交平台中的用户(或团体)抽象为节点，将聊天、关注、转发等发生在不同节点之间的行为抽象为关系，就得到了一类特殊的社会网络，即：社交媒体网络(Social Media Network, SSN)。针对社交媒体网络的研究逐步受到社会学、计算机科学等领域研究人员的兴趣，如何对社交媒体网络中的关系进行建模表达与定性、定量分析，成为亟待解决的重要问题。

对于此类能够反映复杂社会关系的网络，有学者提出通过社会网络分析(SAN)的方法进行分析(Oliveira, Gama, 2012)。SNA 借鉴社会学和其他领域的研究和理论传统，融入网络科学理论与方法，描述人际关系模式如何与不同的行为、认知和情感结果相关联，从而在社交媒体网络的分析中展现出研究价值(Burt et al., 2013)。例如，通过网络的

PageRank 特性，可以对社交媒体网络中重要的用户进行识别，筛选出具有特定影响力的用户节点(Kwak et al. 2010；Weng et al.，2010)；基于网络度中心性的度量，能够对 Twitter 为代表的社交平台中具有共同兴趣的用户倾向于在公共环境中产生关联的水平，即社交媒体网络的同质性进行有效的度量(Priyanta，Nyoman，2019)。

尽管基于社会网络分析的研究方法对社交媒体网络的特征和规律能够比较有效地开展研究分析，但相关的研究依然有许多悬而未决的难点问题需要突破，例如，“如何通过一定的数学模型对社交媒体网络展开动态时序分析”“如何通过地理位置信息挖掘空间层面的分异规律”等(Antonakaki et al.，2020)。因此，为更加有效地针对社交媒体网络进行动态演化和空间分异规律的挖掘，有必要引入时空分析的模型、方法进行优化。

时空分析，主要包含了时序分析和空间分析，可以指分析具有时间序列属性与空间位置属性的数据以及分析这些数据的过程和方法。将时空分析与社会网络分析为代表的社交媒体网络分析方法结合，能够有效地发挥二者优势，挖掘更深层次的社会机理和时空规律。例如，与传统方法相比，在网络重构中同时考虑时间和空间因素，能更好地恢复 Twitter 用户网络等社交媒体网络(Yuan et al.，2019)；另外，在考虑时空关联的情况下，能够更好地捕捉社交网络用户之间的社会关系和交互关系，进一步从理论层面证明应用时空分析研究社交媒体网络的可行性(Moreno et al.，2021)。鉴于 Twitter 为代表的社交平台能够获取时序化的、带有地理位置标记的推文信息，也从数据层面上证明，融合时空分析思想和方法进行社交媒体网络的特征分析、规律挖掘具有可行性，是空间社会网络分析中的重要研究方向。

5.3.2 数据与模型

1. 社交媒体数据介绍——以 Twitter 和微博为例

目前一些大型社交平台(如 Twitter、微博)都允许用户通过调用 API 接口的方式，有限地获取社交媒体数据，本节以 Twitter 和微博为例，介绍数据的基本情况。

1) Twitter

Twitter(推特)是 2006 年在美国创立的一家社交平台，为用户提供当下全球实时事件和热议话题讨论。Twitter 的公开数据产品由 Twitter 开发者平台(https：//developer.twitter.com/)提供，开发者可通过调用 Twitter API，获取包含推文文本、媒体内容、用户和地理位置等共计 7 个数据集，具体内容如表 5.2 所示。

表 5.2　**Twitter API 提供的数据集**

数据集名称	数据集简介	数据集主要内容
Tweets(推文)	Tweets 是 Twitter 所有内容的基本组成部分	某条推文的文本、用户、日期、发布位置，以及包含推文权限、引用情况在内的标记信息
Users(用户)	描述被查询用户的 Twitter 账户的元数据	用户的名称、编号、创建日期、位置、简介等元数据信息

续表

数据集名称	数据集简介	数据集主要内容
Spaces(空间)	描述用户通过实时音频进行交流的情况	某个空间的编号、状态、起止时间、语言、标题、用户列表等信息
Lists(列表)	描述用户自定义的推文列表(或其他列表)的元数据	特定列表的编号、名称、创建时间、创建者、列表说明等元数据信息
Media(媒体)	描述被附加到推文的图像、GIF或视频内容信息	媒体内容的编号、名称、URL 地址、持续时间、分辨率等信息
Polls(投票)	描述 Twitter 上发布的用户投票信息	投票的编号、选项、时长、截止时间、可用性
Places(地点)	推文中标记的空间地理位置信息	描述地点的地名、地理坐标、所属国家(地区)

2)微博

微博(Weibo)是中文互联网规模和用户群体较大的社交媒体平台，它提供了热点话题的讨论和兴趣内容的分享等功能。用户可以通过微博开放平台(https://open.weibo.com/)提供的 API 接口，获取微博内容、评论、用户和位置等相关的信息。微博平台提供了三个主要的数据集，分别描述用户、微博、评论三个方面的内容，数据集简介如表 5.3 所示。

表 5.3　**微博 API 提供的数据集**

数据集名称	数据集简介	数据集主要内容
用户	描述微博用户的公开资料信息	某条推文的文本、用户、日期、发布位置，以及包含推文权限、引用情况在内的标记信息
微博	描述被查询用户发布的微博内容和其他基本信息	微博的编号、内容，及发布时间、点赞、评论等元数据信息
评论	描述某条微博下的用户评论情况	评论内容以及编号、时间、评论对象等元数据信息

2. 社交媒体网络构建

社交媒体网络中，交互通常是指发生在不同用户之间的互动行为。例如，两个 Twitter 用户之间通过聊天、评论、关注等行为产生了互动关系，即可视为发生了一次交互，从而根据交互形成一条边，从而构建社交媒体网络。

若顾及用户之间交互的方向性，则基于 Twitter 或微博 API 收集的用户交互数据，可定义一个有向、带权的社交媒体网络，记为 $G=(V, E, w)$。其中，V 表示节点集合，即社交媒体网络中与其他用户有交互的用户，可使用用户的唯一编号表示；E 可表示边的集合，即用户之间的互动关系(例如评论、关注等)，其方向可定义为从评论者指向被评论者；w 表示边的权重。例如，研究用户之间的推文评论关系，可将两个用户之间在一段时间内累计的评论次数记为对应边的权重。

例如，假设某时段内社交媒体网络中有“张三”“李四”“王五”三个用户，他们彼此之间的评论互动如图 5. 16(a)所示，则根据本节中的网络构造方法，可以得到如图 5. 16(b)所示的社交媒体网络结构。其中，所有圆点构成节点集 V；所有带箭头的连线构成边集 E，其方向从发布评论的用户指向被评论用户；箭头粗细代表边的权重大小，如评论次数越多，则权重就越大。

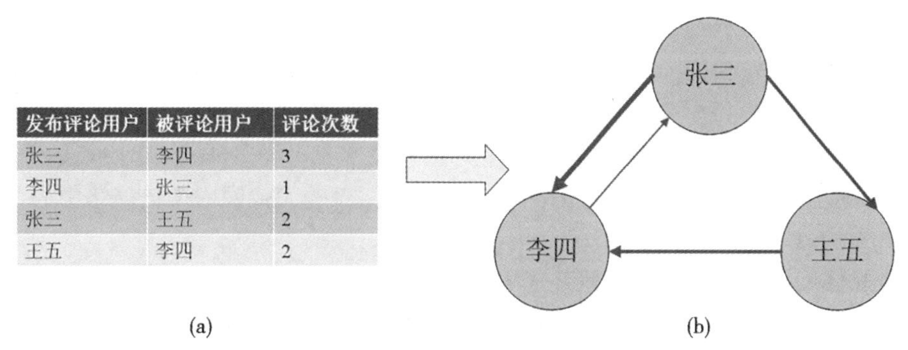

发布评论用户	被评论用户	评论次数
张三	李四	3
李四	张三	1
张三	王五	2
王五	李四	2

图 5.16 根据社交媒体用户评论关系构造有向带权的网络示例

5.3.3 社交媒体网络时空分析研究

随着互联网社交平台的发展壮大，其已成为人们交流思想、传播信息的重要依靠，认知、把握信息在社交平台上传播的方式以及时空分异规律，对更好地规范社交平台运营、营造良好网络氛围具有重要意义。因此，鉴于信息传播机制进行研究的必要性和重要性愈发明显(张鹏等，2019；Yu et al.，2017)，本节将围绕社交网络信息传播的时空分析研究，对相关领域的部分研究进行梳理和总结。

度、中心性、效率等结构特征指标，是度量网络中传播能力、效率的重要依据。相关研究中十分关注时间、空间因子如何影响网络结构特征，进而影响社交媒体网络中信息的传播。例如，在基于网络的基本结构特征指标(度、介数等)进行节点重要性排序时，融入用户的空间位置信息，能够更好地考虑相近的用户之间的影响，从而更好地表征用户在社交媒体网络中的影响力(Ullah，Lee，2016)。度中心性、接近性中心性、效率等结构特征指标反映了节点在网络中的重要性，基于空间距离扩展相关指标的计算，能够定量地捕捉特定用户(或群体)对给定地区信息传播的影响，进而确定用户在社交网络中的影响力，最终识别出社交媒体网络中对信息传播有重要作用的关键用户(Lima，Musolesi，2012；Cheng，2021)。网络密度、平均加权度、平均路径长度等结构特征指标能够在一定程度上表征网络中个体间联系的密切程度。对各方的信息沟通协调程度进行模拟并结合空间分析，能够在 COVID-19 为代表的特殊公共事件发生时，快速定位信息沟通渠道不畅的部分，从而便于协调开展相应的部署(Wang et al.，2020)。

社交媒体网络中的信息传播通常具有其独特的规律，如何通过建模分析手段挖掘网络的组织结构特征、预测发展演化方向，是开展社交媒体网络分析时需面临的关键问题。相关研究表明：地理空间是影响用户在社交网络中交互的重要因素，居住在相同地理位置的人的行为往往表现出相似性，从而影响社交媒体网络中的信息交互(Cho et al.，2011)。刻画真实的社交媒体网络的属性，反映用户(或群体)间互动的实际特征，同样需要将网络分析和时空分析进行有机融合。例如，有学者以指数分布和泊松分布两种模型对社交网络的新节点加入进行模拟，并加入地理距离与人口密度限制后，得出地理位置对社交网络的结构有影响，其中空间的通信距离是最显著的影响因素，表明当下空间因素依然能够对社会网络的发展演化起到至关重要的作用(Liu et al.，2019)；Laniado 等(2018)通过研究社交网络中的交互(即网络的边)权重是否取决于其社交位置和空间距离长度等因素，来分析社交网络如何携带和传播信息。进一步将分析的尺度从微观的用户层面上升到更大的城市尺度，对微信用户的社交联系进行城市层面的聚合并构建城市交互网络，进而构建“度-度”“地理距离”“度-度-地理距离”等 6 种偏好依赖模型，可得出“节点度”和“地理距离”是影响城市尺度下社交媒体网络演化的两个关键要素，对较大范围内微信网络中的信息传播具有显著影响(Dong et al.，2019)。

社交媒体网络中的信息传播研究还可以与其他空间社会网络研究的问题产生关联。如空间社会网络的链路预测有助于揭示网络中的隐藏传播路径，通过空间化的 Twitter 相关推文的传播网络进行链路预测分析，能够对推文信息传播网络中的隐藏相互作用进行发掘(Zheng et al.，2019)。针对社交网络中节点位置随时间变化的情况，利用时间和空间相关性构建时变社区模型，优化网络中的兴趣社区结构，能够更加有效地实现社交媒体网络内的信息内容分发(Li et al.，2019)。

5.4　国际关系网络时空分析

5.4.1　背景与意义

国际关系在冷战之后表现得更复杂和多变，给世界经济、安全、外交等带来了深刻的变化。这些变化对中国的一系列对内和对外政策的制定产生了重大影响。因此，全面及时地分析和了解国际上各国的关系及其总体变化特征具有重要意义。即便如此，此类研究仍具有较大的难度，主要表现在三个方面：①国际关系理论、方法较为复杂，涉及方面众多；②国际关系所涉及的时空尺度广泛，信息覆盖的全面与否可直接影响分析的准确性；③国际关系瞬息万变，分析的及时性是非常重要的因素。国际关系的分析与预测一直是难以破解的难题。

随着大数据时代的到来，新技术的涌现和迅速发展使得海量数据的获取、存储和计算成为可能，研究人员可以利用大数据对人类的行为模式进行分析和预测。Lazer 等(2009)在 *Science* 杂志上发表了论文 *Computational Social Science*，标志着计算社会科学的到来。大量研究人员利用社交网络数据、通话数据和定位轨迹数据等分析个人、城市和国家之间的相互关系和相互作用(Eagle et al., 2009; Kang, Qin, 2016)。相对于这些"个人导向"的社交媒体数据，以广播、报纸和电视等以大众为目标的大众媒体数据往往更加关注相关事件的重要性和聚集性，这些数据集中在特定的有影响力的事件上，而不是一些个人活动，并且具有较长的时间跨度和实时更新性，因此更加适合进行大规模和长时间的模式分析(Mazzitello et al., 2007)。

GDELT(The Global Database of Events, Language, and Tone)是一个免费开放的新闻数据库①，具有很高的时效性。基于 GDELT 数据，我们可以从空间和时间的角度探索不同地理区域和地理对象之间基于事件的联系及其时空演化规律。

自 GDELT 发布以来，大量学者对其进行了挖掘和分析研究。一些学者从新闻覆盖量的角度，研究了不同国家新闻覆盖量差异的原因(Kwak, An, 2014)，分析了地震之后新闻覆盖量和不同国家援助情况的变化(Su et al., 2016)；一些学者从新闻事件及其影响程度的角度，研究了国家之间的相互关系(Degtyarev et al., 2017)、国家的活跃程度(Bi et al., 2015)；一些学者从情感角度，研究了公众对国家政策的评价(Sagi, Labeaga, 2016)、社会情绪的结构分布(龚为纲，朱萌，2018)等。由于 GDELT 数据集的长时间跨度和实时更新特性，大量学者利用其进行冲突事件的预测，所用的方法包括回归模型、时间序列模型、隐马尔可夫、频繁子图等。一些学者利用 GDELT 数据对宏观经济指标(Elshendy, Colladon, 2017)、股市指数(Phua et al., 2014)、原油价格(Elshendy et al., 2018)等进行了有效预测。

网络分析，尤其是复杂网络理论自 20 世纪末以来迅速兴盛和发展，在网络的统计特征、结构特性、演化特征等方面都涌现了大量的研究(汪小帆，2006; Boccaletti et al., 2006)。利用复杂网络方法对实体之间的关系进行建模构建网络，可以很方便地对其中蕴含的关系进行分析，广泛应用于生物网络、社交网络等领域。对于具有空间属性的网络，即其节点具有位置属性的网络也被应用于许多领域，如交通(秦昆等，2017)、贸易(Dueñas, Fagiolo, 2013)、迁徙(Davis et al., 2013)等。通过构建空间网络探究不同地理实体如城市、国家等在交通、贸易、迁徙等方面的关系，对于区域发展政策制定、交通规划等都具有重要的参考。但是，利用某个特定领域如交通、贸易等的数据构建的交互网络无法反映整体的关系，并且往往存在数据获取困难、数据更新慢等局限性，而 GDELT 包含各种不同主题新闻的协同信息，并且能够免费获取和实时更新，可以很好地研究不同地理实体之间的交互关系。同时，新闻事件还能够体现其中参与者间的交互作用，通过这些交互信息构建交互网络，可以对参与者之间的关系进行长时间观察，从而分析不同组织、不同国家之间的关系模式及其变化规律(Sharma et al., 2017; Yuan et al., 2017; Yuan, 2017)。但是，目前的研究大多是通过一些指标统计进行现象分析，或者从方法论的角度进行预测分析，而较少分析新闻数据中蕴含的交互作用以及这些交互关系的时空变化规律。因此，通过 GDELT 数据，基于网络分析方法挖掘国际关系中的相互作用、时空规律等，已成为空间社会网络分析领域一个重要的科学问题(秦昆等，2017)。

① http://www.gdeltproject.org.

5.4.2　数据与网络模型

1. GDELT 数据介绍

GDELT 是由 Google Jigsaw 支持，美国乔治城大学教授 Kalev Leetaru 于 2013 年创建并发布的一个新闻数据库，GDELT 实时监测世界上印刷、广播、网络媒体中的新闻，对其进行分析，提取出人物、地点、组织和事件类型等关键信息，涵盖了从 1979 年至今的新闻媒体数据并每 15 分钟进行更新。GDELT 为免费开放的数据库，它将提取出来的信息导出为 CSV 格式的表格，可以直接免费下载。GDELT 提供了多种数据集，其中，事件库(Event Database)和全球知识图(Global Knowledge Graph，GKG)是两个主要的数据集，会稳定进行发布和更新，故本节选取这 2 个数据集进行分析。

事件库提取了新闻中包含的两个参与者、发生在两者之间的事件、参与者位置及事件发生位置等信息，根据事件信息对新闻进行聚合，每一条数据代表一个事件。需要特别说明的是，事件库中采用 CAMEO(冲突与调解事件观察，Conflict and Mediation Event Observations)对事件进行编码，因此，事件库中提取的事件均为政治合作或冲突的事件。事件库中的数据包括 58 个字段，可以选取 QuadClass，Actor1Geo_CountryCode，Actor2Geo_CountryCode 这 3 个字段用于构建网络，其中 QuadClass 用于标识事件的主要分类(1 表示口头合作、2 表示实质合作、3 表示口头冲突、4 表示实质冲突)，Actor1Geo_CountryCode 为参与者 1 所在位置的国家(地区)编码，Actor2Geo_CountryCode 为参与者 2 所在位置的国家(地区)编码。

全球知识图扩展了事件库的功能，记录了新闻中出现的所有的人员、组织、位置、情绪、主题、计数和来源信息，并将以上信息形成一个“名称集(NameSet)”，根据名称集对新闻进行聚合，每一条数据代表唯一的名称集，包含所有含该名称集的文章。本节选取 NUMARTS 和 LOCATIONS 两个字段用于构建网络，其中 NUMARTS 是指包括此条名称集的源文档总数；LOCATIONS 是指在新闻文本中能找到的所有位置的列表，每个位置用“;”分隔，每个位置字段中包含许多子字段，用“#”分隔，本节主要用到 LOCATIONS 的子字段 GEO_COUNTRYCODE 表示位置的国家(地区)编码。

2. 基于 GDELT 的国家交互网络构建

交互是指两者间的交流互动。这里的国家(地区)交互网络中的交互是指两个国家(地区)在新闻中的某种互动关系。在事件库中，定义两个国家(地区)共同参与一个事件为一次交互。从事件库的一条数据中提取的两个参与者间有交互，交互次数为 1。在全球知识图中，定义 2 个国家(地区)共同在一个新闻文档中出现作为一次交互，全球知识图的一条数据中提取的所有位置两两之间都有交互，交互次数为该条数据的源文档总数(即 NUMARTS)。

基于 GDELT 定义一个无向有权的国家(地区)交互网络 $G=(V, E, l, w)$，其中，V 表示在 GDELT 中与其他国家(地区)有交互的国家(地区)集合，边集 E 表示国家(地区)间的交互集合，l 表示节点的标识，用 FIPS 国家(地区)代码来标识节点，w 表示边权重，可用两个国家(地区)的交互次数作为边权重。例如，某时间段内中国和美国共交互 10 次，则在该时间段的国家(地区)交互网络中代表着一条边 $e=(u, v)$，其中 $l(u)=$ CN，$l(v)=$ US，边权重 $w(e)=10$。

对于给定的时间段 t，国家(地区)交互网络的具体构建方法为：首先，对 t 时间内的所有数据，累计 2 个国家(地区)间的交互次数；然后，以国家(地区)为节点，国家(地区)间的交互为连边，总交互次数为权重，构建国家(地区)交互网络。

根据上述的交互网络构建方法，对于如表 5.4 和表 5.5 所示的事件库和全球知识图中的 3 条示例数据，生成的网络如图 5.17 所示。

表 5.4 **事件库数据示例**

Actor1Geo_CountryCode	Actor2Geo_CountryCode
CH	US
SY	RS
US	RS

表 5.5 **全球知识图数据示例**

NUMARTS	LOCATIONS
2	1#China#CH#CH#35#105#CH; 1#UnitedStates#US#US#39. 828175 #-98. 5795#US;;1#Canada#CA#CA#60#-96#CA
4	1#United States#US#US#39. 828175#-98. 5795#US;1#Russia#RS#RS#60#100#RS
5	1#United States#US#US#34. 04#-118. 15#US;1#Canada#CA#CA#60#-96#CA

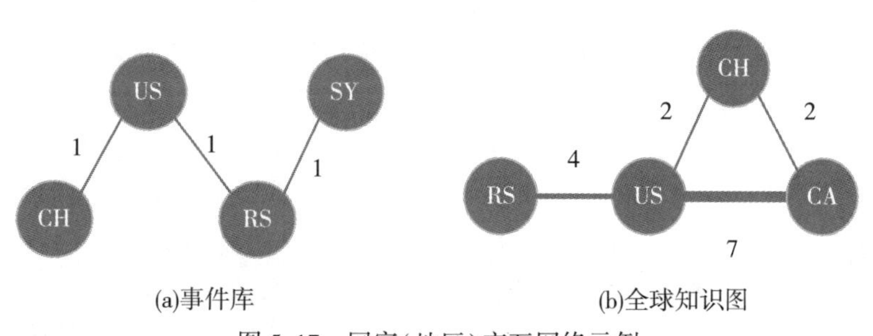

图 5.17 国家(地区)交互网络示例

5.4.3 国家(地区)交互网络的特征统计与分析

全球每天都有大量的新闻报道和各种各样的事件发生，GDELT 中每天都有大量的事件数据被累积(10 万~20 万条数据)，足以构建一个复杂网络。但是，新闻往往具有很强的时效性，短时间内的新闻可能受特定的事件影响，因此本节进一步利用不同时间长度的数据构建网络，观察不同时间尺度网络的差别及网络随时间增长的特性。本节选取 2017 年 12 月的第一天、第一周和整月数据作为示例，分别构建一天、一周、一月 3 种时间尺度的交互网络进行分析。

1. 网络拓扑特征

首先对国家(地区)交互网络的整体拓扑特征进行统计，在如表 5.6 所示的统计表格中，N 代表网络节点数，M 代表网络连边数，k 代表网络平均度，D 代表网络图密度，C 代表网络平均聚类系数，L 代表网络平均路径长度，A 代表节点的度同配系数。

表 5.6　　　　**国家(地区)交互网络拓扑特征统计结果**

数据源	时间	N	M	k	D	C	L	A
事件库	1 天	213	2420	22.723	0.107	0.514	2.080	-0.200
	1 周	233	5385	46.223	0.199	0.613	1.877	-0.201
	1 月	246	8861	72.041	0.294	0.678	1.732	-0.194
全球知识图	1 天	242	17032	140.760	0.584	0.813	1.424	-0.154
	1 周	254	25023	197.031	0.779	0.923	1.222	-0.111
	1 月	257	27960	217.588	0.850	0.941	1.150	-0.059

从表 5.6 可以看出，在 3 个时间段，网络节点数 N 和连边数 M 都很大，在一天中，就有 200 多个国家之间有交互(FIPS 国家代码共 274 种)，平均度 k 代表在某时间段内一个国家(地区)平均与多少个国家(地区)有过交互，图密度 D 代表国家(地区)间连接的紧密程度。从 k 来看，在一天之中，一个国家(地区)平均与 20 多个国家(地区)共同参与事件，与 140 多个国家(地区)共同在新闻中出现。从网络图密度 D 来看，一个月全球知识图的数据构建的网络中，图密度高达 0.85，网络接近于全连接，也就是说，一个月内国家(地区)两两之间几乎都在新闻中共同出现，一定程度上能够说明整体上国家(地区)交互网络连接十分紧密，彼此之间交互比较频繁。平均聚类系数 C 和平均路径长度 L 都可以反映网络的小世界特性，在两种网络中，C 都较大而 L 都较小，反映了交互网络具有小世界特性，表明国家(地区)之间的连通程度高。度同配系数 A 均为负值，反映该网络是非同配网络，总体上度值较小的国家(地区)倾向于与度值较大的国家(地区)相连，度值较大的国家(地区)倾向于与度值较小的国家(地区)相连。

2. 网络无标度特征分析

在复杂网络中，节点连接机制与规则网络和随机网络不同，不是固定或随机地选择边进行连接，而是带有一定偏好，比如偏向和网络中重要的节点进行连接，这种机制导致了节点之间的连接状况具有不均匀分布特性，无标度性质就是描述这种分布的不均匀性。

无标度性质通常通过统计网络中的资源分布是否符合幂律分布来衡量，常见的幂律分布模型有 Zipf 定律(Zipf，1933)、Pareto 定律(Arnold，2008)等，幂律分布的通式如式(5.3)所示，其中 x，y 是正的随机变量，C，α 均为大于零的常数(Clauset et al.，2009)。这里，取 x 的互补累计概率函数(Complementary Cumulative Distribution Function，CCDF)作为 y 来进行幂律分布分析，相对于直接取 x 概率函数可以消除一些统计误差，如式(5.4)所示，$P(X \geqslant x)$ 为值大于 x 的概率，即互补累计概率函数。

$$y = Cx^{-\alpha} \tag{5.3}$$

$$P(X \geqslant x) = Cx^{-\alpha} \tag{5.4}$$

在双对数坐标下幂律分布将表现为一条斜率为幂指数的负数的直线，这一线性关系是判断给定的实例中随机变量是否满足幂律分布的重要依据。由于实际系统中变量的取值往往有限并且受到系统规模的限制，即使系统服从幂律分布，抽样次数太多形成的饱和效应会导致数据在双对数坐标下发生凸离原点的情形，分形学家 Mandelbrot 对 Zipf 模型进行了改进，提出了 Zipf-Mandelbrot 定律，引入一个平移参数 ρ，使得这种凸离原点的情形可以得到比较理想的拟合曲线，数据越饱和，ρ 的值也就越大。由于 GDELT 每天都有上万条记录，造成数据的饱和，所以根据 Zipf-Mandelbrot 定律，利用式(5.5)作为拟合函数。

$$P(X \geqslant x) = C\,(x + \rho)^{-\alpha} \tag{5.5}$$

度分布常作为衡量网络的无标度性的标准，本节构建的国家(地区)交互网络为加权网络，由于边权值的引入，相对于节点度分布，节点强度分布更加适用于衡量网络的无标度性质，节点强度分布可以反映整体上网络连接的不均匀性。对某单个节点，其不同连接边的强度(即边权值)往往也存在很大的差异，即一个国家(地区)与其他国家(地区)的交互强度存在较大差异。所以，本节从节点强度分布、单节点连接边的强度分布两个方面分析网络在整体上和局部上的无标度特征。

1)节点强度分布

首先，统计节点强度的分布，对于基于事件库构建的国家(地区)交互网络，节点强度即为加权度，代表某时间段内一个国家(地区)与其他国家(地区)共同参与事件的总次数。对于基于全球知识图构建的国家(地区)交互网络，因为其统计了一条新闻中的多个位置，导致一个国家(地区)在一个新闻出现会与多个国家(地区)产生连接，利用加权度计算节点强度将导致一些重复计算，所以本节改用统计的国家(地区)在新闻中出现的总次数(即在位置中包含某个国家(地区)的新闻文档数总和)代替加权度作为节点强度进行分析。节点强度分布的统计结果如图 5.18 所示。

如图 5.18 所示，(a)和(b)为双对数坐标下国家(地区)交互网络的节点强度累计概率分布，横坐标 S 代表节点强度大小，纵坐标 $C(S)$ 代表节点强度至少为 S 的概率；(c)和(d)为将节点强度平移后得到的分布图，即对每个节点强度值都加一个平移参数 ρ。不论是一天还是一周或一月内，节点强度的分布都可以用 Zipf-Mandelbrot 函数很好地拟合，证明该分布为无标度分布。在一段时间内，不同国家(地区)节点的强度有很大的差异，对于基于事件库构建的网络，说明在一段时间内，有极少数国家(地区)参与事件的次数特别多，而大多数国家(地区)的参与次数都很少。对于基于全球知识图构建的网络，说明在一段时间内，极少数国家(地区)在新闻中出现的次数特别多，而大多数国家(地区)很少在新闻中出现。

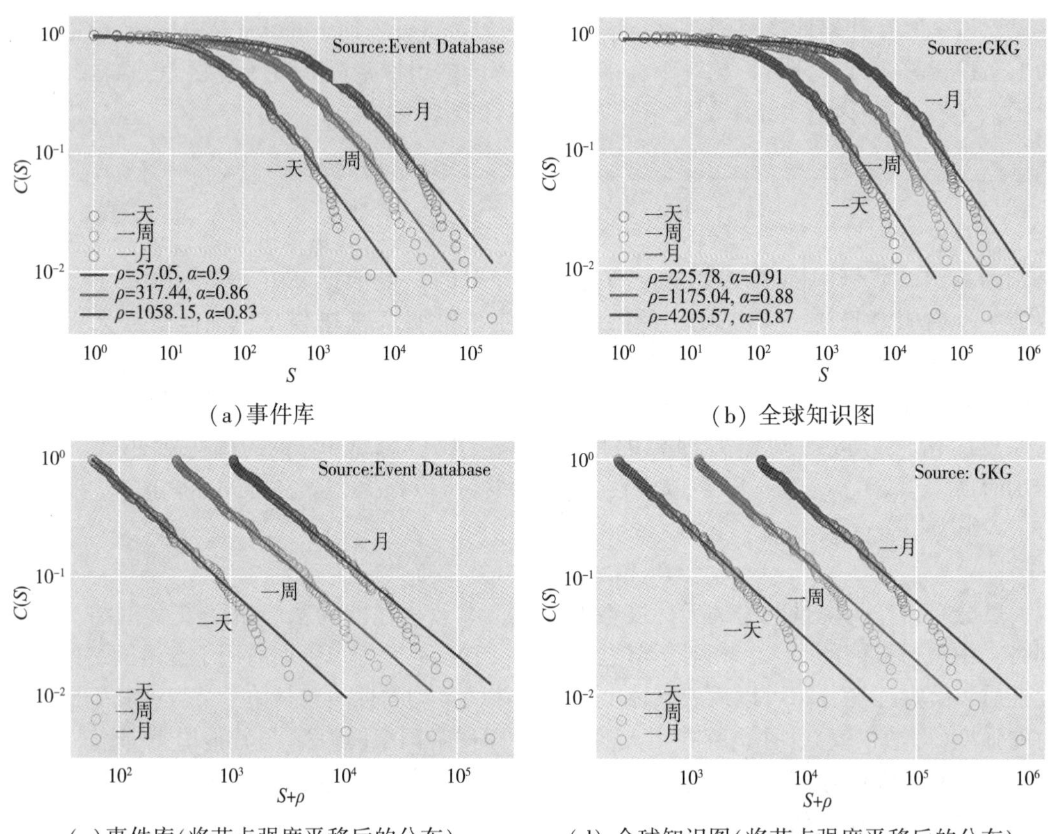

(a)事件库

(b) 全球知识图

(c)事件库(将节点强度平移后的分布)

(d) 全球知识图(将节点强度平移后的分布)

图 5.18　双对数坐标下国家(地区)交互网络的节点强度累计概率分布图

提取出节点强度排名前 20 的国家(地区)，分析哪些国家(地区)参与事件或在新闻中出现次数最多，也反映这些国家(地区)在网络中的重要性。根据一个月数据构建的国家(地区)交互网络进行排名，以减弱短时间内发生的事件对网络的影响，统计结果如图 5.19 所示。

图 5.19 显示了两个数据集构建的国家(地区)交互网络中节点强度排名前 20 的节点，横坐标为国家(地区)节点，纵坐标为该节点强度占网络总节点强度的比重。美国(US)的节点强度远高于其他国家，占比分别为 13%和 16%，其他国家(地区)之间的差距不是很大，占比都在 10%以下。在基于事件库构建的网络中，美国(US)、以色列(IS)、俄罗斯(RS)、中国(CH)、英国(UK)等处于前 20 的位置，说明这些国家(地区)参与事件的次数较多。在基于全球知识图构建的网络中，美国(US)、英国(UK)、中国(CH)、加拿大(CA)、俄罗斯(RS)等处于前 20 的位置，说明其在新闻中出现的次数较多，也就是说在新闻中被提及的次数更多，即更受媒体关注。

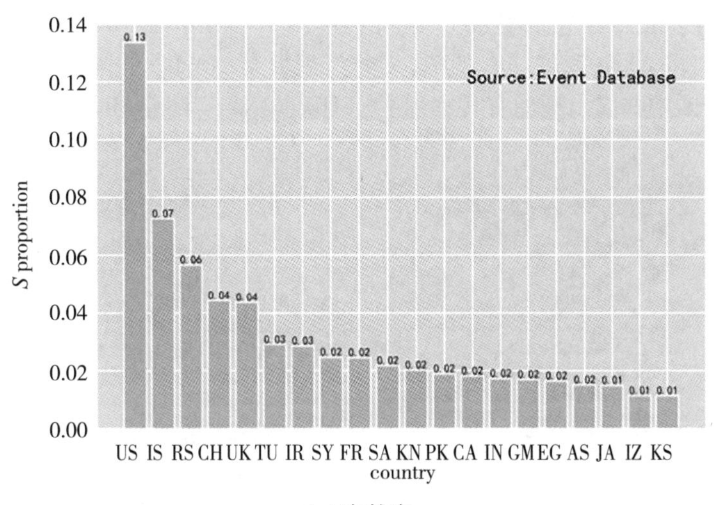

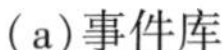
(a)事件库

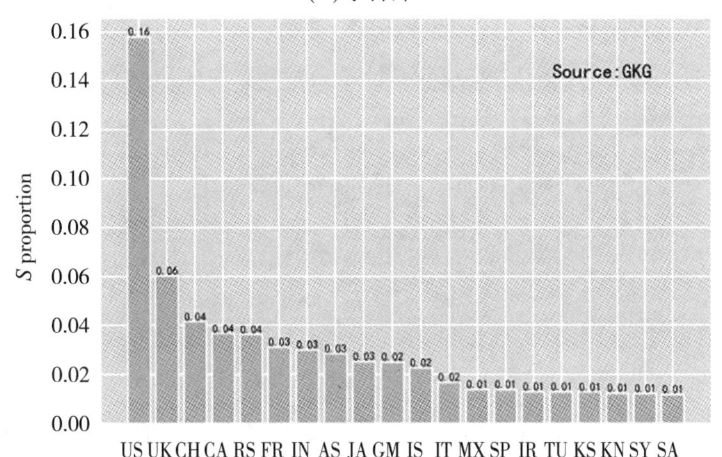

(b)全球知识图

图 5.19　国家(地区)交互网络节点强度排名前 20 国家(地区)分布图(2017 年 12 月)

2)单节点连接边的强度分布

以中国为例，提取在交互网络中与中国相连接国家(地区)的边强度，分析中国与其他国家(地区)之间交互强度的差异。统计结果如图 5.20 所示，(a)和(b)为双对数坐标下与中国相连接国家的边强度分布图，横坐标 ES 代表边强度大小，纵坐标 $C(ES)$ 代表边强度至少为 ES 的概率；(c)和(d)为将边强度平移后得到的分布图。可以看出，中国与其他国家(地区)的交互强度分布满足无标度分布，说明中国与极少数国家(地区)共同参与事件很多或经常在新闻中共现，而与大多数国家(地区)很少有事件交互或被新闻共同提及。

图 5.21 显示了与中国交互强度排名前 20 国家(地区)，横坐标为国家(地区)，纵坐标为该国家(地区)与中国的交互强度占中国与其他国家(地区)的总交互强度的比重，图 5.21 (a)反映了中国与哪些国家(地区)共同参与事件的次数较多，图 5.21 (b)反映了中国与哪些国家(地区)经常在新闻中共同出现。可以看出，中国与美国的交互最多，美国

的占比分别为 14%和 13%，而其他的差距不是很大，占比都在 10%以下；除美国外，和中国共同参与事件的次数较多的有朝鲜(KN)、俄罗斯(RS)、韩国(KS)、日本(JA)等，和中国经常在新闻中共同出现的有日本(JA)、印度(IN)、英国(UK)、俄罗斯(RS)等。

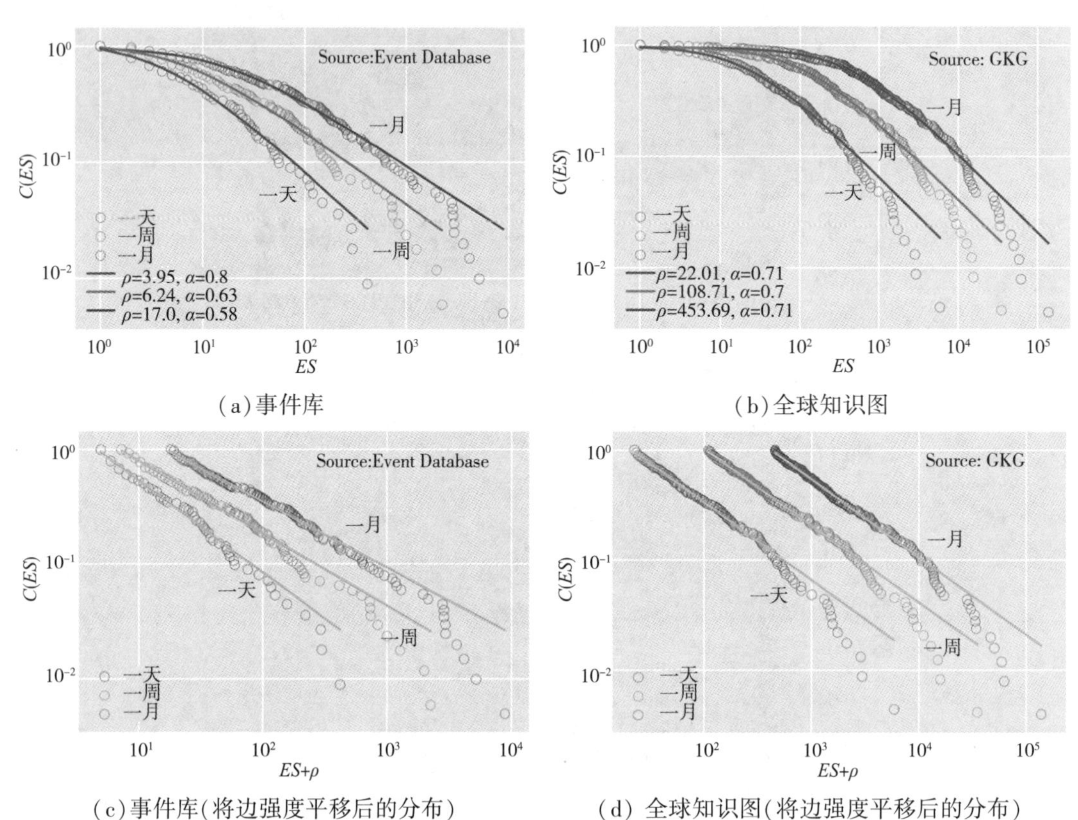

(a)事件库　　(b)全球知识图

(c)事件库(将边强度平移后的分布)　　(d) 全球知识图(将边强度平移后的分布)

图 5.20　双对数坐标下与中国相连接国家(地区)的边强度累计概率分布图

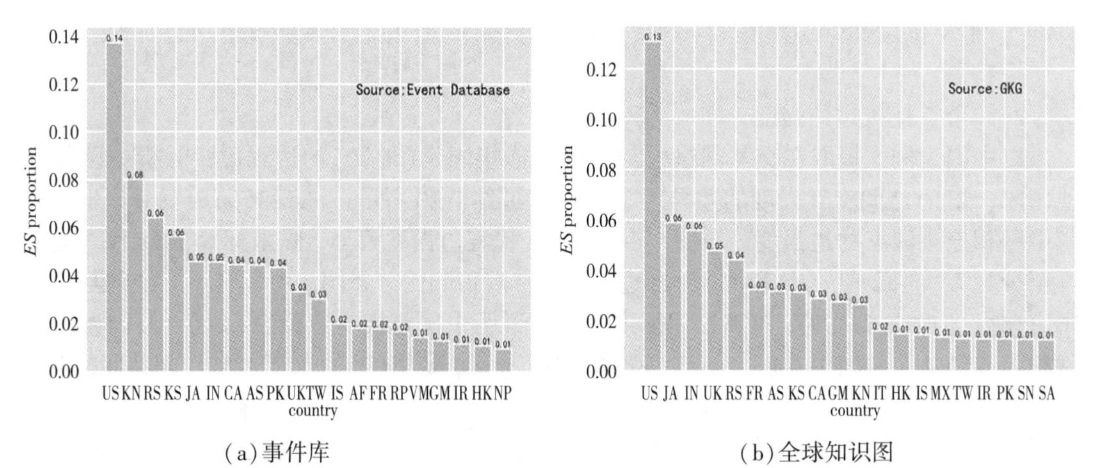

(a)事件库　　(b)全球知识图

图 5.21　与中国交互强度排名前 20 国家分布图(2017 年 12 月)

5.4.4 国家(地区)冲突事件交互网络的时序变化分析

新闻往往是对一些特定的有重大意义的事件进行报道，如果有重大的事件发生，往往会出现大量的新闻报道，也就会导致构建的交互网络中的信息发生一些突然的变化，由此可以推断，网络的突然变化往往意味一些重大的事件的发生。对于基于事件库构建的国家(地区)交互网络，其中每一次交互都意味着两个国家(地区)之间发生了某种冲突与调解事件，所以，如果国家(地区)在此交互网络中的节点强度或者与某个国家(地区)的交互边强度突然增长，往往意味该国家(地区)发生了较为重大的冲突与调解事件，反之，突然下降往往意味着事件的平息。

为验证以上推断，本节将构建冲突事件交互网络。在事件库中的 QuadClass 字段对四大类事件类型(口头合作、实质合作、口头冲突、实质冲突)进行了划分，利用 QuadClass 字段对事件库进行筛选，选择其中表示“发生实质冲突”的事件，构建冲突事件交互网络。在冲突事件网络中，某国家(地区)的节点强度或某两个国家(地区)间的边强度突然变化意味可能发生了国家(地区)间的冲突。对冲突事件交互网络在 2017 年中的变化进行探测，统计各月相对于上月的变化情况，有助于我们分析其变化与当月发生事件的联系。

首先统计了 2017 年中各月的冲突事件数的总体变化情况，如图 5.22 所示为相邻两个月之间的冲突事件总数的差值分布。

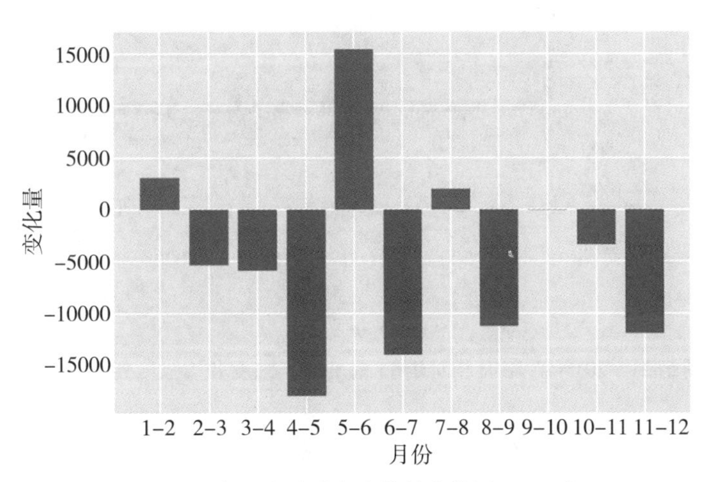

图 5.22 各月实质冲突事件数变化图(2017 年)

图 5.22 中，横坐标为某相邻的两个月，纵坐标为后一个月相对前一个月的变化量：变化量为正值，表示冲突事件数相对于上月有所增长；变化量为负值，则表示冲突事件数相对上月下降。可以看到，除 2 月、6 月、8 月相对于上月冲突事件数在增加，其他月份的冲突事件数都在减少，其中 6 月份的冲突事件数增长最多，说明该月发生了较多的冲突事件，可能是受 2017 年 6 月中东地区的“断交事件”、中印边境冲突等的影响。

接下来对节点强度及边强度变化分别进行统计。首先观察其变化量的总体分布，由于每个月的变化量分布大致相似，统计了 2017 年 12 月相对于 11 月的变化量，如图 5.23 所示。图 5.23 的横坐标为变化量的排名，纵坐标为变化量，可以看出节点及边强度的增长量或减少量分布都符合幂律分布，即大多数节点或边的增长或减少量都很小，而少部分变化量较大的节点或边就意味其对应的国家(地区)可能发生了某些冲突事件。

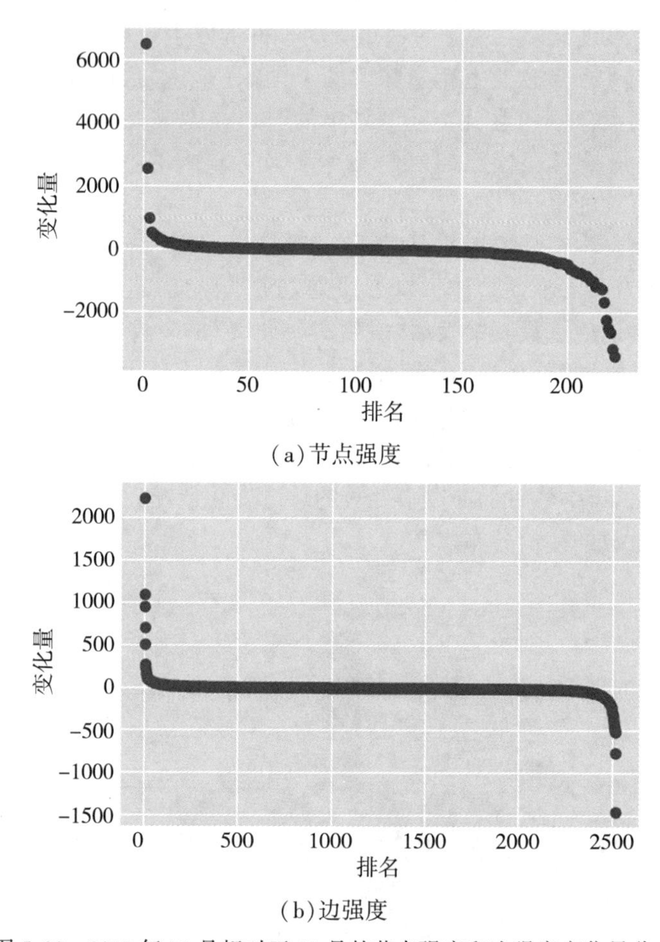

(a)节点强度

(b)边强度

图 5.23　2017 年 12 月相对于 11 月的节点强度和边强度变化量分布

为具体观察节点与边的变化与冲突事件的关系，进一步抽取出每月中节点强度及边强度的增长量或者减少量最大的国家(地区)或国家(地区)对，并对比、分析该国家(地区)或国家(地区)对在当月发生的事件，相关统计结果如图 5.24 所示。

图 5.24 显示了各月节点强度或边强度变化最大的节点或边，横坐标为某相邻的 2 个月，纵坐标为后一个月相对前一个月的变化量：变化量为正，表示相对于上月强度增长量最大的节点或边；变化量为负，则表示强度相对上月减少量最大的节点或边。

图 5.24 (a)和图 5.24 (b)之间存在一定的对应关系，对于某月中节点强度变化最大的国家(地区)，往往其与某国家(地区)的交互边强度在该月中变化量也最大，说明该国家(地区)节点强度的变化可能是由于其与某国家(地区)之间的交互强度变化导致的，即二者间可能发生了某些冲突事件。例如，2017 年 2 月相对于 1 月节点强度增长量最大的

为朝鲜，相应地，此时边强度增长量最大的为朝鲜和马来西亚，在 2 月两国正因为吉隆坡机场事件发生冲突，可以推断可能这起事件引起了朝鲜和马来西亚在冲突事件交互网络中的变化，在一定程度上可验证“用网络的变化来推断事件发生”的思想。另外，前一个月增长量最大的节点或边在下月变成了减少量最大的节点或边，这意味着发生事件的平息。如 2017 年 4 月叙利亚节点强度增长量最大，相应地，叙利亚与美国的交互边强度增长量也最大，推测可能是 4 月美国空袭叙利亚事件所导致的；到了 2017 年 5 月，其相对 4 月节点强度减少量最大的为叙利亚，边强度减少量最大的为美国和叙利亚，推测为该事件到 5 月已经基本平息。根据分析可以看出，冲突事件交互网络随时间变化与该事件内发生的事件存在很大的联系，通过网络的变化可以探测事件的发生，这可以为事件探测、分析及预测提供思路。

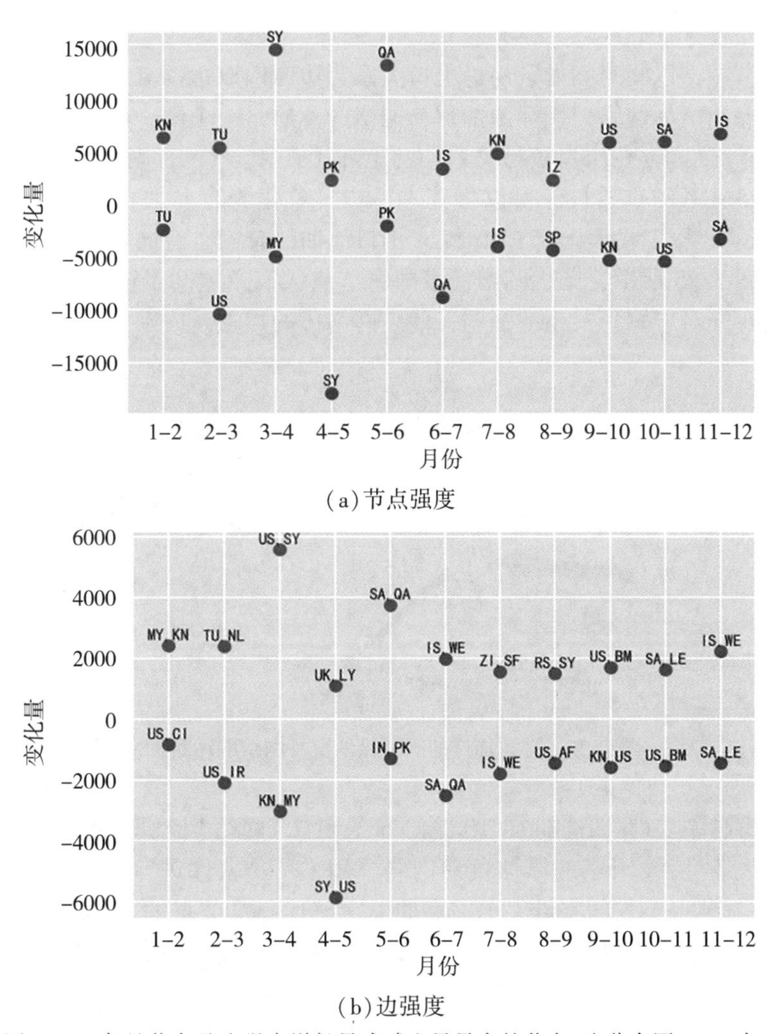

(a)节点强度

(b)边强度

图 5.24　各月节点及边强度增长量或减少量最大的节点/边分布图(2017 年)

5.5　国际贸易网络时空分析

国际贸易是满足世界各国经济发展需求的纽带。根据国家与国家之间的国际贸易，可以以国家为节点，以国家之间的贸易为边构建加权有向网络。例如，通过分析原油贸易网络中节点的特征，分析各国原油贸易进出口的差异性(进口型或出口型等)；分析原油贸易网络中节点的度特征、出入度、出入度强度及其时序特征，研究分析各国在原油贸易网络中的原油合作关系、合作伙伴的变化；分析各国原油贸易的偏好及其时序变化特征；分析能源贸易网络的稳定性及其与相关重大事件的关联性；希望能对各国在规避原油供给风险决策和“一带一路”稳定发展、推进方面提供支持(Wang et al., 2022)。

5.5.1　网络构建方法

以国家为节点，以国家间的贸易进出口关系为边，以双边国家之间的原油贸易总额为权重构建国际原油贸易网络。国际原油贸易网络的本质是一个图，用邻接矩阵来表示，如果国家 i 与国家 j 之间存在出口贸易关系，则矩阵元素 $A_{ij}=1$，否则矩阵元素 $A_{ij}=0$；如果考虑到不同贸易关系的重要性，可以将其进一步具象化为有向加权图，用加权邻接矩阵 $\boldsymbol{W}$ 来表示，矩阵元素 w_{ij} 代表国家 i 向国家 j 出口原油的总额。有向加权的国际原油贸易网络的示意图如图 5.25 所示，图中圆圈代表国家节点，节点之间带箭头的连线代表有向贸易边，连线的粗细对应贸易关系的强弱，代表网络边的权重。

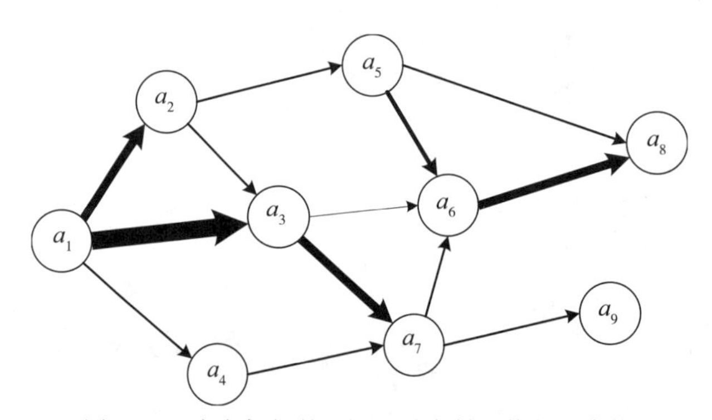

图 5.25　有向加权的国际原油贸易网络的示意图

依据国际贸易中心(International Trade Center, ITC)网站①提供的双边贸易数据，构建 2020 年“一带一路”沿线国家的原油贸易网络，用 Gephi 软件进行可视化，如图 5.26 所示。图 5.26 中，节点上方的字母表示国家的三字符代码，节点的大小表示国家出口总额的多少。同理，国家的进口总额、贸易总额以及各贸易流的强度，也可以通过节点大小、色彩以及边的粗细等反映出来，形成对国际原油贸易网络拓扑结构的直观认识。

① https://intracen.org.

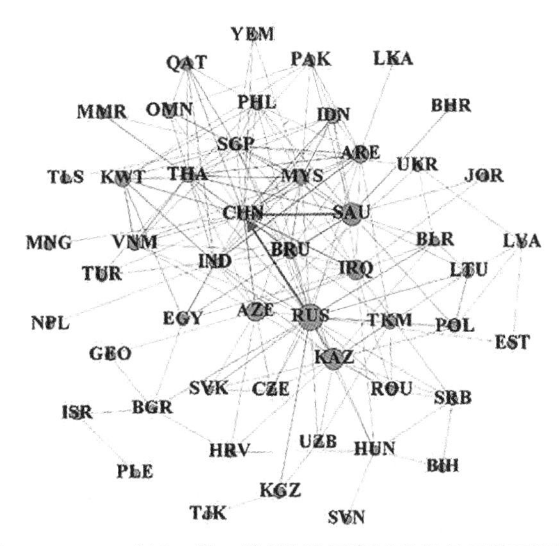

图 5.26　2020 年“一带一路”沿线国家原油贸易网络可视化

5.5.2　网络特征统计

国际原油贸易网络的基本结构特征包括节点度、节点强度等。节点的(强)度又可以分为出(强)度和入(强)度。

节点度是指特定的节点与其他节点形成的贸易边的数量，一个节点可能既将原油出口到其他节点，也从其他节点进口原油，因此与该节点连接的贸易边也分为两种，分别是“出边”和“入边”，“出边”的数量称为节点的出度，“入边”的数量称为节点的入度，节点的出度、入度之和称为节点度。在国际贸易网络中，一个节点与其他节点的贸易关系越多，代表该节点在国际贸易网络中越重要。因此，节点度可以反映节点的重要性或中心性，在许多场合，节点度也被称为“度中心性”。节点的出/入度公式如式(5.6)、式(5.7)所示。

节点强度是指特定的节点与其他节点进行贸易的总金额的大小。同理，节点强度可以分为“出强度”和“入强度”，二者之和即为节点的总强度。由于节点强度考虑了不同贸易边的重要性的差异，它比节点度更能反映节点在国际贸易中的中心性地位。节点的出/入强度公式如式(5.8)、式(5.9)所示。

$$k_{\mathrm{out}}^{i}=\sum_{j=1}^{n}a_{ij} \tag{5.6}$$

$$k_{\mathrm{in}}^{i}=\sum_{j=1}^{n}a_{ji} \tag{5.7}$$

在式(5.6)和式(5.7)中，k^{i}代表节点 i 的度；下标 out 和 in 分别代表出度和入度；n 代表网络的总节点数量；a_{ij}代表不加权邻接矩阵第 i 行第 j 列的元素。

$$s_{\mathrm{out}}^{i}=\sum_{j=1}^{n}w_{ij} \tag{5.8}$$

$$s_{\text{in}}^{i} = \sum_{j=1}^{n} w_{ji} \tag{5.9}$$

式(5.8)和式(5.9)中，s^{i} 代表节点 i 的强度；下标 out 和 in 分别代表出强度和入强度；n 代表网络的总节点数量；w_{ij}代表不加权邻接矩阵第 i 行第 j 列的元素。

图 5.27 反映了 2001—2020 年平均出/入强度排名前五的国家的出/入强度演化。可以看出：沙特阿拉伯(SAU)、俄罗斯(RUS)是典型的石油出口大国；中国(CHN)是典型的石油进口大国。

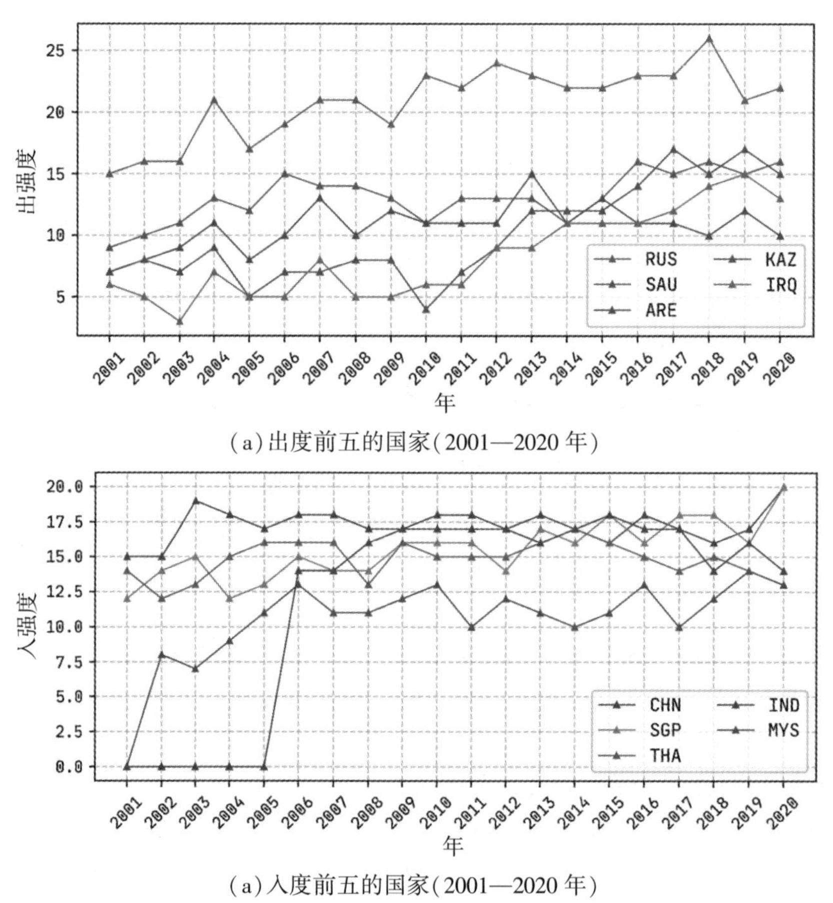

(a)出度前五的国家(2001—2020 年)

(a)入度前五的国家(2001—2020 年)

图 5.27　高强度节点进/出强度演化(2001—2020 年)

5.5.3　网络主干提取

国际贸易网络是典型的无标度网络。无标度网络的特征是重要的贸易关系占极少数，而不重要的贸易关系占大多数。在判断节点中心性、提取最短路径和挖掘网络社团结构等网络拓扑结构分析中，不重要的贸易关系可能会干扰算法，进而会产生不合理的研究结论。因此，在国际贸易网络中，提取网络主干非常重要。

一种典型的提取网络主干的方法是 Top 网络主干提取法，它基于加权网络展开。其基本原理是：遍历每个国家节点，剔除与每个节点连接的贸易额低于阈值的边，仅留下与该节点连接的贸易额高于阈值的边，从而实现网络主干的提取。提取所用的阈值可以是绝对的贸易额数值，也可以是相对的贸易额排名。在提取"一带一路"沿线国家原油贸易网络的工作中，每个国家节点最重要的贸易边被保留，其余被剔除，形成了 Top 1 国际原油贸易网络。利用 Top 网络主干提取法提取网络主干如图 5.28 所示。

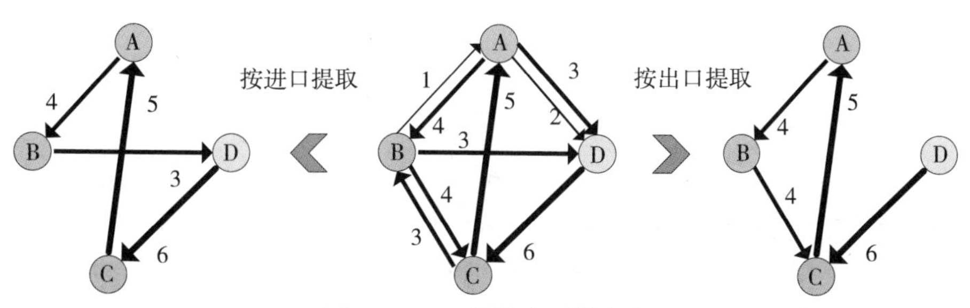

图 5.28 Top 网络主干提取法

提取的网络主干具有如下特征：①如果 Top 的阈值为 n，则提取的 Top 出口主干网络中，节点的最大出度为 n，入度不限；②提取的 Top 进口主干网络中，节点的最大入度为 n，出度不限。图 5.29 表示了 2001 年"一带一路"沿线国家的 Top 1 原油出口网络。由图可以看出，中国(CHN)、波兰(POL)、泰国(THA)等国是较大的原油进口国。

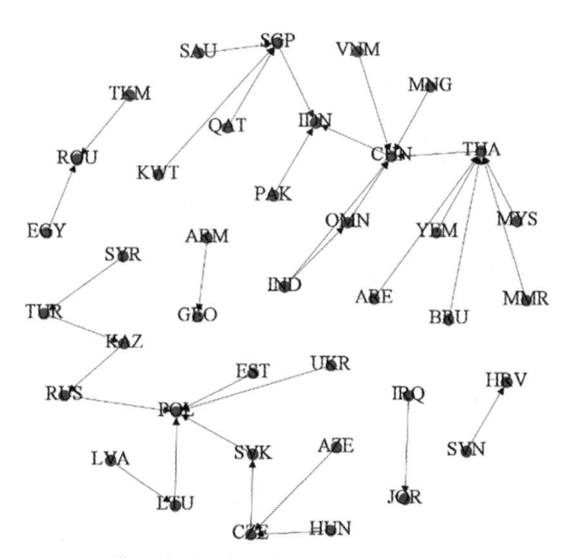

图 5.29 "一带一路"沿线国家 Top 1 原油出口网络(2001 年)

5.5.4 网络的稳定性分析

国际贸易对多种国家战略物资的供应具有重要意义，进而促进国家经济、社会的健康发展。国际原油贸易网络的稳定性一直是各国决策者和分析人员关注的重点，因为石油贸易网络的稳定意味着石油供应没有重大风险。

在许多文献中，归一化互信息(Normal Mutual Information，NMI)被用来度量网络社区结构的稳定性，比较特定商品贸易网络和总贸易网络的拓扑稳定性，从而发现网络稳定性的演化规律。

一种更简单的稳定性分析方法仅考虑了节点和边的数量变化情况，认为节点数量演化反映了网络成员的稳定性，而边数量演化反映了网络结构的稳定性。该方法的计算公式如式(5.10)所示。

$$S(t)=\frac{|G_t^e \cap G_{t+m}^e|}{|G_t^e \cup G_{t+m}^e|} \tag{5.10}$$

式中，$S(t)$代表 t 时刻的网络稳定性；G_t^e 代表 t 时刻的边集合，G_{t+m}^e 代表 $t+m$ 时刻的边集合，该式代表的是 t 时刻和 $t+m$ 时刻网络拓扑结构相似性的度量。如果要赋予计算结果网络稳定性的意义，则 m 应当取 1，这样，衡量的是网络一个单位时间的开始和结尾的相似性，也就体现了稳定性。

研究发现，“一带一路”沿线国家原油贸易网络的稳定性在不断变化，且多次稳定性的较大变化的时间节点都与国际上发生的重大经济、政治事件的时间节点重合。图 5.30 表示“一带一路”沿线国家原油贸易网络稳定性在 2001 年至 2019 年的变化情况。

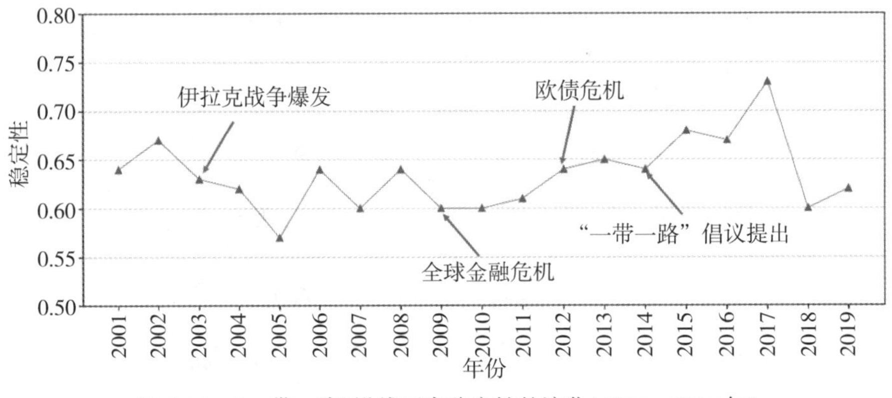

图 5.30　“一带一路”沿线国家稳定性的演化(2001—2009 年)

◎ 思考题

1. 简述空间社会网络分析的概念。
2. 分别简述规则网络、随机网络、复杂网络的特点。
3. 简述社交媒体网络时空分析的基本思路。
4. 简述国际关系网络时空分析的基本思路。
5. 简述国际贸易网络时空分析的基本思路。

第6章　三维分析与三维建模

三维GIS是当今乃至未来GIS技术的主要标志性内容之一，它突破了空间信息在二维地图平面中单调表现的束缚，为各行各业以及人们的日常生活提供了更有效的辅助决策支持(朱庆，2014)。基于三维GIS的三维数据空间分析逐步成为GIS空间数据分析的重要发展方向。

6.1　三维地形模型

地形的表达和分析是环境分析和GIS应用的重要部分。为了适应计算机的数字化处理，地形分析首先要将地形信息转换为地面点高程的数字形式。下面分别介绍与之相关的概念：数字地面模型DTM(Digital Terrain Model)、数字高程模型DEM(Digital Elevation Model)、数字表面模型DSM(Digital Surface Model)，并对其中的数字高程模型DEM的表示方法进行分析。

6.1.1　基本概念

1. 数字地面模型(DTM)

数字地面模型(DTM)的概念在20世纪50年代由美国MIT(Massachusetts Institute of Technology，麻省理工学院)摄影测量实验室主任米勒(C. L. Miller)首次提出(Miller，1957；Miller，Laflamme，1958；Doyle，1978)，并利用这个模型成功地解决了道路工程中的土方估算等问题。

数字地面模型的通用定义是指描述地球表面形态多种信息空间分布的有序数值阵列。从数学的角度，可以用式(6.1)的二维函数系列取值的有序集合表示数字地面模型。

$$K_p = f_k(u_p,\ v_p)\quad (k=1,\ 2,\ 3,\ \cdots,\ m;\ p=1,\ 2,\ 3,\ \cdots,\ n)\tag{6.1}$$

式中，K_p 为第 p 号地面点(可以是单一的点，但一般是指某点极其微小邻域所划定的一个地表面元)上的第 K 类地面特性信息的取值；$(u_p,\ v_p)$ 为第 p 号地面点的二维坐标，可以是采用任一地图投影的平面坐标，或者是经纬度和矩阵的行列号等；f_k 为第 k 个特性的函数关系或映射关系；$m(m\geqslant 1)$ 为地面特性(高程、降雨量、人口数量、土壤类型等)信息类型的数目；$n(n\geqslant 1)$ 为地面点的个数。

例如，假定将土壤类型作为第 i 类地面特征信息，则土壤类型的数字地面模型(数字地面模型的第 i 个组成部分)如式(6.2)所示：

$$I_p = f_i(u_p,\ v_p)\quad (p=1,\ 2,\ 3,\ \cdots,\ n)\tag{6.2}$$

DTM 的概念提出后，相继又出现了其他相似的术语。如德国的 DHM(Digital Height Model)、英国的 DGM(Digital Ground Model)、美国地质测量局 USGS 的 DTEM(Digital Terrain Elevation Model)、DEM(Digital Elevation Model)等。这些术语在应用上可能有某些限制，实质上差别很小。相比而言，DTM 的含义比 DEM 和 DHM 更广。

2. 数字高程模型(DEM)

在式(6.1)中，当 $m=1$ 且 f_1 为地面高程的映射，(u_p, v_p) 为矩阵行列号时，式(6.1)表达的数字地面模型就是数字高程模型(DEM)，如式(6.3)所示。

$$K_p = f(u_p,\ v_p) \quad (p=1,\ 2,\ 3,\ \cdots,\ n) \tag{6.3}$$

式中，K_p 是第 p 号地面点的地面高程。

DEM 是 DTM 的一个特例或者子集。DEM 是 DTM 中最基本的部分，它是对地球表面地形地貌的一种离散的数学表达。数字高程模型是地理空间定位的数字数据集合，凡牵涉地理空间定位的研究，一般要建立数字高程模型。从这个角度看，建立数字高程模型是对地面特性进行空间描述的一种数字方法。

3. 数字表面模型(DSM)

数字表面模型(DSM)是指包含地表建筑物、桥梁和树木等高度的地面高程模型。DEM 只包含了地形的高程信息，并未包含其他地表信息，DSM 是在 DEM 的基础上，进一步涵盖了除地面以外的其他地表信息的高程。DSM 与 DEM 的区别如图 6.1 所示。

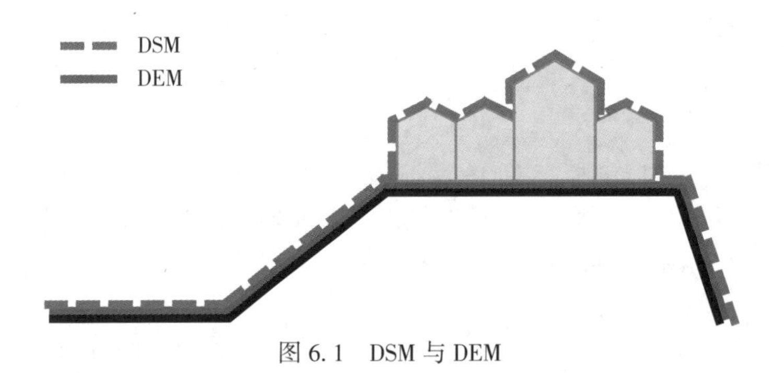

图 6.1　DSM 与 DEM

6.1.2　DEM 的表示方法

DEM 是 DTM 的最常用方式，也是模拟地表高程变化特征的主要方式。DEM 的表达方法有多种，常用的方法如图 6.2 所示(李成名等，2008)。

1. 数学方法

数学方法又可分为整体拟合和局部拟合两种类型。整体拟合的思想是将区域中所有高程点的数据用傅里叶高次多项式、随机布朗运动函数等统一拟合高程曲面。局部拟合是把地面分成若干块(划分为面积相等的规则区域，或者面积大致相等的不规则区域)，每一块用一种数学函数(傅里叶级数高次多项式、随机布朗运动函数等)，以连续的三维函数高平滑度地表示复杂曲面。

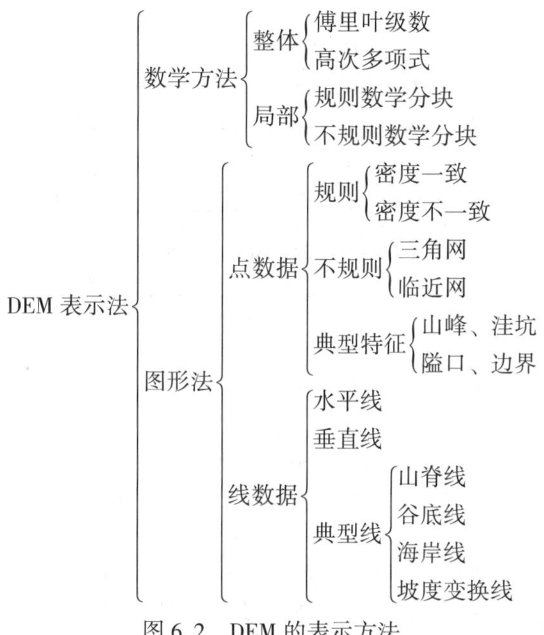

图6.2　DEM的表示方法

2. 图形法

图形法又可分为线模式和点模式两种。

1)线模式

线模式是利用离散的地形特征性模型表示地形起伏。其中，等高线是最常见的线形式。其他的地形特征线包括山脊线、谷底线、海岸线和坡度变换线等。

2)点模式

点模式用离散采样数据点建立DEM，是最常用的生成DEM的方法之一。点数据的采样方式包括规则格网模式和不规则模式，或者根据山峰、洼坑等地形特征点有针对性地采样。点模式具体包括规则格网模型(Grid)和不规则格网模型(TIN)两种。

(1)规则格网模型(Grid)。

规则格网通常是正方形，也可以是矩形、三角形等。规则格网将区域空间切分为规则的格网单元，每个格网单元对应一个数值，且每一个格网点与相邻格网点之间的拓扑关系都可以从行列号中反映出来，如图6.3所示。设定对应区域的某个原点坐标，根据格网间距可以用任意格网点的行列号来确定其平面位置。因此，只需要存储一个原点的位置坐标和格网间距就可以推算规则格网的任意点坐标。

数学上，规则格网可以表示为一个矩阵，在计算机存储中则是一个二维数组。每个格网单元或数组的一个元素对应一个高程值。DEM的规则格网可以表示成高程矩阵，如式

(6.4)所示。

$$\mathrm{DEM}=\{H_{ij}\} \quad (i=1,\ 2,\ \cdots,\ m;\ j=1,\ 2,\ \cdots,\ n) \tag{6.4}$$

	0	1	2	3	4
0	78	72	69	71	58
1	74	67	56	49	46
2	69	53	44	37	38
3	64	58	55	22	31
4	74	53	34	12	11

图6.3　规则格网模型

对于每个格网的数值有两种不同的解释：①格网栅格观点，认为该格网单元的数值是其中所有点的高程值，即格网单元对应的地面面积内高程是均一的高度，这种数字高程模型是一个不连续的函数。②点栅格观点，认为该格网单元的数值是网格中心点的高程或该格网单元的平均高程值，这样就需要用一种插值方法来计算每个点的高程。

规则格网表示法的优点：结构简单、易于计算机处理，特别是栅格数据结构的地理信息系统。另外，通过规则格网矩阵可以很容易地计算等高线、坡度、坡向、山坡阴影和自动提取流域地形。这些优点使得规则格网表示法成为DEM最广泛使用的格式。目前，许多国家提供的DEM数据都是以规则格网的数据矩阵形式提供的。

规则格网表示法的缺点：一方面，对于地形简单的地区存在大量冗余数据；另一方面，如不改变格网大小，则无法适用于地形起伏差别较大的地区。且对于某些特殊计算(如视线计算)的格网轴线方向被夸大；如果栅格过于粗略，则不能精确表示地形的关键特征，如山峰、坑洼、山脊、山谷等。

(2)不规则三角网模型(TIN)。

不规则三角网(Triangulated Irregular Network，TIN)是数字高程模型的另外一种表示方法，如图6.4所示。该模型克服了高程矩阵中的数据冗余问题，在一些地形分析中的计算效率优于基于等高线的方法。

TIN模型的基本思想是：将采集的地形特征点根据一定的规则构成覆盖整个区域且不重叠的一系列三角形网。这种方法通过不规则分布的数据点构成的连续三角面来拟合地形起伏面。区域中的任意点与三角面有三种可能的位置关系：位于三角面的顶点、三角面的边和三角面内。除了位于三角面的顶点位置，其他的两种位置关系的点高程值需要通过对顶点进行线性插值得到。

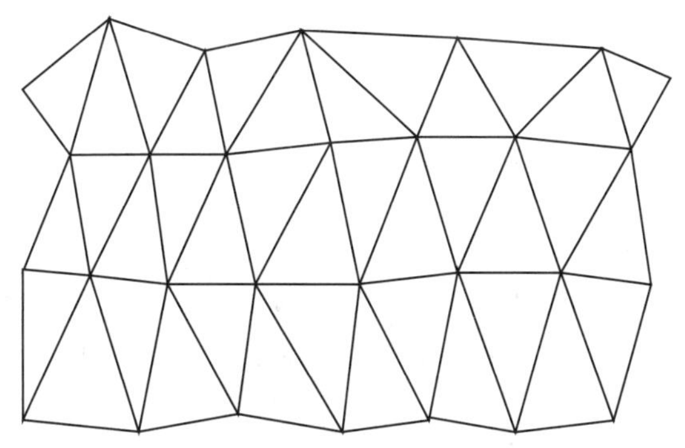

图 6.4　不规则三角网(TIN)

由于 TIN 可根据地形的复杂程度来确定采样点的密度和位置，能充分表示地形特征点和线，从而减少地形较平坦地区的数据冗余。TIN 表示法利用所有采样点获得的离散数据，按照优化组合的原则，把这些离散点(各三角形的顶点)连接成相互连续的三角面，在连接时，尽可能地确保每个三角形都是锐角三角形或三条边的长度近似相等。

TIN 的特点使得其在显示速度及表示精度方面都明显优于规则格网的方法。同样精度的规则格网数据通过合并和三角形重构可以大大提高显示速度。TIN 是一种变精度表示方法，在相对平坦的地区，TIN 的数据点较少；而在地形起伏大的地区，TIN 数据点的密度较大。这种机制使得 TIN 数据可以用较小的数据量实现较高的表达精度。

TIN 与 Grid(规则格网)相比，具有下列特点(李成名等，2008)：

(1)从等高线数据中选取重要的点构成 TIN，并生成规则格网，在两者数据量相同的情况下，TIN 数据具有最小的均方根误差 RMSE(Root Mean Square Error)；

(2)与数字正射影像(DOM)叠加时，基于 TIN 的地形图与影像的吻合程度比规则格网的地形图与影像的吻合程度更好；

(3)当采样数据点的数量减少时，规则格网模型的质量比 TIN 模型的质量下降速度快，但随着采样点或数据密度的增加，两者的差别会越来越小；

(4)从数据结构占用的数据量来看，在顶点个数相同的情况下，TIN 的数据量要比规则格网的数据量大，是其 3~10 倍。

6.1.3　DEM 的应用

数字高程模型的应用领域包括测绘、工程应用、军事、遥感、环境与规划等，遍及整个地学领域。总体来说，DEM 的主要应用可归纳为以下几个方面。

(1)国家地理信息的基础数据：DEM 是国家空间数据基础设施(National Spatial Data Infrastructure，NSDI)中的框架数据组成部分。我国的“4D 产品”建设包括数字线划图(Digital Line Graphic，DLG)、数字高程模型(Digital Elevation Model，DRG)、数字正射影像(Digital Orthophoto Map，DOM)和数字栅格图(Digital Raster Graphic，DRG)。其中，DLG、DEM 和 DOM 是国家空间数据基础设施(NSDI)的框架数据。

(2)土木工程、景观建筑与矿山工程的规划与设计。

(3)军事目的(军事模拟等)的地表三维显示，可用于导航(包括导弹及飞机的导航)、通信、作战任务的计划等。

(4)景观设计与城市规划。

(5)水文分析、可视性分析。

(6)交通路线的规划与大坝的选址。

(7)不同地表的统计分析与比较。

(8)生成坡度图、坡向图、剖面图，辅助地貌分析，估计地表侵蚀和径流等。

(9)作为背景数据叠加各种专题信息，如土壤、土地利用及植被覆盖数据等，便于显示与分析。

DEM 在科学研究与生产建设中的应用是多方面的、非常广泛的。

这里仅以 DEM 在地学分析与制图中具有典型意义的几个方面为例来说明其应用的基本思路和方法。

1. 利用 DEM 绘制等高线图

如图 6.5 所示，利用 DEM 绘制等高线图，以格网点高程数据或者将离散的高程数据转换为矢量等值线，生成等高线图。该方法可以适用于所有的利用格网数据绘制等值线图的方法。

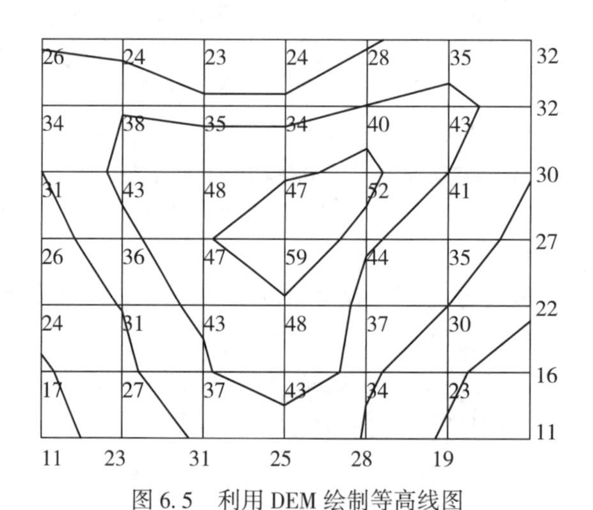

图 6.5　利用 DEM 绘制等高线图

2. 利用 DEM 绘制地面晕渲图

晕渲图是通过模拟实际地面本影与落影的方法反映实际地形起伏特征的重要的地图制图学方法。它是一种采用光线照射使地表产生反射的地面表示方法，是表现地貌地势的一种常见手段。在各种小比例尺地形图、地理图，以及各类有关专题地图上得到了广泛的应用。如图 6.6 所示，利用 DEM 数据作为信息源，以地面光照通量为依据，计算该栅格所输出的灰度值，由此得到晕渲图的立体效果，逼真程度很好。

图 6.6 利用 DEM 生成地面晕渲图

自动地貌晕渲图的计算方法如下：

(1)根据 DEM 数据计算坡度和坡向。

(2)将坡向数据与光源方向比较：面向光源的斜坡得到浅色调灰度值，反方向地得到深色调灰度值；两者之间得到中间灰值，中间单元的灰度值由坡度进一步确定。

晕渲图在描述地表三维状况中很有价值，而且在地形定量分析中的应用不断扩大。如果把其他专题信息与晕渲图叠置组合在一起，将大幅度提高地图的实用价值。例如，运输线路规划图与晕渲图叠加后极大地增强了直观感。

3. 基于 DEM 的透视立体图的绘制

立体图是表现物体三维模型最直观形象的图形，它可以生动、逼真地描述制图对象在平面和空间上分布的形态特征和构造关系。通过分析立体图，可以了解地理模型表面的平缓起伏，而且可以看出其各个断面的状况，这对研究区域的轮廓形态、变化规律以及内部结构是非常有益的。计算机自动绘制透视立体图的理论基础是透视原理，而 DEM 是其绘制的数据基础。调整视点、视角等各个参数值，可以从不同方位、不同距离绘制形态各不相同的透视图，并制作动画。图 6.7 为制作透视立体图的基本流程。图 6.8(a)为由栅格 DEM 构成的三维模型，图 6.8(b)为由 TIN 构成的三维模型。

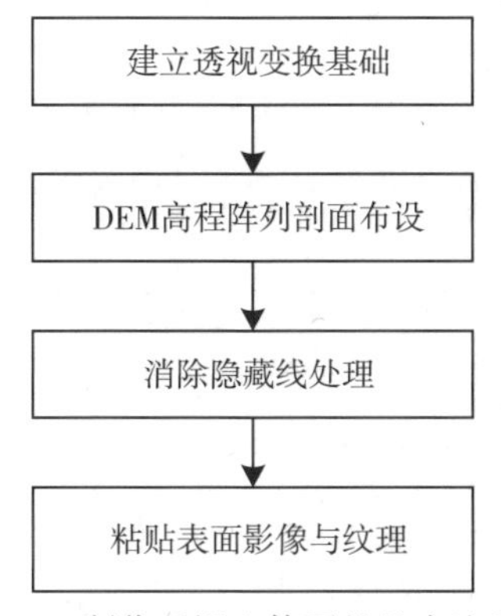

图 6.7 制作透视立体图的基本流程图

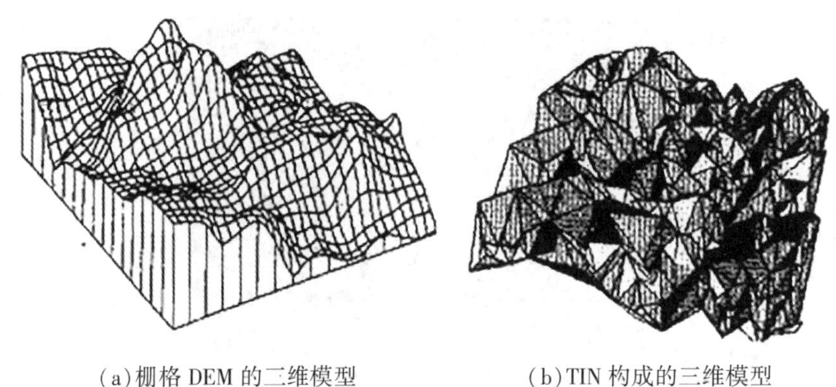

(a)栅格 DEM 的二维模型　　　　(b)TIN 构成的三维模型

图 6.8　透视立体图

6.2　三维空间特征量算

6.2.1　表面积计算

空间曲面表面积的计算与空间曲面拟合的方法，以及实际使用的数据结构(规则格网或者三角形格网)有关。对分块曲面拟合，曲面表面积由分块曲面表面积之和给出。问题的关键是要计算出曲面片的表面积。对于全局拟合的曲面，通常也是将计算区域分成若干规则单元，计算出每个单元的面积，再累积计算总面积。因此空间曲面的计算可以归结为三角形格网上的表面积计算和正方形格网上的表面积计算。

1. 三角形格网上的表面积计算

基于三角形格网的曲面插值一般使用一次多项式模型 $Z=a_0+a_1X+a_2Y$，所以计算三角形格网上的曲面片的面积时，首先将其转换成平面片，然后通过计算平面片的面积来计算曲面片的面积。

如图 6.9 所示，$P_1P_2P_3$ 构成的三角形曲面片，$P'_1P'_2P'_3$ 为使用一次多项式模型拟合得到的平面片，计算曲面片的面积其实是计算拟合后的平面片的面积。

利用海伦公式计算面积，公式如下：

$$\begin{cases} S = [P(P-a)(P-b)(P-c)]^{\frac{1}{2}} \\ P = \dfrac{a+b+c}{2} \end{cases} \tag{6.5}$$

必须注意：a'，b'，c'的长度必须根据数据点 P_1，P_2，P_3 上的数据值 h_1，h_2，h_3 以及 $\triangle P_1P_2P_3$ 的边长 a，b，c 计算，计算公式如下：

$$\begin{cases} a' = (a^2 + (h_1 - h_2)^2)^{\frac{1}{2}} \\ b' = (b^2 + (h_2 - h_3)^2)^{\frac{1}{2}} \\ c' = (c^2 + (h_3 - h_1)^2)^{\frac{1}{2}} \end{cases} \tag{6.6}$$

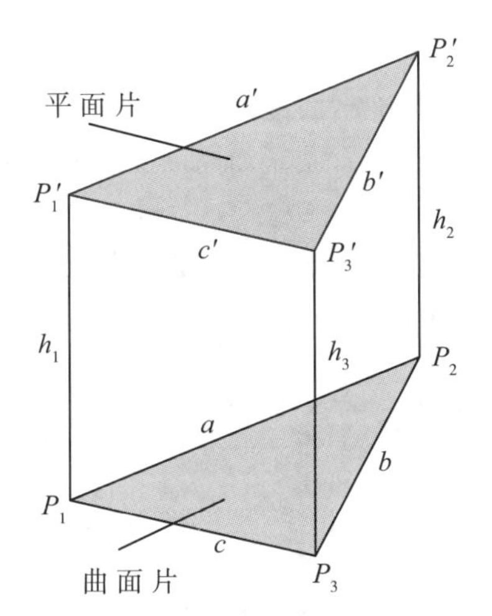

图 6.9 三角形格网上的表面积计算

2. 正方形格网上表面积的计算

正方形格网上的表面积计算方法包括：曲面拟合重积分法、分解为三角形的方法。

1) 曲面拟合重积分方法

正方形格网上的曲面片表面积的计算问题要复杂得多。因为在正方形格网上，最简单形式的曲面模型为双线性多项式，其拟合面是一曲面，无法以简单的公式计算其曲面积。根据数学分析，某定义域 A 上的空间单值曲面 $Z=f(x, y)$ 的面积由以下重积分计算：

$$S = \iint_A \left(1 + f_x^2 + f_y^2\right)^{\frac{1}{2}} \mathrm{d}x\mathrm{d}y \tag{6.7}$$

一般来说，式(6.7)是无法直接计算的，常用的方法是近似计算。积分的近似计算方法很多，有关计算方法的著作对此都有详细全面的讨论。比较常用的方法是抛物线求积方法，亦称辛普森方法(Simpson)。这一方法的基本思想是先用二次抛物面逼近面积计算函数，进而将抛物面的表面积计算转换为函数值计算。

2) 分解为三角形的方法

将正方形格网 DEM 的每个格网分解为三角形，利用三角形表面积的计算公式(海伦公式)分别计算分解的三角形的面积，然后累加即得到正方形格网 DEM 的面积。计算公式如下：

$$\begin{cases} S = \sqrt{P(P - D_1)(P - D_2)(P - D_3)} \\ P = \dfrac{1}{2}(D_1 + D_2 + D_3) \\ D_i = \sqrt{\Delta X^2 + \Delta Y^2 + \Delta Z^2} \quad (1 \leqslant i \leqslant 3) \end{cases} \tag{6.8}$$

式中，D_i 表示第 $i(1 \leqslant i \leqslant 3)$ 对三角形两顶点之间的表面距离；S 表示三角形的表面积；P 表示三角形周长的一半。

6.2.2　体积计算

体积通常是指空间曲面与某基准平面之间的空间的体积，在绝大多数情况下，基准平面是一水平面，基准平面的高度不同，尤其当高度上升时，空间曲面的高度可能低于基准平面，此时出现负的体积。

在对地形数据的处理中，当体积为正时，工程中称之为挖方，体积为负时，称之为填方，如图 6.10 中的阴影部分为填方。

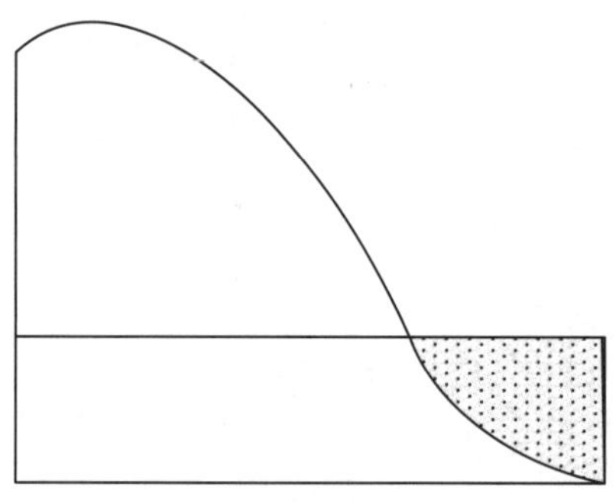

图 6.10　挖方和填方

体积的计算通常也是近似方法。由于空间曲面的表示方法的差异，近似计算的方法也不一样。以下仅给出基于三角形格网和正方形格网的体积计算方法。其基本思想均是以基底面积(三角形或正方形)乘以格网点曲面高度的均值，区域总体积是这些基本格网体积之和。

1. 基于三角形格网的体积计算

如图 6.11(a)所示，S_A 是基底格网三角形 A 的面积，三角形格网的基本格网的体积计算公式为：

$$V = \frac{S_A(h_1 + h_2 + h_3)}{3} \tag{6.9}$$

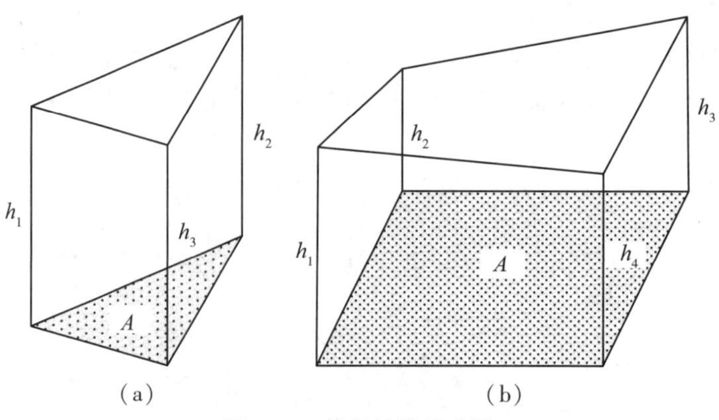

图 6.11　体积计算示意图

2. 基于正方形格网的体积计算

如图 6.11(b)所示，正方形格网的基本格网的体积计算公式为：

$$V = \frac{S_A(h_1 + h_2 + h_3 + h_4)}{4} \tag{6.10}$$

6.3 地形分析

6.3.1 坡度和坡向计算

坡度、坡向是地形分析中最常用的参数。其中，坡度是指某点在曲面上的法线方向与垂直方向的夹角，是地面特定点高度变化比率的度量，如图 6.12(a)所示。坡向则是法线的正方向在平面上的投影与正北方向的夹角，也就是法方向水平投影向量的方位角，如图 6.12(b)所示，其取值范围从零方向(正北方向)顺时针到 360°(重新回到正北方向)。坡度反映了斜坡的倾斜程度，坡向反映了斜坡所面对的方向。

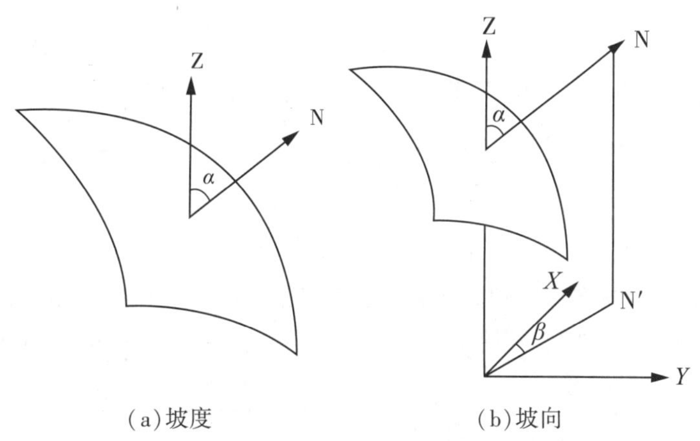

图 6.12 坡度与坡向

坡度是一个具有方向与大小的矢量。作为地形的一个特征信息，除了能间接表示地形的起伏形态以外，在交通、规划以及各类工程中的用途也非常广泛。例如，在农业土地开发中，坡度大于 25°的土地一般认为是不宜开发的。如果计划在山上建造一座房子，必须找比较平坦的地方；如果计划修建一个滑雪娱乐场，则必须选择有不同坡度的区域。

坡向在植被分析、环境评价等领域具有重要意义。例如，生物地理和生态学家知道，生长在朝向北的斜坡上和生长在朝向南的斜坡上的植物一般有明显的差别，这种差别的主要原因在于绿色植物需要得到充分的阳光。建立风力发电站进行选址时，需要考虑把它们建在面向风的斜坡上。地质学家经常需要了解断层的主要坡向或者褶皱露头，分析地质变化的过程。植物栽培者常把果树栽种到山坡朝阳的一面以使其获得最大的光照量。

坡度、坡向的计算可以用不同的数据源来计算，下面分别介绍基于规则格网 DEM、不规则三角网(TIN)、等高线三种不同数据源的计算方法。

1. 基于规则格网的坡度、坡向计算

以规则格网为数据源计算时，基本思想是由单元标准矢量的倾斜方向和倾斜量，计算每个单元的坡度和坡向。标准矢量是指垂直于格网单元的有向直线。设标准矢量为(n_x，n_y，n_z)，则该格网单元的坡度 S 为：

$$S=\frac{\sqrt{n_x^2+n_y^2}}{n_z} \tag{6.11}$$

格网单元的坡向 D 为：

$$D=\arctan\frac{n_x}{n_y} \tag{6.12}$$

在实际计算时，通常用 3 × 3 的移动窗口来计算中心单元的坡度和坡向。计算时考虑邻接单元的影响有不同方式，下面介绍几种常用的方法。

(1) Ritter 算法：只考虑直接与中心点单元相邻的四个单元，如图 6.13(a)所示，中心点 e 的坡度为：

$$S_e=\frac{\sqrt{(e_1-e_3)^2+(e_4-e_2)^2}}{2d} \tag{6.13}$$

式中，e_i 表示相邻单元值；d 为单元大小；(e_1-e_3)表示 x 轴方向的高差，(e_4-e_2)表示 y 轴方向的高差。

中心点的坡向为：

$$D_e=\arctan\frac{e_4-e_2}{e_1-e_3}+90° \tag{6.14}$$

(2) Horn 算法：考虑与中心单元相邻的 8 个相邻单元，如图 6.13(b)所示，直接邻接单元(e_2，e_4，e_5，e_7)的权值为 2，其他 4 个单元(e_1，e_3，e_6，e_8)的权值为 1，中心点 e 的坡度为：

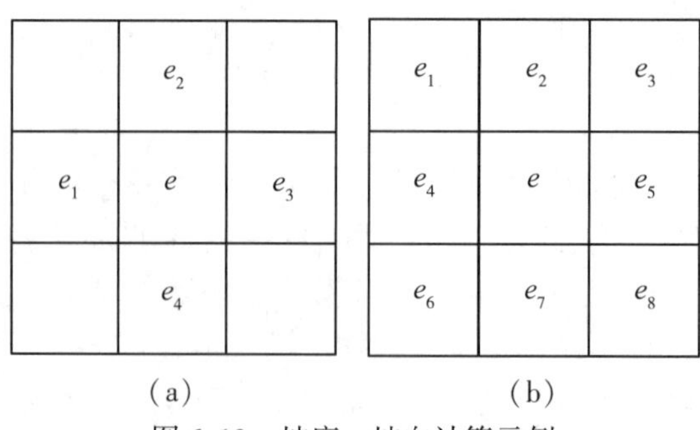

图 6.13　坡度、坡向计算示例

$$S_e=\frac{\sqrt{[(e_1+2e_4+e_6)-(e_3+2e_5+e_8)]^2+[(e_6+2e_2+e_8)-(e_1+2e_2+e_3)]^2}}{8d} \tag{6.15}$$

中心单元的坡向为：

$$D_e = \arctan\left[\frac{(e_6 + 2e_7 + e_8) - (e_1 + 2e_2 + e_3)}{(e_1 + 2e_4 + e_6) - (e_3 + 2e_5 + e_8)}\right] \tag{6.16}$$

Horn 算法被广泛用于商业软件中，ArcGIS 软件就是使用该算法来计算坡度、坡向的。

2. 基于不规则三角网的坡度、坡向计算

不规则三角形计算坡度、坡向中用的是双向标准矢量，该矢量垂直于三角面。设三角面的三个节点坐标分别为 $E_1(x_1, y_1, z_1)$，$E_2(x_2, y_2, z_2)$ 和 $E_3(x_3, y_3, z_3)$，则标准矢量为 $E_1E_2[(x_2 - x_1), (y_2 - y_1), (z_2 - z_1)]$ 和 $E_1E_3[(x_3 - x_1), (y_3 - y_1), (z_3 - z_1)]$ 的向量积，标准向量的三个分量为：

$$\begin{aligned} n_x&: (y_2 - y_1)(z_3 - z_1) - (y_3 - y_1)(z_2 - z_1) \\ n_y&: (z_2 - z_1)(x_3 - x_1) - (z_3 - z_1)(x_2 - x_1) \\ n_z&: (x_2 - x_1)(y_3 - y_1) - (x_3 - x_1)(y_2 - y_1) \end{aligned} \tag{6.17}$$

代入式(6.11)和式(6.12)，可以算出三角面的坡度 S 和坡向 D。

3. 基于等高线的坡度坡向计算

基于等高线可以计算相应的坡度和坡向。具体方法包括：等高线计长法、统计学计算方法。

1)等高线计长法

等高线计长法由 20 世纪 50 年代苏联著名的地图学家伏尔科夫提出，该方法定义地表坡度为：

$$\tan a = \frac{h\sum l}{p} \tag{6.18}$$

式中，h 为等高距；$\sum l$ 为测区等高线总长度；P 为测区面积。

该方法求出的是一个区域内坡度的均值，其前提是测量区域内的等高距相等。该方法对于测区较大或等高距不等的情况所计算出的坡度值会有较大误差。

直接利用等高线计算坡度的基本思想是设置一个小窗口，首先计算小窗口内单根矢量等高线的坡向 β_i（等高线法线的倾角），然后利用式(6.19)计算窗口内的最终坡向：

$$\beta = \frac{\sum_i l_i \times \beta_i}{\sum_i l_i} \tag{6.19}$$

式中，β 为窗口内的最终坡向；l_i 为窗口内单根等高线的长度；$\sum l_i$ 为窗口内等高线的总长度，窗口内的坡向计算是以单根等高线的长度为权值的。

2)统计学计算方法

对于测区较大或等高距不等时，可以采用基于等高线计长法的变通方法，即基于统计学的方法。该方法基于地图上地形坡度越大等高线越密、坡度越小等高线越稀这一地形地貌表示的基本逻辑，将所研究的区域划分为 $m×n$ 个矩形子区域(格网)，计算各子区域内等高线的总长度，再根据回归分析方法统计计算出单位面积内等高线长度值与坡度值之间的回归模型，然后将等高线的长度值转换成坡度值。这种算法的最大优点是可操作性强，且不受数据量的限制，能够处理海量数据。

6.3.2　剖面分析

剖面分析是以数字高程模型为基础构造某一个方向的剖面，以线代面，概括研究区域内的地势、地质和水文特征，包括区域内的地貌形态、轮廓形状、绝对与相对高度、地质构造、斜坡特征、地表切割强度和侵蚀因素等。剖面分析是区域性地学数据处理分析的有效方法。

如果在地形剖面上叠加表示其他地理变量，例如坡度、土壤、岩石抗蚀性、植被覆盖类型、土地利用现状等，可以作为土地侵蚀速度研究、农业生产布局的立体背景分析、土地利用规划及工程决策(例如工程选线和位置选择)等的参考依据。

在剖面分析中，生成地形剖面线是基础。地形剖面线是根据所选剖面与数字地形图上地形表面的交点来反映地形的起伏情况。根据所选择的数据源不同，可分为基于规则格网(Grid)的方法和基于不规则三角网(TIN)的方法两种。

1. 基于规则格网的剖面线生成方法

具体方法包括以下四个步骤。

(1)确定剖面线的起止点。起止点位置可由精确的坐标确定，也可以由用户用鼠标在三维场景中选择决定。

(2)计算剖面线与所经过格网的所有交点，内插出各交点的坐标和高程，并将交点按与起始点的距离进行排序。

(3)顺序连接相邻交点，得到剖面线。

(4)选择一定的垂直比例尺和水平比例尺，以与起始点的距离为横坐标，以各点的高程值为纵坐标绘制剖面图。

如图6.14所示，图6.14(a)是DEM及A、B两点的剖面线，图6.14(b)是DEM上两点之间的剖面线图，反映了A、B两点之间沿着如图6.14(a)所示的剖面线的高程变化情况。

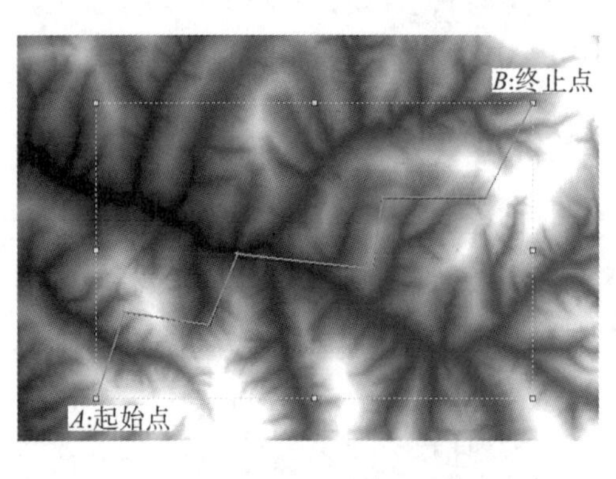

(a)DEM及A，B之间的剖面线

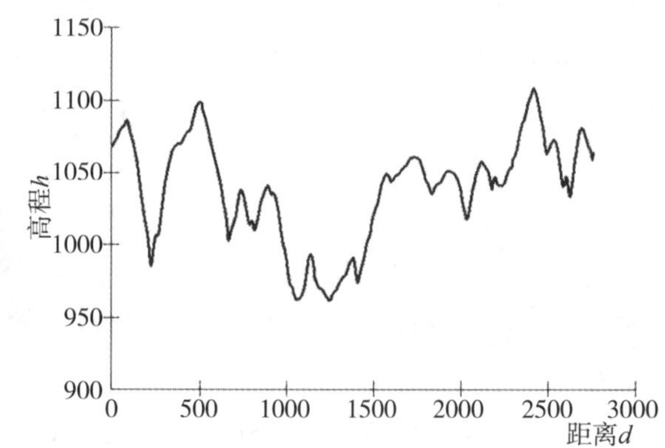

(b)反映剖面线上高程变化的剖面图

图6.14　剖面线分析示意图

2. 基于不规则三角网的剖面线生成方法

基于不规则三角网的方法则是用剖面所在的直线与TIN中的三角面的交点得到。为了提高运算速度，可以先利用TIN中各三角形构建的拓扑关系快速找到与剖面线相交的三角面，再进行交点高程值的计算。最后，以与起始点的距离为横坐标，以各点的高程值为纵坐标绘制剖面图。

6.3.3 谷脊特征分析

基于DEM的谷脊分析是地形分析的重要内容，在地形水文分析中有重要应用。如地表径流分析首先要找出该区域的谷脊点。所谓谷脊，是两个相对的概念。谷是地势中相对最低点的集合，脊是地势相对最高点的集合。

如果基于栅格DEM数据来判断谷点和脊点，各点的编号如图6.15所示。

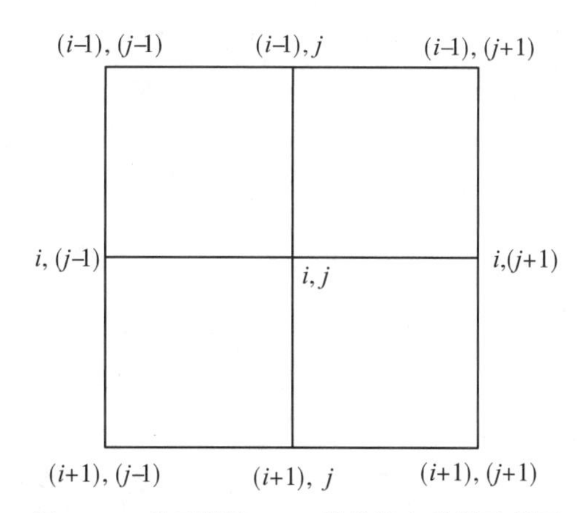

图6.15 基于栅格DEM的谷脊点分析示意图

设 h_x 为某点的高程值，则：

(1)当 $(h_{i,j-1}-h_{i,j})\times(h_{i,j+1}-h_{i,j})>0$ 时，若 $h_{i,j+1}>h_{i,j}$，则 $V_{R(i,j)}=-1$；若 $h_{i,j+1}<h_{i,j}$，则 $V_{R(i,j)}=+1$。

(2)当 $(h_{i-1,j}-h_{i,j})\times(h_{i-1,j}-h_{i,j})>0$ 时，若 $h_{i-1,j}>h_{i,j}$，则 $V_{R(i,j)}=-1$；若 $h_{i-1,j}<h_{i,j}$，则 $V_{R(i,j)}=+1$。

(3)其他情况下，$V_{R(i,j)}=0$。

其中，$V_{R(i,j)}=-1$ 表示该点为谷点；$V_{R(i,j)}=+1$ 表示该点为脊点；$V_{R(i,j)}=0$ 表示该点为其他点。

这种判定方法只能提供概略的结果。如果需要对谷脊特征作精确分析时，需要由曲面拟合方程建立地表单元的曲面方程。然后，通过确定曲面上各个插值点的极小值和极大值，以及当插值点在两个相互垂直的方向上分别为极大值或极小值时，确定出谷点或脊点。

6.3.4　地表水文分析

由 DEM 生成集水流域和水流网络数据，是地表水文分析的重要手段。地表水文分析模型用于研究与地表水流有关的各种自然现象，如洪水水位及泛滥情况、划定受污染源影响的地区，以及预测改变某一地区的地貌将对整个地区造成的后果等。水文分析主要包括以下五个方面的内容(李志林，朱庆，2000)。

1. 无洼地 DEM 的生成

由于 DEM 数据中存在误差，以及存在一些真实的低洼地形，如喀斯特地貌，使得 DEM 表面存在一些凹陷区域。在进行水流方向计算时，由于这些区域的存在，往往得到不合理的甚至错误的水流方向。因此，在进行水流方向的计算之前，应该首先对原始 DEM 数据进行洼地填充，得到无洼地的 DEM。

这里的“水流方向”是指水流离开此格网时的方向。通过将格网 X 的 8 个邻域格网编码，水流方向便可以其中的一个值来确定，格网方向编码如图 6.16 所示。例如，如果格网 X 的水流流向左边，则其水流方向赋值为“1”。方向值以 2 的幂值指定是因为存在格网水流方向不能确定的情况，需将数个方向值相加。这样，在后续处理中根据相加结果就可以确定相加时中心格网的邻域格网状况。

32	64	128
16	X	1
8	4	2

图 6.16　格网方向编码示意图

水流的流向是通过计算中心格网与邻域格网的最大距离权落差来确定的。距离权落差是指中心栅格与邻域栅格的高程差除以两栅格间的距离，栅格间的距离与方向有关，如果邻域栅格对中心栅格的方向数为 1、4、16、64，则栅格间的距离就为栅格单元的边长；如果方向数为 2、8、32、128，则栅格间的距离为栅格单元边长的 $\sqrt{2}$ 倍。

2. 汇流累积矩阵的计算

汇流累积数值矩阵表示区域地形每点的流水累积量。在地表径流模拟过程中，汇流累积量是基于水流方向数据计算得到的，如图 6.17 所示。汇流累积量计算的基本思想是以规则格网表示的数字地面高程模型的每点都有一个单位水量，按照自然水流从高处往低处流的自然规律，根据区域地形的水流方向数据计算每点处所流过的水量数值，计算得到该区域的汇流累积量。图 6.17(a)为水流方向格网示意图，箭头方向代表通过计算中心格网与邻域格网的最大距离权落差确定的水流方向。根据图 6.17(a)的水流方向格网，计算每个格网的汇流累积量，得到如图 6.17(b)所示的汇流累积格网。图 6.17(b)中圆圈圈住的格网的累积量为 7，表示有 7 个格网的单元水量汇集到该格网，具体的可以参见图 6.17(a)水流方向格网中箭头指向该格网的 7 个格网。

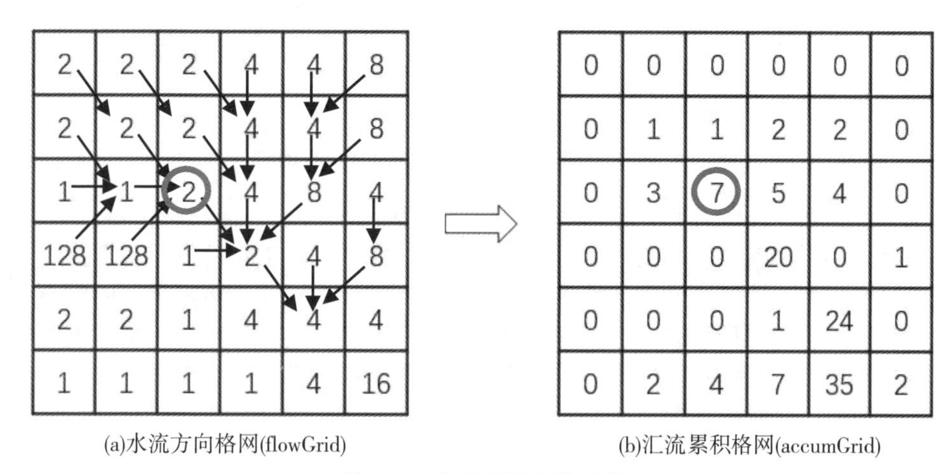

(a)水流方向格网(flowGrid)　　(b)汇流累积格网(accumGrid)

图 6.17　汇流累积矩阵计算

3. 水流长度的计算

水流长度指地面上一点沿水流方向到其流向起点(或终点)间的最大地面距离在水平面上的投影长度。水流长度直接影响地面径流的速度，进而影响地面土壤的侵蚀力。水流长度的提取和分析在水土保持工作中具有十分重要的意义。

4. 河网的提取

提取地面水流网络是 DEM 水文分析的主要内容之一。河网提取方法主要采用地表径流漫流模型，具体计算方法说明如下：

(1)首先在无洼地 DEM 上利用最大坡降法计算出每一个栅格的水流方向；

(2)根据自然水流由高处流向低处的自然规律，计算出每一个栅格在水流方向上累积的水量数值，即汇流累积量；

(3)假设每一个栅格携带一份水流，那么栅格的汇流累积量就代表该栅格的水流量；

(4)当汇流量达到一定值的时候，就会产生地表水流，所有汇流量大于临界值的栅格就是潜在的水流路径，由这些水流路径构成的网络就是河网，从而完成河网的提取。

5)流域的分割

流域又称集水区域，是指流经其中的水流和(或)其他物质从一个公共的出水口排出从而形成了一个集中的排水区域。流域显示了每个流域汇水区域的大小。出水口(或出水点)是流域内水流的出口，是整个流域的最低处。流域间的分界线就是分水岭。分水岭包围的区域称为一条河流或水系的流域，流域分水线所包围的区域面积就是流域面积。

基于 DEM 的流域分割的主要思想：水域盆地是由分水岭分割而成的汇水区域，可利用水流方向确定所有相互连接并处于同一流域盆地的栅格区域。具体步骤为：

(1)首先确定分析窗口边缘出水口的位置，所有流域盆地的出水口均处于分析窗口的边缘；

(2)找出所有流入出水口的上游栅格，一直搜索到流域的边界，即得到分水岭的位置。由分水岭构成的区域就是流域。

6.3.5　水淹分析

水淹分析需要考虑多种因素，其中最主要的是洪水特性和受淹区的地形地貌。洪水淹没方式可以分为漫堤式淹没和决堤式淹没两种。前者是堤坝没有溃决，而是洪水水位过高导致洪水从堤坝顶部进入淹没区；后者是由于堤坝溃决，洪水从溃决处进入淹没区。相应地，洪水淹没分析有两种不同的方式来处理上面两种情况。对于漫堤式淹没，通常利用在特定水位条件下，分析洪水会导致多大的淹没范围和多高的水深分布；而对于决堤式淹没，通常是根据某一洪水量条件下，分析洪水可能造成多大的淹没范围和水深分布。

目前常用的水淹分析主要还是基于地形数据来实现的。常用的地形数据格式包括两大类，一种是 TIN 数据，另一种是基于格网 Grid 的 DEM 数据。TIN 数据属于变精度数据，在解决存储空间和表达精度方面有很大的优势，但由于其存储和分析的复杂性，不利于水淹分析。因此，淹没分析中通常选择基于格网的 DEM 数据作为分析的数据源。下面分别介绍给定洪水水位和给定洪水量的两种洪水淹没分析的原理。

1. 给定洪水水位的淹没分析

首先确定洪水水源入口，再根据给定的洪水水位，从水源处开始进行格网连通性分析，所有能够与入口处连通的格网单元就是洪水淹没的范围。

对淹没范围内的格网计算水深 W，得到水深分布情况。计算公式为：

$$W=H-E \tag{6.20}$$

式中，H 为洪水水位；E 为格网单元的高程值。

由于洪水淹没是从洪水水源开始，逐渐向外扩散，也就是说，只有水位高程达到一定程度后，洪水才能从这个地势较高的区域到达另一个洼地。因此，在淹没分析中，要将区域连通性作为重要的影响因子。

接下来讨论淹没区的连通分析原理。连通分析中涉及水流方向、地表径流、洼地连通等方面的计算。

1)水流方向

根据地理常识可知，地表水流总是由高处往地处流动，而且沿着坡度最陡的方向流动。因此，要分析某点的水流方向，可以用与该点的 8 个相邻格网的高程来判断。

具体算法说明如下：

(1)图 6.18 中的黑色区域表示待判定点，首先从水平、垂直四个方向的格网(灰色格网)高程中找出最大高程点 h_{max1} 和最小高程点 h_{min1}；

(2)从对角线的四个方向(白色格网)找出最大高程点 h_{max2} 和最小高程点 h_{min2}；

(3)将 h_{max1}、h_{max2} 代入式(6.21)进行比较：

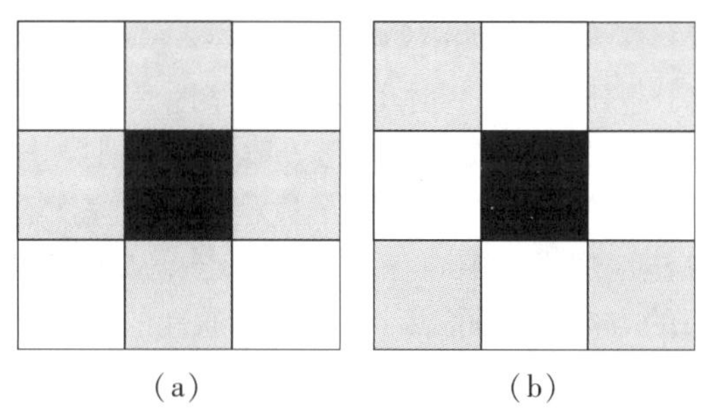

图 6.18 水流方向分析示意图

$$\max\left(\frac{h_{\max_1}-h}{d},\ \frac{h_{\max_2}-h}{\sqrt{2}d}\right) \tag{6.21}$$

式中，d 为 DEM 格网间距；h 为 DEM 中当前点的高程。

根据以上方法选出来的点即为当前点的上游点(入水点)。

(4)将 $h_{\min1}$、$h_{\min2}$代入式(6.22)进行比较：

$$\max\left(\frac{h_{\min_1}-h}{d},\ \frac{h_{\min_2}-h}{\sqrt{2}d}\right) \tag{6.22}$$

满足条件的点为当前点的下游点(水流方向点)。

2)地表径流分析

能够形成地表径流的地貌形态包括河流及洪水形成的山谷沟渠。河流和山谷都属于谷地地貌，可以通过山谷线来判断，山谷线的生成与谷点分布相关。因此，在进行径流分析以前要先找出该区域的谷脊点。通过谷脊分析得到谷点和脊点的分布，根据山谷线的特征获取山谷线，从而得到地表径流路径。

具体方法为：①每一条山谷线均由连续的局部极小值构成；②对于某一条特定的山谷线，由其最高点(上游)往下游延伸的其他山谷线特征点的高程值应越来越小；③山谷线终止的条件为连接另一条山谷线，汇入湖泊或海洋，到达 DEM 的边缘。

总体来说，就是从谷点数组中找出高程最大的点作为当前山谷线的起始点，从该点沿水流方向朝下游跟踪，直到遇到另一条山谷线，或者汇入湖泊海洋，或者到达 DEM 的边缘终止。

3)洼地连通情况分析

洪水淹没的连通分析包括两种情况：①第一种是河流沟谷本来就终止于该洼地；②第二种是当被淹没的洼地水位到达一定程度时，水从洼地边缘漫出，流向其他较低地区。

对于第一种情况，可以通过山谷线分析方法得到山谷线，再根据水流方向直接往下游追踪，到最后得到与该沟谷(或河流)连接的洼地，得到两者的连通关系。对于第二种情况，首先要通过分析找到洼地边缘和溢口，再判断流水的溢出点及判断流水的流向。

常用的基于 DEM 数据寻找洼地边缘的方法有射线法和扩散法。

(1)射线法：基本思想是从平行线和铅垂线两个方向扫描洼地边缘点。具体做法是从洼地点数据集中取一个点，分别沿平行于 X 轴和 Y 轴的方向扫描，逐点判断所扫描到的

点的 $V_{R(i,j)}$ 值。若 $V_{R(i,j)}=1$ 且为此方向扫描中到的第一点，则该点为洼地边缘点。

（2）扩散法：也称为子蔓延法，其基本思想是将洼地底点中的一个点作为种子点，向周围相邻的 8 个方向扩散。扩散点中如果有 $V_{R(i,j)}$ 值为 1，则停止扩散，将该点作为边缘点；反之，作为种子点继续向外扩散。重复这个过程，扫描完所有的种子点。

洼地的溢口点就是该洼地边缘点中高程值最小的点，从该点出发，根据水流方向进行分析，可以得到溢出水流的方向，从而得到洼地间连通性的分析结果。

2. 给定洪水量的淹没分析

在洪水灾前预测分析中可能会给定一个洪水量，分析对应的淹没情况。给定洪水量淹没分析的基本思想是计算给定水位条件下的淹没区域的容积，将容积与洪水量相比较；再利用二分法等逼近算法，找出与洪水量最接近的容积，容积对应的淹没范围和水深分布就是最后的分析结果。

淹没区域的容积 V 和洪水水位 H 之间的关系可以用式（6.23）来表示：

$$V=\sum_{i=1}^{m}A_i\times(H-E_i) \tag{6.23}$$

式中，A_i 为连通淹没区格网单元的面积；E_i 为连通淹没区格网单元的高程；m 为连通淹没区格网单元的个数，由连通性分析求得。

定义一个淹没区域容积与洪水量 Q 的逼近函数 $F(H)$：

$$F(H)=Q-V=Q-i=\sum_{i=1}^{m}A_i\times(H-E_i) \tag{6.24}$$

要使 Q 和 V 最接近，就是要求一个 H，使得 $F(H)\rightarrow 0$。$F(H)$ 为单调递减函数，其函数变化趋势如图 6.19 所示。可以利用二分逼近算法加速求解过程，利用变步长方法加速其收敛过程。首先求一个水位 H_1，使得 $F(H_1)<0$，再利用二分法求 $F(H)$ 在（H_0，H_1）范围内趋近零的 H_q。H_q 对应的淹没范围和水深就是给定洪水量条件下的淹没范围和水深。

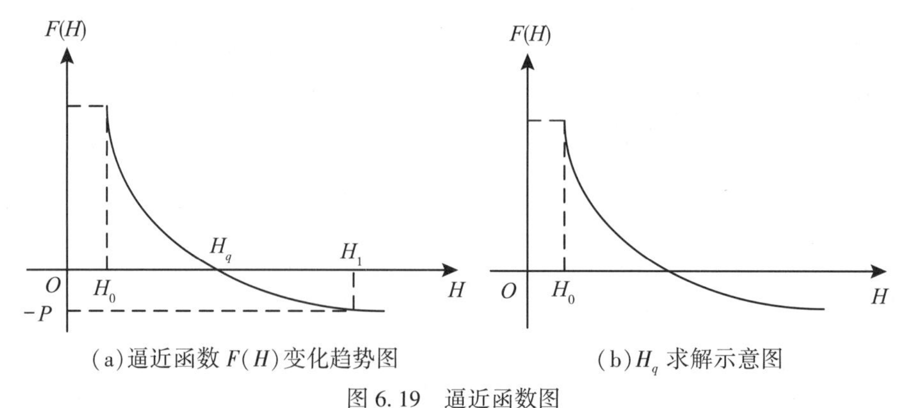

（a）逼近函数 $F(H)$ 变化趋势图　　（b）H_q 求解示意图

图 6.19　逼近函数图

3. 洪水淹没的三维显示

根据洪水分析结果，可以将淹没范围与地形数据叠加，得到水深分布静态效果图，还可以利用动画模拟洪水淹没的动态过程。下面分别介绍实现两种显示效果的基本原理。

1)静态水深分布显示原理

静态的水深分布主要是将淹没范围的数据与地形数据进行叠加，改变淹没区域中数据格网单元的显示颜色。具体实现时，为了表现出逼真的水淹效果，需要将结果数据与原始的地形数据分别显示。

具体过程如下：

(1)显示原始地形格网数据：根据地表纹理方案、光照角度及原始地形格网的高程值计算各格网的纹理坐标，绘制原始地形数据的效果图。

(2)设定一个和原始地形数据分辨率和范围相同的结果地形数据。

(3)根据水淹分析的结果及配色方案来设置结果地形数据中的高度值和节点颜色，高度不同，则颜色不同，用来显示水淹的效果。其中，被淹没区高度值为水位高度值，颜色由水深和本色值共同决定；未淹没区高度值为原始地形数据中的高程值，颜色保留原始地形格网数据的显示颜色。

(4)将结果地形数据显示层与原始地形格网显示层进行叠加显示。

2)动态淹没显示原理

动态淹没显示主要依据洪水淹没过程中的一个基本规律，即当某个点的水位 H_2 高于另一个点的水位 H_1 时，水位 H_2 条件下的淹没范围一定包括水位 H_1 条件下的淹没范围。

6.4 三维空间分析

6.4.1 三维可视化

三维可视化是三维 GIS 的基本功能。在进行三维分析时，数据的输入和对象的选择都涉及三维对象的可视化。这里介绍三维可视化的原理及建立三维可视化场景的基本步骤。

三维可视化是运用计算机图形学和图像处理技术，将三维空间分布的复杂对象(如地形、模型等)或过程转换为图形或图像在屏幕上显示并进行交互处理的技术和方法(唐泽圣，1999)。三维可视化的基本流程如图 6.20 所示(李成名等，2008)。

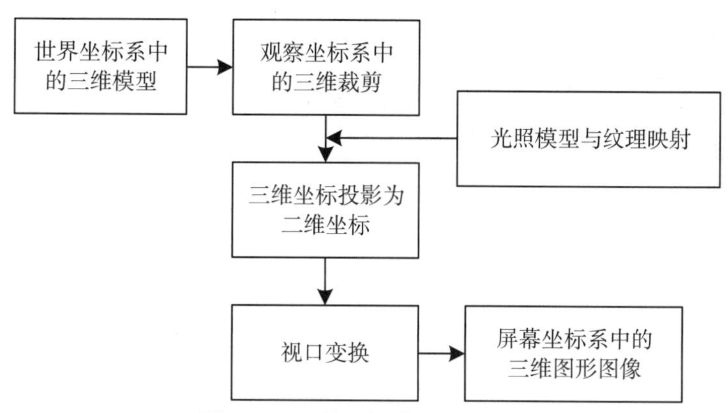

图 6.20 三维可视化的处理流程

在如图 6.20 所示的流程中，观察坐标系中的三维裁剪和视口变换是非常关键的步骤。

受到人眼视觉的限制，人眼的观察范围是有一定角度和距离范围的。相应地，在计算机实现三维可视化的时候，也有一定的观察范围。可以用视景体(Frustum)来表示这个范围。视景体通常用远、近、左、右、上、下六个平面来确定。另外，根据视景体的性质可以将其分为平行投影视景体和透视投影视景体。

(1)平行投影是指投影中心到投影平面的距离无限远的时候，物体投影后在某一个方向的投影大小与距离视点的远近无关。平行投影能保留物体间的度量关系，常用于工业制造和设计方面，以及城市三维景观中的二维表示(如侧视图)等方面。

(2)透视投影是指距离视点越远的物体投影后越小，反之越大。透视投影的特点贴近人眼的视觉特点，常用于户外三维景观中。

观察空间的三维裁剪是指在三维图形显示过程中，将位于视景体范围外的物体裁剪掉而不显示。通过判断对象与视景体中的六个裁剪面的关系可以确定对象是否位于视景体内部。用户还可以根据需要增加一个附加裁剪面，去掉与场景无关的目标。

视口是指屏幕窗口内制定的区域，而视口变换则是指经过坐标变换、几何裁剪、投影变换后的物体显示到视口区域。这种变换类似指定区域的缩放操作。需要注意的是，视口的长宽比例应与视景体一致，否则会使视口内的投影图像发生变形。

当视角增大，投影平面的面积增大，视口面积与投影平面面积的比值变小，但由于物体的投影尺寸不变，所以实际显示的物体变小。反之，视角变小时，显示物体变大。

三维可视化流程中的这些处理技术可以用一些图形可视化开发包实现。常用的开发包包括 OpenGL、DirectX、QD3D、VTK、Java3D 等，用户可以利用这些开发包提供的接口实现三维显示中的各种功能。

可以把三维可视化的基本流程进一步细化，得到建立三维可视化场景的技术。三维场景的创建一般包括三维建模、数据预处理、参数设置、投影变换、三维裁剪、视口变换、光照模型、纹理映射和三维场景合成等步骤(刘湘南等，2008)。

6.4.2　三维空间查询

三维数据的空间查询是三维 GIS 的基本功能之一，是其他三维空间分析的基础。三维空间查询的方式包括：①基于属性数据的三维空间查询；②基于图形数据的三维空间查询；③图形与属性混合的三维空间查询；④模糊三维空间查询等。其基本方法与二维空间查询的方法类似。下面主要介绍三维查询中的坐标查询和高程查询的原理。

1. 三维坐标查询

三维坐标查询是其他三维空间分析的基础。在获取三维坐标的过程中，由于屏幕上的三维模型的像点与三维模型的大地坐标不是一一对应的，因此，需要将鼠标捕捉到的二维屏幕坐标转换为三维的大地坐标，这实际上是透视投影的逆过程。

设 $\mathbf{I}^2$ 是欧氏平面上的整数集，$\mathbf{R}^3$ 是欧氏三维空间上的实数集，P 为计算机屏幕空间，T 为地面三维空间，则有 $P \subseteq \mathbf{I}^2$，$T \subseteq \mathbf{R}^3$。

若 P 与 T 之间存在映射关系：$T \to P$，则对于任意元素 $p \in P \subset \mathbf{I}^2$，$t \in T \subseteq \mathbf{R}^3$，若满

足 $t \to p$，有 $t(t_1, t_2, \cdots, t_k)$，$k \geqslant 2$，则 p 与模型上多个点 (X, Y, Z) 对应。

若有元素 t_m，$t_m \in t$，$t_m = (X_m, Y_m, Z_m)$ 使得 $\| t_m - E \| = \min$，则 t_m 为多个点中唯一的可见点，其中 E 为视点位置。

利用以上方法可以实现屏幕二维点到三维坐标点的转换。

2. 三维高程查询

在地形分析中，如果使用的是TIN数据，可以用内插的方法根据TIN中三角网点的高程求出任意一点的高程。TIN数据的内插一般使用线性内插，只能保证地面的连续性但无法保证其光滑。内插的过程主要包括格网点定位和高程内插两个过程。

假设待求点的平面坐标为 $P(x, y)$，要求该点的高程 Z。首先判断该点落在哪个三角面中。具体的方法是计算该点到三角网点的距离，找出一个距离最短的点 Q。然后把其中与 Q 相关的三角面都取出，判断 P 点落在其中哪个三角面中。若 P 点不在 P 点相关联的所有三角面中，则找出与 P 点次最近的三角网点，重复上面的判断，直到找到为止。

假设 P 点所在的三角面为 $\triangle Q_1Q_2Q_3$，三角面的三个顶点对应的坐标为 (x_1, y_1, z_1)，(x_2, y_2, z_2)，(x_3, y_3, z_3)。由其确定的平面方程为：

$$\begin{vmatrix} x & y & z & 1 \\ x_1 & y_1 & z_1 & 1 \\ x_2 & y_2 & z_2 & 1 \\ x_3 & y_3 & z_3 & 1 \end{vmatrix} = 0 \tag{6.25}$$

即

$$\begin{vmatrix} x - x_1 & y - y_1 & z - z_1 \\ x_2 - x_1 & y_2 - y_1 & z_2 - z_1 \\ x_3 - x_1 & y_3 - y_1 & z_3 - z_1 \end{vmatrix} = 0 \tag{6.26}$$

令

$$\begin{aligned} x_{21} &= x_2 - x_1;\ x_{31} = x_3 - x_1 \\ y_{21} &= y_2 - y_1;\ y_{31} = y_3 - y_1 \\ z_{21} &= z_2 - z_1;\ z_{31} = z_3 - z_1 \end{aligned} \tag{6.27}$$

则 P 点的高程为：

$$Z = Z_1 - \frac{(x - x_1)(y_{21}z_{31} - y_{31}z_{21}) + (y - y_1)(z_{21}x_{31} - z_{31}x_{21})}{x_{21}y_{31} - x_{31}y_{21}} \tag{6.28}$$

6.4.3 三维缓冲区分析

把二维缓冲区的概念扩展到三维空间，将缓冲区概念用于三维空间中，可以定义三维缓冲区范围。①点目标的三维缓冲区分析，是以该点目标为球心，缓冲距离为半径的一个球状区域。②线目标的三维缓冲区分析，是一个以该线目标为内核，缓冲半径为外缘的缆索状区域，如图6.21所示。③面目标的三维缓冲区的生成方法为：首先利用二维缓冲区方法生成一个面缓冲区多边形；然后以面缓冲区多边形为横断面，沿着 Z 轴上下延伸缓冲区半径大小范围，得到一个三维空间体范围。

利用邻近(proximity)的概念，缓冲把地图分为两个区域：①一个是所选地图要素的指定距离(缓冲半径)范围之内；②另一个是在这个范围之外(Chang，2001)。在指定距离之内的区域，称为缓冲区。

三维缓冲区分析比二维缓冲区分析的应用更加广泛。点缓冲区分析的应用如空中爆炸物的影响范围的确定；线缓冲区分析在地下管网和水利管道方面有重要的应用；面缓冲区分析则可以在城市规划中发挥重要作用。

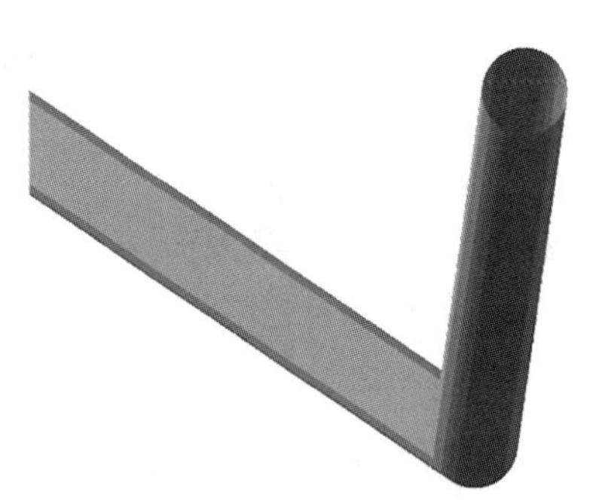

图 6.21　三维线缓冲区分析示意图

6.4.4　三维叠置分析

空间叠置分析(Spatial Overlay Analysis)，是指在统一空间参照系统条件下，每次将同一地区两个地理对象的图层进行叠合，以产生空间区域的多重属性特征，或建立地理对象之间的空间对应关系。前者主要实现多重属性的综合，称为合成叠置分析；后者用于提取某个区域内特定专题的数量特征，称为统计叠置分析。

三维叠置分析可将二维要素图层与三维要素图层进行叠置，也可以是三维要素图层与三维要素图层的叠置。如二维的规划用地类型图层与城市三维模型图层的叠置，可以得到三维图层中某一建筑物所属的规划用地类型。电线与三维 DEM 数据的三维叠置分析，可以分析电线所穿越的三维目标，为电力选线和日常维护提供基础，如图 6.22 所示。

6.4.5　阴影分析

阴影分析是光源从某个特定角度照射地物表面时产生的阴影效果分析。最常用的阴影分析是日照阴影分析，即以太阳为光源的阴影分析。城市建筑物的有效日照时间是城市规划中的热点问题，利用日照阴影分析功能可以为政府、相关规划部门及公众提供科学的日照效果参考。

日照阴影分析与地物所在的地理位置(主要是地理纬度)、季节、具体时间及周围环境等因素有关。其分析原理是根据日照的基本规律，首先根据地物所在位置的地理纬度、太阳赤纬角(黄赤交角)以及时角来确定太阳运动轨迹，再计算地物的日照时间、日照间距等指标。

太阳在天球上的视运动轨迹主要由太阳高度角和方位角来定义。

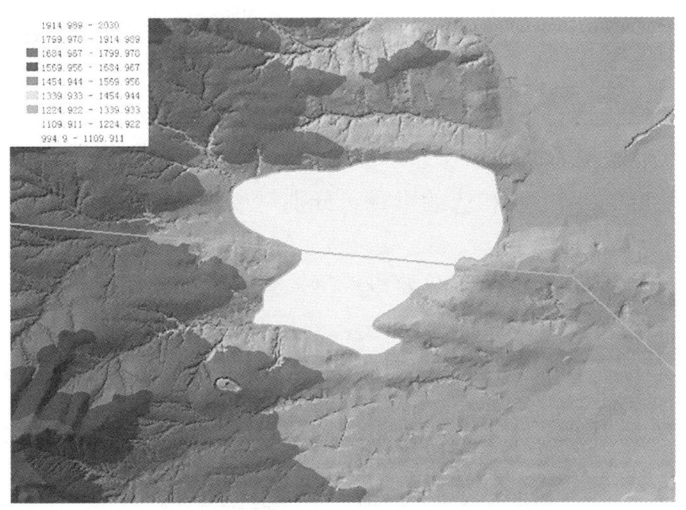

图 6.22　线状地物和三维图层数据叠置分析示意图

太阳高度角的计算公式如下：

$$\sin h_s = \sin\phi \times \sin\delta + \cos\phi \times \cos\delta \times \cos t \tag{6.29}$$

式中，h_s 为太阳高度角；ϕ 为地理纬度；δ 为赤纬角；t 为时角。

太阳方位角的计算公式如下：

$$\cos A_s = (\sin h_s \times \sin\phi - \sin\delta)\ \cos h_s \times \cos\phi \tag{6.30}$$

日照时间分析的关键是判断空间点是否被障碍物遮挡，传统的方法包括日棒影图(建筑物常用的日照阴影分析方法)和日照圆锥面(图 6.23)等(李成名等，2008)。其基本思路是：

(1)取地物地面所在的高度上的水平面为阴影承影面；

(2)求地物在阴影承影面上的二维阴影多边形；

(3)通过分析目标点与二维阴影多边形的位置关系分析目标点是否被障碍物遮挡。

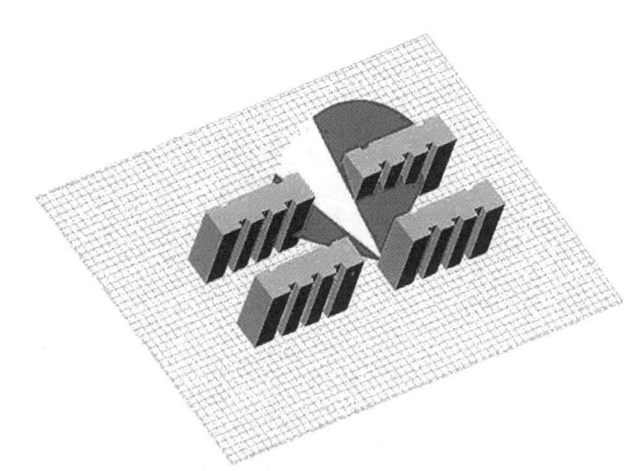

图 6.23　日照圆锥面示意图

使用这种方法的前提条件是待判断点在承影面上，当该条件不能满足时，会出现计算错误。为了克服这一缺点，将原来的二维算法扩展到三维空间，通过点与影域之间的关系来判断点是否被遮阳。

改进算法的基本步骤为：

(1)根据建筑物的不同面求相应的影域，分别对不同的影域进行分析，判断该点是否落在这些影域内。

(2)对所有面得到的判断结果，只要该点落入建筑物的某个面的影域内，就可以知道该点落在建筑物的影域内，即该点被遮阳；否则，不被遮阳。

为了提高计算效率，可以在判断点是否在某个影域内前先判断该面是阳面还是阴面：如果是阴面，就可以直接判读该点不在影域范围内；若为阳面，则需要进一步计算，这样可以使计算量减少近一半。判读阴阳面的算法如下：

(1)计算多边形墙面的法向量 $\boldsymbol{N}_\omega$ 及太阳光向量 $\boldsymbol{N}_s$；

(2)计算 $\boldsymbol{N}_\omega$ 和 $\boldsymbol{N}_s$ 的夹角；

(3)若夹角大于90°(即 $\boldsymbol{N}_\omega \times \boldsymbol{N}_s < 0$)，则该面为阳面，否则为阴面。

在日照分析应用中，最常用的是建筑物的日照时间分析。为了使得建筑物每天能得到规定的日照时间，要进行日照间距分析。

常用的日照间距分析的基本步骤为：

(1)根据建筑物要求达到的全天最小日照时间计算所需计算的时刻 T，计算公式为式(6.31)：

$$T = 12 - \min T \tag{6.31}$$

(2)计算时刻 T 的太阳高度角 H_s 和太阳方位角 A_s；

(3)计算日照间距系数 Coeficient：

$$\text{Coeficient} = c\tan H_s \times \cos(A_s - \alpha) \tag{6.32}$$

(4)计算日照间距 L：

$$L = H \times \text{Coeficient} \tag{6.33}$$

如果能根据全年任一天任意时刻具体的太阳方位角和高度角，将某时刻太阳光在对地物的日照情况计算出来，就可以得到最终的日照阴影效果。图6.24是日照阴影分析的示意图。

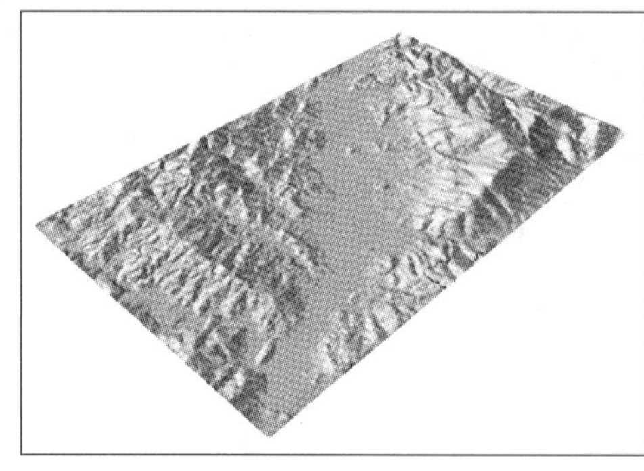

(a)地形的日照阴影

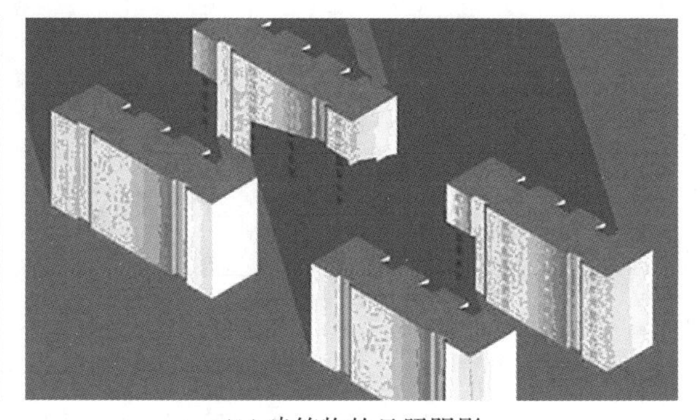

(b)建筑物的日照阴影

图6.24　日照阴影分析效果图

6.4.6 可视性分析

可视性分析亦称为视线图分析，由于它描述通视情况，也称为通视分析。

可视性分析实质上属于对地形进行最优化处理的范畴，比如设置雷达站、电视台的发射站、道路选择、航海导航等，在军事上如布设阵地(如炮兵阵地、电子对抗阵地等)、设置观察哨所、铺设通信线路等。有时还可以对不可见区域进行分析，如低空侦察飞机在飞行时，应尽可能避免敌方雷达的捕捉，飞机显然选择雷达盲区飞行。可视性分析对军事活动、微波通信网和旅游娱乐点的规划开发都有重要的应用价值。

在进行可视性分析时，一个需要注意的问题是：数字高程模型通常描述地面点的高程而不包括地面物体，如森林和建筑物等的高度，因此，当地物高度对分析结果有不可忽略的影响时，需要考虑进行地物高度的因子修正，以正确地确定通视情况。

可视性分析包括：两点之间的可视性(Intervisibility)分析、可视域(ViewShed)分析。

1. 两点之间的可视性分析

在基于格网 DEM 的通视分析中，为了简化问题，通常将格网点作为计算单位，也就是把点对点的通视问题简化为 DEM 格网与某一地形剖面线(视线)的相交问题，如图 6.25 所示(李志林，朱庆，2000)。

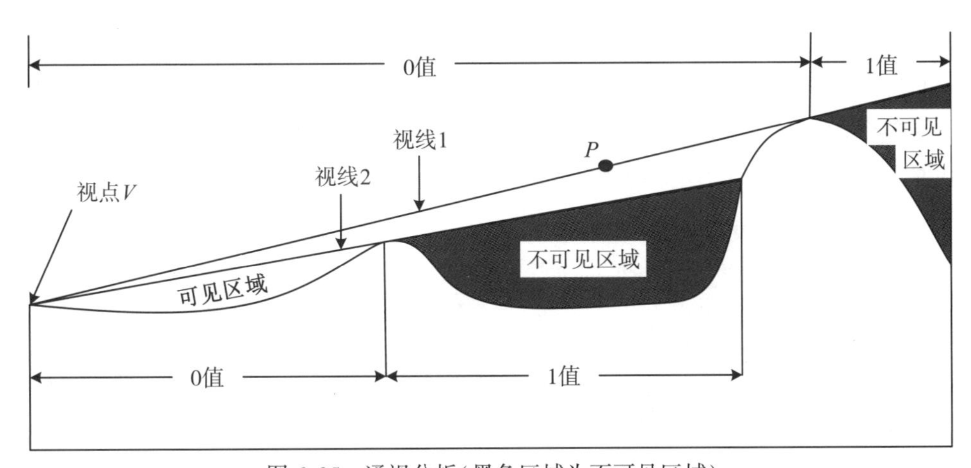

图 6.25　通视分析(黑色区域为不可见区域)

图 6.25 中，设视点 V 的坐标为(x_0, y_0, z_0)，目标点 P 的坐标为(x_P, y_P, z_P)。DEM 为二维数组 Z_{mn}，则 V 为$(m_0, n_0, Z[m_0, n_0])$，P 为$(m_P, n_P, Z[m_P, n_P])$。

两点之间的可视性分析的计算过程如下：

(1)生成 V、P 的连线到 DEM 的 XY 平面的投影点集$\{x_k, y_k, k=1, 2, \cdots, N)\}$，得到投影点集$\{x_k, y_k\}$在 DEM 中对应的高程数据$\{Z[k]\}$，这样形成 V 到 P 的 DEM 剖面线。

(2)因为 V 点和 P 点的高程值是已知的，根据三角学原理，内插出 V、P 连线上各点的高程值，计算公式下：

$$H[k] = Z[m_0][n_0] + \frac{Z[m_k][n_k] - Z[m_0][n_0]}{N} \times k \quad (k = 1, 2, \cdots, N) \tag{6.34}$$

式中，N 为 V 到 P 的投影直线上离散点的数量。

(3)比较数组 $H[k]$ 与数组 $Z[k]$ 中对应元素的值，如果 $\exists k$，$k \in [1, N]$，使得 $Z[k] \geqslant H[k]$，则 V 与 P 不可见；如果 $\exists k$，$k \in [1, N]$，使得 $Z[k] < H[k]$，则 V 与 P 可见。

2. 点对线的可视性

点对线的通视，实际上就是求点对线上的每一点的可视性，可以认为是点对点的可视性的扩展。基于格网 DEM 的点对线的通视性分析的算法如下：

(1)设 P 点为一沿着 DEM 数据边缘顺时针移动的点，与计算点对点的通视类似，求出视点到 P 点的投影直线上的点集 $\{x, y\}$，并求出相应的地形剖面 $\{x, y, (x, y)\}$；

(2)根据三角学原理，计算视点与 P 点连线上的高程值；

(3)根据类似于点对点的可视性分析同样的方法来判断点 P 是否可视；

(4)移动 P 点，重复以上过程，判断目标线上的所有的点是否可视，算法结束。

3. 点对区域通视

点对区域的通视算法是点对点算法的扩展。与点到线的通视问题类似，P 点沿目标区域的数据边缘顺时针移动，逐点检查视点至 P 点的直线上的点是否通视。

一个改进的算法思想是：考虑到视点到 P 点的视线遮挡点，最有可能是地形剖面线上高程最大的点。因此，可以将剖面线上的点按高程值进行排序，按降序依次检查排序后每个点是否通视，只要有一个点不满足通视条件，其余点不再检查。

4. 考虑地物高度的可视性计算模型

在可视性分析的实际应用中，有些分析需要考虑地物的高度。这时，可视性的计算就不仅仅是上述所采用的仅关心地形的计算，而应该采用新的计算方法。

如图 6.26 所示(李志林，朱庆，2000)，计算图中建筑物 A 的顶层能看到的地面范围。设不可视的部分长度为 S，根据相似三角形的原理得出可视部分长度 S 的计算公式为：

$$S = \frac{V \times [(h + t) - (O + t_w)]}{(H + T) - (h + t)} \tag{6.35}$$

式中，S 为不可视部分的长度；V 为可视部分的长度；H 为建筑物高度；h 为中间障碍物的高度；t 为中间障碍物的地面高度；O 和 t_w 分别为被观察者的身高和所在位置的地面高程。

可视性分析最基本的用途包括：可视查询、可视域计算、水平可视计算等。

1)可视查询

可视查询主要是指对于给定的地形环境中的目标对象(或区域)，确定从某个观察点观察，该目标对象是全部可视，还是部分可视。可视查询中，与某个目标点相关的可视只需要确定该点是否可视即可。对于非点状目标对象，如线状、面状对象，则需要确定某一部分可视或不可视。也可以将可视查询分为点状目标可视查询、线状目标可视查询和面状目标可视查询。

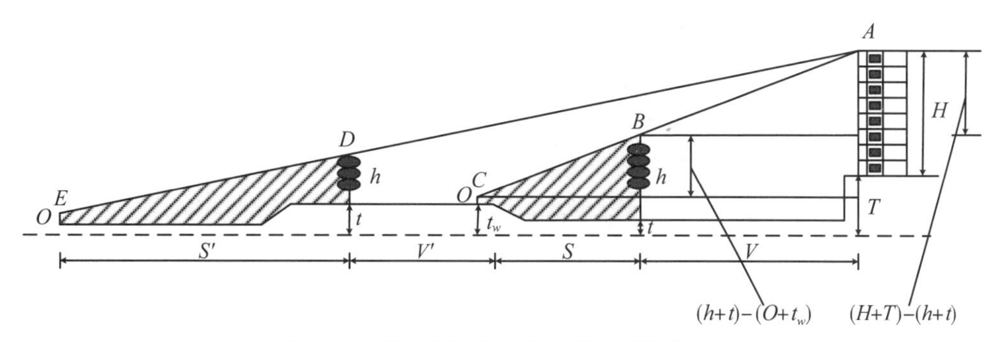

图 6.26　考虑地物高度的可视性计算示意图

比较典型的观察点问题是在地形环境中选择数量最少的观察点，使得地形环境中的每一个点，至少有一个观察点与之可视，如配置哨位问题、设置炮兵观察哨、配置雷达站等问题。作为这类问题延伸的一种常见问题，就是对于给定的观察点数据(甚至给定观察点高程)，确定地形环境中可视的最大范围。

实际上可能出现两种情况：

(1)观察者从某一地点可以看到的范围，分析观察者从观察的视点观察，哪些区域可见、哪些区域不可见，如图 6.27 所示。

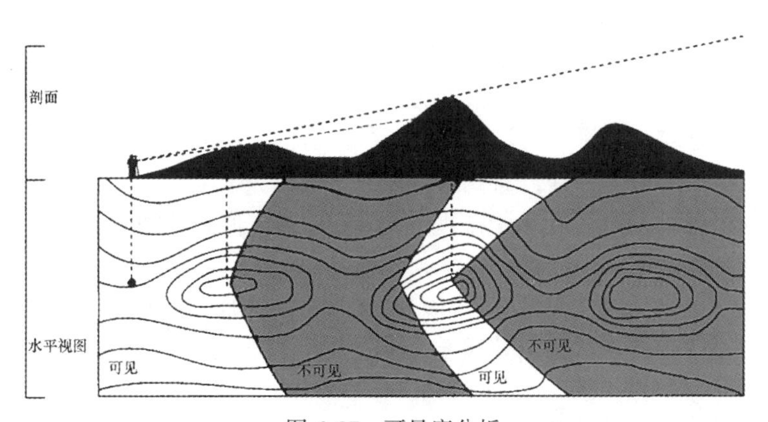

图 6.27　可见度分析

(2)观察者不仅想知道从某点看到的范围，而且也要确定从另一个观察者的视点能看到多少，或者相互看到多少，如图 6.28 所示。

(3)与单个观察点相关的问题。如确定能够通视整个地形环境的高程值最小的观察点问题，或者给定高程，查找能够通视整个地形环境的观察点。这方面的例子如森林火塔的定位、电视塔的定位、旅游塔的定位等。

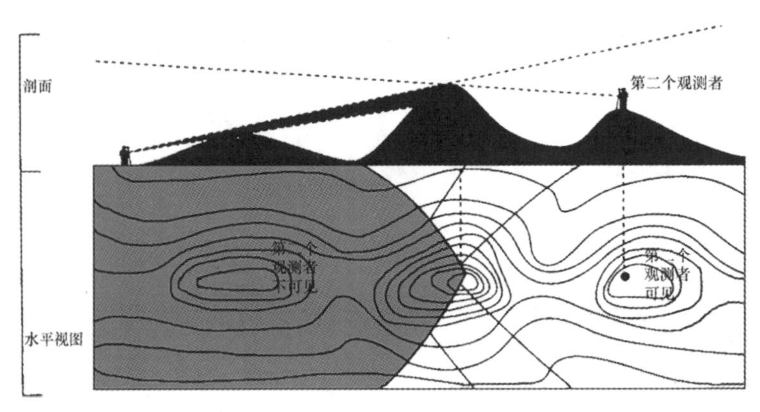

图 6.28　相互可见度分析

地形可视结构计算主要是针对环境自身而言，计算对于给定的观察点，地形环境中通视的区域及不通视的区域。地形环境中基本的可视结构就是可视域，它是构成地形模型中相对于某个观察点的所有通视的点的集合。利用可视域计算，可以将地形表面可视的区域表示出来，从而为可视查询提供丰富的信息。

2) 可视域计算

可视域计算的典型应用例子是视线通信问题。视线通信问题就是对于给定的两个或多个点，找到一个可视网络，使得可视网络中任意两个相邻的点之间可视。例如，对于给定的两个点 A、B，确定在 A、B 之间设计至少多少个点可以保证 A、B 两点之间任意相邻点可视，如通信线路的铺设问题，这种形式一般称为“通视图”问题。这类问题可以应用于微波站、广播电台、数字数据传输站点等网络系统的设计方面。

3) 水平可视计算

水平可视计算是指对于地形环境给定的边界范围，确定围绕观察点所有射线方向上距离观察点最远的可视点。水平可视计算是地形可视结构计算的一种特殊形式，但它在一些特殊领域中有着广泛的应用，而且需要的存储空间很小。

还有一个与可视域和水平可视计算都相关的应用是表面路径问题。其基本任务是解决地形环境中与通视相关的路径设置问题。例如，对于给定的两点和预设的观察点，求出给定两点之间的路径中，从预设观察点观察，没有一个点可通视的最短路径，如隐蔽者设计的隐蔽路线。相反的一种情况就是寻找一个每一个点都通视的最短路径，如旅游风景点中旅游路线的设置。

6.5　三维场景建模

6.5.1　三维场景的数据模型与表达

1. 三维空间数据模型基本概念

三维空间数据模型是人们对客观世界的理解和抽象，是关于三维空间数据组织的概念，反映现实世界中空间实体及其相互之间的联系，为三维空间数据组织和空间数据库模式设计提供基本的概念和方法，是研究三维空间的几何对象的数据组织、操作方法以及规则约束条件等内容的集合(彭仪普，刘文熙，2002)。定义和开发一个新的三维数据模型需要考虑三方面的问题：①确定需要描述的对象；②三维数据的存储以及逻辑关系的表达；③如何显示三维模型。

三维空间数据结构是三维空间数据模型的具体实现，是客观对象在计算机中的底层表达，是对客观对象进行可视表现的基础。

2. 常用的三维空间数据模型

常用的三维空间数据模型包括：面模型(Facial Model)、体模型(Volume Model)、混合模型(Mixed Model)、八叉树模型(Octree)等。

1)面模型

面模型侧重三维空间表面的表示，如 Grid、TIN 等。它通过三维表面表示形成三维空间目标，其优点是数据存储量小，建模速度快，且便于显示和数据更新，不足之处是空间分析难以进行。目前基于面模型的方法包括：表面构模法(Surface)、边界表示法(B-rep)、线框构模法(Wire Frame)、断面构模法(Section)和多层 DEM 法等。

2)体模型

体模型侧重三维空间体的表示，如水体、建筑物等，通过对体的描述实现三维空间目标表示。其优点是适于空间操作和分析，但其数据结构复杂，存储空间占用大，构模速度慢。有关体模型方法有结构实体几何构模(Constructive Solid Geometry，CSG)、八叉树构模(Octree)、四面体格网构模(TEtrahedral Network，TEN)和块段(Block)构模法等(程朋根等，2004)。规则体模型如图 6.29 所示，不规则体模型如图 6.30 所示。

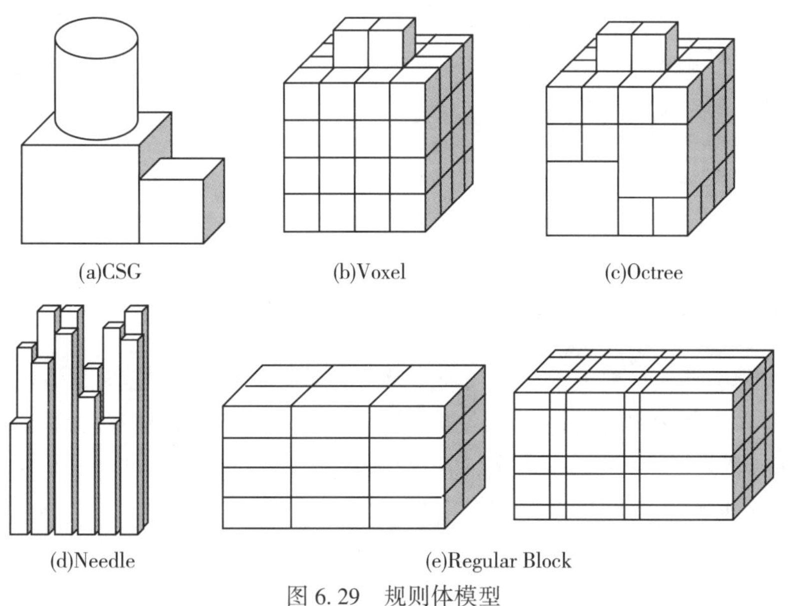

图 6.29 规则体模型

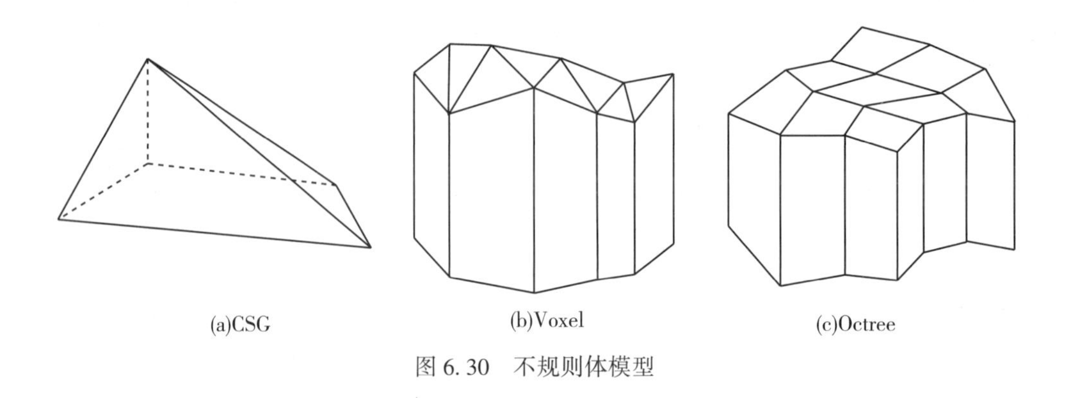

图 6.30　不规则体模型

3)混合模型

混合模型的目的是综合面模型和体模型的优点，以及综合规则体元与非规则体元的优点，取长补短。概念上，混合模型主要有 TIN-CSG 混合构模、TIN-Octree 混合构模等。

三维空间模型构模方法的分类如表 6.1 所示。

表 6.1　　**3D 空间构模法分类表**

面模型	体模型		混合模型
	规则体元	非规则体元	
不规则三角网	结构实体几何	四面体格网	TIN-CSG 混合
格网	体素	金字塔	TIN-Octree 混合或 Hybrid 模型
边界表示模型	八叉树	三棱柱	Wire Frame-Block 混合
线框或相连切片	针体	地质细胞	Octree-TEN 混合
断面序列	规则块体	非规则块体	
断面-三角网混合		实体	
多层 DEMs		3D Voronoi 图	
		广义三棱柱	

4)八叉树模型

八叉树表示法是一种层次结构的占有空间计数法，它由图像处理中的四叉树结构向三维空间扩展而来，通过用树结构对模型进行递归分割，是一种非常有效的三维数据建模的模型(李清泉，李德仁，1998；李清泉，1998)。

首先，将实体所在空间用一个立方体来表示，如果该立方体完全被实体所占有，那么该立方体可表示为“实节点”；如果该立方体与实体完全不相交，则该立方体表示为“空节点”；如果该实体占有立方体的部分空间，则将该立方体等分为 8 个小立方体，如图 6.31 所示，等分的小立方体可按一定规则进行编号。

然后，再按上述规则进行检查，确定属于实节点、空节点或灰节点(具有子孙的节点)。如此进行下去，直到全部小立方体均为实节点或空节点，或者达到预期的分割粒度要求为止。这种递归分割的实体表示形式，可以用八叉树结构描述(党倩，2008)，如图6.31所示。

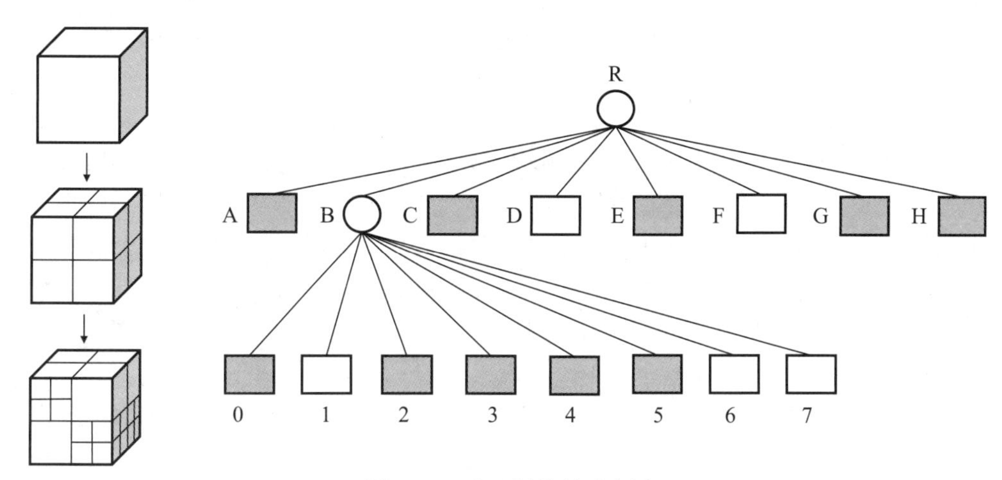

图6.31　八叉树编码示意图

八叉树的编码方法有4种：普通八叉树、线性八叉树、三维行程编码、深度优先编码。其中，线性八叉树和三维行程编码由于数据压缩量大、操作灵活，在3D GIS中应用比较多。八叉树结构有如下特点(吴德华等，2005)：

(1)八叉树结构适于表示体对象；

(2)八叉树结构是一个近似表示，特别适于表示复杂形状的对象；

(3)对于布尔操作和整数特征的计算效率很高，明显优于边界表示；

(4)内在的空间顺序使八叉树结构便于显示；

(5)不足之处是一般的几何变换难以进行。

6.5.2　三维场景建模技术与方法

1. 三维场景建模方法

目前，三维数据的获取手段包括：①远距离获取方式，如卫星影像、航空影像、空载激光扫描等，可进行大范围三维模型数据获取；②近距离获取方式，如近景摄影、近距离激光扫描、人工测量等。

复杂地物精细建模常用的三维数据获取方法主要有以下五种(王继周等，2004)。

1)地形图和建筑图纸相结合的城市三维信息获取

城市的三维建模以建筑物为主，重点表达与人类活动密切相关的交通、房屋等要素。这些要素的平面坐标可以由现有纸质或数字化地形图得到，建筑物的高度信息可以从设计图纸中获取。这种方法实现简单，但由于需要进行图纸人工判读、手工输入大量数据和实地纹理采集等，工作量较大。因此只适合小范围地区及少数建筑物的三维信息获取。

2)航空航天遥感

利用航空摄影测量影像能够得到地面高程信息、纹理数据以及拓扑信息，它是目前三维信息获取最主要的手段之一。众多学者对基于航空影像的三维信息自动、半自动提取方法进行了研究。现在航天卫星遥感已发展到高分辨率、高精度、多光谱、低费用的时代，航天遥感影像成为生产 DOM 和 DEM 的主要数据源。随着卫星影像价格的不断下降，航天遥感影像已经成为三维信息获取的最主要的数据源。

3)激光扫描仪

激光扫描仪能够获取物体表面高解析度的数字影像，从中可以提取高精度的目标几何数据和纹理数据。针对激光扫描影像的信息提取，近年来也取得了很大进展。虽然利用激光扫描仪可以获取高精度的三维数据，但由于其价格昂贵，在短期内尚难以大范围普及使用。另外，由于某些物体表面没有漫反射，会在扫描时漏掉，需要同时配备近景摄影协同进行。同时也难以获取建筑物顶部纹理信息。

4)混合集成方法

不同的方式之间存在互补性，因此利用混合手段集成多种方式获取三维信息成为研究的焦点。例如，结合现有 GIS 数据库、规划建筑图纸和数字摄影测量进行三维数据获取的方法；集成航空影像、地面影像和地图等多种数据源的获取框架；地形图、激光扫描和地面摄影结合的数据获取方法等。

5)车载移动测绘系统

车载移动测绘系统是一个基于多种传感器与技术集成的综合系统。传感器按作用可分为绝对定位传感器、相对定位传感器和属性采集传感器。其中，绝对定位传感器包括外部定位传感器(GNSS、无线电导等)和自包含内部定位传感器(陀螺仪、加速计、罗盘等)；相对定位传感器包括被动成像传感器(视频摄像机、数字摄像机等)和主动成像传感器(激光测距仪、雷达等)；属性采集传感器包括被动成像传感器(视频/数字摄像机、多光谱扫描仪等)和主动成像传感器(激光测距仪、激光扫描仪等)。

应用于不同场景、不同物体，应根据需求选择方法。三维场景建模方法可分为以下三种方法。

(1)基于地图的方法：利用已有 GIS、地图和 CAD 提供的二维平面数据以及其他高度辅助数据经济快速地建立盒状模型。

(2)基于图像的方法：利用近景、航空与遥感图像建立包括顶部细节在内的逼真表面模型。

(3)基于点云的方法：利用激光扫描和地面移动测量快速获得的大量三维点群数据建立几何表面模型。

2. 三维场景 LOD 模型与多层次细节建模

层次细节技术(Levels of Detail，LOD)是目前大规模地形可视化的研究热点之一，主要包括层次细节模型和层次细节简化技术两个研究点。

1)层次细节模型

层次细节模型指对同一个场景或景物中的物体使用具有不同细节的描述方法得到一组模型，供绘制时选择使用。根据浏览者的视点方向、可视画面上景物投影区域的大小、景物的视距及视线在景物表面的停留时间等因素来选取细节层次，满足图像实时绘制的需求。分析比较场景中图形对象的重要性，对关键的场景对象采用较高质量的绘制，而无关紧要的对象采用较低质量的绘制，这样就在不影响图像实时渲染的条件下，较好地提高场景视觉效果(柴继贵，2012)。例如，物体离视点较远或物体较小，就可以用较粗糙的 LOD 模型绘制；如果物体离视点较近或物体较大，就用较精细的 LOD 模型绘制。

2)层次细节简化技术

层次细节简化技术是在不影响画面视觉效果的条件下，通过逐次简化景物的表面细节来减少场景的几何复杂性，从而提高绘制算法的效率，是一种有效的大面积地形简化方法(王臻，2008)。考虑对包含大量可见面的场景进行简化时，如果许多可见面在屏幕上的投影小于一个像素，就可以合并这些可见面而不损失画面的视觉效果，LOD 技术就是顺应这一要求而发展起来的一种快速绘制技术(宋人杰等，2014)。

层次细节简化技术主要研究如何在减少所需要绘制的数据内容和几何细节时，保证观察者无法感知场景细节程度的降低，其主要的实现方法与相关因素包括：剪切、距离、大小、偏心率(物体偏离视觉中心的距离)、物体运动速度等。

层次细节技术的发展大致经历了三个阶段：离散模型，连续模型和多分辨率模型。各阶段的特点如表 6.2 所示。

表 6.2　**LOD 模型发展阶段及主要特点**

发展阶段	主要特点
离散 LOD 模型	一组具有不同复杂度和相似度的模型，同一模型各处具有相同的细节层次水平，每一个模型对应一个细节层次，这些模型在绘制前由简化算法生成。相邻层次间切换时伴有视觉上的突跳感
连续 LOD 模型	同一模型各处具有相同的细节层次水平，没有显式的细节层次存在，在绘制过程中，由相应算法自动生成
多分辨率模型	不同水平细节层次同时存在于模型的不同区域。没有显式的细节层次存在，在绘制过程中，由相应算法自动生成

3. BIM 模型

BIM(Building Information Model)通常可以从两个方面描述：一是作为名词，BIM 是一种载体，包含特定建筑和设备的各种专业数据，并明确描述其建筑的物理属性和非物理属性。BIM 数据模型包含来自不同专业的未加工的建筑数据。BIM 模型包含特定建筑和设施的所有成分，所以 BIM 模型是丰富的。BIM 包含特定建筑和设施所有成分的关系和属性，所以 BIM 模型是智能的。二是作为动词，BIM 表示建立建筑数据模型的行为，包括数据的交换和共享。不同层面的使用者可以通过数据模型输入并输出模型在内的数据，从而应用于设计或施工等(赵源煜, 2012)。

BIM 可分为几何模型与语义模型两类。BIM 几何模型通常通过三种形式进行表现, 包括: B-rep(边界表示)、CSG(Constructive Solid Geometry, 结构实体几何)、Sweep Volumes(放样体)。BIM 语义模型为实现从工程设计、构建到维护的全生命周期应用, 模型中包含了大量的语义细节(建造商、材质、粗超度、体积等)及各内部元素间的相互关系。

BIM 既是模型结果, 也是建模过程, 具有参数化、面向对象建模、交互性等特点, 其服务于建设项目从设计、施工、运营维护到改建的整个生命周期。BIM 是一种革命性的全新工作模式, 它改变的不仅仅是技术层面, 而是工程人员的思维方式和工作方式。其对于业主最关心的是工程造价、工期、项目性能是否符合预期等指标, BIM 所带来的价值优势是巨大的(张人友, 王珺, 2012), 具体包括以下 6 个方面。

(1)缩短项目工期: 利用 BIM 技术, 可以通过加强团队合作、改善传统的项目管理模式、实现场外预制、缩短订货至交货之间的空白时间(lead times)等方式大大缩短工期。

(2)更加可靠与准确的项目预算: 基于 BIM 模型的工料计算相比于基于 2D 图纸的预算更加准确, 且节省了大量时间。

(3)提高生产效率、节约成本: 由于利用 BIM 技术可大大加强各参与方的协作与信息交流的有效性, 使作出决策可以在短时间完成, 减少了复工与返工的次数, 且便于新型生产方式的兴起如场外预制、BIM 参数模型作为施工文件等, 显著提高了生产效率、节约了成本。

(4)高性能的项目结果: BIM 技术所输出的可视化效果可以为业主校核是否满足要求提供平台, 且利用 BIM 技术可实现耗能与可持续发展设计与分析, 为提高建筑物、构筑物等的性能提供了技术手段。

(5)有助于项目的创新性与先进性: BIM 技术可以实现对传统项目管理模式的优化, 如一体化项目管理模式 IPD(Integrated Project Delivery mode)下各参与方早期参与设计群策群力的模式, 有利于吸取先进技术与经验、实现项目创新性与先进性。

(6)方便设备管理与维护: 利用 BIM 竣工模型作为设备管理与维护的数据库, 可以方便设备管理与维护。

GIS 与 BIM 的融合可以用于城市应急管理、市政资产管理、城市公共安全等方面, 提高了城市建设管理的质量和效率。GIS 与 BIM 的融合将为城市的建设和管理带来新的思路和方法, 大量高精度的 BIM 模型是城市三维模型的重要数据来源, 为城市管理提供详细的建筑信息, 并为城市三维模型构建提供更加丰富的信息。GIS 和 BIM 的融合可以实现从微观到宏观的多尺度城市管理, 在室内导航、公共场所的应急管理、城市和景观规划、3D 城市地图、各种环境状况模拟、大型活动安全保障等方面都将产生难以估量的价值。

4. CityGML 模型

CityGML 是一种用来表现城市三维对象的通用信息模型, 是 GIS 和 BIM 融合研究的载体。CityGML 实现了基于 XML 格式的用于存储及交换虚拟 3D 城市模型的开放数据模型。CityGML 是 GML3 的一种应用模式, GML3 是由 OGC 和 ISOTC211 制订的可扩展的国际标准, 可以用于空间数据交换。

CityGML 在地理信息领域并不陌生，主要用于城市虚拟三维模型的数据存储与交换。CityGML 定义了城市和区域中最常见地物的类型及相互关系，兼顾地物的几何、拓扑、语义、外观等方面的属性，且定义了 LOD0~LOD4 共 5 个细节层次的信息模型，可以实现所有专题在不同尺度上的几何和语义信息表达(武鹏飞等，2019)。CityGML 信息模型分类如表 6.3 所示。

表 6.3　　**CityGML 信息模型分类表**

层次	类　型	特　征
LOD0	地域模型(Regional Model)	2.5D 数字地形图
LOD1	城市/场地模型(City/Site Model)	没有屋顶结构的“楼块模型”
LOD2	城市/场地模型(City/Site Model)	包含贴图和楼顶结构的粗模
LOD3	城市/场地模型(City/Site Model)	包含更多细节的建筑模型
LOD4	室内模型(Interior Model)	可以“步行进入”的建筑模型

5. IndoorGML 模型

IndoorGML 是用于室内空间信息的开放数据模型和 XML 模式的 OGC 标准。它旨在提供一个表示和交换室内空间信息的通用框架(袁德宝等，2019)。IndoorGML 模型被定义为 OGC 地理标记语言(GML)的应用模式。该模型侧重表达建筑物室内空间的拓扑结构和语义信息，主要面向室内导航应用。将室内空间分为原始空间和符号空间两类，原始空间可直接使用 CityGML 等进行描述，符号空间则采用基于图的方法描述，通过庞加莱对偶变换实现原始空间到符号空间的映射。符号空间中不仅包含了实际空间单元的拓扑结构，而且涵盖了传感器等虚拟空间的拓扑信息，通过建立多层空间的统一表达可满足室内的导航应用，还基于 XML 描述了核心模块的实现思路(张寅宝，2014)。

◎ 思考题

1. 简述数字地面模型、数字高程模型、数字表面模型三个概念，并分析其联系和区别。
2. 简述 DEM 的表示方法。
3. 简述 DEM 在地图制图学与地学分析中的应用。
4. 简述三维空间特征量算方法。
5. 简述三维地形的表面积计算方法。
6. 简述三维地形的体积计算方法。
7. 简述坡度和坡向的计算方法。
8. 简述剖面分析的原理和方法。
9. 简述谷脊特征分析的方法及应用。

10. 简述地表水文分析的原理和方法。
11. 简述水淹分析的原理和方法。
12. 简述三维场景数据模型及表达方法。
13. 简述三维场景建模的技术与方法。
14. 简述三维可视化的基本原理和特点。
15. 简述三维空间查询的原理和方法。
16. 简述三维缓冲区分析的原理和方法。
17. 简述三维叠置分析的原理和方法。
18. 简述阴影分析的原理和方法。
19. 简述三维可视性分析的基本方法。

第 7 章　探索性空间数据分析

空间统计分析是空间数据分析的核心内容，接下来本教材将用 5 章的内容介绍空间统计分析的相关理论和方法，包括：探索性空间数据分析、空间相关性分析、空间点模式分析、地统计分析、地理加权回归分析。

第 7 章介绍探索性空间数据分析，主要内容包括：一般统计分析、探索性数据分析、探索性空间数据分析。

7.1　一般统计分析

7.1.1　一般统计分析的定义

GIS 属性数据的一般统计分析是指对 GIS 地理空间数据库中的属性数据进行常规统计分析。在进行数据分析时，一般首先要对数据进行描述性统计分析(Descriptive Statistical Analysis)，以发现其内在规律，再选择进一步分析的方法。对于空间数据来说，描述性统计分析是空间数据分析的第一步，通过描述性统计分析，提取有价值的空间信息，便于后续的空间数据分析和处理。

7.1.2　描述性统计分析的方法

描述性统计分析对调查总体所有变量的有关数据进行统计性描述，主要包括数据的频数分析、数据的集中趋势分析、数据的离散程度分析、数据的分布以及一些基本的统计图形。

1. 数据的频数分析

将变量 x_i($i=1, 2, \cdots, n$)按大小顺序排列，并按一定的间距分组。变量在各组出现或发生的次数称为频数。各组频数与总频数之比叫作频率。计算出各组的频率后，就可以做出频率分布图。若以纵轴表示频率，横轴表示分组，就可做出频率直方图，用以表示事件发生的概率和分布状况。

2. 数据的集中趋势分析

数据的集中趋势分析用来反映数据的一般水平，常用的指标包括：平均值、中位数和众数等。

(1)平均值：是衡量数据的中心位置的重要指标，反映了一些数据必然性的特点，包括算术平均值、加权算术平均值、调和平均值和几何平均值。

算术平均值是将所有数据相加，再除以数据的总数目，计算公式为：

$$\bar{X} = \frac{1}{n}\sum_{i=1}^{n} x_i \tag{7.1}$$

加权算术平均值是考虑数据对数据总体的影响的权重值的不同，将每个数据乘以其权值后再相加，所得的和除以数据的总体权重数，计算公式为：

$$\bar{X}_p = \frac{\sum_{i=1}^{n} P_i x_i}{\sum_{p=1}^{n} P_i} \quad (P_i \text{ 为数据 } x_i \text{ 的权值}) \tag{7.2}$$

调和平均值是各个数据的倒数的算术平均数的倒数，又称为倒数平均值，调和平均值也分为简单调和平均数($\bar{X}_t$)和加权调和平均数($\bar{X}_{tp}$)，计算公式分别为：

$$\bar{X}_t = \frac{n}{\sum_{i=1}^{n} \frac{1}{x_i}},\ \bar{X}_{tp} = \frac{\sum_{p=1}^{n} P_i}{\sum_{i=1}^{n} \frac{P_i}{x_i}} \quad (P_i \text{ 为数据 } x_i \text{ 的权值}) \tag{7.3}$$

几何平均数($\bar{X}_g$)是 n 个数据连乘的积开 n 次方根，计算公式为：

$$\bar{X}_g = \sqrt[n]{\prod_{i=1}^{n} x_i} \quad \left(\prod_{x_i} \text{ 表示 } i \text{ 个数据连乘}\right) \tag{7.4}$$

(2)中位数：中位数是另外一种反映数据的中心位置的指标，其确定方法是将所有数据以由小到大的顺序排列，位于中央的数据值就是中位数。当数据大小差距比较大时，用平均值很难反映数据的集中趋势。例如，人们的收入差距很大，如果用平均值，容易错误地反映人们的收入情况，此时用中位数则更具有代表性。

(3)众数：是指在数据中发生频率最高的数据值。如果各个数据之间的差异程度较小，用平均值就有较好的代表性；如果数据之间的差异程度较大，特别是有个别极端值的情况，用中位数或众数有较好的代表性。

3. 数据的离散程度分析

数据的离散程度分析主要是用来反映数据之间的差异程度，常用的指标有方差和标准差。方差是标准差的平方，根据不同的数据类型有不同的计算方法。除此之外，还包括极差、离差、平均离差、离差平方和、变差系数等。

1)方差和标准差

方差是均方差的简称，是以离差平方和除以变量个数(n)求得的，即

$$\sigma^2 = \sum_{i=1}^{n} \frac{(x_i - \bar{x})^2}{n} \quad \text{或} \quad \sigma^2 = \sum_{i=1}^{n} \frac{(x_i - \bar{x})^2}{n-1} \tag{7.5}$$

标准差是方差的平方根，记为：

$$\sigma = \sqrt{\sum_{i=1}^{n} \frac{(x_i - \bar{x})^2}{n}} \quad \text{或} \quad \sigma = \sqrt{\sum_{i=1}^{n} \frac{(x_i - \bar{x})^2}{n-1}} \tag{7.6}$$

2)极差

极差是一组数据中最大值与最小值之差，即

$$R = \max\{x_1, x_2, \cdots, x_n\} - \min\{x_1, x_2, \cdots, x_n\} \tag{7.7}$$

3)离差、平均离差与离差平方和

一组数据集中的各数据值与其平均数之差称为离差，即 $d = x_i - \bar{x}$；根据离差定义可知，一个数据集的离差和恒等于0，即 $\sum(x - \bar{x}) = 0$，若将离差取绝对值，然后求和，再取平均数，就得到平均离差：

$$\bar{d} = \frac{\sum_{i=1}^{n} |x_i - \bar{x}|}{n} \tag{7.8}$$

若对离差求平方和，就得到离差平方和：

$$d^2 = \sum_{i=1}^{n} (x_i - \bar{x})^2 \tag{7.9}$$

平均离差与离差平方和是表示各数值相对于平均数的离散程度的重要统计量。

4. 数据的分布

1)正态分析(高斯分布)

正态分布，也称为高斯分布，是概率理论中最重要的分布之一，通常用均值 μ 和标准差 σ 两个数字特征表示。正态分布的定义为：

$$f(x) = \frac{1}{\sqrt{2\pi}\sigma} e^{-\frac{(x-\mu)^2}{2\sigma^2}} \quad (-\infty < x < +\infty) \tag{7.10}$$

正态分布具有普适性，大量的自然现象和社会现象都近似服从正态或半正态分布。如测量误差、人的身高、炮弹弹着点分布、农作物的产量等都可以用正态分布来近似刻画。统计分析中，通常要求假设样本的分布属于正态分布，需要用偏度和峰度两个指标来检查样本是否符合正态分布。偏度是指样本分布的偏斜方向和程度，是统计数据分布偏斜方向和程度的度量，是统计数据分布非对称程度的数字特征。偏度是样本的三阶标准化矩。峰度是指样本分布曲线的尖峰程度，是用来反映频数分布曲线顶端尖峭或扁平程度的指标。如果样本的偏度接近于0，而峰度接近于3，就可以判断总体的分布接近于正态分布。标准正态分布示例如图7.1所示。标准正态分布呈中间高、两头低、左右对称的形态。例如，身高数据基本符合正态分布。18~44岁的中国男性平均身高为1.7m，绝大多数该年龄段的中国男性身高在1.7m左右，左右两边的频率依次递减。偏态分布示例如图7.2所示。其中，图7.2(a)为右偏态分布(值较大的数据比较多)，图7.2(b)为左偏态分布(值较小的数据比较多)。图7.3显示了右偏态分布(图7.3(a))、标准正态分布(图7.3(b))、左偏态分布(图7.3(c))分别对应的均值、中位数和众数的示意图。

2)幂律分布(长尾分布、重尾分布)

幂律(power law)分布指分布函数 $f(x)$ 与变量 x 之间是幂函数关系，即

$$f(x) = kx^{-\gamma} \tag{7.11}$$

式中，k 为常数；γ 为正常数。

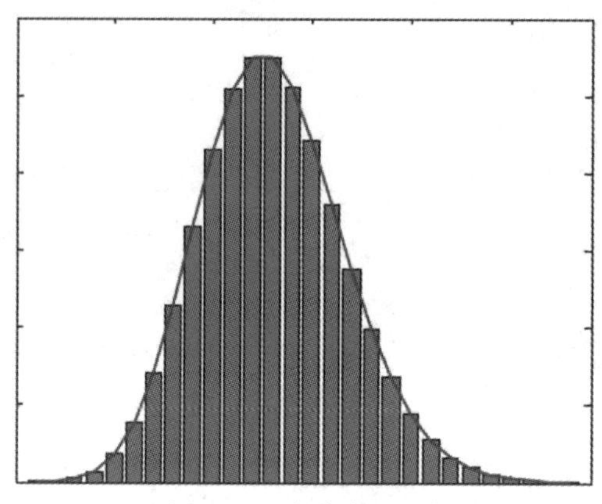

图 7.1　正态分布图示例

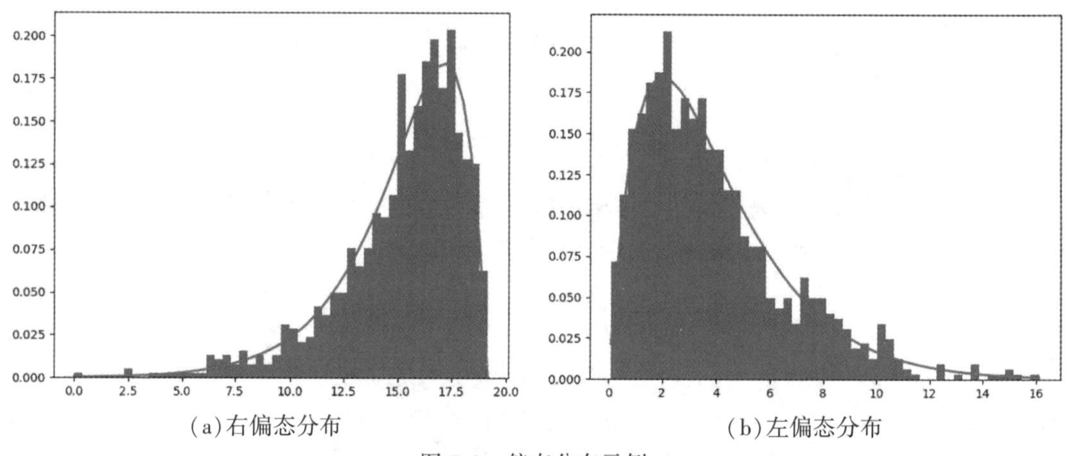

(a)右偏态分布　(b)左偏态分布

图 7.2　偏态分布示例

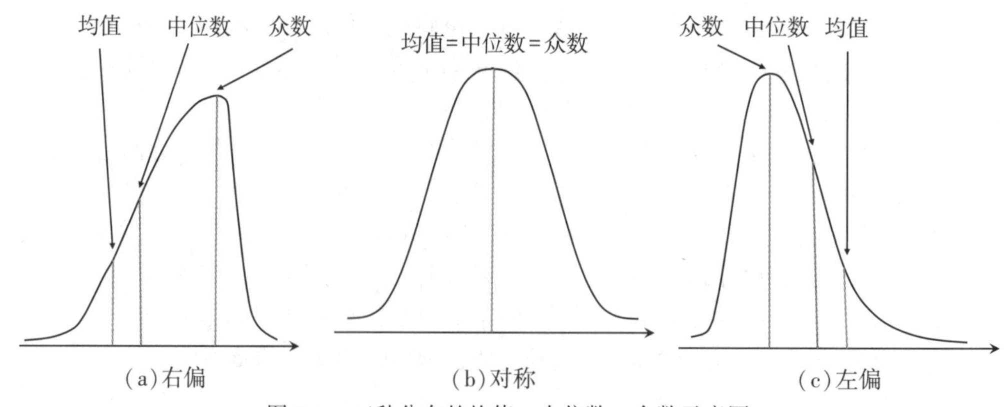

(a)右偏　(b)对称　(c)左偏

图 7.3　三种分布的均值、中位数、众数示意图

幂律分布示意图如图 7.4 所示。

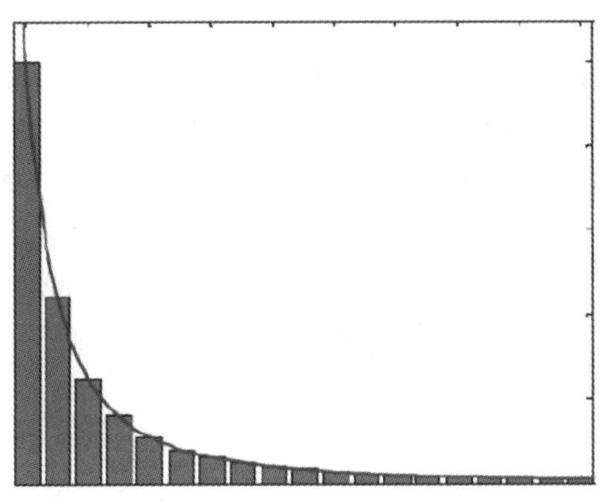

图 7.4 幂律分布示意图

如果对幂律函数两边取对数，在双对数坐标系下，幂律分布呈直线，该直线的斜率为幂指数的负数：

$$\ln f(x) = \ln k - \gamma \ln x \tag{7.12}$$

如图 7.5 所示，图 7.5(a)为某数据集的幂律分布，图 7.5(b)为其在双对数坐标系下的分布，分布近似呈直线。

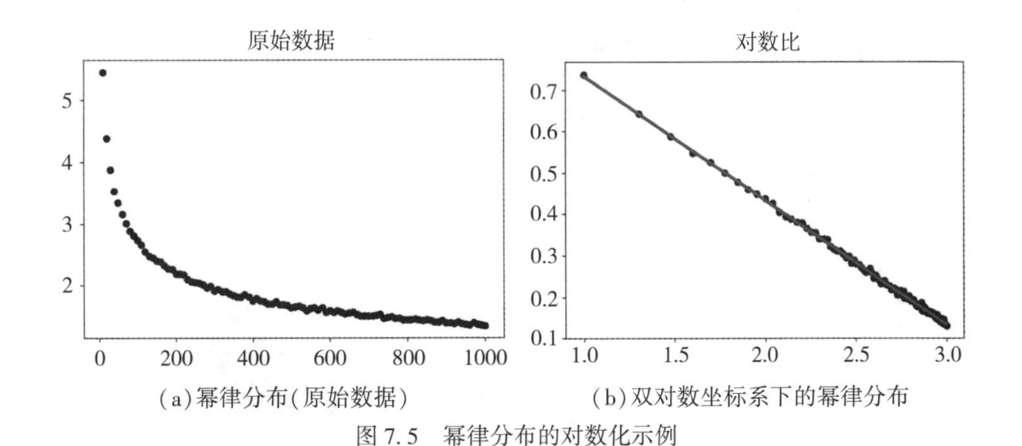

(a)幂律分布(原始数据)　(b)双对数坐标系下的幂律分布

图 7.5 幂律分布的对数化示例

3)长尾理论、长尾经济学

过去人们只能关注重要的人或重要的事，如果用正态分布曲线来描绘这些人或事，人们只能关注曲线的“头部”，而将处于曲线“尾部”、需要更多的精力和成本才能关注到的大多数人或事忽略。例如，在销售产品时，厂商关注的是少数几个所谓“VIP”(Very Important Person)客户，“无暇”顾及在人数上居于大多数的普通消费者。在网络时代，由于关注的成本大大降低，人们有可能以很低的成本关注正态分布曲线的“尾部”，关注“尾部”产生的总体效益甚至会超过“头部”。例如，某著名网站是世界上最大的网络广告商，它没有一个大客户，收入完全来自被其他广告商忽略的中小企业。网络时代是关注“长尾”、发挥“长尾”效益的时代。长尾经济学成为经济学的重要理论之一(菅谷义博，贺迎，2008；安德森，2015)。

谷歌(Google)公司就是一个典型的“长尾”公司，其成长历程就是把广告商和出版商的“长尾”商业化的过程。以占据了Google半壁江山的AdSense为例，它面向的客户是数以百万计的中小型网站和个人，对于普通的媒体和广告商而言，这个群体的价值微小得简直不值一提，但是Google通过为其提供个性化定制的广告服务，将这些数量众多的群体汇集起来，创造了非常可观的经济利润。据报道，Google的市值已超过1.9万亿美元(2023年1月)，被认为是“最有价值的媒体公司”，远远超过了那些传统的老牌传媒公司。

5. 统计图表分析

用图形的形式来表达数据，比用文字表达更清晰、更简明。对于属性数据，统计图的主要类型有柱状图、扇形图、直方图、折线图和散点图等，如图7.6所示。

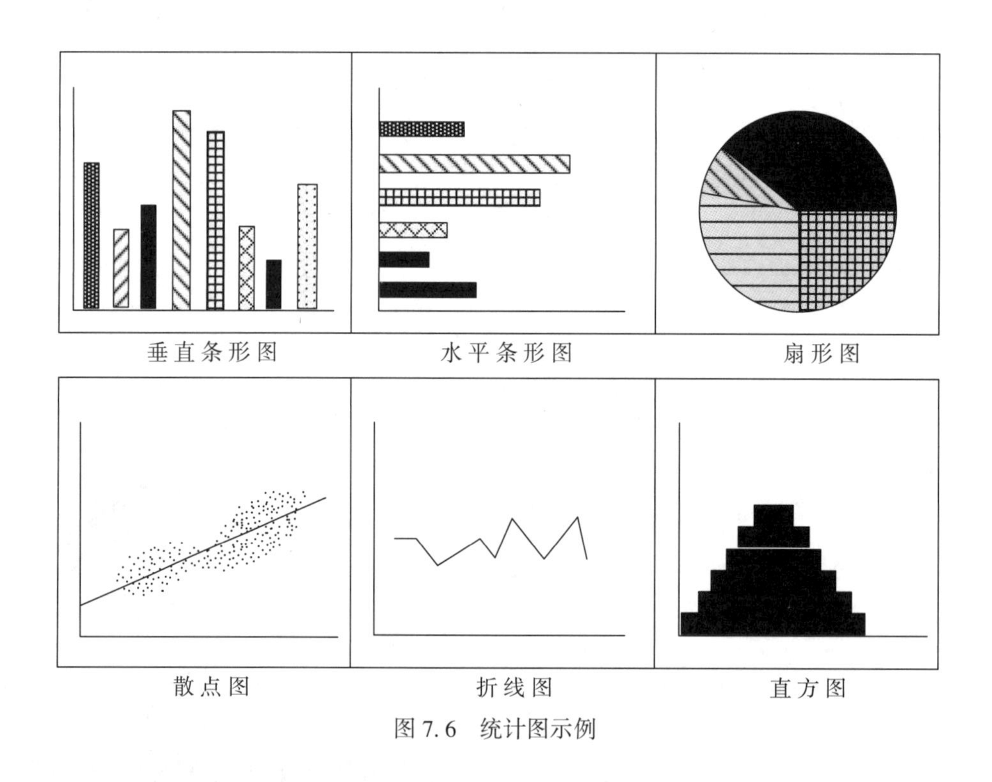

图7.6　统计图示例

(1)柱状图：用水平或垂直长方形表示不同种类间某一属性的差异，每个长方形表示一个种类，其长度表示这个种类的属性数值。

(2)扇形图：将圆划分为若干个扇形，表示各种成分在总体中的比重，各种成分的比重可以用扇形的面积或者弧长来表示，当有很多种成分或成分比重差异悬殊时表示效果不好。

(3)散点图：以两个属性作为坐标系的轴，将与这两种属性相关的现象标在图上，表示出两种属性间的相互关系，在此基础上可以分析这两种属性是否相关和相关关系的种类。

(4)折线图：反映某一属性随时间变化的过程，它以时间为图形的一个坐标轴，以属性为另一坐标轴，将各个时间的属性值标到图上，并将这些点按时间顺序连接起来，反映实体发展的动态过程和趋势。

(5)直方图：表示单一属性在各个种类中的分布情况，可以确定属性在不同区间的分布，如某种现象的分布是否为正态分布。

统计表格是详尽表示非空间数据的方法，它不直观，但可提供详细数据，可对数据再处理。统计表格分为表头和表体两部分，除直接数据外，有时还有汇总、比重等派生项。

7.2 探索性数据分析

7.2.1 探索性数据分析的概念

统计学是数据分析的主要工具，大量的统计分析方法以数据总体满足正态假设为依据，并在此基础上建立模型和推演。但是，实践中大量的数据并不能满足正态假设，并且基于均值、方差等的模型在实际数据分析中缺乏稳健性，于是导致很多统计分析方法不能满足海量数据分析的要求。Tukey(1977)面向数据分析的主题，提出了探索性数据分析(Exploratory Data Analysis，EDA)的新思路。

EDA的特点是对数据来源的总体不作假设，并且假设检验也经常被排除在外。这一技术使用统计图表、图形和统计概括方法对数据的特征进行分析和描述。EDA技术的核心是“让数据说话”，在探索的基础上再对数据进行更复杂的建模分析(王远飞，何洪林，2007)。

7.2.2 探索性数据分析的方法

EDA是不对数据总体作任何假设(或很少假设)的条件下识别数据特征和关系的分析技术。主要有两类方法：①计算EDA，包括从简单的统计计算到高级的用于探索分析多变量数据集中模式的多元统计分析方法。②图形EDA技术，即可视化的探索数据分析。

常用的图形方法包括：直方图(histogram)、茎叶图(stem leaf)、箱线图(box plot)、散点图矩阵(scatter plot matrix)、平行坐标图(parallel coordinate plot)等。

1. 直方图与茎叶图

直方图和茎叶图用于表述数据的分布信息，可根据数据的分布进一步作出相关的假设。

直方图是一种二维统计图表，它的两个坐标分别是统计样本和该样本对应的某个属性的度量。在图像处理领域的常用概念是灰度直方图(图7.7)，描述的是图像中具有该灰度级的像素的个数：横坐标是灰度级，纵坐标是该灰度出现的频率(像素个数/总像素数)。

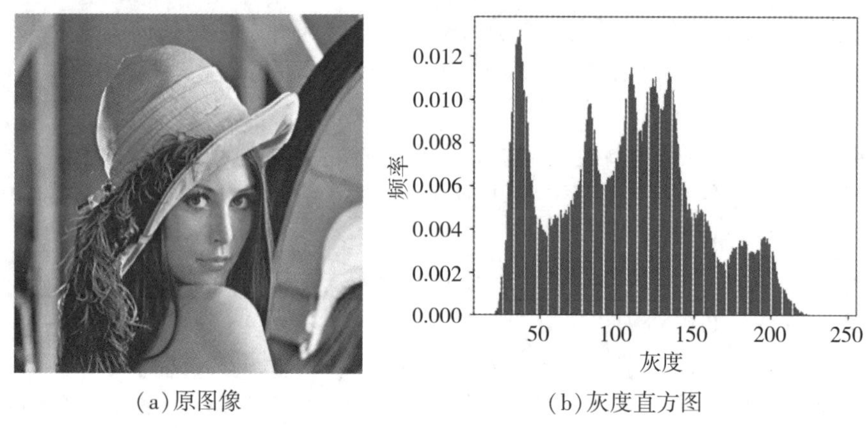

(a)原图像　　(b)灰度直方图

图 7.7　灰度直方图示例

茎叶图又称为“枝叶图”，其思路是将数组中的数按位数进行比较，将数的大小基本不变或变化不大的位作为一个主干(茎)，将变化大的位的数作为分枝(叶)，列在主干的后面，这样可以清楚地看到每个主干后面的几个数，每个数具体是多少。茎叶图是一个与直方图类似的工具，但又与直方图不同，茎叶图保留了原始资料的信息，直方图则失去了原始数据的信息。

茎叶图的特征为：

(1)用茎叶图表示数据有两个优点：一是从统计图上没有原始数据信息的损失，所有数据信息都可以从茎叶图中得到；二是茎叶图中的数据可以随时记录、随时添加，方便记录与表示。

(2)茎叶图只便于表示两位有效数字的数据，而且只方便记录两组数据。

例如，有一堆数据：41 52 6 19 92 10 40 55 60 75 22 15 31 61 9 70 91 65 69 16 94 85 89 79 57 46 1 24 71 5。该组数据的茎叶图如图 7.8 所示。例如，第五行的“4 | 016”表示数据集中的 40，41，46 这三个数。

茎	叶	频数
0	1569	4
1	0569	4
2	24	2
3	1	1
4	016	3
5	257	3
6	0159	4
7	0159	4
8	59	2
9	124	3

图 7.8　茎叶图示例

2. 箱线图

箱线图(box plot)，亦称盒须图(box whisker plot)，或骨架图(schematic plot)。箱线图能够直观、明了地识别数据集中的异常值，利用数据中的五个统计量：最小值、第一四分位数(第25的百分位数 Q_1，即下四分位数)、中位数(第50的百分位数 Q_2)、第三四分位数(第75的百分位数 Q_3，即上四分位数)与最大值来描述数据。箱线图的绘制依靠实际数据，不需要事先假定数据服从特定的分布形式，没有对数据作任何限制性要求，它只是真实、直观地表现数据形状的本来面貌；另一方面，箱线图判断异常值的标准以四分位数和四分位距为基础。四分位距(quartile range, QR)表示上四分位数与下四分位数之间的间距，即上四分位数减去下四分位数。箱线图识别异常值的结果比较客观，在识别异常值方面有一定的优越性(黄勇奇，赵追，2006)。箱线图的构造如图7.9所示。

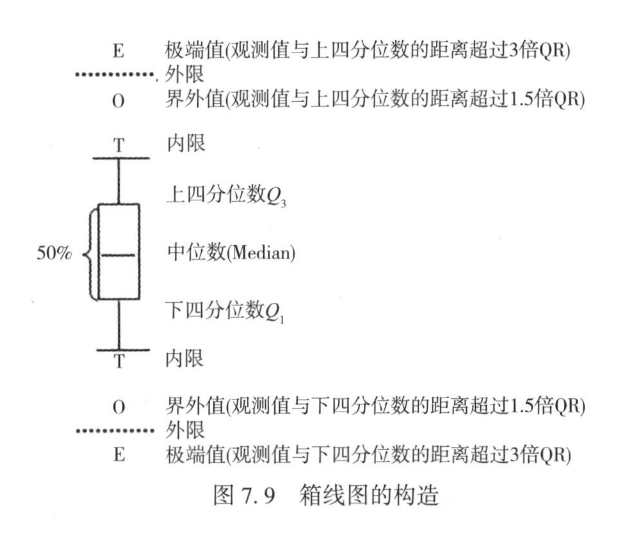

图7.9 箱线图的构造

箱线图的制作过程主要包括以下两步：

(1)画一个矩形盒，两端边的位置分别对应数据集的上四分位数(Q_3)和下四分位数(Q_1)。在矩形盒内部的中位数(Median)位置画一条线段为中位线。

(2)在 Q_3+1.5QR(四分位距)和 Q_1-1.5QR 处画两条与中位线一样的线段，这两条线段为异常值截断点，称其为内限(图7.9中以字母T对应的两条线)；

(3)在 Q_3+3QR 和 Q_1-3QR 处画两条线段，称其为外限(图7.9中的虚线)。

处于内限以外位置的点表示的数据都是异常值，其中在内限与外限之间的异常值为温和异常值(mild outliers)，在外限以外的为极端异常值(extreme outliers)，在一般的统计软件中表示外限的线并不画出，所以图7.9中用虚线表示(Tukey, 1977; Mosteller et al., 1998; Hoaglin et al., 2000)。

3. 散点图与散点图矩阵

散点图用于初步展示两个数据之间的关系，并经常计算出一条光滑的线来表示两个要素之间可能存在的关系类型及其程度，为建立合理的描述分析模型提供了基础，是分析两个要素或变量之间关系时常用的方法和技术，其生成方法是将两个变量的坐标点对画在 (x, y) 坐标平面上。在分析变量之间的关系、判断异常点以及数据的分类等方面，散点图都有重要的作用；散点图矩阵则通过建立任意两个变量之间关系的图形表示来初步获得相关信息和异常信息。图 7.10 显示了某数据集的散点图。

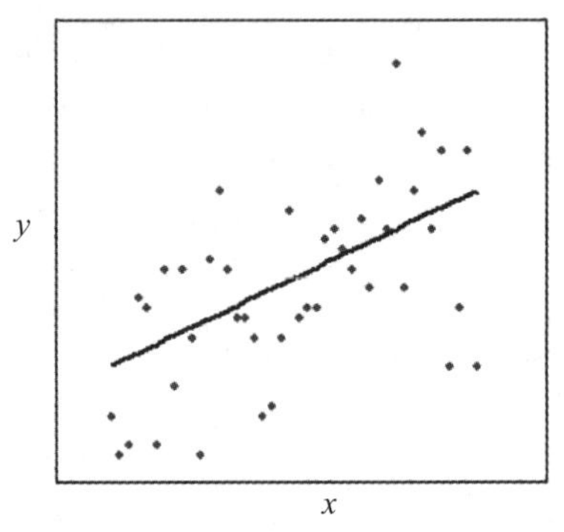

图 7.10　某数据集的散点图

1) 散点图展示了变量之间的差异性信息

若有 4 组不同的数据，其统计分析的结果可能相同，回归方程也可能相同。若 4 组不同数据的统计结果相同，则回归方程基本相同，但散点图可能差别很大。图 7.11 显示了四组回归方程相似，但数据分布差异较大的数据。

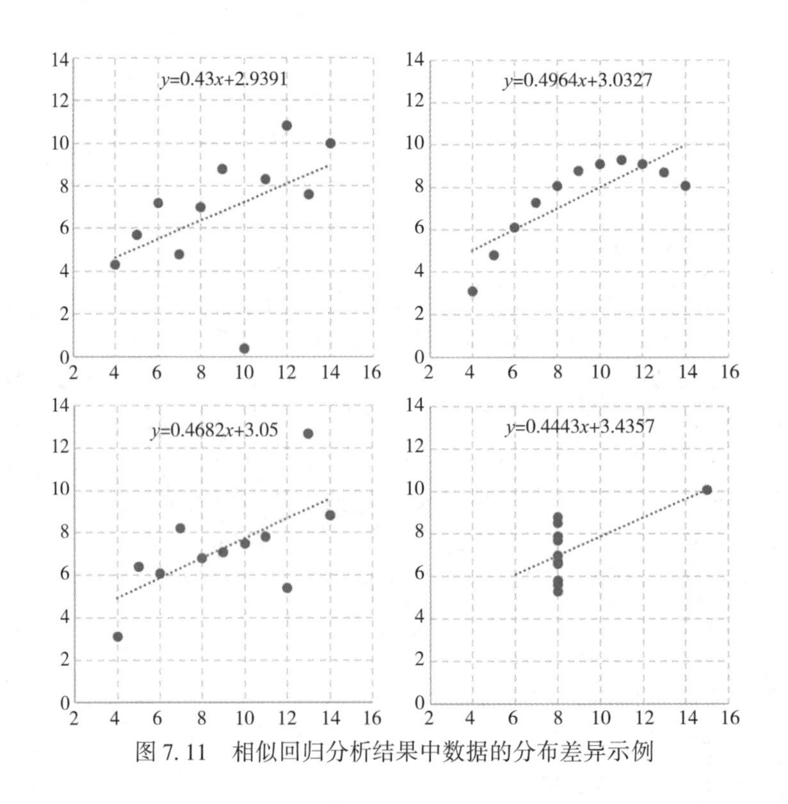

图 7.11　相似回归分析结果中数据的分布差异示例

2)散点图与异常点分析

异常数据要么具有特别的价值，要么会引起错误的结果或判断。在回归线的确定中，异常数据的出现将对回归方程的斜率和数据的相关关系产生很大的影响，由于异常点参与了计算，可能导致虚假的关系。如图 7.12(a)所示，在异常点消除之前，两个变量的相关系数 $r=0.96$，表明存在很强的正相关；如图 7.12(b)所示，消除了异常数据后，$r=0.24$，几乎处于随机水平。在回归模型建立之前通过散点图技术进行数据的探索性分析，有利于消除异常数据，寻找更合理的关系或模式。

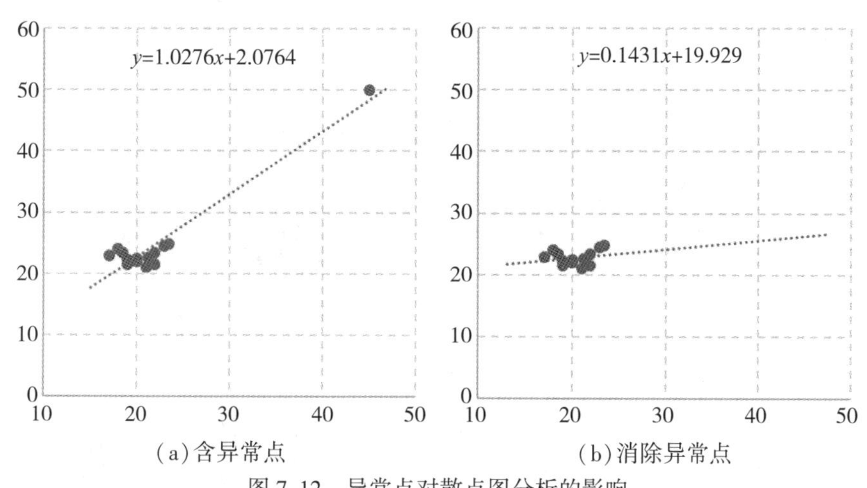

(a)含异常点　　(b)消除异常点

图 7.12　异常点对散点图分析的影响

3)散点图与不同类别的数据

利用散点图分析两个变量之间的相关关系时，分析结果可能与不同的数据类别有关。例如，某散点图的两个变量是某区域的房屋价格和人口密度，总的区域的散点图反映了房屋价格和人口密度之间是正相关关系。但是，如果将数据划分为两个不同的地区，分别作出其散点图，结果可能反映了两个区位的房屋价格和人口密度都是负相关关系。

4)散点图矩阵

散点图矩阵是指通过建立任意两个变量之间的关系的图形表示来获得相关信息和异常信息，相当于在由 m 个变量构成的矩阵中，用相应的两个变量之间的散点图替代矩阵中的元素构成的图形，如图 7.13 所示。散点图矩阵在对角线上是变量自身的关系，在这些位置上一般由测量这个变量分布特征的图形(直方图、箱线图等)构成。

4. 平行坐标图

平行坐标图将高维数据在 2 维空间上表示，为可视化地探索分析高维数据空间中的关系建立了可行的途径。平行坐标图提供的是一种在 2 维平面上表示高维空间中变量之间关系的技术。在传统的坐标系中，所有的变量轴都是交叉的，而平行坐标系中所有的变量轴都是平行的(王远飞，何洪林，2007)。平行坐标图技术成为高维空间变量关系显示的重要技术。如图 7.14 所示，表示了 6 维空间的两个点 $A(-5, 3, 4, -2, 0, 3)$、$B(4, -1, 3, 3, 0, -1)$的平行坐标图(王远飞，何洪林，2007)。

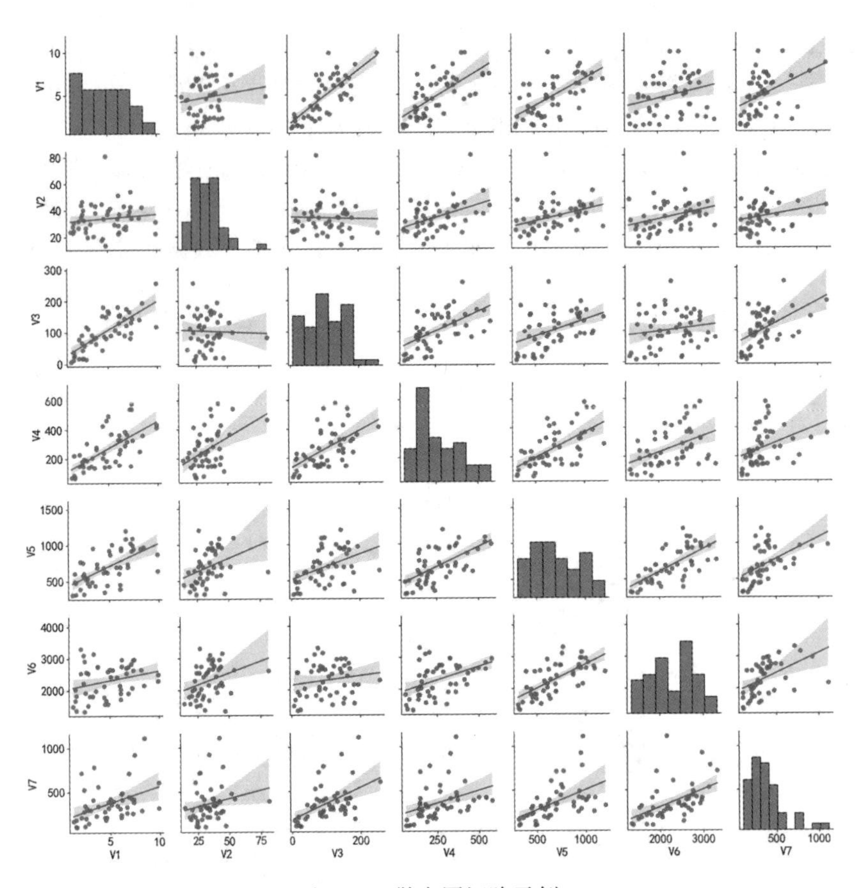

图 7.13　散点图矩阵示例

平行坐标图的优点：可以在 2 维空间上考察分析 m 维变量的相关性。平行坐标图可用于突出显示异常数据。

平行坐标图的缺点：为了表示 m 维数据，所有变量都以折线形式画在平行坐标图上，对于非常大的数据集，平行坐标图容易引起视觉上的混淆。

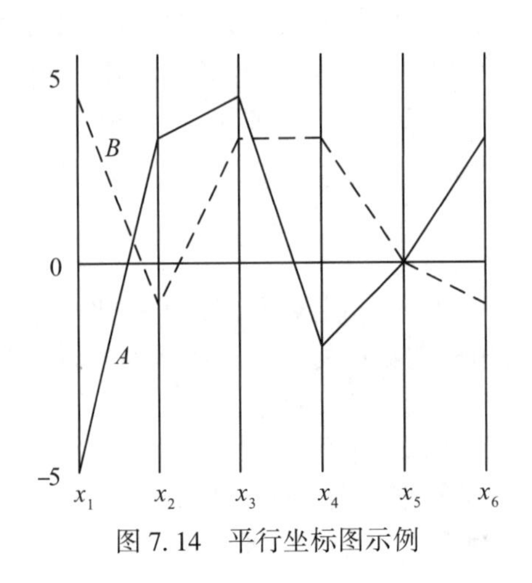

图 7.14　平行坐标图示例

7.3　探索性空间数据分析

7.3.1　ESDA 的概念

探索性空间数据分析(Exploratory Spatial Data Analysis，ESDA)是探索性数据分析(EDA)在空间数据分析领域的推广，可以简单理解为探索性数据分析(EDA)与空间数据分析(SDA)的交叉融合，如式(7.13)所示。ESDA 着重于概括空间数据的性质，探索空间数据中的模式，产生和地理数据相关的假设，并在地图上识别异常数据的分布位置，以发现是否存在热点区域(hot spots)等。ESDA 将数据的统计分析和地图定位紧密结合在一起。

$$ESDA = EDA + SDA \tag{7.13}$$

地图能够定位案例及其空间关系，并能在分析、检验和表示模型的结果中发挥重要作用。ESDA 通过地理空间(地图表示)和属性空间(数据空间)的关联分析来凸显空间关系。例如，利用探索性空间数据分析回答这样的问题：直方图上的极端数值分布在地图的什么地方？我们所关心的地图上的某一部分的属性值在散点图上的分布状况如何？落入地图上的一个子区域内并满足属性标准的个例有哪些？(王远飞，何洪林，2007)。

7.3.2　ESDA 的主要分析方法

在 GIS 环境中的 ESDA 的主要方法包括：动态联系窗口(Dynamic Linking Windows)、刷新(Brushing)技术等。通过地图、统计图表、属性记录等多种方式解释空间模式，更重要的是能过对任何一种形式的信息表示进行可视化的操作分析(王远飞，何洪林，2007)。这里重点介绍动态联系窗口和刷新技术。

动态联系窗口通过刷新技术将地理空间和属性空间的各种视图组合在一起，是一种交互式探索空间数据的选择、聚集、趋势、分类、异常识别的工具。

这种动态交互技术的特点包括：

(1)在一种信息窗口中点击或选择，其他的信息窗口产生相应的响应，并高亮显示选中的信息，便于对比观察。例如，在地图窗口中选择一些地理实体，则地图上选中的部分和属性表中相应的记录都以高亮的方式显示。虽然一般的 GIS 软件也提供了这种功能，但缺乏多种探索性数据分析工具，利用现有的 GIS 软件难以快速地完成趋势分析和异常数据识别等分析工作。

(2)ESDA 将多种可视化的数据分析工具和地图分析结合在一起，并提供了丰富的交互工具，不仅可以进行选择的操作，而且能够进行改变数据参数等模式的探索(王远飞，何洪林，2007)。

这里介绍一个探索性空间数据分析的实例：使用 GeoDa 软件对纽约市 55 个子区中包含 18 岁以下孩子的家庭数量进行直方图与地图的联合分析。如图 7.15 所示(彩图见附录)，如果选中左边地图中的一个或多个图形区域，则这些图形区域对应的右边的直方图相应部分也高亮显示。反之，如果点按直方图中的统计值，左边地图也会显示相应值对应的区域，实现统计参数与地图的交互联动。

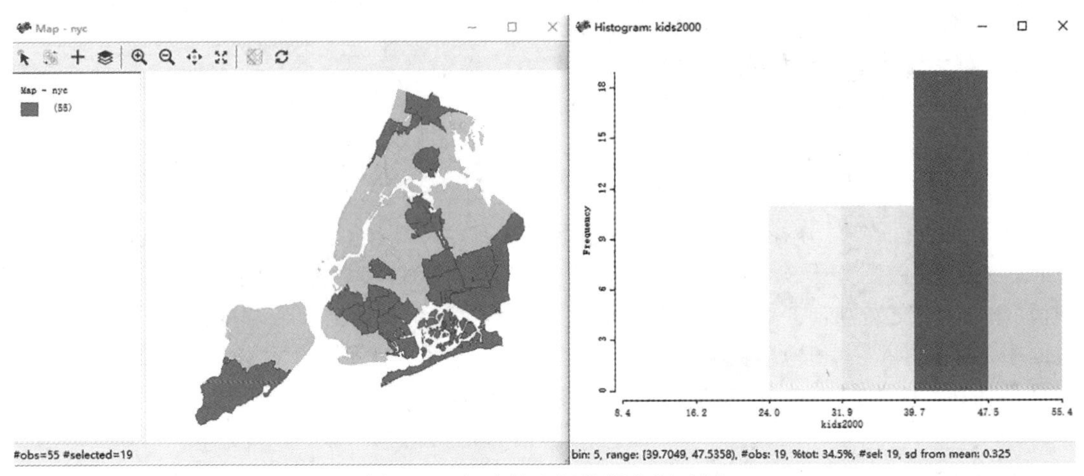

图 7.15　探索性空间数据分析示例

7.3.3　ESDA 与空间数据挖掘

ESDA 和空间数据挖掘是经常出现的地理学中的术语。从根本上来说，ESDA 需要熟知空间数据的特殊性及数据分析的探索性方法。ESDA 和数据挖掘一样是交互的、迭代的搜索过程，其中数据中的模式和关系被用于精练并搜索更多的兴趣模式和关系。在非常庞大的数据集中，ESDA 等价于空间数据挖掘，其基本的思想是极力使用数据来表示其本身，以识别兴趣模式并帮助产生有关的假设(王远飞，何洪林，2007)。例如，邸凯昌等(1999)将探索性数据分析方法、面向属性的归纳和粗糙集方法结合起来，形成了一种灵活通用的探测性归纳学习方法(Exploratory Inductive Learning，EIL)，可以从空间数据库中发现普遍知识、属性依赖、分类知识等多种知识；同时，利用中国分省农业统计数据的空间数据挖掘实验说明了 EIL 方法的可行性和有效性。

在探索性空间分析中会涉及两类空间：地理空间(Geographic Space)、数据空间(Data Space)。①地理空间是指由空间参考数据构成的坐标空间，使用地理坐标定义地理事物和现象，是地图形式的地理表示；②数据空间是指地理实体属性所构成的空间，每一个点代表地理事物在数据空间中的位置。

探索性空间数据分析(ESDA)提供了两类统计分析方法。①全局方法(global)：对所有实例的一个或多个属性数据进行处理。②局部方法(local)：对某个时段的数据子集进行统计分析。

探索性空间数据分析(ESDA)对空间数据的处理，包括对非空间属性数据的处理和空间数据的处理两个方面。

1. ESDA 对非空间数据的处理方法

ESDA 对非空间数据的处理方法包括中值分析、四分位分布分析、箱线图分析等，具体说明如下。

(1)中值分析(Median)：计算属性值分布的中心；提供 ESDA 查询，即查询在中值(Median)之上或之下的区域。

(2)四分位分布分析：包括对中值(Median)的分布进行分析；查询高于或低于四分位的数值区域。

(3)箱线图分析：对属性值的分布进行图形化的总结；查询实例位于箱线图的哪个特定部分？例外实例(outlier cases)位于地图的哪个区域？

2. ESDA 对空间数据的处理方法

ESDA 对空间数据的处理方法包括：平滑、识别地图数据的趋势和梯度、空间自相关分析、空间例外分析等。

(1)平滑(smoothing)：地图中所包含的许多小的区域，可以利用平滑方法进行处理。具体处理依赖于平滑算子的尺度。利用平滑处理有利于解释总体模式；ESDA 平滑处理最简单的形式是空间平均(spatial averaging)，计算一个区域的属性及其邻域的属性，并取其平均值，然后对每个区域利用类似方法重复该步骤。

(2)识别地图数据的趋势和梯度(identifying trends and gradients on the map)：具体的 ESDA 处理技术包括核估计方法(kernel estimation)、生成数据的横断面并且绘图、对于特定区域进行空间滞后箱线图分析(Haining，1993)、非规则格网数据的中值分析等。

(3)空间自相关分析(spatial autocorrelation)：空间自相关分析是探索性空间数据分析 ESDA 的重要方法。ESDA 技术使用散点图探索空间数据的空间自相关性，利用散点图将垂直轴对应区域本身的属性值，水平轴对应其邻域的属性值的均值。如果呈现向上倾斜的散点图，则显示了一种正空间相关(邻域值倾向于相同)；如果呈现向下倾斜的散点图，则显示了一种负空间自相关(邻域值倾向于不同)(Haining，1993)。

(4)空间例外检测(spatial outlier detection)：用于检测区域值在邻域范围中具有极端值的情况。相应的 ESDA 方法为：使用散点图技术对空间自相关进行分析，然后进行最小均方回归分析。例如，那些标准残差值大于 3.0 或小于-3.0 的实例可能属于例外。

ESDA 关注的是地图如何表示空间数据的分布、趋势、聚集、异常等方面空间信息的表示，关注的是如何利用地理实体的属性数据进行制图分析，即专题地图问题。在进行专题地图表示时需要关注的是数据分类问题：地图制图过程中数据的分类是非常重要的。GIS 软件提供的相关数据分类方法包括：等间隔法、等范围法、自然分割法、分位数分类法、自定义等。①等间隔分类是指假设分割之间的距离是相同的分类方法；②分位数分类是指将所有的观测数据按照相等的数量分配到每一个类中；③自然分割分类是指用户沿着数字线选择最大的分割，或者在数据出现显著的空隙，其基本思想是最小化数据集内部的变异、最大化类型间的差异(聚类)；④自定义分类是指由用户自己确定分类区间。在利用 GIS 进行主题制图分析时，必须知道系统所提供的分类方法以及这些方法的限制。应面向具体问题进行自定义分类。

◎ 思考题

1. 简述 GIS 属性数据的一般统计分析方法。
2. 请谈谈你对幂律分布和“长尾”理论的理解。
3. 简述探索性数据分析的基本方法。

4. 简述直方图分析与茎叶图分析方法的区别和联系。
5. 简述探索性空间数据分析的基本方法。
6. 简述探索性空间数据分析与空间挖掘的关系。
7. 简述探索性空间数据分析有哪些应用，并举例说明。

第 8 章　空间相关性分析

如前所述，地理学第一定律奠定了空间相关性的理论基础。空间相关性(Spatial Correlation)是不同地理现象或地理实体之间在空间上的内在关系(地理信息系统名词审定委员会，2016)。空间相关性分析中研究最多的是空间自相关性(Spatial Autocorrelation)。空间自相关是指地理事物或现象的相似性与其在空间上的距离密切相关，通常用空间自相关系数定量描述(名词委员会，2007)。

8.1　空间接近性与空间权重矩阵

空间接近性就是空间单元之间的“距离关系”，基于“距离”的空间接近测度就是使用面积单元之间的距离定义邻接性。实质上“空间接近性”是指面积单元之间的“距离”关系。根据地理学第一定律，“空间接近性”描述了不同“距离”关系下的空间相互作用，空间接近性的程度一般使用空间权重矩阵来描述。构造空间权重矩阵的关键是对“距离”的度量。对“距离”的不同定义就产生了不同的空间接近性测度的方法。

如何测度任意两个空间单元之间的距离呢？有两类方法：①其一是按照空间单元是否有邻接关系的边界邻接法；②其二是基于空间单元中心之间距离的重心距离法。

(1)边界邻接法：空间单元之间具有共享的边界，被称为是空间邻接的，用边界邻接首先可以定义一个空间单元的直接邻接，然后根据邻接的传递关系还可以定义间接邻接，或者多重邻接。

(2)重心距离法：空间单元的重心或中心之间的距离小于某个指定的距离阈值 d，则空间单元在空间上是邻接的。这个指定的距离阈值 d 的大小对于一个单元的邻接数量有重要影响。

空间权重矩阵是空间接近性的定量化测度。假设研究区域中有 n 个多边形，任何两个多边形都存在一个空间关系，这样就有 $n \times n$ 对关系。于是需要 $n \times n$ 的矩阵存储这 n 个面积单元之间的空间关系，如式(8.1)所示。

$$\boldsymbol{W} = \begin{pmatrix} w_{11} & w_{12} & \cdots & w_{1n} \\ w_{21} & w_{22} & \cdots & w_{2n} \\ \vdots & \vdots & & \vdots \\ w_{n1} & w_{n2} & \cdots & w_{nn} \end{pmatrix} \tag{8.1}$$

根据不同准则可以定义不同的空间关系矩阵。定义空间对象之间的空间权重的方法包括以下 10 种类型。

(1)左右相邻权重：空间对象间的相邻关系从空间方位上考虑，有左右相邻的关系。例如，道路、河流等有水平方向的分布。左右相邻权重的定义如下：

$$w_{ij}=\begin{cases}1, & \text{区域 } i \text{ 和 } j \text{ 的邻接为左右邻接}\\0, & \text{其他}\end{cases} \tag{8.2}$$

(2)上下相邻权重：空间对象间的相邻关系从空间方位上考虑，也有上下相邻的关系。例如，道路、河流等有垂直方向的分布。上下相邻权重的定义如下：

$$w_{ij}=\begin{cases}1, & \text{区域 } i \text{ 和 } j \text{ 的邻接为上下邻接}\\0, & \text{其他}\end{cases} \tag{8.3}$$

(3)Queen 权重：Queen 权重的定义如式(8.4)所示。

$$w_{ij}=\begin{cases}1, & \text{区域 } i \text{ 和 } j \text{ 有公共边或同一定点}\\0, & \text{其他}\end{cases} \tag{8.4}$$

Queen 权重的连接示意图如图 8.1 所示。其中规则的正方形格网相当于高度简化的多边形结构。

(4)Rook 权重：Rook 权重的定义如式(8.5)所示。

$$w_{ij}=\begin{cases}1, & \text{区域 } i \text{ 和 } j \text{ 的邻接为上下邻接、或左右邻接}\\0, & \text{其他}\end{cases} \tag{8.5}$$

Rook 权重的连接示意图如图 8.2 所示。

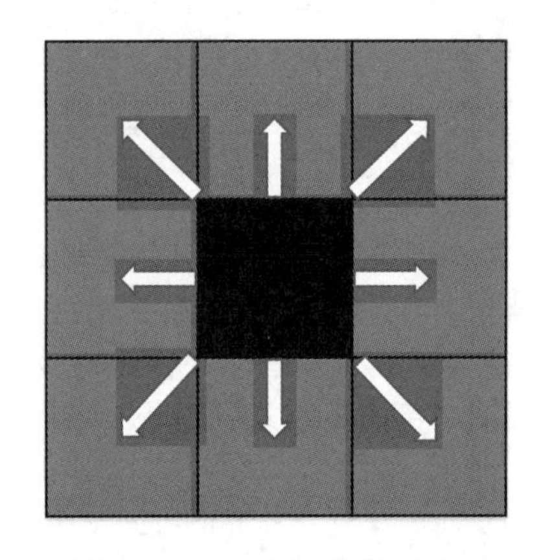

图 8.1　Queen 权重连接示意图

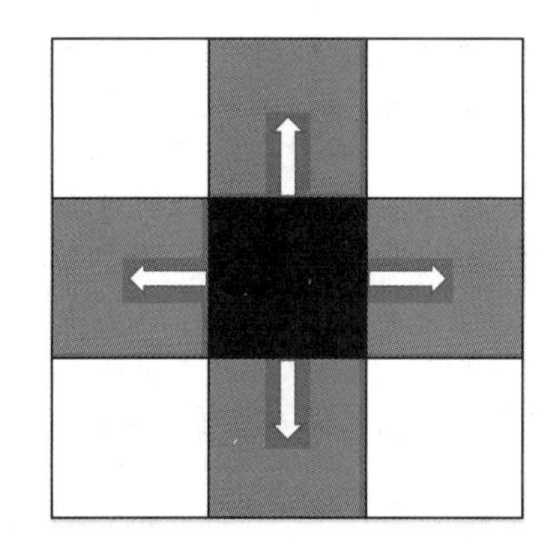

图 8.2　Rook 权重连接示意图

(5)二进制权重：二进制权重的定义如式(8.6)所示。

$$w_{ij}=\begin{cases}1, & \text{区域 } i \text{ 和 } j \text{ 有公共边}\\0, & \text{其他}\end{cases} \tag{8.6}$$

(6)K 最近点权重：K 最近点权重的定义如式(8.7)所示。

$$w_{ij}=\frac{1}{d_{ij}^{m}} \tag{8.7}$$

式中，m 为幂指数；d_{ij} 为区域 i 和区域 j 之间的距离。

(7)基于距离的权重：基于距离的权重定义如式(8.8)所示。

$$w_{ij}=\begin{cases}1, & \text{区域 } i \text{ 和 } j \text{ 的距离小于 } d\\0, & \text{其他}\end{cases} \tag{8.8}$$

式中，d 为距离阈值。

(8)Dacey 权重：Dacey 权重的定义如式(8.9)所示。

$$w_{ij} = d_{ij} \times \alpha_i \times \beta_{ij} \tag{8.9}$$

式中，d_{ij} 对应二进制连接矩阵元素，取值为 1 或 0；α_i 是单元 i 的面积占整个空间系统所有单元的总面积的比例；β_{ij} 为 i 单元与单元 j 共享的边界长度占 i 单元总边界长度的比例。

(9)阈值权重：阈值权重的定义如式(8.10)所示。

$$w_{ij} = \begin{cases} 0, & i = j \\ a_1, & d_{ij} < d \\ a_2, & d_{ij} \geqslant d \end{cases} \tag{8.10}$$

(10)Cliff-Ord 权重：Cliff-Ord 权重的定义如式(8.11)所示。

$$w_{ij} = [d_{ij}]^{-a} [\beta_{ij}]^b \tag{8.11}$$

式中，d_{ij} 代表空间单元 i 和 j 之间的距离；β_{ij} 为 i 单元被 j 单元共享的边界长度占 i 单元总边界长度的比例；a、b 分别为幂指数。

8.2 面状数据的趋势分析

空间数据的一阶效应反映了研究区域内变量的空间趋势，通常用变量的均值描述这种空间变化。研究一阶效应使用的方法主要是利用空间权重矩阵进行空间滑动平均估计。如果面状空间单元数据是基于规则格网的，一般使用中位数光滑的方法，此外核密度估计方法也是研究面状数据一阶效应的常用方法。这些方法用于探索面状数据均值的空间变化。从一种面积单元到另一种面积单元变换时的空间插值，也经常使用这一技术(王远飞，何洪林，2007)。

空间滑动平均是利用邻近空间单元的值计算均值的一种方法，称为空间滑动平均。设区域 R 中有 m 个空间单元，对应于第 j 个面积单元的变量 Y 的值为 y_i，面积单元 i 邻近的空间单元的数量为 n 个，则均值平滑的公式为：

$$\mu_i = \frac{\sum_{j=1}^{n} w_{ij} y_i}{\sum_{j=1}^{n} w_{ij}} \tag{8.12}$$

最简单的情况是假设近邻空间单元对 i 的贡献是相同的，即 $w_{ij} = \frac{1}{n}$，则有

$$\mu_i = \frac{1}{n} \sum_{j=1}^{n} y_i \tag{8.13}$$

8.3 空间自相关分析

空间自相关(Spatial Autocorrelation)是空间地理数据的重要性质，空间上邻近的空间单元中地理变量的相似性特征将导致二阶效应。在面状空间数据的背景上，二阶效应又称为空间自相关。

空间自相关的概念来自时间序列的自相关，所描述的是在空间域中位置上的变量与其

邻近位置上同一变量的相关性。对于任何空间变量(属性)Z，空间自相关测度的是 Z 的近邻值对于 Z 相似(或不相似)的程度。如果邻接位置上的属性相互间数值接近，空间模式表现出的是正空间自相关；如果邻近位置相互间的数值不接近，空间模式表现出的是负空间自相关(王远飞，何洪林，2007)。

空间自相关是指一个区域分布的地理事物的某一属性和其他所有事物的同一种属性之间的关系，其研究的是不同观察对象的同一属性在空间上的相互关系。

空间自相关性使用全局指标或局部指标两种指标来度量，全局指标用于探测整个研究区域的空间模式，使用单一的值来反映该区域的自相关程度；局部指标计算每一个空间单元与邻近单元就某一属性的相关程度。

1. 全局空间自相关指数

计算全局空间自相关时，可以使用全局 Moran's I 统计量、全局 Geary's C 统计量和全局 Getis-Ord G 统计量等方法，它们都是通过比较邻近空间位置观察值的相似程度来测量全局空间自相关的。

1) Moran's I 统计量

Moran 首次提出用空间自相关指数 Moran's I 研究空间分布现象。Moran's I 指数用来衡量相邻的空间分布对象及其属性取值之间的关系。其计算公式如下：

$$I = \frac{n}{\sum_{i=1}^{n}(y_i - \bar{y})} \frac{\sum_{i=1}^{n}\sum_{j=1}^{n} w_{ij}(y_i - \bar{y})(y_j - \bar{y})}{\sum_{i=1}^{n}\sum_{j=1}^{n} w_{ij}} \tag{8.14}$$

式中，n 为样本个数；y_i、y_j 分别为面积单元 i、j 的属性值；$\bar{y}$ 为所有点的均值；w_{ij} 为衡量空间事物之间关系的空间权重矩阵，一般为对称矩阵，其中 $w_{ii}=0$。

等式右边第二项的分子项 $\sum_{i=1}^{n}\sum_{j=1}^{n} w_{ij}(y_i - \bar{y})(y_j - \bar{y})$ 类似于方差，是最重要的项，事实上是一个协方差。邻接矩阵 w_{ij} 与 $(y_i - \bar{y})(y_j - \bar{y})$ 的乘积相当于规定 $(y_i - \bar{y})(y_j - \bar{y})$ 对相邻单元进行计算。Moran's I 的值的大小决定于 i 和 j 单元中变量值对于均值的偏离符号。如果在相邻的位置上，y_i 和 y_j 是同号的，则 I 为正；如果 y_i 和 y_j 是异号的，则 I 为负。

空间自相关研究的是同一属性不同地理位置的相关性，同一位置点的属性相关性没有意义，故而取 w_{ii} 为 0。

Moran's I 是最常用的全局自相关指数。其取值范围为(-1，+1)。正值表示具有该空间事物的属性取值分布具有正空间自相关性，负值表示该空间事物的属性取值分布具有负空间自相关性，零值表示空间事物的属性取值不存在空间相关，即空间随机分布。

在零假设条件下，分析对象之间没有任何空间相关性，Moran's I 的期望值为：

$$E(I) = \frac{-1}{N-1} \tag{8.15}$$

式中，N 为研究区域数据的总数。

当假设空间对象属性取值是正态分布时，Moran's I 的方差为：

$$\mathrm{Var}_N(I) = \frac{1}{(N-1)(N+1)S_0^2}(N^2 S_1 - N S_2 + 3S_0^2) - E(I)^2 \tag{8.16}$$

式中，$S_0 = \sum_{i=1}^{N}\sum_{j=1}^{N}(w_{ij})$；$S_1 = \frac{1}{2}\sum_{i=1}^{N}\sum_{j=1,j\neq i}^{N}(w_{ij}+w_{ji})^2$；$S_2 = \sum_{i=1}^{N}(w_{i.}+w_{.i})^2$；$w_{i\cdot} = \sum_{j=1}^{N} w_{ij}$。

在这种假设下，计算出 Moran's I 指数，可以用标准化统计量 Z_N 来检验空间自相关的显著性。Z_N 的计算公式为：

$$Z_N = \frac{I - E(I)}{\sqrt{\mathrm{Var}_N(I)}} \tag{8.17}$$

当假设空间对象的分布是随机分布时，相应的计算方差的统计量计算公式为：

$$\mathrm{Var}_R(I) = \frac{N[(N^2-3N+3)S_1 - NS_2 + 3S_0^2] - b_2[(N^2-N)S_1 - 2NS_2 + 6S_0^2]}{(N-1)^{(3)}S_0^2} - E(I)^2 \tag{8.18}$$

式中，$(N-1)^{(3)} = (N-1)(N-2)(N-3)$，且 $b_2 = \frac{m_4}{m_2^2}$，$m_4 = \frac{1}{N\sum_{i=1}^{N}Z_i^4}$，$m_2 = \frac{1}{N\sum_{i=1}^{N}Z_i^2}$，$Z_R = \frac{I - E(I)}{\sqrt{\mathrm{Var}_R(I)}}$。

2) Geary's C 统计量

全局 Geary's C 统计量测量空间自相关的方法与全局 Moran's I 相似，但是其分子的交叉乘积项不同，即测量邻近空间位置观察值近似程度的方法不同。二者的区别在于：全局 Moran's I 的交叉乘积项比较的是邻近空间位置的观察值与均值偏差的乘积，而全局 Geary's C 比较的是邻近空间位置的观察值之差。Geary's C 的计算公式如下：

$$C = \frac{\sum_{i=1}^{N}\sum_{j=1}^{N} w_{ij}(y_i - y_j)^2}{2\sum_{i=1}^{N}\sum_{j=1}^{N} w_{ij}\sigma^2} \tag{8.19}$$

式中，$\sigma^2 = \frac{\sum_{i=1}^{N}(y_i - \bar{y})^2}{N-1}$，即空间分析对象的方差，其余参数与 Moran's I 中的定义相同。

全局 Geary's C 统计量的取值范围为(0，2)。完全空间随机过程的期望值 $C=1$。当 $0<C<1$ 时，表示具有该属性取值的空间事物分布具有正空间自相关性；当 $1<C<2$ 时，表示该属性取值的空间事物分布具有负空间自相关性；当 $C\approx1$ 时，表示不存在空间自相关性。

与 Moran's I 统计量一样，Geary's C 的期望和方差也有两种假设，即空间正态分布和随机分布。以正态分布为例，在此列出其期望和方差：

$$E_N(C) = 1 \tag{8.20}$$

$$\mathrm{Var}_N(C) = \frac{(2S_1 + S_2)(n-1) - 4W^2}{2(n+1)W^2} \tag{8.21}$$

式中，$W = \sum_{i=1}^{n}\sum_{j=1}^{N} w_{ij}$；$S_1 = \frac{1}{2}\sum_{i=1}^{N}\sum_{j=1}^{N}(w_{ij}+w_{ji})^2$；$S_2 = \sum_{i=1}^{N}(w_{i.}+w_{.i})^2$。

Geary's C 的统计空间自相关性是通过得分检验来进行的，检验公式为：

$$Z(C)=\frac{C-E(C)}{\mathrm{Var}(C)} \tag{8.22}$$

3) Getis-Ord G 统计量

Getis-Ord G 统计量首先设定一个距离阈值，在给定阈值的情况下，决定各空间单元的空间关系，然后分析其属性乘积来衡量这些空间对象取值的空间关系。计算公式为：

$$G(d)=\frac{\sum_{i=1}^{N}\sum_{j=1,\ j\neq i}^{N} w_{ij}(d)y_i y_j}{\sum_{i=1}^{N}\sum_{j=1,\ j\neq i}^{N} y_i y_j} \tag{8.23}$$

式中，y_i 为各空间单元的属性值；$w_{ij}(d)$ 为给定距离阈值 d 下 i，j 两者空间关系的权重矩阵。

Getis-Ord G 统计量直接采用邻近空间位置的观察值之积来测量其近似程度，Getis-Ord G 的统计空间自相关性是通过得分检验来进行的：

$$Z(G)=\frac{G(d)-E(G(d))}{\sqrt{\mathrm{Var}(G)}} \tag{8.24}$$

当 Z 为正值时，表示属性取值较高的空间对象存在空间聚集关系；当 Z 值为负值时，表示属性取值较低的空间对象存在空间聚集关系。

对于全局 Moran's I 和全局 Geary's C 两个统计量，如果邻近空间位置的观察值非常接近，并且有统计学意义，提示存在正空间自相关性。如果邻近空间位置的观察值差异较大，提示存在负空间自相关性。但是，当观察值大的对象的空间位置相互邻近时，全局 Moran's I 和全局 Geary's C 将得到存在正空间自相关的结论，这种正空间自相关通常称为"热点区"(hot spots)；然而它同样可以由观察值低的空间位置相互邻近而得到，这种正空间自相关通常称为"冷点区"(cold spots)。全局 Getis-Ord G 的优势在于可以非常好地区分这两种不同的正空间自相关。因此，3 个统计量的结合使用可以较全面地反映空间的全局自相关。

2. 局部空间自相关指标

全局空间自相关指数仅使用一个单一值来反映整体上的分布模式，难以探测不同位置局部区域的空间关联模式，而局部空间自相关指数能揭示空间单元与其相邻近的空间单元属性特征值之间的相似性或相关性，可用于识别"热点区域"以及数据的异质性。

局部空间自相关统计量(Local Indicators of Spatial Association，LISA)是全局自相关统计指标的局部化版本(Anselin，1995)。局部空间自相关统计量的构建需要满足两个条件：①局部空间自相关统计量之和等于相应的全局空间自相关统计量；②能够指示每个空间位置的观察值是否与其邻近位置的观察值具有相关性。

局部空间自相关分析能够有效检测由于空间自相关性而引起的空间差异，判断空间对象属性取值的空间热点区域或高发区域等，从而弥补全局空间自相关分析的不足。

对应于全局空间自相关的度量，局部空间自相关的度量也有三种方式。

1) 局部 Moran's I 统计量

空间位置 i 的局部 Moran's I 的计算公式为：

$$I_i = \frac{y_i - \bar{y}}{S^2} \sum_{j=1}^{N} w_{ij}(y_j - \bar{y}), \quad U(I_i) = \frac{I_i - E(I_i)}{\sqrt{\mathrm{Var}(I_i)}} \tag{8.25}$$

式中，$S^2 = \sum_{j=1,\ j \neq i}^{N} \frac{(y_i - \bar{y})^2}{N - 1}$。

为了与正态分布进行比较，检验局部空间相关性的显著性，构造正态标准化变量 $U(I_i)$：

$$U(I_i) = \frac{I_i - E(I_i)}{\sqrt{\mathrm{Var}(I_i)}} \tag{8.26}$$

式中，$E(I_i)$表示空间位置 i 的观测值的数学期望；$\mathrm{Var}(I_i)$表示空间位置 i 的观测值的方差。

如果局部 Moran's I 的值大于数学期望 $E(I_i)$，并且有统计学意义时，表示存在局部的正空间自相关；如果小于数学期望，则表示存在局部的负空间自相关。

2) 局部 Geary's C

局部 Geary's C 的计算公式为：

$$C_i = \sum_j w_{ij} \left(\frac{x_i - \bar{x}}{\sigma} - \frac{x_j - \bar{x}}{\sigma} \right)^2 \tag{8.27}$$

式中，σ 为标准差。

为了与正态分布进行比较，检验局部空间相关性的显著性，构造正态标准化变量 $U(C_i)$：

$$U(C_i) = \frac{C_i - E(C_i)}{\sqrt{\mathrm{Var}(C_i)}} \tag{8.28}$$

式中，$E(C_i)$表示空间位置 i 的观测值的数学期望；$\mathrm{Var}(C_i)$表示 C_i 的方差。

局部 Geary's C 的值小于数学期望，并且有统计学意义时，表示存在局部的正空间自相关；局部 Geary's C 的值大于数学期望，表示存在局部的负空间自相关。

3) 局部 Getis-Ord G

局部 Getis-Ord G 同全局 Getis-Ord G 一样，采用距离定义的空间邻近方法生成权重矩阵，其公式为：

$$G_i(d) = \frac{\sum_j w_{ij}(d) x_j}{\sum_j x_j} \tag{8.29}$$

为了与正态分布进行比较，检验局部空间相关性的显著性，构造正态标准化变量 $U(G_i)$：

$$U(G_i) = \frac{G_i - E(G_i)}{\sqrt{\mathrm{Var}(G_i)}} \tag{8.30}$$

当局部 Getis-Ord G 的值大于数学期望，并且有统计学意义时，提示存在"热点区"；当局部 Getis-Ord G 的值小于数学期望，提示存在"冷点区"。

局部 Moran's I 和局部 Geary's C 的缺点是不能区分"热点区"和"冷点区"两种不同的正空间自相关。而局部 Getis-Ord G 的缺点是识别负空间自相关时效果较差。

8.4　应用案例分析

8.4.1　基于空间自相关的空间经济分析

空间自相关分析在空间经济分析领域具有广泛的应用(Anselin，1988、2010)。Paelinck 和 Klaassen(1979)年出版了 *Spatial Econometric*《空间经济学》，被认为是空间经济学研究的开端(Anselin，2010)。Anselin(2010)对空间经济学进行了丰富和扩展，认为空间经济学已经从城市与区域科学领域的“边缘”(margin)方法发展为“主流”(mainstream)方法。Haining(1990、2003)对空间数据分析方法在社会与环境科学领域的应用进行了系统分析和总结。

这里以湖北省 17 个地级市 2021 年的 GDP 数据为例，各地级市在湖北省内的空间位置如图 8.3 所示。为探求湖北省各地级市 GDP 数据是否存在空间自相关性，通过计算全局 Moran's I 指数对其进行空间相关性分析，采用各地级市之间的邻接情况来表达 17 个地级市之间的地理关系。表 8.1 中展示了湖北省各地级市 2021 年的 GDP 数据。根据 Queen 权重法构建空间权重矩阵：如果直接相邻则权重为 1，否则为 0，各地级市与自身的空间权重为 1。表 8.2 展示了根据 Queen 权重法构建的权重矩阵。

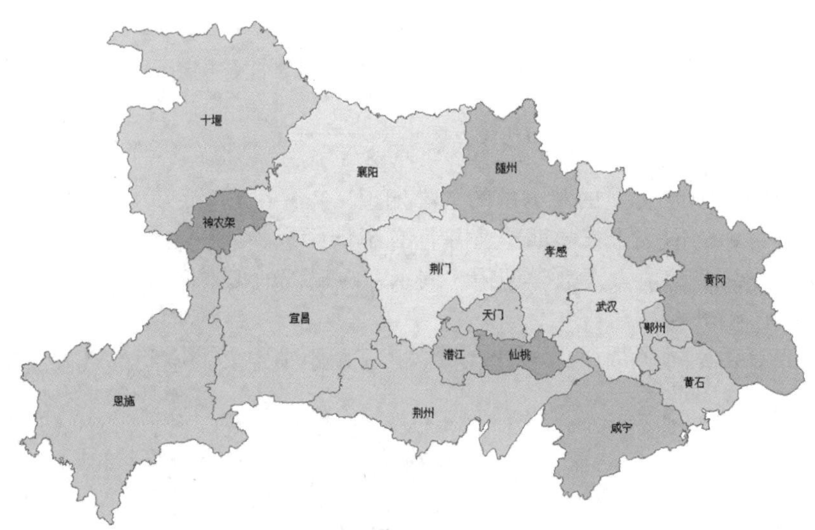

图 8.3　湖北省内各地级市空间分布

表 8.1　**湖北省各地级市 2021 年 GDP 数据**

序号	1 武汉	2 襄阳	3 宜昌	4 荆州	5 孝感	6 黄冈	7 十堰	8 荆门	9 黄石
GDP(亿元)	17700	5300	5000	2700	2600	2500	2200	2100	1910
序号	10 咸宁	11 恩施	12 随州	13 鄂州	14 仙桃	15 潜江	16 天门	17 神农架	平均
GDP(亿元)	1760	1300	1250	1200	930	850	720	33	2900

表 8.2 空间权重矩阵

	WH	XY	YC	JZ	XG	HG	SY	JM	HS	XN	ES	SZ	EZ	XT	QJ	TM	SN
WH	1	0	0	1	1	1	0	0	1	1	0	0	1	1	0	0	0
XY	0	1	1	0	0	0	1	1	0	0	0	1	0	0	0	0	1
YC	0	1	1	1	0	0	0	1	0	0	1	0	0	0	0	0	1
JZ	1	0	1	1	0	0	0	1	0	1	0	0	0	1	1	0	0
XG	1	0	0	0	1	1	0	1	0	0	0	1	0	1	0	1	0
HG	1	0	0	0	1	1	0	0	1	0	0	0	1	0	0	0	0
SY	0	1	0	0	0	0	1	0	0	0	0	0	0	0	0	0	1
JM	0	1	1	1	1	0	0	1	0	0	0	1	0	0	1	1	0
HS	1	0	0	0	0	1	0	0	1	1	0	0	1	0	0	0	0
XN	1	0	0	1	0	0	0	0	1	1	0	0	0	0	0	0	0
ES	0	0	1	0	0	0	0	0	0	0	1	0	0	0	0	0	1
SZ	0	1	0	0	1	0	0	1	0	0	0	1	0	0	0	0	0
EZ	1	0	0	0	0	1	0	0	1	0	0	0	1	0	0	0	0
XT	1	0	0	1	0	0	0	0	0	0	0	0	0	1	1	1	0
QJ	0	0	0	1	0	0	0	1	0	0	0	0	0	1	1	1	0
TM	0	0	0	0	1	0	0	1	0	0	0	0	0	1	1	1	0
SN	0	1	1	0	0	0	1	0	0	0	1	0	0	0	0	0	1

注：表中使用各地级市名称首字母缩写，具体对应如下：WH 武汉、XY 襄阳、YC 宜昌、JZ 荆州、XG 孝感、HG 黄冈、SY 十堰、JM 荆门、HS 黄石、XN 咸宁、ES 恩施、SZ 随州、EZ 鄂州、XT 仙桃、QJ 潜江、TM 天门、SN 神农架。

湖北省各地级市 2021 年 GDP 数据的 Moran's I 观测值为

$$I=\frac{n\cdot\sum_{i}^{n}w_{ij}\cdot(y_i-\bar{y})(y_j-\bar{y})}{\left(\sum_{i}^{n}\sum_{j}^{n}w_{ij}\right)\cdot\sum_{i}^{n}(y_i-\bar{y})^2}=-0.159658\approx-0.16$$

接下来计算 Moran's I 的期望值 $E(I)$ 和方差 $\mathrm{Var}(I)$。采用正态性假设进行计算，计算结果为：$E(I)=-0.0625$，$\mathrm{Var}(I)=0.00616$。

最后，将这些值代入检验统计计量计算公式，计算结果为：

$$Z=\frac{-0.159658-0.0625}{\sqrt{0.00616}}=-1.237903\approx-1.24$$

对检验统计量进行分析，可以得到湖北省地级市 2021 年的 GDP 数据分布模式与随机模式之间的差异并不显著。计算得出的 Moran's I 指数为-0.16，小于 0，说明湖北省各地级市 GDP 数据存在一定的空间负相关性。

8.4.2 基于空间自相关的遥感图像分析

遥感传感器通过规则格网化的方式记录连续变化的地球表面信息，这使得遥感影像数据具有高度的空间依赖性，存在空间自相关性。其具体表现为影像中单个像元的属性信息和其邻近像元的属性信息通常具有一定程度的相似性，即影像中的像元大多不是孤立的，像元与邻近像元具有相关性，这种像元与邻近像元之间的空间关联性会形成一定的像元空间结构(秦昆等，2013)。

空间依赖性普遍存在于影像像元之间，有效地量化这种空间依赖性，提取像元的空间分布模式，能够为像元提供光谱以外的空间信息。在遥感影像的地物分类中，这种空间信息能够在一定程度上弥补光谱信息的不足。这里将以高分辨率遥感影像为例，从改善其地物分类的角度，对描述空间关联的全局空间统计量和局部空间统计量的性能进行分析和比较，以发现各统计量在描述高分辨率遥感影像中不同地物类的差异性，为进一步研究融入空间相关性的遥感影像解译和典型地物提取提供参考(陈一祥，2013)。

1. 融入空间自相关结构特征的影像分类方法

对影像中的每个像元，它与邻域像元在属性上的关联性反映了该像元的局部空间模式。在以该像元为中心的窗口内，使用空间自相关统计量计算其内部的空间关联性，并将获得的值赋给中心像元作为描述其空间结构性的特征值。图 8.4 是局部空间统计量和全局空间统计量在描述像元局部空间模式的差异，图 8.4(a)描述的是中心像元与其近邻像元的交互，图 8.4(b)描述的是窗口内任意两个近邻像元之间的交互。

在使用空间自相关统计量进行空间特征提取时，一个重要的问题就是像元邻域窗口的确定问题。窗口的大小会对局部空间特征提取及对影像分类产生重要的影响。窗口如果太小，会丢失像元的空间信息；窗口如果太大，会包含多个地物类，提取的空间特征将不能真实地反映中心像元所在地物类的局部空间模式。为此，在局部空间特征提取时选择了多个邻域窗口进行计算，并通过比较不同窗口对应的分类结果来选择合适的邻域窗口。

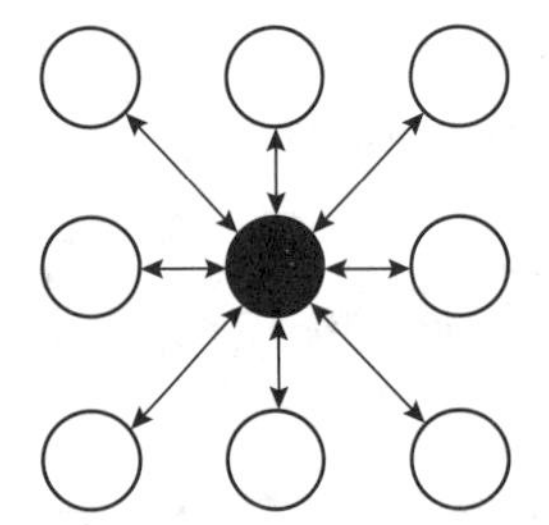

(a)局部空间统计量描述的空间模式

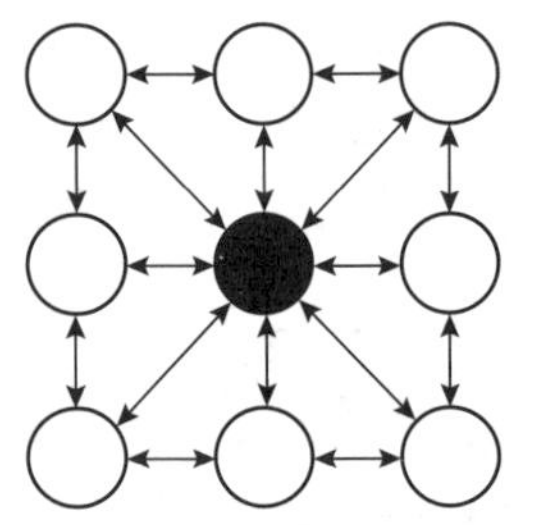

(b)全局空间统计量描述的空间模式

图 8.4　空间自相关统计量描述的局部空间模式

对每个像元，在提取其空间特征后，将其与光谱特征融合并输入分类器即可实现空间特征辅助的影像分类。鉴于 SVM(Support Vector Machine，支持向量机)分类器对多维、高维数据的分类能力，这里采用直接组合光谱波段与空间波段的方式来融合空间特征与光谱特征，简记为“光谱+空间”。空间特征与光谱特征融合后，首先进行标准化处理，然后将其输入 SVM 分类器进行多特征的分类。

2. 实验分析

本实验使用的数据为河南荥阳地区的中国资源三号卫星全色影像，如图 8.5(a)所示

(彩图见附录)，其空间分辨率为2.1m，影像大小为1200×800像元。影像中包含的地物主要包括建筑物(区)、道路、水体(河流)、植被和裸地5个大类。在该影像上，识别单个建筑物的类型还比较困难，因此多种类型的建筑物构成一个大的建筑区域，在分类中我们将其统称为建筑物类或建筑区类。由图8.5(a)可以看出：这个建筑物(区)类非常异质，并且影像中的道路、裸地和部分建筑物的灰度特征比较接近，因此仅利用影像的光谱(灰度)特征进行分类比较困难。

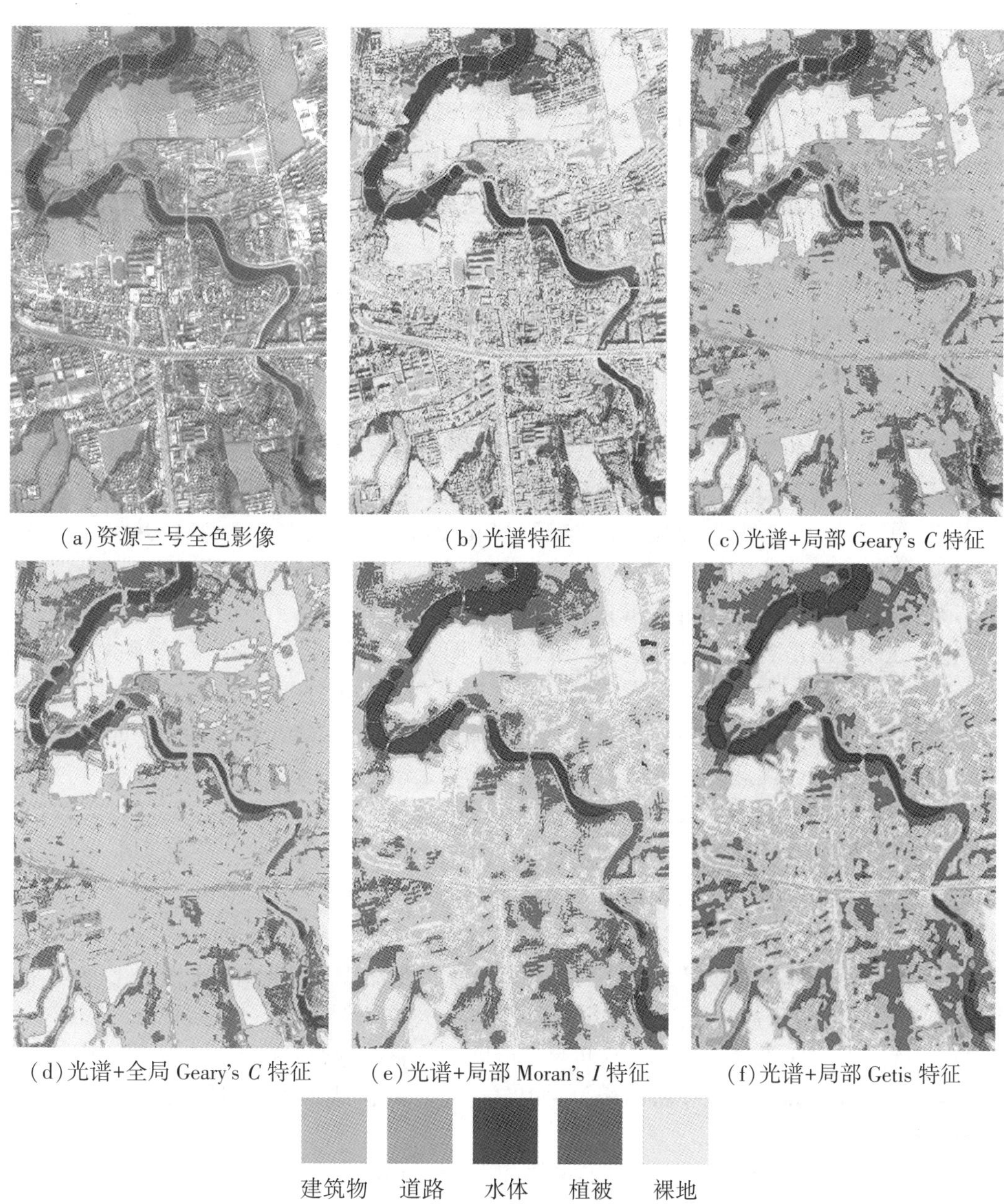

(a)资源三号全色影像　(b)光谱特征　(c)光谱+局部 Geary's *C* 特征

(d)光谱+全局 Geary's *C* 特征　(e)光谱+局部 Moran's *I* 特征　(f)光谱+局部 Getis 特征

图8.5 使用不同特征的资源三号影像分类图

实验中使用的地物样本包括训练样本和验证样本，前者用于训练分类器，后者用于进行精度评估。各地物的样本数目如表 8.3 所示。

表 8.3　**影像各地物类的样本数目**

类别	训练样本	验证样本
建筑物	4340	25343
道路	2309	4242
水体	848	3007
植被	1796	3622
裸地	3995	17095

仅使用灰度特征的影像分类结果如图 8.5(b)所示，除了水体的分类效果相对较好外，其他地物的分类效果都较差，建筑物、道路和裸地混淆比较大。此时的总体精度和 Kappa 系数都较低，分别为 62.69%和 0.4464。

融入空间自相关结构特征后，分类结果得到了明显改善。表 8.4 给出了使用不同自相关统计量进行分类的精度评估结果。在将这些空间统计量用于局部特征提取时，使用不同的邻域窗口会得到不同的分类结果，并且随着窗口的增大，总体精度和 Kappa 系数大致遵循“先升后降”的变化趋势。基于对多个窗口尺寸(3×3，5×5，…，21×21)的试验，表 8.4 的第二列列出了总体精度达到第一个局部极大值时对应的窗口尺寸，后面各列是此时对应的各地物的分类精度、总体精度和 Kappa 系数。

比较表 8.4 的最后两列可以看出，所有的空间自相关统计量都能提高影像的总体分类精度和 Kappa 系数，但改善的程度不同。其中，表现最好的是局部 Geary's C 特征，这可能与影像中建筑物类的光谱特征非常异质有关。Geary's C 的公式是采用两个量的差值来描述空间相关性的，因此，它更适用于描述影像中光谱异质性较大的地物类，如本实例中的建筑物类，使用该指数提取的特征后分类精度改善得最明显。

对于同质性较好的地物类，如水体，使用 Geary's C 特征并不能显著改善其分类精度，甚至还会使分类精度降低；而局部 Moran' s I 和 Getis 统计量对于该地物，总体表现相对较好。这表明局部 Moran' s I 和 Getis 统计量对光谱上同质的地物类的响应更明显。

图 8.5 展示了使用其中几个代表性统计量特征的分类图，从这几幅图中可以明显地看出 Geary's C、Moran' s I 和 Getis 统计量对改善影像分类的差异。进一步可以发现，Getis 统计量还具有一定的平滑滤波作用，这也是它能够改善影像分类精度的一个重要原因。但这种平滑现象与邻域窗口的大小密切相关，窗口越大，平滑现象就会越明显，地物的边界就会越模糊。

另外，全局统计量与局部统计量也表现出不同的特性。如局部 Geary's C 与全局 Geary's C 在改善地物分类上差别较大，而局部 Moran' s I 与全局 Moran' s I、局部 Getis 与全局 Getis 差别相对较小。

表 8.4 **使用不同空间特征的分类精度**

特征	窗口	建筑物(区)	道路	水体	植被	裸地	总体精度	Kappa
光谱	—	51.71	0	97.14	53.45	90.42	62.69	0.4464
L_I+光谱	25×25	81.81	0	98.20	74.19	84.68	76.63	0.6345
L_ C+光谱	13×13	87.46	61.62	93.42	74.77	90.96	86.00	0.7923
L_G+光谱	11×11	72.55	9.38	98.40	79.32	86.69	73.98	0.6096
G_I+光谱	11×11	80.07	12.52	93.15	65.16	85.05	76.02	0.6357
G_C+光谱	9×9	79.55	13.60	91.25	65.57	86.06	76.10	0.6377
G_G+光谱	9×9	75.76	0	98.80	77.33	86.75	74.66	0.6082

注：L_I 指 local Moran's *I*，L_C 指 local Geary's *C*，L_G 指 local Getis，G_I 指 Global Moran's *I*，G_C 指 Global Geary's *C*，G_G 指 General Getis。

◎ 思考题

1. 什么是空间接近性？
2. 什么是空间权重矩阵？
3. 定义空间对象之间的空间权重的方法有哪些？请分别进行解释和说明。
4. 简述空间滑动平均的方法。
5. 什么是空间自相关？
6. 全局空间自相关指数有哪些？分别介绍其计算公式，并进行解释。
7. 局部空间自相关指标有哪些？分别介绍其计算公式，并进行解释。
8. 如何利用空间自相关分析进行空间经济分析？请举例说明。
9. 如何利用空间自相关分析进行遥感图像分析？请举例说明。

第9章　空间点模式分析

9.1　空间点模式分析概述

在地图上，居民点、商业设施、旅游景点等固定地物，以及犯罪地点、火灾地点等事件的发生地点等，都可以表现为点实体(或点事件)，有些是具体的地理实体对象，有些是发生事件的地点(如火点)。点模式是研究区域 R 内的一系列点的组合：

$$\{S_1=(x_1,\ y_1),\ \cdots,\ S_i=(x_i,\ y_i),\ \cdots,\ S_n=(x_n,\ y_n)\} \tag{9.1}$$

研究区域 R 的形状可以是矩形，也可以是不规则的图形，或者是复杂的多边形区域。在研究区域，虽然点在空间上的分布千变万化，但是不会超出从均匀到集中的模式。一般将点模式区分为三种基本类型：聚集分布、随机分布、均匀分布，如图9.1所示。在图9.1中，越往右边，点越集中，趋向于聚集模式；越往左边，点与点之间的聚集程度逐步下降，点与点之间尽可能地相互离开，趋向于均匀分布模式。空间点模式分析的基本问题是研究空间点对象(点事件)的分布模式是聚集模式、随机模式，还是均匀模式？并进一步探索导致这一分布模式形成的原因。

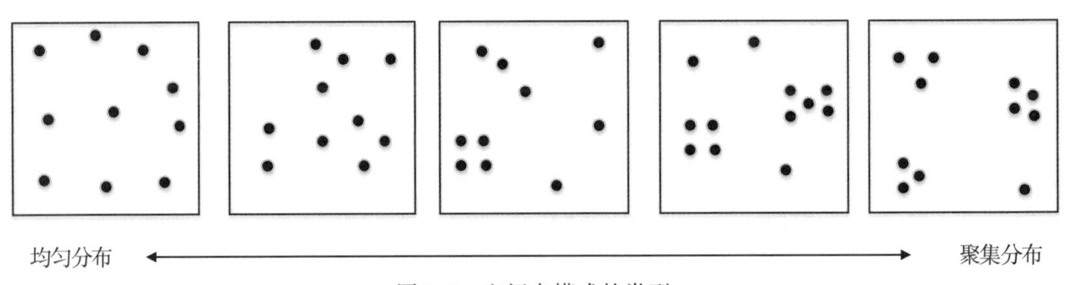

图9.1　空间点模式的类型

从统计学的角度分析，地理现象或地理事件出现在空间任意位置都是有可能的。如果没有某种力量或者机制来“安排”事件的出现或发生，那么分布模式最有可能是随机分布的，否则将以规则或者聚集的模式出现。但是，现实的地理世界是相互关联的，地理对象(地理现象)之间存在各种联系，从而导致不是随机分布的。

空间点模式的研究一般是基于所有观测点事件在地图上的分布，也可以是样本点的模式。由于点模式关心的是空间点分布的聚集性和分散性问题，所以地理学家在研究过程中发展了两类点模式的分析方法。①第一类是以聚集性为基础的基于密度的方法，主要方法包括：样方分析法、核函数估计法等。②第二类是以分散性为基础的基于距离的技术，主要方法包括：最邻近距离法(最邻近指数法)、G 函数法、F 函数法、K 函数法、L 函数法等(王远飞，何洪林，2007；Lloid，2010)。

空间点模式分析(Point Pattern Analysis，PPA)是根据点实体或点事件的空间位置，研究其分布模式的方法。空间点模式分析对于城市规划、服务设施布局、商业选址、流行病控制等都具有重要作用。

9.2　基于密度的分析方法

9.2.1　样方分析法

1. 样方分析

样方分析(Quadrat Analysis，QA)是研究空间点模式最常用的直观方式，其基本思想是通过空间上点分布密度的变化探索空间分布模式，一般使用随机分布模式作为理论上的标准分布，将 QA 计算的点密度和理论分布作比较，判断点模式属于聚集分布、均匀分布还是随机分布。

QA 的一般过程是：

(1)将研究区域划分为规则的正方形格网区域；

(2)统计落入每个格网中点的数量，由于点在空间上分布的疏密性，有的格网中点的数量多，有的格网中点的数量少，甚至还有格网中的数量为零；

(3)统计出包含不同数量点的格网数量的频率分布；

(4)将观测得到的频率分布和已知的频率分布或理论上的随机分布作比较，判断点模式的类型。

2. 样方分析方法

QA 中对分布模式的判别产生影响的主要因素有：样方的形状、采样的方式，以及样方的起点、方向、大小等，这些因素会影响到点的观测频次和分布。从统计意义上看，使用大量的随机样方估计才能获得研究区域点密度的公平估计。当使用样方技术分析空间点模式时，首先需要注意的是样方的尺寸选择对计算结果会产生很大的影响。根据 Greig-Smith 于 1962 年的试验以及 Tylor 和 Griffith、Amrhein 分别于 1977 年和 1991 年的研究，最优的样方尺寸是根据区域的面积和分布于其中的点的数量确定的，计算公式如下：

$$Q=\frac{2A}{n} \tag{9.2}$$

式中，Q 是样方的尺寸(面积)；A 为研究区域的面积；n 为研究区域中点的数量。最优样方的边长取 $\sqrt{\frac{2A}{n}}$。

当样方的尺寸确定后，利用这一尺寸建立样方格网覆盖研究区域或者采用随机覆盖的方法，统计落入每个样方中的数量，建立其频率分布。根据得到的频率分布和已知的点模式的频率分布的比较，判断点分布的空间模式。

3. 样方分析中点模式的显著性检验

通过实际的分布观测频数和均匀分布与聚集分布两种模式的比较，不难看出：实际的分布模式比均匀模式更聚集，而比聚集模式更均匀。但是到底属于何种模式，还需要定量化地计算频率分布的差异才能得出结论。常用的检测方法包括：根据频率分布比较的 *K-S* 检验、根据方差均值比的 χ^2 检验。

K-S 检验的基本原理是：通过比较观测频率分布和某一“标准”的频率分布，确定观测分布模式的显著性。首先假设两个频率分布十分相似，统计学的思想是：如果两个频率分布的差异非常小，那么这种差异的出现存在偶然性；如果两个频率分布的差异大，发生的可能性就小。检验的基本过程如下：

(1)假设两个频率分布之间不存在显著性的差异。

(2)给定一个显著性水平 α。如果 100 次试验中只有 5 次出现的机会，则 $\alpha=0.05$。

(3)计算两个频率分布的累计频率分布。

(4)计算 *K-S* 检验的 D 统计量，即

$$D = \max|O_i - E_i| \tag{9.3}$$

式中，O_i 和 E_i 分别是两个分布第 i 个等级上的累计频率；max 计算的是各个等级上累计频率的最大差异，其含义是不关心两个频率分布序列在各个级别上累计频率的最大差异，不关心两个频率分布序列在各个级别上累计频率孰大孰小，而只关心它们之间的差异。

(5)计算作为比较基础的门限值，即：

$$D_{\alpha=0.05} = \frac{1.36}{\sqrt{m}} \tag{9.4}$$

式中，m 是样方数量(或观测数量)。

对于两个样本模式比较的情况，使用公式：

$$D_{\alpha=0.05} = 1.36\sqrt{\frac{m_1 + m_2}{m_1 m_2}} \tag{9.5}$$

式中，m_1，m_2 分别是两个样本模式的样方数量。

(6)如果计算得出的 D 值大于 $D_{\alpha=0.05}$ 这一阈值，可得出两个分布的差异在统计意义上是显著的。

在排除了均匀分布模式的基础上，还需要进一步分析模式是否来自随机过程产生的点模式。

4. 示例分析

利用空间交互分析工具(http：//104.237.141.164/ispat/)，选择样方分析法(Quadrat Analysis)计算空间点集的空间分布模式，图 9.2(a)为随机模式，图 9.2(b)为聚集模式。

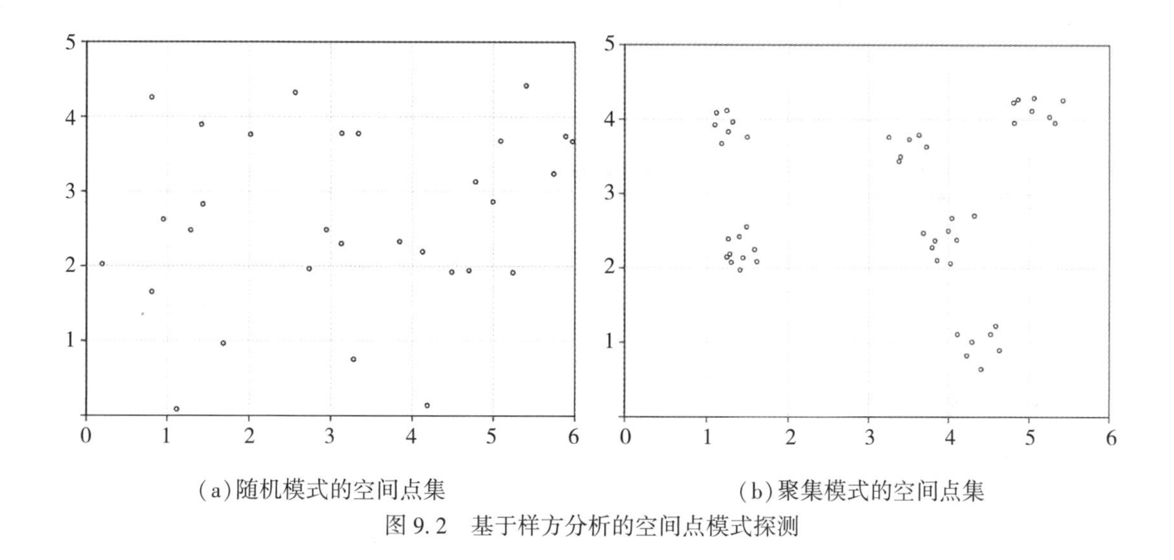

(a)随机模式的空间点集　　(b)聚集模式的空间点集

图 9.2　基于样方分析的空间点模式探测

9.2.2　核密度估计法

核密度估计法(Kernel Density Estimation, KDE)认为：地理事件可以发生在空间的任何位置上，但是在不同的位置上发生的概率不一样。点密集的区域事件发生的概率高，点稀疏的区域事件发生的概率低。因此，可以使用事件的空间密度分析表示空间点模式，来衡量某一事件在某地发生的概率。KDE 反映的就是这样一种思想。和样方计数法相比较，KDE 更加适用于可视化方法表示分布模式。

在 KDE 中，区域内任意一个位置都有一个事件密度，这是和概率密度对应的概念。空间模式在点 S 上的密度或强度是可测度的，一般通过测量定义在研究区域中单位面积上的事件数量来估计。存在多种事件密度估计的方法，其中最简单的方法是在研究区域中使用滑动的圆来统计落在圆域内的事件数量，再除以圆的面积，就得到估计点 S 处的事件密度。设 S 处的事件密度为 $\lambda(s)$，其估计为 $\lambda(s)$，则：

$$\lambda(s) = \frac{\#S \in C(s, r)}{\pi r^2} \tag{9.6}$$

式中，$C(s, r)$是以点 s 为圆心，r 为半径的圆域；#表示事件 S 落在圆域 C 中的数量。

核密度估计是一种统计方法，属于非参数密度估计的一类，其特点是没有一个确定的函数形式可以通过函数参数进行密度计算，而是利用已知的数据点进行估计。方法是在每一个数据点处设置一个核函数，利用该核函数(概率密度函数)来表示数据在这一点邻域内的分布。对于整个区域内的所有要计算密度的点，其数值可以看作其邻域内的已知点处的核函数对该点的贡献之和。因此，对于任意一点 x，邻域内的已知点 x_i 对它的贡献率取决于 x 到 x_i 的距离，也取决于核函数的形状以及核函数取值的范围(称为带宽)。设核函数为 K，其带宽为 h，则 x 点处的密度估计为：

$$f(x) = \frac{1}{n}\sum_{i=1}^{n} K\left(\frac{x - x_i}{h}\right) \tag{9.7}$$

式中，$K(\ )$为核函数；$h>0$为带宽；$(x-x_i)$表示估值点到事件x_i处的距离。

对核函数K的选择通常是一个对称的单峰值在0处的光滑函数。其中，高斯函数使用得最普遍，同时也可以使用如表9.1所示的各种函数作为核函数。

表9.1 **核函数的类型**

核函数名称	函数	条件
高斯(正态)函数	$\frac{1}{\sqrt{2\pi}}\exp\left(-\frac{1}{2}u^2\right)$	$-\infty < u < \infty$
三角函数	$1-\lvert u \rvert$	$\lvert u \rvert \leqslant 1$
二次函数	$(3/4)(1-u^2)$	$\lvert u \rvert \leqslant 1$
四次函数	$(15/16)(1-u^2)^2$	$\lvert u \rvert \leqslant 1$

表9.1中的核密度函数中，带宽的选择是关键，它决定了生成的密度图形的光滑性。如果带宽选择得小，则生成的图形比较尖锐；如果带宽选择得大，则生成的图形比较平缓，会掩盖密度的结构。所以，带宽的选择需要经过多次试验研究才能最终确定。

核函数的数学形式确定后，如何确定带宽对于点模式的估计非常重要。KDE估计中，带宽h的确定或选择对于计算结果影响很大。一般而言，随着h的增加，空间上点密度的变化更光滑；当h减小时，估计点密度变化突兀不平。那么如何选择h呢？在具体的应用实践中，h的取值是有弹性的，需要根据不同的h值进行试验，探索估计的点密度曲面的光滑程度，以检验h的尺度变化对于$\lambda(s)$的影响。需要指出的是：前面所考虑的带宽h在研究区域R中是不变的。为了改善估计的效果，还可以根据R中点的位置调整带宽h的值，这种h值的局部调节是自适应的方法。在自适应光滑过程中，根据点的密集程度自动调节h值的大小，在事件密集的子区域区，具有更加详细的密度变化信息，因此h取值小一点；而在事件稀疏的子区域，h的取值大一些。

对于核密度估计来说，带宽h和核函数$K(\ )$是两个非常重要的参数。当带宽h较大时，核密度估计函数比较平滑，会忽略掉部分细节。带宽h较小时，核密度估计函数比较突兀，难以反映整体趋势。一些研究表明：在分析与城市经济活动相关的商业设施时，100~300m是比较理想的带宽值(Porter, Reich, 2012)，因为这个距离接近典型城市街区的距离，经常被用来作为街区中步行可接受的最大范围。王腾等(2018)基于社交网络点评数据，考虑到城市路网结构特征，采用道路网约束下的核密度估计方法研究城市商业设施的空间分布模式，在进行实验时，选择300m作为核密度估计的带宽。基于路网约束的核密度估计与基于平面的核密度估计最大的区别在于距离的定义。在基于平面的和密度估计的基础上，基于路网约束的核密度估计考虑用两点之间的最短路径距离来代替两点之间的欧氏距离。

9.3 基于距离的分析方法

9.3.1 最邻近距离法

最邻近距离法(也称为最邻近指数法)使用最邻近的点对之间的距离描述分布模式，形式上相当于密度的倒数(每个点代表的面积)，表示点间距，可以看作与点密度相反的概念。最邻近距离法首先计算最邻近的点对之间的平均距离，然后比较观测模式和已知模式之间的相似性。一般将随机模式作为比较的标准，如果观测模式的最邻近距离大于随机分布的最邻近距离，则观测模式趋向于均匀；如果观测模式的最邻近距离小于随机分布模式的最邻近距离，则趋向于聚集分布。

1. 最邻近距离

最邻近距离是指任意一个点到其最邻近的点之间的距离。利用欧氏距离公式，可容易地得到研究区域中每个事件的最邻近点及其距离。

2. 最邻近指数测度方法

为了使用最邻近距离测度空间点模式，1954 年 Clark 和 Evans 提出了最邻近指数法(Nearest Neighbor Index，NNI)。NNI 的思想相当简单，首先对研究区内的任意一点都计算其最邻近距离，然后取这些最邻近距离的均值作为评价模式分布的指标。对于同一组数据，在不同的分布模式下得到的 NNI 指数是不同的，根据观测模式的 NNI 计算结果与 CSR(Complete Spatial Random，纯随机空间模式)模式的 NNI 比较，就可判断分布模式的类型。这里的 CSR 模式是指纯随机空间模式，地理研究中常见的点模式类型包括：纯随机空间模式、聚集模式(Clustering Pattern)、规则模式(Regular Pattern)。

CSR 模式满足如下条件：①研究区域的任何地方都具有同等的概率接受点，即区域是均质的；②一个点区位的选择不会影响另一个点区位的选择，即点是相互独立的。

一般而言，在聚集模式中，由于点在空间上多聚集于某些区域，因此点之间的距离小，计算得到的 NNI 应当小于 CSR 的 NNI；而均匀分布模式下，点之间的距离比较平均，因此平均的最邻近距离大，且大于 CSR 下的 NNI。因此，通过最邻近距离的计算和比较就可以评价和判断分布模式。

NNI 的一般计算过程如下：

(1)计算任意一点到其最邻近点的距离($d_{\min}$)。

(2)对所有的 $d_{\min}$，按照模式中点的数量 n，求平均距离，即：

$$\bar{d}_{\min} = \frac{1}{n}\sum_{i=1}^{n} d_{\min}(s_i) \tag{9.8}$$

式中，$d_{\min}$ 表示每个事件到其最邻近点的距离；s_i 为研究区域中的事件；n 是事件的数量。

(3)在 CSR 模式中同样可以得到平均的最邻近距离，其期望为 $E(d_{\min})$，于是定义最邻近指数 R 为：

$$R=\frac{\bar{d}_{\min}}{E(d_{\min})} \quad \text{或} \quad R=2\bar{d}_{\min}\sqrt{\frac{n}{A}} \tag{9.9}$$

根据理论研究，在 CSR 模式中平均最邻近距离与研究区域的面积 A 和事件数量 n 有关，

$$E(\bar{d}_{\min})=\frac{1}{2\sqrt{\frac{n}{A}}}=\frac{1}{2\sqrt{\lambda}} \tag{9.10}$$

考虑研究区域的边界修正时，式(9.10)改写为：

$$E(d_{\min})=\frac{1}{2}\sqrt{\frac{A}{n}}+\left(0.0541+\frac{0.041}{\sqrt{n}}\right)\frac{p}{n} \tag{9.11}$$

式中，p 为边界周长。

根据观测模式和 CSR 模式的最邻近距离或最邻近指数，可以对观测模式进行推断，依据如下：

(1)如果 $r_{obs}=r_{exp}$，或者 $R=1$，说明观测事件过程来自完全随机模式 CSR，属于随机分布。

(2)如果 $r_{obs}<r_{exp}$，或者 $R<1$，说明观测事件不是来自完全随机模式 CSR，这种情况表明大量事件在空间上相互接近，属于空间聚集模式。

(3)如果 $r_{obs}>r_{exp}$，或者 $R>1$，同样说明事件的过程是来自 CSR，由于点之间的最邻近距离大于 CSR 过程的最邻近距离，事件模式中的空间点式相互排斥地趋向于均匀分布。

在现实世界中，观测模式的分布呈现出各种各样的状态，除了前面讨论的完全随机模式，在理论上还存在极端聚集和极端均匀的情况。极端聚集的状态时所有的事件发生在研究区域中的同一位置，这种情况下，$R=0$。

3. 显著性检验

检验最邻近指数显著性的一种方法是首先计算观测的平均最邻近距离和 CSR 的期望平均距离的差异 $[\bar{d}_{\min}-E(d_{\min})]$，并用这一差异和其标准差 SE_r 进行比较(见式(9.12))。

$$SE_r=\sqrt{\mathrm{Var}(\bar{d}_{\min}-E(d_{\min}))} \tag{9.12}$$

这一标准差描述了差异完全是偶然发生的可能性，也就是说，点模式属于 CSR；如果计算的差异与其标准差比较相对较小，那么这种差异在统计上不显著，也就是说，点模式属于 CSR；如果计算的差异与其标准差比较相对较大，那么差异在统计上是显著的，即点模式不属于 CSR。理论上得到的标准差 SE_r 为：

$$SE_r=\frac{0.26136}{\sqrt{\frac{n^2}{A}}} \tag{9.13}$$

式中，n 和 A 的定义同前。根据这一标准可构造一个服从正态分布 $N(0,1)$ 的统计量：

$$Z=\frac{\bar{d}_{\min}-E(d_{\min})}{SE_r} \tag{9.14}$$

当显著水平为 α 时，Z 的置信区间为 $-Z_\alpha \leqslant Z \leqslant Z_\alpha$。如果根据上述计算推断出观测模式与 CSR 之间差异显著，还可进一步根据 Z 的符号对模式进行推断。若 Z 的符号为负，则模式趋于聚集；若 Z 的符号为正，则模式趋向于均匀。是否显著聚集或均匀，需要通过单侧检验。

9.3.2 G 函数与 F 函数

最邻近指数法(NNI)中通过简单的距离概念揭示了分布模式的特征，但是只用一个距离的平均值概括所有邻近距离是有问题的。在点的空间分布中，简单的平均最邻近距离概念忽略了最邻近距离的分布信息在揭示模式特征中的作用。G 函数和 F 函数就是用最邻近距离的分布特征揭示空间点模式的方法。用最邻近距离分布信息揭示空间点模式的 G 函数和 F 函数是一阶邻近分析方法，这两个函数是关于最邻近距离分布的函数。

G 函数记为 $G(d)$。不同于 NNI 将所有的最邻近的信息包含于一个平均最邻近距离的处理方法，$G(d)$ 使用所有的最邻近事件的距离构造出一个最邻近距离的累计频率函数：

$$G(d) = \frac{\#(d_{\min}(s_i) \leqslant d)}{n} \tag{9.15}$$

式中，s_i 是研究区域中的一个事件；n 是事件的数量；d 是距离；$\#(d_{\min}(s_i) \leqslant d)$ 表示距离小于 d 的最邻近点的计数。随着距离的增大，$G(d)$ 也相应增大，因此 $G(d)$ 为累计分布。随着距离的增大，$G(d)$ 也相应增大，最邻近距离点累计个数也会增加，$G(d)$ 也随之增加，直到 d 等于最大的最邻近距离，这时最邻近距离点个数最多，$G(d)$ 的值为 1，于是 $G(d)$ 是取值介于 0 和 1 之间的函数。

计算 $G(d)$ 的一般过程如下：

(1)计算任意一点到其最邻近点的距离 $d_{\min}$。

(2)将所有的最邻近距离列表，并按照大小排序。

(3)计算最邻近距离的变程 R 和组距 D，其中 $R=\max(d_{\max})-\max(d_{\min})$。

(4)根据组距上限值，累计计数点的数量，并计算累计频数 $G(d)$。

(5)画出关于 d 的曲线图。

F 函数与 G 函数类似，也是一种使用最邻近距离的累计频率分布描述空间点模式类型的一阶邻近测度方法，F 函数记作 $F(d)$。

F 函数和 G 函数的思想方法是一致的，但 F 函数首先在被研究的区域中产生一个新的随机点集 $P(p_1, p_2, \cdots, p_n)$，其中 p_i 是第 i 个随机点的位置。然后计算随机点到事件点 S 之间的最邻近距离，再沿用 G 函数的思想，计算不同最邻近距离上的累计点数和累计频率。其计算公式为：

$$F(d) = \frac{\#(d_{\min}(p_i, S) \leqslant d)}{m} \tag{9.16}$$

式中，$d_{\min}(p_i, S)$ 表示从随机选择的 p_i 点到事件点 S 的最邻近距离，计算任意一个随机点到其最邻近的事件点的距离。

F 函数和 G 函数的计算过程是类似的。

虽然 F 函数和 G 函数都采用了最邻近距离的思想描述空间点模式，但是二者存在本质的差别：G 函数主要是通过事件之间的邻近性描述分布模式，而 F 函数则主要通过选择的随机点和事件之间的分散程度来描述分布模式，因此 F 函数曲线和 G 函数曲线呈相反的关系。在 F 函数中，若 F 函数曲线缓慢增加到最大，表明是聚集模式；若 F 函数快速增加到最大，则表明是均匀分布模式。如图 9.3 所示。

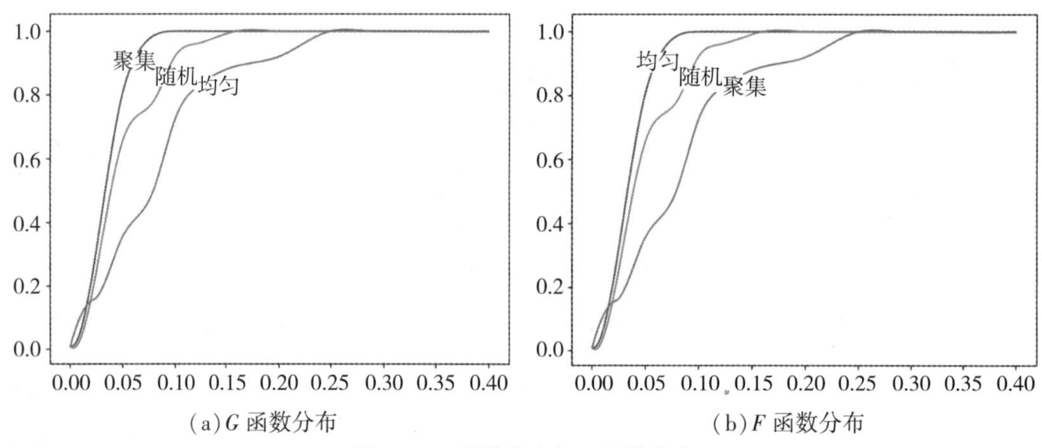

图 9.3　G 函数分布与 F 函数分布

9.3.3　K 函数与 L 函数

一阶测度的最邻近方法仅使用了最邻近距离测度点模式，只考虑了空间点在最短尺度上的关系。实际的地理事件可能存在多种不同尺度的作用，为了在更加宽泛的尺度上研究地理事件空间依赖性与尺度的关系，Ripley 提出了基于二阶性质的 K 函数方法，随后，Besage 又将 K 函数变换为 L 函数。K 函数和 L 函数是描述在各向同性或均质条件下点过程空间结构的良好指标。

1. K 函数的定义

点 S_i 的邻近是距离小于等于给定距离 d 的所有的点，即表示以点 S_i 为中心，d 为半径的圆域内点的数量。邻近点的数量的数学期望记为 $E(\#S \in C(s_i, d))$，公式如下：

$$\frac{E(\#S \in C(s_i, d))}{\lambda} = \int_{\rho=0}^{d} g(\rho) 2\pi \mathrm{d}\rho \tag{9.17}$$

式中，$E(\#S \in C(s_i, d))$ 表示以 S_i 为中心，距离为 d 的范围内事件数量的期望。

K 函数定义如下：

$$K(d) = \int_{\rho=0}^{d} g(\rho) 2\pi \mathrm{d}\rho \tag{9.18}$$

或者

$$\lambda K(d) = E(\#S \in C(s_i, d) \tag{9.19}$$

$\lambda K(d)$ 就是以任意点为中心，半径为 d 的圆域内点的数量。于是 $K(d)$ 定义为以任意点为中心，半径为 d 范围内点的数量的期望除以点密度。

2. K 函数的估计

$K(d)$ 的估计记为 $\hat{K}(d)$，计算公式为：

$$\hat{K}(d)=\frac{\sum_{1}^{n}\#(S\in C(s_i,\ d))}{n\lambda} \tag{9.20}$$

如用 $\hat{\lambda}=n/a$ 代替 λ（a 是研究区域的面积，n 是研究区域内点的数量），则有：

$$\hat{K}(d)=\frac{E(\#S\in C(s_i,\ d))}{\hat{\lambda}} \tag{9.21}$$

或者

$$\hat{K}(d)=\frac{a}{n^2}\sum_{i=1}^{n}\#(S\in C(s_i,\ d)) \tag{9.22}$$

3. $\hat{K}(d)$ 的计算过程

$\hat{K}(d)$ 的计算过程如下：

(1)对于每一个事件都计算 $\hat{K}(d)$：①对于每一个事件设置一个半径为 d 的圆；②计数 d 距离内点的数量；③将所有事件 d 距离内的点的数量求和，然后用 n 乘以密度，除以面积。

(2)对任意的距离 d，重复执行上述过程。

为了便于算法设计，$\hat{K}(d)$ 的估计还可以写成下述形式：

$$\hat{K}(d)=\frac{1}{\hat{\lambda}}\sum_{i=1}^{n}\sum_{j=1,\ i\neq j}^{n}I_d(d_{ij})=\frac{a}{n^2}\sum_{i=1}^{n}\sum_{j=1,\ i\neq j}^{n}I_d(d_{ij}) \tag{9.23}$$

式中，若 $d_{ij}\leqslant d$，$I_d(d_{ij})=1$；若 $d_{ij}>d$，$I_d(d_{ij})=0$。

4. K 函数的边缘效应与校正

在 K 函数的计算过程中同样存在边缘效应问题。当 d_{ij} 超出研究区域的范围时，需要对上述公式进行校正以消除边缘效应，常采用下列形式：

$$\hat{K}(d)=\frac{1}{\hat{\lambda}}\sum_{i=1}^{n}\sum_{j=1,\ i\neq j}^{n}\frac{I_d(d_{ij})}{w_{ij}}=\frac{a}{n^2}\sum_{i=1}^{n}\sum_{j=1,\ i\neq j}^{n}\frac{I_d(d_{ij})}{w_{ij}} \tag{9.24}$$

式中，w_{ij} 是校正因子。Ripley 和 Besag(1981)提出的周长比例校正法和面积比例校正法最常用。

实践中，对于任意形状的区域，权重、$\hat{K}(d)$ 的计算是不容易的，仅对于矩形或圆形这样的简单几何形状能够写出 w_{ij}的明确表达式。在其他情况下，导出 w_{ij}需要密集的计算。

5. K 函数的点模式判别准则

在均质条件下，如果点过程是相互独立的 CSR，则对于所有的ρ，有 $g(\rho)=1$，且

$$K(d)=\pi d^2 \tag{9.25}$$

或者

$$E(\hat{K}(d))=K(d)=\pi d^2 \tag{9.26}$$

于是比较 $\hat{K}(d)$ 和 $K(d)$ 就能建立判别空间点模式的准则。需要注意的是 K 函数比一阶方法能够给出更多的信息，特别是能够告诉我们空间模式和尺度的关系。

(1) $\hat{K}(d)=\pi d^2$，表示在 d 距离上 $\hat{K}(d)$ 和来自 CSR 过程的事件的期望值相同。

(2) $\hat{K}(d) > \pi d^2$，表示在 d 距离上点的数量比期望的数量更多，于是 d 距离的点是聚集的。

(3) $\hat{K}(d) < \pi d^2$，表示在 d 距离上点的数量比期望的数量更少，于是 d 距离上的点是均匀的。

6. L 函数

K 函数在使用上不是非常方便。对于估计值和理论值的比较隐含更多的计算量，而且 K 函数曲线图的表示能力有限。针对 K 函数的缺陷，可以以零为比较标准进行改进，即 L 函数，其形式为：

$$L(d)=\sqrt{\frac{K(d)}{\pi}}-d \tag{9.27}$$

于是，$L(d)$ 的估计 $\hat{L}(d)$ 可写成

$$\hat{L}(d)=\sqrt{\frac{\hat{K}(d)}{\pi}}-d \tag{9.28}$$

从 K 函数到 L 函数的变换，相对于 $\hat{K}(d)$ 减去其期望值的结果，在 CSR 模式中，$L(d)=0$。L 函数不仅简化了计算，而且更容易比较观测值和 CSR 模式的理论值之间的差异。在 L 函数图中，正的峰值表示点在这一尺度上的聚集或吸引，负的峰值表示点的均匀分布或空间上的排斥。

7. 显著性检验：蒙特卡罗方法

观测值和理论值的比较给出了点模式的判别准则，却无法给出显著性检验。对于 K 函数或 L 函数，可以采用和 G 函数相同的蒙特卡罗模拟检验模式的显著性。

对 L 函数显著性检验的思路为：在研究地区按照 CSR 过程生成 m 次的分布数据，计算每一次 CSR 过程的 $\hat{L}(d)$，如果 $\hat{L}(d)$ 的观测值小于给定 d 尺度上对应的 CSR 过程中 $\hat{L}(d)$ 的最小值或大于最大值，即可判断点模式在这一尺度上显著地异于 CSR。具体过程如下：

(1) 按照 CSR 过程，在研究区域创建与观测事件模式数量相同的点；

(2) 计算 $\hat{L}(d)$；

(3) 重复步骤(1)和(2) N 次；

(4) 对于每一个 d，确定最小和最大的模拟 $\hat{L}(d)$ 值；

(5) 根据最大值和最小的 $\hat{L}(d)$ 值，画出 $\hat{L}(d)$ 的包络线。比较观测模式的 $\hat{L}(d)$ 和 CSR 模式的 $\hat{L}(d)$，判断点模式的类型。

◎ 思考题

1. 简述空间点模式分析的基本概念。
2. 举例说明点模式分析有哪些具体应用。
3. 简述样方分析法的基本思路和过程。
4. 简述核密度估计方法的基本思路，并举例说明。
5. 简述最邻近指数的计算方法，并介绍如何基于最邻近指数判断空间点模式的类型。
6. 简述 G 函数计算方法。如何基于 G 函数计算值判断空间点模式的分布类型？
7. 简述 F 函数计算方法。如何基于 F 函数计算值判断空间点模式的分布类型？
8. 简述 K 函数计算方法。如何基于 K 函数计算值判断空间点模式的分布类型？
9. 简述 L 函数计算方法。如何基于 L 函数计算值判断空间点模式的分布类型？

第 10 章　地统计分析

10.1　地统计分析概述

地统计学(Geostatistics)是在传统统计学基础上发展起来的空间数据统计分析方法，它不仅能有效揭示属性变量在空间上的分布、变异和相关特征，而且可有效地解释空间格局对生态过程与功能的影响。地统计分析的基本思路是：根据样本点的空间位置和样本点之间空间相关程度的不同，对每个样本观测值赋予一定的权重，进行移动加权平均，估计被样本点包围的未知点的矿产储量。地统计学来源于地质学(Matheron, 1963)，地理信息科学在继承计量革命成果的同时，积极吸收包括源于地质学的地统计学等相邻学科的成果(刘瑜等, 2022)。地统计学已经成为地理信息科学重要的空间数据分析方法。

地统计学是一门以区域化变量理论为基础，以变异函数为主要工具(Bachmaier, Backes, 2011)，研究那些分布于空间上既有随机性又有结构性的自然或社会现象的科学。其主要内容包括三个方面：区域化变量理论、变异函数模型、克里金估计方法。相对于物理机制建模，地统计是一种分析空间位置(空间结构)相关地学信息的经验性方法(赵鹏大, 2004)。

关于地统计学的完整介绍，目前国内已有相关著作或教材出版。①南京信息工程大学刘爱利等主编的《地统计学概论》(2012)，该书介绍了地统计学的基本理论、方法及其在气象、土壤等地学领域的应用，主要内容包括：概率统计和探索性空间数据分析等基础知识、协方差和变异函数等区域化变量理论、简单和普通等线性克里金方法、对数正态和指示等非线性克里金方法、多变量的协同克里金方法、地统计学地学应用实例等。②郑新奇和吕利娜主编的《地统计学(现代空间统计学)》(2018)，该教材主要介绍地统计学在研究空间分布数据的结构性和随机性、空间相关性和依赖性、空间格局与变异，以及空间数据进行最优无偏内插、模拟空间数据的离散性及波动性中的应用。

10.2　区域化变量理论

地理学研究的基本任务之一，就是探索地表空间的区域差异。当空间被赋予地学含义时，地学工作者习惯称其为“区域”。当一个专题变量分布于空间，且呈现一定的结构性和随机性时，在地统计学上称之为“区域化”，即区域化变量。揭示区域化变量空间结构和统计性质的理论，简称为区域化变量理论，构成了地统计学的基础。

地统计分析是以区域化变量理论为基础分析自然现象的空间变异性和空间相关性。区域化变量(regionalized variable)是区域化随机变量的简称，其描述的现象为区域化现象。区域化变量是空间位置相关的随机变量，具有内在的空间结构，是随机场的简化。

定义 设 $Z(x)$ 为一随机变量，表示在空间位置 x 处专题变量取值是随机的。$Z(X)=\{Z(x), x\in X\}$ 表示区域 X 中所有空间位置 x 处随机变量 $Z(x)$ 的集合(簇)，又称为随机场。随机场也可看作若干空间样本(空间函数)的集合。

简单地看，区域化变量即空间位置相关的随机变量。抽象地看，区域化变量为具有内在空间结构的随机变量。随着抽象层次的提升或观察尺度的加大，一个复杂结构的空间单元逐步简化为一个简单的空间位置点。区域化变量理论重点研究区域化变量的各种空间结构和统计性质，变异函数是描述区域化变量空间结构的有效数学工具，克里金估计利用区域化变量结构性质进行估值应用。估计是数据处理的一种泛称。在时间域，服务于不同目的的估计分别称为滤波(除去噪音)、平滑(找出趋势)和预测(计算将来值)。在空间域，估计可以分为内插(计算研究区域内的未知值)和外推(计算研究区域外的未知值，又称为预测)。克里金插值和克里金预测统称为克里金估计。

地统计中的数据多为区域中每个空间位置的一次采样数据。通常，为了满足总体规律推断中多个样本(大样本)的数据要求，地统计中使用二阶平稳(second-order stationary)或内蕴(intrinsic stationary)假设下多个空间位置采样数据(每个位置依然是一次采样数据)来替代单个位置上的多次采样数据(传统统计的采样数据)。机理上，相近相似规律的普适性、空间结构的稳定性、地学现象空间结构形成的驱动(动力)因素的不变性等表明了平稳性假设的一定现实合理性。

存在 n 个随机变量的联合分布 $F(Z(x_1), Z(x_2), \cdots, Z(x_n))$，严格的平稳性指随机变量联合分布的空间位移不变性，即

$$F(Z(x_1), Z(x_2), \cdots, Z(x_n)) = F(Z(x_1+h), Z(x_2+h), \cdots, Z(x_n+h)) \tag{10.1}$$

实际应用中，满足这种位移不变的联合概率分布的区域化变量比较少见，而且严格平稳性的验证非常困难。相比较，容易满足和验证的是分布参数(矩)的平稳性，即弱平稳性假设。常用的弱平稳性假设包括二阶平稳性和内蕴性假设。

定义 如果区域化变量 $Z(x)$ 满足下列两个条件，则称其满足二阶平稳性假设。

(1)在研究范围内，区域化变量 $Z(x)$ 的期望存在且为常数，即

$$E[Z(x)] = m \tag{10.2}$$

(2)在研究范围内，区域化变量 $Z(x)$ 的协方差函数存在且为空间滞后 h 的函数，与空间位置 x 无关，即

$$\mathrm{Cov}[Z(x), Z(x+h)] = E\{[Z(x+h)-m][Z(x)-m]\} = E[Z(x+h)Z(x)]-m^2 = C(h) \tag{10.3}$$

当 $h=0$ 时，条件(2)说明了方差函数存在且为常数，即

$$\mathrm{Var}[Z(x)] = \mathrm{Cov}[Z(x), Z(x)] = E[Z(x)-m]^2 = C(0) \tag{10.4}$$

二阶平稳性假设中要求区域化变量的期望、协方差和方差都存在，实际中区域化变量的先验期望可能不存在，但是变异函数存在。定义在区域化变量相对增量上的变异函数比定义在区域化变量绝对值上的协方差函数的条件更加宽松，变异函数的计算比协方差函数

的计算更加容易。协方差函数和变异函数为空间结构的对偶描述方式。对于区域化变量，协方差函数从相似角度来描述空间结构，变异函数则从差异角度描述空间结构。于是，提出下面区域化变量的内蕴性假设和变异函数定义。

定义　如果区域化变量 $Z(x)$ 满足下列两个条件，则称其满足内蕴性假设。

(1)在研究范围内，区域化变量 $Z(x)$ 增量的期望为零，即

$$E[Z(x+h)-Z(x)]=0 \tag{10.5}$$

(2)在研究范围内，区域化变量 $Z(x)$ 增量的方差存在且为空间滞后 h 的函数，与空间位置 x 无关，即

$$\begin{aligned}\mathrm{Var}[Z(x+h)-Z(x)]&=E\{[Z(x+h)-Z(x)]-E[Z(x+h)-Z(x)]\}^2\\&=E[Z(x+h)-Z(x)]^2=2\gamma(h)\end{aligned} \tag{10.6}$$

式中，$\gamma(h)$ 表示区域化变量的变异函数或半方差函数。有些文献也将 $\gamma(h)$ 称为半变异函数或半变差函数。可以看出，区域化变量增量的计算避免了期望的直接计算。换句话说，变异函数对区域化变量的期望的存在没有直接要求。

10.3　空间变异函数

10.3.1　变异函数的定义和非负定性条件

定义　变异函数是区域化变量空间结构的一种形式化表达，数学表示为两个随机变量 $Z(x)$ 和 $Z(x+h)$ 之间增量的方差的一半，即

$$\gamma_x(h)=\frac{1}{2}\mathrm{Var}[Z(x+h)-Z(x)]=E\{\{[Z(x+h)-Z(x)]-E[Z(x+h)-Z(x)]\}^2\} \tag{10.7}$$

变异函数是从增量的方差角度来定义的，它是空间位置 x 和空间滞后 h 的函数。然而，在二阶平稳性或内蕴性假设(期望不变，协方差或变异函数仅与空间滞后相关)下，原始变异函数 $\gamma_x(h)$ 归约为单纯的空间滞后 h 的函数 $\gamma(h)$，与空间位置 x 无关。

$$\begin{aligned}\gamma(h)&=\frac{1}{2}\mathrm{Var}[Z(x+h)-Z(x)]=\frac{1}{2}E\{[Z(x+h)-Z(x)]-E[Z(x+h)-Z(x)]\}^2\\&=\frac{1}{2}E[Z(x+h)-Z(x)]^2\end{aligned} \tag{10.8}$$

进一步对表达式进行变换，获得

$$\begin{aligned}\gamma(h)&=\frac{1}{2}E[Z(x+h)-Z(x)]^2=\frac{1}{2}E\{[Z(x+h)-m]-[Z(x)-m]\}^2\\&=\frac{1}{2}E\{[Z(x+h)-m]^2+[Z(x)-m]^2-2[Z(x+h)-m][Z(x)-m]\}\\&=\frac{1}{2}E[Z(x+h)-m]^2+\frac{1}{2}E[Z(x)-m]^2-E\{[Z(x+h)-m][Z(x)-m]\}\end{aligned}$$

$$= \frac{1}{2}[\mathrm{Var}(Z(x+h) + \mathrm{Var}(Z(x)] - \mathrm{Cov}[Z(x+h),\ Z(x)]$$
$$= \mathrm{Var}[Z(x)] - \mathrm{Cov}[Z(x+h),\ Z(x)]$$
$$= C(0) - C(h) \tag{10.9}$$

式中的方差不加区分使用符号 $\mathrm{Var}[Z(x)]$ 或 σ^2 表示，$\mathrm{Cov}[Z(x+h),\ Z(x)]$ 表示协方差函数，$C(h)$ 为空间滞后 h 的函数。

以上协方差函数和变异函数关系式更清晰地表明，协方差函数和变异函数为空间结构的对偶描述方式。对于区域化变量，协方差函数从相似角度来描述空间结构，变异函数则从差异角度描述空间结构。二阶平稳性假设下，协方差函数和变异函数存在如式(10.9)所示的转换关系。

在协方差函数和变异函数中，如果空间滞后 h 以极坐标参考系中的矢量表示，则该滞后矢量有模和方向两个特征量。当协方差函数和变异函数仅为模值 $|h|$ 的函数时，分别称其为各向同性协方差函数和各向同性变异函数。否则，当协方差函数和变异函数同时为模值 $|h|$ 和方向的函数时，分别称其为各向异性协方差函数和各向异性变异函数。各向同性为各向异性的特例。进一步，协方差函数和变异函数的各向异性可以分解为几何各向异性和带状各向异性。基台相同，变程随方向不同的各向异性称为几何各向异性。不能通过伸缩比例变换为各向同性的各向异性称为带状各向异性。

通常，把360°方向离散划分为几个大的方向组，在某一角度区间范围(角度容许范围)内不同方向的样本点(对)都用来计算该区间中心方向的变异函数值。类似地，可以进行空间滞后距离分组，在某一距离区间范围(距离容许范围)内不同距离的样本点(对)都用来计算该区间中心距离的变异函数值。

具有下面公式所反映的非负定性的函数(协方差函数)，称为有效协方差函数：

$$\sum_i \sum_j \lambda_i \lambda_j \mathrm{Cov}[Z(x_i),\ Z(x_j)] \geqslant 0,\ \lambda_i \text{ 为任意实数} \tag{10.10}$$

具有下面条件的非负定性的函数(变异函数)，称为有效变异函数：

$$\begin{cases} -\sum_i \sum_j \lambda_i \lambda_j \gamma_{x_i}(h_{ij}) \geqslant 0,\ h_{ij} = x_j - x_i \\ \sum_i \lambda_i = 0,\ \lambda_i \text{ 为任意实数} \end{cases} \tag{10.11}$$

地统计学中，有效协方差函数(或有效变异函数)具有特别的含义。在二阶平稳性(或内蕴性)假设下，运用该协方差函数(或变异函数)推导出克里金估计模型中权重系数唯一存在(克里金方程组解存在且唯一)，克里金估计误差方差 σ_K^2 取非负值。等价地，由 $C(x_i-x_j)$（或满足条件 $\sum_i \lambda_i = 0$ 的 $\gamma(x_i - x_j)$）构成的协方差函数(或变异函数)矩阵 $\boldsymbol{\Sigma}$(克里金矩阵)为非负定，矩阵 $\boldsymbol{\Sigma}$ 对应的行列式大于等于零($|\boldsymbol{\Sigma}| \geqslant 0$)。

10.3.2 变异函数模型拟合及其评价

理想上，变异函数值随着空间滞后 h 的增大而单调增加。图 10.2 是一种典型变异函数曲线(variography)。

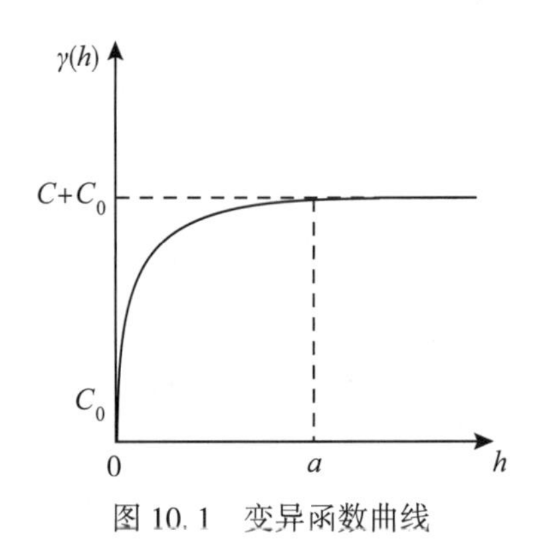

图 10.1　变异函数曲线

图 10.1 中的变异函数 $\gamma(h)$ 具有三个参数 $\{C_0, C+C_0, a\}$。C_0 称为块金值，是空间滞后为 0 时的变异函数值，为测量误差和低于采样间距的随机变异的综合反映。当空间滞后 h 超过某一范围时，变异函数 $\gamma(h)$ 在一个极限值 $\gamma(\infty)$ 附近摆动，这个极限值称为基台值 $C+C_0$。a 称为变程，是变异函数达到基台值时的空间滞后 h，反映了数据空间自相关的最大距离。

通常，一个区域化变量的取值 z 由大尺度趋势 μ、微尺度空间相关变异 r 和纯随机变异 ε 三部分构成，即 $z=\mu+r+\varepsilon$。

期望(平均值)m 即是一种趋势表示。微尺度空间相关变异 r 为去除趋势后具有内在空间(自)相关性的残余值，纯随机变异 ε 为不存在空间(自)相关性的独立噪声(如测量误差)。

测量误差和采样间距(采样尺度)以下的微尺度空间相关残余值一起构成块金值 C_0。采样间距(采样尺度)以上的微尺度空间相关残余值的变异函数值为 C。

按照二阶平稳性或内蕴性假设下的变异函数表达式 $\gamma(h)$，计算 $h=0$ 时的变异函数值应该为 0，表示同一位置点的样本值没有差异。然而，这种 $\gamma(0)=0$ 的情形是在没有测量误差和采样间距(采样尺度)以下空间(自)相关变异的理想结果。

实际应用中，测量误差总是无法避免的，采样间距总是掩盖了一些更小尺度的空间变异。尽管带有块金值的变异函数模型失去了理想变异函数模型在原点处的连续性，但是该模型合理地模拟了实际变异(测量误差和小于采样间距尺度下的空间变异)，所以能更好地提高后续克里金估计的精度。

理论变异函数模型的构建是一项基础性研究，原则上满足条件非负定性条件的函数都可以作为候选的有效变异函数(有效协方差函数)。多年的研究和实践中，人们发展了一些标准的理论变异函数模型。通过计算样本数据中不同空间滞后 h 上的变异函数值，对若干空间滞后 h 及其相应的变异函数值(经验变异函数模型)进行选定理论变异函数模型的拟合，确定理论模型中的参数值，最终获取确定的变异函数模型。

在经验变异函数值到理论变异函数模型的拟合中，首先将理论变异函数模型通过变量代换建立对应的多项式回归方程，使用最小二乘法等方法进行最优参数估计，把解出的多项式回归方程系数通过逆代换获得变异函数拟合模型的参数值。

例如，观察经验变异函数图形，选定高斯变异函数理论模型：

$$\gamma(h)=\begin{cases}0 & ,h=0\\ C_0+C_1[1-\mathrm{e}^{-(h/a)^2}] & ,h>0\end{cases} \tag{10.12}$$

建立变量代换：

$$y=\gamma(h),\ x_1=\mathrm{e}^{-(h/a)^2},\ b_0=C_0+C_1,\ b_1=-C_1 \tag{10.13}$$

于是，高斯理论变异函数模型变换为下面的多项式回归方程：

$$y=b_0+b_1x_1 \tag{10.14}$$

根据最小二乘法，参数 b_0 和 b_1 的最优估计为：

$$\begin{cases}b_0=\bar{y}-b_1\bar{x}\\ b_1=\dfrac{\sum\limits_{i=1}^{n}(x_i-\bar{x})(y_i-\bar{y})}{\sum\limits_{i=1}^{n}(x_i-\bar{x})^2}\end{cases} \tag{10.15}$$

式中，$\bar{x}=\dfrac{1}{n}\sum\limits_{i=1}^{n}x_i$，$\bar{y}=\dfrac{1}{n}\sum\limits_{i=1}^{n}y_i$。

计算逆变量代换，获得变异函数拟合模型的参数值，即

$$\begin{cases}C_0+C_1=b_0=\bar{y}-b_1\bar{x}，\text{基台值}\\ C_0=b_0+b_1=\bar{y}-b_1\bar{x}+\dfrac{\sum\limits_{i=1}^{n}(x_i-\bar{x})(y_i-\bar{y})}{\sum\limits_{i=1}^{n}(x_i-\bar{x})^2}，\text{块金值}\end{cases} \tag{10.16}$$

理论变异函数模型对样本数据的拟合中，样本数据容量有限性和关系复杂性与理论模型高度简化性等要求我们对求得的回归模型的显著性进行检验，对不同理论模型拟合质量进行评价。简单地说，最小二乘法原理求解回归方程系数时要求数据点和回归曲线之间的残差平方和最小。

回归分析中，观测值 y_i 与期望(平均值) $\bar{y}$ 的差称为离差，其离差平方和可以分解为两部分：

$$\sum(y-\bar{y})^2=\sum(y^*-\bar{y})^2+\sum(y-y^*)^2 \tag{10.17}$$

记 $\mathrm{SST}=\sum(y-\bar{y})^2$，$\mathrm{SSR}=\sum(y^*-\bar{y})^2$，$\mathrm{SSE}=\sum(y-y^*)^2$，则有 SST=SSR+SSE。

式中，y 为观测值，$\bar{y}$ 为期望(平均值)，y^* 为回归值(回归方程计算的值)。总离差平方和(因变量 y 的变异)可以分解为回归平方和(自变量变化引起的变异)和残差平方和(自变量回归未能解释的剩余变异)。把回归平方和占总离差平方和的比例定义为判定系数 R^2，表达式为：

$$R^2=\frac{\mathrm{SSR}}{\mathrm{SST}}=\frac{\sum(\hat{y}-\bar{y})^2}{\sum(y-\bar{y})^2} \tag{10.18}$$

总离差平方和一定时，回归平方和越大，残差平方和就越小，判定系数就越大。判定系数的取值范围为 $0\leqslant R^2<1$。当全部观测值都位于回归曲线上时，SSE=0，则 $R^2=1$，说

明总离差完全可以由所估计的样本曲线来解释。如果回归曲线不能解释任何离差，模型中自变量与因变量线性无关，y 的总离差全部归于残差，即 SSE=SST，则 $R^2=0$。

判定系数实际上是相关系数的平方，即

$$R^2 = \frac{[\mathrm{Cov}(x, y)]^2}{S_x^2 S_y^2} \tag{10.19}$$

式中，S_x^2 和 S_y^2 分别为变量 x 和变量 y 的样本方差。

R^2 越大，回归模型拟合的质量就高。那么 R^2 多大时，回归模型才有价值呢？模型拟合优度的 F 检验统计量为：

$$F = \frac{\mathrm{SSR}}{\mathrm{SSE}} \times \frac{N-k}{k-1} \tag{10.20}$$

式中，k 为回归模型中自变量的个数。临界值 F_{af}是显著水平 α(如 0.05 或 0.01)与自由度 f 的函数，若计算的 F 值大于临界值 F_{af}，判定系数 R^2 是有意义的，表明该回归模型(理论曲线)拟合度较高，可以采用该回归模型作为理论曲线模型对数据进行有效拟合。反之，该回归模型没有实际价值。

10.3.3　理论变异函数模型

一般的理论变异函数模型可以划分为 3 类：

(1)有基台值模型，包括球状模型、指数模型、高斯模型、有基台线性模型和纯块金效应模型等；

(2)无基台值模型，包括幂函数模型、无基台线性模型和对数模型等；

(3)孔穴效应模型。

每个理论变异函数模型都有数学表达式，可以推导出对应的参数(块金值、基台值、变程)。下面列出球状、指数、高斯、有基台线性、纯块金效应、幂函数、无基台线性、对数和孔穴效应共 9 种变异函数模型的数学表达式。

(1)球状模型又称为马特隆模型，其数学表达式为：

$$\gamma(h) = \begin{cases} 0, & h = 0 \\ C_0 + C_1\left[1.5\left(\dfrac{h}{a}\right) - 0.5\left(\dfrac{h}{a}\right)^3\right], & 0 \leqslant h \geqslant a \\ C_0 + C_1, & h > a \end{cases} \tag{10.21}$$

(2)指数模型的数学表达式为：

$$\gamma(h) = \begin{cases} 0, & h = 0 \\ C_0 + C_1(1 - \mathrm{e}^{-h/a}), & h < 0 \end{cases} \tag{10.22}$$

(3)高斯模型的数学表达式为：

$$\gamma(h) = \begin{cases} 0, & h = 0 \\ C_0 + C_1[1 - \mathrm{e}^{-(h/a)^2}], & h > 0 \end{cases} \tag{10.23}$$

(4)有基台线性模型的数学表达式为：

$$\gamma(h)=\begin{cases}C_0, & h=0\\ Ah, & 0<h\leqslant a\\ C_0+C_1, & h>a\end{cases} \tag{10.24}$$

(5)纯块金效应模型的数学表达式为:

$$\gamma(h)=\begin{cases}0, & h=0\\ C_0, & h>0\end{cases} \tag{10.25}$$

(6)幂函数变异函数模型的数学表达式为:

$$\gamma(h)=C_0+C_1h^{\lambda},\quad 0<\lambda<2 \tag{10.26}$$

(7)无基台线性变异函数模型的数学表达式为:

$$\gamma(h)=\begin{cases}C_0, & h=0\\ Ah, & h>0\end{cases} \tag{10.27}$$

(8)对数模型的数学表达式为:

$$\gamma(h)=\log h \tag{10.28}$$

(9)孔穴效应模型的数学表达式为:

$$\gamma(h)=C_0+C\left[1-\mathrm{e}^{-\frac{h}{a}}\cos\left(2\pi\frac{h}{b}\right)\right] \tag{10.29}$$

根据二阶平稳性或内蕴性假设下理想变异函数定义，在原点处的变异函数值为零，没有突然的变异(块金值)，区域化变量的空间连续性(光滑性)较好。变异函数作为区域化变量增量的方差的一半(增量的半方差)，可以视为均方意义下空间连续性的表达模型。原点附近的变异函数值对应很小的空间滞后 h，小空间滞后的样本点对待估点值的影响更大。

10.4　克里金估计方法

按照估值单元的大小划分，存在点估值和块段估值。通常，块段估值可以通过赋予块段平均值给块段中心点来转化为点估值。或者，把块段离散为若干点的集合，从而转化为点估值。这里仅介绍点克里金估计方法。

从不同角度利用区域化变量的结构性质，发展了不同类型的克里金估计方法，包括区域化变量满足二阶平稳性(或内蕴性)假设的普通克里金估计(ordinary kriging)和简单克里金估计(simple kriging)，区域化变量非平稳(存在漂移)的泛克里金估计(universal kriging)，多个变量的协同克里金估计(co-kriging)，变量服从对数正态分布的对数克里金估计，适用于非连续取值(包括名义数据)的指示克里金估计(indicator kriging)、析取克里金估计(disjunctive kriging)和概率克里金估计(probability kriging)等。

此外，可以综合多个角度，全面利用区域化变量的结构性质，对单个特性建模的克里金估计进行组合，形成普通协同克里金估计、协同泛克里金估计和协同指示克里金估计等方法。

10.4.1　普通克里金估计

普通克里金估计是一种内蕴假设(或二阶平稳假设)下期望未知的区域化变量估值方法。这里，区域化变量值 $Z(x)$ 由期望 m 和残余 $Y(x)$ 两部分构成：

$$Z(x)=m+Y(x) \tag{10.30}$$

式中，期望 m 未知；残余 $Y(x)$ 的期望为零，即 $E[Y(x)]=0$。

区域化变量 $Z(x)$ 或残余 $Y(x)$ 的内蕴假设为：

$$\begin{aligned} &E[Z(x+h)-Z(x)]=E[Y(x+h)-Y(x)]=0 \\ &\operatorname{Var}[Z(x+h)-Z(x)]=\operatorname{Var}[Z(x+h)-Z(x)]=2\gamma(h) \end{aligned} \tag{10.31}$$

普通克里金估计方法的估计公式为：

$$Z^*(x_0)=\sum_{i=1}^{n}\lambda_i Z(x_i) \tag{10.32}$$

式中，$Z^*(x_0)$ 是待估位置 x_0 的估值；$Z(x_i)$ 是已知位置 x_i 的观测值；λ_i 是分配给 $Z(x_i)$ 的权重；n 是估计使用的观测值个数。

普通克里金估计方法的无偏估计条件为：

$$E[Z^*(x_0)-Z(x_0)]=0 \tag{10.33}$$

将估计式(10.32)代入式(10.33)，相继有：

$$\begin{aligned} &E[Z^*(x_0)-Z(x_0)]=0 \\ &E\left[\sum_{i=1}^{n}\lambda_i Z(x_i)-Z(x_0)\right]=0 \\ &\left(\sum_{i=1}^{n}\lambda_i-1\right)E[Z(x_0)]=\left(\sum_{i=1}^{n}\lambda_i-1\right)m=0 \end{aligned} \tag{10.34}$$

上式对于任意 m 都成立，于是等价的无偏估计条件简化为：

$$\sum_{i=1}^{n}\lambda_i=1 \tag{10.35}$$

普通克里金估计方法的最优估计条件为估计误差方差最小。

根据估计公式并结合无偏估计条件，简化估计误差的方差表达式，获得：

$$\begin{aligned} \sigma_{OK}^2 &= \operatorname{Var}[Z^*(x_0)-Z(x_0)]=E\{[Z^*(x_0)-Z(x_0)]-E[Z^*(x_0)-Z(x_0)]\}^2 \\ &= E[Z^*(x_0)-Z(x_0)]^2=E\{[Z^*(x_0)]^2-2Z^*(x_0)Z(x_0)+[Z(x_0)]^2\} \\ &= E\left\{\left[\sum_{i=1}^{n}\lambda_i Z(x_i)\right]\left[\sum_{j=1}^{n}\lambda_j Z(x_j)\right]\right\}-2E\left[\sum_{i=1}^{n}\lambda_i Z(x_i)Z(x_0)\right]+E\{[Z(x_0)]^2\} \\ &= \sum_{i=1}^{n}\lambda_i\sum_{j=1}^{n}\lambda_j E[Z(x_i)Z(x_j)]-2\sum_{i=1}^{n}\lambda_i E[Z(x_i)Z(x_0)]+E\{[Z(x_0)]^2\} \\ &= \sum_{i=1}^{n}\sum_{j=1}^{n}\lambda_i\lambda_j E[Z(x_i)Z(x_j)]-2\sum_{i=1}^{n}\lambda_i E[Z(x_i)Z(x_0)]+E\{[Z(x_0)]^2\} \\ &= \sum_{i=1}^{n}\sum_{j=1}^{n}\lambda_i\lambda_j\{\operatorname{Cov}[Z(x_i),Z(x_j)]+m^2\}-2\sum_{i=1}^{n}\lambda_i\{\operatorname{Cov}[Z(x_i)Z(x_0)]+m^2\} \\ &\quad +\{\operatorname{Cov}[Z(x_0),Z(x_0)]+m^2\} \end{aligned}$$

$$= \sum_{i=1}^{n} \sum_{j=1}^{n} \lambda_i \lambda_j C(x_i - x_j) - 2\sum_{i=1}^{n} \lambda_i C(x_i - x_0) + C(0) \tag{10.36}$$

引入拉格朗日乘数-2μ，将条件(无偏估计条件)极值(估计方差最小，$\sigma_{OK}^2 = \min$)问题转化为下列无条件表达式的极值问题求解：

$$F = \sum_{i=1}^{n} \sum_{j=1}^{n} \lambda_i \lambda_j \mathrm{Cov}[Z(x_i), Z(x_j)] - 2\sum_{i=1}^{n} \lambda_i \mathrm{Cov}[Z(x_i), Z(x_0)] + \mathrm{Cov}[Z(x_0), Z(x_0)] - 2\mu\left(\sum_{i=1}^{n} \lambda_i - 1\right)$$

$$\begin{cases} \dfrac{\partial F}{\partial \lambda_i} = 0 \quad (i = 1, 2, \cdots, n) \\ \dfrac{\partial F}{\partial \mu} = 0 \end{cases} \tag{10.37}$$

最后，获得普通克里金方程组：

$$\begin{cases} \sum_{j=1}^{n} \lambda_j \mathrm{Cov}[Z(x_i), Z(x_j)] - \mu = \mathrm{Cov}[Z(x_i), Z(x_0)] \quad (i = 1, 2, \cdots, n) \\ \sum_{i=1}^{n} \lambda_i = 1 \end{cases} \tag{10.38}$$

相应地，使用变异函数表示为：

$$\begin{cases} \sum_{j=1}^{n} \lambda_j \gamma(x_i - x_j) + \mu = \gamma(x_i - x_0) \quad (i = 1, 2, \cdots, n) \\ \sum_{i=1}^{n} \lambda_i = 1 \end{cases} \tag{10.39}$$

上述方程组求解出的权重系数可以代入普通克里金估计方法估计公式进行待估点的估值。

利用上面的普通克里金方程组，简化的估计方差表达式，获得：

$$\begin{aligned} \sigma^2 &= \sum_{i=1}^{n} \sum_{j=1}^{n} \lambda_i \lambda_j \mathrm{Cov}[Z(x_i), Z(x_j)] - 2\sum_{i=1}^{n} \lambda_i \mathrm{Cov}[Z(x_i), Z(x_0)] + \mathrm{Cov}[Z(x_0), Z(x_0)] \\ &= \sum_{i=1}^{n} \sum_{j=1}^{n} \lambda_i \lambda_j \mathrm{Cov}[Z(x_i), Z(x_j)] - 2\sum_{i=1}^{n} \lambda_i \left\{ \sum_{j=1}^{n} \lambda_j \mathrm{Cov}[Z(x_i), Z(x_j)] - \mu \right\} \\ &\quad + \mathrm{Cov}[Z(x_0), Z(x_0)] \\ &= \sum_{i=1}^{n} \sum_{j=1}^{n} \lambda_i \lambda_j \mathrm{Cov}[Z(x_i), Z(x_j)] - 2\sum_{i=1}^{n} \lambda_i \sum_{j=1}^{n} \lambda_j \mathrm{Cov}[Z(x_i), Z(x_j)] \\ &\quad + 2\sum_{i=1}^{n} \lambda_i \mu + \mathrm{Cov}[Z(x_0), Z(x_0)] \\ &= -\sum_{i=1}^{n} \sum_{j=1}^{n} \lambda_i \lambda_j \mathrm{Cov}[Z(x_i), Z(x_j)] + 2\sum_{i=1}^{n} \lambda_i \mu + \mathrm{Cov}[Z(x_0), Z(x_0)] \\ &= -\sum_{i=1}^{n} \sum_{j=1}^{n} \lambda_i \lambda_j \mathrm{Cov}[Z(x_i), Z(x_j)] + 2\mu + \mathrm{Cov}[Z(x_0), Z(x_0)] \end{aligned}$$

$$= - \sum_{i=1}^{n} \lambda_i \sum_{j=1}^{n} \lambda_j \mathrm{Cov}[Z(x_i), Z(x_j)] + 2\mu + \mathrm{Cov}[Z(x_0), Z(x_0)]$$

$$= - \sum_{i=1}^{n} \lambda_i \{\mathrm{Cov}[Z(x_i), Z(x_0)] + \mu\} + 2\mu + \mathrm{Cov}[Z(x_0), Z(x_0)]$$

$$= - \sum_{i=1}^{n} \lambda_i \mathrm{Cov}[Z(x_i), Z(x_0)] + \mu + \mathrm{Cov}[Z(x_0), Z(x_0)]$$

$$= \mu - \sum_{i=1}^{n} \lambda_i \mathrm{Cov}[Z(x_i), Z(x_0)] + \mathrm{Cov}[Z(x_0), Z(x_0)] \tag{10.40}$$

相应地，使用变异函数表示为：

$$\sigma_{OK}^2 = \mu + \sum_{i=1}^{n} \lambda_i \gamma(x_i - x_0) - \gamma(0) \tag{10.41}$$

10.4.2　泛克里金估计

泛克里金估计中，区域化变量值 $Z(x)$ 由期望 $m(x)$ 和残余 $Y(x)$ 两部分构成，即

$$Z(x) = m(x) + Y(x) \tag{10.42}$$

式中，期望 $m(x)$ 代表趋势项(又称为漂移)，随空间位置变化，残余 $Y(x)$ 具有内蕴性(二阶平稳性)且期望为零，即 $E[Y(x)]=0$。拟合趋势项 $m(x)$ 为一多项式，即

$$m(x) = \sum_{l=0}^{k} a_l f_l(x) \tag{10.43}$$

式中，a_l 是未知系数。实际中，$f_l(x)$ 常常是 x 的一次或二次函数。

例如，一维空间中，线性趋势的 $m(x) = a_0 + a_1 x$；二次曲线趋势的 $m(x) = a_0 + a_1 x + a_2 x^2$。二维空间中，线性趋势的 $m(x, y) = a_0 + a_1 x + a_2 y$；二次曲线趋势的 $m(x, y) = a_0 + a_1 x + a_2 y + a_3 x^2 + a_4 y^2 + a_5 xy$。

泛克里金估计方法的估计公式为：

$$Z^*(x_0) = \sum_{i=1}^{n} \lambda_i Z(x_i) \tag{10.44}$$

式中，$Z^*(x_0)$ 是在待估位置 x_0 的估值；$Z(x_i)$ 是已知位置 x_i 的观测值；λ_i 是分配给 $Z(x_i)$ 的权重；n 是估计使用的观测值个数。

泛克里金估计方法的无偏估计条件为：

$$E[Z^*(x_0) - Z(x_0)] = 0 \tag{10.45}$$

将估计公式代入式(10.45)，相继有：

$$E\left[\sum_{i=1}^{n} \lambda_i Z(x_i) - Z(x_0)\right] = 0$$

$$\sum_{l=0}^{k} a_l \left[\sum_{i=1}^{n} \lambda_i f_l(x_i) - f_l(x_0)\right] = 0$$

$$\sum_{i=1}^{n} \lambda_i f_l(x_i) - f_l(x_0) = 0 \tag{10.46}$$

因此，等价的无偏估计条件归约为等式：

$$\sum_{i=1}^{n}\lambda_i f_l(x_i)=f_l(x_0)\quad(l=0,\ 1,\ \cdots,\ k)\tag{10.47}$$

泛克里金估计方法的最优估计条件为估计误差方差最小。

根据估计公式并结合无偏估计条件，简化估计误差方差表达式，获得：

$$\begin{aligned}\sigma^2&=\mathrm{Var}[Z^*(x_0)-Z(x_0)]\\&=E\{[Z^*(x_0)-Z(x_0)]-E[Z^*(x_0)-Z(x_0)]\}^2\\&=\sum_{i=1}^{n}\sum_{j=1}^{n}\lambda_i\lambda_j\mathrm{Cov}[Z(x_i),\ Z(x_j)]-2\sum_{i=1}^{n}\lambda_i\mathrm{Cov}[Z(x_i),\ Z(x_0)]+\mathrm{Cov}[Z(x_0),\ Z(x_0)]\\&=\sum_{i=1}^{n}\sum_{j=1}^{n}\lambda_i\lambda_jC(x_i-x_j)-2\sum_{i=1}^{n}\lambda_iC(x_i-x_0)+C(0)\end{aligned}\tag{10.48}$$

引入拉格朗日乘数$-2\mu_l$，$l=0$，1，…，k，将条件(无偏估计条件)极值(估计方差最小)问题转化为下列无条件表达式的极值问题求解：

$$\begin{aligned}F=&\sum_{i=1}^{n}\sum_{j=1}^{n}\lambda_i\lambda_j\mathrm{Cov}[Z(x_i),\ Z(x_j)]-2\sum_{i=1}^{n}\lambda_i\mathrm{Cov}[Z(x_i),\ Z(x_0)]+\mathrm{Cov}[Z(x_0),\ Z(x_0)]\\&-2\sum_{l=0}^{k}\mu_l[\sum_{i=1}^{n}\lambda_i f_l(x_i)-f_l(x_0)]\end{aligned}$$

$$\begin{cases}\dfrac{\partial F}{\partial\lambda_i}=0\quad(i=1,\ 2,\ \cdots,\ n)\\\dfrac{\partial F}{\partial\mu}=-2\left[\sum_{i=1}^{n}\lambda_i f_l(x_i)-f_l(x_0)\right]=0\quad(l=0,\ 1,\ \cdots,\ k)\end{cases}\tag{10.49}$$

最后，获得泛克里金方程组：

$$\begin{cases}\sum_{j=1}^{n}\lambda_j\mathrm{Cov}[Z(x_i),\ Z(x_j)]-\sum_{l=0}^{k}\mu_lf_l(x_i)=\mathrm{Cov}[Z(x_i),\ Z(x_0)]\quad(i=1,\ 2,\ \cdots,\ n)\\\sum_{i=1}^{n}\lambda_i f_l(x_i)=f_l(x_0)\quad(l=0,\ 1,\ \cdots,\ k)\end{cases}\tag{10.50}$$

上述方程组求解出的权重系数可以代入泛克里金估计方法估计公式进行待估点的估值。

利用上面的泛克里金方程组，获得简化的估计方差表达式：

$$\begin{aligned}\sigma_{UK}^2=&\sum_{i=1}^{n}\sum_{j=1}^{n}\lambda_i\lambda_jC[Z(x_i),\ Z(x_j)]-2\sum_{i=1}^{n}\lambda_iC[Z(x_i),\ Z(x_0)]+C[Z(x_0),\ Z(x_0)]\\=&\sum_{i=1}^{n}\sum_{j=1}^{n}\lambda_i\lambda_jC[Z(x_i),\ Z(x_j)]-2\sum_{i=1}^{n}\lambda_i\left\{\sum_{j=1}^{n}\lambda_jC[Z(x_i),\ Z(x_j)]-\sum_{l=0}^{k}\mu_lf_l(x_i)\right\}\\&+C[Z(x_0),\ Z(x_0)]\\=&\sum_{i=1}^{n}\sum_{j=1}^{n}\lambda_i\lambda_jC[Z(x_i),\ Z(x_j)]-2\sum_{i=1}^{n}\lambda_i\sum_{j=1}^{n}\lambda_jC[Z(x_i),\ Z(x_j)]\\&+2\sum_{i=1}^{n}\lambda_i\sum_{l=0}^{k}\mu_lf_l(x_i)+C[Z(x_0),\ Z(x_0)]\end{aligned}$$

$$
\begin{aligned}
&= -\sum_{i=1}^{n}\sum_{j=1}^{n}\lambda_i\lambda_j C[Z(x_i),\ Z(x_j)] + 2\sum_{l=0}^{k}\mu_l\sum_{i=1}^{n}\lambda_i f_l(x_i) + C[Z(x_0),\ Z(x_0)] \\
&= -\sum_{i=1}^{n}\sum_{j=1}^{n}\lambda_i\lambda_j C[Z(x_i),\ Z(x_j)] + \sum_{l=0}^{k}\mu_l\sum_{i=1}^{n}\lambda_i f_l(x_i) + \sum_{l=0}^{k}\mu_l\sum_{i=1}^{n}\lambda_i f_l(x_i) \\
&\quad + C[Z(x_0),\ Z(x_0)] \\
&= -\sum_{i=1}^{n}\lambda_i\left[\sum_{j=1}^{n}\lambda_j C[Z(x_i),\ Z(x_j)] - \sum_{l=0}^{k}\mu_l f_l(x_i)\right] + \sum_{l=0}^{k}\mu_l f_l(x_i) + C[Z(x_0),\ Z(x_0)] \\
&= -\sum_{i=1}^{n}\lambda_i C[Z(x_i),\ Z(x_j)] + \sum_{l=0}^{k}\mu_l f_l(x_i) + C[Z(x_0),\ Z(x_0)] \qquad (10.51)
\end{aligned}
$$

10.4.3　协同克里金估计

一般地，地学现象不仅与单个变量空间相关，同时还与多个变量统计相关。实际中，不同区域化变量的样本采集难度不一样(客观条件和费用开支存在差异)，有的区域化变量数据可以密集采样，有的区域化变量数据只能稀疏采样。为了提高数据估计的精度，不仅利用待估值变量自身空间分布(空间结构)信息，同时还利用其他辅助变量的统计相关信息来改善待估变量在特定点空间位置的估计。

为了简化原理说明，这里仅使用两个变量$\{Z_1(x),\ Z_2(x)\}$构成协同区域化变量，其二阶平稳假设如下：

(1)每一个变量的期望存在且为常数，即

$$
E[Z_k(x)] = m_k \quad (k=1,\ 2) \qquad (10.52)
$$

(2)每一个变量的空间协方差存在且为空间滞后 h 的函数，与绝对空间位置无关，即

$$
\mathrm{Cov}[Z_k(x+h),\ Z_k(x)] = C_{kk}(h) \quad (k=1,\ 2) \qquad (10.53)
$$

式中，E 表示期望；Cov 表示协方差。

(3)两个变量的交叉协方差函数存在且为空间滞后 h 的函数，与绝对空间位置无关，即

$$
\mathrm{Cov}[Z_k(x),\ Z_{k'}(x+h)] = C_{kk'}(h) \quad (k,\ k'=1,\ 2) \qquad (10.54)
$$

注意：交叉协方差中 k 和 k'的顺序不能颠倒。

内蕴假设中使用变量在一定空间滞后上的增量的期望、变异函数和交叉变异函数。

二阶平稳性假设下，单一区域化变量具有关系 $\gamma(h)=C(0)-C(h)$。相应地，交叉变异函数和交叉协方差函数具有下列转换关系：

$$
\gamma_{kk'}(h) = C_{kk'}(0) - \frac{1}{2}[C_{kk'}(h) + C_{k'k}(h)] \quad (k,\ k'=1,\ 2) \qquad (10.55)
$$

假设区域化变量 $Z_2(x)$ 为主变量，观测值的个数为 N_2。区域化变量 $Z_1(x)$ 为辅助变量，观测值的个数为 N_1。$Z_2(x)$ 比 $Z_1(x)$ 难于观测，$N_2<N_1$。综合利用 $Z_1(x)$ 和 $Z_2(x)$ 的观测值对 $Z_2(x)$ 在 x_0 进行估计，协同克里金估计方法的估计公式为：

$$
Z_2^*(x_0) = \sum_{i=1}^{N_1}\lambda_{1i}Z_1(x_{1i}) + \sum_{j=1}^{N_2}\lambda_{2j}Z_2(x_{2j}) \qquad (10.56)
$$

式中，$Z^*(x_0)$是在待估位置 x_0 的估计值；$Z(x_i)$是区域化变量 $Z(x)$ 在位置 x_i 的观测值；

λ_i 是分配给 $Z(x_i)$ 的权重；n 是估计使用的观测值个数。

协同克里金估计方法的无偏估计要求数学表示为：

$$E[Z_2^*(x_0) - Z_2(x_0)] = E\left[\sum_{i=1}^{N_1}\lambda_{1i}Z_1(x_{1i}) + \sum_{j=1}^{N_2}\lambda_{2j}Z_2(x_{2j}) - Z_2(x_0)\right]$$
$$= m_1\sum_{i=1}^{N_1}\lambda_{1i} + m_2\sum_{j=1}^{N_2}[\lambda_{2j} - 1] = 0 \quad (10.57)$$

式中，m_1 和 m_2 分别是变量 $Z_1(x)$ 和 $Z_2(x)$ 的期望。

为了保证无偏估计，对于任意 m_1 和 m_2 值，式(10.57)都成立，第一个变量权重之和为0，即 $\sum_{i=1}^{N_1}\lambda_{1i} = 0$。第二个变量的权重之和为1，即 $\sum_{j=1}^{N_2}\lambda_{2j} = 1$。

协同克里金估计方法的最优估计要求估计误差方差最小，即 $\mathrm{Var}[Z^*(x_0)-Z(x_0)]=\min$。根据估计公式并结合无偏估计条件表达式，进一步化简估计误差方差表达式，获得：

$$\mathrm{Var}[Z_2^*(x_0) - Z_2(x_0)] = E\{[Z_2^*(x_0) - Z_2(x_0)] - E[Z_2^*(x_0) - Z_2(x_0)]\}^2$$
$$= E\{[Z_2^*(x_0) - Z_2(x_0)]\}^2$$
$$= E\left\{\left[\sum_{i=1}^{N_1}\lambda_1 Z_1(x_{1i}) + \sum_{j=1}^{N_2}\lambda_{2j}Z_2(x_{2j}) - Z_2(x_0)\right]\right\}^2 \quad (10.58)$$

引入两个拉格朗日乘数 μ_1 和 μ_2，将条件(无偏估计条件)极值(估计方差最小)问题转化为下列无条件表达式的极值问题求解，最后，获得协同克里金方程组：

$$\begin{cases}\sum_{i=1}^{N_1}\lambda_{1i}\gamma_{11}(x_{1i} - x_{pp}) + \sum_{j=1}^{N_2}\lambda_{2j}\gamma_{21}(x_{2j} - x_{pp}) + \mu_1 = \gamma_{21}(x_0 - x_{pp}) \quad (p = 1, 2, \cdots, N_1) \\ \sum_{i=1}^{N_1}\lambda_{1i}\gamma_{21}(x_{1i} - x_{qq}) + \sum_{j=1}^{N_2}\lambda_{2j}\gamma_{22}(x_{2j} - x_{qq}) + \mu_2 = \gamma_{22}(x_0 - x_{qq}) \quad (J = 1, 2, \cdots, N_2) \\ \sum_{i=1}^{N_1}\lambda_{1i} = 0 \\ \sum_{j=1}^{N_2}\lambda_{2j} = 1\end{cases}$$

(10.59)

上述方程组求解出的权重系数 λ_{1i}，($i=1, 2, \cdots, N_1$)，λ_{2j}，($j=1, 2, \cdots, N_2$)和两个拉格朗日乘数 μ_1 和 μ_2，代入协同克里金估计方法估计公式进行待估值点的估值。

同时，代入估计方差公式，获得如下简化的协同克里金估计方差表达式(张仁铎，2005)：

$$\sigma_{CK}^2 = \sum_{i=1}^{N_1}\lambda_{1i}\gamma_{21}(x_{1i} - x_0) + \sum_{j=1}^{N_2}\lambda_{2j}\gamma_{22}(x_{2j} - x_0) + \mu_2 \quad (10.60)$$

10.4.4　指示克里金估计

当区域化变量为非正态分布或存在特异值时，普通克里金估计方法估计中变异函数拟合和线性加权平均估计结果的精度都降低了许多。为了限制特异值的影响，适应分布未知的情形，Journel Andre G 等发展了非参数估计的指示克里金估计方法（侯景儒，1998；赵鹏大，2004）。

设有区域化变量 $Z(x)$，通过如下指示函数将其转化为指示变量，取值为{0，1}。

$$I(x;z_k)=\begin{cases}1, & Z(x)\leqslant z_k\\ 0, & Z(x)>z_k\end{cases},\quad z_k\text{ 为阈值} \tag{10.61}$$

指示变量的内蕴性假设为：

（1）$E[I(x+h;z_k)-I(x;z_k)]=0$，不同空间位置的两个指示变量的增量的期望为零。

（2）$E[I(x+h;z_k)-I(x;z_k)]^2=2\gamma(h;z_k)$，指示变异函数仅为空间滞后 h 的函数，与空间位置无关。这里，$\gamma(h;z_k)$ 表示指示变异函数。

在二阶平稳性假设下，指示协方差函数和指示变异函数仅与空间滞后 h 有关，与空间位置 x 无关，即

$$\mathrm{Cov}[I(x_\alpha;z_k),I(x_\beta;z_k)]=C(x_\alpha-x_\beta;z_k)=C(h;z_k) \tag{10.62}$$

指示变量 $I(x;z_k)$ 的期望等于它出现的累计分布概率，即

$$\begin{aligned}E\{I(x;z_k)\}&=1\times \mathrm{Prob}\{Z(x)\leqslant z_k\}+0\times \mathrm{Prob}\{Z(x)>z_k\}\\&=\mathrm{Prob}\{Z(x)\leqslant z_k\}=F(x;z_k)\end{aligned} \tag{10.63}$$

理论指示变异函数定义为：

$$\gamma(h;z_k)=\frac{1}{2}E[I(x_i+h;z_k)-I(x_i;z_k)]^2 \tag{10.64}$$

经验指示变异函数的计算公式如下：

$$\gamma(h;z_k)=\frac{1}{N(h)}\sum_{i=1}^{N(h)}[I(x_i+h;z_k)-I(x_i;z_k)]^2 \tag{10.65}$$

式中，$N(h)$ 为空间滞后 h 的样本点对的数目。

同样，指示变异函数与指示协方差函数有如下关系：

$$\gamma(h;z_k)=C(0;z_k)-C(h;z_k) \tag{10.66}$$

指示克里金估计方法的估计公式为：

$$I^*(x_0;z_k)=\sum_{i=1}^{n}\lambda_i(z_k)I(x_i;z_k) \tag{10.67}$$

式中，$I^*(x_0;z_k)$ 是在待估位置 x_0 的指示变量估计值；$I(x_i;z_k)$ 是位置 x_i 观测值的指示化；$\lambda_i(z_k)$ 是分配给 $I(x_i;z_k)$ 的权重；n 是估计使用的观测值个数。

同时，指示克里金估计量可以用于估计特征出现的（条件）累计分布概率。

$$I(x_0;z_k)^*=E[I(x_0;z_k)]^*=\mathrm{Prob}\{Z(x_0)\leqslant z_k\mid Z(x_i),\ i=1,2,\cdots,n\} \tag{10.68}$$

式中，x_i 是待估点周围第 i 个观测值的位置，$i=1,2,\cdots,n$；$\lambda_i(z_k)$ 是指示变量 $I(x_i;z_k)$ 的权重。为了求解权重，要求估计满足下面两个条件：

（1）无偏性条件，$E[I(x;z_k)^*-I(x;z_k)]=0$；

（2）估计误差方差最小，$\mathrm{Var}[I(x;z_k)^*-I(x;z_k)]=\min$。

求解权重过程中，引入拉格朗日乘数 μ，将条件（无偏估计条件）极值（估计方差最

小)问题转化为无条件表达式的极值问题求解，获得指示克里金方程组：

$$\begin{cases} \sum_{j=1}^{n} \lambda_j(z_k) C(x_j - x_i; z_k) - \mu = C(x_0 - x_i; z_k) \quad (i = 1, 2, \cdots, n) \\ \sum_{i=1}^{n} \lambda_i(z_k) = 1 \end{cases} \tag{10.69}$$

或者使用变异函数表示为：

$$\begin{cases} \sum_{j=1}^{n} \lambda_j(z_k) \gamma(x_j - x_i; z_k) + \mu = \gamma(x_0 - x_i; z_k) \quad (i = 1, 2, \cdots, n) \\ \sum_{i=1}^{n} \lambda_i(z_k) = 1 \end{cases} \tag{10.70}$$

解此指示克里金方程组求得权重，通过式(10.71)可以计算获得概率 $I(x; z_k)$ 的克里金估值，它是待估点处阈值为 z_k 的条件累计分布概率。

$$\begin{aligned} I(x_0; z_k)^* = E[I(x_0; z_k)]^* &= \text{Prob}\{Z(x_0) \\ &\leqslant z_k \mid Z(x_i), i = 1, 2, \cdots, n\} = \sum_{i=1}^{n} \lambda_i(z_k) I(x_i; z_k) \end{aligned} \tag{10.71}$$

相应地，估计误差方差为：

$$\sigma_{IK}^2(x_0; z_k) = \mu + C(0; z_k) - \sum_{i=1}^{n} \lambda_i(z_k) C(x_0 - x_i; z_k) \tag{10.72}$$

或者使用变异函数表示为：

$$\sigma_{IK}^2(x_0; z_k) = \mu + \sum_{i=1}^{n} \lambda_i(z_k) \gamma(x_0 - x_i; z_k) - \gamma(0; z_k) \tag{10.73}$$

指示克里金估计的缺点：它可能产生一些不合理的(概率)估计值，如负概率，非单调条件累计分布函数，全概率大于1。正如普通克里金估计方法通过估值和估值精度(估计误差方差)完整地描述了该点真值情况，指示克里金估计方法通过接近某种阈值的概率(或划为某类的可能性)来完整地描述了该点真值情况。

10.4.5 估计评价和采样设计

1. 克里金估计模型的有效性

在克里金估计模型(结构及其参数)检验时，对估计误差(检验点的观测值和估计值的差)除以其标准差获得标准化估计误差。如果估计是无偏估计，则验证样本的标准化估计误差的整体平均值(期望)应该接近于零。

此外，计算检验点的观测值和估计值的差的均方根来获得均方根估计误差。如果估计值越靠近它们的真实值(检验点的观测值)，则均方根估计误差越小，表明该模型越有效。比较检验点的均方根估计误差和估计误差方差，如果平均估计误差方差接近于均方根估计误差，则认为该估计模型比较正确地表达了空间变异性。

模型(结构及其参数)检验数据采集方法有两种：

(1)方法一：选择部分数据作为构造变异函数和克里金估计模型的训练数据，选择另外部分数据作为模型有效性的检验数据。

(2)方法二：使用全部样本数据作为检验数据，如交叉验证使用的检验数据。交叉验证方法比较了所有点的测量值和估计值。

交叉验证的基本思路是：依次假设每一个观测数据点未被测定(暂时将该点的数值剔除)，利用其余观测值借助于克里金估计方法来估计该点的值，然后恢复刚才暂时剔除的观测值，对区域内所有观测点都按照这种方式进行操作，最后得到该区域内全部位置的两组数据，观测值和估计值。如果统计意义下观测值和估计值接近相等，则该模型是有效的。否则，需要对检验过程中所选定的模型参数反复进行修改调整，直至达到一定的精度要求。

2. 估计结果精度与采样设计准则

以普通克里金为例，采用下面的估计误差方差来评价特定位置 x_0 处估计结果的精度。

$$\sigma_{OK}^2 = \mathrm{Var}[Z^*(x_0) - Z(x_0)] = \sum_{i=1}^{n}\sum_{j=1}^{n}\lambda_i\lambda_j\mathrm{Cov}[Z(x_i), Z(x_j)] - 2\sum_{i=1}^{n}\lambda_i\mathrm{Cov}[Z(x_i), Z(x_0)] + \mathrm{Cov}[Z(x_0), Z(x_0)] \tag{10.74}$$

式中，右侧的第一项表示各对样本值之间的协方差的加权之和，说明了样本的“团聚效应”，如果所用的样本点彼此越靠近(统计距离越小)，协方差越大，估值的不确定性越大；右侧的第二项表示样本点和估计点之间的协方差的加权之和，该项的符号为负，说明了样本点与估计点的距离越大，协方差越小，估值的不确定性越大；右侧的第三项表示样本值自身的方差，说明了对内在变化越大的区域化变量，其估值的不确定性越大。

采样设计需要兼顾考虑采样耗费成本和数据分析精度，寻求综合最优方案。从提高数据估计精度或减小估值误差方差的角度，上述估计误差方差表达式启发我们遵循采样准则：①尽可能增加样本点个数；②尽可能采集靠近估计点的样本点；③尽可能使样本点之间彼此远离。

待估点的估值过程中，克里金估计方法综合利用了待估点自身的结构信息(如方差和期望)、样本点和待估点之间的结构信息(如样本点到待估点的平均距离)和相关样本点内部结构信息(样本点之间的协方差等)，它比一般简单距离加权平均方法具有更高的估计精度。

克里金估计误差方差公式表明：克里金估计误差方差同样综合利用了各种结构信息，评价不同待估位置估值的不确定性，它比简单统计指标(如遥感影像分类结果的混淆矩阵中的各种精度指标)对不确定性的评价更加精细。

10.4.6　克里金估计的优缺点

克里金估计是空间变异函数的一个典型应用。克里金估计过程主要包括变异函数计算、克里金估计模型中权重系数求解和估值结果的质量评价等步骤。由于充分利用了数据点(样本点和待估值点)的空间分布(空间结构)信息，全面考虑了周围样点的影响，克里金估计方法对待估值点进行线性最优无偏估计。线性指利用空间相关范围内点进行线性加权平均来估值。无偏指估计误差的期望为零，不存在系统误差。最优指估计误差的方差最小，误差波动幅度较小。克里金估计方法在给出待估值点的线性最优无偏估值的同时，还给出该点的估计误差方差。通过估值和估值精度(估计误差方差)来完整地描述该点的真值情况。变异函数通过权重间接影响估值结果的精度。

克里金估值存在两个明显缺点：

(1)因为线性加权“平均”估计对原始观测数据进行了一定的平滑，导致克里金估值结果的空间结构在整体上拟合原始观测数据不如随机模拟(尤其是条件随机模拟)程度高，随机模拟对空间结构信息保留完整。相比较而言，克里金估计的估值结果精度高。

(2)不同数据点间(样本点之间，样本点和待估计点之间)的变异函数值的计算、庞大克里金矩阵的变换(克里金方程组中权重系数的求解)等占用很大的计算资源(计算时间和存储空间)。

10.5　地统计学展望

地统计学是在经典统计学的基础上，充分考虑区域化变量的结构性和随机性的空间变化特征，以变异函数作为工具，研究区域化现象的各种问题。而地统计学的主要目的之一是在结构分析的基础上采用各种克里金法估计并解决实际问题。空间变异函数的建立是地统计的核心。空间变异函数可以直接应用于地学数据的空间结构探索、各种克里金估值和随机模拟中空间结构相关的统计参量计算。不同于克里金估计方法的无偏最优估计前提条件，随机模拟首先要求随机数和原始观测数据具有相同的分布参数(期望、方差、变异函数/协方差函数等)，随机模拟强调整体空间结构和分布规律的仿真，提供多个符合观测数据分布的整体空间随机模拟模型，对单个空间位置可以提供多个非局部最优的随机模拟值。

广泛应用的克里金估计方法，除期望未知的普通克里金估计外，还存在期望已知的简单克里金估计。商品化软件实现的克里金估计方法，除普通克里金、泛克里金、协同克里金和指示克里金外，还出现了析取克里金、概率克里金和因子克里金等方法。相对于点克里金估计，还出现了块克里金和多点克里金估计方法。

在尚未明确地学现象的物理规律之前，人们发展的物理机理模型多为病态的，在变量个数、结构关系和参数求解等方面都存在很大的不确定性。比较而言，经验性统计建模依然是当前地学数据处理的主流方法，它广泛应用于对地观测数据分析和遥感影像处理方面，这也就是空间统计常作为空间分析的代名词的缘故。

在空间分析领域，存在基于计算几何或传统统计原理的单纯空间几何数据处理分析方法，如地图分析、网络分析、测量坐标数据的平差、大地和工程测量中的变形分析等。相对而言，克里金估计方法改进传统统计方法，将计算几何知识融入随机场(过程)理论，直接发展、同时支持专题变量随机性和空间结构约束的地统计学，其理论基础更加深邃。克里金估计方法具有深厚的理论根基，当前它正扩展到多元时空、非参数、混合分布、非平稳、非线性、多点地统计、球面或网络空间等方面，广泛支持地学和环境领域中的空间数据的结构探索和建模估计应用。

同时，地统计相关拓展研究内容还包括：整体空间结构仿真的随机模拟，容许奇异值出现并容忍一定粗差的稳健变异函数模型，局部平稳性(准平稳性)假设的变异函数，模拟复杂结构的变异函数(多方向和多尺度变异函数的套合模型)，软数据(包含真值的观测区间数据、概率数据和部分先验知识数据等)克里金估值方法等。事实上，随机模拟一直是平行于克里金估计的一个数据模拟(估计)的分支，已经发展了转向带方法、三角矩阵分解、序惯高斯和序惯指示模拟、模拟退火和遗传算法等随机模拟方法。尽管随机模拟在局部(特定点或块上)估值精度没有克里金估计方法好，但是其整体时空变异性模拟具有明显优势。地统计学正从狭义上的空间统计发展为广义上的空间统计，成为地学现象定量化分析的主要科学手段。关于地统计学原理的一般介绍，中文文献可以参考侯景儒、王仁铎、胡光道、孙洪泉、王政权和张仁铎等的著作(侯景儒，1998；王仁铎，胡光道，1998；王政权，1999；王家华，1999；2001；赵鹏大，2004；张仁铎，2005；刘爱利等，2012；郑新奇等，2018)，英文文献可以参考 Matheron(1963、1965)、Journel(1978)、David(1977)、Cressie(1991)等的著作或论文。

◎ 思考题

1. 什么是地统计学？
2. 什么是区域化变量？
3. 请解释变异函数的定义。
4. 请解释变异函数曲线各参数的意义。
5. 理论变异函数模型有哪几种类型？请对各变异函数的数学表达式进行解释。
6. 简述克里金估计方法的基本思路。
7. 简述普通克里金估计的基本思路。
8. 简述泛克里金估计的基本思路。
9. 简述协同克里金估计的基本思路。
10. 简述指示克里金估计的基本思路。
11. 简述克里金估计模型的有效性评价方法。
12. 克里金估计方法的优缺点分别是什么？

第 11 章　地理加权回归分析

11.1　空间异质性

由于现实地理空间的复杂性与多样性特征，在空间变量、关系、过程或格局建模的过程中存在典型的不均匀性和分异性特征，即空间异质性特征。《晏子春秋·内篇杂下》中有"橘生淮南则为橘，生于淮北则为枳，叶徒相似，其实味不同。所以然者何？水土异也。"体现了古人对地理世界复杂性和异质性特征的初始认知。2004 年，Goodchild 提出了空间异质性定理，亦被称为地理学第二定律："Spatial heterogeneity or non-stationarity in the statistical meaning of that term, implies that geographic variables exhibit uncontrolled variance"，指出了在空间统计建模和分析的过程中地理变量往往呈现固有的空间异质性或非平稳性特征。

早期的空间数据分析方法主要从"全局假设"的角度出发，认为在研究区域内变量关系是固定的，不随空间位置的变化而改变(Fotheringham, Brunsdon, 1999)。但由于空间异质性特征的典型存在，这个前提假设的适用性不断受到挑战。例如，对某一地区内商品房的价格进行描述，传统的分析方法往往仅用单一数值(如平均价格)进行描述，而事实上由于不同区域内的房型、小区环境、学区、楼层等多方面因素的不同，均可能造成不同位置的房屋属性差异而导致价格存在较大的差异。因此，针对不同的空间位置或研究区域特征，对变量关系或特征的分析和描述也须相应改变(Goodchild, 2004)，即局部建模方式。如图 11.1 所示，分别在"全局"和"区分空间位置"的情形下对同一对变量进行回归分析运算，发现得到的结果出现了"正向"和"负向"两种相悖的现象，即表现为统计学中典型的辛普森悖论(Simpson's Paradox)现象(Taylor, Mickel, 2014)。这也进一步说明了在空间统计分析中，需要考虑空间异质性或非平稳性特征来精确建模与描述。

区别于展示"单一普适关系"的传统空间分析方法，研究如何对空间异质性进行精确描述的局部空间分析方法越来越受到重视(Páez, 2005；卢宾宾等, 2020)。尤其在空间统计分析方法的研究过程中，出现了多种用于估计空间关系异质性的局部空间统计方法，如 Casetti(1972)提出的展开法(Expansion Method)、Duncan 和 Jones(2000)提出的多层级模型(Multilevel Modelling)、Swamy 等(1988)提出的随机系数模型(Random Coefficient Modelling)、Cleveland 等(1979、1988)提出的局部加权回归分析模型(Local Weighted Regression)和 Assunção(2003)提出的贝叶斯空间变参数模型(Bayesian Space Varying Parameter Model)。Fotheringham、Charlton 和 Brunsdon(1996)合作提出地理加权回归分析(Geographically Weighted Regression, GWR)技术，在研究区域中抽样回归分析点，针对每个位置分别进行回归模型解算，得到与空间位置一一对应的空间回归系数。GWR 提供了直观、实用的空间异质性和多相性分析手段(Páez, Wheeler, 2009)，已发展成为重要的局部空间统计分析方法之一(卢宾宾等, 2020)。这项技术在房地产市场建模(Lu et al., 2014)、区域经济学(Öcal, Yildirim, 2010)、社会学(Fotheringham, 2001)、生态学(Harris, Juggins, 2011)和环境科学(Ge, 2017)等多个学科研究领域得到广泛的应用。

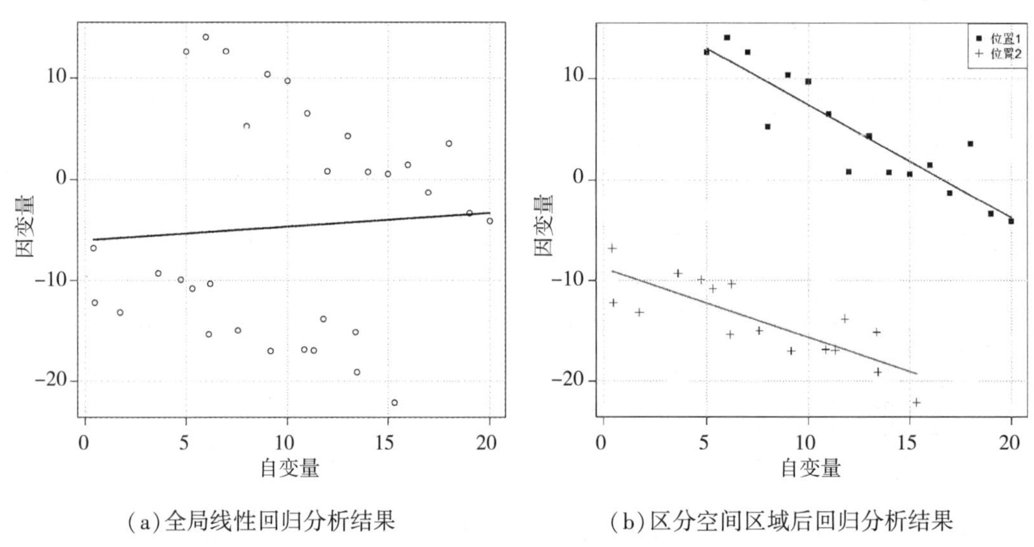

(a)全局线性回归分析结果　　(b)区分空间区域后回归分析结果

图 11.1　辛普森悖论：全局与局部回归分析示例

11.2　地理加权回归分析技术

地理学第一定律指出了地理事物及其空间属性在空间分布上的关联性，尤其是随着空间距离的增大，其关联程度衰减的规律(Tobler, 1970)。通过将第一定律融合到局部空间统计方法的研究中，GWR 技术在模型解算过程中考虑回归分析点与周围数据点之间的空间距离进行权重赋值，距离越近，那么赋予的权重值也就越高；反之，权重值越低(Fotheringham et al., 2002)。总之，GWR 技术通过“因地制宜”参数解算量化反映研究区域内多元变量关系的空间异质性特征。

11.2.1　基础 GWR 模型

相比于传统的多元线性回归分析模型，GWR 模型更加强调关于特定空间位置的局部求解。基础 GWR 模型一般可表达为式(11.1)：

$$y_i = \beta_0(u_i, v_i) + \sum_{k=1}^{m} \beta_k(u_i, v_i) x_{ik} + \varepsilon_i \tag{11.1}$$

式中，y_i 为位置 i 处的因变量值；$x_{ik}(k=1, 2, \cdots, m)$ 为位置 i 处的自变量值；(u_i, v_i) 为位置 i 点的坐标；$\beta_0(u_i, v_i)$ 为截距项；$\beta_k(u_i, v_i)(k=1, 2, \cdots, m)$ 为回归分析系数。

针对上述 GWR 模型，在指定空间位置 (u_i, v_i) 采用加权线性最小二乘方法对模型进行求解，其公式如下：

$$\hat{\boldsymbol{\beta}}(u_i, v_i) = (\boldsymbol{X}^{\mathrm{T}}\boldsymbol{W}(u_i, v_i)\boldsymbol{X})^{-1}\boldsymbol{X}^{\mathrm{T}}\boldsymbol{W}(u_i, v_i)\boldsymbol{y} \tag{11.2}$$

式中，$\boldsymbol{X}$ 为自变量抽样矩阵，第一列全为 1(用以估计截距项)，y 为因变量抽样值向量；$\hat{\boldsymbol{\beta}}(u_i, v_i) = (\beta_0(u_i, v_i), \cdots, \beta_m(u_i, v_i))^{\mathrm{T}}$ 为在位置点 (u_i, v_i) 处的回归分析系数向量；$\boldsymbol{W}(u_i, v_i)$ 为对角矩阵，其中对角线上的值代表每个数据点到回归分析点 (u_i, v_i) 的空间权重值，定义为式(11.3)：

$$\boldsymbol{W}(u_i, v_i) = \begin{bmatrix} w_{i1} & 0 & \cdots & 0 \\ 0 & w_{i2} & \cdots & 0 \\ \vdots & \vdots & & \vdots \\ 0 & 0 & \cdots & w_{in} \end{bmatrix} \tag{11.3}$$

式中，$\boldsymbol{W}(u_i, v_i)$ 的对角线值 $w_{ij}(j = 1, 2, \cdots, n)$ 表示第 j 个数据点到回归分析点的权重值，可通过关于两个位置之间的空间邻近度量的核函数计算得到，两点之间距离越大，权重值越小。

一般意义上来说，定义域为 $[0, +\infty)$、值域为 $[0, 1]$ 的单调减函数均可用作为体现距离衰减规律的核函数，以基于空间邻近度或距离度量计算空间权重。为了便于模型求解运算，在 GWR 模型的解算过程中明确了常用核函数(Lu et al., 2014; Golini et al., 2015)包括 Gaussian 函数(式(11.4))、Exponential 函数(式(11.5))、Box-car 函数(式(11.6))、Bi-square 函数(式(11.7))和 Tri-cube 函数(式(11.8))。

$$\text{Gaussian 函数：} W_{ij} = \mathrm{e}^{\frac{\left(\frac{d_{ij}}{b}\right)^2}{2}} \tag{11.4}$$

$$\text{Exponential 函数：} W_{ij} = \exp\left(-\frac{|d_{ij}|}{b}\right) \tag{11.5}$$

$$\text{Box-car 函数：} W_{ij} = \begin{cases} 1, & \text{if } d_{ij} \leqslant b \\ 0, & \text{otherwise} \end{cases} \tag{11.6}$$

$$\text{Bi-square 函数：} W_{ij} = \begin{cases} \left(1 - \left(\frac{d_{ij}}{b}\right)^2\right)^2, & \text{if } \quad d_{ij} \leqslant b \\ 0, & \text{otherwise} \end{cases} \tag{11.7}$$

$$\text{Tri-cube 函数：} W_{ij} = \begin{cases} \left(1 - \left(\frac{d_{ij}}{b}\right)^3\right)^3, & \text{if } \quad d_{ij} \leqslant b \\ 0, & \text{otherwise} \end{cases} \tag{11.8}$$

式中，d_{ij} 表示位置 i 与位置 j 之间的空间距离度量，b 为带宽(bandwidth)值。

由此可以看出，核函数是关于空间距离的单调减函数。但是针对多样的核函数选择，在 GWR 模型的实际应用过程中，并未明确指出需要使用哪一种核函数，一般较为常用的是 Gaussian 函数和 Bi-square 函数。根据核函数的值域分布特征，又可分为两种：连续型(如 Gaussian 函数、Exponential 函数)和截断型(Box-car 函数、Bi-square 函数和 Tri-cube 函数)，如图 11.2 所示。虽然核函数均遵循距离衰减的权重计算规则，但不同的核函数对应了不同衰减速率与规律，如表现为不同形状的曲线特征。

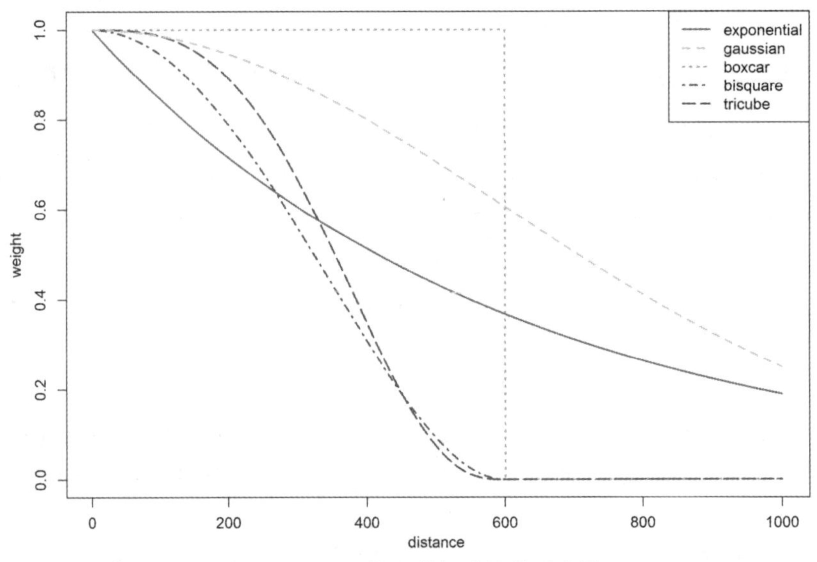

图 11.2　GWR 核函数权重计算示意图

11.2.2　带宽及其优选

核函数的定义涉及另一个重要参数，即带宽 b。在实际应用过程中，带宽的参数定义可分为固定型(fixed bandwidth)和可变(自适应)型(adaptive bandwidth)两种类型。如图 11.4(a)所示，固定型带宽是最直接的定义方法，即将其定义为一个固定的距离阈值 b，易于理解与解释。但是，当空间数据点分布不均匀时，在局部范围内若空间点分布稀疏，则采用截断型核函数计算权重时可能出现大量的 0 值，造成参与局部范围内 GWR 模型解算的有效样本数不足，从而导致模型过拟合问题。针对固定型带宽的这个缺点，自适应型带宽通过定义最邻近域个数 N，将回归分析点与第 N 个最邻近域之间的距离作为对应模型解算的带宽值，从而确保每个回归分析点位置上的局部 GWR 模型求解过程至少有 N 个数据点有效地(即权重不为 0)参与运算。从这个意义上理解，针对每个回归分析点的 GWR 模型求解实际带宽值是不同的，因此称其为可变型带宽，如图 11.3(b)所示。

带宽是控制核函数形状的重要参数，决定了权重随距离衰减的速率，带宽越小，权重衰减越快，反之亦然，如图 11.4 所示。而针对截断型核函数，带宽的大小则直接决定了 GWR 模型解算过程中围绕回归分析点的有效数据点范围，即距离回归分析点在带宽值范围之外的数据点对应权重值均为 0，如图 11.4(b)所示。

由于带宽大小对权重计算的重要性，对 GWR 模型的求解结果也影响显著。如图 11.5 所示，当带宽较小时，虽然估计偏差 RSS 值(Root-Sum-Squares，残差平方和)较小，但模型估计值的方差值却较大；而随着带宽的增加，方差值逐渐降低，但模型的估计偏差会逐渐增加。而为了能够达到估计值方差与实际偏差之间的“最优”平衡，对带宽值进行优选已成为 GWR 模型求解的必要程序。

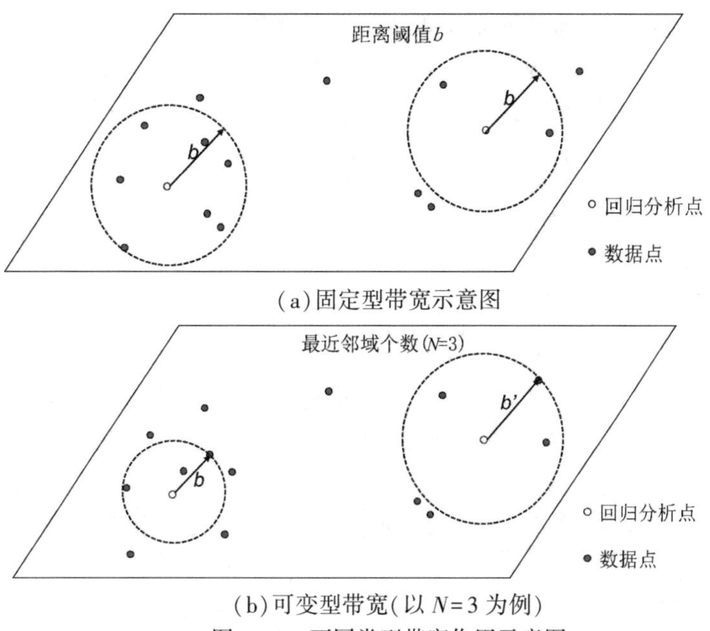

(a)固定型带宽示意图

(b)可变型带宽(以 $N=3$ 为例)

图 11.3　不同类型带宽作用示意图

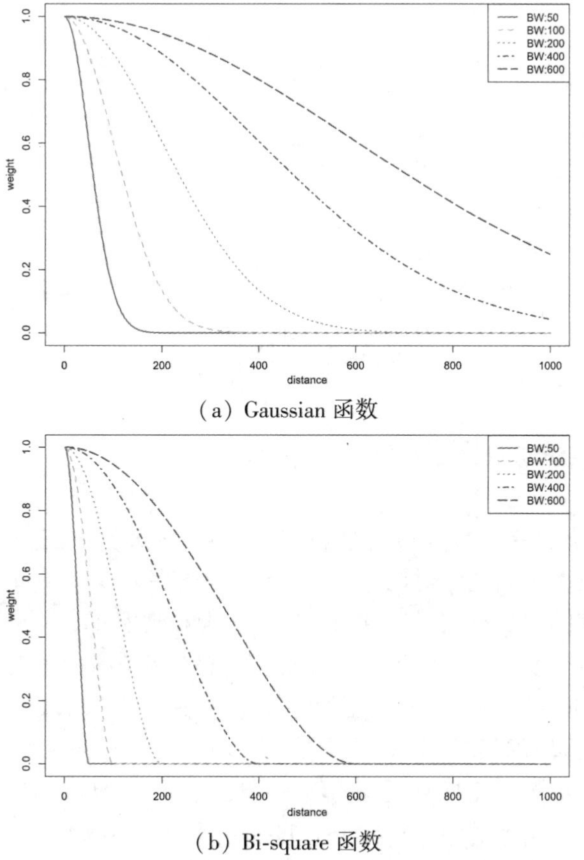

(a) Gaussian 函数

(b) Bi-square 函数

图 11.4　带宽大小对权重计算的影响示例

针对特定 GWR 模型，可通过交叉验证(Cross validation，CV)(Farber，Páez，2007)或信息量准则，如赤池信息准则(Akaike Information Criterion，AIC)(Akaike，1973)，或贝叶斯信息准则(Bayesian Information Criterion，BIC)(Schwarz，1978)对带宽值进行优选，表达式分别如式(11.9)、式(11.10)和式(11.11)所示。

$$\mathrm{CV}(b) = \sum_{i=1}^{n}\left[y_i - \hat{y}_{\neq i}(b)\right]^2 \tag{11.9}$$

$$\mathrm{AIC}_c(b) = 2n\ln\hat{\sigma} + n\ln(2\pi) + n\left\{\frac{n + \mathrm{tr}(S)}{n - 2 - \mathrm{tr}(S)}\right\} \tag{11.10}$$

$$\mathrm{BIC}(b) = 2n\ln\hat{\sigma} + \mathrm{tr}(S) * \ln n \tag{11.11}$$

式中，$\hat{y}_{\neq i}(b)$ 为在数据点 i 处，将其本身排除后进行模型求解所得到的因变量预测值；$\hat{\sigma}$ 为模型标准差估计；$\mathrm{tr}(\boldsymbol{S})$ 为帽子矩阵 S 的迹；AIC_C 表示校正 AIC 值(corrected AIC)(Brunsdon et al.，1999)。通过最小化 CV、AIC_C或 BIC 的值，选取对应的“最优”带宽值。一般来说，AIC_C 或 BIC 值相对于 CV 优化程度较好，但计算复杂度也更高。

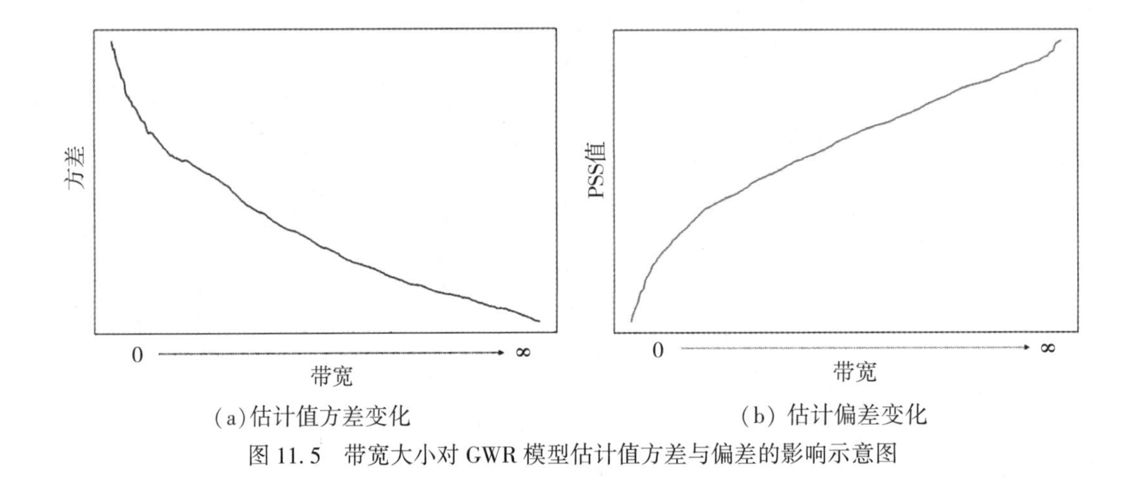

(a)估计值方差变化　　(b)估计偏差变化

图 11.5　带宽大小对 GWR 模型估计值方差与偏差的影响示意图

11.3　多尺度地理加权回归分析技术

本章 11.2 节介绍了传统的 GWR 模型及其基础求解过程，它往往采用单一的核函数与带宽值计算空间权重，因此针对同一 GWR 模型中的多元变量估计值对应的变化具有相似的空间平滑度，即统一的空间异质性尺度特征。但在现实中，不同类型或不同的变量均可能对应不同尺度意义上的变化特征，如在房屋价格的众多影响因子中，邻近类要素(如基础设施、景观等)和区位特征具有典型的空间差异性影响，而政策类要素(如限购政策、信贷政策等)在研究区域内仅呈现相对均质化的影响。但是，传统 GWR 技术采用单一的带宽和核函数，忽略了多元变量所呈现的估计尺度差异，即使多元空间数据关系对应不同的尺度特征，仍以空间关系的“最佳平均”尺度反映所有变量参数的空间变化。

1999 年，Brunsdon 等提出了混合 GWR 模型(Mixed GWR)，将模型参数估计全局参数和局部参数，以两种截然不同的尺度反映空间数据关系异质性特征，同时提出了后向迭代算法(Back-Fitting Algorithm)对混合 GWR 模型进行估计。覃文忠等(2007)和玄海燕等(2007)对混合 GWR 模型的求解方法进行讨论。Mei 等(2006、2016)和 Harris 等(2017)利用 Bootstrap 方法对混合 GWR 模型参数估计的尺度选择(全局或局部)进行检验。经过多年的发展，混合 GWR 技术相对完备与成熟。

混合 GWR 技术虽能够对 GWR 模型参数估计进行不同尺度的呈现，但进行局部估计的参数仍是在平均的“单一尺度”下进行的，缺乏对细节差异的精准呈现。Yang 等(2012、2014)开始尝试对多元 GWR 模型中不同参数分别采用对应的不同带宽进行求解(GWR with flexible bandwidths)，以准确呈现不同参数估计对应的异质性尺度特征。Fotheringham 等(2017)对此项技术进行了综合描述，将其命名为多尺度 GWR(Multiscale GWR)。Leong 和 Yue(2017)提出类似的条件 GWR 技术(Conditional GWR)。这些技术均采用与参数一一对应的灵活带宽值对 GWR 模型进行解算。综合在 GWR 模型中应用灵活的距离度量，Lu 等(2017)提出针对多元 GWR 模型中不同参数采用各异的距离度量和对应优选带宽的方法，即距离-变量对应的地理加权回归分析(Geographically Weighted Regression with Parameter-Specific Distance Metrics，PSDM GWR)，并指出每个距离-变量对应的最优带宽具有典型的不变特征，即在距离度量选择的过程中针对特定的距离度量，每个变量求解时的带宽只需要一次优选(Lu et al.，2018)。上述技术统称为多尺度 GWR 技术(Fotheringham et al.，2017；Lu et al.，2019)，以更加灵活和精确的方式反映 GWR 模型中多元变量的尺度差异性。

以 PSDM GWR 模型为例，一般多尺度 GWR 模型可表示如下：

$$y_i = \beta_{0i}^{(DM_0,\ bw_0)} + \sum_{j=1}^{m} \beta_{ji}^{(DM_j,\ bw_j)} x_{ij} + \varepsilon_i \tag{11.12}$$

式中，DM_j 和 $bw_j(j = 0,\ 1,\ \cdots,\ m)$ 分别为参数估计对应的距离度量和带宽。但是，由于非单一的权重矩阵，传统 GWR 模型加权线性最小二乘方法(如式(11.2)所示)将不再适用，而需要采用后向迭代算法(Back-Fitting Algorithms)(Hastie，Tibshirani，1990；Lu et al.，2017)，其计算过程如下：

(1)对模型系数赋初始值，$\hat{\boldsymbol{\beta}}^{(0)} = \{\hat{\boldsymbol{\beta}}_0^{(0)},\ \hat{\boldsymbol{\beta}}_2^{(0)},\ \cdots,\ \hat{\boldsymbol{\beta}}_m^{(0)}\}$，计算所有单项估计值 $\hat{y}_0^{(0)} = \hat{\boldsymbol{\beta}}_0^{(0)} \cdot \boldsymbol{X}_0,\ \cdots,\ \hat{y}_m^{(0)} = \hat{\boldsymbol{\beta}}_m^{(0)} \cdot \boldsymbol{X}_m$，其中 $\boldsymbol{X}_j$ 表示自变量矩阵 $\boldsymbol{X}$ 的第 j 列 $(j = 1,\ 2,\ \cdots,\ m)$，符号“ · ”代表向量的对应元素乘积。

(2)求初始的残差平方和 $\mathrm{RSS}^{(0)}$，设置后向迭代过程最大循环数 N 和迭代收敛阈值 τ，开始后向迭代过程，设置循环序号 $k = 1$。

(3)针对每一个自变量 $x_l(l = 0,\ 1,\ \cdots,\ m)$，进行以下操作：

①计算 $\xi_l^{(k)} = y - \sum_{j \neq 1}^{m} \mathrm{Latestyhat}(\hat{y}_j^{(k-1)},\ \hat{y}_j^{(k)})$，此处 Latestyhat 为条件函数：

$$\mathrm{Latestyhat}(\hat{y}_j^{(k-1)},\ \hat{y}_j^{(k)}) = \begin{cases} \hat{y}_j^{(k)}, & \text{if} \quad \hat{y}_j^{(k)} \text{ 存在} \\ \hat{y}_j^{(k-1)}, & \text{otherwise} \end{cases} \tag{11.13}$$

②对向量 $\xi_l^{(k)}$ 和 x_l 进行加权回归分析，利用对应的距离矩阵 DM_1 和带宽 bw_1 计算权重矩阵，可得到一组新的系数 $\hat{\boldsymbol{\beta}}_l^{(k)}$；

③更新单项估计 $\hat{y}_l^{(k)} = \hat{\boldsymbol{\beta}}_l^{(k)} \cdot \boldsymbol{X}_l$。

(4)利用新的参数估计值 $\hat{\boldsymbol{\beta}}^{(k)} = \{\hat{\boldsymbol{\beta}}_0^{(k)}, \hat{\boldsymbol{\beta}}_2^{(k)}, \cdots, \hat{\boldsymbol{\beta}}_m^{(k)}\}$ 得到因变量估计值 $\hat{\boldsymbol{y}}^{(k)}$，并计算最新的 RSS 值 $\text{RSS}^{(k)}$。

(5)计算 RSS 值的绝对或相对变化值 CVR，即

绝对值变化：
$$\text{CVR}^{(k)} = \text{RSS}^{(k)} - \text{RSS}^{(k-1)} \tag{11.14}$$

相对变化值：
$$\text{CVR}^{(k)} = \frac{\text{RSS}^{(k)} - \text{RSS}^{(k-1)}}{\text{RSS}^{(k-1)}} \tag{11.15}$$

(6)当 $\text{CVR}^{(k)}$ 值小于 τ 或者循环次数超过 N 时，终止迭代过程。

值得注意的是：在后向迭代过程中，不断对每个变量对应的带宽进行优化，直至带宽值不再变化(即收敛状态)。Lu 等(2018)指出即使采用不同的距离度量，每个参数所体现出的带宽量值(量级)具有典型的稳定性特征，也说明了 GWR 模型中的每个参数均对应着“最优”的表达尺度特征。

作为一个较新的扩展，在数据建模场景日趋多样的背景下，空间数据尺度日趋复杂(Ge et al., 2019)，多尺度 GWR 技术更具鲁棒性和普适性，围绕其相关的研究也在不断拓展与深入，如空间推论(Yu et al., 2020)、时间维扩展(Wu et al., 2019)等。但其理论基础及相关的假设检验仍存在较多问题，如 t 检验在理论推导方面对部分场景是不适用的。但鉴于多尺度 GWR 技术对多元系数估计时尺度估计的精细程度，其适用性更强，更多时候作为第一选择对模型进行求解与分析。

11.4　地理加权回归分析工具

随着 GWR 技术的不断发展，涌现了一系列的 GWR 软件工具。GWR 技术创始团队 Charlton 等(2003)采用 FORTRAN 语言开发了最早的 GWR3.0 软件，支持 Windows 操作系统，用户界面友好，在计算效率方面表现优异。但因为它是收费软件，采用申请制购买，用户受众相对有限。之后，Nakaya 等(2009)采用 C++语言开发了新的 GWR 软件，沿用版本号，称为 GWR4.0。但两个版本在功能和界面上均有很大区别，后者除了包含基础 GWR 技术之外，重点支持混合 GWR 模型和广义 GWR 模型的解算，而且其作为免费软件，用户量大幅增加。Oshan 等(2018)采用 Python 语言开发了 MGWR 软件，包含与 GWR4.0 类似的功能，并将原有的混合 GWR 解算功能扩展为支持多尺度 GWR 模型解算，它对应了 Python 语言函数包 PySAL 的一个模块和一个 GUI 封装版本。此外，在 ESRI 公司(2009)推出的 ArcGIS9.0 以及之后的软件版本中，在空间统计工具箱中集成了独立的 GWR 工具，能够实现 GWR 基础模型的求解，虽然在结果可视化方面较为便捷，但缺少必要的模型诊断信息，功能更新远远落后于 GWR 技术的进化与扩展。

近年来，以 R 软件平台为基础，开发了多个 GWR 函数工具包。Bivand 和 Yu(2020)开发了 spgwr，包含了基础 GWR 和广义 GWR 模型的求解，是最早关于 GWR 技术的 R 函数包，但在较长的一段时间里基本停止更新。Lu 等(Lu et al., 2014; Golini et al., 2015)开发了函数包 GWmodel，囊括了基础 GWR 技术及其多种扩展模块，特别是本章所介绍的多

尺度 GWR 模型。

11.4.1 GWmodel 函数包概述

GWmodel 函数包由卢宾宾开发并进行维护，在 R 的官方网站 CRAN 上开源发布（https：//CRAN. R-project. org/package=GWmodel）。相对于其他软件工具，其具有以下特点与优势。

（1）技术覆盖全面：除了 GWR 技术及其相关扩展模块外，还集成了地理加权汇总统计（Geographically Weighted Summary Statistics）、地理加权主成分分析（Geographically Weighted Principal Components Analysis）和地理加权判别分析（Geographically Weighted Discriminant Analysis）技术模块。

（2）模型参数选项丰富：函数包提供了 5 种不同的核函数和灵活的距离度量接口进行权重计算，如图 11.4 中所示的核函数均为选项之一。

（3）运行效率高：函数包中所有的核心函数均采用了 C++语言和 Rcpp（Eddelbuettel, 2013）嵌套开发，大大提高了函数运行效率。

GWmodel 函数包自 2013 年发布以来，下载使用量逐渐提升，截至 2020 年累计下载量超过 95000 次，已成为当前最为流行的 GWR 技术工具之一。

11.4.2 GWR 工具函数

在 GWmodel 函数包中囊括了丰富的 GWR 工具函数，不仅涵盖了基础 GWR 技术，同时集成了鲁棒 GWR 技术（Robust Geographically Weighted Regression, RGWR）（Harris et al., 2010）、岭参数局部补偿 GWR 技术（GWR with a Locally-Compensated Ridge, GWR-LCR）（Wheeler, 2009）和多尺度 GWR 技术等扩展。本节仅介绍基础 GWR 技术和多尺度 GWR 技术函数，其函数及参数如表 11.1 所示。

表 11.1 **GWmodel 函数包 GWR 技术函数表**

函数	功能描述	用　法
bw. gwr	基础 GWR 模型带宽优选	**bw. gwr**（formula, data, approach = " CV ", kernel = " bisquare ", adaptive=FALSE, $p=2$, theta=0, longlat=F, dMat, parallel. method=F, parallel. arg=NULL）
gwr. basic	基础 GWR 模型求解	**gwr. basic**（formula, data, regression. points, bw, kernel = " bisquare ", adaptive=FALSE, $p=2$, theta=0, longlat=F, dMat, F123. test=F, cv=F, W. vect=NULL, parallel. method=FALSE, parallel. arg=NULL）
gwr. multiscale	多尺度 GWR 模型求解	**gwr. multiscale**（formula, data, kernel = " bisquare ", adaptive = FALSE, criterion = " dCVR ", max. iterations = 2000, threshold = 1e-05, dMats, var. dMat. indx, p. vals, theta. vals, longlat = FALSE, bws0, bw. seled, approach = " AIC ", bws. thresholds, bws. reOpts = 5, verbose = F, hatmatrix=T, predictor. centered=rep（T, length（bws0）-1）, nlower=10, parallel. method=F, parallel. arg=NULL）

一般情况下，基础 GWR 模型通过 bw. gwr 函数和 gwr. basic 函数进行求解，前者进行带宽优选，后者在保持核函数(kernel)、带宽类型(adaptive)、距离度量(dMat)等参数设置一致的情况下对特定 GWR 模型(formula)进行求解。而 gwr. multiscale 函数高度集成了多尺度 GWR 模型的求解，在后向迭代过程中包括了带宽优选和模型求解两个过程，实现了多尺度 GWR 模型结果的一键式输出，具体参数含义可具体参考 GWmodel 函数包手册与前述算法解释。

11.5　应用案例

11.5.1　案例数据与变量

为了展示 GWR 技术和多尺度 GWR 技术的应用，本章采用 GWmodel 函数包中内置的都柏林 2002 年普选数据和人口普查数据，其以选举区(Electoral District，ED)为空间单元，范围如图 11.6 所示。数据中共包含 12 个属性变量，其名称和解释如表 11.2 所示。

图 11.6　爱尔兰都柏林空间单元数据

表 11.2　**案例数据属性变量表**

变量名称	变量解释
DED_ID	每个 ED 单元 ID
X	每个 ED 单元中心点 X 坐标

续表

变量名称	变量解释
Y	每个 ED 单元中心点 *Y* 坐标
DiffAdd	每个 ED 单元内定居时长一年内的人口占比
LARent	每个 ED 单元内租房居住的人口占比
SC1	每个 ED 单元高阶层人群(social class one)占比
Unempl	每个 ED 单元居民失业率
LowEduc	每个 ED 单元教育水平较低的人群占比
Age18_24	每个 ED 单元 18~24 岁人群占比
Age25_44	每个 ED 单元 25~24 岁人群占比
Age45_64	每个 ED 单元 45~64 岁人群占比
GenEl2004	每个 ED 单元参与 2002 年普选的人群占比

为了对 GWR 模型进行变量选择，图 11.7(彩图见附录)展示了属性变量间相关系数矩阵。可发现变量 DiffAdd、Unempl、Age25_44 与其他多个变量间存在较大的相关性，部分绝对值达到 0.6 以上，为了避免 GWR 模型共线性问题，在此不考虑这三个变量。因此，本案例中所面对的 GWR 模型一般表达式如下：

$$\text{GenEl2004}_i = \beta_{0i} + \beta_{1i}\,\text{LARent}_i + \beta_{2i}\text{SC1}_i + \beta_{3i}\,\text{LowEduc}_i + \beta_{4i}\text{Age18\_24}_i + \beta_{5i}\text{Age45\_64}_i + \varepsilon_i \tag{11.16}$$

式中，β_{0i} 为截距项；β_{1i}、β_{2i}、β_{3i}、β_{4i} 和 β_{5i} 分别为自变量系数；ε_i 为服从正态分布的残差项。

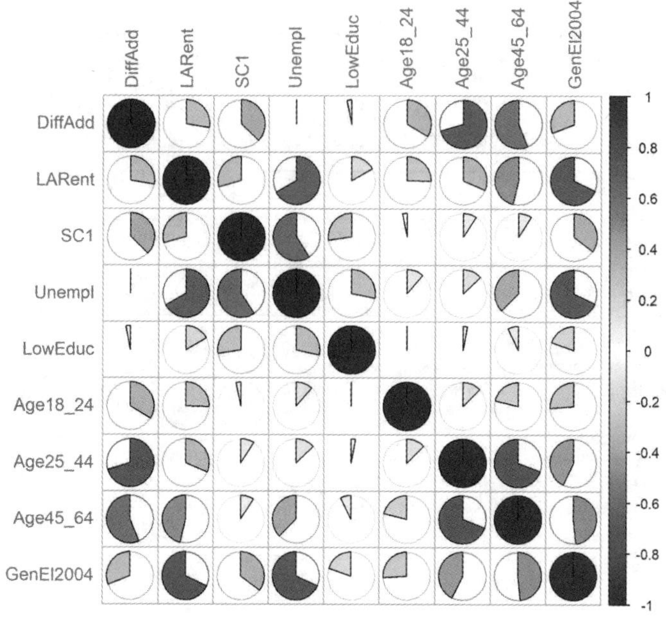

图 11.7 案例数据属性变量相关关系图

值得注意的是，本案例中所涉及的自变量数量较少，因此仅采用相关系数对变量间关系进行了直观判断。当自变量个数增加、变量关系相对复杂时，可采用对不同的变量组合进行尝试、以 AIC_C 等信息准则为判断标准(Lu et al., 2014；卢宾宾，2018)，以更精确地进行模型自变量选择。

11.5.2　模型求解信息汇总

为了更好地对比模型表现，同时采用普通最小二乘(Ordinary Least Squares，OLS)、基础 GWR 和多尺度 GWR 技术对式(11.15)中所示模型进行求解，其模型结果汇总信息如表 11.3 和表 11.4 所示。

如表 11.3 中所示 OLS 求解结果，每一组系数为单一的数值，而且针对自变量 LowEduc 的系数估计呈现了非显著的 t 检验特征，即系数 β_3 呈现了非显著的非零解特征。相比于表 11.4 中的 GWR 结果，R^2 和 Adjusted R^2 值分别由 OLS 模型求解对应的 0.5369 和 0.5296 提升为 0.709 和 0.637，而 AIC_C 值由 2073.04 减少为 2027.429，均表现出显著的性能提升。

表 11.3　**OLS 模型解算**

系数估计	β_0	β_1	β_2	β_3	β_4	β_5
	50.63 ***	−0.18 ***	0.24 ***	−0.62	−0.12 *	0.37 ***
R^2	0.5369					
Adjusted R^2	0.5296					
AIC_C	2073.04					

Signif. codes:　0′ *** ′0.001′ ** ′0.01′ * ′0.05′. ′0.1′′1。

表 11.4　**GWR 与多尺度 GWR 模型信息与诊断**

GWR	bandwidth	97					
	R^2	0.709					
	Adjusted R^2	0.637					
	AIC_C	2027.429					
多尺度 GWR	Coefficient	β_{0i}	β_{1i}	β_{2i}	β_{3i}	β_{4i}	β_{5i}
	bandwidth	55	220	135	156	89	37
	R^2	0.733					
	Adjusted R^2	0.654					
	AIC_C	2018.793					

表 11.4 展示了基础 GWR 和多尺度 GWR 模型求解结果，二者最大的不同在于前者采

用了单一的带宽值对模型进行求解，即可变带宽 97(最邻近邻域个数)，而后者的求解过程中每一个自变量系数均对应了不同的带宽值。从诊断统计量可以看出：相比于 GWR 模型，多尺度 GWR 模型对应的 R^2 和 Adjusted R^2 值分别提升为 0.733 和 0.654，而 AIC_C 值减少为 2018.793，二者相比具有显著改善，进一步说明了多尺度 GWR 技术通过更加精细的系数估计尺度控制，从而实现了更优的模型估计。

11.5.3 GWR 与多尺度 GWR 模型系数估计

GWR 技术和多尺度 GWR 技术通过关于位置的求解实现变量关系空间异质性特征的量化估计，其最核心的特点是系数估计是随着空间位置变化而变化的，即具有典型的空间位置属性，因此其结果表征最直观的方式就是通过专题地图的形式对研究范围内变化系数进行可视化。通过对模型进行求解，本小节展示了对 GWR 模型和多尺度 GWR 模型系数估计进行地图可视化的过程，如图 11.8 和图 11.9(彩图见附录)所示。

从图 11.8 和图 11.9 可以看出，基础 GWR 模型和多尺度 GWR 模型的系数估计结果整体上呈现了类似特征，如 Intercept 的估计均说明了在都柏林北部和南部部分地区呈现了较高的投票率，而在中部地区尤其是核心城区的 ED 呈现了相对较低的投票率；LowEduc 变量的估计结果表明，教育水平较低的人群占比对投票率基本呈现了负向影响，除了在都柏林东南部区域呈现了较弱的正向促进作用，这是由于部分相对低学历人群的聚集而对结果产生相对较大的影响，如渔民等；对变量 SC1 来说，均呈现了北高南低的系数估计特征，说明了高阶层人群占比在都柏林南部地区呈现了更高的普选参与度；针对不同年龄段的人群来说，都柏林南部区域的年轻人(18~24 岁)更加积极地参与了普选活动，而中部以及北部的中老年人(45~64 岁)则在普选中发挥了积极作用。

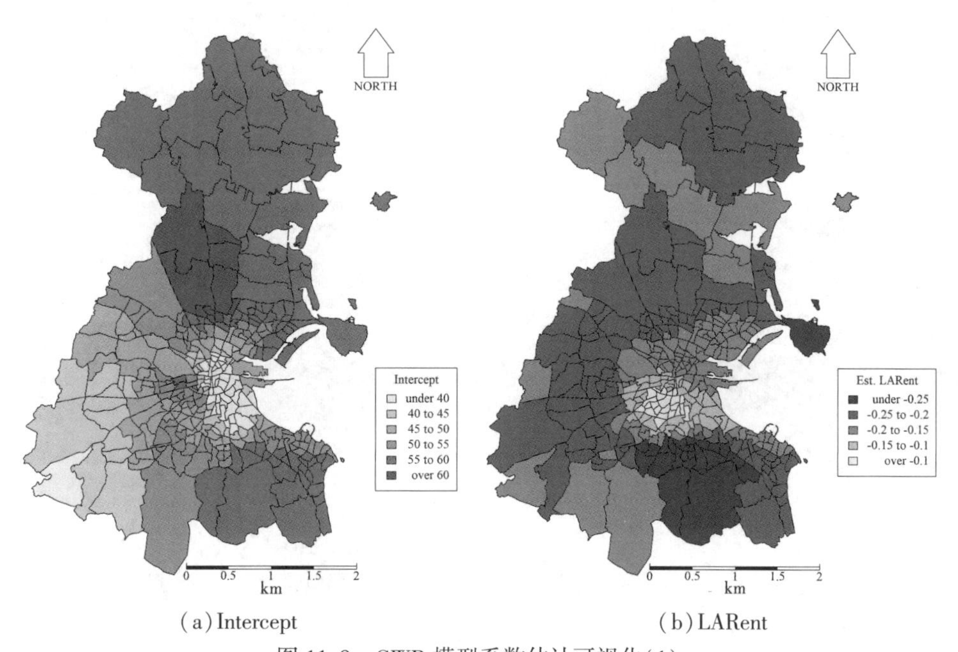

(a) Intercept　　(b) LARent

图 11.8　GWR 模型系数估计可视化(1)

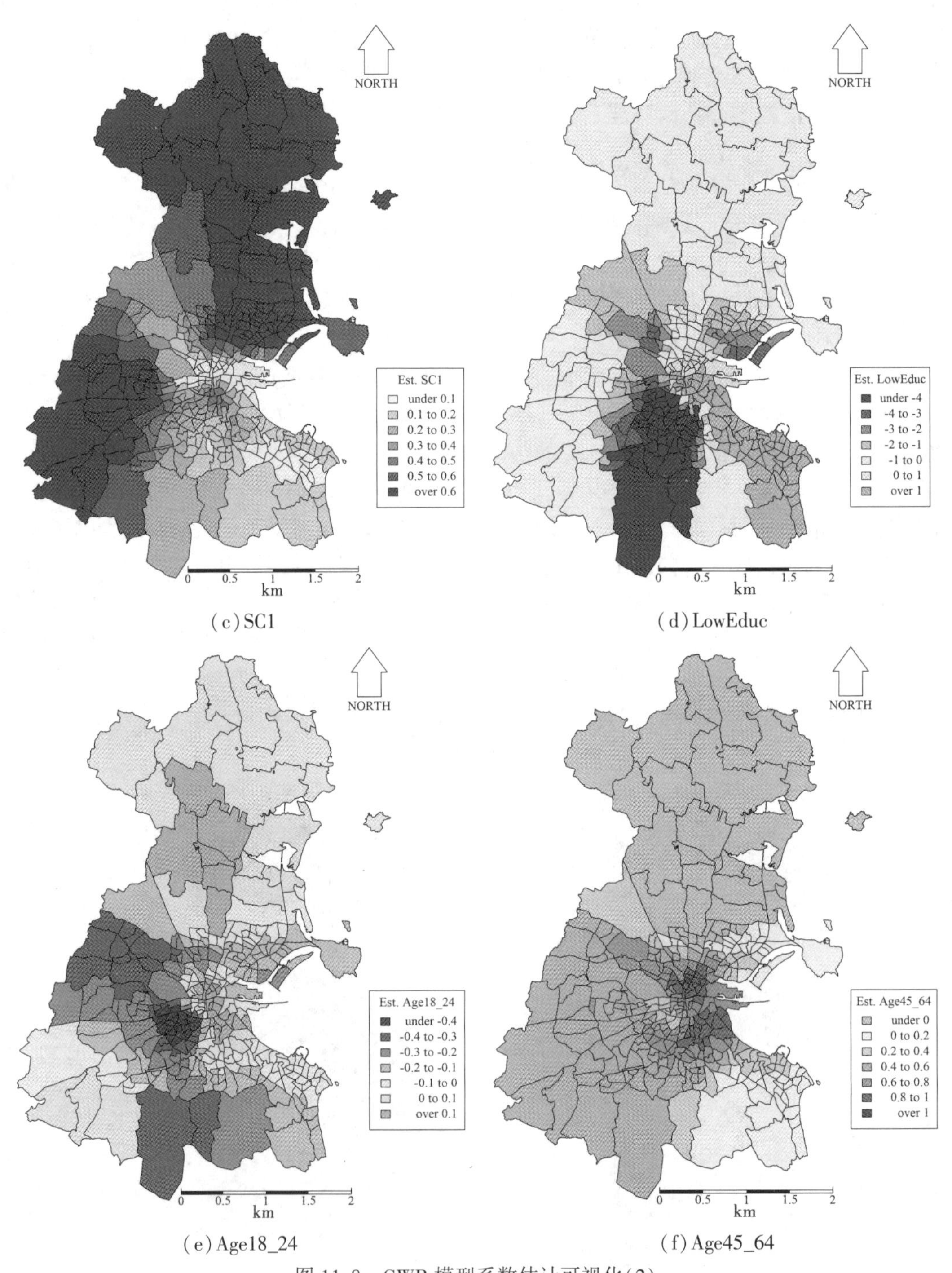

(c) SC1　　(d) LowEduc

(e) Age18_24　　(f) Age45_64

图 11.8　GWR 模型系数估计可视化(2)

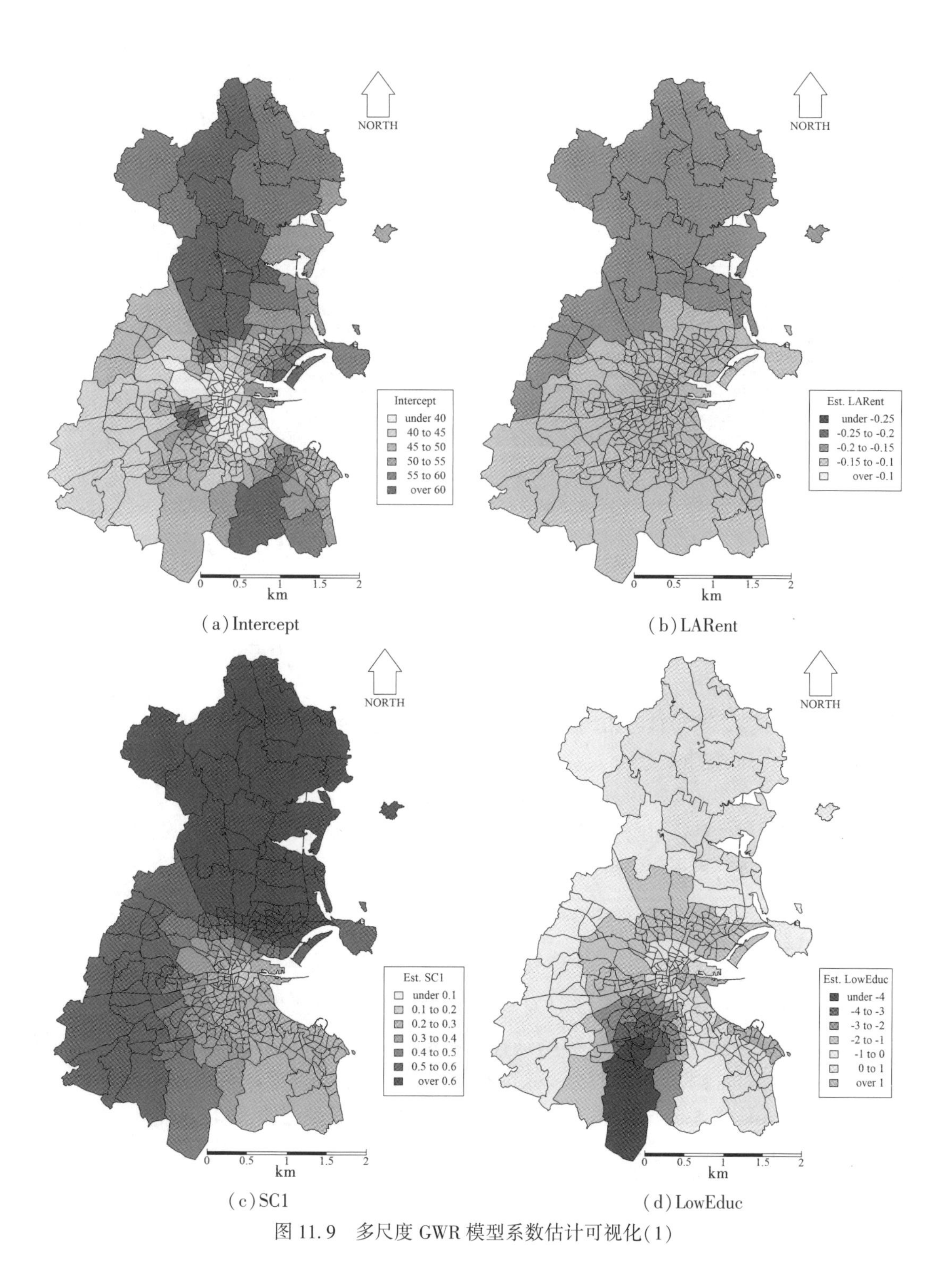

(a) Intercept　　(b) LARent

(c) SC1　　(d) LowEduc

图 11.9　多尺度 GWR 模型系数估计可视化(1)

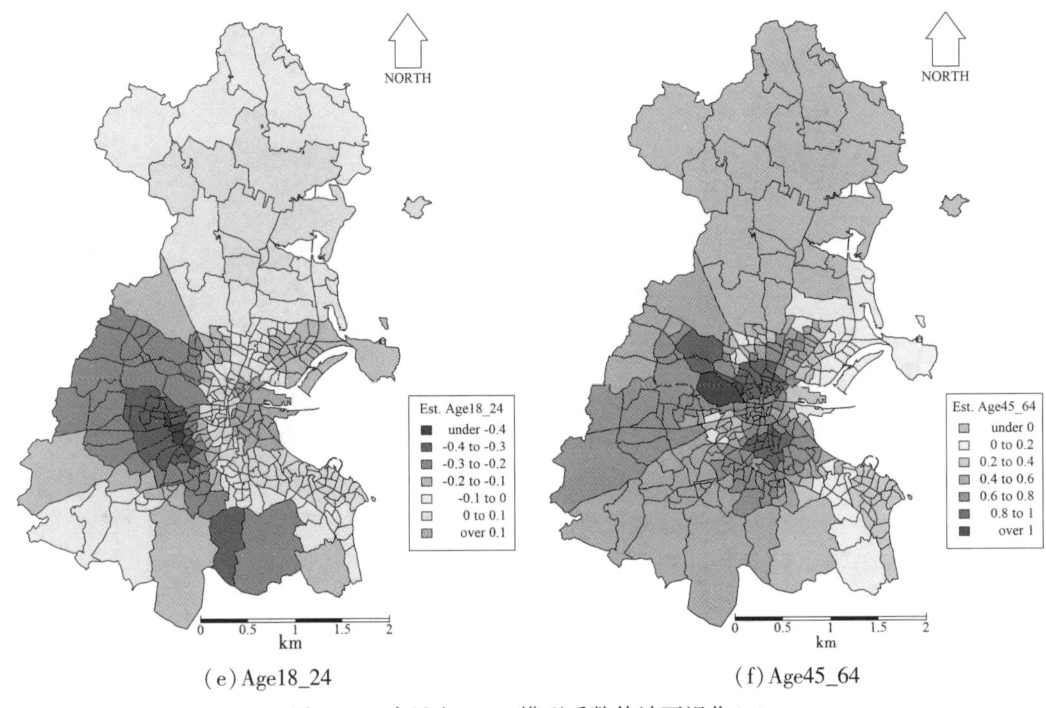

(e) Age18_24　　(f) Age45_64

图 11.9　多尺度 GWR 模型系数估计可视化(2)

值得注意的是，由于多尺度 GWR 模型采用了不同的带宽，从而导致部分变量估计与 GWR 模型结果有很大不同，如变量 LARent 的估计对应带宽为 220，因此得到了近乎全局的估计结果，在整个都柏林城市内呈现了负向影响效应，即租房居住的人群对于普选的参与度相对较低，而 GWR 模型中对应系数的估计变化更加剧烈，原因解读相对复杂。

总之，进行合理的参数可视化是展现 GWR 或多尺度 GWR 模型的核心环节，也是此类技术对空间异质性特征进行量化估计的关键表征形式，因此在使用 GWR 技术时需要善于对系数估计值进行可视化并解读。

11.6　总结与展望

地理加权回归分析(GWR)技术是对空间数据变量关系异质性特征进行量化建模的最重要工具之一，一般运用流程为“模型选择—带宽优选—模型求解—系数可视化”。但值得注意的是：GWR 技术是一种较为复杂的空间统计方法，涉及空间数据抽样、尺度、距离度量、模型表征等诸多方面，读者在复杂情景下需要注意模型使用的正确性与适用性特征，避免模型误用。

◎ 思考题

1. 谈谈你对空间异质性的理解，并举例说明。

2. 请分析地理加权回归与一元线性回归、多元线性回归、非线性回归等回归分析模型的联系和区别。

3. 请分析不同核函数对GWR模型求解的影响。

4. 请分析固定型带宽和可变型带宽对GWR模型的影响差异。

5. 请分析多尺度地理加权回归分析技术的优缺点。

第 12 章　智能空间分析与空间决策支持

空间分析是地理信息系统的核心，根据其智能化的程度以及分析过程引入知识的多少，可以将空间分析划分为一般空间分析、空间决策支持和智能空间决策支持，三者间的关系如图 12.1 所示。

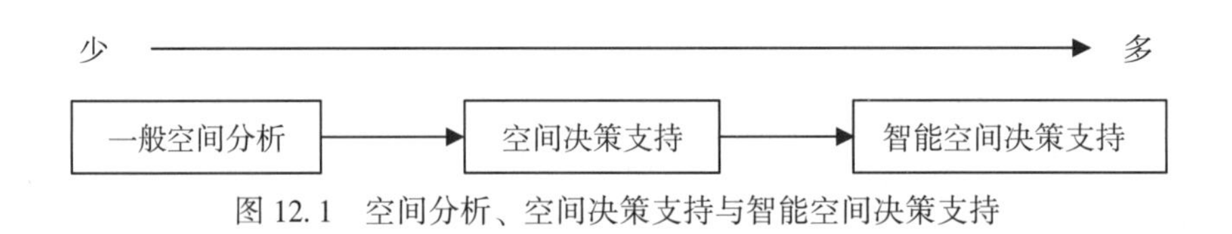

图 12.1　空间分析、空间决策支持与智能空间决策支持

地理信息系统经过半个多世纪的发展，已从传统的空间数据管理系统发展成为空间数据分析系统，并将最终向空间决策支持系统过渡，实现空间数据管理向空间思维的转变，地理信息系统正处在空间分析系统步入空间决策支持系统的关键时期(梁怡，1997；刘耀林，2007)。

空间数据管理系统侧重空间数据结构、计算机制图等基本内容，实现空间数据的存储和查询。空间分析是基于地理对象的位置形态特征的空间数据分析技术，其目的在于提取和传输空间信息(郭仁忠，2001)。随着空间分析工具的不断开发，GIS 实现了从传统的空间数据管理系统向空间数据分析系统的转变。地理信息系统的空间思维就是要利用 GIS 数据库中已经存储的信息，通过 GIS 的空间分析工具生成地理空间知识，并将其存储于 GIS 空间数据库中，用以指导空间决策行为。GIS 的空间思维功能使人们能够揭示空间关系、空间分布模式和空间发展趋势等其他类型信息系统所无法完成的任务，其实质就是具有地理空间现象的建模、解释与决策的功能，其核心是地学建模。而地学模型的建立是以空间分析的基本算法和基本模型为基础的，因此可以说，GIS 空间分析是实现其空间思维的工具，GIS 空间决策是思维的具体体现，空间决策是空间分析的目标。

地理信息系统面临着从空间分析系统向空间决策支持系统转变的机遇和挑战，如何应对这一挑战，迫切需要对空间分析理论和技术体系、空间决策支持关键技术进行及时总结，澄清发展中面临的主要问题，提出解决的思路，指明发展的方向(梁怡，1997；刘耀林，2007)。

12.1　智能空间分析

人工智能、大数据与遥感科学、地理信息科学的交叉融合，产生了智能空间信息处理与时空大数据分析等研究方向(秦昆, 2009; 李德仁等, 2014; 秦昆等, 2022)。智能空间信息处理是地球空间信息科学与人工智能的有机融合, 利用计算智能方法, 如神经计算、模糊计算、进化计算等方法实现空间信息的智能化处(秦昆, 2009; 秦昆等, 2009)。苏奋振等(2020)提出智能地理系统的定义、框架和构成, 将智能地理系统指征为融合现实地理系统和信息地理系统 2 个世界的系统, 指出智能地理系统主要由地理传感网、地理智能网、地理控制网 3 部分组成, 并总结了智能地理系统的 9 大研究内容, 具体包括: ①智能地理系统表达模型; ②智能地理系统采样模型; ③智能地理系统存储结构; ④智能地理系统过程特征分析; ⑤智能地理系统过程模拟; ⑥智能地理系统异常检测; ⑦智能地理系统控制模型; ⑧智能地理系统现实重建; ⑨智能地理系统共享互操作。刘瑜等(2022)从地理规律到地理空间人工智能进行了研究, 给出了人工智能用于地理规律发现的框架, 并指出了地理空间人工智能(GeoAI)发展的方向。地理空间人工智能(GeoAI)是地理学与人工智能交叉的研究领域, 致力于引进最新的人工智能技术方法, 提升地理科学的研究能力(高松, 2020; 张永生等, 2021), 并延伸至地理信息获取的能力(陈军等, 2021)。地理空间人工智能是建立在地理空间时空规律基础上的智能计算模型(刘瑜等, 2022)。秦昆等(2022)对智能空间信息处理与时空大数据分析进行了探索和系统总结, 提出了一个智能空间信息处理与时空大数据分析的研究框架, 对相关研究进行了综述讨论, 并分别介绍了智能空间信息处理的 3 个代表方法(云模型智能空间信息处理、数据场智能空间信息处理、空间统计智能信息处理), 空间数据挖掘的 3 个代表方法(基于概念格的空间数据挖掘方法、基于商空间及粒计算的图像理解方法、基于深度学习的遥感场景识别方法), 以及时空大数据分析的 3 个代表方法(轨迹聚类与分析、融合遥感与社会感知的城市功能区提取、地理多元流分析)。

近年来, 许多学者进行了智能空间信息处理的相关模型研究, 其成果广泛用于灾害预警、交通分析等诸多领域。例如, Bui 等(2017)使用基于最小二乘支持向量机(Least Squares Support Vector Machine, LSSVM)和人工蜂群(Artificial Bee Colony Optimization, ABCO)的新型混合智能方法, 为越南老街地区制作滑坡敏感性图, 能够有效进行滑坡灾害的预测; Zhao 等(2019)提出利用时间图卷积网络模型(Temporal Graph Convolutional Network, T-GCN)同时捕获空间和时间依赖性, 从而实现更加准确的交通预测; Qin 等(2020)基于多图卷积神经网络模型, 通过城市建成环境的街景与兴趣点数据, 实现了城市拥堵点的高效预测。

人工智能是模拟、延伸和扩展人的智能的理论、方法、技术及应用的技术科学, 让机器像人一样思考。人工智能从 1956 年诞生以来, 获得了迅速的发展, 在很多学科领域都获得了广泛应用, 并取得了丰硕的成果。人工智能被认为是 20 世纪 70 年代以来世界三大尖端技术(空间技术、能源技术、人工智能)之一, 是 21 世纪三大尖端技术(基因工程、纳米科学、人工智能)之一。

机器学习是用数据或以往的经验, 以此优化计算机程序的性能标准。机器学习是研究怎样使用计算机模拟或实现人类学习活动的科学, 是人工智能中最具智能特征、最前沿的研究领域之一。深度学习是一种机器学习方法, 模拟人脑机制解释数据, 通过组合低层特征形成更加抽象的高层属性类别或特征。人工智能、机器学习和深度学习之间的关系如图

12.2 所示。

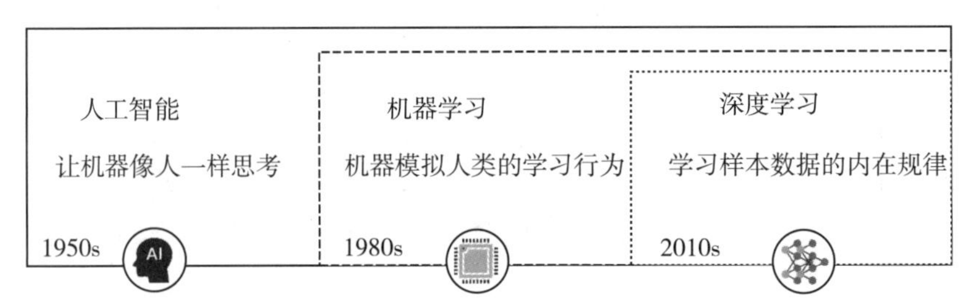

图 12.2　从人工智能到深度学习

12.1.1　机器学习原理

1. 机器学习的分类

机器学习是计算机程序随着经验积累自动提高性能。机器学习由数据、算法和模型三要素构成，从数据中通过选取合适的算法，自动地归纳逻辑或规则，并根据这个归纳的结果(模型)与新数据进行预测。机器学习分为监督学习、强化学习等。

(1)监督学习从标记的训练数据来推断一个功能的机器学习任务，监督学习的训练数据有明确的标识或结果。常用的监督学习算法包括：*K*-邻近、支持向量机、决策树和随机森林、神经网络等。

(2)无监督学习是在数据没被标识的情形下，通过大量样本的数据分析推断出数据的一些内在结构。无监督学习主要用于聚类分析、数据降维、关联规则学习，常用算法包括：*K*-均值算法(*K*-means)、最大期望算法(Expectation-Maximization，EM)、主成分分析方法(Principal Component Analysis，PCA)、局部线性嵌入方法、Apriori 关联规则挖掘算法等。

(3)强化学习是输入数据反馈到模型，模型对此作出调整。强化学习是智能体(Agent)以试错方式进行学习，通过与环境进行交互获得的奖赏指导行为，以达成回报最大化或实现特定目标。强化学习最常见模型是马尔可夫决策过程。

2. 机器学习过程

机器学习是计算机程序随着经验积累自动提高性能的过程。机器学习是利用经验 *E* 对任务 *T* 改善系统自身性能，从数据中产生“模型”，用于对新的情况给出判断。

机器学习的目标是使得学到的模型能很好地适用于新样本，而不仅仅是训练集合，我们称模型适用于新样本的能力为泛化能力。泛化能力是指模型在多大程度上能够对新的实例预测正确。过拟合和欠拟合是导致模型泛化能力不高的两种常见原因，都是模型学习能力与数据复杂度之间失配的结果。过拟合是对训练样本学习得“太好”，导致泛化性能下降。欠拟合对训练样本性质尚未学好，模型复杂度低，没法学习到数据背后的规律。

机器学习的过程如图 12.3 所示。一般将样本分成独立的 3 部分，包括：训练集、验证集和测试集。其中训练集用来估计模型，验证集用来确定网络结构或者控制模型复杂程度的参数，测试集则检验最终选择最优的模型的性能。只有当模型通过测试后，才能在实际数据中进行应用。

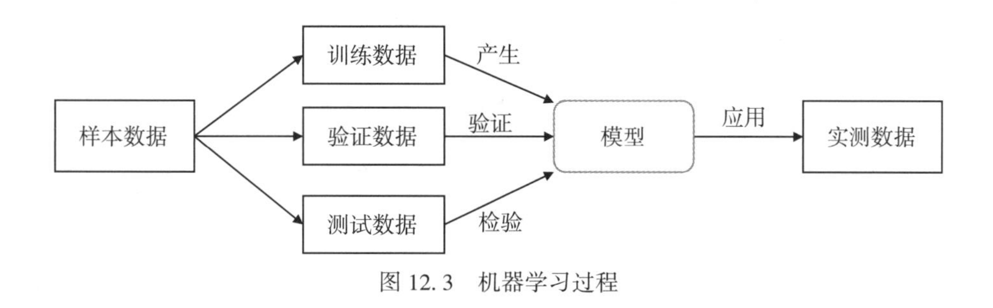

图 12.3 机器学习过程

3. 模型性能度量

性能度量是衡量模型泛化能力的评价标准。性能度量反映了任务需求，在对比不同模型的能力时，使用不同的性能度量往往会导致不同的评判结果，这意味着模型的“好坏”是相对的，什么样的模型是好的，不仅取决于算法和数据，还决定于任务需求。

对于二元分类问题，如图 12.4 所示，在比较不同模型时常用以下指标：

(1) TP(True Positive，真正例)：将正类正确地预测为正类的样本数；

(2) FP(False Positive，假正例)：将负类错误地预测为正类的样本数；

(3) TN(True Negative，真负例)：将负类正确地预测为负类的样本数；

(4) FN(False Negative，假负例)：将正类错误地预测为负类的样本数。

机器学习模型性能度量常用标准有精确率、召回率、准确率等。

(1) 精确率(Precision，P)，也称为真正例率、查准率，指正确预测的正样本数占所有预测为正样本的数量的比值，定义如下：

$$P = \frac{\mathrm{TP}}{\mathrm{TP} + \mathrm{FP}} \tag{12.1}$$

(2) 召回率(Recall，R)，也称为假正例率、查全率：正确预测的正样本数占真实正样本总数的比值，也就是指能从这些样本中正确找出多少个正样本。

$$R = \frac{\mathrm{TP}}{\mathrm{TP} + \mathrm{FN}} \tag{12.2}$$

(3) 准确率(Accuracy，A)：是指分类正确的样本数量占样本总数的比例。

$$A = \frac{\mathrm{TP} + \mathrm{TN}}{\mathrm{TP} + \mathrm{FP} + \mathrm{TN} + \mathrm{FN}} \tag{12.3}$$

精确率和召回率是相互影响的，理想情况下两者都高，但是一般情况下精确率高，召回率就低；召回率高，精确率就低。在两者都要求高的情况下，综合衡量 P 和 R 就用 F 值：

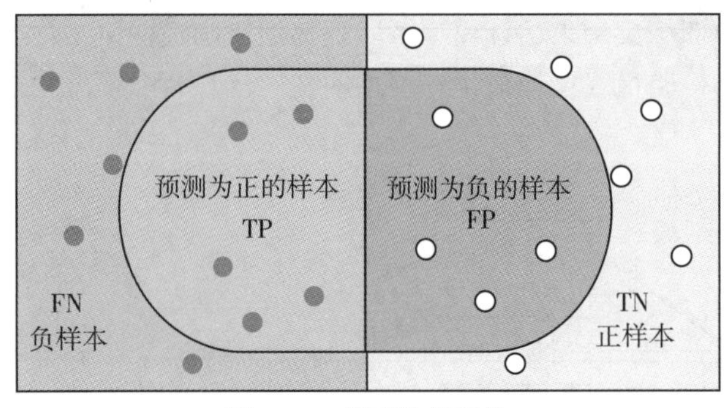

图 12.4　模型性能评估

$$F=\frac{(\alpha^2+1)\cdot P\cdot R}{\alpha^2\cdot(P+R)} \tag{12.4}$$

式中，α 为参数，当 α 为 1 时，就是常见的 F_1 值，一般多个模型假设进行比较时，F_1 值越高，说明越好。

$$F_1=\frac{2P\cdot R}{P+R} \tag{12.5}$$

12.1.2　聚类分析

1. 聚类分析的基本思想

聚类分析法(Cluster Analysis)是将分析对象划分为相对同质群组的统计分析技术，是研究“物以类聚”的一种现代统计分析方法。聚类分析法的基本思想是：根据样本(变量)间的亲疏关系分类，相近则归为一簇，差别较大则归为另一簇。簇是数据对象集合，簇中对象彼此相似，与其他簇尽量不相似。

聚类分析的基本步骤为：①初始化及预处理；②确定聚类中心，并初始化数据点归类属性标记；③对非聚类中心点进行归类；④对每个簇中的数据点进一步划分。

聚类分析的关键：①亲疏关系的判别；②聚类中心和聚类数目的确定。

亲疏关系判定原则包括：相似系数最大原则、距离最近原则等。相似系数是指衡量全部样本或全部变量中任何两部分相似程度的指标，主要有匹配系数、内积和概率系数等项指标。距离度量通过某种距离测度计算节点之间的相似性。

聚类中心本身密度大，被密度不超过它的邻居包围；聚类中心与其他密度更大的数据点之间的“距离”相对更大。聚类数目(k)根据族群内方差(Within-Group Sum of Squares, WGSS)图形寻找最优的 k 值。WGSS 的计算公式为：

$$\text{WGSS}=\sum_{h=1}^{k}\sum_{i\in G_h}(x_i-\overline{x}^{(h)})^{\mathrm{T}}(x_i-\overline{x}^{(h)}) \tag{12.6}$$

式中，x_i 是第 i 个采样点坐标；$\overline{x}^{(h)}$ 是第 h 个聚类的平均中心坐标。

聚类算法很多，包括：层次聚类算法(如 Balanced Iterative Reducing and Clustering using Hierarchies, BIRCH)、划分聚类算法(如 K-means)、密度聚类算法(如 Density-Based

Spatial Clustering of Applications with Noise，DBSCAN）等。

2. 层次聚类算法

层次聚类算法将数据对象组织成一棵聚类树。通过某种相似性测度计算节点之间的相似性，并按相似度由高到低排序，逐步重新连接各节点。该方法的优点是可随时停止划分。

层次聚类算法包括凝聚的层次聚类法和分裂的层次聚类法两种类型，如图 12.5 所示。①凝聚的层次聚类算法采取一种自底向上的策略，首先将每个对象作为一个簇，然后合并这些原子簇为越来越大的簇，直到某个终结条件被满足。②分裂的层次聚类法采用自顶向下的策略，它首先将所有对象置于一个簇中，然后逐渐细分为越来越小的簇，直到达到某个终结条件。

BIRCH 层次聚类算法是一种基于距离的层次聚类方法，综合了层次凝聚和迭代的重定位方法，首先用自顶向下的层次算法，然后用迭代的重定位来改进结果。具体算法为：

输入：包含 n 个对象数据样本，距离阈值 T，节点数阈值 L。

输出：k 个簇。

(1)初始化聚类特征树(Cluster Feature，CF)的根节点。

(2)找到恰当的叶节点：从根节点开始递归向下，计算当前节点实体与要插入数据对象之间的距离，寻找与该数据对象最接近的叶节点中的实体。

(3)比较计算的距离是否小于阈值距离 T：

①如果小于 T，则当前节点实体吸收该数据对象；

②如果大于或等于 T，则判断当前叶节点的 CF 节点个数是否小于节点数阈值 L：如果是，则直接将数据插入为该节点的一个新 CF 节点；如果不是，则分裂该叶节点。

(4)更新每个非叶节点的 CF 信息，依次向上检查父节点是否也要分裂。如果需要分裂，则按叶节点分裂相同的方式进行分裂。

(5)重复(2)至(4)，建立一棵 CF 树。

(6)对叶节点进一步利用一个全局性的聚类算法，改进聚类质量。

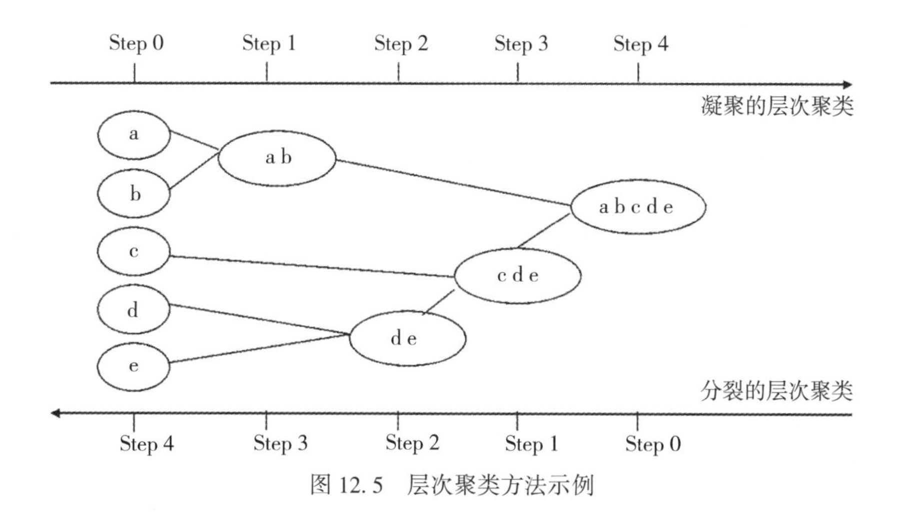

图 12.5　层次聚类方法示例

3. 划分聚类算法

划分聚类算法是基于距离的聚类算法。此类算法中，簇的数量是随机选择的或者是最初给定的。此类算法包括：*K*-均值算法(*K*-means)、*K*-中心点算法(*K*-medoids)等。

这里重点介绍 *K*-中心点法(*K*-medoids)。*K*-中心点法是一种基于代表对象的层次聚类技术。其基本过程为：首先为每个簇任意选择一个代表对象，剩余的对象根据其与每个代表对象的距离分配给最近的代表对象所代表的簇；然后反复用非代表对象来代替代表对象，以优化聚类质量。

K-中心点法的具体算法如下。

输入：包含 n 个对象的数据样本和簇数目 k。

输出：k 个簇。

(1)随机选择 k 个代表对象作为初始的中心点。

(2)指派每个剩余对象给离它最近的中心点所代表的簇。

(3)随机地选择一个非中心点对象 y。

(4)计算用 y 代替中心点 x 的总代价 s。

(5)如果 s 为负，则可用 y 代替 x，形成新的中心点。

(6)重复步骤(2)至(4)，直到 k 个中心点不再发生变化。

在聚类分析时，常用的度量方式包括：

(1)最短距离法(也称简单连接法)：用两个簇元素间的最小距离作为簇间距。

(2)最长距离法(也称完全连接法)：用两个簇元素间的最大距离作为簇间距。

(3)平均距离法：用两簇元素间的平均距离作为簇间距。

(4)中心点距离法：用两簇元素的中心点的距离作为簇间距。

(5)Ward 连接法：用两簇元素的差平方和作为簇间距。

图 12.6 是采用简单连接法、平均距离法、完全连接法、Ward 连接法的计算结果，从图中可以看出，对于相同数据，不同距离度量方法的计算结果会不一样。

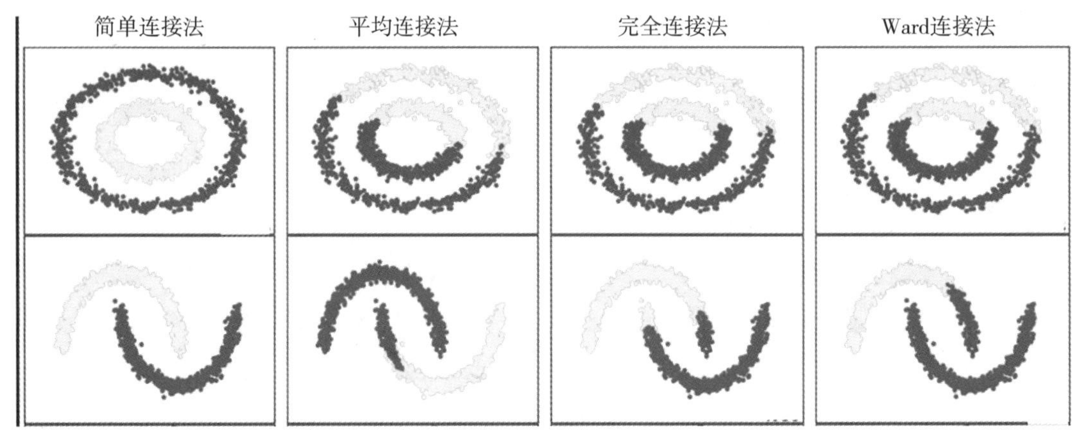

图 12.6　不同距离度量方法的层次聚类结果(改编自 scikit-learn 用户手册)

4. 密度聚类算法

密度聚类算法核心思想是：如果样本点的密度大于某阈值，则将该样本添加到最近的簇中。利用这类算法可发现任意形状的聚类，且对噪声数据不敏感。密度单元的计算复杂度大，需要建立空间索引来降低计算量。

在进行密度聚类时，需要采用两个基本参数：①定义密度时的邻域半径(Eps)；②定义核心点时的阈值(MinPts)。

如图 12.7 所示，基于 Eps 和 MinPts 将样本点划分为三种类型。①核心点：在半径 Eps 内含有超过 MinPts 数目的点。②边界点：在半径 Eps 内含有小于 MinPts，但是在核心点的邻域。③噪音点：既不是核心点，也不是边界点的点。

密度聚类把簇看作数据空间中被稀疏区域分开的稠密区域，稠密区域划分是基于密度可达、密度相连性进行划分。如图 12.7 所示，如果样本点 p 在 o 的邻域内，并且 o 为核心对象，那么对象 p 从对象 o 直接密度可达，对象 q 从对象 p 密度可达，对象 A 和 B 密度相连。

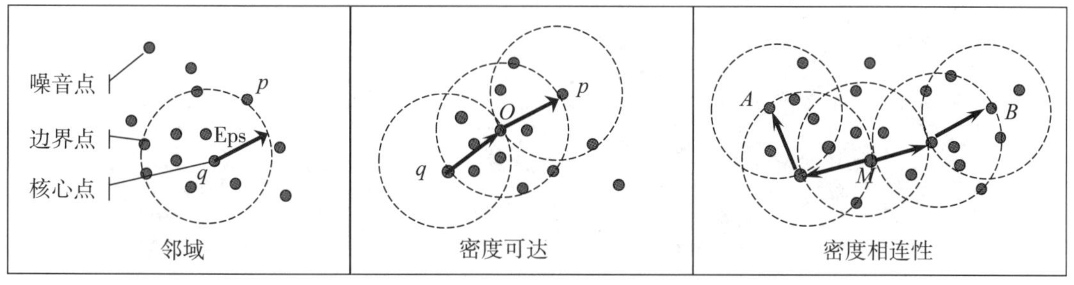

图 12.7 密度相连示意图

DBSCAN 是一个代表性的基于密度的聚类算法，其将簇定义为密度相连的点的最大集合，能够把具有足够高密度的区域划分为簇，并可在含有噪声的空间数据中发现任意形状的聚类。

DBSCAN 的具体算法如下：

输入：数据对象集合 D，半径 Eps，密度阈值 MinPts。

输出：聚类 C。

(1)检测对象 p，如果 p 未被处理，则检查其邻域，若包含的对象数不小于 MinPts，则建立新簇 C，将其中的所有点加入候选集 N。

(2)对候选集 N 中所有尚未被处理的对象 q，检查其邻域，若至少包含 MinPts 个对象，则将这些对象加入 N；如果 q 未归入任何一个簇，则将 q 加入 C。

(3)重复步骤(2)，继续检查 N 中未处理的对象，直至当前候选集 N 为空。

(4)重复步骤(1)至(3)，直到所有对象都归入了某个簇或标记为噪声。

5. 案例分析：车祸点聚类

美国的交通以汽车为主，每年有数百万起车祸，每天有 100 多人在道路上丧生，致命车祸是一个日益严重的问题。寻找频繁车祸地点是安全运营的关键之一，根据致命车祸集群的密度，从致命车祸数据中提炼 60 个特定地点，以重点关注。

许多致命车祸看似是随机事件，但特定路段的密集车祸可能存在系统性问题或人为驱动。基于密度聚类查找致命车祸密集区域，确定其优先级作为候选安全措施项目，致命事故数量和交通量成为优先级排名的基础。如图 12.8 所示，使用 DBSCAN 密度聚类分析工具将致命车祸聚类为 60 个集群，基于致命事故数量和路段交通量对每个集群进行优先级分类。

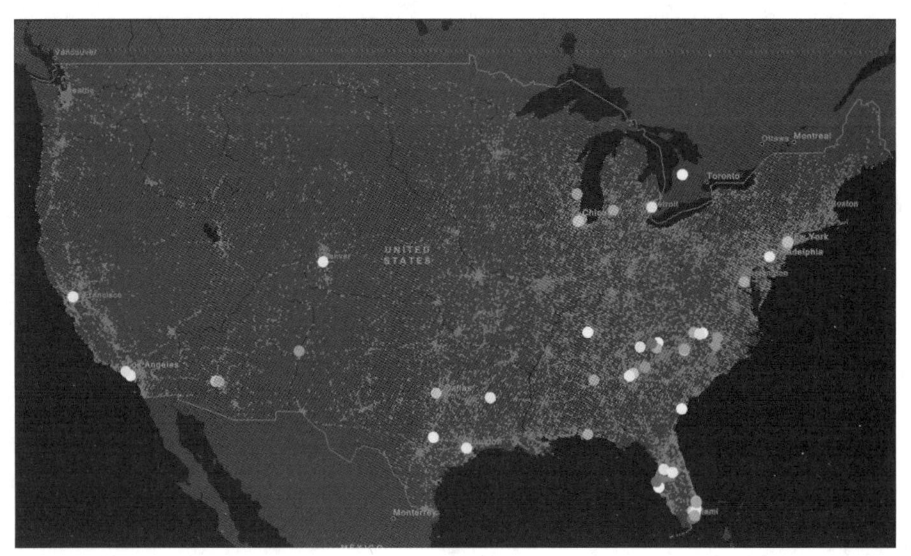

图 12.8　基于 DBSCAN 的致命车祸密度聚类(引自 www. esri. com①)

12.1.3　典型机器学习算法

1. 决策树

决策树(Decision Tree)是一种监督学习方法，其目标是根据给定训练集，构建一个决策树模型，使它能够对实例进行正确分类。该决策树与训练数据矛盾较小，同时具有很好的泛化能力。

决策树的本质是从训练数据集中归纳出一组分类规则。将特征空间划分为互不相交的单元或区域，决策树分类时将该节点的实例划分到条件概率大的那一类中。

决策树由决策节点、分支和叶子组成。决策节点代表一个问题或决策，对应于待分类对象的属性。叶节点代表一种可能的分类结果。对每个节点利用若干个变量来判断所属的

① https://www. esri. com/arcgis-blog/products/product/analytics/density-based-clustering-exploring-fatal-car-accident-data-to-find-systemic-problems/.

类别，不同的测试输出导致不同的分支，该过程就是利用决策树进行分类的过程。建立决策树的关键是在当前状态下选择哪个属性作为分类依据。根据不同的目标函数，建立决策树常用算法包括：基于信息熵的ID3算法、基于信息增益比的C4.5算法、基于基尼指数的CART(Classification And Regression Tree)算法等。

ID3算法根据信息增益进行特征选择，其核心是计算每个子节点的归一化信息熵，即按照每个子节点在父节点中出现的概率，计算这些子节点的信息熵。信息增益的计算公式为：

$$\text{infoGain}(D \mid A) = \text{Entropy}(D) - \text{Entropy}(D \mid A) \tag{12.7}$$

式中，Entropy(D)指数据集D的信息熵；Entropy($D \mid A$)指在A条件下D的条件熵。信息增益是指引入属性A后，原来数据集D的不确定性减少了多少。

计算每个属性引入后的信息增益，选择给D带来信息增益最大的属性，即为最优划分属性。一般来说，信息增益越大，意味着使用属性A进行划分所得到的“纯度提升”越大。

基本算法步骤如下：

(1)从根节点开始，计算所有可能的特征的信息增益；

(2)选择信息增益最大的特征作为节点的划分特征，由该特征的不同取值建立子节点；

(3)对子节点递归执行步骤(1)至步骤(2)，逐步构建决策树；

(4)直到没有特征可以选择或类别完全相同为止，最后得到最终的决策树。

2. 随机森林

随机森林(Random Forests)是一种利用多棵决策树对样本进行训练并进行预测的一种分类器。该分类器最早由Leo Breiman和Adele Cutler提出，并被注册为商标(Random Forests)。随机森林算法通过随机方式建立一个森林，森林里面有众多决策树，随机森林的每一棵决策树之间没有关联，输出类别由个别树输出类别的众数而定。

基本算法步骤为：

(1)用N表示训练样本的个数，M表示特征数目；

(2)输入特征数目m(远小于M)，用于确定决策树上一个节点的决策结果；

(3)从N个训练样本中以有放回抽样的方式，取样N次，形成一个训练集(bootstrap取样)，并用未抽取的样本作预测，评估其误差；

(4)选择最佳分割属性作为节点建立决策树(建立方法：CART等)；

(5)重复以上两步m次，建立m棵决策树；

(6)投票表决结果，决定数据属于哪一类。

3. 支持向量机

支持向量机(SVM)是从训练集中选择一组特征子集(Support Vector，SV)，使得对特征子集的划分等价于对整个数据集的划分。SVM目标是找到一个超平面，尽可能多地将两类数据点正确地分开，同时使分开的两类数据点距离分类面最远。离这个超平面最近的点就是支持向量，点到超平面的距离叫作间隔。

如图 12.9 所示，分离超平面为：

$$\boldsymbol{w}^{\mathrm{T}}\boldsymbol{x} + b = 0 \tag{12.8}$$

所有样本可以被超平面分开，和超平面保持一定的函数距离。

SVM 的模型是让所有点到超平面的距离大于一定距离，分类点在各自类别的支持向量两边，用数学式子表示为：

$$\max\gamma = \frac{1}{\|\boldsymbol{w}\|_2} \quad \text{s. t.} \quad y_i(\boldsymbol{w}^{\mathrm{T}}\boldsymbol{x}_i + b) \geqslant 1 \quad (i = 1,\ 2,\ \cdots,\ m) \tag{12.9}$$

式中，s. t. 是 subject to 的缩写，意思是指：使得……满足……，受……约束。

SVM 学习策略是间隔最大化，最大化边缘是一个二次优化问题，把该优化问题转化为复杂度依赖于训练实例数的形式。支持向量机的求解一般采用拉格朗日对偶法。

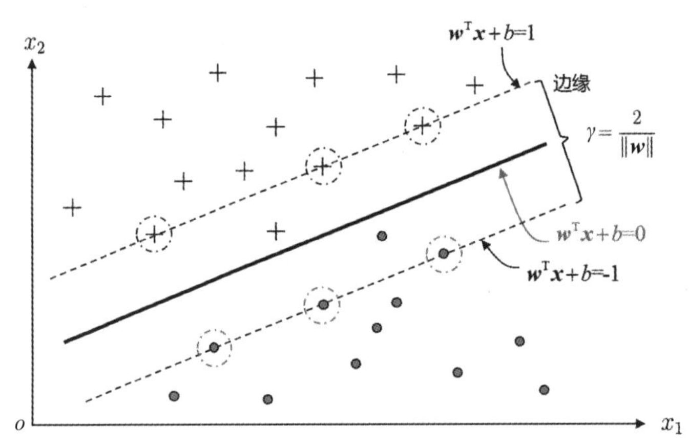

图 12.9　支持向量和边缘

4. 案例分析：森林变化分类

森林是一种重要的自然资源，可提供木制品、野生动物栖息地、清洁水和空气等。监测森林干扰(例如采伐活动、森林火灾和虫害)，是森林管理的一项重要任务。可以将森林分为三种类型。①健康区域：由健康成熟的树木覆盖，可以开始采伐。②干扰区域：树木采伐过程中的区域。③恢复区域：该区域目前正处于恢复中，幼树正在长成成熟树。

利用遥感影像时间序列数据，基于 ArcGIS Pro 软件，采用随机森林分类方法识别森林状态，主要步骤为：

(1)加载分类方案；

(2)使用训练样本管理器工具，采集训练样本；

(3)选择随机分类器，在训练样本上对其进行训练；

(4)使用经过训练的分类器对遥感影像时间序列进行分类。

分类结果示例如图 12.10 所示(彩图见附录)。

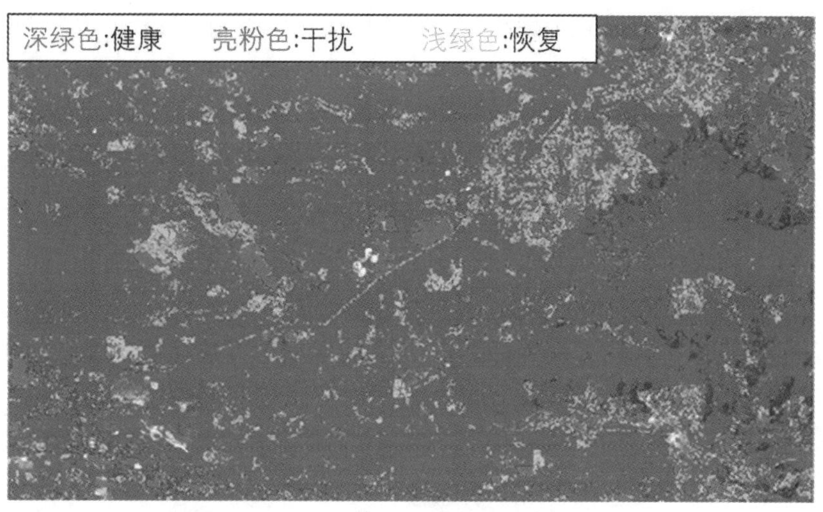

图 12.10 森林变化分类(改编自 Learn ArcGIS①)

12.1.4 深度学习

深度学习(Deep Learning, DP)是一个多层神经网络的机器学习方法，通过研究多层神经网络，提高学习功能。

1. 神经网络模型的构成

神经网络是用大量的简单计算单元(即神经元)构成的非线性系统，可用于分类和回归。神经网络模型是类似于大脑神经突触连接的结构进行信息处理的数学模型，在两个方面与人脑相似：①神经网络获得的知识是从外界环境中学习得到的；②互连神经元的连接强度(即突触权值)，用于储存获取的知识。

神经网络是多层感知器，基本思想是将样本输入网络中，根据输出结果和理想输出之间的差别来调整网络中的权重值。如图 12.11 所示，模型节点包括输入层、隐含层、输出层、等，具体功能包括：

(1)输入层：代表输入字段。

(2)隐含层：可以有多个子层。

(3)输出层：代表输出字段。

(4)权值：连接各层单元的连接强度，它会随着网络的不断训练而不断变化。

(5)激活函数：神经元获得输入信号后，信号累计大于某阈值时，神经元处于激发状态；反之，处于抑制状态。

神经网络是有监督学习模型，归结为求权重系数和阈值。基本思想是根据输出结果和理想输出之间的差别来调整网络中的权重。

误差传播包括前向传播和后向传播。

① https：//learn. arcgis. com/zh-cn/projects/monitor-forest-change-over-time/.

(1)前向传播：信号输入进入网络，按照信息在网络中前进移动的方向，逐次计算权值，直至输出的过程。

(2)后向传播：估计输出层的直接前导层的误差，再依次估计更前一层的误差，获得所有各层的误差估计。

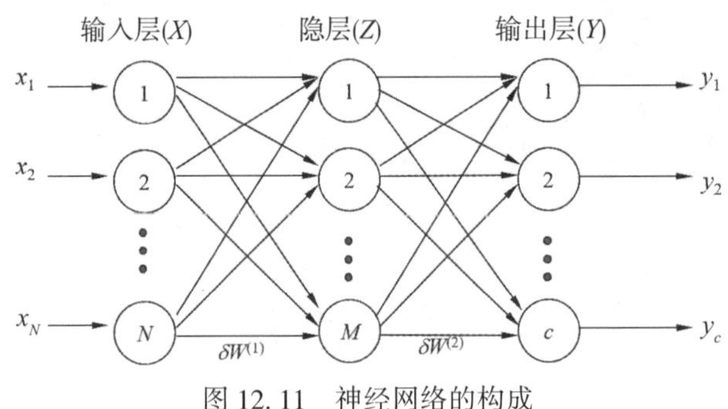

图 12.11　神经网络的构成

2. 卷积神经网络

卷积神经网络(Convolutional Neural Networks, CNN)是一类包含卷积计算且具有深度结构的前馈神经网络，是深度学习的代表性算法之一。卷积神经网络具有表征学习能力，能够按其阶层结构对输入信息进行平移不变分类，通过权值共享，降低网络模型的复杂度，减少了权值的数量。

卷积神经网络主要由这几层构成：输入层、卷积层、ReLU 层、池化层和全连接层。通过将这些层叠加起来，就可以构建一个完整的卷积神经网络。其中卷积层和全连接层对输入执行变换操作时，不仅会用到激活函数，还会用到神经元的权值和偏差；ReLU 层和池化层是进行一个固定不变的函数操作。卷积层和全连接层中的参数会随着梯度下降被训练。

卷积神经相关研究得到快速发展。其中区域卷积神经网络(R-CNN)系列算法是基于候选区域的目标检测识别模型中的典型代表，通过卷积神经网络来提取图像特征，采用选择性搜索方法提取候选框，相比于传统的目标检测算法有了大幅提升。Faster R-CNN 是一种由区域生成网络和快速卷积神经网络组成的目标检测方法，生成候选区域、提取特征、类别划分以及位置定位等被统一到同一个深度学习网络框架内，所有计算没有重复运算，极大地提高了运行速度。

3. 案例：棕榈树健康状况评估

种植园中有成千上万的椰子树。手动清点这些椰子树需要大量的时间和资源，可以用深度学习来调查树木的健康情况以及位置，从而确定哪些树木需要检查和维护。基于 ArcGIS Pro 的数据处理步骤如图 12.12 所示(彩图见附录)，具体流程如下。

(1)配置系统。在运行深度学习模型之前，为显卡安装最新的驱动程序，并安装相关的深度学习库。

(2)创建训练样本。获得研究区域的高分辨率遥感影像，创建训练样本并将其转换为可供深度学习模型使用的格式，通过“标注对象以供深度学习”工具创建和管理训练样本。

(3)使用深度学习模型检测棕榈树。将训练样本放入神经网络。学习识别棕榈树的分类模型，然后将其应用至影像中，以检测整个影像中的棕榈树。对象检测过程通常需要进行多次测试才能获得最佳结果。

(4)使用可视化大气阻抗指数评估树木健康情况。

图 12.12 棕榈树健康状况评估(改编自 Learn ArcGIS)

12.2 空间决策支持系统

大多数 GIS 主要强调空间数据获取、存储、查询、分析、显示、制图等功能，对复杂空间问题决策的有效支持还不足，难以满足各级决策者的需要。自 20 世纪 80 年代中后期以来，空间决策支持系统(Spatial Decision Support System，SDSS)作为一个新兴科学技术领域，在地理信息系统技术和决策支持系统(Decision Support System，DSS)技术的基础上得以产生，并在国内外引起了广泛关注。

一般来说，SDSS 能帮助决策者从错综复杂、扑朔迷离的现象中抓住本质、理清头绪、明确自己的主要任务和目标；能够帮助决策者自主、灵活地生成各种解决问题的方案，研究和比较它们的利弊与矛盾，进而找出切实可行的解决办法，采取相应的措施与行动(Sprague，Carlson，1982；Sprague，Watson，1989；Densham，1991；阎守邕，1995；阎守邕等，1996；阎守邕，陈文伟，2000)。在实际工作中，不同层次和类型的用户往往对 SDSS 有着不同的要求。例如，决策者重视处理结果，不关心具体过程，希望 SDSS 是一种“傻瓜”系统；决策者的助手们需要随时完成领导交办的各种任务，希望 SDSS 是一种实用的工具箱，能够灵活、有效地帮助他们完成任务，积累和利用有关知识和经验，逐步提高自己的科学决策能力。

12.2.1　空间决策过程的复杂性

1. 决策理论

1）基本概念

决策是一个决策者为达到特定的目的，在一定的约束条件下，选择最优方案的过程。

2）决策问题的构成

一般的决策问题具有一定的决策准则，使用一定的决策准则表示一般化的决策问题，一般的决策问题由 4 个部分组成：方案集合、状态集合、损益函数、目标函数。

（1）方案集合：可供选择的决策方案集合，记为 A。

（2）状态集合：决策问题所处的外界环境，称为状态。系统所有可能的状态，称为状态集合，记为 Q。

（3）损益函数：在决策问题中，如果采用策略 $a(a \in A)$，假定系统状态出现 $q(q \in Q)$，系统收益 $W=(a, q)$。

定义映射：

$$W:(A \times Q) \rightarrow R \tag{12.10}$$

式（12.10）为决策问题的损益函数。

在 A、Q 可数的情况下，可获得如表 12.1 所示的损益表。

表 12.1　**决策损益表**

	Q_1	Q_2	…	Q_n
A_1	W_{11}	W_{12}	…	W_{1n}
…	…	…	…	…
A_m	W_{m1}	W_{m2}	…	W_{mn}

（4）目标函数（决策准则）：目标函数记为 F。

损益函数只是系统的实际收益情况，但没有给出收益的评价标准，即“抉择”时的优化准则。对于不同的决策者、问题和方法，抉择准则都是不同的，它最终决定了方案的形成。

可以将一个决策问题（Udm）记为：

$$\text{Udm}=\{F, A, Q, W\} \tag{12.11}$$

式中，F 为目标函数或抉择准则；A 为候选方案集；Q 为状态集；W 为损益函数。

决策学的常规方法可以用于解决普通决策问题，这类问题满足以下条件：

①存在决策者希望达到的明确目标；

②存在可供决策者选择且可以明确组分的候选方案；

③存在不受决策者控制的系统状态，系统状态集与候选方案集相互独立；

④损益值可以精确量化，A、Q 均为可数集合。

3)决策问题的分类

根据决策问题中 Q 的状态数的不同取值，可以将决策问题划分为三种类型：

(1)当系统状态集 Q 中的状态数 $n=1$ 时，为确定性决策问题；

(2)当 $n>1$，且系统各状态出现的概率未知时，为不确定性决策问题；

(3)当 $n>1$，且系统各状态出现的概率服从一个已知的概率分布时，为风险性决策问题。

2. 空间决策问题

1)空间决策问题的类型

与决策问题的分类方法类似，空间决策问题也可以分为三种类型：确定性空间决策、不确定性空间决策、风险性空间决策。

确定性空间决策实际上是一个最优化问题，如土地适宜性评价的多准则决策和线性规划均属此类决策问题，能与 GIS 的空间分析功能完全集成。但是，大量的空间决策问题往往涉及结构化知识、非结构化知识，人的评价和判断等不同形式的知识，决策的不确定性和风险性很大。

以商业网点的空间决策分析问题为例，领域专家已经提出设施配置的判别规则，这些规则是以描述性方式表示的知识，在充分分析了土地的自然条件、社会经济条件、人口密度、人均可支配等相关因素的基础上，根据判别规则推理，得出商业网点方案；而且，专家还构建了相关模拟模型，这些知识都属于程式化知识。商业网点的选择是建立在定量模型计算分析的基础上的估算过程。

2)空间决策中的结构化信息和非结构化信息

信息技术的快速发展为决策者提供了越来越多的空间和非空间信息，包括地图、航空影像、卫星遥感影像、表格、文本数据等。这些海量信息可以分为结构化信息和非结构化信息。

(1)结构化信息：具有高度结构化的形式和结构化的求解程序，如数学模型、计算机算法等都属于此类型的信息，这类信息遵循固定的框架，大多数情况下只能被专家理解，又称为程式化知识(Procedural Knowledge)。

(2)非结构化信息：大量的信息是非结构化的，如人类的经验、感官体验、世界观等，本质上属于定性信息，不能用固定的程序进行表示，又称为描述性知识(Declarative Knowledge)。

决策者使用信息和知识，在解决结构化、非结构化和半结构化问题上的复杂程度大不相同。以某城市设置商业网点为例，在某些特定约束条件下，配置最少数量的商业网点是一个结构化问题，可以通过最优化方法进行求解；寻找最优商业网点数量的所有可能位置则是一个半结构化问题，涉及多种准则评价和价值评判；为布设商业网点确定总体目标和总体方针政策则属非结构化问题，涉及灵活的定性问题，不能用固定的程式化知识来解决。因此，空间决策是一个涉及多目标和多约束条件的复杂过程，通常不能简单地通过描述性知识和程式化知识进行解决，往往要求综合地使用信息、领域专家知识和有效的交流手段。

3)空间决策中信息和知识的相互作用

空间决策中信息和知识往往是相互作用的，如图 12.13 所示(邬伦等，2001)。

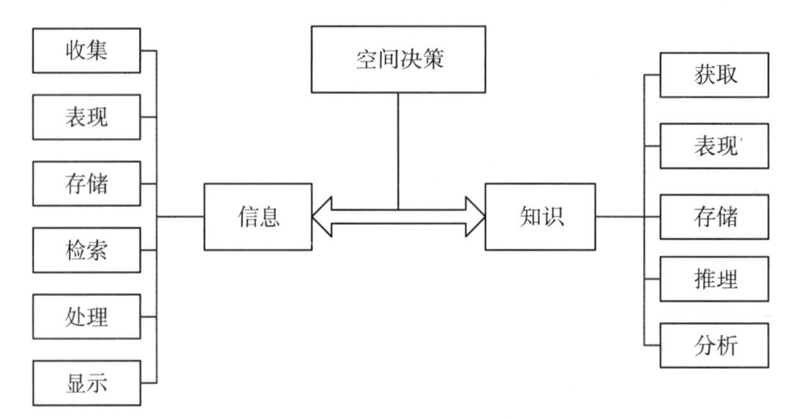

图 12.13　空间决策中信息和知识的相互作用

信息处理和知识处理是空间决策的两个主要内容，二者是相互作用的。信息处理包括信息的收集、信息的表现、信息的存储、信息的检索、信息的处理、信息的显示等；知识处理包括知识的获取、知识的表现、知识的存储、知识的推理、知识的分析等。

空间决策支持中的知识和信息彼此关联，对信息的进一步处理，并进行概括和抽象，就可以把信息转化为知识；同样，在进行知识的推理和分析时，也必须有信息提供支持。空间决策中的空间知识和空间信息的相互作用是对传统信息技术的扩充，没有知识推理就无法作出科学的智能决策。

地理信息系统为决策支持系统提供了强大的数据处理、分析结果显示的工具，但是，在解决复杂空间决策问题上缺乏智能推理功能。所以，复杂的空间决策问题，需要在地理信息系统的基础上开发智能决策支持系统，用于数据处理、知识表现和推理、自动学习、系统集成、人机交互等。

在进行空间决策支持的过程中，需要用到知识获取、知识表现、知识推理等知识工程技术和人工智能技术，以及集成数据库、模型、非结构化知识及智能用户界面的软件工程技术等。

12.2.2　空间决策支持系统的分类

空间决策支持系统(SDSS)可以从它的功能特点、技术水平和体系结构等不同的角度进行分类。根据系统的功能特点，SDSS 可以分为通用开发平台、专用软件工具和具体应用系统三大类；根据技术水平，SDSS 可以分为地理信息系统、空间决策支持系统和空间群决策支持系统 3 个层次；根据系统的体系结构，SDSS 可以分为单机系统和网络系统两种类型。这样，就构成了如图 12.14 所示的 SDSS 分类体系，也称分类立方体(阎守邕，1995；阎守邕，陈文伟，2000)。

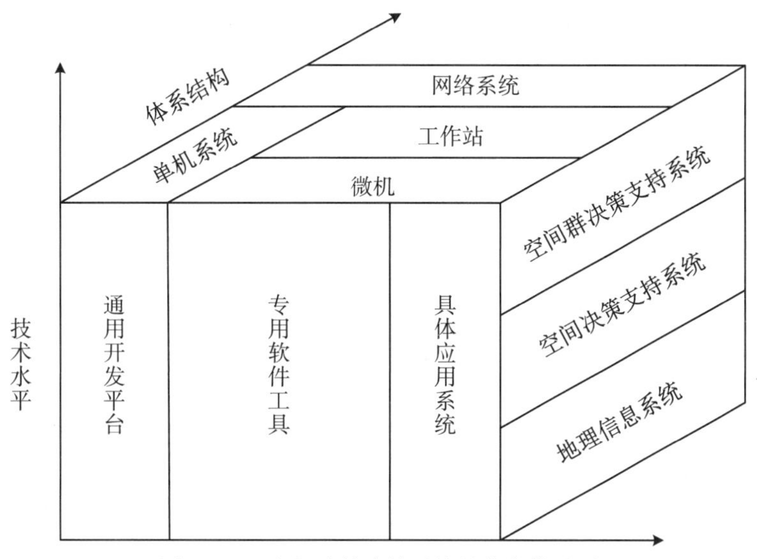

图 12.14 空间决策支持系统的分类体系图

SDSS 分类体系的建立，不仅有助于对 SDSS 具体研制任务的目标、范围、过程和技术路线明确定义和有效实施，而且也有益于整个 SDSS 科学技术体系的迅速发展和广泛应用(阎守邕，陈文伟，2000)。

12.2.3 空间决策支持系统的一般构建方法

根据图 12.14 中 SDSS 的功能特点、技术水平和体系结构，阎守邕和陈文伟(2000)所研制的 SDSSP 可以定位在图 12.14 中空间决策支持系统、通用开发平台和网络系统三个侧面相交构成的小立方体上。SDSSP 的构建方法代表了空间决策支持系统的一般构建方法。用这个小立方体定义的 SDSSP 在空间决策支持系统领域的开发、应用过程中的主要特点如下(阎守邕，陈文伟，2000)：

(1) SDSSP 由 SDSS 专用工具、应用系统以及决策方案的基本软件工具模块组成，用户能够方便、灵活、自主和高效地生成各种 SDSS 专用工具，而基本模块是一种完全独立于任何具体决策应用任务之外的通用开发工具系统。

(2) 它是能根据用户的具体需要，通过框架流程图或集成语言程序运作方式，调用系统中的模型、数据、工具、知识等资源，在多种决策方案生成、比较和选择的基础上，给用户决策支持的信息系统。

(3) 它是能把自己的各个组成部分以不同的布局安排和组合方式，在由客户端控制系统、模型库服务器、数据库服务器组成的多用户、分布式的异构环境里运行服务，实现模型等资源共享的网络系统。

下面着重介绍 SDSSP 的技术构成和运行方式(阎守邕，陈文伟，2000)。

1. 技术构成

技术构成方面，SDSSP 由如图 12.15 所示的客户端交互控制系统、广义模型服务器系统和空间数据库服务器系统三个部分组成。它们之间的通信是通过严密定义的网络通信协议、应用程序接口(Application Programming Interface, API)和远程调用实现的，具有由交互控制系统和模型库服务器、数据库服务器构成的一体化的 3 层客户端/服务器结构(阎守邕，陈文伟，2000)。

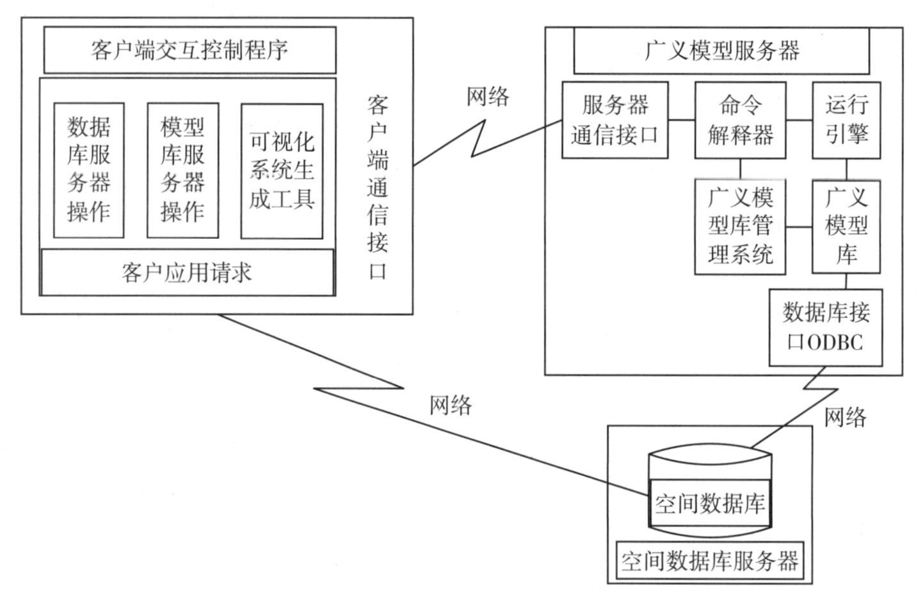

图 12.15　SDSSP 的技术构成

1)客户端交互控制系统

客户端交互控制系统由可视化系统生成工具、模型库服务器操作模块、数据库服务器操作模块三个部分组成。可视化系统生成工具可以通过各种图标(模块、选择、循环、并行、合并等)的调用，迅速地建造、修改解决实际问题的系统控制流程，进而通过流程的运行生成可供比较与选择的多种决策方案；模型库服务器操作模块从客户端对广义模型服务器中的各种广义模型库进行管理和操作，如浏览、查询、增加、修改、删除、运行等操作；数据库服务器操作模块从客户端对空间数据库中各数据库进行数据存取操作，如浏览、查询、增加、修改、删除、保存等操作。

2)广义模型服务器系统

(1)广义模型服务器系统的基本组成。

广义模型服务器由服务器通信接口、命令解释器、运行引擎、广义模型库、广义模型库管理系统和数据库接口 6 个部分组成。主要包括：统一管理模型库、算法库、工具库、知识库、方案库、实例库，控制运行以及负责从数据库服务器提取数据等功能。这种统一管理属于静态管理范畴，包括存储结构和库操作两方面的内容，均用管理语言来完成。

各库的存储结构统一规定为“文件库+字典库”。具体的库文件包括：算法程序文件、模型数据描述文件(Model Description File, MDF)和模型说明文件(Model Introduction File, MIF)、工具程序文件、知识的文本文件、框架流程图文件、框架流程实例文件；各库的字典为该库的一些具体的说明信息，包括目录、名称、分类、说明文件等内容。各库的操作包括查询、浏览、增加、修改、删除等项目。

(2)广义模型服务器系统的运行方式。

模型服务器的运行由运行引擎控制，它解释和并发执行(多线程)用户提出的请求(描述文本)，匹配检索模型库中的模型或算法，匹配提取数据库中的数据，驱动和完成模型或算法的运算，将处理结果提交给通信接口并传送给客户端。在各库中只有模型库、工具库、实例库和知识库是可运行的。

模型通过运行命令完成它的运行，工具程序一般传到客户端由用户控制运行，实例通过实例解释程序完成它的运行，知识是在推理机下进行搜索和匹配完成它的推理。算法库本身不可运行，只有在与数据连接之后作为模型才能运行；方案库是一些不可运行的系统流程图文件，只有在实例化以后才可运行。从数据库服务器中存取模型，在运行时所需各种数据的任务由数据库接口完成。在 SDSSP 中，采用商品软件 ODBC(Open Database Connectivity，开放数据互连)作为自己的数据库接口软件。

(3)模型库系统。

模型库系统(Model Base System，MBS)对模型进行分类和维护，支持模型的生成、存储、查询、运行和分析应用。模型库系统是开发管理及应用数学模型的有力工具，它包含多种用于模型管理和生成的子系统，利用这些子系统，可帮助研究人员完成模型的部分工作，提高空间决策支持的科学性和有效性。

模型库系统主要包括模型的生成、模型运行及模型管理三个子系统。在模型的生成部分要调用模型方法库中构造模型的连接方法模块，同时调用模型数据库中的数据字典。模型的运行是在方法库和模型数据库的支持下完成的。模型库系统的基本结构如图 12.6 所示。

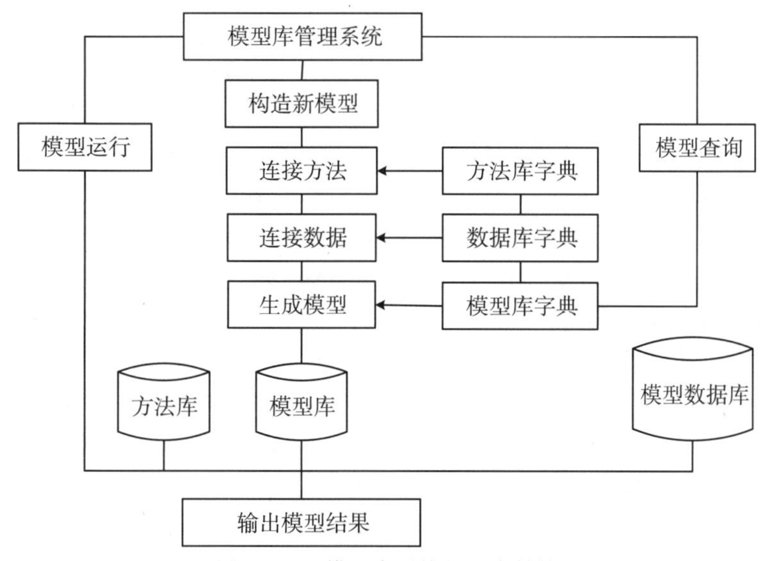

图 12.16　模型库系统的基本结构

模型库系统的基本功能包括以下 6 个方面。

①建立新模型：用户利用系统建立或输入新模型，并自动完成对新增模型的管理。

②模型连接：系统按照用户的需求自动将多个模型连接起来运行，同时检查模型之间数据的传输是否合理，若不合理，系统将提示用户不能进行模型连接。

③模型查询：系统提供了对库内模型的查询功能，用户通过模型查询可选用适当模型。

④模型库字典及管理功能：系统建有模型库字典以存储关于模型的描述信息，并能完成对模型库字典的管理。当有新模型生成时，系统自动将新模型的有关信息存入字典，实现对新模型的管理。

⑤模型生成：是模型运行系统的关键部分。系统可根据用户输入的模型名在模型库内查询出所需运行的模型及其有关信息，其中重要的信息是该模型所使用的方法和模型使用的数据库名称。系统根据这两项内容从方法库内调出该方法的运行程序，从模型数据库中调出该模型所使用的数据，经过连接后投入运行。

⑥模型运行：库内模型的运行与一般模型没有什么不同，唯一的区别在于某方法程序运行结束后，可自动连接模型方法链中下一个环节的方法，直到模型方法链内所有的方法运行完成后返回到运行系统模块的控制之下，所有这些步骤中间无须用户的干预。

3)空间数据库服务器

SDSSP 的数据库服务器由现有的商品数据库服务器(例如 SQL Server)以及有关的应用软件，如数据的条件查询、分级查询、地图查询等模块构成。空间数据库服务器的主要功能是根据用户查询、模型运行等方面的需要，对有关数据库进行统一管理以及完成必要的数据查询、存取作业等。

2. 运行方式

用户在 SDSSP 支持下生成和运行解决某个或某些实际问题的方案时，可供选择的 SDSS 运行方式有框架流程图和集成语言程序两种方式(阎守邕，陈文伟，2000)。它们在客户端构成了 SDSS 中的“人机对话系统”，实际控制着流程图的生成和修改、模型的选择和调用、大量数据的存取和显示、多模型的组合运行、模型库与数据库的接口，真正把数据库、模型库和人机对话系统等有机地集成起来，使之成为一个完整的 SDSS 集成系统。这两种方式都是通过“解释”执行的，而且彼此能够对应、相互可以转换。

1)框架流程图方式

SDSSP 用框架流程图方式生成和运行 SDSS 的具体过程，如图 12.17 所示。在这种方式下，用户通过交互方式使用 SDSSP 可视化系统生成工具的有关图标，生成解决某个或某些实际问题的框式流程图或逻辑方案。其中，每个框都与模型库中相应的模型连接，模型又与算法库中相应的算法、数据库中相应的输入输出数据连接。而通过这种框架流程图的运行，完成从框架运行到模型运行，以及相应算法调用和数据存取的过程(阎守邕，陈文伟，2000)。

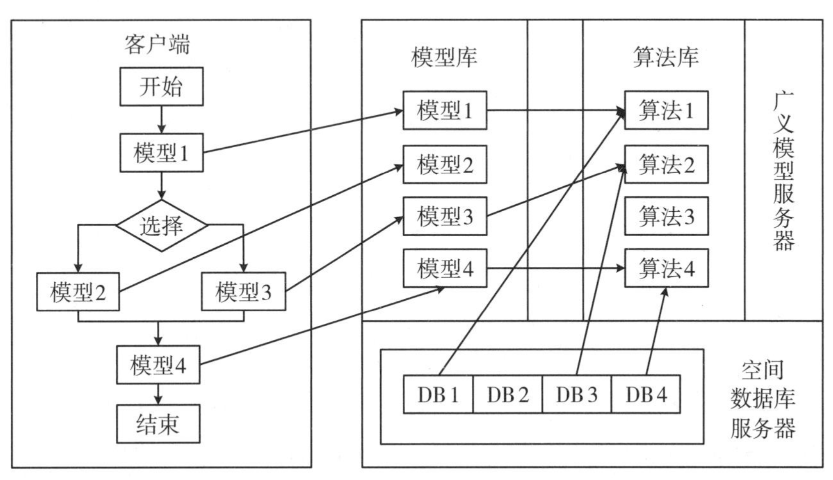

图 12.17 框架流程图方式

2)集成语言程序方式

SDSS 生成和运行的集成语言程序方式如图 12.18 所示。由 SDSSP 可视化系统生成工具所生成的、能够解决某个或某些实际问题的系统框式流程图或逻辑方案，同时可以转换成相应的集成语言程序。

例如，流程图中模型框的连接可以转换成模型的调用语句，流程图中的分支循环结构可以转换为相应的选择循环语句(阎守邕，陈文伟，2000)。

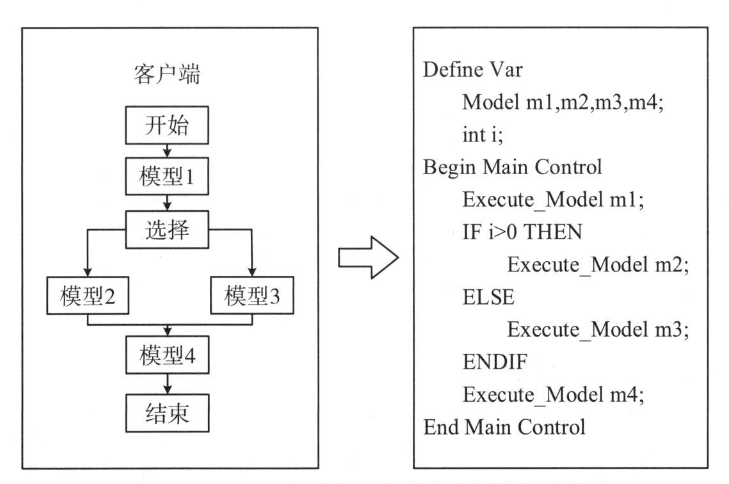

图 12.18 SDSS 生成和运行的集成语言程序方式

12.2.4 空间决策支持系统的功能

空间决策支持系统与一般的决策支持系统的功能相同，只是更注重空间数据和空间知识的获取，以及空间问题的解决。

空间决策支持系统主要包括以下功能：

(1)不同数据源的空间和非空间数据的获取、输入和存储；
(2)复杂空间数据结构和空间关系表示方法，适用于数据查询、检索、分析和显示；
(3)灵活的集成程序式空间知识(数学模型、空间统计)和数据的处理功能；
(4)灵活的功能修改和扩充机制；
(5)友好的人机交互界面；
(6)提供决策需要的多种输出；
(7)提供非结构化空间知识的形式化表示方法；
(8)提供基于领域专家知识的推理机制；
(9)提供自动获取知识或自学习的功能；
(10)提供基于空间信息、描述性知识、程式化知识的智能控制机制。

这些空间决策支持系统的功能的要求在一定程度上超出了 GIS 的功能范围，需集成人工智能、知识工程、软件工程、空间信息处理和空间决策理论等领域的最新技术。

12.3　空间决策支持系统的相关技术

空间决策支持系统沿着一般空间分析、空间决策支持系统、智能空间决策支持系统的发展轨迹发展，不断地引入各种相关技术，提高空间分析解决复杂问题的能力，提高智能化水平。因此，空间决策支持系统必须研究一些相关技术，包括决策支持技术、专家系统技术、空间知识的表示与处理方法、空间数据仓库技术、空间数据挖掘与知识发现技术、时空大数据分析技术等。下面将对这些相关技术进行分析和介绍。

12.3.1　决策支持系统技术

决策支持系统(Decision Support System，DSS)是辅助决策者通过数据、模型、知识以人机交互方式，进行决策的计算机应用系统。DSS 起始于管理信息系统(Management Information System，MIS)，在 MIS 的基础上增加了非结构化问题处理模块、模型计算和各种方法，以解决结构化、非结构化和半结构化决策问题，为决策者提供分析问题、建立模型、模拟决策过程和方案的环境，调用各种信息资源和分析工具，帮助决策者提高决策水平和质量。决策支持系统应辅助管理者进行决策，支持而非代替管理者进行判断，是一种以提高决策有效性为目标的计算机应用系统。

决策支持系统(DSS)的基本结构主要由 4 个部分组成，即数据部分、模型部分、推理机部分和人机交互部分，如图 12.19 所示(邬伦等，2001)。

与 MIS 对应，GIS 可以看作用于空间决策的空间信息系统。GIS 与 MIS 的不同之处在于其数据模型和数据结构的复杂性。目前 GIS 的逻辑结构和智能层次不能满足复杂空间决策问题的需要，特别是那些非结构化的问题。为更好地辅助空间决策，GIS 需要增加对描述性知识和程式化知识的处理功能。目前，虽然 GIS 还不适合用于对各种知识形式进行处理，不能作为空间决策支持系统的神经中枢，但可以作为它的一个组成部分，即 GIS 可以嵌入一个 SDSS 中，进行空间信息处理。

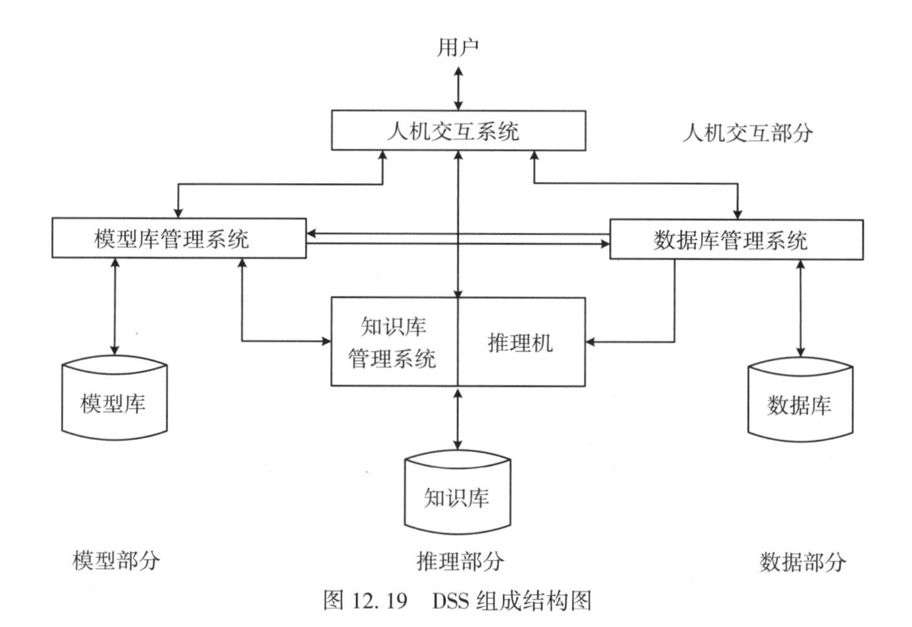

图 12.19 DSS 组成结构图

12.3.2 专家系统技术

人工智能的主要目的是模拟人脑的功能，但是目前人们对人脑的思维过程并不十分清楚。许多人工智能的研究只局限于形式逻辑的推导，凡是超出了形式逻辑范畴的，都被认为是无法解决的问题。现在所理解的人工智能主要是指用计算机完成的逻辑推理过程。

专家系统是人工智能在信息系统中的具体应用，它是一个智能计算机程序系统，内部存储大量专家水平的某个领域的知识与经验，决策者利用专家的知识和经验可以解决相关领域的问题。专家系统的主要功能取决于大量知识，设计专家系统的关键是知识表示和知识应用。专家系统与一般计算机程序的本质区别在于：专家系统所解决的问题一般没有算法解，并且往往是在不完全、不精确或不确定的信息基础上作出结论。

一般的专家系统包括数据库、知识库、推理机、解释器以及知识获取五个组成部分，它的结构如图 12.20 所示(邬伦等，2001)。

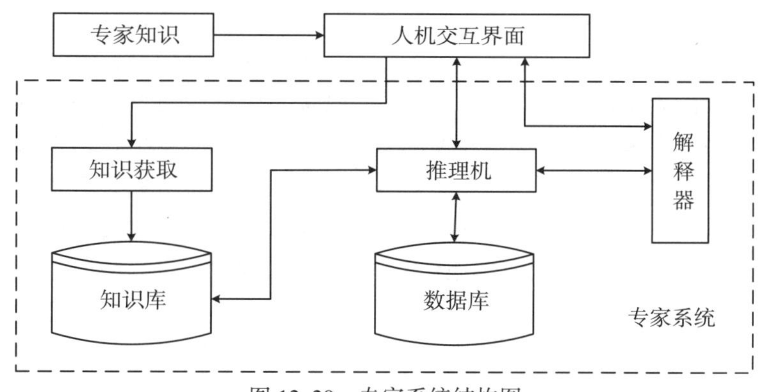

图 12.20 专家系统结构图

1. 知识库

知识库用于存取和管理专家的知识和经验，供推理机使用，具有知识存储、检索、编辑、增删、修改和扩充等功能。

2. 数据库

用来存取系统推理过程中用到的控制信息、中间假设和中间结果。

3. 推理机

用于利用知识进行推理，求解专门问题，具有启发推理、算法推理，正向推理、反向推理或双向推理，串行推理或并行推理等功能。

4. 解释器

解释器用于作为专家系统与用户的“人-机”接口，其功能是向用户解释系统的行为，包括咨询理解和结论解释。其中，咨询理解是对用户的咨询进行“理解”，将用户输入的提问及有关事实、数据和条件转换为推理机可接受的信息；结论解释则是向用户输出推理的结论或答案，并且根据用户需要对推理过程进行解释，给出结论的可信度估计。

5. 知识获取器

知识获取是专家系统与专家交互的“界面”。知识库中的知识一般都是通过“人工移植”方法获得的，“界面”就是知识工程师(专家系统的设计者)，采用“专题面谈”“口语记录分析”等方式获取知识，经过整理后，再输入知识库。为了提高知识工程师获取专家知识的效率，可以借助“知识获取辅助工具”来帮助专家整理或辅助扩充和修改数据库。随着各项技术的发展，逐渐发展了一些新的知识获取方法和工具，如机器学习(含深度学习)方法、机器识别方法，以及数据挖掘与知识发现、大数据分析等方法自动获取知识。

12.3.3　空间知识的表示与处理

知识的表示与处理是利用人工智能技术建立一个信息系统时需要考虑的主要问题。为了能够理解和推理，智能系统需要关于问题领域的先验知识。例如，自然语言理解系统需要关于谈话主题和谈话人的先验知识；为了能够观看和解释景物，景物的视觉系统需要存储关于被观察对象的先验信息。因此，任何一个智能系统都应该有一个知识库，在知识库中存储与问题领域和问题的相互关系相关的事实、概念。智能系统同时应该具有一个推理机制，能够处理知识库中的符号，并且能够从显示表示的知识中抽取出隐含的知识。

因为空间决策支持系统是一个空间推理的智能系统，所以知识表示在其开发过程中具有十分重要的作用。知识表示的形式化体系包括：表示领域知识的结构、知识表示语言和推理机制。通常，知识表示体系的主要任务是选择一个以最明显的、正式的方式表示知识的符号结构，以及一个合适的推理机制。

知识的表示就是知识的形式化，即研究用机器表示知识的可行的、有效的、通用的原则和方法。目前常用的知识表示方法有：命题逻辑和谓词逻辑、产生式规则、语义网络法、框架表示法、与或图法、过程表示法、黑板结构、Petri 网络法、神经网络法等。空间知识的表示需要将这些一般的知识表示方法引入空间信息科学进行特化研究，这里主要介绍基于谓词逻辑的空间知识表示方法、基于产生式系统的空间知识表示方法、基于语义网络的空间知识表示方法、基于框架的空间知识表示方法、面向对象的空间知识表示方法等。

1. 基于谓词逻辑的空间知识表示方法

1)命题逻辑

命题逻辑能够把客观世界的各种事实表示为逻辑命题。命题是数理逻辑中最基本的概念，实际上就是一个意义明确，能分辨真假的陈述句。如："中国是世界上人口最多的国家"就是一个命题。最基本的命题逻辑的知识表示是给一个对象命名或陈述一个事实。

在 GIS 操作中，经常会遇到这样的命题：

①区域 A 是一块湿地。

②多边形 K 内有一个湖泊。

③公路 R 是陡峭的和曲折的。

④像元 B 是一块农田或者是一个鱼池。

⑤区域 Q 的人口不密集。

⑥多边形 A 与多边形 B 相连。

⑦如果温度高，那么压力就低。

可以使用"是"(is a)命名或描述对象；使用"有"(has a)描述对象的属性；连接词"和"(and)、"或"(or)用于形成复合语句；使用"不"(not)表示对立和否定；使用"与……相连"(is related to)表示相互的关系；使用"如果……那么……"(if-then)表示对象的条件或关系，可以用于推理。

形成命题逻辑的基本组成是句子(陈述或命题)和形成复杂句子的连接词。原子句用于表达单个事实，它的值是"真"或"假"。而根据连接词"和""或""不""如果……那么……"，前面的 GIS 语句可以形式化表示如下：

①湿地(区域 K)：(区域 A 是一块湿地)。

②有一湖泊(多边形 K)：(多边形 K 内有一个湖泊)。

③陡峭的(公路 R) $\wedge$ 曲折的(公路 R)：(公路 R 是陡峭的和曲折的)。

④农田(像元 B) $\vee$ 鱼池(像元 B)：(像元 B 是一块农田或者是一个鱼池)。

⑤$\neg$ 人口密集(区域 Q)：(区域 Q 的人口不密集)。

⑥相连(多边形 A，多边形 B)：(多边形 A 与多边形 B 相连)。

⑦高(温度) $\Rightarrow$ 低(压力)：(如果温度高，那么压力就低)。

2)谓词逻辑

(1)语法和语义(Syntax & Semantics)。

谓词是用来刻画一个个体的性质或多个个体之间关系的词。个体是所研究对象中可以独立存在的具体的或抽象的客体。

原子公式是谓词演算的基本积木块。原子公式是公式的最小单位，是最小的句子单位；而“项”则不是公式。若 $P(x_1, \cdots, x_n)$ 是 n 元谓词，$x_1, \cdots, x_n$ 是项，则 $P(x_1, \cdots, x_n)$ 为原子公式。可以用连词把原子谓词公式组成复合谓词公式，并称为分子谓词公式。

谓词逻辑的基本组成部分是谓词符号、变量符号、函数符号和常量符号，并用圆括弧、方括弧、花括弧和逗号隔开，以表示论域内的关系。例如：

①x 是有理数：x 是个体变量项，“……是有理数”是谓词，用 $G(x)$ 表示。

②x 与 y 具有关系 L：x，y 为两个个体变量项，谓词为 L，符号化形式为 $L(x, y)$。

③小王与小李同岁：小王，小李都是个体常项，“……与……同岁”是谓词，记为 H，命题符号化形式为 $H(a, b)$，其中，a 代表小王，b 代表小李。

④机器人(Robot)在 1 号房间 R_1 内：Robot 和 R_1 是个体变量项，“在房间内”是谓词(Inroom)，用 Inroom(Robot，R_1)表示。

(2)连词和量词(Connective & Quantifiers)。

①连词。

与・合取(Conjunction)：合取就是用连词“∧”把几个公式连接起来而构成的公式。合取项是合取式的每个组成部分。例如，“Like(I，Music)∧Like(I，Painting)”表示“我喜爱音乐和绘画”。

或・析取(Disjunction)：析取就是用连词“∨”把几个公式连接起来而构成的公式。析取项是析取式的每个组成部分。例如，“Plays(LiLi，Basketball)∨Plays(LiLi，Football)”表示“李力打篮球或踢足球”。

蕴涵(Implication)：蕴涵“⇒”是表示“如果……那么……”的语句。用连词“⇒”连接两个公式所构成的公式叫作蕴涵。蕴涵可以用产生式规则来表示，即“IF…THEN…”，蕴涵式左侧的 IF 部分表示前项，或称左式；THEN 部分表示后项，或称右式。例如：“Runs(LiuHua，Fastest)⇒Wins(LiuHua，Champion)”表示“如果刘华跑得最快，那么他赢得冠军”。

非(NOT)：表示否定，用~或¬ 表示均可。例如，“~Inroom(Robot，R_2)”表示“机器人不在 2 号房间 R_2 内”。

②量词。

全称量词(Universal Quantifier)：若一个原子公式 $P(x)$，对于所有可能变量 x 都具有真值 T，则用 $(\forall x)P(x)$ 表示。例如，“$(\forall x)$[Robot(x)⇒Color$(x$，Grey$)$]”表示“所有的机器人都是灰色的”。“$(\forall x)$[Student(x)⇒Uniform$(x$，Color$)$]”表示“所有学生都穿彩色制服”。

存在量词(Existential Quantifier)：若一个原子公式 $P(x)$，至少有一个变元 x，可使 $P(x)$ 为 T 值，则用 $(\exists x)P(x)$ 表示。例如，“$(\exists x)$Inroom$(x$，$R_1)$”表示“1 号房间内有个物体”。

量化变元(Quantified Variables)：如果一个合适公式中某个变量是经过量化的，我们就把这个变量称为量化变元，或者称为约束变量。

(3)利用谓词逻辑表示复杂句子。

可以用谓词演算来表示复杂的英文句子。如：“For every set x，there is a set y，such that the cardinality of y is greater than the cardinality of x”，利用谓词演算表示为：

$(\forall x)\{SET(x)\Rightarrow(\exists y)(\exists u)(\exists v)[SET(y)\wedge CARD(x, u)\wedge CARD(y, v)\wedge G(u, v)]\}$

式中，“$SET(x)$”“$SET(y)$”分别表示集合 x 和 y，即：“set x”和“set y”，“$CARD(x, u)$”表示集合 x 的基数为 u，“$CARD(y, v)$”表示集合 y 的基数为 v，“$G(u, v)$”表示 u 大于 v。

3)基于谓词逻辑的空间知识表示

由于命题逻辑具有较大的局限性，不适合表示比较复杂的问题。在命题逻辑中的谓词是一个有用的陈述句的结构化表示方法；但是如果许多相同性质的事实必须被表达，则会遇到困难。例如，如果在研究区域的所有 n 个区域（K_i，$i=1, \cdots, n$）都是湿地，那么需要 n 个命题表达这些事实：

湿地(区域 K_1)

湿地(区域 K_2)

⋮

湿地(区域 K_n)

且命题逻辑也不能证明这些陈述句是正确的：“所有的多边形是几何图形”，“三角形是一个多边形”，“那么，三角形是一个几何图形”。这些陈述句涉及一个量词：“所有的”，以及“是一个多边形”“是一个几何图形”等概念。

为了更加有效地表示知识，可以使用谓词逻辑获得原子句的进一步突破。通过引入量词和变量到命题逻辑中，并且使用连接词形成复杂的命题，知识可以得到更加有效的表示。

例如，我们可以在“$\forall x$[湿地(x)]”中使用变量 x，使用量词 $\forall$ 表示“所有的”。

陈述句“所有的公路或者连接到 A 点，或者连接到 B 点”可以表示为：

$$(\forall x)[公路(x)\rightarrow 连接到(x, A)\vee 连接到(x, B)]$$

命题：$\exists x$[发生(x, t_0)]，表示空间事件 x(如洪水或地震等)在时间 t_0 时发生。

谓词算子可以用于表示空间知识。

例如，定义两个实体 O_1，O_2 是否在点 P 处相互连接，表示为：

$$Pcontact(O_1, O_2, P)\leftrightarrow Outerpcontact(O_1, O_2, P)\vee Innerpcontact(O_1, O_2, P)$$

类似地，对象间的几何关系的限制也可以形式化，例如：

$$\forall h\exists b[Hole(b, h)\wedge Inside(b, h)]$$

式中，$Hole(b, h)$ 表示洞 h 是实体 b 中的一个洞，$Inside(b, h)$ 表示洞 h 在实体 b 内。

此外，谓词也可以用于描述如下空间操作：

$Lmove(b, d)$：将实体 b 向左移动距离 d；

$Protate(b)$：沿正方向将实体 b 旋转 90°；

$Attach(b_1, b_2)$：将实体 b_1，b_2 相互联系。

2. 基于产生式系统的空间知识表示方法

人类的知识可以通过“如果……那么……”规则组成的系统进行有效的表示。包含一套“如果……那么……”规则的有序集合称作产生式规则。它包含了一个工作存储器、一个规则库和一个解释器。工作存储器存储临时信息，例如用户提供的事实、系统生成的中间结论、相关领域特定问题的知识等。它通常以“对象-属性-值”这样的三元组的形式存储。规则库以“如果……那么……”规则的形式存储永久的信息，这些规则对于解决领域中的所有问题都是必要的。解释器用来对推理进行控制。

这里介绍一个根据 DTM(Digital Terrain Model)数据进行推理的简单规则库。在进行中国黄土高原土地稳定性分析时，土地稳定性的评估是根据坡度、坡向、土地利用和侵蚀情况四个变量确定的。前两个变量可以从 DTM 数据中获得，后两个数据可以从其他地理数据库中获得。

根据专家确定领域的知识，通过一组“如果……那么……”规则可以确定稳定性的值(Leung，1993)，如表 12.2 所示。一旦土地的稳定性被确定，就可以相应地形成区域开发政策。

表 12.2　**土地稳定性分析的规则集**

规则
规则 1：如果坡度小于 3°，并且土地类型为水域，那么稳定值为 10。
规则 2：如果土地类型为森林，那么稳定值为 9。
规则 3：如果坡度大约为 6°，并且侵蚀较弱，那么稳定值为 7。
规则 4：如果土地类型为草原，那么稳定值为 7。
规则 5：如果坡向为阴坡，并且土地类型为居住地，那么稳定值为 6。
规则 6：如果坡度大约为 11°，并且土地类型为花园，那么稳定值为 5。
规则 7：如果坡向为阳坡，并且土地类型为水域地，并且侵蚀中等，那么稳定值为 4。
规则 8：如果坡度大约为 20°，并且土地类型为农耕地，那么稳定值为 3。
规则 9：如果坡度大约为 30°，并且侵蚀较强，那么稳定值为 1。
规则 10：如果坡度远大于 30°，并且侵蚀很强，那么稳定值为-1。
规则 11：如果稳定值大于 8，那么土地是稳定的。
规则 12：如果稳定值约等于 6，那么土地是相当稳定的。
规则 13：如果稳定值约等于 3，那么土地是差不多稳定的。
规则 14：如果稳定值小于 1，那么土地是不稳定的。

为了使产生式系统更加有效，在写入规则库时应遵循一些规则：

(1)避免规则集的循环：利用规则集中的规则能够进行正向推理，避免规则集的循环。

(2)避免先行条件的分离。

例如，规则“如果 $(e_1 \wedge (e_2 \vee e_3))$，那么 h”。这里，e_i 为证据，h 为假设。

可以改写为：如果“$(e_1 \wedge e_2) \vee (e_1 \wedge e_3)$，那么 h”。可以用下式代替：

$$\begin{cases} 如果 e_1 \wedge e_2，那么 h； \\ 如果 e_1 \wedge e_3，那么 h。 \end{cases}$$

(3)避免假设的连接。

例如，规则“如果 e，那么 $h_1 \wedge h_2$”，可以改写为：

$$\begin{cases}\text{如果 } e\text{，那么 } h_1\text{；}\\ \text{如果 } e\text{，那么 } h_2\text{。}\end{cases}$$

规则“如果 e，那么 h_1；否则 h_2”，可以改写为：

$$\begin{cases}\text{如果 } e\text{，那么 } h_1\text{；}\\ \text{如果 } \neg e\text{，那么 } h_2\text{。}\end{cases}$$

产生式系统的成功实现在很大程度上取决于“如果……那么……”规则作为决策树组织的情况，以及推理过程的关联过程效率。推理的控制是通过解释在整个机器执行系列中处理的循环来实现的。

决策树是一种结构化表示知识的方法，便于事实和规则可以在推理过程中动态地组合。决策树的基本结构是“与或树(AND-OR tree)”或“与或图(AND-OR graph)”，根表示目标，叶子表示推理的事实。

与或树的节点是规则的条款，弧段(分支)是连接条款的箭头。

(1)如果所有的节点都是通过“AND”弧段连接的，称为 AND 树(与树)。AND 弧段是通过连接弧段描述的。例如，规则“If A and B then C”的图形描述如图 12.21(a)所示。

(2)如果所有的节点都是通过“OR”弧段连接的，称为 OR 树(或树)。OR 弧段是通过非连接弧段表示的。例如，规则“If A or B then C”的“与或树”图形描述如图 12.21(b)所示。

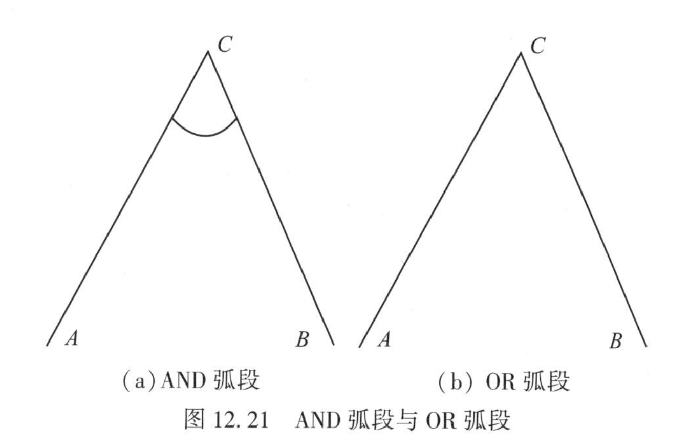

(a)AND 弧段　　(b) OR 弧段

图 12.21　AND 弧段与 OR 弧段

节点之间通过“AND 弧段”和“OR 弧段”连接的决策树称为与或树。例如，规则“If A then B”“If B and C or D then F”以及“If F and G then H”形成了与或树，如图 12.22(a)所示。在该决策树中，H 是根，A，C，D，G 是叶子。

为了证明顶层目标 H，需要横穿所有的“或部分”的“与或树”。横穿的路径称为“子树”或“证明路径”，实质上就是在将树分解为路径以便于目标的搜索。假定图 12.22(a)中的树具有相同的阻抗(与弧段相联系)和相同的值(与节点相联系)。H 的扩展导致沿着“AND”弧段通向 F 和 G。F 扩展的结果产生了两个弧段：①一个弧段通向 B(然后通向 A)，一个弧段通向 C(图 12.22(b))；②另外一个弧段通向 D(图 12.22(c))。为了证明 H，有两条路径可以贯穿。通过 D 的路径比通过 A 的路径更加有效。

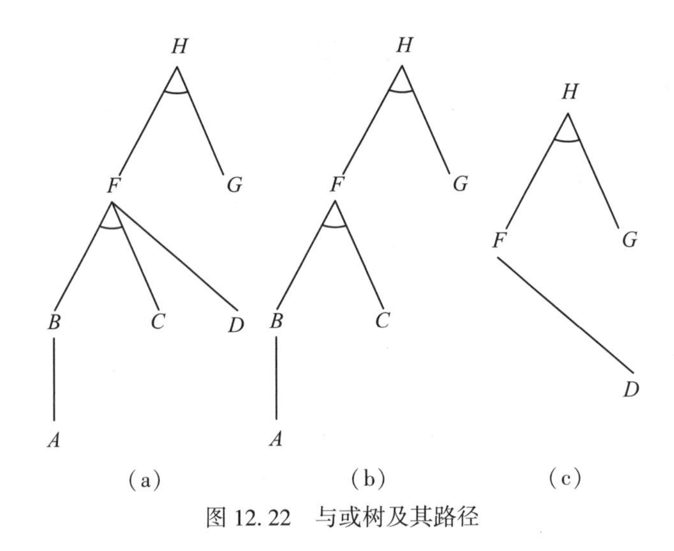

图 12.22　与或树及其路径

3. 基于语义网络的空间知识表示方法

语义网络是知识的一种图解表示，它由节点和节点之间的弧组成。节点用于表示实体、概念和情况等，弧用于表示节点之间的相互关系。语义网络可以用来对空间关系进行表示。例如，以下空间关系可以通过语义网络进行表示。

①at(在)，on(在……上)，in(在……里面)，…

②above(在……上面)，below(在……下面)，…

③front(前面)，back(后面)，left(左边)，right(右边)，…

④between(在两者中间)，among(在……之间)，amidst(在……中间)，…

⑤near to(与……邻近)，far from(远离……)，close by(与……接近)，…

⑥east of(在东边)，south of(在南边)，west of(在西边)，north of(在北边)，…

⑦disjoint(与……脱离)，overlap(叠置)，meet(交汇)，…

⑧inside(在……内部)，outside(在……外边)，…

⑨central(中央的)，peripheral(外围的)，…

⑩across(穿越)，through(穿过)，into(在……里面)，…

我们可以将这些空间关系表达为语义网络来简化空间关系的表示，以充分利用自然语言表示空间对象间的关系。例如，空间关系 above(在……上面)和 below(在……下面)的语义网络表示如图 12.23 所示。

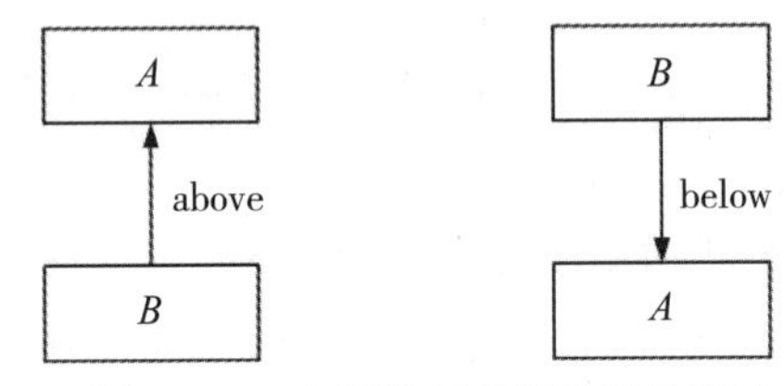

图 12.23　空间关系的语义网络表示

以公园(Park)为例，对公园里空间对象的空间关系的语义网络进行描述。在进行公园内空间对象的语义网络描述时涉及以下空间关系链，可以用来链接语义网络中的各个节点。

①above：桥(Bridge)在河流(River)上；

②intersect：桥(Bridge)与道路(Roads)相交；

③across：河流(River)穿过公园(Park)；

④edge：道路(Roads)在河流(River)边上；

⑤length：河流(River)的长度(Length)是2km；

⑥in：人(People)在船(Boats)内，船(Boats)在河(River)里。

根据以上6个语义关系链，将公园(Park)、道路(Roads)、桥(Bridge)、河流(River)、人(People)等实体之间的关系形象地表示出来，如图12.24所示。

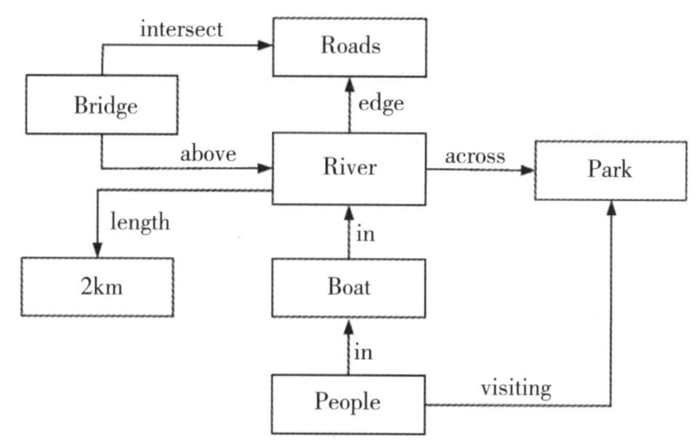

图12.24　公园(Park)内空间对象的空间关系的语义网络表示

语义网络在基于语义的遥感影像识别和理解中得到了很好的应用，这里以航空影像中的“停车场”的识别为例介绍基于语义网络的空间知识的表示方法。

例如，利用语义网络表示停车场的概念，则为说明该停车场是一种土地覆盖类型，需要建立“土地覆盖(Land Cover)”节点；为进一步说明停车场的组成部分，需要增加“成行排列的车(Car Row)”节点，并且用“part-of”链与“停车场(Parking Lot)”节点相连。从航空影像上根据观察到的土地覆盖目标，抽取实例和表示语义的通用场景模型，用一些节点表示这些目标，它们之间用特定含义的链连接，这样就构成一个关于停车场的语义网络(Franz，1997；Kuhn，1999)，如图12.25所示。

图12.25中的停车场的语义网络及其基本的节点和链的解释如下：

类实例“停车场(Parking Lot)”与类“土地覆盖(Land Cover)”是用“is-a”链表示和连接的，表示“停车场”是“土地覆盖”的一种类型。实例是个体属于一类的陈述，特化代表了两类之间的子集关系。通过特化链，实例能够继承类的所有属性。

“part of”链代表一个概念和它的组成部分之间的关系。“植被(Vegetation)”是“停车场(Parking Lot)”目标中的一部分，因此用“part-of”链表示部分与整体的关系。类似地，“成行排列的车(Car Row)”也是停车场的一部分，它由很多车(Car)组成，车(Car)有“Shape”“Color”“Position”等属性，这些属性用来进一步描述节点“Car”。车由“车顶(Roof)”和“引擎盖(Hood)"等部分组成；若干"线段(Segment)"组成"线(Line)"，若干"线(Line)"构成停车场的"轮廓(Contour)"。这些部分与整体之间的关系用"part-of"表示。

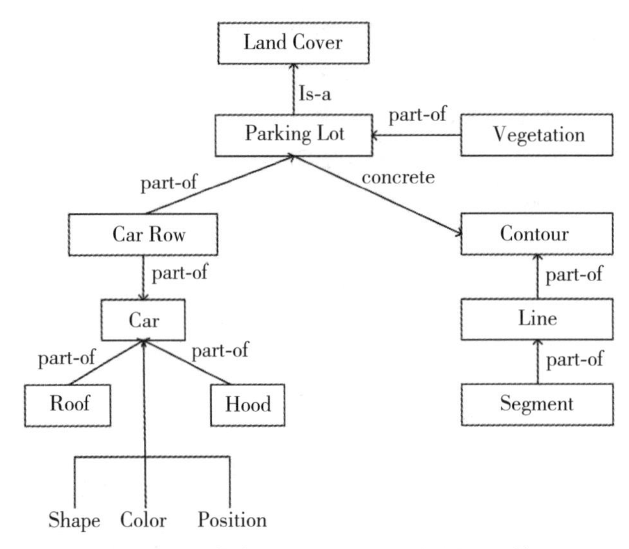

图 12.25　停车场(Parking Lot)的语义网络

"Concrete"表示具体化，表示将一个物体具体化为有形、有色、有质量的物体。例如，在几何形状上，"停车场(Parking Lot)"实际上就是一个几何轮廓，所以"轮廓(Contour)"就是"停车场(Parking Lot)"几何层面上的具体物。"concrete"链连接属于不同概念系统的目标。例如，建筑物的屋顶可能属于某个概念系统，它在几何概念系统中的具体形式又可能是平行线。这些链在一个模型中形成一个概念层次。每一层代表从可见信息中抽取的不同程度。"part of"和"concrete"链可以是多重的。如果概念是强制的、可操纵的和固有的，那么可以特化其具体部分(Franz，1997)。

4. 基于框架的空间知识表示方法

框架是知识的一种层次化表示方法。框架可用于表示原型知识或具有良好结构的知识。与谓词逻辑和产生式规则不同，框架是以相互联系的较大的概念实体形式存储知识，框架的基本结构包括以下 4 个基本部分：框架、槽、侧面和值。

(1)框架：框架表示一个对象、一个概念、一个事件或问题领域的一个实体。它是属性(槽)及其相关值的集合。如果它表示一个对象的类，称之为类或概念框架。如果它表示一个确定的对象，称之为实例框架。类框架是层次知识结构中的父母节点，具有所有实例对象的总体特征。在更高的层次，还可以有超类。

(2)槽：槽是框架的属性。

(3)侧面：对象的侧面是对槽的进一步细化。

(4)值：值是侧面的具体属性值。

框架的总体结构如图 12.26 所示。

根据集合理论，槽可以看作将类(集合)映射到它的范围(槽的值)的关系。范围是通过槽的侧面来划分界限。槽的侧面可以确定以下内容：

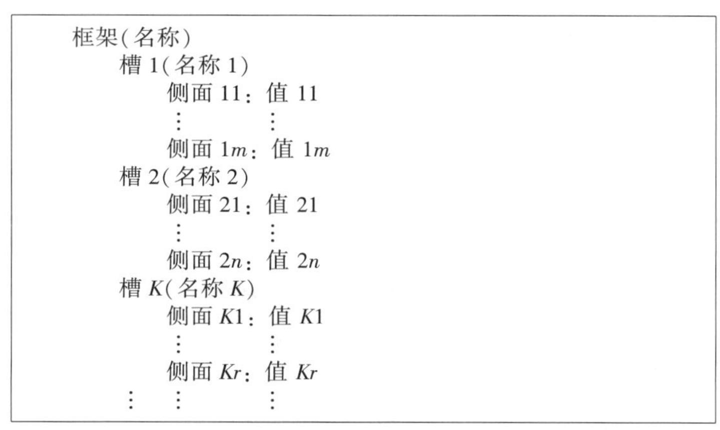

图 12.26　框架的总体结构

(1)属性值。例如，它可能是一个包含地址名称的命名槽。

(2)能够赋予属性的类。在一个类框架中，它是一个参考到框架上面的类的超类。在实例框架中，它是一个成员(实例)槽，参考到框架实例化的类。

(3)值的约束(表示限制槽值)。它们可能是：

①对属性的类型或值的限制。

②允许使用逻辑连接词：OR，AND，NOT。例如，“数据(限制(栅格或矢量))”表示将数据限制为栅格或者矢量。

③函数或逻辑限制，例如：Greater than(大于)。

④基数：槽可能填充的值的数目。

⑤获取值的程序。它们可能是：a. if-needed 槽(无论是否需要槽值，例行获取值)。b. when-changed 槽(无论是否改变槽值，例行获取值)。c. 守护程序(无论是否发生槽值变化，程序通过系统自动执行)。例如，槽值落入临界值以下时的警告信息可能被忽略。d. 值继承的规则，例如通过 IS-A 联系。e. 确定哪些槽是父母槽。

如图 12.27 所示，通过一组层次框架表示“废水处理场所”。顶层框架是“处理场所”，具有一些槽：废物、容量、收集区域、安全措施。值限值槽提供了一些对相关槽的值的限制。例如，废物槽的合法值只能是“固体”和“液体”。收集区域槽可能是框架参考槽，联系到一个较低层次的框架，如从城市分区到倾倒地。它的基数确定了槽可以拥有的城市分区数。它也是一个赋有“if-needed”槽过程的过程槽。这个槽是空的，但是无论何时从槽中需要信息时，系统将执行处理过程。

继承处理场的特点的低层框架是垃圾。这里，废物槽的值为固体。新的槽“离最近的限制区域的距离”和“危险事件”也被添加，当系统执行“if-needed”过程时，可以计算出这些槽的值。“is-a”槽将当前槽联系到它的父母槽。

最后，垃圾 1 是一个实例槽，它的槽具有确定的值，或者是可从用户处获取的值，或者是缺省值。

可以看到，通过框架可以将信息分层结构化。槽可以有静态的侧面，它们的值可以是缺省的或者是限制条件。它们的动态槽可以通过以下处理得到："if-needed""if-added""if-deleted"。

①必要时，执行 if-needed 处理；

②当新的信息放入槽时执行 if-added 处理；

③当信息从槽中移出时，执行 if-deleted 处理；

处理过程也涉及一些发送到框架的信息的方法或者辅助推理的规则集。"is-a"槽和其他的框架参考槽服务于沿着层次的框架之间的联系。

```
框架：处理场所
废物：
    值的限制：固体，液体中的一个，缺省值为固体
容量：
    值的限制：吨
收集区域：
    值的限制：城市分区
    基数：≥1
    if-needed：
安全策略：
    值的限制：控制规划
    基数：≥1
    if-needed：

框架：垃圾
    is-a：处理场所
    废物：
        值：固体
    容量：
        值的限制：吨
    收集区域：
        值的限制：城市分区
        基数：≥1
        if-needed：
    安全策略：
        值的限制：控制规划
        基数：≥1
        if-needed：
    离最近居住区的距离：
        值的限制：公里
        if-needed：

框架：垃圾 1
    is-a：垃圾
    废物：
        值：固体
    容量：
        值的限制：100000 吨
    收集区域：
        值的限制：县 A，B，C
    安全策略：
        值的限制：封闭区域
    离最近居住区的距离：
        值的限制：10 公里
```

图 12.27　表示废水处理场的框架

5. 面向对象的空间知识表示方法

面向对象的方法使用类、对象、方法和属性等面向对象的概念及消息机制来描述和解决问题，把各种不同类型的知识用统一的对象形式加以表示，利用对象的数据封装、继承、多态等机制，较好地实现了知识的独立性、隐藏性以及重用性(Hoffman，Tripathi，1993)。面向对象的知识表示方法适宜于表示各种复杂的具有动态或静态特性的知识对象及空间的关系，具有很强的语义表示与对象交互能力。

面向对象的知识表示将每一个对象类按照“超类”“类”“子类”或“成员”的概念构成一种层次结构。在这种层次结构中，上一层对象所具有的一些属性可以被下一层对象所继承，从而避免了描述中的信息冗余。这样使知识库对象本身具有对知识的处理能力，加强了对知识的重复使用和管理，便于维护，另外，还能使推理搜索空间减小，加快搜索处理时间。由于处理部分的数量减少，计算的复杂度得以降低(Mohan，Kashyap，1988)。因此，面向对象的知识表示方法是最有效的表示方法之一(舒飞跃，2007)

面向对象的空间知识表示的典型表现是面向对象的空间数据模型。面向对象数据模型的核心是抽象对象及其操作。操作主要涉及 4 种对象操作：泛化(generalization)、特化(specialization)、聚集(aggregation)和联合(association)。从面向对象的角度看，泛化和特化抽象形成对象间的一般特殊关系，聚集和联合抽象形成对象间的整体部分关系。GIS 的面向对象数据模型利用这 4 种抽象操作对空间实体及其联系进行模型化(沙宗尧，边馥苓，2004)。面向对象的数据模型通过运用实体和操作来抽象表示复杂对象及其相互关系。

空间信息科学的研究对象就是各种空间对象，利用面向对象的知识表示方法表示空间知识是一种有效的方法，并且与当前的面向对象的软件设计与程序设计相对应，便于编程实现。可以将面向对象的方法用于遥感图像理解专家系统，用面向对象的方法进行知识的表示，将图像中的类别抽象为对象，各种类型的求解机制分布于各个对象之中，通过对象之间的消息传递，完成整个问题的求解过程，与传统的知识表示及推理比较，更加灵活、方便(倪玲，舒宁，1997)。

在遥感影像理解专家系统中，可以针对不同的地物类别，根据它们所处的地域及季节，采集专家知识，包括卫星影像不同波段影像的灰度值(最大值、最小值、平均值)、高程范围、生物量指标、坡度、坡向、纹理、邻接类别等特征值。将这些具有相似特征值的地物类别表示为对象类，其中的对象就是具体的地物类别，例如林地、草地、水、居民地等(倪玲，舒宁，1997)。以对象中的空间知识的数据为例，可以设计成如下结构的类：

```
Class Node
{
unsigned char Type; 类别
unsigned char Neibor[20]; 邻接类别(伪)
unsigned char NeighborCen[20]; 邻接类别(伪)所占百分数
unsigned char TureNeighbor[20]; 真实邻接类别
unsigned char GrayVal[7][3]; 灰度值(max min);
unsigned char BioMass[3]; 生物量指标
```

```
unsigned char ContourVal[3]; 高程值
unsigned char SlopeVal[3]; 坡度值
unsigned char Aspect[3]; 坡向值
unsigned char Texture[3]; 纹理参数
unsigned char Landuse[3]; 土地利用
unsigned char UserDef; 用户自定义值
unsigned char CondWeight; 权值
}
```

面向对象的空间知识表示方法是表达复杂空间对象知识的一个十分有效的方法，反映某类复杂的空间对象的子类构成及其普遍特征的知识。例如，对于民用机场图像，可以利用面向对象的知识表示方法表达成各个子类及其特征知识和关联知识。如图 12.28 所示，在高分辨率遥感图像上通过对简单子类的识别，可达到判别、识别复杂的机场图像中的空间目标的目的。

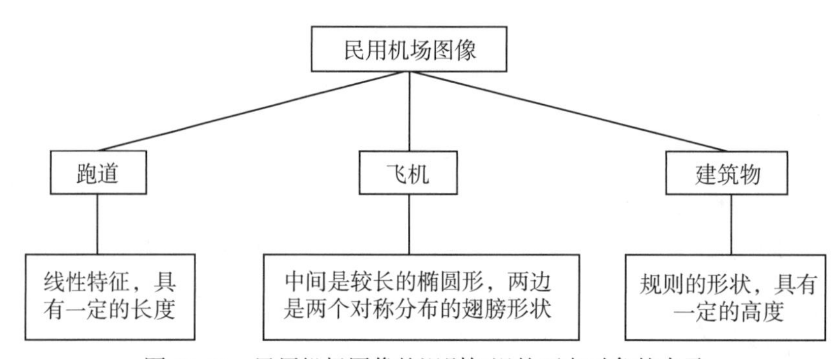

图 12.28　民用机场图像的识别知识的面向对象的表示

12.3.4　空间数据仓库

1. 基本概念

1)数据仓库

数据仓库之父 William H. Inmon 在 1993 年所写的 *Building the Data Warehouse* 一书中，将数据仓库定义为："面向主题的(subject-oriented)、集成的(integrate)、非易变的(non-volatile)、反映历史变化的(time variant)数据集合，用于支持管理决策"(Inmon，1993、2000、2005)。该定义中涉及 4 个关键词：面向主题的、集成的、非易变的、时变的。数据仓库与其他数据存储系统(如关系数据库系统、事务处理系统和文件系统等)的区别可以通过这 4 个关键词来体现。

(1)面向主题的：数据仓库围绕一些主题，如顾客、供应商、产品和销售组织。

(2)集成的：构造数据仓库是将多种数据源(如关系数据库、一般文件和联机事务处理记录)集成在一起进行存储。使用数据清理和数据集成技术，确保命名约定、编码结构、属性度量等的一致性。

(3)时变的：数据存储从历史的角度(如过去5年至10年)提供信息。数据仓库中的关键结构隐式或显示的包含时间元素。

(4)非易变的：指数据保持不变，按计划添加新数据，但依据规则，原数据不会丢失。

2)空间数据仓库

空间数据仓库(Spatial Data Warehouse，SDW)是空间信息科学(RS，GIS，GNSS)技术和数据仓库技术相结合的产物，可以为逐渐兴起的全球变化和区域可持续发展研究以及复杂的商业地理分析等提供强有力的支持。

2. 空间数据仓库的出现

传统的GIS应用系统一般是面向某一个具体应用、由日常的工作流程驱动的，数据往往处于采集时的原始状态；系统应用也只是对业务数据进行增、删、改等事务处理操作和简单的空间查询与分析。为了更好地适应当今全球变化和可持续发展等相关研究的需求，需要用一个统一的信息视图将来自不同学科的相关数据按照相应的主题转换成统一的格式，集成、存储在一起，然后通过各种专业模型从多个角度去了解这个世界。因此，空间数据仓库正是为了更好地满足当今地球信息科学的研究和应用的需要而产生的(赵霈生，杨崇俊，2000)。

空间数据仓库是国内外GIS界研究的热点之一，并已被应用到多个项目，如澳大利亚的土地管理系统、苏格兰的资源环境信息系统，以及我国的"中国资源环境遥感信息系统及农情速报系统(CRERSIS)"等都采用了空间数据仓库技术。例如，CRERSIS系统是中国科学院"九五"特别支持项目，该系统的主要任务是进行全国主要农作物的农情速报和中国可持续发展能力及资源环境方面的国情分析。该系统是面向决策支持的，数据量大、数据类型多样，既有空间特性又有时间特性，需要规范、沉淀、提炼和集成，在设计上需要按照不同的决策主题来组织数据，非常适合利用空间数据仓库技术来完成(赵霈生，杨崇俊，2000)。

3. 空间数据库与空间数据仓库的比较

空间数据库与空间数据仓库中的数据的结构、内容和用法都不相同，二者一般需要分离开来，需要分开存储和管理。

空间数据库(源数据库)负责原始数据的日常操作性应用，操作数据库只维护详细的原始数据，一般不需要存储历史数据，只提供简单的空间查询和分析。空间数据库中的数据尽管很丰富，但是对于空间决策来说，还是远远不够的。

空间数据仓库则根据主题，通过专业模型对不同源数据库中原始的业务数据进行抽取和聚集，形成一个多维视角的，为用户提供一个综合的、面向分析的决策支持环境。决策支持需要将来自多种不同来源的数据统一，如聚集和汇总，产生高质量的、纯净的和集成的数据。

另外，空间数据仓库较好地引入了时间维的概念，可根据不同的需要划分不同的时间粒度等级，以便进行各种复杂的趋势分析，如土地覆盖变化研究、全球气候的变化趋势等，以支持政府部门的宏观决策。

4. 空间数据仓库的主要功能特征

数据仓库是面向主题的、集成的、具有时间序列特征的数据集合，以支持管理中的决策制定过程。空间数据仓库则是在数据仓库的基础上，引入空间维数据，增加对空间数据的存储、管理和分析能力，根据主题在不同的 GIS 应用系统中截取从瞬态到区段直到全体地球系统的不同规模时空尺度上的信息，从而为当今的地球信息科学研究以及有关环境资源政策的制定提供更好的信息服务(赵霈生，杨崇俊，2000)。

空间数据仓库主要具有以下 5 个方面的功能特征。

1)空间数据仓库是面向主题的

传统的 GIS 数据库系统是面向应用的，只能回答很专门、很片面的问题，它的数据只是为处理某一具体应用而组织在一起的，数据结构只对单一的工作流程是最优的，对于高层次的决策分析未必是适合的。

空间数据仓库为了给决策支持提供服务，信息的组织应以业务工作的主题内容为主线。主题是一个在较高层次将数据归类的标准，每一个主题基本对应一个宏观的分析领域。例如，土地管理部门的空间数据仓库所组织的主题有可能为土地覆盖的变化趋势、土地利用变化趋势等；如果按照应用来组织则可能是地籍管理、土地适宜性评价等。

按照应用来组织的系统不能够为土地管理部门制定决策提供直接、全面的服务，而空间数据仓库的数据因其面向主题，具有“知识性、综合性”，所以能够为决策者提供及时、准确的信息服务。

例如，CRERSIS(中国资源环境遥感信息系统及农情速报系统)按照 8 个主题来组织数据，包括：农作物长势监测、农作物种植面积监测、农作物估产、水灾遥感监测、旱灾遥感监测、生物量监测、中国生态环境分析、中国土地资源时空变化分析(赵霈生，杨崇俊，2000)。

2)空间数据仓库是集成的

空间数据仓库的建立并不意味着要取代传统的 GIS 数据库系统。空间数据仓库是为制定决策提供支持服务的，它的数据应该是尽可能全面、及时、准确、传统的。GIS 应用系统是其重要的数据源。

空间数据仓库以各种面向应用的 GIS 系统为基础，通过元数据刻画的抽取和聚集规则将它们集成起来，从中得到各种有用的数据。提取的数据在空间数据仓库中采用一致的命名规则、一致的编码结构，消除原始数据的矛盾之处，数据结构从面向应用转为面向主题。

3)数据的变换与增值

空间数据仓库的数据来自不同的面向应用的 GIS 系统的日常操作数据，由于数据冗余、数据标准和格式存在差异等一系列原因，不能把这些数据原封不动地搬入空间数据仓库，而应该对这些数据进行增值与变换，从而提高数据的可用性。即根据主题分析的需要，对数据进行必要的抽取、清理和变换。

4)时间序列的历史数据

自然界是随着时间而演变的，而事实上任何信息都具有相应的时间标志。因此，为满足趋势分析的需要，每一个数据必须具有时间的概念。

5)空间序列的方位数据

自然界是一个立体的空间，任何事物都有自己的空间位置，彼此之间有着相互的空间关系，因此任何信息都应具有相应的空间标志。一般的数据仓库是没有空间维数据的，不能进行空间分析，不能反映自然界的空间变化趋势。

数据仓库，特别是空间数据仓库正处于研究阶段，尽管已经出现很多数据仓库的产品，但没有形成统一的标准，这项技术还没有达到成熟的阶段。

12.3.5　空间数据挖掘与知识发现

1. 空间数据挖掘的由来和发展

空间数据的采集、存储和处理等现代技术设备的迅速发展，使得空间数据的复杂性和数量急剧膨胀，远远超出了人们的解译能力。空间数据库是空间数据及其相关非空间数据的集合，是经验和教训的积累，无异于一个巨大的宝藏。当空间数据库中的数据积累到一定程度时，必然会反映出某些为人们所感兴趣的规律。这些知识型规律隐含在数据深层，一般难以根据常规的空间技术方法获得，需要利用新的理论技术发现之并为人所用(李德仁等, 2006)。

“数据挖掘与知识发现”这一专业名词，首次出现在1989年8月在美国底特律召开的第11届国际人工智能联合会议的专题讨论会上。1991年、1993年和1994年又相继举行了数据库知识发现(Knowledge Discovery from Database，KDD)专题讨论会，并在1995年召开了第一次KDD国际会议。Fayyad(1993)认为：知识发现是从数据集中识别出有效的、新颖的、潜在有用的，以及最终可理解的模式的非平凡过程；数据挖掘是KDD中通过特定的算法在可接受的计算效率限制内生成特定模式的一个步骤。在一些数据丰富而动力学机制并不明确的领域，特别是数据统计分析、数据库和信息管理系统等领域普遍采用“数据挖掘”名词，而人工智能、机器学习等领域更多使用“知识发现”这一专业名词。

空间数据挖掘(Spatial Data Mining，SDM)，简单地说，就是从空间数据中提取隐含其中的、事先未知的、潜在有用的、最终可理解的空间或非空间的一般知识规则的过程(Koperski et al., 1996；Ester et al., 2000；Miller，Han，2001；李德仁等, 2001；王树良, 2002)。具体而言，就是在空间数据库或空间数据仓库的基础上，综合利用确定集合理论、扩展集合理论、仿生学方法、可视化、决策树、云模型、数据场等理论和方法，以及相关的人工智能、机器学习、专家系统、模式识别、网络等信息技术，从大量含有噪声、不确定性的空间数据中，析取人们可信的、新颖的、感兴趣的、隐藏的、事先未知的、潜在有用的和最终可理解的知识，揭示蕴涵在数据背后的客观世界的本质规律、内在联系和发展趋势，实现知识的自动获取，为技术决策与经营决策提供不同层次的知识依据(李德仁等, 2006；Li et al., 2015)。

李德仁首先关注从空间数据库中发现知识，并予以奠基。在1994年于加拿大渥太华举行的 GIS 国际学术会议上，他首先提出了从 GIS 数据库中发现知识(Knowledge Discovery from GIS，KDG)的概念，并系统分析了空间知识发现的特点和方法，认为它能够把 GIS 有限的数据变成无限的知识，精练和更新 GIS 数据，促使 GIS 成为智能化的信息系统(Li，Cheng，1994)，并率先从 GIS 空间数据中发现了用于指导 GIS 空间分析的知识(王树良，2002)。同时，李德仁等把 KDG 进一步发展为空间数据挖掘和知识发现(Spatial Data Mining and Knowledge Discovery，SDMKD)，系统研究并提出可用的理论、技术和方法，并取得了很多创新性成果(李德仁等，2001、2002、2006；Li et al.，2015)，奠定了空间数据挖掘在地球信息科学中的学科位置和基础。在不引起歧义的前提下，空间数据挖掘和知识发现有时也简称为“空间数据挖掘”(李德仁等，2006)。

我国许多科研院所和高校等先后开展了空间数据挖掘和知识发现的理论和应用研究，例如周成虎团队从地震目录数据分析出发，提出基于空间数据认知的数据挖掘方法，并建立了带控制节点的空间聚类模型、等级加权四指标 Blade 算法和基于尺度空间理论的尺度空间聚类等(汪闽等，2002；汪闽等，2003；裴韬等，2003；秦承志等，2003；陈述彭，2007)。王劲峰等从空间统计与模拟角度，研究和发展了一系列的空间数据挖掘模型(王劲峰，2006；陈述彭，2007；Wang et al.，2008)。邸凯昌出版了本领域第一本专著《空间数据挖掘与知识发现》(2000)，系统地总结了空间数据挖掘研究的内容和方法，并提出了一些基于云模型的空间数据挖掘方法。王树良(2002、2008)提出了空间数据挖掘的视角并成功地应用于滑坡监测数据挖掘。秦昆(2004、2005)针对遥感图像数据，深入研究了图像数据挖掘的理论和方法，重点研究了基于概念格的图像数据挖掘方法，并设计和开发了遥感图像数据挖掘软件原型系统 RSImageMiner。裴韬深入研究了基于密度的聚类方法，并提出了一种利用 EM(Expectation Maximization)算法(划分聚类算法中的一种)进行参数优化的解决途径，该方法有效地解决了基于密度聚类方法的参数确定的问题(Pei et al.，2006)。苏奋振对地学关联规则进行了深入研究，并将其成功应用于海洋渔业资源时空动态分析中(苏奋振，2001；苏奋振等，2004)。葛咏对多重分形进行了深入研究，并提出了基于多重分形的空间数据挖掘方法，并将其成功应用于海洋涡旋信息提取(Ge et al.，2006)。除此以外，还有很多国内的其他学者在空间数据挖掘和知识发现方面作出了很多很好的工作。

在国际上，很多学者对空间数据挖掘与知识发现开展了研究。Koperski 等(1996)总结了空间数据生成、空间聚类和空间关联规则挖掘等方面的研究进展，并指出：数据挖掘已从关系数据库与事务型处理扩展到空间数据库与空间模式发现。Knorr 和 Raymond(1996)提出在空间数据挖掘中寻找集聚邻近关系和类间共性的方法。Han Jiawei 教授领导的小组设计和开发了空间数据挖掘软件原型 GeoMiner，主要是从空间数据库中挖掘出特征规则、比较规则和关联规则、分类规则、聚类规则，并包括预测分析功能(Han et al.，1997)。美国国家航空和宇宙航行局(NASA)喷气推进实验室(JPL)研究和开发了一套图像数据挖掘软件原型系统，即钻石眼(Diamond Eye)系统，该系统能够从图像中自动提取含有语义信息的知识，并且在弹坑地形的探测和分析以及卫星探测等方面得到具体的应用(Burl et al.，1999)。德国遥感中心的 Mihai Datcu 领导的研究组正在进行卫星图像智能信息挖掘软件原型系统的研究，在基于内容的图像检索的基础上，提出一个卫星图像智能信息挖掘系统的开发方法，并设计和开发了相关的软件系统(Datcu et al., 2000)。美国宾夕法尼亚州立大学地理系Geo VISTA研究中心的Apoala计划采用NASA基于贝叶斯概率非监督分类软件包Autoclass和IBM可视化工具Data Explorer进行地学时空数据的挖掘。Han和Kamber(2001)系统地论述了空间数据挖掘的概念和方法。Manjunath领导的研究组基于空间事件立方体对图像对象之间的关联规则进行了研究，其基本思想是：将图像按照一定大小的格网划分为图像片，通过对图像片的内容(颜色、纹理)分析，对图像片的内容进行标注，根据大量的图像对象之间的关系建立空间事件立方体，从而对这些图像对象之间的关联关系进行分析和挖掘(Tesic et al., 2002)。美国亚拉巴马州立大学亨茨维尔分校的数据挖掘研究中心开发了一套地学空间数据挖掘软件原型ADaM，主要是针对气象卫星图像进行挖掘，将所挖掘出的知识应用到气象预报工作中，进行飓风的预报监测、气旋的识别、积云的检测、闪电的检测等，做了大量的相关实验，并且与NASA合作，将图像数据挖掘技术应用到全球变化的研究工作中(He et al., 2002)。除此之外，还有很多其他的国际学者在空间数据挖掘方面也作出很多很好的研究工作。

2. 从空间数据库中可以发现的知识及应用

1)从空间数据库中可以发现的知识类型

空间数据库包括矢量形式的GIS图形数据、栅格形式的图像数据，以及规则格网、不规则三角网(TIN)、等高线形式的三维空间数据等。

从空间数据库中可以发现的知识类型主要包括以下12种类型(李德仁等，2001)。

(1)普遍的几何知识。

普遍的几何知识是指某类目标的数量、大小、形态特征等普遍的几何特征。计算和统计空间目标几何特征量的最小值、最大值、均值、方差、众数等，还可统计特征量的直方图。在足够多样本的情况下，直方图数据可转换为先验概率使用。在此基础上，可根据背景知识归纳出高水平的普遍几何知识。

(2)空间特征知识。

空间特征知识是某类或几类空间目标的几何与属性的普遍特征，即对共性的描述。空间特征知识汇总了作为目标的某类或几类空间实体的几何和属性的一般共性特征。几何特征知识指目标类空间数据的一般特性，属性特征知识则指空间实体的数量、大小和形状等一般特征。空间特征知识描述了某类空间目标之所以称为某类空间目标的本质属性。空间特征知识可以用规则的形式来表示，也可以用框架的方法来表示。

(3)空间分类知识。

空间分类知识是反映同类事物共同性质的特征型知识和不同事物之间差异性特征知识。根据空间分类知识把图像数据中的对象(包括像素)映射到某个给定的类上，可以得到某种特定的分类器。挖掘空间分类知识时，一般是先给定一些已知对象类别的训练样本进行学习和训练，从而挖掘出将对象映射到不同类别上的空间分类知识，然后根据这种空间分类知识对未知类别的对象进行类别的判定。

(4)空间区分知识。

总结空间特征知识时，也可以将该类目标的空间特征与其他目标的空间特征进行比较，找出其中的差别型知识，这时可以认为是空间区分知识。空间区分知识是对个性的一种描述。空间区分知识与空间分类知识不同，分类知识对空间对象进行明确的分类，强调的是分类精度，知识规则的后件是类别，为了保证分类精度，一般在较低的概念层次进行分类；而空间区分知识是对已知类别的对象的对比，区分规则的前件是类别，规则一般在较高的概念层次上描述。

(5)空间聚类知识。

空间聚类知识把特征相近的空间实体数据划分到不同的组中，组间的差别尽可能大，组内的差别尽可能小。空间对象根据类内相似性最大和类间相似性最小的原则分组聚类，并据此导出空间聚类知识，例如，根据图像各像素的灰度值对图像进行自动聚类，从而实现图像的有效分割。空间聚类与空间分类的主要区别体现在：空间分类的类别数是预先给定的，通过训练样本训练学习来获取空间分类知识，而进行空间聚类时，聚类前并不知道将要划分为几类和什么样的类别，是根据聚类算法自己学习来确定类别数，在聚类的过程中可以人为地确定聚类的迭代次数和聚类的层数，从而控制聚类的结果。

(6)空间关联知识。

空间关联知识是找出空间实体或实体的空间属性之间的关联关系，找出空间实体的特性数据项之间频繁同时出现的模式，主要指空间实体间的相邻、相连、共生和包含等关联规则，并且同时给予支持度和置信度作为关联知识的不确定性度量。空间关联规则是空间数据挖掘和知识发现的重要内容之一。例如，村落与道路相连，道路与河流的交叉处是桥梁等都属于空间关联知识。

(7)空间例外知识。

空间例外知识是大部分空间实体的共性特征之外的偏差或独立点，是与空间数据库中的数据的一般行为或模型不一致的数据对象的特性。空间例外是关于类别差异的描述，如标准类中的特例，各类边缘外的孤立点，时序关系上单属性值和集合取值的不同，实际观测值和系统预测值间的显著差别等。空间例外知识对于发现现实世界中的突发事件具有很好的效果，例如，利用 MODIS 卫星对大兴安岭的林区进行监测，通过对该地区的图像进行处理，发现了一些异常情况，则可能是发生了森林火灾或者是森林病虫害。

(8)空间预测知识。

空间预测知识是基于可用的空间数据，利用空间分类知识、空间聚类知识、空间关联规则知识等，预测空间未知的数据值、类标记和分布趋势等。

(9)空间序列知识。

空间序列知识主要反映空间实体随时间的变化规律。在发现序列规则时，不仅需要知道空间事件是否发生，还需要确定事件发生的时间。例如，可以通过对监测洞庭湖湖区范围的序列图像进行分析，从而找出该湖区范围变化的规律；通过对与飓风相关的大量的气象云图进行分析，从而找出反映飓风特点的规律性知识等(秦昆，2004)。

(10)空间分布模式和分布规律。

空间目标在地理空间的分布规律，分成垂直向、水平向，以及垂直向和水平向的联合分布规律。垂直向分布即地物沿高程带的分布，如植被沿高程带的分布规律、植被沿坡度坡向的分布规律等；水平向分布是指地物在平面区域的分布规律，如不同区域农作物的差异、公用设施的城乡差异等；垂直向和水平向的联合分布即不同的区域中地物沿高程的分布规律。

对于图像数据挖掘，可以利用图像数据挖掘的方法对空间对象的分布模式和分布规律进行研究，例如，通过对全国的遥感图像进行分析，通过对植被指数的分析可以挖掘出植被的空间分布规律；通过对高山地区从山脚到山顶的图像进行分析，可以分析垂直地带性规律；通过对不同的空间对象，如林地、耕地、道路、河流等之间的空间关系进行分析，可以得到这些空间对象之间的分布规律(秦昆，2004)。

(11)空间过程知识。

空间过程知识属于过程型知识，例如，通过对某一地区的土壤侵蚀状况进行长期的遥感监测，并对这些图像进行分析，可以挖掘出土壤侵蚀的过程，从而用过程性知识的表示方法描述出该地区的土壤侵蚀过程(秦昆，2004)。

(12)面向对象的知识。

面向对象的方法是表达复杂的空间对象知识的一个十分有效的方法，反映某类复杂的空间对象子类的构成及其普遍特征的知识。例如对于民用机场图像，可以利用面向对象的知识表示方法表达成各个子类及其特征知识和关联知识，从而可以在高分辨率遥感图像上通过对简单的子类的识别，达到判别识别复杂的机场图像中的空间目标的目的。

2)从空间数据库中发现的知识的应用

从 GIS 数据库中发现的知识，可以用于以下两个方面(邸凯昌，2000)。

(1)GIS 智能化分析：空间数据挖掘(SDM)获取的知识同现有 GIS 分析工具获取的信息相比，更加概括、精练，并且能够发现使用现有 GIS 分析工具无法获取的隐含模式和规律。因此，SDM 本身就是 GIS 智能化分析工具，也是构成 GIS 专家系统和决策支持系统的重要工具。

(2)遥感影像解译：用于遥感影像解译中的约束、辅助和引导，解决同谱异物、同物异谱问题，减少分类识别的疑义度，提高解译的可靠性、精度和速度。由于 SDM 是建立遥感影像理解专家系统知识获取的重要技术手段和工具，且遥感影像解译的结果又可更新 GIS 数据库，故 SDM 技术将会促进遥感与 GIS 的智能化集成。

3. 空间数据挖掘与知识发现的方法

数据挖掘与知识发现是多学科和多种技术交叉融合的新领域，它综合了机器学习、数据库、专家系统、模式识别、统计、管理信息系统、基于知识的系统、可视化等领域的有关技术，因而数据挖掘与知识发现方法是丰富多彩的。针对空间数据库的特点，存在下列可采用的空间数据挖掘与知识发现方法(邸凯昌，2000)。

1)统计方法

统计方法一直是分析空间数据的常用方法，适用于数值型数据，有着较强的理论基础，拥有大量的算法，可有效地处理数值型数据。这类方法有时需要数据满足统计不相关假设，但是，很多情况下这种假设在空间数据库中难以满足。另外，统计方法难以处理非数值型数据。应用统计方法需要有领域知识和统计知识，一般由具有统计经验的领域专家来完成。

2)归纳方法

归纳方法对数据进行概括和综合，归纳出高层次的模式或特征。归纳法一般需要背景知识，常以概念树的形式给出。在GIS数据库中，有属性概念树和空间关系概念树两类。背景知识由用户提供，在有些情况下，也可以作为知识发现任务的一部分自动获取。

3)聚类方法

聚类分析方法按一定的距离和相似性测度将数据分成一系列相互区分的组，它与归纳法的不同之处在于：不需要背景知识而直接发现一些有意义的结构与模式。经典统计学中的聚类方法对属性数据库中的大数据量存在速度慢、效率低的问题，因而对图形数据库应发展空间聚类方法。

4)空间分析方法

空间分析方法可采用拓扑结构分析、空间缓冲区分析及距离分析、叠置分析等方法，旨在发现目标在空间上的相连、相邻和共生等关联关系。

5)探测性数据分析方法

探测性数据分析方法(Exploratory Data Analysis，EDA)，采用动态统计图形和动态链接窗口技术将数据及其统计特征显示出来，可发现数据中非直观的数据特征及异常数据。EDA与空间数据分析(SDA，ESDA)相结合，构成探测性空间数据分析(Exploratory Spatial Data Analysis，ESDA)。EDA和ESDA技术在知识发现中可用于选取感兴趣的数据子集(即数据聚焦)，并可初步发现隐含在数据中的某些特征和规律。

6)粗糙集方法

粗糙集理论(Rough Sets Theory)是波兰华沙大学的Pawlak教授在1982年提出的一种智能数据决策分析工具，被广泛研究并应用于不精确、不确定、不完全信息的分析和知识获取。

粗糙集理论为GIS的属性分析和知识发现开辟了一条新途径，可用于GIS数据库属性表的一致性分析、属性的重要性、属性依赖、属性表简化、最小决策和分类算法生成等领域。粗糙集方法与其他知识发现方法相结合，可以在GIS数据库中数据不确定情况下获取多种知识。例如，在经过统计和归纳，从原始数据得到普遍化数据的基础上，粗糙集用于普遍化数据的进一步简化和最小决策算法生成，使得在保持普遍化数据内涵的前提下，最大限度地精练知识。

7)云模型

云模型是由李德毅等(1995)提出的用于处理不确定性问题的一种新理论，包括云模型、不确定推理和云变换等方法。云模型将模糊性和随机性结合起来，解决了作为模糊集理论基石的隶属函数概念的固有缺陷，为KDD中定量与定性相结合的处理方法奠定了基础。

8)图像分析和模式识别

空间数据库中含有大量的图形图像数据，一些行之有效的图形分析和模式识别方法可直接用于发现知识，或作为其他知识发现方法的预处理手段。

9)概念格方法

概念格，又被称为形式概念分析，是数据分析的有力工具之一。形式概念分析是一种用数学公式明确表示人类对概念理解的集合理论模型，用来研究特定领域内可能存在的概念的几何结构、概念格形式。形式概念分析提供了一种支持数据分析的有效工具，它的每个节点为一个形式概念，由外延和内涵两部分组成。其中，外延即为概念所覆盖的实例，内涵是对概念的描述，描述该概念覆盖实例的共同特征。概念格通过Hasse图生动、简洁地体现了这些概念之间的泛化和特化关系，概念格是进行数据分析的有力工具之一。

形式概念分析与传统的非监督聚类的区别在于：它不仅找出数据中的层次聚类，而且找出关于概念的一个很好的描述。从数据集(概念格中称为形式背景)中生成概念格的过程，实质上是一种概念聚类过程，是一个从上到下的、递增式的、“爬山式”的分类方法。

10)其他方法

另外，决策树、神经网络、证据理论、模糊集理论、遗传算法、支持向量机等也可用于空间数据挖掘和知识发现。

以上介绍了一些在空间数据挖掘与知识发现领域常用的方法，但这些方法不是孤立应用的，有时为了发现某类知识还需要综合应用这些方法。例如，在时空数据库中挖掘空间演变规则时，首先利用空间分析方法中的叠置分析方法从空间数据库中提取出已变化的数据，再用综合统计方法和归纳方法得到空间演变规则。又如，可以把面向属性的归纳方法(Attribute Oriented Induction，AOI)与探测性的数据分析和粗糙集方法结合起来，构成探测型的归纳学习方法，可用于发现多种知识(邸凯昌，2000)。

4. 空间数据挖掘系统的结构及开发方法

根据空间数据库数据类型的不同，有两种空间数据挖掘系统结构：基于GIS的空间数据挖掘系统结构；基于图像(遥感图像)数据的空间数据挖掘系统结构。

1)基于GIS的空间数据挖掘系统结构

如图12.29所示，为基于GIS的空间数据挖掘系统的一般结构(邸凯昌，2000)。图12.29中的单线箭头方向为控制流，实心箭头方向为信息流。从图中可以看出，知识发现同空间数据库管理是密切相关的。用户发出知识发现命令，知识发现模块触发空间数据库管理模块，从空间数据库中获取感兴趣的数据，或称为与任务相关的数据；知识发现模块根据知识发现要求和领域知识从与任务相关的数据中发现知识；发现的知识要交互、反复地进行才能得到最终满意的结果。所以，在启动知识发现模块之前，用户往往直接通过空间数据库管理模块交互地选取感兴趣的数据，用户看到可视化地查询和检索结果后，逐步细化感兴趣的数据，然后再开始知识发现过程。

在开发知识发现系统时，有两个重要的问题需要考虑并作出选择：

(1)自发地发现还是根据用户的命令发现。自发地发现会得到大量不感兴趣的知识，而且效率很低，根据用户命令执行则发现的效率高、速度快，结果符合要求。一般应采用交互的方式，对于专用的知识发现系统可采用自发的方式。

(2)KDD系统如何管理数据库，即KDD系统本身具有DBMS功能还是与外部DBMS

系统相连。KDD 系统本身具有 DBMS 的功能，系统整体运行效率高，缺点是软件开发工作量大，软件不易更新。KDD 系统与外部 DBMS 系统结合使用，整体效率稍低，但开发工作量小，通用性好，易于及时吸收最新的数据库技术成果。由于 GIS 系统本身比较复杂，在开发 SDM 工具时应在 GIS 系统之上进行二次开发。

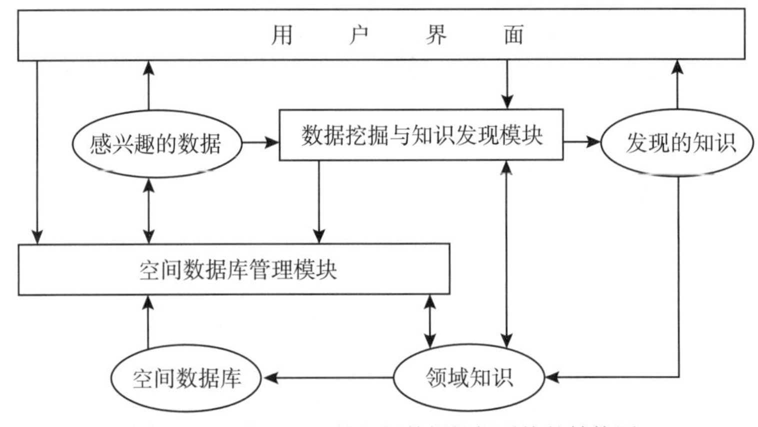

图 12.29　基于 GIS 的空间数据挖掘系统的结构图

基于上述两个问题的考虑，需要考虑开发空间数据挖掘系统的 4 条建议：

(1)基于通用 GIS 的二次开发工具及 Visual Basic、Visual C++、C#、.NET 等进行开发，采用 ODBC 标准或 ArcSDE 空间数据引擎，以及 OLE(对象链接与嵌入)、DLL(动态链接库)等编程技术提高软件的通用性和开放性，并支持常用的标准数据格式。

(2)SDM 系统可单独使用，也可作为插件软件附着在 GIS 系统之上使用，或者 SDM 系统本身就是未来智能化 GIS 系统的有机组成部分。

(3)知识发现算法应该既可自动地执行，又要有较强的人机交互能力。

(4)用户可定义感兴趣的数据子集，提供背景知识，给定阈值，选择知识表示方式等。若不提供参数，则自动地按缺省参数执行。

2)基于图像数据的空间数据挖掘结构

基于图像数据的空间数据挖掘系统的结构如图 12.30 所示(秦昆，2004)。

根据图像数据挖掘的内容，划分为图像数据管理模块、光谱(颜色)特征数据挖掘模块、纹理特征数据挖掘模块、形状特征数据挖掘模块、空间分布规律挖掘模块、图像知识的存储与管理模块，以及图像知识的应用模块(包括基于知识的图像分类模块、基于知识的图像检索模块、基于知识的目标识别模块)等。

在实际应用中，利用 Visual C++进行图像数据挖掘软件系统的开发，利用关系数据库管理系统 Access 数据库管理系统进行数据库的统一管理。图像数据以 BLOB 长二进制对象的方式存储在 Access 数据库中，而图像特征数据以关系数据表格的形式进行存储。知识库中的知识规则以关系表格的数据记录的形式进行存储，同时以文本文件的形式进行知识的存储，并将文本形式的知识文件作为一个整体存储在关系表格的字段值中(秦昆，2004)。

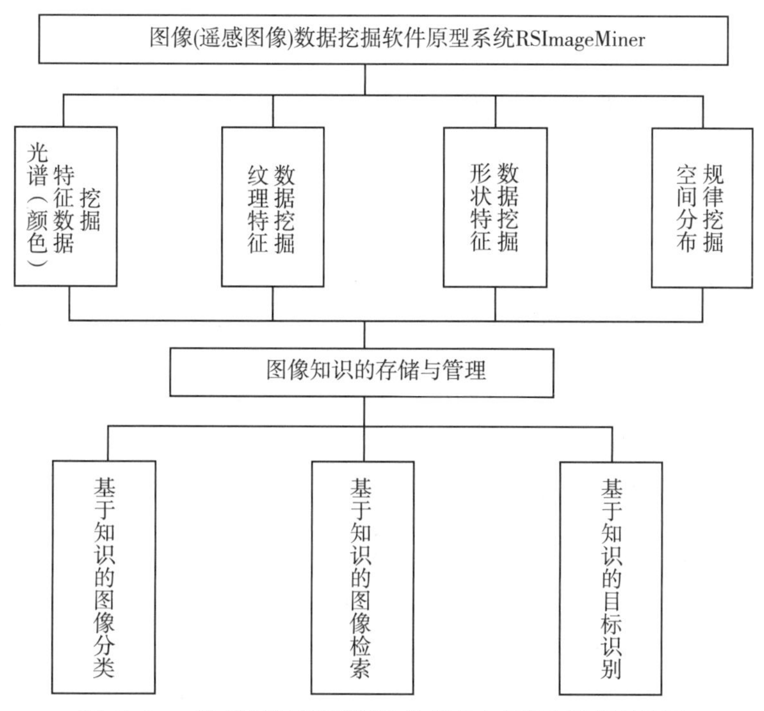

图 12.30　基于图像(遥感图像)数据的空间数据挖掘结构图

5. 空间数据挖掘发展方向探讨

在空间数据挖掘的理论和方法方面，重要的研究方向有：背景知识概念树的自动生成、不确定性环境下的数据挖掘、递增式数据挖掘、栅格矢量一体化数据挖掘、多分辨率及多层次数据挖掘、并行数据挖掘、新算法和高效率算法的研究、空间数据挖掘查询语言、规则的可视化表达等。

在空间数据挖掘的系统实现方面，重要的研究方向包括：多算法的集成，空间数据挖掘系统中的人机交互和可视化技术，空间数据挖掘系统与地理信息系统、遥感解译专家系统、空间决策支持系统的集成等。

12.3.6　时空大数据分析

自 21 世纪以来，人类逐步进入大数据时代。大数据时代的到来，给测绘地理信息创新发展带来了良好机遇，衍生发展出一系列的时空大数据分析方法。通过时空大数据分析，发现支持空间决策支持的规律性知识，从而有效地支撑空间决策。大数据时代的 GIS 面临着大数据体量大、流质性、模态多样，以及大数据难以挖掘隐含价值等挑战(李德仁等, 2022)。在遥感和对地观测领域，随着对地观测技术的发展，人类对地球的综合观测能力达到空前水平，遥感数据呈现出明显的“大数据”特征(李德仁等, 2014)。

以下介绍时空大数据分析的 3 类代表性方法：轨迹聚类与分析、融合遥感与社会感知的城市功能区提取、地理多元流分析(秦昆等, 2022a)。

1. 轨迹聚类与分析

行为轨迹大数据中隐藏具有强时空相关性的时空聚类模式，蕴含人们丰富的行为模式和活动规律。行为轨迹大数据的高性能时空聚类与社会分析是地理信息科学与工程领域迫切需要解决的关键科学问题(秦昆等, 2018)。考虑时空相关性的行为轨迹时空聚类挖掘过程包括：①行为轨迹数据预处理；②时空相关性分析；③属性特征提取；④考虑时空相关性的时空聚类；⑤时空聚类模式挖掘。行为轨迹时空聚类模型既是计算密集型的，也是数据密集型的，因此应分别从算法并行和数据并行两个方面考虑，按照分布式数据库对数据并行的要求，研究行为轨迹的数据划分策略和弹性资源分配方法，按照高性能算法设计流程和方法，进行时空聚类算法的高性能优化求解(Gu et al., 2017)。行为轨迹时空聚类的应用包括：热点区域提取(赵鹏祥, 2015；秦昆等, 2017)、异常轨迹探测(王玉龙, 2018)、交通拥堵分析(徐源泉, 2020)等。

城市热点区域通常是指商业较发达、居民出行次数较多、交通流量较大的区域，在某种程度上是人们密集出行的体现。空间聚类是从人类移动轨迹中提取和分析城市热点区域的重要方法之一。基于轨迹聚类的城市热点区域提取是将表征人类活动的轨迹点或轨迹线划分成若干个类的过程。每个类代表一个城市热点区域。轨迹聚类过程中需要解决两个关键问题：轨迹相似性度量、轨迹划分。通过对代表乘客出行出发地和目的地的轨迹点进行空间聚类，可以有效地提取某一时刻城市的热点区域(赵鹏祥, 2015)。

异常轨迹是指轨迹数据中不同于大多数驾驶者常规选择路线的轨迹。利用这些异常轨迹可以分析驾驶者或乘客的异常行为，可以为城市交通管理和社会管理等提供决策支持。轨迹聚类是异常轨迹探测的常用手段之一。例如，以武汉市 2014 年 5 月的出租车轨迹数据为数据源，选取武昌火车站为出发地、武汉火车站为目的地，获取它们之间的所有载客轨迹，利用异常轨迹探测方法进行实验，提取出发地和目的地之间的正常轨迹聚类簇和异常轨迹，并进一步推断异常轨迹产生的原因(王玉龙, 2018)。

城市交通拥堵是车辆移动过程中产生的一种时空聚集现象，通过对缓速轨迹进行聚类分析，可以有效地挖掘城市交通拥堵区域(徐源泉, 2020)。城市交通拥堵存在一定的时空变化模式，基于数据场理论可以对城市拥堵区域进行分级，探索城市交通拥堵的时空变化规律(Liu et al., 2015)，并利用形态学的方法，可以挖掘不同拥堵级别下城市交通拥堵区域从形成、增长、移动、缩小到消散的全生命周期变换模式(Qin et al., 2019)。

2. 融合遥感与社会感知的城市功能区提取

传统的城市功能区提取与分析研究主要是采用土地利用现状图、问卷调查等数据进行分析和处理，往往存在数据单一、分析不够全面等问题，更多的是对地物的物理属性的感知和观测，难以对城市的社会属性进行感知和观测。随着传感网技术、通信技术等的发展，对社会属性的社会感知成为传统遥感的物理感知的一种重要补充(Liu et al., 2015)，综合应用传统的遥感数据和社会感知数据对城市化问题进行综合分析是一种切实有效的思路(Liu et al., 2018；Huang et al., 2019)。在这一背景下，张晔(2020)基于高分辨率遥感影像、建筑物轮廓数据、开放街区地图(Open Street Map，OSM)数据、出租车轨迹数据和兴趣点数据等多源地理数据，充分挖掘城市用地的自然物理属性和社会经济属性信息，从而提取城市空间内部各地区的功能属性，分析各组成部分之间的相互作用和功能分布模式(Zhang et al.，2020；张晔，2022)。

3. 地理多元流分析

世界是一个相互关联的网络。物质、信息、能量等的移动或交换嵌入地理空间形成的地理多元流网络，为从地理和网络角度研究全球性问题提供了新的视角。如何构建多主题、时变的地理多元流网络，识别其网络结构、时变规律和关联模式，并为解决全球性的人口移动、航空交通、国际关系、国际贸易等问题提供支持，是迫切需要解决的问题。全球尺度地理多元流网络化挖掘及关联分析的研究框架包括：多源数据收集与整理、地理多元流网络构建与结构识别、地理多元流网络演化分析、地理多元流网络关联分析等(秦昆等，2022b)。

国际关系(这里主要指国际政治关系)包括国家/地区之间的合作、冲突，以及积极关系、消极关系等，可以理解为国家/地区之间的一种信息流。国际关系研究正从国家/地区间的关系研究走向日益开放和多元化的网络空间关系研究。社会网络分析已经成为国际关系研究的一种新范式(Hafner-Burton et al.，2009)。从地理视角探究国家/地区间各种关系的地缘政治，与社会网络分析对“关系”的关注非常吻合，可以借助社会网络分析研究地缘政治环境(潘峰华等，2013)。国际关系具有复杂性、及时性、时空性等特点，迫切需要时空大数据分析技术为其提供新的思路和技术手段。利用社会网络分析和时空大数据分析技术进行国际关系网络化挖掘是一种有效的新思路(秦昆等，2019)。

国家/地区之间的贸易往来形成了以国家/地区为节点、贸易关系(贸易额或贸易商品和服务量)为边的国际贸易流网络。国际贸易流的网络化挖掘是研究国际贸易格局的重要方法。国际贸易流网络是一个典型的复杂网络(Serrano，Boguñá，2003)：节点度分布具有无标度性，网络具有较高的平均聚集系数和较短的平均最短路径等。复杂网络为国际贸易流的研究提供了重要的理论和方法。将社会网络分析与空间分析相结合，可以有效地分析“一带一路”沿线国家之间的原油贸易关系，从而为贸易政策的指定提供重要基础(Wang et al.，2022)。

航空航班数据是一种典型的“流”(flow)数据，基于航空航班数据的网络化挖掘是重要的航空流数据分析方法，目前基于航空网络的研究主要涉及网络测度和统计特征的演化分析(Cheung et al.，2020)、网络的恢复力与稳定性分析(Bauranov et al.，2021)、航空网络与其他网络协同演化分析(Wang et al.，2020)、网络连通性和可达性分析(李思平，周耀明，2021；杜方叶等，2022)等。

网络化挖掘是研究宏观人口移动的重要方法，其思路是将个体的移动聚合到大尺度地理区域上，形成以地理单元为节点、地理单元之间交互关系为边的空间交互网络，通过步长分布、重力模型拟合、社区提取等方法分析其背后的地理格局(Liu et al.，2014)。

◎ 思考题

1. 简述空间分析与空间决策支持的关系。
2. 简述一般空间分析的步骤并举例说明。
3. 简述空间决策支持的概念和一般过程。
4. 简述智能空间决策支持的概念和体系结构。
5. 简述空间决策支持系统的一般构建方法。
6. 简述空间决策支持系统的功能。
7. 简述决策支持系统技术及其与空间决策支持的关系。
8. 简述专家系统技术及其与空间决策支持的关系。
9. 简述空间知识的表示方法及其与空间决策支持的关系。
10. 简述空间数据仓库技术及其与空间决策支持的关系。
11. 简述空间数据挖掘与知识发现方法及其与空间决策支持的关系。
12. 简述时空大数据分析及其与空间决策支持的关系。

第 13 章　空间分析建模与应用

空间分析建模是空间分析应用的基础。空间分析的应用与空间分析建模是密切相关的，空间分析的应用领域与 GIS 的应用领域基本上是一致的，本章介绍这些具体的应用，是要强调 GIS 的空间分析功能。空间分析的具体应用领域包括城市规划与管理、厂址选择、水污染监测、洪水灾害分析、道路交通管理、地震灾害和损失估计、输电网管理、配电网管理、地形地貌分析、医疗卫生、军事等领域。

13.1　空间分析与空间建模

13.1.1　从空间分析到空间建模

从空间分析(空间数据分析)的任务来看，空间规划决策与调控是空间分析的高级阶段；从空间分析的类型来看，地理模型分析是对空间过程建模分析和空间现象发生机理的解释分析，空间分析为复杂的空间模型的建立提供基本的分析工具，应用模型是对空间分析的应用和发展。空间分析只有走向空间建模，解决各个行业中与空间位置有关的问题，才能发挥其最大效能。但这绝不是要抛弃空间图形分析和空间数据分析，因为它们是空间建模和分析的基础。

空间分析建模与空间建模的含义不尽相同：前者指运用 GIS 空间分析方法建立数学模型的过程(汤国安，杨昕，2006)；后者的意义没有统一的定义，既可以理解为基于 GIS 的空间问题分析和决策过程就是一个通过建立模型产生期望信息的过程(王远飞，何洪林，2007)，又可以解释为一切与空间位置相关的模型的建立。而空间模型的建立又要借助 GIS 空间分析的原理、方法和技术，因此我们统称为空间建模，不作详细区分。

13.1.2　空间建模分类

模型的类型根据分类方法而不同，常用的分类方法包括：根据建模目的分类、根据使用方法分类、根据逻辑分类等。其中，根据 GIS 空间建模的目的，可分为以特征为主的描述模型(descriptive model)与提供辅助决策信息和解决方案为目的的过程模型(process model)两大类型；根据使用的方法可分为随机模型和确定性模型；根据逻辑可分为归纳模型和演绎模型等(王远飞，何洪林，2007)。下面详述按建模目的分类的两类模型。

(1)描述模型：这是一类用描述方法研究区域中的实体类型、特征、相互之间的空间关系和实体属性特征的模型。一般用描述模型回答“是什么”这类简单地理问题，或者描述某类形象存在的环境条件。描述模型不仅能够使用单一的地图图层数据，而且能够综合使用多个地图图层描述空间联系，表示不同条件下的空间关系或空间模式。因此，描述模型的使用有助于识别空间关系、空间模式，增进我们理解地理过程的能力。有时描述模型就指 GIS 的数据模型。

(2)过程模型：运用数学分析方法建立表达式，模拟地理现象的形成过程的模型称为过程模型，也叫处理模型。过程模型适合回答“应当如何”之类的地理问题。过程模型根据描述模型所建立起来的对象间的关系，分析其相互作用并提供决策方案。需要运用多种分析方法进行空间运算，并从中产生描述模型所不包括的新的信息(王远飞，何洪林，2007)。

过程模型的类型很多，用于解决各种各样的实际问题，具体包括以下 4 种类型。

①适宜性建模：主要应用于农业应用、城市化选址、道路选择等。

②水文建模：如分析水的流向。

③表面建模：如分析城镇某个地方的污染程度。

④距离建模：如从出发点到目的地的最佳路径的选择等。

13.1.3　空间建模的步骤

在进行空间建模时，首先要对模型的形成过程概念化，模型的概念化是建模过程的一般模式。这一基本过程可概括为 6 个基本步骤(王远飞，何洪林，2007)，如图 13.1 所示。

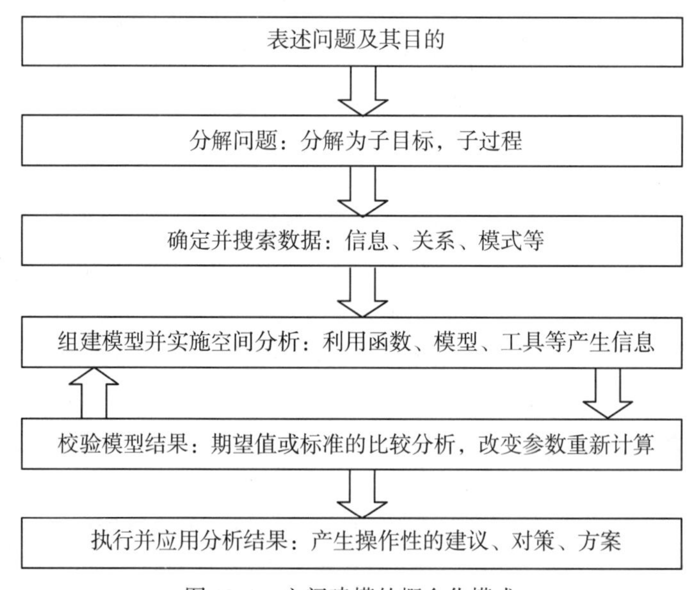

图 13.1　空间建模的概念化模式

空间建模的基本步骤如下：

(1)明确问题：分析问题的实际背景，对问题进行清晰的表述，并进一步弄清建立模型的目的，即明确实际问题的实质所在。

(2)分解问题：找出实际问题有关的因素，通过假设把所研究的问题分解、简化，将复杂的问题分解为若干个子问题，将空间分析的总目标分解为若干子目标，将空间分析过程分解为子过程。

(3)确定并搜索数据：明确空间分析模型需要考虑的因素以及它们在过程中的作用，并准备有关的数据，包括相关的信息、关系、模型等。

(4)组建模型并实施空间分析：运用数学知识和空间分析工具描述问题中变量间的关系，组建空间分析模型，实施空间分析，利用空间分析函数、模型、工具等产生所需要的信息。

(5)校验模型结果：运行所得到的模型、解释模型的结果或把运行结果与实际观测对比。如果模型结果的解释与实际状况符合或结果与实际观测基本一致，表明模型是符合实际问题的。反之，表明模型与实际不相符，不能将它运用到实际问题。如果图形要素、参数设置没有问题，就需要返回到建模前的问题分解。检查对问题的分解、假设是否正确，参数的选择是否合适，是否忽略了必要的参数或保留了不该保留的参数，对假设作出必要的修正，重复前面的建模过程，直到模型的结果满意为止。

(6)执行并应用分析结果：在对模型满意的前提下，可以运用模型得到对结果的分析，产生相应的操作性建议、对策、方案等。

13.1.4 空间分析图解过程建模

图解建模法属于基于面向目标的图形建模方法。将空间分析过程利用图形化的方法构建过程模型，有利于更容易理解空间分析过程。图解建模是指利用直观的图形语言将一个具体的过程模型表达出来。其基本步骤为：①分别定义不同的图形代表输入数据、输出数据、空间处理工具；②以流程图的形式进行组合并且可以执行空间分析操作。

当空间处理涉及许多步骤时，建立模型可以让用户创建和管理自己的工作流，明晰其空间处理任务，为复杂的空间分析任务建立一个固定有序的处理过程。

一些空间分析软件提供了图形化的图解建模方法，例如，ArcGIS 提供了图解建模工具 Model Builder，Knime 软件、Alteryx 软件等也提供了丰富的图解建模工具。

1. 基于 Model Builder 的空间分析图解建模及工作流技术

ArcGIS 空间分析的模型可以在模型生成器(Model Builder)中完成建立图解模型。Model Builder 是 ArcGIS 提供的构造地理工作流和脚本的图形化建模工具，可以将数据和空间处理工具连接起来处理复杂的 GIS 任务，并且可以使多人共享方法和流程，多人可以使用相同的模型来处理相似的任务。在 Model Builder 中输入数据、输出数据和相应的空间处理工具以直观的图形语言表示，它们按有序的步骤连接起来，使用户对模型的组成及执行过程的认识更加简单，并且对模型进行修改和纠错更加容易。

利用 Model Builder 构建一个空间分析图解建模的实例如图 13.2 所示。图解建模的基本过程说明如下：

(1)打开模型构造窗口：点击 ArcMap 的菜单“Geoprocessing”，选择子菜单“Model Builder”，打开模型构造窗口“Model1”。

(2)创建变量：在模型构造器 Model Builder 的模型构造画布中，右键选择“Create

Variable(创建变量)”，然后选择“Data Element(数据元素)”，将出现一个椭圆形的数据元素，修改其名称为“输入研究区域”，然后双击该椭圆，设置输入数据。例如，设置输入数据为我国的省级行政区域图的 shp 文件。

(3)设置空间分析工具：通过 ArcToolbox 的“Analysis Tools(分析工具)”，分别选择其中的“Select(选择)”“Buffer(缓冲区分析)”，空间分析工具为矩形框。

(4)连接数据和工具：①使用 Model Builder 的连接工具，将“输入研究区域”的椭圆形数据框与“Select(选择)”矩形工具框相连，然后设置选择条件(如“FID < 10”，即：选择特征编号小于 10 的区域)。②使用 Model Builder 的连接工具，将上一步操作得到的“选择后的研究区域”数据框与“Buffer(缓冲区分析)”工具库相连接，并进一步设置相应的属性，例如设置缓冲区距离为“50km”，并设置输出结果的文件路径和文件名。

(5)验证模型并保存模型：选择 Model 下面的子菜单“Validate Entire Model”对模型进行验证，验证通过后保存该模型，以便后期重复使用或进一步修改。

(6)运行模型得到结果：选择 Model 下面的运行子菜单“Run”，运行模型，得到空间分析模型运行的结果。如果不满意，则可以进一步在 Model Builder 中修改模型或相应参数。

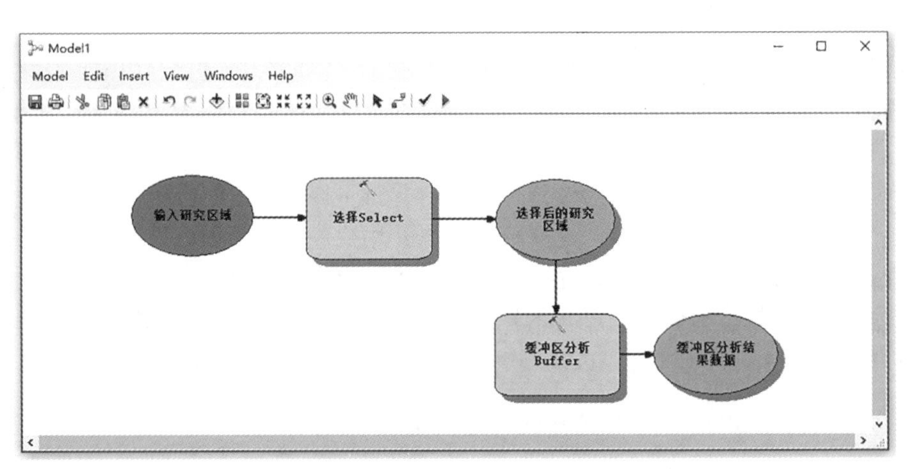

图 13.2　基于 Model Builder 的图解建模

2. 基于 KNIME 的空间分析图解建模及工作流技术

KNIME 数据分析平台(KNIME Analytics Platform)是一款开源的数据分析软件，提供了方便易用的可视化界面，帮助用户开展各种分析和应用，提供了自动表格分析、数据分析、机器学习等功能。KNIME 数据分析平台采用工作流的方式构建分析流程，并可以方便地与其他开发语言和系统有机集成，包括 Python、Java 等，而且有着丰富的第三方扩展，方便完成各种数据分析和机器学习任务。KNIME 数据分析平台不仅能进行各种数据分析，还可以与第三方的大数据框架集成，能够方便地与 Apache 的 Hadoop 和 Spark 等大数据框架集成在一起。

KNIME 数据分析平台可以通过直接访问 KNIME 网站(https：//www.knime.com)下载，下载后根据提示直接安装即可。

KNIME 数据分析平台采用工作流(workflow)的方式建立分析挖掘流程。分析挖掘流程由一系列功能节点(node)组成，通过拖拽的方式创建节点，节点包括节点名、输出端、输入端、节点状态、节点注释等。输入/输出端口(port)用于接收数据或模型、导出结果。KNIME 中的每个节点都带有类似“交通信号灯”的标识，用于指示该节点的状态。节点状态包括：①未连接、未配置、缺乏输入数据时为红灯；②准备执行为黄灯；③执行完毕后为绿灯。

如图 13.3 所示，利用 KNIME 数据分析平台构建图解建模工作流的示例，分别包括数据读入、数据预处理、数据可视化等步骤。图中的工作流由若干个节点，以及节点之间的连线构成。节点代表数据的输入/输出，或者某种分析处理，每个节点用红灯、黄灯或绿灯表示节点的状态。

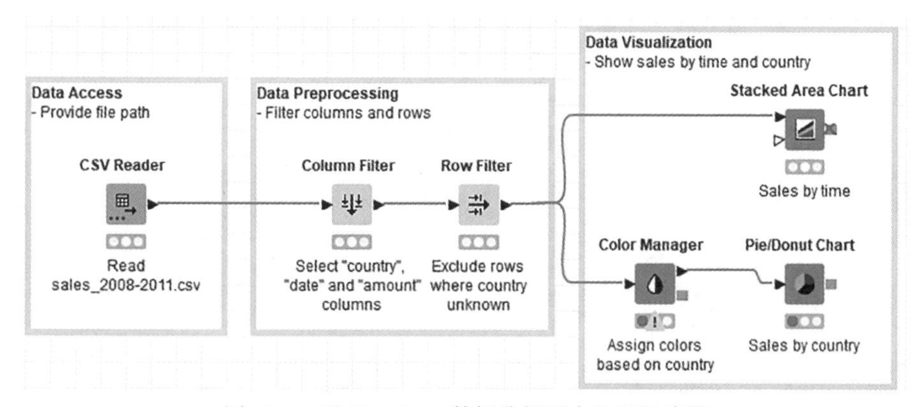

图 13.3 基于 KNIME 数据分析平台的图解建模

3. 基于 Alteryx 的空间分析图解建模及工作流技术

Alteryx 软件是 Alteryx 公司开发的专门应用于数据分析(含空间分析)的软件，提供了丰富的数据分析、空间分析、机器学习，以及相关数据科学处理等功能。该软件具有操作简单、运行速度快、分析结果表达形式多样等优点。该软件通过简单地拖放图形的用户界面，从数据的输入、处理到输出，整个过程都是以流程图的形式显示在用户面前，直观明了，是一种方便实用的构建空间分析图解建模和工作流的软件。当我们需要使用软件的某项功能时，只需要用鼠标左键按住对应的图标，然后将该图标拖入工作区即可。

下载 Alteryx 软件，请登录 Alteryx 公司的官方网站 http：//www.alteryx.com，该软件提供了 30 天的免费使用许可。

Alteryx 软件提供了丰富的空间分析工具，包括：Buffer(缓冲区分析)、Create Points(创建点)、Distance(距离分析)、Find Nearest(查找最邻近对象)、Generalize(简化)、Heat Map(热图)、Make Grid(创建格网)、Poly-Build(多边形构建)、Poly-Split(多边形拆

分)、Smooth(平滑)、Spatial Info(空间信息)、Spatial Match(空间匹配)、Spatial Process(空间处理)、Trade Area(交易区域)等。

如图 13.4 所示，为使用缓冲工具(Buffer)的工作流示例。图中，第一个节点为数据输入节点，利用该节点输入将进行缓冲区分析的图形数据对象。两个分支的第二个节点代表缓冲区分析，分别代表向外生成缓冲区、向内生成缓冲区(也称为创建收缩缓冲区)。两个分支的第三个节点代表相应的数据输出节点。图 13.5 为利用图 13.4 的缓冲工具工作流生成的结果数据。其中，图 13.5(a)为向外缓冲生成的扩展缓冲区示意图，图 13.5(b)为向内缓冲生成的收缩缓冲区示意图。

类似地，可以创建一系列的空间分析模型的工作流。

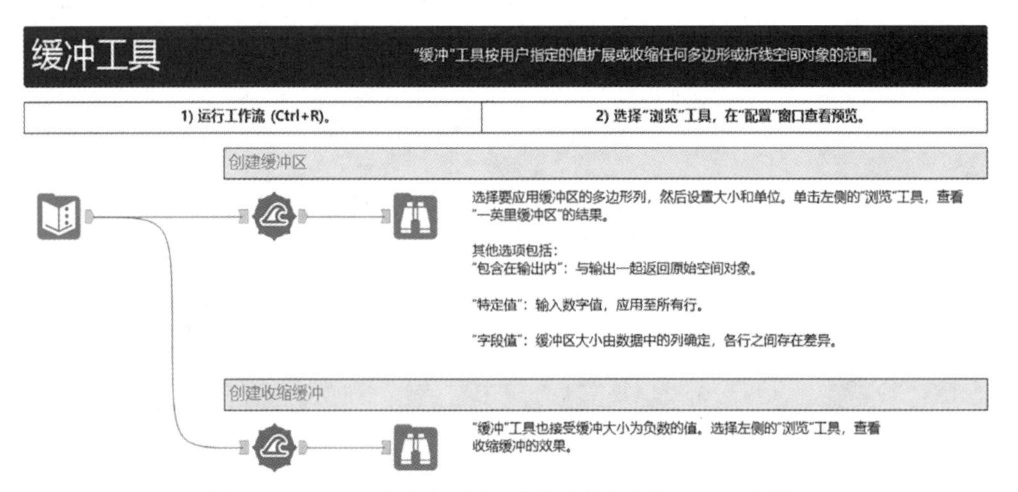

图 13.4　Alteryx 的缓冲工具工作流示例(引自 Alteryx 教程)

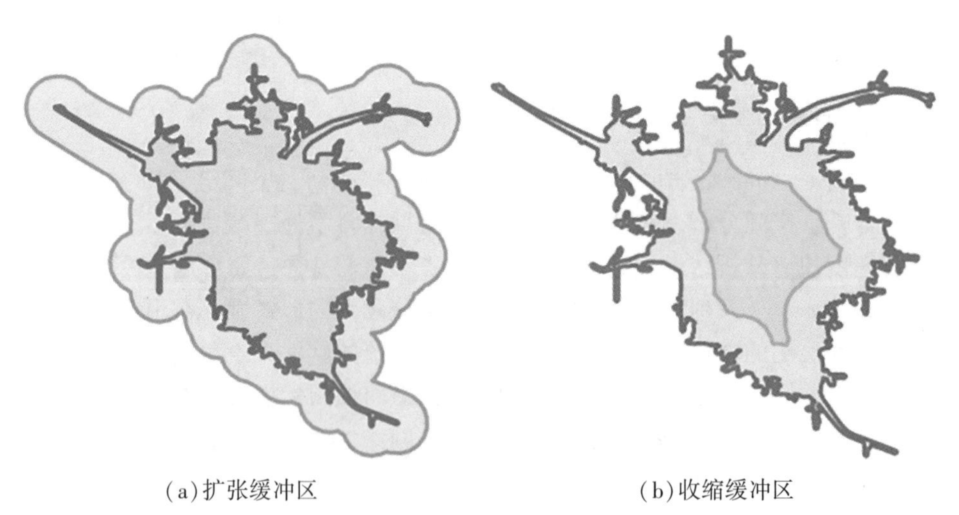

(a)扩张缓冲区　　　(b)收缩缓冲区

图 13.5　缓冲区分析结果图(引自 Alteryx 教程)

13.2 空间分析应用

13.2.1 空间分析在洪水灾害评估中的应用

洪水灾害是当今世界上主要的自然灾害之一，防治洪水灾害是世界各国普遍关注的问题。在过去相当长的时间内，世界各国的防洪战略主要是依靠水利工程控制洪水、降低洪灾损失，但随着社会经济的发展，人类不断扩大对自然资源的开发利用范围，洪水出现频数及其所造成的损失也不断增加。人们逐渐认识到，仅仅采用水利工程措施不能完全抵御洪水，尤其是发生特大洪水时，借助水利工程来保障灾区的安全并不那么容易。20世纪70年代，美国首先提出采用非工程措施(non-structural measures)的概念，即通过洪水预报、防洪调度、分洪、滞洪、立法、洪水保险、洪泛区管理以及造林、水土保持等非工程措施来减缓洪涝灾害，改变损失分摊方法，加强防洪管理，顺应洪水的天然特性，因势利导，以达到防洪减灾的目的。

快速、准确、科学地模拟、预报洪水，以便发挥防洪工程效益，对防洪减灾和洪灾评估等有重要作用。传统的基于人工为主的信息获取和处理方法已很难满足防洪救灾工作的需要，由于地理信息系统具有独特的空间信息处理和分析功能，具有空间性和动态性，它可以为洪水预测及演进仿真模拟的研究提供对多源地表空间信息的综合分析和解释，GIS平台使得原有水力学数值计算的应用范围更加广泛。

1. 数据库和评估模型的建立

洪水灾害的研究是一个十分广泛的课题，涉及自然科学和社会科学的众多领域。在洪水灾害损失评估信息系统中，利用建立的灾害数据库和灾害评估模型，在地理信息系统的支持下，在遥感监测的基础上，可以对洪水淹没的土地类型、受灾人口和房屋、洪水淹没历时、作物损失程度等进行科学而有效的评估。

数据库是洪水灾害损失评估的基础。洪水灾害损失评估数据库包括：①数字地形数据；②行政区划数据；③洪灾区的土地利用数据；④社会经济数据(包括以行政区划为单位的人口、农作物产量、投入、总产值等)；⑤历史洪水损失数据；⑥水文气象数据库等。

评估模型为利用数据库中的数据进行快速评估提供方法，这些模型包括：受灾地区土地利用评估分析模型、受淹人口与房屋评估模型、受淹农作物损失估算模型，以及防洪抗灾辅助决策模型(包括洪灾行为的模拟模型、滞洪区洪水演进模型、避险迁安分析模型等)。这些模型一起构成模型库，再与数据库一起构成评估系统的主体。

洪水灾害评估系统结构图如图13.6所示。

2. 空间分析应用于洪灾评估系统的特点

1)多源数据的综合分析

地理信息系统具有以数字方式综合不同来源数据的功能，为洪水灾害的分析提供必要的数据基础，可以克服传统分析方法数据不足的弱点。

2）多层次模型分析

作为一个专题性地理信息系统，洪水灾害分析信息系统不仅充分利用 GIS 软件提供的各种数据处理分析功能，而且在更高层次上开发专业模型和专家系统，提高分析工作的科学性和深度。

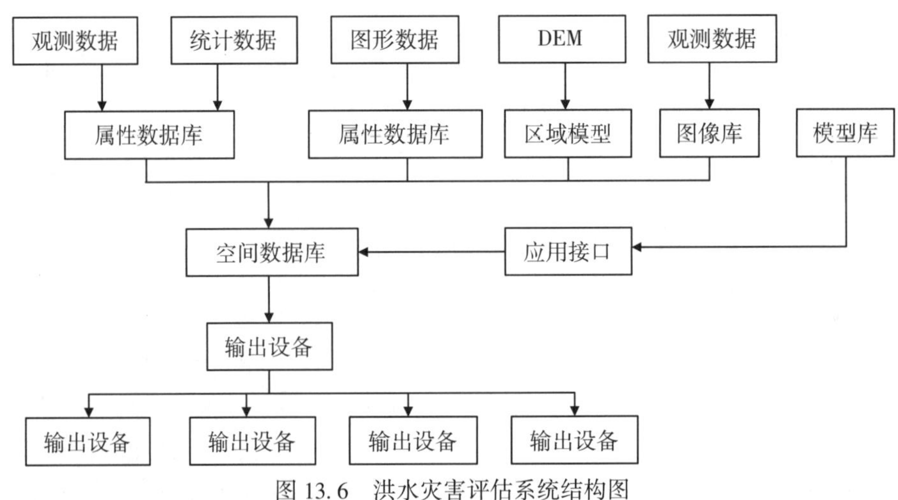

图 13.6　洪水灾害评估系统结构图

3）洪灾场景模拟分析

洪水灾害分析信息系统可以对洪灾发生的不同阶段进行分析。在洪灾发生前，模拟分析洪灾发生的可能性和空间分布规律；在洪灾发生过程中，实现洪灾信息的接收、处理和分析，这些都在洪灾发生过程中完成，为防洪抗险提供及时的信息；在洪灾发生后，利用多方面的信息，提供洪灾损失的详细报告，辅助制定救灾计划和重建家园规划。

4）多种输出

地理信息系统的分析计算结果可以在屏幕上以图形或表格方式显示，也可提供报告、报表、地图的硬拷贝。

3. 空间分析在荆江分滞洪区洪水计算中的应用

1）荆江分滞洪区概况

荆江分洪区工程是长江防洪体系的重要组成部分，担负着削减洪峰，分蓄洪水的作用，该工程由太平口至藕池口长江干堤以西、安乡河藕池至黄山头以北及虎渡河以东 208km 围堤包围，面积为 920km^2，其蓄洪量 54 亿 m^3，设计蓄洪水位 42m。荆江分洪区概况如图 13.7 所示。荆江分洪区于 1952 年兴建，1954 年长江大水，荆江分洪区启用，先后三次开闸分洪，对削减 1954 年长江洪水的洪峰流量，降低沙市水位起到了关键作用。

2）应用二维水流模型计算洪水淹没情况

以北闸入流过程的分析为例进行说明。北闸入流过程的单独分洪过程如表 13.1 所示。

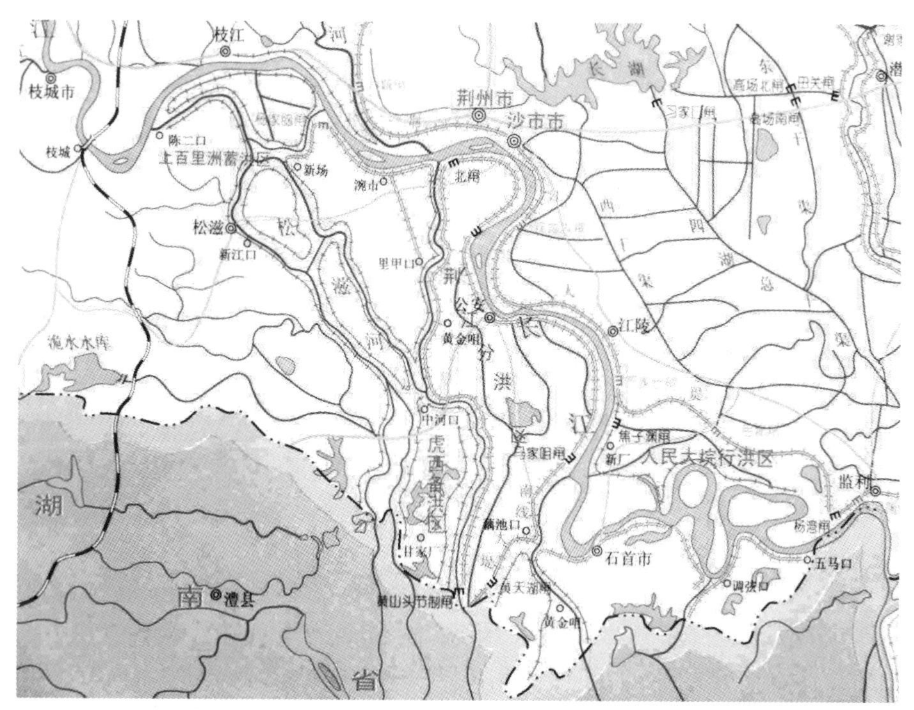

图 13.7 荆江分洪区概况图

表 13.1 **北闸单独分洪过程表**

时间/h	0	24	48	72	96	120	144	168	192
流量/(m^3/s)	0.0	555	2793	3137	4045	6260	3830	160	0.0

根据设计资料，北闸地面高程为 33.4m，分洪闸总宽为 1054m。在防洪之前，分洪区内已有积水，为简化计算，假设正常情况下非水面的地方，赋初始水深为 0.01m，对于湖泊、鱼塘等地方，赋地面高程为 33.442m；对粗糙率做概化处理，以正常情况下非水面地取 0.095，水面处取 0.02，经过试算，模拟结果最佳。计算出不同时刻的各个格网点上的水位(或水深)、流速等。

3)显示淹没场景

根据淹没水深分级，一级：0~0.5m，二级：0.6~1.0m，三级：1.1~2.0m，四级：2.1~4m，五级：大于 4m。在显示时，不同的水深级别以不同的颜色显示。通过地理分析和图层复合，可以得到各时段的淹没情况。在 ArcGIS 系统中，显示淹没面积、淹没人口、淹没乡镇、淹没村庄和淹没公路等淹没信息，进一步可分析计算出淹没的损失。40 小时分洪区水深分布图如图 13.8 所示(彩图见附录)。

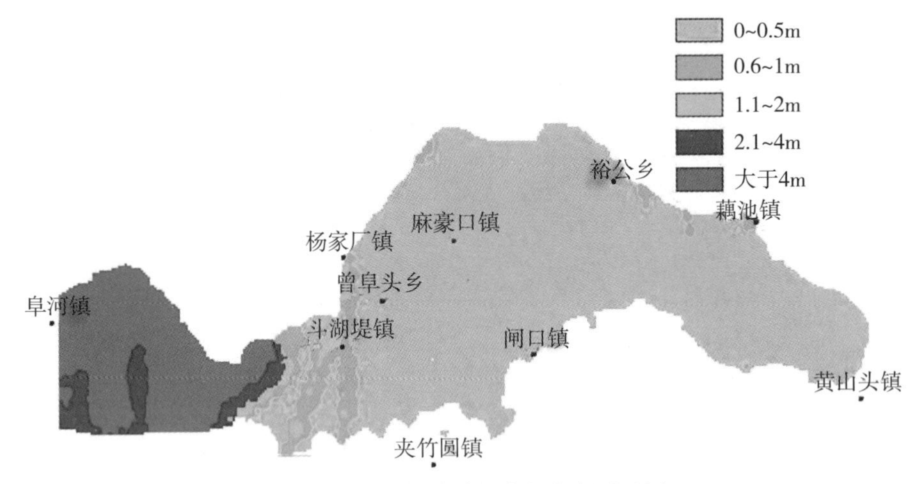

图 13.8　40 小时分洪区水深分布图示例

4. 空间分析在黄河东平湖蓄滞洪区洪水计算中的应用

1) 东平湖蓄滞洪区概况

东平湖滞洪区地处黄河与大汶河下游冲积平原相接的洼地上，是保证黄河下游窄河段防洪安全的关键工程，湖区总面积 627km²，其中老湖区 209km²，新湖区 418km²，承担分滞黄河洪水和调蓄大汶河洪水的双重任务，可控制艾山下泄流量不超过 10000m³/s。东平湖设计分洪运用水位 44.5m，相应库容 30.5 亿 m³，分蓄黄河洪水 17.5 亿 m³。

2) 应用二维水流模型计算洪水淹没情况

东平湖蓄滞洪区有分洪闸 3 座(新湖 1 座、老湖 2 座)，总设计分洪流量 8500m³/s，建于河湖两用堤上，侧向分洪。根据国家防汛抗旱总指挥文件，当东平湖蓄滞洪区运用后，条件具备时，利用东平湖老湖区退水闸退水入黄河，并根据湖水位、围坝安全情况和南四湖水情，相机利用司垓闸向南四湖退水。在模拟某次洪水过程中，运用老湖区的分洪闸(林辛闸和十里堡闸)分洪，运用东平湖老湖区退水闸退水入黄河，分洪闸处的流量按孙口水文站的流量计算，某年 7 月 30 日 4 点到 8 月 14 日 4 点共 15 天的流量数据，8 小时一个流量，部分数据如表 13.2 所示；泄洪闸的流量根据此处的水位流量关系确定，数据如表 13.3 所示。根据这些数据，可以计算得到不同时段的分洪区内各格网点的水深和流速。

表 13.2　**分洪闸的部分分洪流量过程**

时间/h	30 日 4 时	30 日 12 时	30 日 20 时	31 日 4 时	31 日 12 时	31 日 20 时
流量/(m³/s)	3205.99	3206.09	3207.61	3218.75	3270.58	3443.76
时间/h	1 日 4 时	1 日 12 时	1 日 20 时	2 日 4 时	2 日 12 时	2 日 20 时
流量/(m³/s)	3876.08	4676.14	5620.01	6162.84	6771.89	7252.93

表 13.3 泄洪闸的水位流量过程

水位/m	39.00	39.50	40.00	40.50	41.00	41.50	42.00
流量/(m^3/s)	87	500	800	1104	1322	1565	1800
水位/m	42.50	43.00	43.50	44.00	44.50	45.00	
流量/(m^3/s)	2000	2200	2339	2500	2588	2632	

3)显示淹没场景

根据计算的水深分级。在显示时，不同的水深级别以不同的颜色显示。通过地理分析和图层复合，可以得到各时段的淹没情况，可显示淹没面积、淹没人口、淹没乡镇、淹没村庄和淹没公路等淹没信息。

在 GIS 平台上把洪水水流计算模型与 DEM 以及各专题图层进行集成，应用 GIS 的空间分析、图形显示和图形处理功能，预报和再现洪水淹没场景，计算洪水灾区淹没损失，建立洪水灾害损失计算软件包，在已知入流的情况下，可以快速计算出洪水淹没范围、淹没水深、流速、淹没历时，再现洪水场景和计算淹没损失等。如图 13.9 所示为基于 ArcGIS 显示淹没场景的示意图(彩图见附录)。

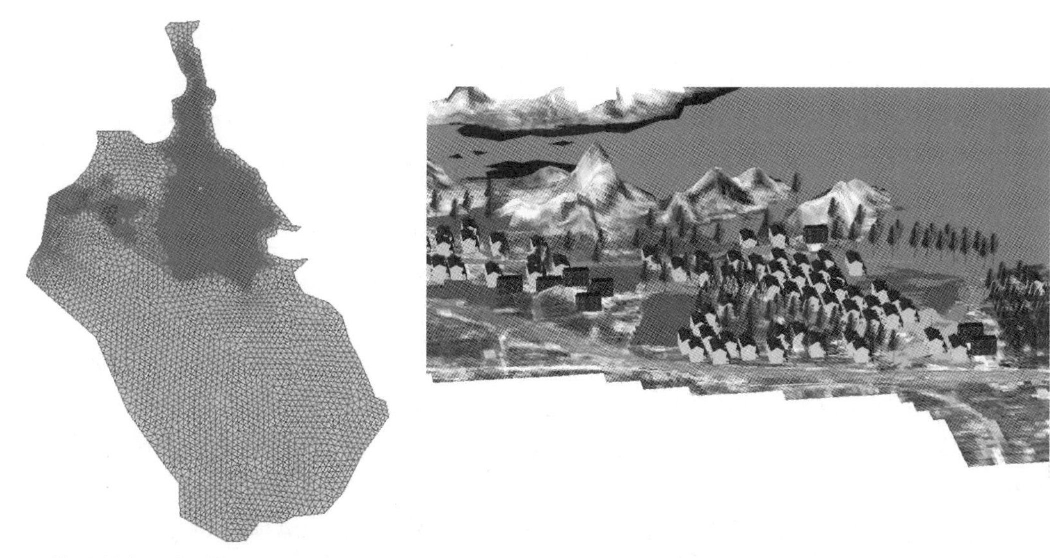

(a)某时刻东平湖洪水淹没范围二维图　　(b)某时刻东平湖洪水淹没三维图

图 13.9 基于 ArcGIS 显示淹没场景

13.2.2 空间分析在水污染监测中的应用

水质污染是最严重的水环境问题之一，防治水质污染已成为环境保护的一项紧迫的任务。水环境污染防治问题涉及的区域范围广、数据量(空间数据和属性数据)大。进行水质污染管理和分析的另外一个突出的特点就是，必须借助大量科学合理的水质模拟模型进行水质预测和评价。因此，在利用 GIS 空间分析方法进行水质污染监测时，必须充分利用这些水质模型辅助 GIS 的空间分析。这里介绍 GIS 空间分析技术在水质污染监测中应用的主要思路(Qin et al.，2001；秦昆等，2001)，其系统流程图如图 13.10 所示。

在进行江河流域水污染防治规划过程中，应贯彻综合防治原则，实施全流域的综合管理。因此，必须对全流域的经济发展、工业布局、城市发展、人口增长、水体自净能力和水体的功能、级别等进行充分研究。力求处理好流域经济发展与水体保护的关系、局部发展与流域总体发展的关系、近期发展与持续发展的关系。在协调中寻求解决上述矛盾的合理的、优化的方案。需要贯彻系统工程化思想，以整个流域范围为研究对象，建立相关的自然、经济和社会信息数据库，建立整个流域范围及各相关城镇的空间数据库；建立各种水质评价和预测模型，进行多模型的综合评价，减少单一模型方法的缺陷，提高水质预测的准确度；同时结合领导的决策意见和各项法律法规，因此需要建立综合相关专家知识和领导决策意见的专家知识库。流域水污染防治规划 GIS 系统的建立是一个半结构化过程，实现了定量方法与定性方法的有机结合，实现了科学管理与领导的决策经验的有机结合。图 13.10 所示为江河流域水污染防治规划 GIS 系统的流程图(Qin et al.，2001；秦昆等，2001)。数据库系统主要提供基础数据，同时为模型服务；模型库系统是存储于计算机内，用以描述、模拟、预测江河的水质、流域经济等各种数学模型的集合。模型的生成是在模型数据库、方法库的支持下完成的，它是整个决策支持系统的核心。方法库系统的作用是对各种模型的求解提供必要的算法支持。模型库和方法库联系非常紧密，也可以综合成一个库，即模型方法库。知识库用于存放环保规划专家和水质评价专家提供的专门知识(包括各种环保法律法规、各种水质等级的评价标准、各种规划方案的制定经验等)，通过知识库的知识自动获取功能为江河流域水污染防治规划辅助决策支持系统提供有力支持。

这种具有大量数学模型的 GIS 系统进行空间分析时解决的一个最重要的问题就是如何充分利用这些数学模型，为空间分析任务服务。这种数学模型与空间分析任务的结合包括以下 3 种方式。

(1)松散的结合：数学模型系统与 GIS 空间分析系统各自独立地运行，分别运行在各自独立的系统中，二者之间的数据通信通过 ASCII 文件或二进制进行。用户负责根据 GIS 所确定的格式对文件进行格式化。这种结合是在同一台计算机上或局域网的不同计算机上联机执行的。

(2)紧密的耦合：在这种情况下，数据模型仍然是不同的，但是在 GIS 和空间分析之间的数据的自动交换是通过一个标准的接口执行的，无须用户的干预。这提高了数据交换的效率，但是需要更多的编程任务。用户需要处理数据的集成工作。

(3)完全的集成：从用户的角度来看，这种集成方式，是在同一个系统下执行相关操作。数据交换是基于相同的数据模型和数据库管理系统。数学模型和空间分析之间的相互作用是十分有效的。

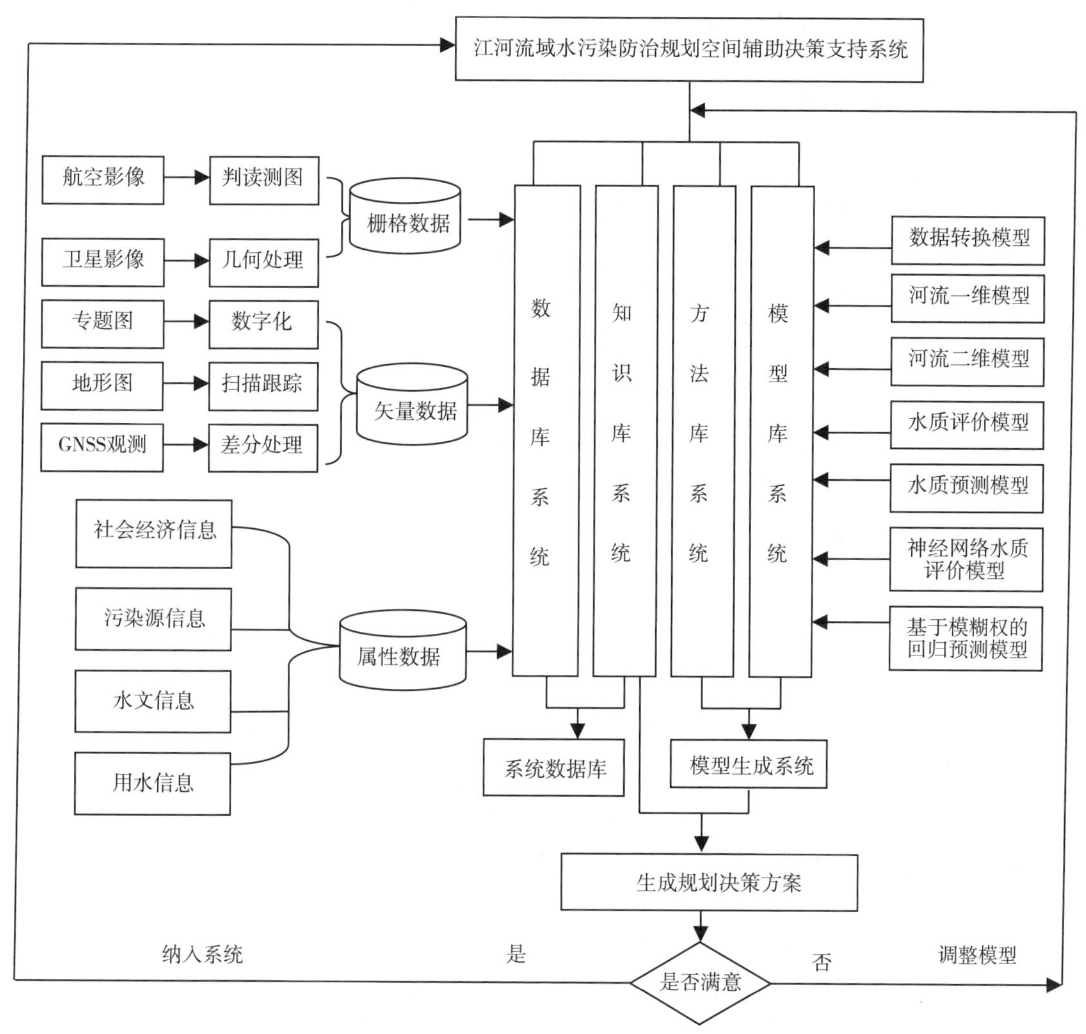

图 13.10 江河流域水污染防治规划 GIS 系统流程图

13.2.3 空间分析在地震灾害和损失估计中的应用

我国地处环太平洋地震带和地中海-喜马拉雅地震带两个大地震带之间，是一个多地震国家。地震灾害是由地球内能引起的、难以避免的自然灾害，且由地震导致一系列的次生灾害，会给人们的工作和生活带来巨大的伤害。例如，“5・12”汶川大地震，摧毁了主灾区的建筑物，带来了难以想象的人员伤亡，且地震引发的大量滑坡、崩塌、泥石流等地质灾害，给灾区带来了无法估算的灾难。以目前的技术水平，还很难有效地精准预测地震的发生。利用现代空间信息技术协助灾区信息管理工作是防震减灾的工作重点之一。

在地震救灾系统中，GIS 是震区信息存储、管理、分析及可视化的综合平台和关键技术，地震信息平台中包括信息采集、存储检索、综合分析及可视化输出四个主要环节。其中，综合分析是 GIS 空间分析功能在地震灾害中应用的综合体现。在实现了震区信息数据管理的基础上，可以进行各种地震专题信息的查询及空间定位分析，为震情预报、抗震指挥决策、灾后灾情评估及重建规划等提供科学依据。

地理信息系统的空间分析能够评估地震灾害以及地震次生灾害，并且对临震地震和短期地震进行分析预报。对发生地震灾害的地区，及时分配物资援助，提供应急决策方案具有重要的意义。利用 GIS 的空间分析功能，分析地质构造、地形、地上建筑物等信息，模拟地震发生过程，估计地震引起的损失，并且可以分析地震实际发生时的灾害严重程度的空间分布，帮助政府分配应急资源。

空间分析在地震灾害预测和评估中的应用主要包括以下 5 个方面。

1. 地震灾害易发程度分区

GIS 空间分析模型方面可以对震区调查所获取的信息进行分析，进行地质灾害易发程度的自动化分区。基本思路为：通过对地震易发区、地震带的地质条件、地表状况、气候因素、水文条件、历史灾情等因素分别进行易发程度分区赋值，求出地震发生的敏感系数，最后将各因子图层进行基于 GIS 空间分析的图层叠加，对叠加后的图层属性进行加权综合，计算出综合易发程度值，实现易发程度的自动化分区。地震灾害的易发程度分区为抗震救灾提供了技术、资金、人员、物资分配的科学依据。

2. 地质灾害风险性及预警预报分析

对某个地区是否可能发生地震、地震可能发生的时间和地点、发生的强度、可能引发的次生灾害等进行预测分析。利用 GIS 空间分析可以对相关地区的各类数据及地震因子进行数学建模，对各个因子及因子间的关系进行定量分析，利用仿真模拟技术实现地震灾情的预测预报、模拟评价和防治等。

对于地质灾害的危险性分析，国内外的研究成果较多，专业分析模型包括信息量模型、多元统计分析模型、模糊综合评判模型、基于人工神经网络的分析模型、基于遗传算法的分析模型等。例如，基于商业 GIS 软件研究开发的区域地质灾害风险分析系统(朱良峰等，2002)，利用 GIS 的空间分析功能，对中国滑坡灾害危险性进行了分析。该系统通过历史滑坡分布密度图与各主影响因素分布图的叠加，对滑坡发生的危险性分级，得到滑坡灾害危险性等级分布区划图，将滑坡灾害的危险性进行了 4 个等级的划分(极高危险性、高危险性、中等危险性、低危险性)。

GIS 空间分析功能能够有效地集成各种地震预报和地震前兆分析方法，对地震活动、地震前兆资料、地质构造条件、地球物理环境及其他有关地理信息进行综合管理和动态模拟分析，为地震预警预报提供科学依据。

3. 震后救灾协调指挥

地震发生后，及时了解灾区灾情，确定救灾方向和线路，科学合理地安排救灾人员和物资是减灾的重要工作。在地震多发区的基本信息基础上建立空间数据库，一旦发生地震，可以利用空间分析和查询功能检索进入灾区的线路、分析隐藏的灾害、进行灾情预测、确定救援规模(人员多少、物资需求等)、灾民撤离路线、临时安置点等，将灾情降到最低。

1)估计地表震动灾害

需要识别地震源点，然后建立在该点发生地震以及地震波传播的模型，估计地震破坏的分布，最后根据地表的土壤条件得到最终的震动强度。通常，根据震源位置以及地震波传播公式计算地表震动强度。

2)估计次生地震灾害

次生地震灾害是直接灾害发生后，破坏了自然或社会原有的平衡或稳定状态，从而引起的灾害。次生地震灾害主要包括：泥石流、滑坡、火灾、水灾、毒气泄漏、瘟疫等。

评估这些灾害需要收集相应区域的地质构造信息，计算地表运动的强度和持续时间，以及在以前的地震发生过程这些灾害发生的情况。比如利用 GIS 空间分析功能，结合滑坡确定性系数方法，对地震诱发滑坡的影响因子(如地层岩性、断裂、地震烈度、震中距、地形坡度、坡向、高程、水系等)进行敏感性分析，确定各因子最利于地震滑坡发育的数值区间，为进一步区域地震滑坡稳定性评价奠定基础(陈晓利等，2009)。

4. 灾情评估

地震发生后，可以利用空间分析功能对多种空间信息(如地质构造、建筑、地形等)进行地震损失估计。例如：将灾害前后的数据库信息、遥感影像解译对比分析等，综合评估灾害造成的人员伤亡、财产损失，这种估计方法与人工统计相比具有速度快、误差小的优势。

1)建筑物的损害估计

需要收集地震区域内建筑和生命线的分布状况，然后对每种建筑建立损失模型，该模型是一个函数，与地表震动强度以及潜在的次要灾害有关。在分析过程中，由于地震强度以及破坏程度随着到震源的距离增大而衰减，所以要采用缓冲区计算模型。

2)可以用金钱衡量和不可以用金钱衡量的损失估计

可以用金钱衡量的损失包括：受损建筑的修复和重建、清除垃圾和重新安置费用损失等。不可以用金钱衡量的损失包括：人员伤亡、精神影响以及其他长期或短期的影响等。估算这些损失需要相应的社会经济信息。针对不同的损失类型，建立不同模型，分别估计损失。在计算金钱损失以及非金钱损失时，因为要综合考虑多个因素，要使用复合模型。

5. 灾后重建决策

地震的灾后建设是防震减灾的重要后续工作。GIS 空间分析可以在灾区重建选址、灾民安置点选择等方面发挥作用。利用原有信息数据库，进行适当修改，并结合灾区现状，利用空间分析功能可以实现科学选定新址、建设规模的确定等。另外，在灾区恢复生产、发展经济的规划中，利用叠置分析等功能将灾前灾后信息进行对比分析，可以帮助领导者作出经济分区与经济发展的方向决策。

GIS 的空间分析功能在地震的综合信息管理和分析方面发挥着重要的作用。随着 GIS 技术和网络技术的发展，WebGIS 技术在地质灾害防治中的应用成为这一应用领域的发展趋势。通过 WebGIS 可以将应用技术系统和数据通过网络实现共享，实现不同层次、不同级别的信息管理，有效地分解数据存储的压力，且易于实现数据的实时更新。

13.2.4　空间分析在城市规划与管理中的应用

1. 城市规划空间分析的意义

地理信息系统技术首先是在城市规划和管理中得以发展和应用的。城市规划中的 GIS 空间分析是指利用 GIS 的统计分析和制图功能，对城市规划中含有空间信息(位置、形状、分布等)的数据项进行统计、分类、比例计算，形成报表，同时绘制出相应图件的分析过程。在可能的条件下，利用多媒体技术形象、动态地反映地表实况，如遥感图像、地面摄影像片、录像片等均存入 GIS 内，规划人员需了解规划区现状时，GIS 除显示统计数据、空间分布外，还显示这些地面情况，帮助规划人员身临其境地掌握现状资料。

作为地理信息系统核心功能的空间分析技术方法，在城市规划领域具有极其广阔的应用前景。城市规划空间分析的实践意义在于：分析和研究城市空间实体的现状以及预测其发展，并以此作为编制城市规划、指导城市建设的依据。空间分析技术方法的应用，提高了城市规划处理各类规划基础数据的能力，提高了未来城市发展的预测、模拟和优化能力，使规划能够在理性的综合分析基础上作出科学判断与决策。

城市空间作为一个特殊的空间系统，是政治、经济、社会、环境等共同作用的结果，有其独特的空间演变机制。通常，在充分分析城市空间基础数据，包括空间数据与非空间数据的基础上，发现空间演变的规律，为城市规划奠定分析基础，使城市规划成果有据可依。然而，基础规划数据分析一直是城市规划工作中的薄弱环节，成为城市规划学科发展的一个技术瓶颈。

在城市规划领域，主要从感性的角度来分析基础数据，通过抓住主要矛盾来解决城市的发展问题。这种方法，不仅速度慢、效率低，而且主观随意性大，因此无法作出科学的分析和决策，在分析问题的深度和广度方面，都存在严重的不足，既影响了规划的科学性，也不能适应现代城市迅速发展的需要。

空间分析技术方法的应用，为城市规划空间研究提供了新的、有效的技术手段。在数据的分析处理方面，基于地理信息系统的空间分析技术，首先能够管理海量空间数据，存储、检索、查询城市规划的相关信息，安全可靠且现实性强；其次可以对空间数据进行综合性分析处理，获得对规划所需要的有用信息；同时还能将分析所得的结果用可视化方法进行表达，易于规划人员理解和进一步加以利用。

在空间分析研究的深度方面，由于空间分析方法实现了空间数据和非空间数据的一体化处理，因此，能够透过城市空间现象的表面，对深层次的空间关系进行研究分析。在把握城市空间演变机制的基础上，预测模拟城市的未来发展趋势，优化调整城市空间格局。从而改变以往城市规划停留于城市空间问题的表象、就事论事、缺乏预见能力的空间分析研究工作方法，使规划更具深度和说服力，也更能面向未来。

2. 城市规划空间分析方法

地理信息系统应用于城市规划领域的目的是提供决策支持，其中地理信息系统空间分析是一种提供可靠决策信息的有效手段。通过城市规划空间分析，可以揭示城市空间相互作用关系，如城市土地空间演变、城市结构以及空间演变、人口与用地之间的关系，自然条件与城市结构的关系，城市持续发展过程中物质、能量和信息流动的空间规律等。

在实践应用中，城市规划空间分析主要包括5种类型。

(1)比较分析：主要分析城市规划要素的时间序列与空间序列的变化，通过比较分析发现要素在不同时期的数量变化，空间分布的模式及其演变。为规划人员提供更加详细的规划信息以供决策，把握城市空间发展的内在规律以及未来的时空演变趋势。

(2)统计分析：主要是对城市规划要素的非空间信息的分析，运用回归分析、相关分析、主成分分析等方法，确定数据库属性之间存在的函数关系或相关关系，应用于城市规划中的单因素不同状况统计、多因素交叉统计、频率统计等运算。

(3)预测分析：根据城市发展的时空演变规律，使用各类预测模型，预测一定时期内的人口规模、城市土地利用、城市灾害、区域增长等的发展变化趋势以及空间演变过程。在预测分析的基础上，可以制定正确的政策措施来引导城市结构要素在空间上的合理布局与组合。

(4)优化分析：制定合理的城市规划涉及社会、经济、政治、环境等许多要素，优化分析就是通过对大量规划数据的综合与概括，在多因素综合影响的条件下，在多种规划方案中，选择最优的规划方案或发展目标。城市土地利用功能区划、城市功能区划分、规划方案评价、环境质量评价等问题都可以进行优化分析。

(5)规划模拟：规划模拟是以可视化方法模拟规划方案的实施过程，通过扩展分析和指标统计等方法，从模拟的结果中直观地了解规划方案实施以后城市的状况和经济发展水平，及其空间结构与形态。

13.2.5　空间分析在矿产资源评价中的应用

矿产资源是国家经济发展的支柱。矿产资源评价工作，历来都是地质工作者非常重视的焦点。以前，大多利用多元统计或其他数学方法，把各种地质现象离散化或数值化，以打分的方式进行矿产资源的评价工作。这种方法在找矿工作中起到了一定的作用。但它也有局限性：这种方法是针对数值型数据而不是针对图形，因此难于与地质图件联系，而且在给地质现象打分的过程中，往往受人为因素的影响。目前，GIS成为矿产资源评价的新技术，它提供了计算机辅助下对地质、地理、地球物理、地理化学和遥感(航片和卫片)等多源地学数据进行集成管理、有效综合与分析的能力，成为改变传统矿产资源评价方法的有力依据。利用地质图件和相关资料，借助于GIS所提供的空间分析能力，充分利用图形要素和空间图形信息，进行矿产资源的评价工作。

目前，人们利用GIS进行矿产资源的评价，是在专家的指导下，利用专家找矿模型来实施的。矿产资源预测成功与否在很大程度上取决于专家对预测地区的认识，即预测模型。空间分析方法通常分为经验的和理论的。不管是哪一种方法，其主要目的是定量化地表示相关的专题属性，最终对若干个专题关系进行综合分析，从而生成预测图。在进行矿产资源评价的过程中，需要利用GIS对多个专题关系进行综合分析，可以利用布尔逻辑、代数方法、模糊逻辑和神经网络等常用方法。在分析过程中，利用GIS的空间分析功能来反推找矿模型，从而达到矿产资源评价的目的。这种方法的好处是不受人为的限制，充分利用现有资料，在拥有资料的基础上提取出找矿模型，为地质工作者提供有益的启示。

为了说明这个过程，假定某地区只有某类矿产，并与断层、地层、化探异常等数据有关，具体分析步骤如下：

(1)通过断层与矿床(点)的距离及有关的统计分析，确定哪一组断层对矿产有控制作用，断层对矿产的影响范围，从而确定断层与矿产的关系。

(2)用得到断层的影响距离做缓冲区分析，在图上产生断层的影响范围。

(3)将矿床(点)与地层做叠置分析和统计分析，得到地层与矿产的关系。

(4)通过表格分析，提取相应的地层，形成新的图层。

(5)将新的地层图层与断层缓冲区图层叠加，得到缓冲区内的地层，形成新的图层。

(6)将化探异常图层与第(5)步形成的图层叠加，形成最终图层。该图层包含它们的共同部分，即为寻找该类矿床的最有利地段。

为了寻找成矿的最有利地段，计算机进行人机对话的过程，就是提取找矿模型的过程。分析人员可以从中知道该类矿产与哪一组断层有关，在断层多大的范围内成矿条件最好，矿产与哪个时代的地层关系最密切等。这个基本思路可用于提取复杂地区的找矿模型和寻找成矿的最有利地段。

13.2.6　空间分析在输电网 GIS 中的应用

输电网系统是电力系统重要的组成部分，它将发电厂、变电站、配电设备和电力用户联结成一个有机整体。输电网系统的运行情况直接影响电力系统的可靠性，关系到电力用户能否得到高质量的电能。因而，保证输电网系统的正常运行，对提高电力系统的可靠性、安全性具有重要作用，有利于提高管理的科学性、有效性和生产效率。输电网系统负责整个电网系统的电力总量的规划、电力的分配，输电网拓扑网络的设计等。输电网系统包括中低压输配电系统和高压输变电系统两个部分，分别负责中低压输电网系统和高压输变电系统的运营和管理。

如图 13.11 所示为输电网 GIS 系统的空间分析功能结构图。

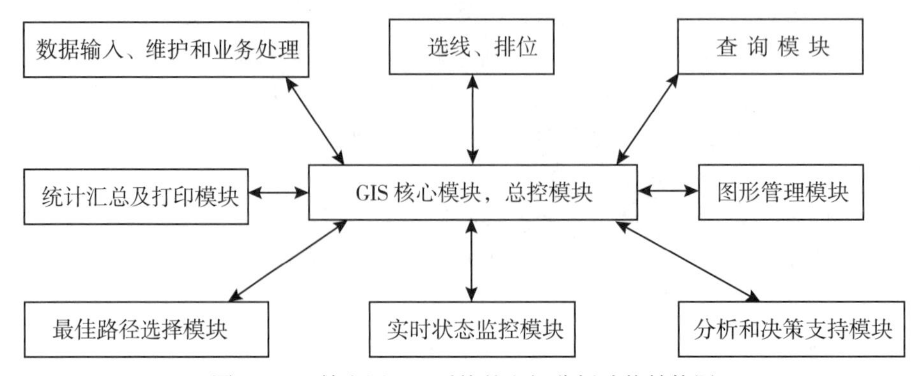

图 13.11　输电网 GIS 系统的空间分析功能结构图

输电网 GIS 的空间分析功能主要体现在以下 8 个方面。

1. 数据输入、维护和业务处理

数据输入、维护和业务处理负责输电网 GIS 的空间数据和属性数据的处理。提供了友好的用户管理模块，规定了用户的数据录入权限，以保证数据的安全性、合法性和一致性；提供了方便的数据录入、修改和删除功能，并可以自动对数据进行合法性检验；能自动根据输入的地理坐标数据在地图上生成用户对象(变电站、杆塔、线路、故障点)，并能在地图上使用鼠标直接校正对象的位置。

2. 查询模块

该模块可以对输入的各类数据进行查询、浏览，通过简单的人机交互，检索到目的信息。提供多种方式的快捷方便的空间查询、逻辑查询。可以直接用鼠标点击地图上变电站、线路、杆塔或故障点等对象，以了解其属性信息；还可以指定地图上的任意区域，对区域内的对象进行信息查询和统计；可以输入自己定义的条件查询符合条件的用户对象的属性信息，并在地图上找到相应的位置。

3. 图形管理模块

图形管理按空间数据管理模式，可用鼠标进行选线、选杆，并查询有关内容；也可按线路号、杆塔号查询杆塔的平面位置、周围地形等。工程图中的各类图形各具不同的特点，线路平面图具有标出线路走向、给出杆塔号及地名的特点；线路断面图具有标出海拔高度、杆塔地形、地质结构等信息的特点；导线布置图则在杆塔上清楚地标出电力线 A(黄)、B(绿)、C(红)三相布置及三线换位的具体位置。在杆塔图中，以杆型为基本单元，可查询杆塔的结构图和明细表，重复使用的杆塔用同一型号数据。

4. 统计汇总及打印模块

根据用户的要求，对某些数据可进行单表纵向查询以及多表横向查询，利用数据库内在功能进行统计汇总，其结果可屏幕显示，也可按各种报表格式打印输出，供用户使用；可以选择感兴趣的主题制作各种专题地图，如以县城或地区为单位的计划用电量和实际用电量的专题地图。可以选择地图上任意区域进行统计，如任意区域内杆塔数量、变电站总容量等。

5. 最佳路径选择模块

在故障抢修过程中，应用输电网 GIS 的最佳路径选择功能结合各种相关条件，快速确定最佳抢修路径。

6. 实时状态监控模块

根据输变电网络正常运行的规则和约束，检查全网线路当前运行的安全状况(正常/供电/过载)，并将结果显示在地图上。能计算在指定时间区间内线路的线损，计算输电网运行的经济程度。根据当前线路的实时数据可以计算线路的潮流方向，并在地图上显示出来。

7. 选线排位模块

输电网系统中需要选择一条新的线路时，选线和排位是非常重要的工作。选线，又称路径选择，是在叠合有地物信息(即矢量地形图DLG)的正射影像图上用鼠标即时选取线路路径，也可以设计成让用户使用空间坐标(即时输入或文件输入)来确定转角的方式进行选线，还可以采用交互的方式选线，即鼠标与键盘结合输入转角点来选线。选线的过程中，用户可以直观地在屏幕上看到路径经过处的各种地形地貌情况(正射影像图和矢量图，甚至是更加直观形象的地形景观图)。在选线阶段，系统可以利用GIS的空间分析和查询功能进行各种技术经济指标的统计，以便用户对该线路的合理性进行判断。此外，为了实现多线路的综合比选，在同一个工程可以进行多条线路的选取，并能同时显示多条线路的统计信息。

排位，是指在已生成的平断面图上实现杆塔的排位，有人工排位、自动排位和半自动排位三种情况。目前主要采用人工排位和半自动排位，实现真正的自动排位难度还比较大。

8. 分析和决策支持模块

分析和决策支持模块属于可选模块和扩充模块，主要用于输电优化调度方案的辅助决策。根据用电计划和供电规则及约束条件智能决定最经济的供电方案。负荷转移辅助决策：根据送电计划和送电线路的容量，选择最安全的送电方案。进行供电范围分析，在地图上模拟显示某电源点的供电范围。

13.2.7　空间分析在健康与公共卫生GIS中的应用

长期以来，快速城市化和工业化造成生态系统失衡、环境污染、灾害频发等问题已严重影响公众健康和城市可持续发展，公共卫生健康问题已成为政府、学界、业界和公众关注的焦点。公共卫生在关注人群特征的基础上，环境和地理因素是需要考虑的重要方面，GIS和空间分析技术是健康与公共卫生研究和应用必需和有效的手段。GIS和空间分析技术在公共卫生管理领域的应用不仅可以促进地理空间分析本身的发展，同时也可以为公共卫生管理机构提供情景仿真决策信息系统，为公众提供数字化、智慧化、可视化的公众信息发布与互动平台。

1. 主要研究内容

空间统计、地理计算、地理模拟等方法和手段在公共卫生领域已经得到广泛的应用，具体包括以下7个方面。

1)时空数据可视化

对疾病数据进行数据清洗以删除重复信息和纠正错误，并通过地理编码方法实现病例数据在空间上的可视化。其中，将基于中文分词的加权地理编码方法与多源在线地理编码和地名检索服务相结合，一定程度上解决了因中文地址描述的不标准、不规范和地名更替等原因所导致的地址匹配精度不高的问题。

2)疾病地图

地图在流行病学研究中具有重要作用。疾病地图源远流长，并具有现实意义。最著名的疾病地图是医生约翰·斯诺(John Snow)在1854年，通过绘制霍乱死亡者分布与伦敦居民汲取饮用水的街道抽水机的距离关系图，从而找到了霍乱病流行的发病原因：与伦敦市步洛特(Broad)街抽水机抽出的污水有关(Cliff，Haggett，1989)。2020—2023年，新冠疫情期间，美国约翰·霍普金斯大学(Johns Hopkins University)的中国留学生董恩盛、杜鸿儒在导师劳伦·加德纳(Lauren Gardner)指导下，合作研发了新冠疫情地图(https://coronavirus.jhu.edu/map.html)，平均每日全球点击量高达10亿次，为全球有效防控疫情作出重要贡献。

3)疾病时空特征分析

利用空间分析方法，分析疾病的时空特征，对于寻找疾病发病原因，制定针对性治疗方案等具有重要作用。例如，使用空间自相关分析、时空扫描统计、标准差椭圆等传统的时空数据分析方法，揭示疾病的时空分布特征；并对疾病分布的空间模式展开深入研究，探讨疾病分布的空间自相关性、空间集聚性、时空异质性等特征。

4)疾病病因探测及致病机理分析

疾病病因探测及致病机理与地理空间要素密切相关。例如，基于地理探测器量化各环境因子及其两两交互作用对疾病发病率的解释力，以其中影响显著的因子构建时空地理加权回归模型和贝叶斯时空交互模型，进一步揭示各显著影响因素与疾病发病率的关联以及不同地区的相对发病风险程度。

5)疾病预测

疾病预测对于疾病防治具有重要作用。例如，以深度学习方法建立疾病发病率与遗传、环境和个人行为习惯等因素(如相关疾病的发病史、空气污染、吸烟等不良行为习惯、年龄结构、性别比例等)的关系模型，基于所开发的模型，以现有疾病数据实现对缺失数据的插补和对未来发病情况的预测，进行更长时间序列的分析以全面评估疾病未来的发展走势。

6)人类健康风险评估

基于致病因素构建健康风险评价模型，相较于利用影响因素与疾病发病率的地理相关性所构建的生态探测模型，该模型面向微观特征，考虑污染物暴露的过程与评价，如增量式终身癌症风险模型。

7)环境优化策略

在明确疾病高发病风险区和局部地区主要环境诱因的基础上，制定科学合理的环境优化策略，通过主动的政令举措加以优化调节，营造有利于心肺系统健康的人居环境，是惠及广大人群的、长期有效的、经济效益和社会效益双丰收的科学之策，如基于最小居民出行成本和最小负面影响的双目标免疫优化模型所开展的医疗设施配置优化研究。

2. 案例分析

下面，通过几个具体的案例分析，探讨空间分析在健康与公共卫生GIS中的应用。

1)建成环境与慢性病关系的探索研究

建成环境(Built Environment)作为城市空间布局的微观形态，其核心构成要素是城市设计、土地利用模式和交通系统，主要反映了人类的空间活动和通勤行为特征。建成环境对老年人的体力活动具有重要影响(李康康，杨东峰，2021)。城市建成环境与身体活动关系是城市系统人地关系在健康领域的一种现实表现，其直接影响城市居民的生活质量以及生活方式，与公共健康联系密切。道路连通性、可步行性、饮食环境以及公园可达度等因素可以用来量化建成环境。例如，基于美国疾病控制与预防中心(Centers for Disease Control and Prevention，CDC)行为风险因素监测系统(Behavioral Risk Factor Surveillance System，BRFSS)的调查数据，采用多层次模型建构社区建成环境对居民个体身体质量指数的影响，揭示肥胖风险在不同的城市化水平区域以及不同性别之间存在的差异(Wang et al.，2013；Xu，Wang，2015)。

2)空间局部异质性与社区环境效应研究

利用地理加权回归模型及区域化分析研究地理环境对身体质量指数的影响，提供政策的定性推论，更好地了解不同地区建成环境与健康的问题。例如，在研究美国犹他州的社区建成环境与个人肥胖风险的关联性时，选用不同大小的地域单元来定义相关的社区。结果表明，居民离公园远近这一变量，在采用邮政编码区作为社区时对肥胖风险的影响最显著；而就食环境(如快餐餐馆比率)这一变量，在采用县域作为社区时对肥胖风险有显著影响。这说明，探究社区效应时，相关变量的定义应反映特定出行目的实际空间范围，不能教条地搬用单一的行政单位。同时也说明国家政策应侧重缓解全局因素，而社区级的措施则应该从当地最重要的局部因素入手，真正实现政策上的靶向精准(Xu，Wang，2015；Xu et al.，2015)。

3)医疗服务资源的分布与优化研究

人口和医疗设施在空间上分布不均，导致居民就医可达性有差异和医护人员工作量相异。空间分布不均导致人们对医疗资源的利用程度不一，乃至影响到健康水平；医疗供应差异影响医护人员的工作压力及护理效果。居民和医疗设施在空间上的相互作用，形成了居民的空间可达性和医院的潜在拥挤度的空间变化。将二者的测算方法进行了统一，采用应用最广的空间可达性度量方法“两步移动搜索法(2-Step Floating Catchment Area，2SFCA)”既考虑了居民与医疗设施的邻近程度，又考虑了二者的匹配比。在此基础上，研究和分析了不同种族、不同城市化程度的癌症患者到达国家癌症中心的公平性测度(Xu et al.，2017)。

4)空气污染暴露评估与环境健康风险分析研究

这项研究讨论了非常规石油天然气开发与室内氡气浓度的关系。据美国环境保护署称：接触氡气体是导致肺癌的第二大原因，仅次于吸烟。现有的研究报告称，水力压裂活动会增加氡水平。根据俄亥俄州氡信息系统(Ohio Radon Information System，ORIS)从 2007 年到 2014 年的数据，采用多层次模型来研究水力压裂发生率与空气中氡水平升高之间的关系。ORIS 的数据包括 118421 个按邮政编码地区进行地理编码的家庭，包括氡浓度、测试设备类型和季节。邮政编码质心到 1162 口压裂井之间的欧氏距离通过 ArcMap 中的 Euclidean Distance 计算获取，邮政编码级别的人口密度和城市化程度同时作为控制变量。

结果表明，压裂井距离和人口密度与氡气浓度呈统计负相关，相较于城市，农村地区更容易有氡气污染(Xu et al., 2019)。

5)疾病发病模式与环境要素的关联分析

在健康疾病数据分析中常出现小人口问题(small population problem)或小单元问题(small area problem)，即由于所在地理单元的总人口数量过少而导致的比率(患病率、死亡率等)高度不稳定，常有的解决方案有核密度估计(Wang, 2014)、局部加权平均(Shi et al., 2007)和自适应空间滤波(Tiwari, Rushton, 2005)等。

这里介绍一种具有理想优点的 GIS 自动化方法 REDCAP(Regionalization with Dynamically Constrained Agglomerative Clustering and Partitioning)方法(Guo, 2008)。REDCAP 分为两个步骤：①首先，两个邻接且最相似的区域合并成第一个集群，两个相邻且最相似的集群组合形成一个更高级别的集群，依此类推，直至整个研究区域合并为一个集群；②然后，删除使区域内总同质性最大化的最佳边缘以生成两个区域，直至达到所需的分区数量。

Wang 等(2012)使用 REDCAP 方法研究美国伊利诺伊州各县女性晚期乳腺癌分布模式。由于癌症是一种罕见的疾病，因此癌症数据分析常遇到小人口问题，导致数据缺失和数据不可靠。乳腺癌晚期占比由晚期癌症病例数除以癌症病例数计算而得。对于使用邮政编码划分的地理统计单元，数据分布严重左偏，943 个区域中有 285 个晚期癌症占比为 0，且存在 421 个癌症病例为 0 的区域，严重影响了数据的真实性和可靠性。而对于使用 REDCAP 方法构建的地理单元，区域内至少有 16 例癌症病例，以保证晚期癌症占比处于合理范围(0.03~0.54)内。且由于数据分布基本符合正态分布，有利于后期统计分析。

6)GIS 空间分析评价医疗设施公平性和可达性

医疗设施的合理布局关系到医疗设施的利用效率和公众就医的公平性。1959 年，美国学者汉森(Hansen)在用重力方法研究城市土地利用时首次正式提出可达性的概念，并将其定义为交通网络中各节点相互作用的机会大小。根据可达性计算划分每个设施的服务区，就可以确定出每个设施从覆盖的居民地和人口数量以评价现状设施的布局合理性。从可达性的概念出发，之后的学者提出多种空间模型并进行了大量的实证研究，奠定了设施评价问题研究的理论基础，主要包括最小距离模型、最大覆盖模型和引力模型。近年来 GIS 技术的广泛应用，弥补了传统方法对空间数据分析能力的不足。例如，由 Radke 和 Mu(2000)提出，Luo 和 Wang(2003)进一步改进并命名的两步移动搜索法(2SFCA)，因考虑到供给和需求两个方面，且计算方便、直观和可实现性强，得到广泛关注和应用。

Hu 等(2018)使用一种网络最优化方法来定义医院服务区(Hospital Service Areas, HSA)和医院转诊区(Hospital Referral Regions, HRR)。医院服务区和医院转诊区被称为分级 HSA 系统，是常用于美国医疗设施领域的分析单元。该划分方法基于 Louvain 算法，目标为最大化在医院服务区或医院转诊区内部的就医出行，同时最小化患者跨越不同医院服务区或医院转诊区的流动。所获得的地理单元在区域大小上更加平衡，在形状上更加紧凑，住院率更均衡。这个方法还有几个理想的特性，它是一种凝聚层次(即自下而上)方法，天然自带层次化的社会划分结果，所划分的社区数量可由用户定义。因此通过检测模块化得分随医院服务区或医院转诊区数量的变化，可以确定全局最优模块化得分，以获得最优的医院服务区或医院转诊区的配置。

然而，这些模型大多只强调效率或公平，例如 MINMAX 问题、P-中位问题、最大覆盖问题(Maximum Covering Location Problem，MCLP)和位置集合覆盖问题(Location Set Covering Problem，LSCP)强调效率，两步移动搜索法则侧重公平。长期以来社会科学家一直在寻找公平和效率之间的平衡。Luo 等(2017)提出改善空间可达性的两步优化模型(2-Step Optimization for Spatial Accessibility Improvement，2SOSAI)。这一模型采用顺序决策的思路，先选址后分配资源。第一步采用以效率为目标的模型，对离散的设施候选点进行选址优化。第二步采用两步移动搜索法，以可达性公平为目标进行连续变量的设施容量调整优化。该模型一体化地实现了效率和公平的双层目标。

随着人们生活水平的逐步提高，健康将会是城市居民越来越关注的议题，健康城市是城市可持续发展的重要方面。GIS 在公共卫生和健康领域的应用势必会更加广泛、深入。而健康地理与公共卫生学的案例研究反过来也促进了 GIS 理论和方法的发展，健康领域应用极大地推动了空间统计(spatial statistics)和地理计算(geo-computation)的发展。

◎ 思考题

1. 简述空间建模的方法与步骤。
2. 简述空间分析图解建模的主要方法。
3. 简述空间分析在洪水灾害评估中的应用。
4. 简述空间分析在水污染监测中的应用。
5. 简述空间分析在地震灾害和损失估计中的应用。
6. 简述空间分析在城市规划与管理中的应用。
7. 简述空间分析在矿产资源评价中的应用。
8. 简述空间分析在输电网 GIS 中的应用。
9. 简述空间分析在健康与公共卫生 GIS 中的应用。

◎ 分析应用题

1. 如何利用空间分析方法进行地震灾害和损失估计?
2. 如何利用空间分析方法进行传染病的有效防控?

参考文献

[美]Mosteller F, Tukey J W, Hoaglin D C. 1998. 探索性数据分析[M]. 陈忠琏, 郭德媛, 译. 北京: 中国统计出版社.

[美]安德森. 2015. 长尾理论: 为什么商业的未来是小众市场[M]. 乔江涛, 石晓燕, 译. 北京: 中信出版社.

Abdelmoty A I, Williams H. 1994. Approaches to the representation of qualitative spatial relationships for geographic databases [C]//The Advanced Geographic Data Modeling. International GIS Workshop.

Adeli H. 2000. High-performance computing for large-scale analysis, optimization, and control [J]. Journal of Aerospace Engineering, 13: 1-10.

Agrawal R, Imielinski T, Swami A. 1993. Mining association rules between sets of items in large databases[C] //The ACM SIGMOD Conference on Management of data: 207-216.

Akaike H. 1973. Information theory and an extension of the maximum likelihood principle[C]// The 2nd International Symposium on Information Theory: 267-281.

Aksoy S, Koperski K, Tusk C, et al. 2005. Learning bayesian classifiers for scene classification with a visual grammar[J]. IEEE Transactions on Geoscience and Remote Sensing, 45(3): 581-589.

Alber R F. 1987. The National Science Foundation Center for geographic information and analysis [J]. International Journal of Geographic Information Science, 1(4): 303-326.

Allen J F. 1984. Towards ageneral theory of action and time[J]. Artificial Intelligence, 23(2): 123-154.

Anderson T. 2007. Comparison of spatial methods for Measuring Road Accident "Hotspots": A case study of London[J]. Journal of Maps, 3(1): 55-63.

Anselin L. 1988. Spatial econometrics: Methods and models [M]. The Netherlands: Kluwer Academic Publishers, Dordrecht.

Anselin L. 1995. Local indicators of spatial association — LISA [J]. Geographical Analysis, (27): 93-115.

Anselin L. 2010. Thirty Years of spatial econometrics[J]. Regional Science, 89(1): 3-25.

Antonakaki D, Fragopoulou P, Ioannidis S. 2020. Asurvey of Twitter Research: Data model, graph structure, sentiment analysis and attacks[J]. Expert Systems with Applications, 164: 2-25.

Armstrong M P, Densham P J, Rushton G. 1990. Architecture for a Microcomputer Based Spatial

Decision Support System[C]//The 2nd International Symposium. On Spatial Data Handling, IGU. NY: 120-131.

Arnold B C. 2008. Pareto and generalized Pareto distributions[M]. New York: Springer.

Assunção R M. 2003. Space varying coefficient models for small area data[J]. Environmetrics, 14(5): 453-473.

Bachmaier M, Backes M. 2011. Variogram or Semivariogram? Variance or Semivariance? Allan variance or introducing a new term? [J]. Mathematical Geosciences, 43(6), 735-740.

Bailey T C, Gatrell A C. 1995. Interactive Spatial Data Analysis[M]. New York: John Wiley & Sons, Inc.

Bankes S, Lempert R, Popper S. 2002. Making computational social science effective: Epistemology, methodology, and technology[J]. Social Computer Review, 20(4): 377-388.

Barabási A L, Albert R. 1999. Emergence of scaling in random networks[J]. Science, 286(5439): 509-512.

Barabasi A L. 2005. The origin of bursts and heavy tails in human dynamics[J]. Nature, 435: 207-211.

Bauranov A, Parks S, Jiang X, et al. 2021. Quantifying the resilience of the US Domestic Aviation Network during the COVID-19 Pandemic[J]. Frontiers in Built Environment, 7: 642295.

Bentz J L, Olson R M, Gordon M S, et al. 2007. Coupled Cluster Algorithms for Networks of Shared Memory Parallel Processors[J]. Computer Physics Communications, 176: 589-600.

Bi S, Gao J B, Wang Y D, et al. 2015. A contrast of the degree of activity among the Three Major Powers, USA, China, and Russia: Insights from media reports[C]// International Conference on Behavioral, Economic and Socio-Cultural Computing. IEEE: 38-42.

Boccaletti S, Latora V, Moreno Y, et al. 2006. Complex networks: structure and dynamics[J]. Physics Reports, 424(4): 175-308.

Brimsdpm C, Fotheringham A S, Charlton M E. 1996. Geographically weighted regression: A method for exploring spatial nonstationarity[J]. Geographical Analysis, 28(4): 281-298.

Brunsdon C, Fotheringham A S, Charlton M. 1999. Some notes on parametric significance tests for geographically weighted regression[J]. Journal of Regional Science, 39(3): 497-524.

Bui D T, Tuan T A, Hoang N D, et al. 2017. Spatial prediction of rainfall-induced landslides for the Lao Cai Area (Vietnam) using a hybrid intelligent approach of least squares support vector machines inference model and artificial bee colony optimization[J]. Landslides, 14(2): 447-458.

Buldyrev S V, Parshani R, Paul G, et al. 2010. Catastrophic cascade of failures in interdependent networks[J]. Nature, 464(7291): 1025-1028.

Burl M C, Fowlkes C, Roden J. 1999. Mining for image content[C]// In Systemics, Cybernetics, and Informatics / Information Systems: Analysis and Synthesis, Orlando, FL: 1-9.

Burt R, Kilduff M, Tasselli S. 2013. Social network analysis: foundations and frontiers on advantage[J]. Annual Review of Psychology, 64(1): 527-547.

Casetti E. 1972. Generating models by the expansion method: Applications to geographical research[J]. Geographical Analysis, 4(1): 81-91.

Chang K T. 2001. Introduction to geographic information systems [M]. Boston: McGraw-Hill Higher Education.

Chang K T. 2006.地理信息系统导论[M]. 陈健飞,等,译. 北京: 科学出版社.

Chang S K, Jungert E, Li Y. 1989. Representation and retrieval of symbolic pictures using generalized 2D Strings [C]//1989 Symposium on Visual Communications, Image Processing, and Intelligent Robotics Systems.

Chang S K, Lee C, Dow C R. 1992.Two-dimensional String Matching Algorithm for Conceptual Pictorial Queries[C]. SPIE/IS&T 1992 Symposium on Electronic Imaging: Science and Technology, San Jose, CA, United States.

Chang S K, Shi Q Y, Yan C W. 1987. Iconic indexing by 2D Strings[J]. IEEE Transactions on Pattern Analysis and Machine Intelligence, 9 (3): 413-428.

Charlton M, Fotheringham A, Brunsdon C. 2003. GWR 3: Software for geographically weighted regression[EB]. National Centre for Geocomputation, National University of Ireland Maynooth: Maynooth, Co.kildare.

Chen J, Li C M. 1997.Improving 9-intersection model by replacing the complement with voronoi region[C]//Dynamic and Muli- dimensional GIS, Hong Kong.

Cheng Y. 2021. Crowd-sourcing information dissemination based on spatial behavior and social networks[J]. Mobile Information Systems,(5): 1-16.

Cheung T K Y, Wong C W H, Zhang A M. 2020. The evolution of aviation network: Global airport connectivity index 2006-2016[J]. Transportation Research Part E: Logistics and Transportation Review, 33:101826.

Cho E, Myers S A, Leskovec J. 2011. Friendship and mobility: User movement in location-based social networks [C]//The 17th ACM SIGKDD International Conference on Knowledge Discovery and Data Mining, San Diego, CA, USA.

Ciessin. 1997. Research report on advances in spatial decision support system technology and application[EB/OL]. http://www. ciesin. colostate.edu/ USDA/ Task %203 %20Web/ 97T31. html.

Claramunt C, Jiang B. 2001. An integrated representation of spatial and temporal relationships between evolving regions[J]. Journal of Geographical Systems, 3(4): 411-428.

Clark P J, Evans F C. 1954. Distance to nearest neighbour as a measure of spatial relationships in populations[J]. Ecology, (35): 445-453.

Clauset A, Shalizi C R, Newman M E J. 2009. Power-law distributions in empirical data[J]. SIAM Review, 51(4): 661-703.

Cleveland S. 1979. Robust locally weighted regression and smoothing scatterplots[J]. Journal of the American Statistical Association, 74(368): 829-836.

Cleveland W, Devlin S. 1988. Locallyweighted regression: An approach to regression analysis by local fitting[J]. Journal of the American Statistical Association, 83(403): 596-610.

Cliff A D, Haggett P. Spatial aspects of epidemic control[J]. Progress in Human Geography, 13: 313-347.

Cliff A D, Ord J K. 1973.Spatial autocorrelation[M]. London: Pion.

Cliff A D, Ord J K. 1981. Spatialprocess: Models and applications[M]. London: Pion.

Cowen D J, Ehler G B. 1994.Incorporating multiple sources of knowledge into a spatial decision support system[C]. //The 6th symposium. Edinburgh, Vol.1: 60-72.

Cressie N. 1991.Statistics for spatial data[M]. New York: John Wiley.

Cui X H, Charles J S, Potok T.2013. GPU enhanced parallel computing for large scale data clustering[J]. Future Generation Computer Systems, 29:1736-1741.

Datcu M, Daschiel H, Pelizzari A, et al. 2003. Information mining in remote sensing image archives: System concepts[J]. IEEE Transactions on Geoscience and Remote Sensing, 41(12): 2923-2936.

Datcu M, Seidel K, Pelizarri R, et al. 2000. Image information mining and remote sensing data interpretation[C] // IEEE International Geoscience and Remote Sensing Symposium IGARSS 2000: 3057-3060.

Datcu M, Siedel K, 2002. An innovative concept for image information mining[C]//MDM/KDD 2002: International Workshop on Multimedia Data Mining (with ACM SIGKDD 2002): 11-18.

David G. 2008. Big data[J]. Nature, 455(7209): 1-136.

David M. 1977. Geostatistics area reserve estimation [M]. Elsevier Science Publisher, Amsterdam.

Davis K F, D'Odorico P, Laio F, et al. 2013. Global spatio-temporal patterns in human migration: A complex network perspective[J]. Plos One, 8(1): e53723.

Degtyarev D, Badrutdinova K, Stepanova A. 2017. Interconnections among the United States, Russia and China: Does Kissinger's American leadership formula apply? [J]. International Organizations Research Journal, 12(1):81-109.

Densham P J. 1991. Spatial decision support system: Principles and applications[C]. Maguire D J, et al. Geographic Information Systems: 403-412.

Densham P J, Goodchild M F. 1989. Spatial decision support systems: A research agenda[C] // GIS/ LIS'89, ACSM:707-716.

Djeraba C. 2000. When image indexing meets knowledge discovery [C]//The Sixth ACM SIGKDD International Conference on Knowledge Discovery and Data Mining:73-81.

Djeraba C. 2001. Relationship extraction from large image databases [C]//The Second International Workshop on Multimedia Data Mining(MDM/KDD'2001), USA:1-7.

Doll C N H, Muller J P, Elvidge C D. 2000.Night-time imagery as a tool for global mapping of socioeconomic parameters and greenhouse gas emissions [J]. AMBIO: A Journal of the Human Environment, 29(3): 157-162.

Dong J, Chen B, Zhang P, et al. 2019 Evolution model of spatial interaction network in online social networking services[J]. Entropy, 21(4): 434.

Dong W H, Qin T, Yang T Y, et al. 2022. Wayfinding behavior and spatial knowledge acquisition: Are they the same in virtual reality and in real-world environments? [J]. Annals of the American Association of Geographers, 112:1, 226-246.

Doyle. 1978. Digital terrain models: An overview[J]. Photogrammetric Engineering and Remote Sensing, 44(12): 1481-1485.

Dueñas M, Fagiolo G. 2013. Modeling the international trade network: A gravity approach[J]. Journal of Economic Interaction & Coordination, 8(1):155-178.

Duncan C, Jones K. 2000. Using multilevel models to model heterogeneity: Potential and pitfalls [J]. Geographical Analysis, 32(4): 279-305.

Eagle N, Pentland A S, Lazer D. 2009. Inferring friendship network structure by using mobile phone data[J]. The National Academy of Sciences of the United States of America, 106 (36):15274-15278.

Eddelbuettel D. 2013. Seamless R and C++ Integration With RCPP[M].New York: Springer.

Egenhofer M J, Franzosa R. 1991. Point-set topological spatial relationships[J]. International Journal of Geographical Information Systems, 5(2): 161-174.

Egenhofer M J, Herring J. 1990. A mathematical frame work for the definition of topological relationships[C]//The Fourth International Symposium on Spatial Data Handling, Zurich, Swtizerland: 803-812.

Egenhofer M J. 1994. Preprocessing queries with spatial constraints [J]. Photogrammetric Engineering and Remote Sensing, 60(6): 783-970.

Elshendy M, Colladon A F, Battistoni E, et al. 2018. Using four different online media sources to forecast the crude oil price[J]. Journal of Information Science, 44(3):408-421.

Elshendy M, Colladon A F. 2017. Big data analysis of economic news: Hints to forecast macroeconomic indicators[J]. International Journal of Engineering Business Management, 9: 1-12.

Elvidge C D, Ziskin D, Baugh K E, et al. 2009. A Fifteen Year Record of global natural gas flaring derived from satellite data[J]. Energies, 2(3): 595-622.

Ester M, Frommelt A, Kriegel H P, et al. 2000. Spatial data mining: Database primitives, algorithms and efficient DBMS support [J]. Data Mining and Knowledge Discovery, 4: 193-216.

Farber S, Páez A. 2007. A systematic investigation of cross-validation in GWR Model Estimation: Empirical Analysis and Monte Carlo Simulations [J]. Journal of Geographical Systems, 9 (4): 371-396.

Fayyad U, Weir Nicholas, Djorgovski S. 1993. Automated analysis of a large-scale sky survey:

The SKICAT System[C]// In Proc. 1993 Knowledge Discovery in Databases Workshop, Washington, D.C.: 1-13.

Florence J, Egenhofer M J. 1996. Distribution of topological relations in geographic database [C]//ASPRS/ACSM. Annual Convention and Exposition Technical Papers: 315-325.

Fotheringham A S, Charlton M E, Brunsdon C. 1998. Geographically weighted regression: A natural evolution of the expansion method for spatial data analysis[J]. Environment and Planning A, 30(11): 1905-1927.

Fotheringham A S, Brunsdon C. 1999, Local forms of spatial analysis[J]. Geographical Analysis, 31(4): 340-358.

Fotheringham A S, Charlton M, Brunsdon C. 2001. Spatial variations in school performance: A local analysis using geographically weighted regression[J]. Geographical & Environmental Modelling, 5(1): 43- 66.

Fotheringham A S, Brunsdon C, Charlton M, 2002. Geographically weighted regression: The analysis of spatially varying relationships[M].Chichester: Wiley.

Fotheringham A S, Yang W, Kang W. 2017. Multiscale Geographically Weighted Regression (MGWR)[J]. Annals of the American Association of Geographers, 107(6): 1247-1265.

Frank A U. 1992.Qualitative spatial reasoning about distances and directions in geographic space [J]. Journal of Visual Languages and Computing, 3(2): 343-371.

Franz Q. 1997. Recognition ofstructured objects in monocular aerial images using context information[C]//Mapping Buildings, Roads and Other Man-made Structures from Images. Ed.: F. Leberl. München:213-228.

Ge Y, Du Y Y, Cheng Q M, et al. 2006. Multifractal filtering method for extraction of ocean eddies from remotely sensed imagery[J]. Acta Oceanologica Sinica, 25(5): 27-38.

Ge Y, Jin Y, Stein A, et al. 2019. Principles and methods of scaling geospatial earth science data [J]. Earth-Science Reviews, 197: 102897.

Ge Y, Song Y, Wang J, et al. 2017. Geographically weighted regression-based determinants of malaria incidences in Northern China[J]. Transactions in GIS, 21(5): 934-953.

Gelke C E, Biehl K. 1934.Certain effects of grouping upon the size of the correlation coefficient in census tract material[J]. Journal of American Statistical Association, 29(185A): 169-170.

[美]George M Markakas. 2002. 21 世纪的决策支持系统[M]. 朱岩, 肖勇波,译. 北京: 清华大学出版社.

Gold C M. 1992. The meaning of "Neighbour"[C].// Frank A, Campari I, Formentini U. Theories and Methods of Spatiotemporal Reasoning in Geographic Space. Lecture Notes in Computer Science, No.639, Berlin: Springer-Verlag:220-235.

Golini I, Lu B, Charlton M, et al. 2015. Gwmodel: An R package for exploring spatial heterogeneity using geographically weighted models[J]. Journal of Statistical Software, 63 (17): 1-50.

Goodchild M F. 1987. A spatial analytical perspective of geographical information system[J].

International Journal of Geographical Information Systems, 1(4): 327-334.

Goodchild M F. 1994.Spatial analysis using GIS[M]. NCGIA.

Goodchild M F. 2004.The validity and usefulness of laws in geographic information science and geography[J]. Annals of the Association of American Geographers, 94: 300-303.

Gorry G A, Morton M S S. 1971.A framework for management information systems[J]. Sloan Management Review: 55-70.

Goyal R K. 2000. Similarity assessment for cardinal directions between extend spatial objects[D]. The University of Maine.

Gu Y Z, Qin K, Chen Y X, et al. 2017. Parallel Spatiotemporal Spectral Clustering with Massive Trajectory Data[C] //The International Archives of the Photogrammetry, Remote Sensing and Spatial Information Science: 1173-1180.

Guo D. 2008. Regionalization with Dynamically Constrained Agglomerative Clustering and Partitioning (REDCAP)[J]. International Journal of Geographical Information Science, 22(7): 801-823.

Hafner-Burton E M, Kahler M, Montgomery A H. 2009. Network analysis for international relations[J]. International Organization, 63(3):559-592.

Hägerstrand T. 1985. Time-Geography: Focus on the corporeality of man, society and environment[J]. The Science and Praxis of Complexity, 3: 193-216.

Haining R. 1990.Spatial data analysis in the social and environmental science[M]. Cambridge: Cambridge University Press.

Haining R, Wise S. 1997. Exploratory spatial data analysis[C]//NCGIA Core Curriculum in GIScience.

Haining R. 2003. Spatial data analysis theory and practice [M]. Cambridge: Cambridge University Press.

Han J W, Koperski K, Stefanovic N. 1997. GeoMiner: A system prototype for spatial data mining [C]. // The 1997 ACM SIGMOD International Conference on Management of Data, Tucson, Arizona, United States:553-556.

Han J, Kamber M. 2001. Data mining: Concept and technologies[M]. San Francisco: Academic Press.

Han J W, Kamber M. 2006. Data mining: Concept and technologies[M]. 2nd ed. Burlington, Massachusetts: Morgan Kaufmann Publishers.

Hao X J, Cheng S S, Wu D G, et al. 2020. Reconstruction of the full transmission dynamics of COVID-19 in Wuhan[J]. Nature, (584): 420-424.

Harr R. 1976. Computational models of spatial relations[R]. Technical Report: TR-478, MSC-72-03610. University of Maryland, College Park, MD.

Harris P, Fotheringham A S, Juggins S. 2010. Robust geographically weighted regression: A technique for quantifying spatial relationships between freshwater acidification critical loads and catchment attributes[J]. Annals of the Association of American Geographers, 100(2):

286-306.

Harris P, Juggins S. 2011. Estimating freshwater acidification critical load exceedance data for great britain using space-varying relationship models[J]. Mathematical Geosciences, 43(3): 265-292.

Harris P, Brunsdon C, Lu B, et al. 2017. Introducing bootstrap methods to investigate coefficient non-stationarity in spatial regression models[J]. Spatial Statistics, 21: 241-261.

Hastie T, Tibshirani R. 1990. Generalized additive models[M]. London: Chapman and Hall/CRC.

Hayashi H, Hashitera S, Kohiyama M, et al. 2000. International collaboration for the early damaged area estimation system using DMSP/OLS nighttime images[C]// Geoscience and Remote Sensing Symposium, 2000. Proceedings. IGARSS 2000. IEEE 2000 International. IEEE, 6: 2697-2699.

He Y B, Ramachandran R, Nair U J, et al. 2002. Earth science data mining and knowledge discovery framework[C] // SIAM International Conference on Data Mining, Arlington, VA: 11-13.

Hernandez D, Clementini E, Felice P D. 1995. Qualitative distances[C]//COSIT'95, LNCS, Springer.

Hey T, Tansley S, Tolle K. 2012. 第四范式：数据密集型科学发现[M]. 潘教峰，张晓林，译. 北京：科学出版社.

Hinton G E, Salakhutdinov R R. 2006. Reducing the dimensionality of data with neural networks[J]. Science, 313(5786): 504-507.

Hoaglin D C, Mosteller F, Tukey J W. 2000. Understanding Robust and Exploratory Data Analysis[M]. Wiley.

Hoffman F M, Tripathi V S. 1993. Ageochemical expert system prototype using object-oriented knowledge representation and a production rule system[J]. Computers & Geosciences, 19(1): 53-60.

Hong J H. 1994. Qualitative distance and direction reasoning in geographic space[D]. Department of Spatial Information and Engineering, University of Maine, Orono, ME.

Hu B S, Gong J H, Zhou J P, et al. 2013. Spatial-temporal characteristics of epidemic spread in-out flow—Using SARS Epidemic in Beijing as a case study[J]. Science China Earth Sciences, 56(8): 1380-1397.

Hu Y, Wang F, Xierali I M. 2018. Automated delineation of hospital service areas and hospital referral regions by modularity optimization[J]. Health services research, 53(1): 236-255.

Huang H, Li Q, Zhang Y. 2019. Urban residential land suitability analysis combining remote sensing and social sensing data: A case study in Beijing, China[J]. Sustainability, 11(8): 2255.

Huang H. 2015. Anomalous behavior detection in single-trajectory data[J]. International Journal of Geographical Information Science, 29(12): 2075-2094.

Inmon W H. 1993. Building the data warehouse[M]. Qed Technical Pub. Group.

Inmon W H. 2005. Building the Data Warehouse[M]. 4th ed. Wiley.

Inmon WH. 2000. 数据仓库[M]. 2 版. 王志海,译. 北京：机械工业出版社.

Journel A G.1978. Mining geostatistics[M]. London; New York：Academic Press.

Kang C, Qin K. 2016. Understanding operation behaviors of taxicabs in cities by matrix factorization[J]. Computers Environment & Urban Systems, 60:79-88.

Kloog I, Haim A, Stevens R G, et al. 2009. Global co-distribution of Light at Night (LAN) and Cancers of Prostate, Colon, and Lung in Men [J]. Chronobiol International. 26(1): 108-125.

Knorr E M, Raymond T Ng. 1996.Finding aggregate proximity relationships and commonalities in spatial data mining[J]. IEEE Transaction on Knowledge and Data Mining, 8(6): 884-897.

Koperski K, Adhikary J, Han J. 1996. Spatial data mining: Process and challenges survey papers [C]//SIGMOD'96 Workshop on Research Issues on Data Mining and Knowledge Discovery (DMKD'96), Montreal, Canada.

Kuhn W. 1999. An algebraic interpretation of semantic networks[C]// Freksa C, Mark D. Spatial Information Theory (COSIT'99). Berlin, Springer-Verlag. Lecture Notes in Computer Science, (1661): 331-347.

Kuznar L A. 2006. High fidelity computational social science in anthropology: prospects for developing a comparative framework[J]. Social Science Computer Review, 24(1): 15-29.

Kwak H, An J. 2014. A first look at global news coverage of disasters by using the GDELT Dataset [C]// International Conference on Social Informatics, Cham: Springer:300-308.

Kwak H, Lee C, Park H, et al. 2010. What is Twitter, a social network or a news media? [C] // Proc International Conference on World Wide Web: 591-600.

Laniado D, Volkovich Y, Scellato S, et al. 2018. The impact of geographic distance on online social interactions[J]. Information Systems Frontiers, 20: 1203-1218.

Lazer D, Pentland A, Adamic L, et al. 2009. Computer social science[J]. Science, 323(5915): 721-723.

Lee S Y, Hsu F J. 1992. Spatial reasoning and similarity retrieval of images using 2d c-string knowledge representation[J]. Pattern Recognition, 25(3): 305-318.

Leong Y Y, Yue J C. 2017. Amodification to geographically weighted regression[J]. International Journal of Health Geographics, 16(1): 11.

Letu H, Hara M, Tana G, et al. 2012. A saturated light correction method for DMSP/OLS Nighttime Satellite Imagery[J]. IEEE Transactions on Geoscience & Remote Sensing, 50 (2): 389-396.

Leung Y. 1997. Intelligent spatial decision support systems[M]. Berlin: Springer-Verlag.

Li D R, Cheng T. 1994.KDG-Knowledge discovery from GIS[C]//The Canadian Conference on GIS, Ottawa, Canada: 1001-1012.

Li D R, Wang S L, Li D Y. 2015. Spatial data mining: Theory and application[M]. Springer.

Li X, Li D. 2014. Can night-time light images play a role in evaluating the Syrian Crisis? [J]. International Journal of Remote Sensing, 35(18): 6648-6661.

Li Z L. 1999. Scale: A fundamental dimension in spatial information science [C]//The 1st International Symposium on Digital Earth, Beijing, China.

Li Z, Bi J, Borrego C. 2019. Exploiting Temporal and spatial regularities for content dissemination in opportunistic social network [J]. Wireless Communications and Mobile Computing, (23): 1-16.

Lima A, Musolesi M. 2012. Spatial dissemination metrics for location-based social networks [C]// The 2012 ACM Conference on Ubiquitous Computing. ACM.

Liu C K, Qin K, Kang C G. 2015. Exploring Time-dependent traffic congestion patterns from taxi trajectory data [C]//The 2nd IEEE International Conference on Spatial Data Mining and Geographical Knowledge Services: 39-44.

Liu D, Fodor V, Rasmussen L K. 2019. Will scale-free popularity develop scale-free geo-social networks? [J]. IEEE Transactions on Network Science and Engineering, 6(3): 587-598.

Liu X P, Niu N, Liu X J, et al. 2018. Characterizing mixed-use buildings based on Multi-source Big Data[J]. International Journal of Geographical Information Science, 32(4): 738-756.

Liu Y, Liu X, Gao S, et al. 2015. Social sensing: A new approach to understanding our socioeconomic environments[J]. Annals of the Association of American Geographers, 105(3):512-530.

Liu Y, Sui Z W, Kang C G, et al. 2014. Uncovering patterns of inter-urban trip and spatial interaction from social media check-in data[J]. Plos One, 9(1):e86026.

Lloyd C D. 2010. Localmodels for spatial analysis[M]. 2nd ed. CRC Press.

Lloyd R. 1997. Spatial cognition-geographic environments [M]. Dordecht: Kluwer Academic Publishers.

Lu B, Charlton M, Harris P, et al. 2014. Geographically weighted regression with a non-euclidean distance metric: A case study using hedonic house price data[J]. International Journal of Geographical Information Science, 28(4): 660-681.

Lu B, Harris P, Charlton M, et al. 2014. The GWmodel R package: Further topics for exploring spatial heterogeneity using geographically weighted models [J]. Geo-spatial Information Science, 17(2): 85-101.

Lu B, Brunsdon C, Charlton M, et al. 2017. Geographically weighted regression with parameter-specific distance metrics[J]. International Journal of Geographical Information Science, 31(5): 982-998.

Lu B, Yang W, Ge Y, et al. 2018. Improvements to the calibration of a geographically weighted regression with parameter-specific distance metrics and bandwidths [J]. Computers, Environment and Urban Systems, 71: 41-57.

Lu B, Brunsdon C, Charlton M, et al. 2019. A response to "A Comment on Geographically Weighted Regression With Parameter-specific Distance Metrics" [J]. International Journal of

Geographical Information Science,33(7): 1300-1312.

Luo J, Tian L L, Luo L,et al. 2017. Two-step optimization for spatial accessibility improvement: A case study of health care planning in rural China[J]. BioMed Research International, 2094654: 1-12.

Luo W, Wang F. 2003. Measures of spatial accessibility to health care in a GIS environment: synthesis and a case study in the Chicago region[J]. Environment and Planning B: Planning and Design, 30(6): 865-884.

Ma J. 1995. An object-oriented framework for model management[J]. Decision Support Systems, 13(2):133-139.

Ma T, Zhou Y K, Zhou C H,et al. 2015. Night-time light derived estimation of spatiotemporal characteristics of urbanization dynamics using DMSP/OLS Satellite Data[J]. Remote Sensing of Environment, 158: 453-464.

Malleson N, Andresen M A. 2015.Spatio-temporal crime hotspots and the ambient population[J]. Crime Science, 4(1): 1-8.

Matheron G. 1965. Les variables regionalisees et leur estimation[M]. Masson Press, Paris.

Mazzitello K I, Candia J, Dossetti V. 2007. Effects of mass media and cultural drift in a model for social influence[J]. International Journal of Modern Physics C, 18(9):1475-1482.

Mei C L, Wang N, Zhang W X. 2006. Testing the importance of the explanatory variables in a mixed geographically weighted regression model[J]. Environment and Planning A, 38(3): 587-598.

Mei C L, Xu M, Wang N. 2016. A bootstrap test for constant coefficients in geographically weighted regression models[J]. International Journal of Geographical Information Science, 30(8): 1622-1643.

Michael J M, Goodchild M F, Longley P A. 2009.地理空间分析——原理、技术与软件工具[M].2版. 杜培军, 张海荣, 冷海龙,等,译. 北京: 电子工业出版社.

Miller C L, Laflamme R A. 1958. The digital terrain model——Theory and application[J]. Photogrammetric Engineering, XXIV (3): 433.

Miller C L. 1957. The spatial model concept of photogrammetry [J]. Photogrammetric Engineering, XXIII (1): 31.

Miller H J, Han J. 2001.Geographic data mining and knowledge discovery[M]. London: Taylor & Francis.

Mohan L, Kashyap R L. 1988. An objected-oriented knowledge representation for spatial information[J]. Transactions on Software Engineering, 14(5): 675-681.

Moreno B N, Times V C, Matwin S. 2021. Representation and analysis of spatiotemporal encounters published in online social networks[J]. Social Network Analysis and Mining, 11 (93): 1-19.

Mowrer H T, 2000. Uncertainty in natural resource decision support systems: sources, interpretation, and importance [J]. Computers and Electronics in Agriculture, (27):

139-154.

Murray A T, Mcguffog I, Western J S, et al. 2001. Exploratory spatial data analysis techniques for examining urban crime[j]. British Journal of Criminology, (41): 309-327.

Nakaya T, Charlton M, Fotheringhams S, et al. 2009. How to use Sgwrwin (GWR4.0)[EB]. 2009. National Centre for Geocomputation: Maynooth, Ireland.

Newton A, Felson M. 2015. Editorial: Crime patterns in time and space: The dynamics of crime opportunities in urban areas[J]. Crime science, 4(1): 1-5.

O'Sullivan D, Unwin D J. 2003. Geographic information analysis[M]. Hoboken: John Wiley & Sons Inc.

Öcal N, Yildirim J. 2010. Regional effects of terrorism on economic growth in Turkey: A geographically weighted regression approach[J]. Journal of Peace Research, 47(4): 477-489.

Okabe A, Satoh T, Sugihara K. 2009. A kernel density estimation method for networks, its computational method and a GIS-based Tool[J]. International Journal of Geographical Information Science, 23(1): 7-32.

Oliveira M, Gama J. 2012. An overview of social network analysis[J]. WIREs Data Mining Knowledge Discovery, 2: 99-115.

Openshaw S. 1984. The modifiable areal unit problem[J]. Concepts and Techniques in Modern Geography, 38:41.

Openshaw S, Openshaw C. 1997. Artificial intelligence in geography[M]. Chichester, UK: John Wiley & Sons Inc.

Oshan T M, Li Z, Kang W, et al. 2018. MGWR: A python implementation of multiscale geographically weighted regression for investigating process spatial heterogeneity and scale [EB].OSF Preprints.

Paelinck J, Klaassen L. 1979. Spatial econometrics[M]. Saxon House, Farnborough.

Páez A, Wheeler D. Geographically weighted regression[EB]. International encyclopedia of human geography, Kitchin R, Thrift N, Editors. 2009, Elsevier: Oxford: 407-414.

Páez A. 2005. Local analysis of spatial relationships: A comparison of GWR and the Expansion method[C]// The 5th International Conference on Computational Science and Its Applications-ICCSA 2005, Banff, Canada, 2005: Springer Berlin / Heidelberg: 631-637.

Papadias D. 1994. Relation-based representation of spatial knowledge[D]. Department of Electrical and Computer Engineering. National Technical University of Athens.

Parker D, Reason J T, Manstead A S R, et al. 1995. Driving errors, driving violations and accident involvement[J]. Ergonomics, 38(5):1036.

Pawlak Z. 1982. Rough sets[J]. International Journal of Computer and Information Science, (11): 341-356.

Pei T, Zhu A X, Zhou C H, et al. 2006. A new approach on nearest-neighbour method to discover cluster features in overlaid spatial point processes[J]. International Journal of Geographical

Information Sciences. (20): 153-168.

Pentland A. 2015.智慧社会：大数据与社会物理学[M]. 汪小帆，汪容，译. 杭州：浙江人民出版社.

Peuquet D, Zhan C X. 1987. An algorithm to determine the directional relationship between arbitrarily-shaped polygons in the plane[J]. Pattern Recognition, 20(1): 65-74.

Phua C, Feng Y Z, Ji J Y, et al. 2014. Visual and predictive analytics on Singapore news: Experiments on GDELT, Wikipedia, and ^STI[EB/OL][2018-12-27]. https://arxiv.org/abs/1404.

Pigot S. 1992. A topological model for a 3D spatial information systems[C]//The 5th International Symposium on Spatial Data Handing. ICU, charleston: 344-360.

Porter M D, Reich B J. 2012. Evaluating temporally weighted kernel density methods for predicting the next event location in a series[J]. Annals of GIS, 18(3): 225-240.

Porway J, Wang Q, Zhu S C, 2010.A hierarchical and contextual model for aerial image parsing [J]. International Journal of Computer Vision, 88(2): 254-283.

Priyanta S, Nyoman I. 2019. Social network analysis of twitter to identify issuer of topic using PageRank[J]. International Journal of Advanced Computer Science and Applications, 10 (1): 107-111.

Roy J R, Thill J C. 2004. Spatial interaction modelling[M]. Berlin: Springer.

Qin K, Guan Z Q, Wan Y C, et al. 2001. The design and implement of river valley water pollution prevention and cure GIS System[C] // Info-tech and Info-net, 2001. Proceedings. ICII 2001 - Beijing. 2001 International Conferences on Volume: 1.

Qin K, Guan Z Q, Li D R, et al. 2003. Methods of remote sensing image mining based on concept lattice[C]. Third International Symposium on Multispectral Image Processing and Pattern Recognition.

Qin K, Xu Y Q, Kang C G, et al. 2019. Modeling spatiotemporal evolution of urban crowd flows [J]. ISPRS International Journal of Geo-Information, 8: 570.

Qin K, Xu Y, Kang C, et al. 2020. A graph convolutional network model for evaluating potential congestion spots based on local urban built environments[J]. Transactions in GIS, 24(5): 1382-1401.

Radke J, Mu L. 2000.Spatial decompositions, modeling and mapping service regions to predict access to social programs[J]. Geographic Information Sciences, 6(2): 105-112.

Randell D A, Cui Z, Cohn A G. 1992. A spatial logic based on regions and connection[C]//The 3rd International Conference on Knowledge Representation and Reasoning. Morgan Kaufmann, Sanmateo: 1652176.

Ripley B D. 1981. Spatial statistics[M]. New York: John Wiley & Sons.

Rodriguze A, Laio A. 2014.Clustering by fast search and find of density peaks[J]. Science, 344 (6191): 1492-1496.

Roy J R, Thill J C. 2004. Spatial interaction modelling[M]. Berlin: Springer.

Sagi D J B, Labeaga J M. 2016. Using GDELT Data to evaluate the confidence on the Spanish Government Energy Policy[J]. International Journal of Interactive Multimedia and Artificial Intelligence, 3(6):38-43.

Schwarz G. 1978. Estimating the dimension of a model[J]. Annals of Statistics, 6(2): 461-464.

Serrano M A, Boguñá M. 2003. Topology of the World Trade Web[J]. Physical Review E, Statistical, Nonlinear, and Soft Matter Physics, 68(1-2): 015101.

Shariff A. Rahsid B M, Egenhofer M J, et al. 1998. Natural language spatial relations between linear and areal objects: The topology and metric of english-language terms[J]. International Journal of Geographical Information Science, 12(3): 215-245.

Sharma K, Sehgal G, Gupta B, et al. 2017. A complex network analysis of ethnic conflicts and human rights violations[J]. Scientific Reports, 7(1): 8283.

Shi X, Duell E, Demidenko E, et al. 2007. A polygon-based locally-weighted-average method for smoothing disease rates of small units[J]. Epidemiology, 18(5): 523-528.

Small C. 2001. Estimation of urban vegetation abundance by spectral mixture analysis [J]. International Journal of Remote Sensing, 22(7): 1305-1334.

Sohn S Y, Shin H, 2010. Pattern recognition for road traffic accident severity in Korea [J]. Ergonomics, 44(1):107-117.

Song C, Qu Z, Nicholas B, et al. 2010. Limits of predictability in human mobility[J]. Science, 327(5968):1018-1021.

Sprague R H, Carlson E D. 1982. Building effective decision support systems[M]. Prentice-Hall.

Sprague R H, Watson H J. 1989. Decision support systems: Putting theory into practice[M]. Prentice-Hall.

Steil D, Parrish A S. 2009. HIT: A GIS-based hotspot identification taxonomy[J]. International Journal of Computers and Their Applications, 16(2): 81-90.

Su Y, Lan Z, Lin Y R, et al. 2015. Tracking Public response and relief efforts following the 2015 Nepal Earthquake [C]// IEEE, International Conference on Collaboration and Internet Computing, IEEE, 2016:495-499.

Swamy P A V B, Roger K C, Michael R L. 1988. The stochastic coefficients approach to econometric modeling, Part II: Description and motivation[R]. Board of Governors of the Federal Reserve System (U.S.).

Taylor S A, Mickel A E. 2014. Simpson's Paradox: A data set and discrimination case study exercise[J]. Journal of Statistics Education, 2014, 22(1).

Tesic J, Newsam S, Manjunath B S. 2002. Scalable spatial event representation[C]. // IEEE International Conference on Multimedia and Expo (ICME), Lausanne, Switzerland: 1-4.

Tiwari C, Rushton G. 2005. Using spatially adaptive filters to map late stage colorectal cancer incidence in Iowa [C]//Developments in Spatial Data Handling. Springer, Berlin, Heidelberg.

Tobler W R. 1970. A computer movie simulating urban growth in the detroit region[J]. Economic

Geography, 46(s1): 234-240.

Tukey J W. 1977. Exploratory data analysis[M]. Massachusetts: Addison-Wesley Publishing Company.

Turner L M. 2013. Hunting for hotspots in the countryside of Northern Sweden[J]. Journal of Housing and the Built Environment, 28(2): 237-255.

Ullah F, Lee S. 2016. Social content recommendation based on spatial-temporal aware diffusion modeling in social networks[J]. Symmetry, 8(89): 89.

Unwin D. 1981.Introductory spatial analysis[M]. London: Mwthuen.

Vemulapalli S S, Ulak M B, Ozguven E E,et al. 2017. GIS-based spatial and temporal analysis of aging-involved accidents: A case study of three counties in Florida[J]. Applied Spatial Analysis and Policy, 10: 537-563.

Wagner R A, Fisher M J. 1974.The String-to-string correction problem[J]. Journal of the Acm., 21(1): 168-173.

Wang F H, Wen M, Xu Y Q. 2013.Population-adjusted street connectivity, urbanicity and risk of obesity in the U.S.[J]. Applied Geography, 41: 1-14.

Wang F H.2019. GIS 和数量方法在社会经济研究中的应用[M]. 刘凌波,译.北京: 商务印书馆.

Wang F, Guo D, McLafferty S. 2012. Constructing geographic areas for cancer data analysis: A case study on late-stage breast cancer risk in illinois[J]. Applied Geography, 35(1-2): 1-11.

Wang F. Quantitative methods and socio-economic applications in GIS[M]. Crc Press, 2014.

Wang J F, Christakos G, Han W G, et al. 2008. A data-driven approach to explore associations between the spatial pattern, time process and driving forces of SARS Epidemic[J]. Journal of Public Health, 30(3): 234-244.

Wang Q X, Qin K, Liu D H,et al. 2022. Spatial interaction network analysis of crude oil trade relations between countries along the belt and road[J]. Journal of Geodesy and Geoinformation Science, 5(2): 60-74.

Wang S L, Gan W Y, Li D Y,et al. 2011. Data field for Hierarchical Clustering[J]. International Journal of Data Warehousing and Mining (IJDWM), 7(4): 43-63.

Wang S W, Armstrong M P. 2009. A theoretical approach to the use of cyberinfrastructure in geographical analysis[J]. International Journal of Geographical Information Science, 23(2): 169-193.

Wang Y L, Qin K, Chen Y X,et al. 2018. Detecting anomalous trajectories and behavior patterns using hierarchical clustering from Taxi GPS data[J]. ISPRS International Journal of Geo-Information, 7(1): 25.

Wang Y Q, Lu Q Y, Cao X B,et al. 2020. Travel time analysis in the chinese coupled aviation and high-speed rail network[J]. Chaos, Solitons & Fractals, 139:109973.

Wang Y, Hao H, Platt L S. 2020. Examining risk and crisis communications of government agencies and stakeholders during early-stages of COVID-19 on Twitter[J]. Computers in Human Behavior, 114: 106568.

Wanjala C L, Waitumbi J, Zhou G F, et al. 2011. Identification of malaria transmission and epidemic hotspots in the Western Kenya Highlands: Its application to malaria epidemic prediction[J]. Parasites & vectors, 4(1): 81.

Watts D J, Strogatz S H. 1998. Collective dynamics of "Small World" Networks[J]. Nature, 393: 440-442.

Weng J, Lim E P, Jing J, et al. 2010. Twitterrank: Finding topic-sensitive influential Twitterers [C]// The Third International Conference on Web Search and Web Data Mining, WSDM 2010, New York, NY, USA.

Wheeler D C. 2009. Simultaneous coefficient penalization and model selection in geographically weighted regression: The geographically weighted Lasso[J]. Environment and Planning A, 2009, 41(3): 722-742.

Wille R. 1996. Conceptual structures of multi-contexts[C]//ICCS (International Conference on Computation Science).

Wouter L, John W, 2011.Dealing with big data[J]. Science, 331(6018): 639-806.

Wu C, Ren F, Hu W, et al. 2019. Multiscale geographically and temporally weighted regression: exploring the spatiotemporal determinants of housing prices [J]. International Journal of Geographical Information Science, 33(3): 489-511.

Wu J S, Ma L, Li W F, et al. 2014. Dynamics of urban density in China: Estimations based on DMSP/OLS nighttime light data [J]. IEEE Journal of Selected Topics in Applied Earth Observations & Remote Sensing, 7(10): 4266-4275.

Xu Y Q, Wang F H. 2015. Built environment and obesity by urbanicity in the U.S.[J]. Health & Place, 34, 19-29.

Xu Y Q, Wang L. 2015. GIS-based analysis of obesity and the built environment in the US[J]. Cartography and Geographic Information Science, 42 (1), 9-21.

Xu Y Q, Wen M, Wang F H. 2015. Multilevel built environment features and individual odds of overweight and obesity in Utah[J]. Applied Geography, 60: 197-203.

Xu Y Q, Fu C, Onega T, et al. 2017. Disparities in geographic accessibility of national cancer institute cancer centers in the United States[J]. Journal of Medical Systems, 41(203): 1-11.

Xu Y Q, Sajja M, Kumar A. 2019. Impact of thehydraulic fracturing on indoor radon concentrations in Ohio: A multilevel modeling approach[J]. Frontiers in Public Health, 7 (76): 1-7.

Yan J, Cowles M K, Wang S W, et al. 2007. Parallelizing MCMC for Bayesian Spatiotemporal Geostatistical Models[J]. Statistics and Computing, 17: 323-335.

Yang W, Fotheringham A S, Harris P. 2012. Anextension of geographically weighted regression with flexible bandwidths[C]// GISRUK 2012: 1-7.

Yu H, Fotheringham A S, Li Z, et al. 2020. Inference in multiscale geographically weighted regression[J]. Geographical Analysis, 52(1): 87-106.

Yu X, Miao S, Liu H, et al. 2017. Association rule mining of personal hobbies in social networks [J]. International Journal of Web Services Research, 14(1): 13-28.

Yuan B, Li H, Bertozzi A L, et al. 2019. Multivariate spatiotemporal hawkes processes and network reconstruction[J]. SIAM Journal on Mathematics of Data Science, 1(2): 356-382.

Yuan Y, Liu Y, Wei G. 2017. Exploring inter-country connection in mass media: A case study of China[J]. Computers Environment & Urban Systems, 62:86-96.

Yuan Y. 2017. Modeling inter-country connection from geotagged news reports: A time-series analysis[C]// International Conference on Data Mining and Big Data. Springer, Cham, 183-190.

Yue Y, Zhuang Y, Li Q Q, et al. 2009. Mining time-dependent attractive areas and movement patterns from Taxi trajectory data [C]// 2009 17th International Conference on Geoinformatics: 1-6.

Zadeh L A. 1965. Fuzzysets[J]. Information and Control, (8): 338-353.

Zhang J X, Goodchild M F. 2002.Uncertainty in geographical information[M]. New York: CRC press.

Zhang Y, Qin K, Bi Q, et al. 2020. Landscape patterns and building functions for urban land-use classification from remote sensing images at the block level: A case study of Wuchang District, Wuhan, China[J]. Remote Sensing, 12(11):1831.

Zhao L, Song Y J, Zhang C, et al. 2019. T-GCN: A temporal graph convolutional network for traffic prediction [J]. IEEE Transactions on Intelligent Transportation Systems, 21 (9): 3848-3858.

Zhao P X, Qin K, Ye X Y, et al. 2017. A trajectory clustering approach based on decision graph and data field for detecting hotspots[J]. International Journal of Geographical Information Science, 31(6): 1101-1127.

Zhao Q, Fränti P. 2014. WB-index: Asum-of-squares based index for cluster validity[J]. Data & Knowledge Engineering, 92(7):77-89.

Zheng Y, Zhao X, Zhang X, et al. 2019. Mining the hidden link structure from distribution flows for a spatial social network[J]. Complexity, (4):1-17.

Zhu A X, Lu G N, Liu J, et al. 2018. Spatial prediction based on third law of geography[J]. Annals of GIS, 24(4): 225-240.

Zhu X, Aspinall R J, Healey R G. 1996. ILUDSS: A knowledge based spatial decision support system for strategic land-use planning[J]. Computers and Electronics in Agriculture, 15 (4): 279-301.

Zipf G K. 1933.Selected studies of the principle of relative frequency in language[J]. Language, 9(1):89-92.

柏延臣，李新，冯学智. 1999. 空间数据分析与空间模型[J]. 地理研究，18(22)：185-190.

鲍光淑，刘斌. 2001. 基于空间分析的矿产资源评价方法[J]. 中南工业大学学报，32(1)：1-4.

毕硕本. 2015. 空间数据分析[M]. 北京：北京大学出版社.

边馥苓，朱国宾，余洁. 1996. 地理信息系统原理和方法[M]. 北京：测绘科技出版社.

别勇攀，关庆锋，姚尧. 2020. 基于边云协同的 AR 空间分析计算框架[J]. 地球信息科学学报，22(6)：1382-1393.

蔡自兴，徐光祐. 2004. 人工智能及其应用[M]. 3 版. 北京：清华大学出版社.

柴继贵. 2012. 基于改进的 LOD 模型算法三维场景建模[J]. 科技通报，28(4)：67-69

陈国良，孙广中，徐云，等. 2009. 并行算法研究方法学. 计算机学报，31(9)：1493-1502.

陈军，崔秉良. 1997. 用 Voronoi 方法为 MapInfo 扩展拓扑功能[J]. 武汉测绘科技大学学报，22(3)：195-200.

陈军，刘万增，武昊，等. 2021. 智能化测绘的基本问题与发展方向[J]. 测绘学报，50(8)：995-1005.

陈军，赵仁亮. 1999. GIS 空间关系的基本问题与研究进展[J]. 测绘学报，28(2)：95-102.

陈琳，杜友福，王元珍. 2002. MBR：基于 MBR 的空间关系模型[J]. 计算机工程与应用，(5)：76-78.

陈述彭. 2007. 地球信息科学[M]. 北京：高等教育出版社.

陈蔚珊，柳林，梁育填. 2016. 基于 POI 数据的广州零售商业中心热点识别与业态集聚特征分析[J]. 地理研究，35(4)：703-716.

陈文伟. 1994. 决策支持系统及其开发[M]. 北京：清华大学出版社.

陈晓利，冉洪流，祁生文. 2009. 1976 年龙陵地震诱发滑坡的影响因子敏感性分析[J]. 北京大学学报(自然科学版)，45(1)：104-110.

陈一祥. 高分影像空间结构特征建模与信息提取[D]. 武汉：武汉大学，2013.

陈颖彪，郑子豪，吴志峰，等. 2019. 夜间灯光遥感数据应用综述和展望[J]. 地理科学进展，38(2)：205-223.

承继成，郭华东，史文中，等. 2004. 遥感数据的不确定性问题[M]. 北京：科学出版社.

程朋根，刘少华，王伟，等. 2004. 三维地质模型构建方法的研究及应用[J]. 吉林大学学报(地球科学版)，(2)：309-313

褚永彬. 2008. 地理空间认知驱动下的空间分析与推理(硕士学位论文)[D]. 成都：成都理工大学.

党倩. 2008. 基于 GIS 三维可视化技术及其实现方法研究[D]. 南京：南京航空航天大学.

地理信息系统名词审定委员会. 2016. 地理信息系统名词[M]. 2 版. 北京：科学出版社.

邓敏，樊子德，刘启亮. 2015. 空间分析实验教程[M]. 北京：测绘出版社.

邓敏，刘启亮，吴静. 2015. 空间分析[M]. 北京：测绘出版社.

邸凯昌. 1999. 空间数据发掘和知识发现的理论和方法[D]. 武汉：武汉测绘科技大学.

邸凯昌. 2003. 空间数据发掘与知识发现[M]. 武汉：武汉大学出版社.

邸凯昌，李德仁，李德毅. 1999. 用探测性的归纳学习方法从空间数据库发现知识[J]. 中国图象图形学报，4A(11)：924-929

丁贤荣，徐健，姚琪，等. 2003. GIS 与数模集成的水污染突发事故时空模拟[J]. 河海大学学报(自然科学版)，31(2)：203-206.
杜方叶，王姣娥，王涵. 2020. 新冠疫情对中国国际航空网络连通性的影响及空间差异[J]. 热带地理，40(3)：386-395.
杜琳，陈云亮，朱静. 2011. 图像数据挖掘研究综述[J]. 计算机应用与软件，28(2)：125-128.
段伟，郭刚，陈彬，等. 2019. 面向公共卫生的人类空间移动与接触行为模型[J]. 系统仿真学报，31(10)：1970-1982.
樊超，郭进利，韩筱璞，等. 2011. 人类行为动力学研究综述[J]. 复杂系统与复杂性科学，8(2)：1-17.
范新生，应龙根. 2005. 中国 SARS 疫情的探索性空间数据分析[J]. 地球科学进展，20(3)：282-287.
方志祥，杨喜平，涂伟，等. 2020. 人群动态的观测理论与方法[M]. 北京：科学出版社.
淦文燕，李德毅，王建民. 2006. 一种基于数据场的层次聚类方法[J]. 电子学报，34(2)：258-262.
淦文燕. 2003. 聚类——数据挖掘中的基础问题研究[D]. 南京：中国人民解放军理工大学.
高松. 2020. 地理空间人工智能的近期研究总结与思考[J]. 武汉大学学报(信息科学版)，45(12)：1865-1874.
葛小三，边馥苓. 2006. 基于常识的空间推理研究[J]. 地理与地理信息科学，22(4)：28-30.
耿宜顺. 2000. 基于 GIS 的城市规划空间分析[J]. 规划师，16(6)：12-15.
宫辉力，李京，陈秀万，等. 2000. 地理信息系统的模型库研究[J]. 地学前缘，7(S0)：17-22.
龚建华，李亚斌，王道军，等. 2008. 地理知识可视化中知识图特征与应用——以小流域淤地坝系规划为例[J]. 遥感学报，12(2)：355-361.
龚健雅. 2001. 地理信息系统基础[M]. 北京：科学出版社.
龚健雅，秦昆，唐雪华，等. 2019. 地理信息系统基础[M]. 2 版. 北京：科学出版社.
龚为纲，朱萌，2018. 社会情绪的结构性分布特征及其逻辑——基于互联网大数据 GDELT 的分析[J]. 政治学研究，(4)：90-102.
龚玺，裴韬，孙嘉，等. 2011. 时空轨迹聚类方法研究进展[J]. 地理科学进展，(5)：12-24.
郭平. 2004. 定性空间推理技术及应用研究[D]. 重庆：重庆大学.
郭庆胜，杜晓初，闫卫阳. 2006. 地理空间推理[M]. 北京：科学出版社.
郭仁忠. 1997. 空间分析[M]. 武汉：测绘科技大学出版社.
郭仁忠. 2001. 空间分析[M]. 2 版. 北京：高等教育出版社.
郭世泽，陆哲明. 2012. 复杂网络基础理论[M]. 北京：科学出版社.
郭薇，陈军. 1997. 基于点集拓扑学的三维拓扑空间关系形式化描述[J]. 测绘学报，26(2)：122-127.
何报寅，张海林，张穗，等. 2002. 基于 GIS 的湖北省洪水灾害危险性评价[J]. 自然灾害学报, 11(4): 84-89.
贺三维. 2019. 地理信息系统城市空间分析应用教程[M]. 武汉: 武汉大学出版社.
侯景儒. 1998. 实用地质统计学[M]. 北京: 地质出版社.
胡宝清. 2004. 模糊理论基础[M]. 武汉: 武汉大学出版社.
胡宝荣. 2009. 基于遥感与 GIS 的汶川县地震前后生态环境质量评价[D]. 成都: 成都理工大学.
胡斌, 江南, 陈钟明, 等. 2007. 电力 GIS 网络模型的设计和实现[J]. 地球信息科学, 9(4): 70-73.
胡可云. 2001. 基于概念格和粗糙集的数据挖掘方法研究[D]. 北京: 清华大学.
胡可云, 陆玉昌, 石纯一. 2000. 基于概念格的分类和关联规则的集成挖掘方法[J]. 软件学报, (11): 1478-1484.
胡鹏, 黄杏元, 华一新. 2001. 地理信息系统教程[M]. 武汉: 武汉大学出版社.
胡勇, 陈军. 1997. 基于 Voronoi 图的空间邻近关系的表达和查询操作[C]//中国 GIS 协会第二届年会论文集: 346-356.
黄桂兰, 郑肇葆. 1998. 纹理模型法用于影像纹理分类[J]. 武汉测绘科技大学学报, (1): 40-42.
黄勇奇, 赵追. 2006. 遥感观测数据的探索性分析研究[J]. 遥感信息, (5): 24-26.
菅谷义博, 贺迎. 2008. 长尾经济学: 抓住真正有用的长尾[M]. 海口: 南海出版公司.
蒋恒恒. 2002. 基于 GIS 技术的城市规划空间决策支持系统的设计研究[D]. 成都: 成都理工大学.
景欣, 晏艺真, 晏磊, 等. 2017. 基于 GDP 格网的中国大陆城市 DMSP/OLS 稳定灯光数据饱和标定方法[J]. 地理与地理信息科学, 33(1): 35-39.
蓝运超. 1999. 城市地理信息系统[M]. 武汉: 武汉大学出版社.
黎夏, 刘凯. 2006. GIS 与空间分析——原理与方法[M]. 北京: 科学出版社.
李成名, 陈军. 1997. 空间关系描述的 9-交模型[J]. 武汉测绘科技大学学报, 22(3): 207-211.
李成名, 王继周, 马照亭. 2008. 数字城市三维地理空间框架原理与方法[M]. 北京: 科学出版社
李成名, 朱英浩, 陈军. 1998. 利用 Voronoi 图形式化描述和判断 GIS 中的方向关系[J]. 解放军测绘学院学报, 15(2): 117-120.
李德仁, 关泽群. 2000. 将 GIS 数据直接纳入图像处理[J]. 武汉测绘科技大学学报, 24(1): 1-5.
李德仁, 关泽群. 2000. 空间信息系统的集成与实现[M]. 武汉: 武汉测绘科技大学出版社.
李德仁, 王树良, 史文中, 等. 2001. 论空间数据挖掘和知识发现[J]. 武汉大学学报(信息科学版), 26(6): 491-499.
李德仁, 王树良, 李德毅, 等. 2002. 论空间数据挖掘和知识发现的理论与方法[J]. 武汉大学学报(信息科学版), 27(1): 221-233.
李德仁, 王树良, 李德毅. 2006. 空间数据挖掘理论与应用[M]. 北京: 科学出版社.

李德仁，邵振峰. 2008. 信息化测绘的本质是服务[J]. 测绘通报，(5)：1-4.
李德仁，王树良，李德毅. 2013. 空间数据挖掘理论与应用[M]. 2 版. 北京：科学出版社.
李德仁，张良培，夏桂松. 2014. 遥感大数据自动分析与数据挖掘[J]. 测绘学报，43(12)：1211-1216.
李德仁，姚远，邵振峰. 2014. 智慧城市中的大数据[J]. 武汉大学报信息科学版，39(6)：631-640.
李德仁，李熙. 2015. 论夜光遥感数据挖掘[J]. 测绘学报，44(6)：591.
李德仁，张过，蒋永华，等. 2022. 论大数据视角下的地球空间信息学的机遇与挑战[J]. 大数据，(12)：1-12.
李德毅，孟海军，史雪梅. 1995. 隶属云和隶属云发生器[J]. 计算机研究与发展，32(6)：15-20.
李德毅，杜鹢. 2005. 不确定性人工智能[M]. 北京：国防工业出版社.
李德毅，杜鹢. 2014. 不确定性人工智能[M]. 2 版. 北京：国防工业出版社.
李钢. 2014. GIS 支持下的浙江省台风灾害直接经济损失评估[D]. 南京：南京信息工程大学.
李洪生，汪培庄. 1994. 模糊数学[M]. 北京：国防工业出版社.
李建松. 2006. 地理信息系统原理[M]. 武汉：武汉大学出版社.
李京，孙颖博，刘智深，等. 1998. 模型库管理系统的设计和实现[J]. 软件学报，9(8)：613-618.
李康康，杨东峰. 2021. 城市建成环境如何影响老年人体力活动——模型构建与大连实证[J]. 人文地理，36(5)：111-120.
李清泉，李德仁. 1998. 三维空间数据模型集成的概念框架研究[J]. 测绘学报，27(4)：325-330.
李清泉. 1998. 基于混合结构的三维 GIS 数据模型与空间分析研究[D]. 武汉：武汉测绘科技大学.
李思平，周耀明. 2021. 全球疫情下的中国内地航空网络对外连通性[J]. 航空学报，42(6)：324569.
李小文，曹春香，常超一. 2007. 地理学第一定律与时空邻近度的提出[J]. 自然杂志，29(2)：69-71.
李志林，王继成，谭诗腾，等，2018. 地理信息科学中尺度问题的 30 年研究现状[J]. 武汉大学学报. 信息科学版，43(12)：2222-2242.
李志林，朱庆. 2000. 数字高程模型[M]. 武汉：武汉测绘科技大学出版社.
李宗光，胡德勇，李吉贺，等. 2016. 基于夜间灯光数据的连片特困区 GDP 估算及其空间化[J]. 国土资源遥感，(2)：168-174.
梁怡. 1997. 人工智能、空间分析与空间决策[J]. 地理学报，(S1)：104-113.
廖士中，石纯一. 1998. 定性空间推理的研究与进展[J]. 计算机科学，25(4)：11-13.
林珲，赖进贵，周成虎. 2010. 空间综合人文学与社会科学研究[M]. 北京：科学出版社.
林珲，张捷，杨萍，等. 2006. 空间综合人文学与社会科学研究进展[J]. 地球信息科学，8

(2): 30-37.
刘爱利, 王培法, 丁园圆. 2012. 地统计学概论[M]. 北京: 科学出版社.
刘大有, 胡鹤, 王生生, 等. 2004. 时空推理研究进展[J]. 软件学报, 15(8): 1141-1149.
刘美玲, 卢浩. 2016. GIS空间分析实验教程[J]. 北京: 科学出版社.
刘瑞民, 王学军. 2001. 湖泊水质参数空间优化估算的原理与方法[J]. 中国环境科学, 21(2): 177-179.
刘文宝. 1995. GIS空间数据的不确定性理论(博士学位论文)[D]. 武汉: 武汉测绘科技大学.
刘湘南, 黄方, 王平, 等. 2005. GIS空间分析原理与方法[M]. 北京: 科学出版社.
刘湘南, 黄方, 王平. 2008. GIS空间分析原理与方法[M]. 2版. 北京: 科学出版社.
刘湘南, 王平, 关丽, 等. 2017. GIS空间分析[M]. 3版. 北京: 科学出版社.
刘亚彬, 刘大有. 2000. 空间推理与地理信息系统综述[J]. 软件学报, 11(12): 1598-1506.
刘耀林. 2007. 从空间分析到空间决策的思考[J]. 武汉大学学报(信息科学版), 32(11): 1050-1055.
刘应明, 任平. 2000. 模糊性——精确性的另一半[M]. 北京: 清华大学出版社.
刘瑜, 2016. 社会感知视角下的若干人文地理学基本问题再思考[J]. 地理学报, 71(4): 564-575.
刘瑜, 姚欣, 龚咏喜, 等. 2020. 大数据时代的空间交互分析方法和应用再论[J]. 地理学报, 75(7): 1523-1538.
刘瑜, 郭浩, 李海峰, 等. 2022. 从地理规律到地理空间人工智能[M]. 测绘学报, 51(6): 1062-1069.
刘志坚, 陈思源, 欧名豪. 2007. GIS探索性空间数据分析方法及其在地价分布信息提取中的应用研究[J]. 安徽农业大学学报, 34(3): 415-419.
卢宾宾. 2018. R语言空间数据处理与分析实践教程[M]. 武汉: 武汉大学出版社.
卢宾宾, 葛咏, 秦昆, 等. 2020. 地理加权回归分析技术综述[J]. 武汉大学学报(信息科学版), 45(9): 1356-1366.
罗俊, 李凤翔. 2018. 计算社会科学视角下的数据观[J]. 吉首大学学报(社会科学版), 39(2): 17-25.
马荣华, 马晓冬, 蒲英霞. 2005. 从GIS数据库中挖掘空间关联规则研究[J]. 遥感学报, 9(6): 733-741.
孟鲁闽, 白建军. 1999. GIS应用管理模型研究[M]. 测绘通报, (8): 16-17.
名词委员会. 2007. 地理学名词[M]. 2版. 北京: 科学出版社.
牧童, 张会娜, 孙永华, 等. 2009. 基于GIS四川茂县儿童结核病探索性空间数据分析[J]. 中国妇幼保健, 24(20): 2798-2800.
慕洪涛, 李天成, 唐丙寅, 等. 2009. 基于GIS矿产资源评价中数据挖掘技术的构建[J]. 河南理工大学学报(自然科学版), 28(2): 190-193.
倪建立, 孟令奎, 王宇川, 等. 2004. 电力地理信息系统[M]. 北京: 中国电力出版社.
倪玲, 舒宁. 1997. 遥感图像理解专家系统中面向对象的知识表示[J]. 武汉测绘科技大学学报, 22(1): 32-34.

潘成忠, 上官周平. 2003. 土壤空间变异性研究评述[J]. 生态环境, 12(3): 371-375.

潘峰华, 赖志勇, 葛岳静. 社会网络分析方法在地缘政治领域的应用[J]. 经济地理, 2013, 33(7): 15-21.

潘红. 2008. 鲁梅尔哈特(Rumelhart)学习模式对课堂教学的启示[J]. 山东外语教学, (5): 74-77.

裴韬, 舒华, 郭思慧, 等. 2020. 地理流的空间模式: 概念与分类[J]. 地球信息科学学报, 22(1): 30-40.

裴韬, 杨明, 张讲社, 等. 2003. 地震空间活动性异常的多尺度表示及其对强震时空要素的指示作用[J]. 地震学报, 25(3): 280-290.

裴相斌, 赵冬至. 2000. 基于 GIS-SD 的大连湾水污染时空模拟与调控策略研究[J]. 遥感学报, 4(2): 118-124.

彭仪普, 刘文熙. 2002. 数字地球与三维空间数据模型研究[J]. 铁路航测, (4): 1-4.

秦彩云. 2011. 云模型用于特征加权及降维的算法[J]. 计算机系统应用, 20(6): 196-199.

秦承志, 裴韬, 周成虎, 等. 2003. 震级加权四指标 Blade 算法及在地震带识别中的应用[J]. 地震, 23(2): 59-69.

秦昆, 万幼川, 关泽群, 等. 2001. 江河流域水污染防治规划 GIS 系统研究[J]. 信息技术, (12): 25-28.

秦昆. 2004. 基于形式概念分析的图像数据挖掘研究[D]. 武汉: 武汉大学.

秦昆. 王新洲, 张鹏林, 等. 2005. 图像数据挖掘软件原型系统的设计与开发[J]. 测绘信息与工程, 30(6): 1-2.

秦昆, 李德毅, 许凯. 2006. 基于云模型的图像分割方法研究[J]. 测绘信息与工程, 31(5): 3-5.

秦昆, 2009. 智能空间信息处理[J]. 武汉: 武汉大学出版社.

秦昆, 孔令桥, 许凯. 2009. 智能空间信息处理课程体系研究[C]// 2009 中国地理信息产业论坛暨第二届教育论坛就业洽谈会论文集.

秦昆, 张成才, 余洁, 等. 2010. GIS 空间分析理论与方法[M]. 2 版. 武汉: 武汉大学出版社.

秦昆, 陈一祥, 甘顺子, 等. 2013. 高分辨率遥感影像空间结构特征建模方法综述[J]. 中国图象图形学报, 18(9): 1055-1064.

秦昆, 康朝贵. 2016. 计算社会科学的时空分析理论与方法[J]. 贵州师范大学学报(社会科学版), (6): 46-48.

秦昆, 周勍, 徐源泉, 等. 2017. 城市交通热点区域的空间交互网络分析[J]. 地理科学进展, 6(9): 149-1157.

秦昆, 王玉龙, 赵鹏祥, 等. 2018. 行为轨迹时空聚类与分析[J]. 自然杂志, 40(3): 177-182.

秦昆, 罗萍, 姚博睿. 2019. GDELT 数据网络化挖掘与国际关系分析[J]. 地球信息科学学报, 21(1): 14-24.

秦昆，林珲，胡迪，等. 2020. 空间综合人文学与社会科学研究综述［J］. 地球信息科学学报，22(5)：912-928.

秦昆，王其新，李爽，等. 2020. 计算社会学与社会地理计算的空间交互网络分析方法［J］. 社会学刊，(3)：64-67.

秦昆，许凯，吴涛，等. 2022. 智能空间信息处理与时空大数据分析探索［J］. 地理空间信息. 20(12)：1-11.

秦昆，喻雪松，周扬，等. 2022. 全球尺度地理多元流的网络化挖掘及关联分析研究［J］. 地球信息科学学报，24(10)：1911-1924.

沙宗尧，边馥苓. 2004. 基于面向对象知识表达的空间推理决策及其应用［J］. 遥感学报，8(2)：165-171.

沈清，汤霖. 1991. 模式识别导论［M］. 长沙：国防科技大学出版社.

史文中. 2005. 空间数据与空间分析不确定性原理［M］. 北京：科学出版社.

史舟，周越. 2021. 空间分析理论与实践［M］. 北京：科学出版社.

舒飞跃. 2007. 知识与规则驱动的国土资源空间数据整合方法研究［J］. 国土资源信息化，(3)：19-25.

舒红，陈军，杜道生，等. 1997. 时空拓扑关系定义及时态拓扑关系描述［J］. 测绘学报，26(4)：299-306.

舒红. 2007. 地理空间认知［C］//中国科协年会论文集.

舒晓灵，陈晶晶. 2017. 重新认识“数据驱动”及因果关系：知识发现图谱中的数据挖掘研究［J］. 中国社会科学评价，(3)：28-38，125.

宋人杰，史长东，崔卫丽. 2014. 复杂场景中多细节层次模型生成新算法［J］. 东北电力大学学报，34(3)：80-84.

苏方林. 2008. 中国省域 R&D 活动的探索性空间数据分析［J］. 广西师范大学学报(哲学社会科学版)，44(6)：52-56.

苏奋振，杜云艳，杨晓梅，等. 2004. 地学关联规则与时空推理应用［J］. 地球信息科学，6(4)：66-70.

苏奋振. 2001. 海洋渔业资源时空动态研究［D］. 北京：中国科学院地理研究所.

苏里，朱庆伟，陈宜金，等. 2007. 基于地理本体的空间数据库概念建模［J］. 计算机工程，33(12)：87-89.

苏世亮，李霖，翁敏. 2019. 空间数据分析［M］. 北京：科学出版社.

孙家抦. 2003. 遥感原理与应用［M］. 武汉：武汉大学出版社.

孙利谦，夏聪聪，李锐，等. 2016. 基于空间点模式分析全球高致病性禽流感 H5N1 的空间分布特征［J］. 中华疾病控制杂志，20(6)：555-558，563.

孙霞，吴自勤. 2002. 分形原理及其应用［M］. 合肥：中国科学技术大学出版社.

覃文忠，王建梅，刘妙龙. 2007. 混合地理加权回归模型算法研究［J］. 武汉大学学报(信息科学版)，(2)：115-119.

汤国安，赵牡丹. 2001. 地理信息系统［M］. 北京：科技出版社.

汤国安，杨昕. 2006. ArcGIS 地理信息系统空间分析实验教程［M］. 北京：科学出版社.

汤国安，赵牡丹，杨昕，等. 2017. 地理信息系统[M]. 2版. 北京：科学出版社.
唐泽胜. 1999. 三维数据场可视化[M]. 北京：清华大学出版社.
田永中，吴文戬，盛耀彬，等. 2018. GIS空间分析基础教程[M]. 北京：科学出版社.
万丽. 2006. 基于变异函数的空间异质性定量分析[J]. 统计与决策，(2)：26-27.
汪闽，周成虎，裴韬，等. 2002. 一种带控制节点的最小生成树聚类方法[J]. 中国图象图形学报，7(8)：765-770.
汪闽，周成虎，裴韬，等. 2003. 一种基于数学形态学尺度空间的线性条带挖掘方法[J]. 高技术通讯，13(10)：20-24.
汪小帆. 2006. 复杂网络理论及其应用[M]. 北京：清华大学出版社.
王继周，李成名，林宗坚. 2004. 城市三维数据获取技术发展探讨[J]. 测绘科学，29(4)：71-73.
王结臣，王豹，胡玮，等. 并行空间分析算法研究进展及评述[J]. 地理与地理信息科学，2011，27(6)：1-5.
王劲峰. 2006. 空间分析[M]. 北京：科学出版社.
王劲峰，廖一兰，刘鑫. 2010. 空间数据分析教程[M]. 北京：科学出版社.
王劲峰，李连发，葛咏，等. 2000. 地理信息空间分析的理论体系探讨[J]. 地理学报，55(1)：92-1032.
王劲峰，葛咏，李连发，等. 2014. 地理学时空数据分析方法[M]. 地理学报，69(9)：1326-1345.
王劲峰，廖一兰，刘鑫. 2019. 空间数据分析教程[M]. 2版. 北京：科学出版社.
王乃弋，李红. 2003. 音乐情感交流研究中的透镜模型[J]. 心理科学进展，11(5)：505-510.
王桥，吴纪桃. 1997. GIS中的应用模型及其管理研究[J]. 测绘学报，26(3)：280-283.
王仁铎，胡光道. 1998. 线性地质统计学[M]. 北京：地质出版社.
王瑞鸿. 2002. 人类行为与社会环境[M]. 上海：华东理工大学出版社.
王树良. 2002. 基于数据场和云模型的空间数据挖掘和知识发现[D]. 武汉：武汉大学.
王树良. 2008. 空间数据挖掘视角[D]. 北京：测绘出版社.
王腾，王艳东，赵晓明，等. 2018. 顾及道路网约束的商业设施空间点模式分析[J]. 武汉大学学报(信息科学版)，43(11)：1746-1752.
王喜，王大中，王萌. 2006. 地理信息技术发展的新方向——网格GIS初探[J]. 测绘与地理空间信息，29(4)：43-46.
王晓明，刘瑜，张晶. 2005. 地理空间认知综述[M]. 地理与地理信息科学，21(6)：1-10.
王晓雨，徐文婧，吴俊叶，等. 2020. 运用标点地图法寻找霍乱流行真相：约翰·斯诺[J]. 中华疾病控制杂志，24(12)：1475-1478.
王玉龙. 2018. 出租车轨迹数据的异常探测与分析[D]. 武汉：武汉大学.
王远飞，何洪林. 2007. 空间数据分析方法[M]. 北京：科学出版社.
王臻. 2008. 多分辨率LOD地形建模及简化技术研究[D]. 合肥：合肥工业大学.
王铮，吴兵. 2003. GridGIS——基于网格计算的地理信息系统[J]. 计算机工程，29(4)：38-40.

王政权. 1999. 地统计学及在生态学中的应用[M]. 北京: 科学出版社.
翁敏, 李霖, 苏世亮. 2019. 空间数据分析案例式实验教程[M]. 北京: 科学出版社.
邬伦, 刘瑜, 张晶, 等. 2001. 地理信息系统原理、方法和应用[M]. 北京: 科学出版社.
毋河海. 1997. 关于GIS缓冲区的建立问题[J]. 武汉测绘科技大学学报, 22(4): 358-365.
吴德华, 毛先成, 刘雨. 2005. 三维空间数据模型综述[M]. 测绘工程, 14(3): 70-78.
吴芳芳. 2011. 探索性数据分析在用于分类的遥感影像波段选择中的应用[D]. 武汉: 武汉大学.
吴瑞明, 王浣尘, 刘豹. 2002. 用于定性推理的智能化空间方法研究[J]. 系统工程与电子技术, 24(10): 56-59.
武鹏飞, 刘玉身, 谭毅, 等. 2019. GIS与BIM融合的研究进展与发展趋势[J]. 测绘与空间地理信息, 42(1): 1-6.
徐源泉. 2020. 基于轨迹数据的城市交通拥堵时空演化分析方法[D]. 武汉: 武汉大学.
许锋, 卢建刚, 孙优贤, 2003. 神经网络在图像处理中的应用[J]. 信息与控制, 32(4): 344-351.
玄海燕, 刘树群, 罗双华. 2007. 混合地理加权回归模型的两种估计[J]. 兰州理工大学学报, (3): 142-144.
闫浩文. 2003. 空间方向关系理论研究[M]. 成都: 成都地图出版社.
闫小勇. 2017. 空间交互网络研究进展[J]. 科技导报, 35(14): 15-22.
阎守邕. 1995. 我国GIS发展总体技术框架的探讨[J]. 地理信息世界, (3): 18-22.
阎守邕, 田青, 王世新, 等. 1996. 空间决策支持系统通用软件工具的试验研究[J]. 环境遥感, 11(1): 68-78.
阎守邕, 陈文伟. 2000. 空间决策支持系统开发平台及其应用实例[J]. 遥感学报, 4(3): 239-244.
杨驰. 2006. GIS空间分析建模构想[J]. 测绘通报, (11): 22-25.
杨丽, 徐扬. 2009. 基于概念格的语言真值不确定性推理[J]. 计算机应用研究, 26(2): 553-554.
杨玉莲. 2018. 空间分析与建模实验教程[M]. 武汉: 华中科技大学出版社.
姚国正, 汪云九. 1984. D. Marr及其视觉计算理论[J]. 机器人, (6): 55-57.
于松梅, 杨丽珠. 2003. 米契尔认知情感的个性系统理论述评[J]. 心理科学进展, 11(2): 197-201.
袁德宝, 闫瑜, 王炳灵. 2019. IndoorGML室内空间模型描述[J]. 测绘通报, (2): 76-79, 85.
袁德阳, 聂娟, 邓磊, 等. 2012. 基于元数据的多源遥感影像数据库集成技术研究与实现[J]. 测绘科学, 37(3): 151-155.
张宝一, 龚平, 王丽芳. 2006. 基于MAPGIS的概率性地震危险性分析[J]. 地球科学(中国地质大学学报), 31(5): 709-714.
张本昀, 朱俊阁, 王家耀. 2007. 基于地图的地理空间认知过程研究[J]. 河南大学学报, 37(5): 486-491.

张兵，2018. 遥感大数据时代与智能信息提取[J]. 武汉大学学报(信息科学版)，43(12)：1861-1871.

张成才，秦昆，卢艳，等. 2004. GIS 空间分析理论与方法[M]. 武汉：武汉大学出版社.

张鹏，赵动员，梅蕾. 2020. 移动社交网络信息传播研究述评与展望[J]. 情报科学，38(2)：170-176.

张人友，王珺. 2012. BIM 的内涵[J]. 工业建筑，42(S1)：34-36，43.

张仁铎. 2006. 空间变异理论及应用[M]. 北京：科学出版社.

张欣. 2015. 多层复杂网络理论研究进展：概念、理论和数据[J]. 复杂系统与复杂性科学，12(2)：103-107.

张新长，曾广鸿，张青年. 2006. 城市地理信息系统[M]. 北京：科学出版社.

张馨之，龙志和. 2006. 中国区域经济发展水平的探索性空间数据分析[J]. 宁夏大学学报(人文社会科学版)，28(6)：106-109.

张学良. 2007. 探索性空间数据分析模型研究[J]. 当代经济管理，29(2)：26-29.

张晔. 2020. 基于多源数据的城市功能区提取与分析[D]. 武汉：武汉大学.

张寅宝，张威巍，张欣. 2014. 建筑物室内空间建模研究综述[J]. 地理信息世界，21(5)：7-12.

张永生，张振超，董晓冲，等. 地理空间智能研究进展和面临的若干挑战[J]. 测绘学报，2021，50(9)：1137-1146.

张志杰，彭文祥，周艺彪，等. 2007. 基于空间点模式分析的急性血吸虫病流行特征探讨[J]. 中华流行病学杂志，28(12)：1242-1243.

张治. 2004. DSS 模型库管理系统设计[J]. 河南科技大学学报(自然科学版)，25(5)：38-42.

张治国. 2007. 生态学空间分析原理与技术[M]. 北京：科学出版社.

章毓晋. 2000. 图像理解与计算机视觉[M]. 北京：清华大学出版社.

赵金萍，王家同，邵永聪，等. 2006. 飞行人员心理旋转能力测验的练习效应[J]. 第四军医大学学报，27(4)：341-343.

赵霈生，杨崇俊. 2000. 空间数据仓库的技术与实践[J]. 遥感学报，4(2)：157-160.

赵鹏大. 2004. 定量地学方法及应用[M]. 北京：高等教育出版社.

赵鹏祥. 2015. 基于轨迹聚类的城市热点区域提取与分析方法研究[D]. 武汉：武汉大学.

赵晓妮，游旭群. 2007. 场认知方式对心理旋转影响的实验研究[J]. 应用心理学，13(4)：334-340.

赵源煜. 2012. 中国建筑业 BIM 发展的阻碍因素及对策方案研究[D]. 北京：清华大学.

郑伟皓，周星宇，李红梅，等. 2020. 基于 GIS 空间分析及深度学习的调车场安全识别系统[J]. 安全与环境学报，20(2)：423-432.

郑文锋，李晓璐，顾行发，等. 2015. 基于空间点模式分析的地震空间分布集中趋势特性[J]. 电子科技大学学报，44(4)：557-562.

郑新奇，吕利娜. 2018. 地统计学(现代空间统计学)[M]. 北京：科学出版社.

郑兆苾，黄晓岗，沈小七，等. 2001. 应用 GIS 提高地震分析预报能力[J]. 地震学刊，21

(3): 14-18.
郑肇葆, 2000. 图像分析的马尔柯夫随机场方法[M]. 武汉: 武汉测绘科技大学出版社.
郑肇葆, 2001. 马儿可夫随机场理论在航空影像中的应用[M]. 北京: 测绘科技出版社.
周成虎, 万庆, 黄诗峰, 等. 2000. 基于GIS的洪水灾害风险区划研究[J]. 地理学报, 55(1): 15-24.
周成虎, 裴韬. 2011. 地理信息系统空间分析原理[J]. 北京: 科学出版社.
周成虎, 裴韬, 杜云艳, 等. 2020. 新冠肺炎疫情大数据分析与区域防控政策建议[J]. 中国科学院院刊, 35(2): 200-203.
周勍. 2017. 基于时空数据场与复杂网络的城市热点提取及动态演化分析[D]. 武汉: 武汉大学.
朱阿兴, 闾国年, 周成虎, 等. 2020. 地理相似性: 地理学的第三定律? [J]. 地球信息科学, 22(4): 673-679.
朱福喜, 汤怡群, 傅建明. 2002. 人工智能原理[M]. 武汉: 武汉大学出版社.
朱良峰, 殷坤龙, 张梁, 等. 2002. 基于GIS技术的地质灾害风险分析系统研究[J]. 工程地质学报, 10(4): 428-433.
朱庆. 2014. 三维GIS及其在智慧城市中的应用[J]. 地球信息科学学报, 2014, 16(2): 151-157.
朱晓华, 王建. 1999. 分形理论在地理学中的应用现状和前景展望[J]. 大自然探索, 18(3): 42-46.
朱长青, 史文中. 2006. 空间分析建模与原理[M]. 北京: 科学出版社.

附录(彩图)

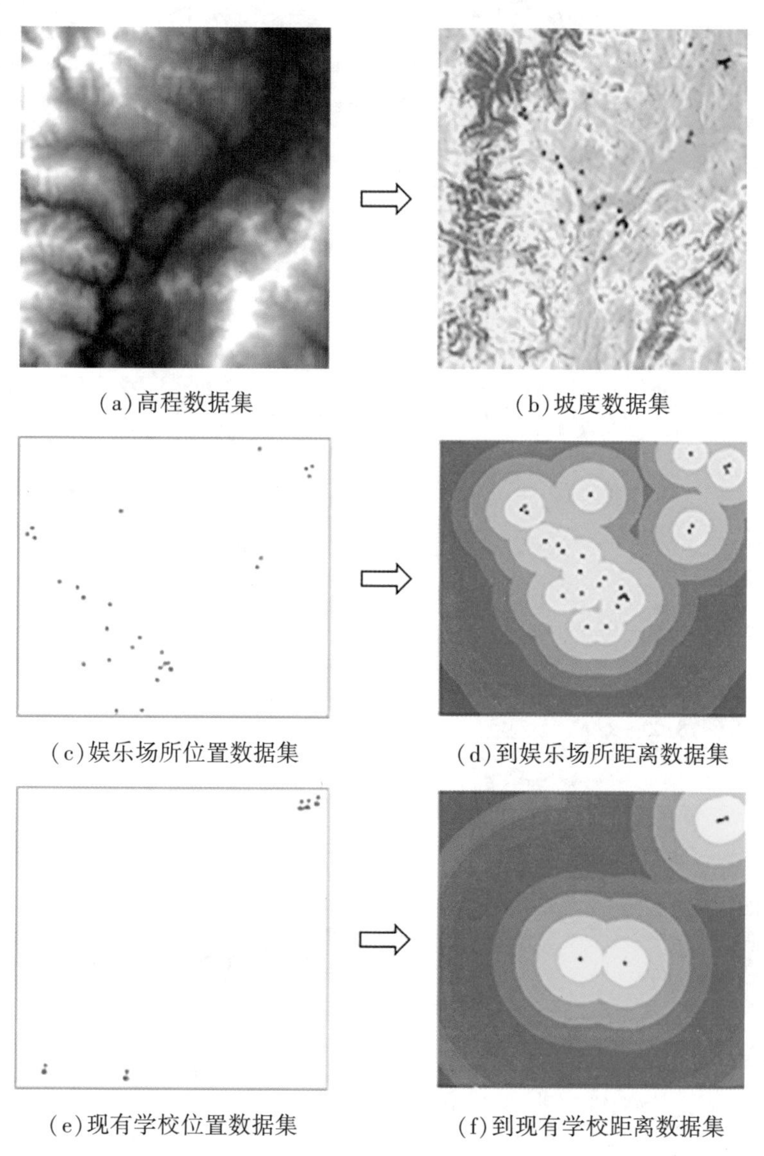

(a)高程数据集　(b)坡度数据集

(c)娱乐场所位置数据集　(d)到娱乐场所距离数据集

(e)现有学校位置数据集　(f)到现有学校距离数据集

图 3.12　派生数据集

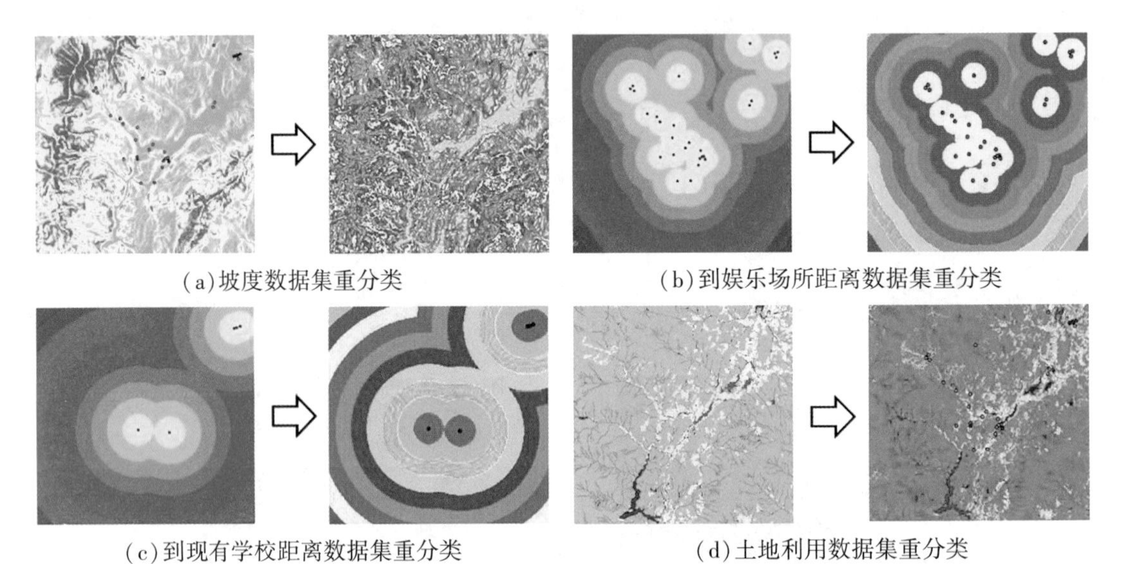

(a)坡度数据集重分类　　(b)到娱乐场所距离数据集重分类

(c)到现有学校距离数据集重分类　　(d)土地利用数据集重分类

图 3.13　数据集重分类

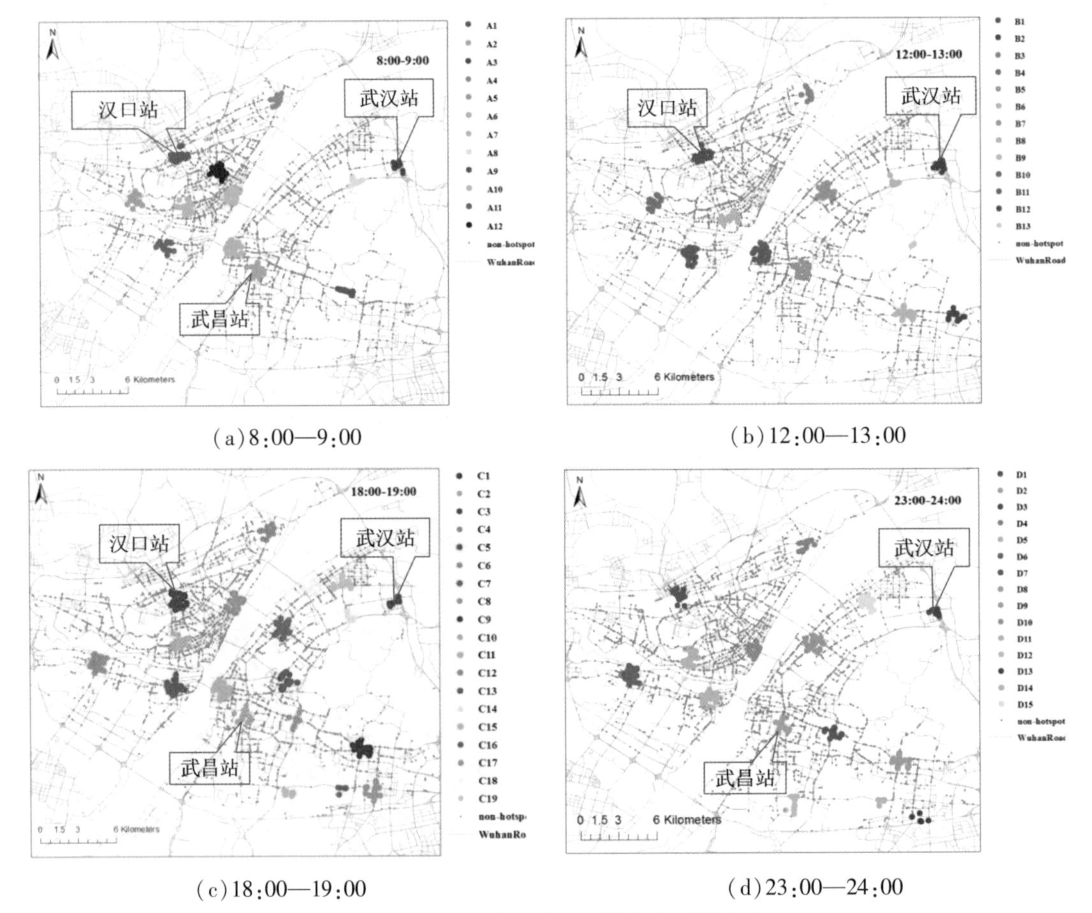

(a)8:00—9:00　　(b)12:00—13:00

(c)18:00—19:00　　(d)23:00—24:00

图 4.41　五一节假日期间的热点区域分布

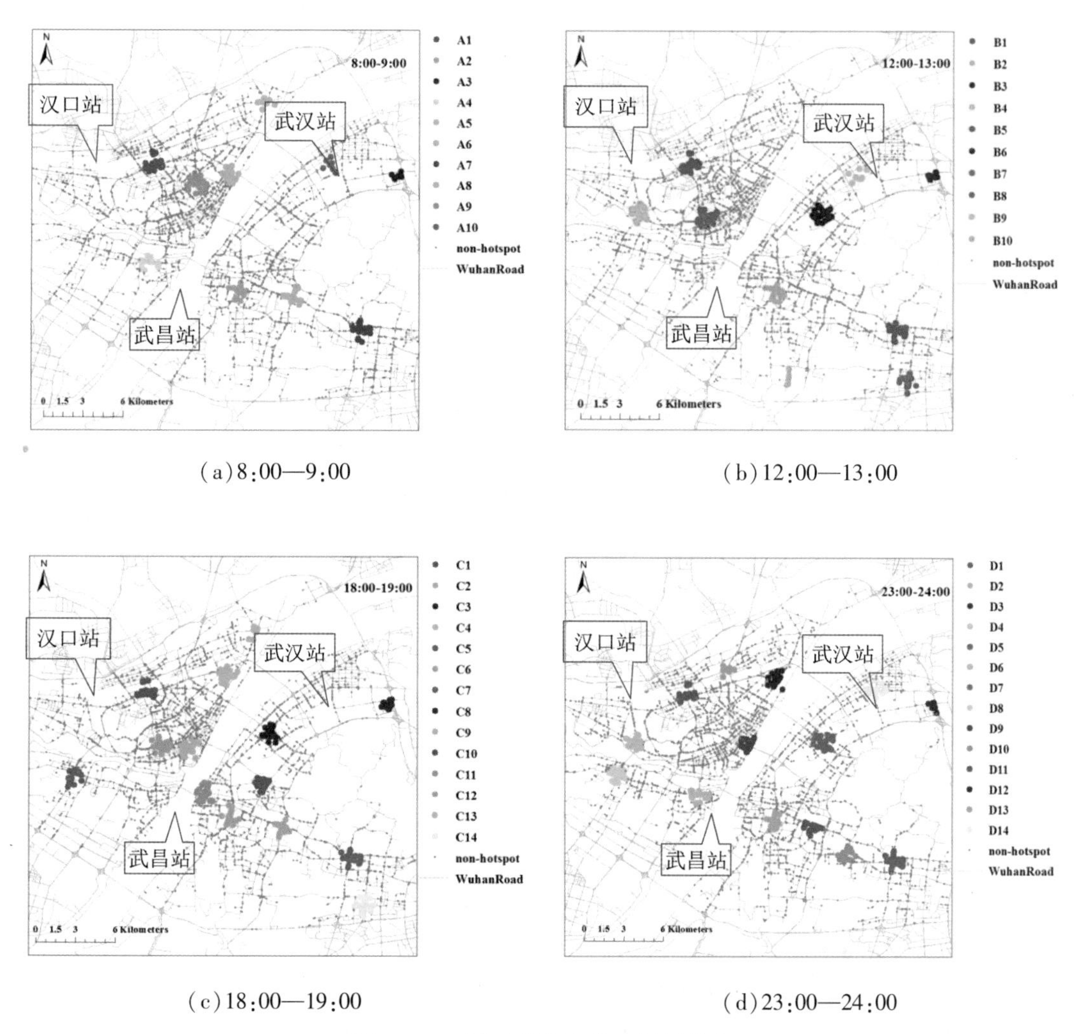

(a)8:00—9:00　　(b)12:00—13:00

(c)18:00—19:00　　(d)23:00—24:00

图 4.43　工作日期间的热点区域分布

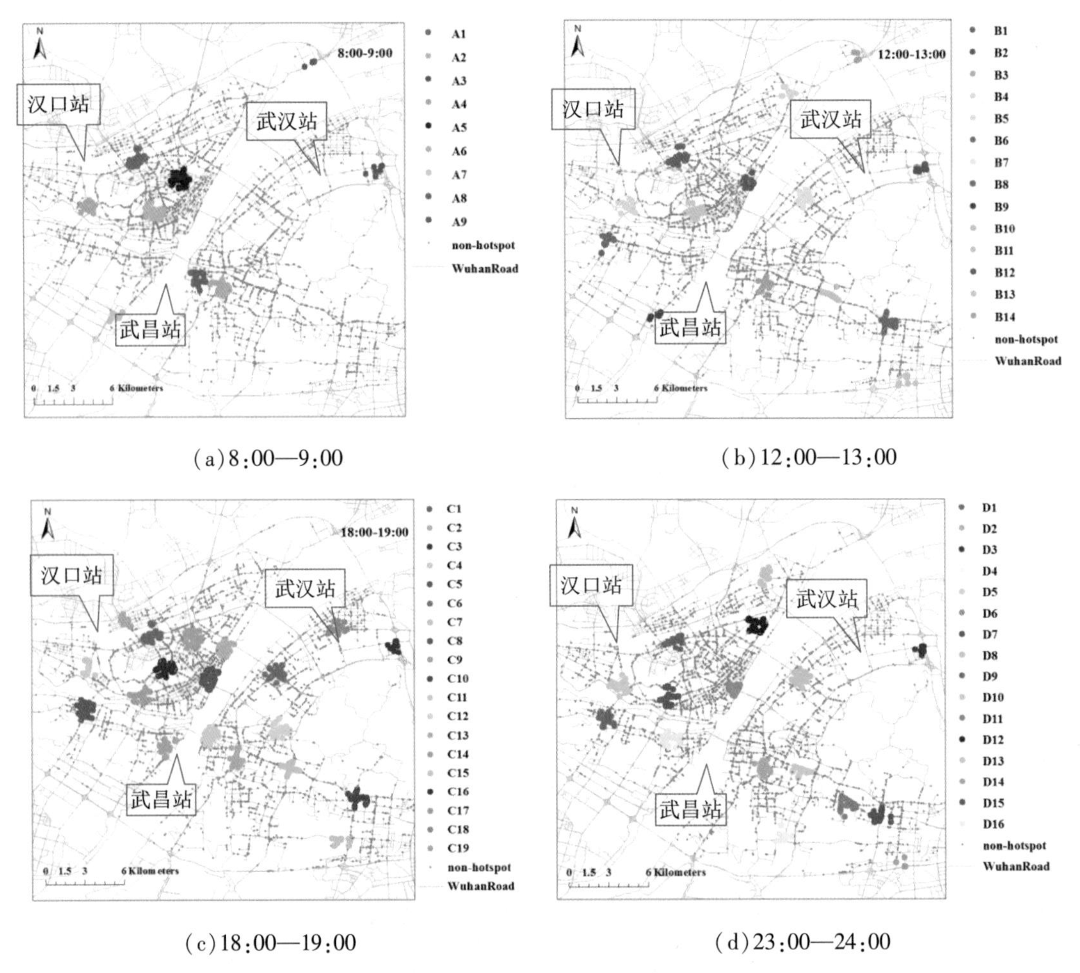

(a)8:00—9:00　(b)12:00—13:00

(c)18:00—19:00　(d)23:00—24:00

图 4.44　周末期间的热点区域分布

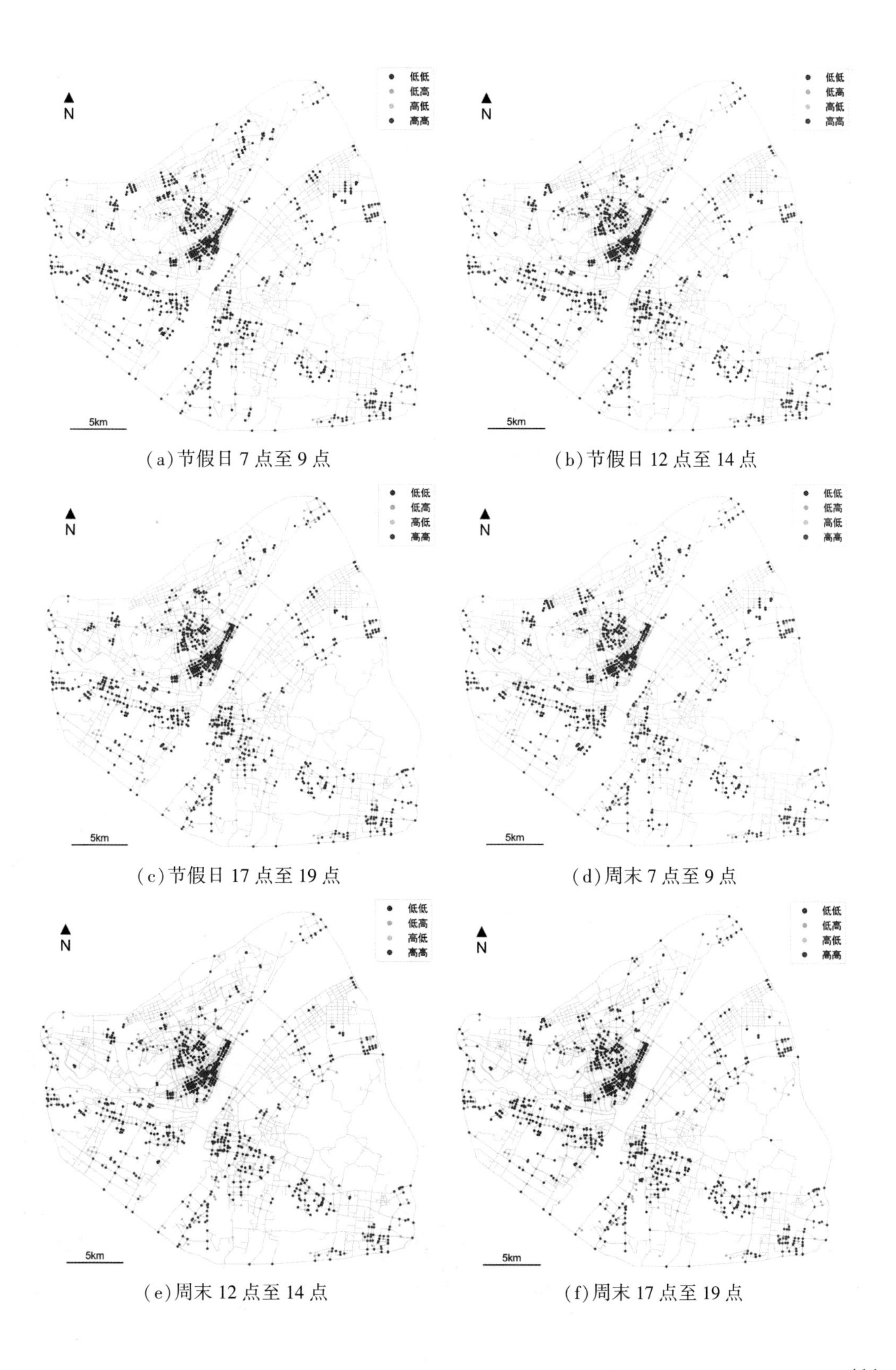

(a)节假日 7 点至 9 点

(b)节假日 12 点至 14 点

(c)节假日 17 点至 19 点

(d)周末 7 点至 9 点

(e)周末 12 点至 14 点

(f)周末 17 点至 19 点

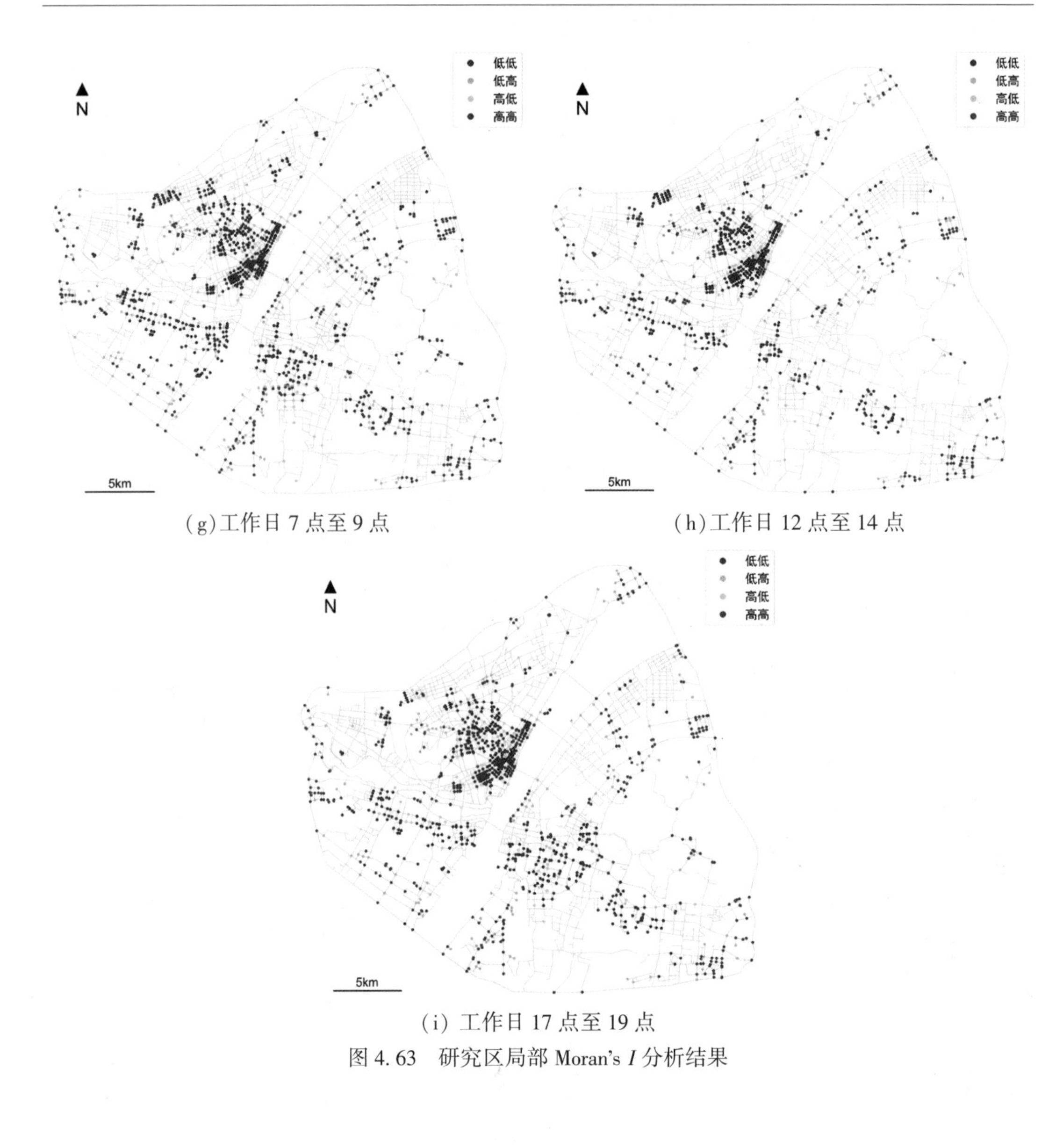

(g)工作日 7 点至 9 点

(h)工作日 12 点至 14 点

(i) 工作日 17 点至 19 点

图 4.63 研究区局部 Moran's I 分析结果

v_i

图 5.10 网络中节点 v_i 度以及网络度分布计算示例

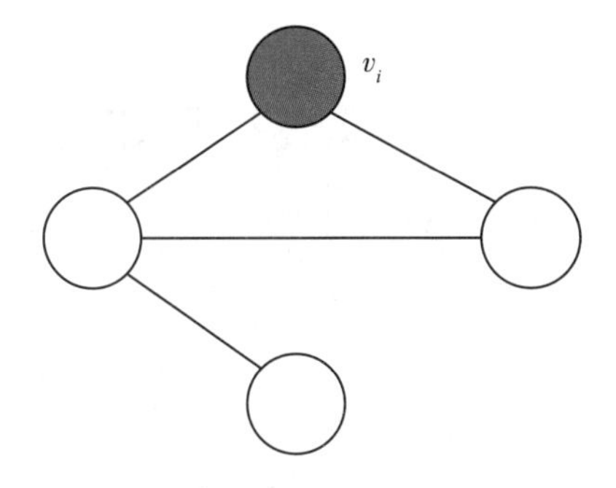

图 5.11　网络中节点v_i 聚类系数计算实例

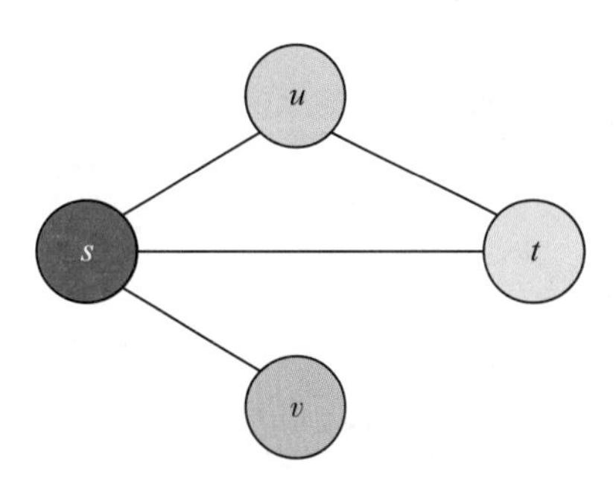

图 5.12　网络的平均路径长度计算示例

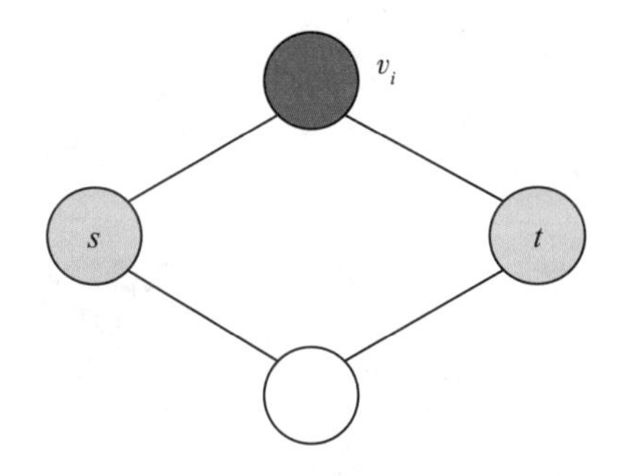

图 5.13　网络中节点v_i 的介数计算示例

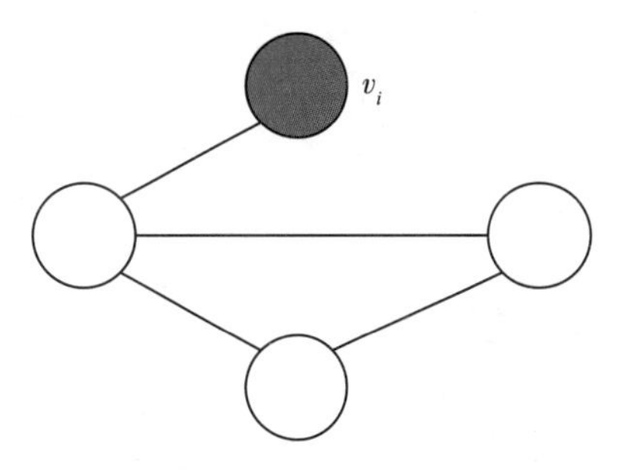

图 5.14　网络中节点v_i 紧密度计算示例

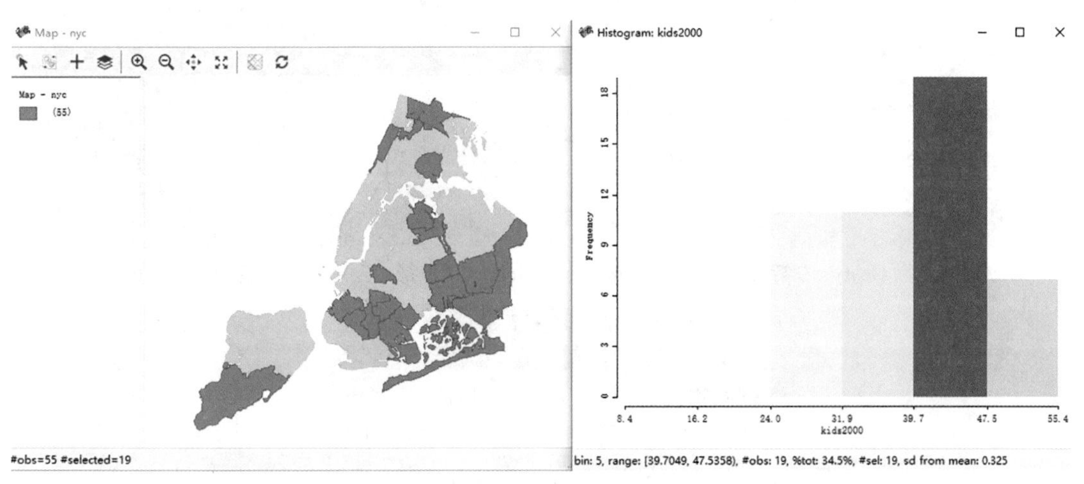

图 7.15　探索性空间数据分析示例

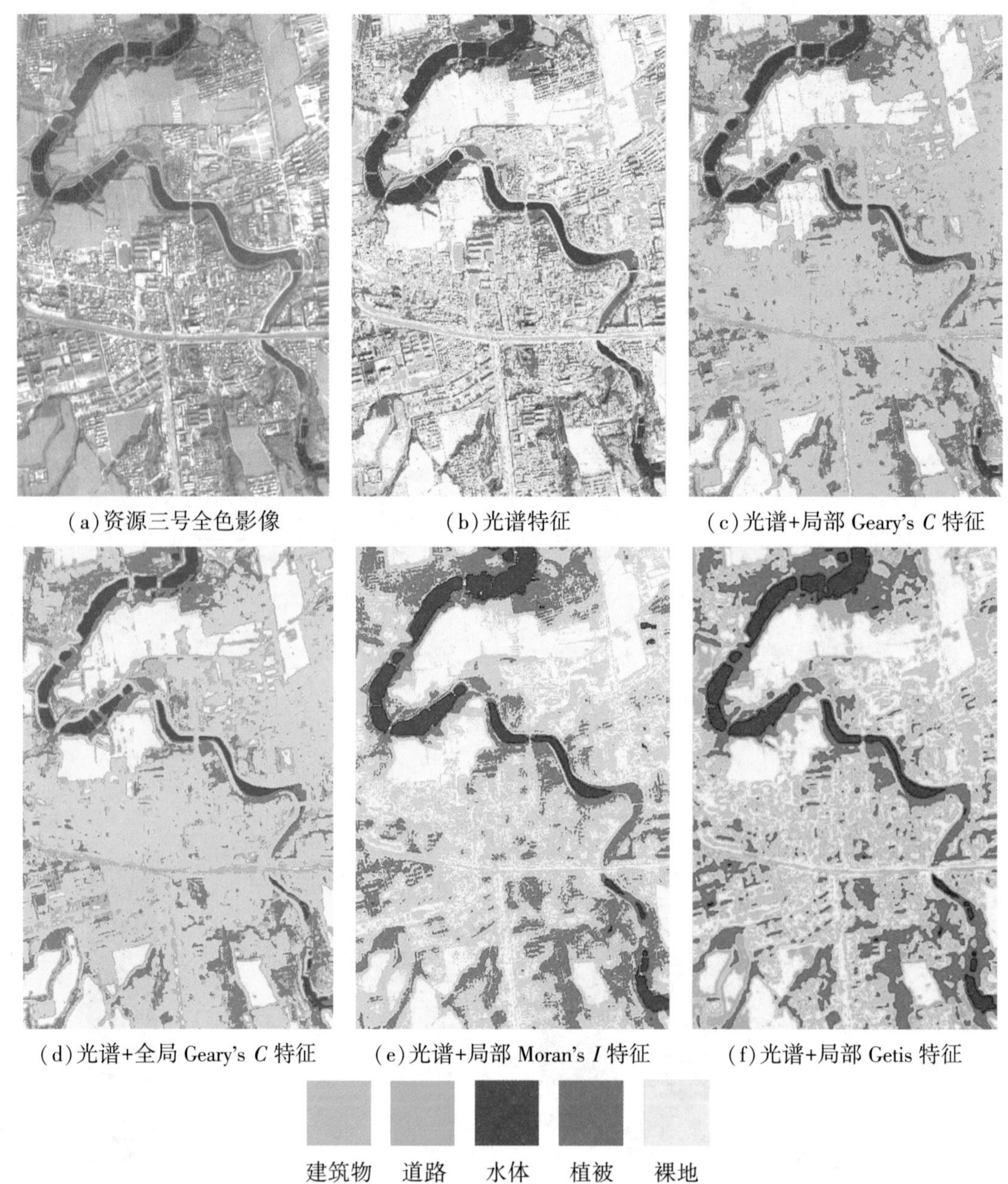

(a)资源三号全色影像　(b)光谱特征　(c)光谱+局部 Geary's C 特征

(d)光谱+全局 Geary's C 特征　(e)光谱+局部 Moran's I 特征　(f)光谱+局部 Getis 特征

图 8.5　使用不同特征的资源三号影像分类图

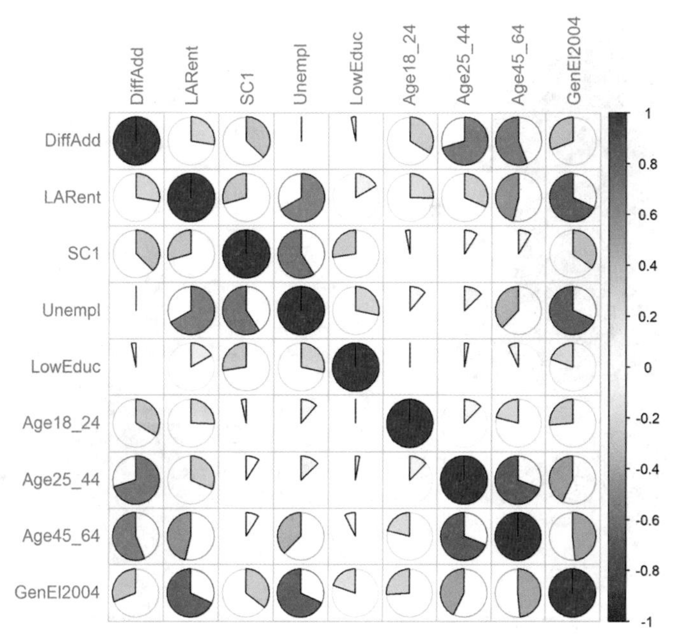

图 11.7 案例数据属性变量相关关系图

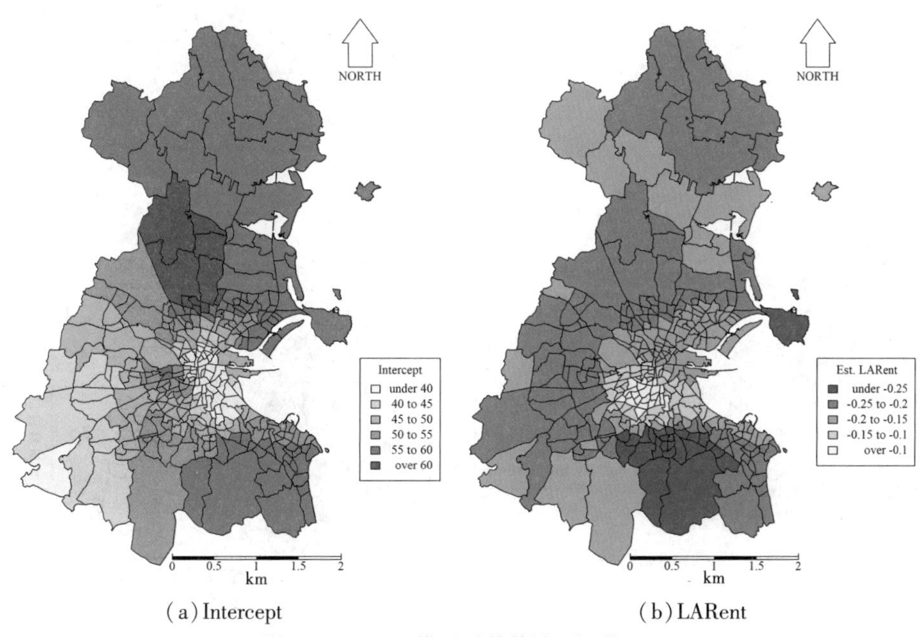

(a) Intercept (b) LARent

图 11.8 GWR 模型系数估计可视化(1)

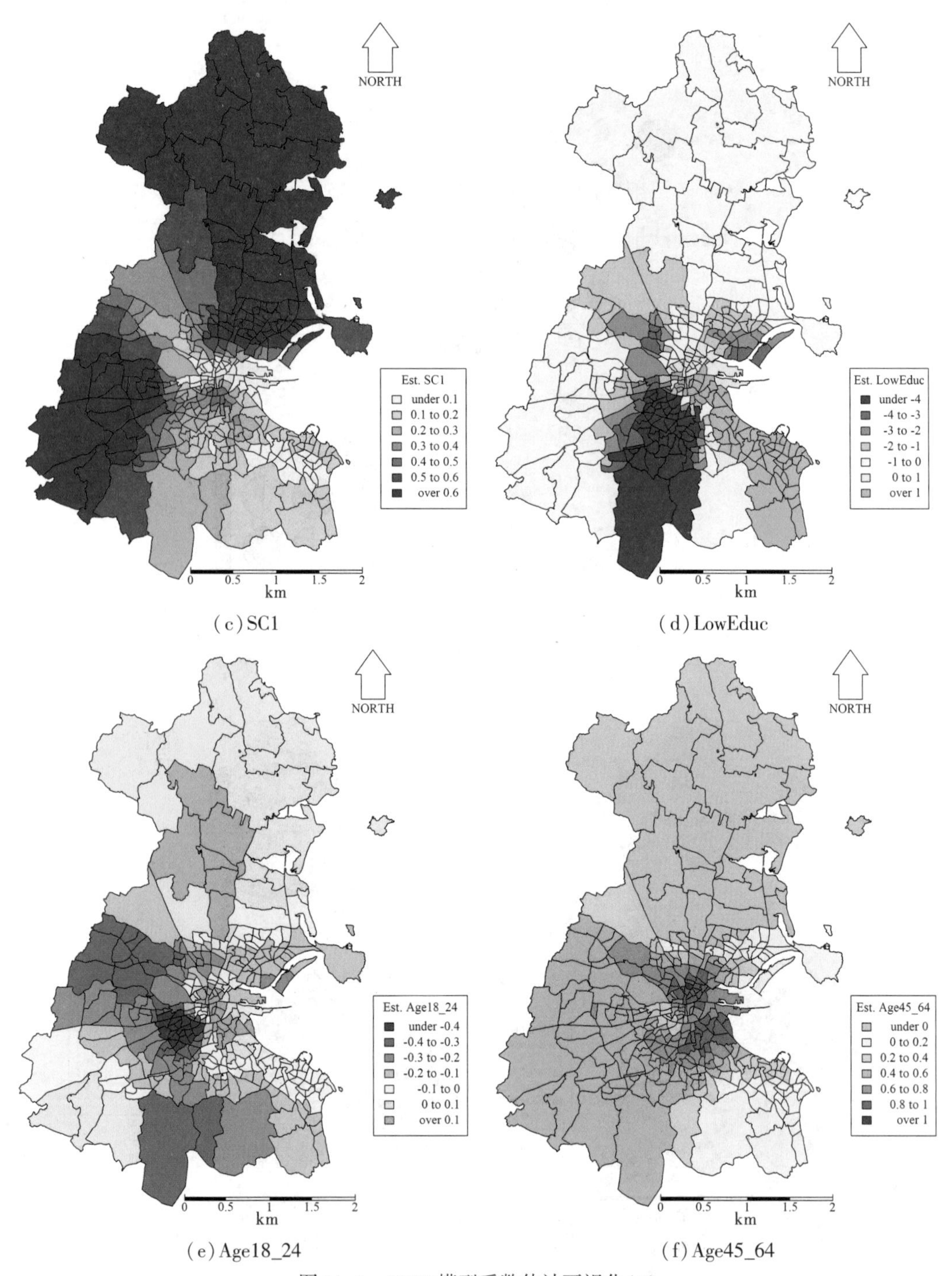

(c) SC1

(d) LowEduc

(e) Age18_24

(f) Age45_64

图 11.8 GWR 模型系数估计可视化(2)

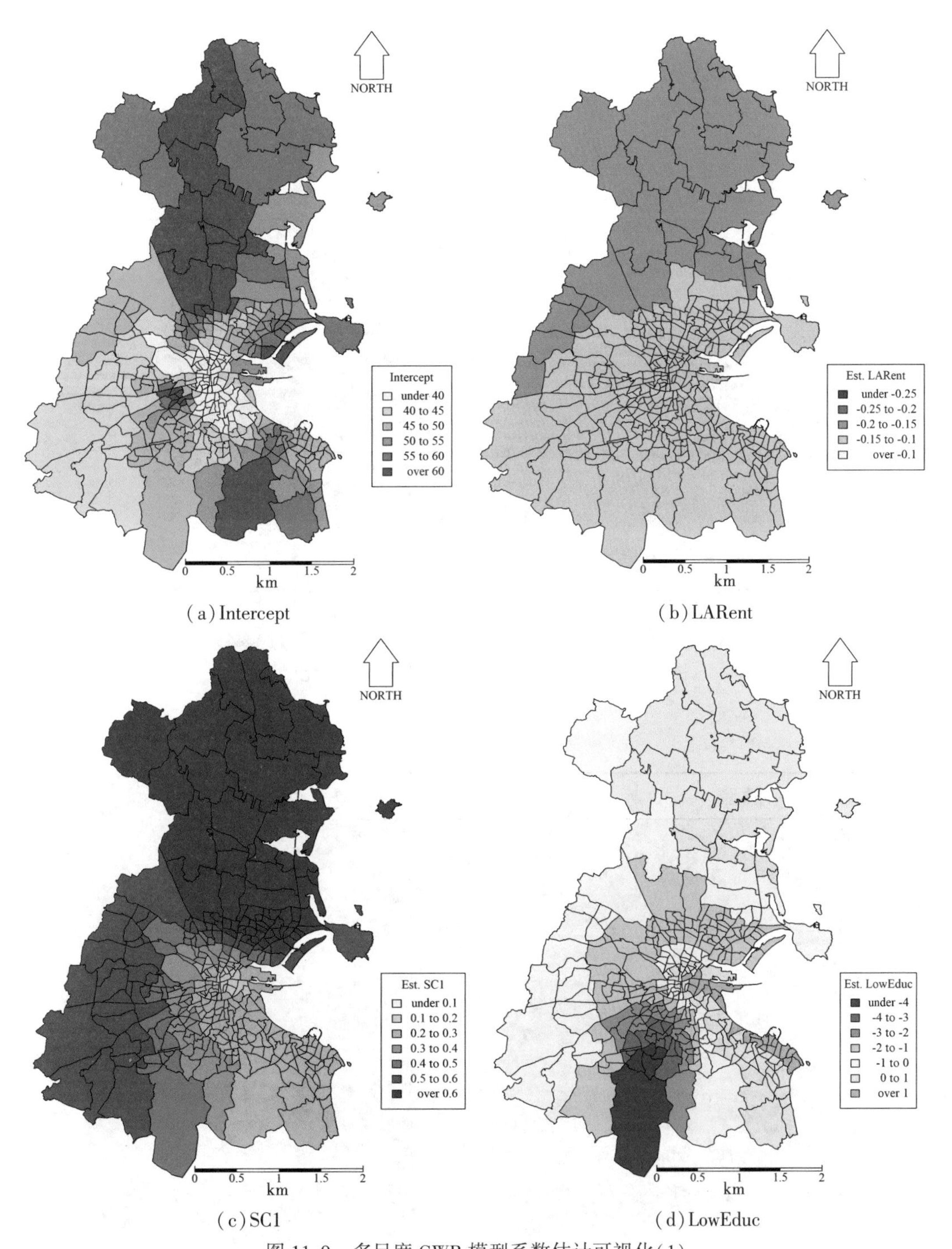

(a) Intercept (b) LARent

(c) SC1 (d) LowEduc

图 11.9 多尺度 GWR 模型系数估计可视化(1)

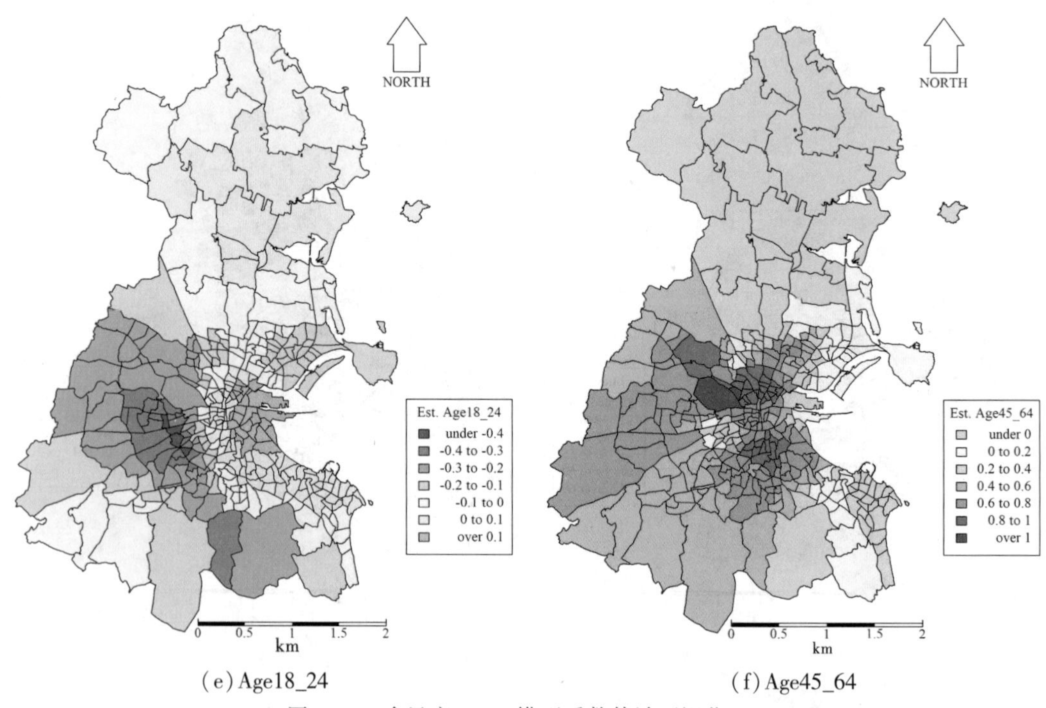

(e) Age18_24　　(f) Age45_64

图 11.9　多尺度 GWR 模型系数估计可视化(2)

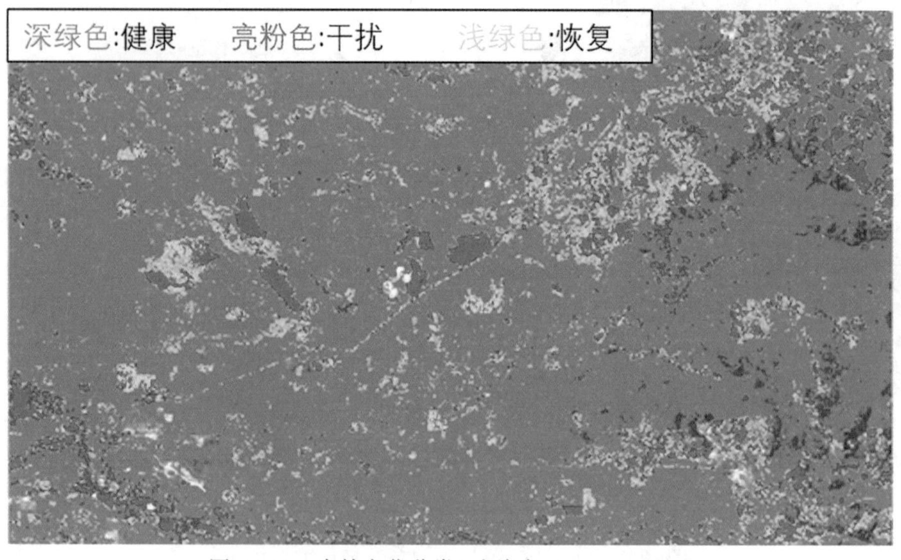

图 12.10　森林变化分类(改编自 Learn ArcGIS)

图 12.12　棕榈树健康状况评估(改编自 Learn ArcGIS)

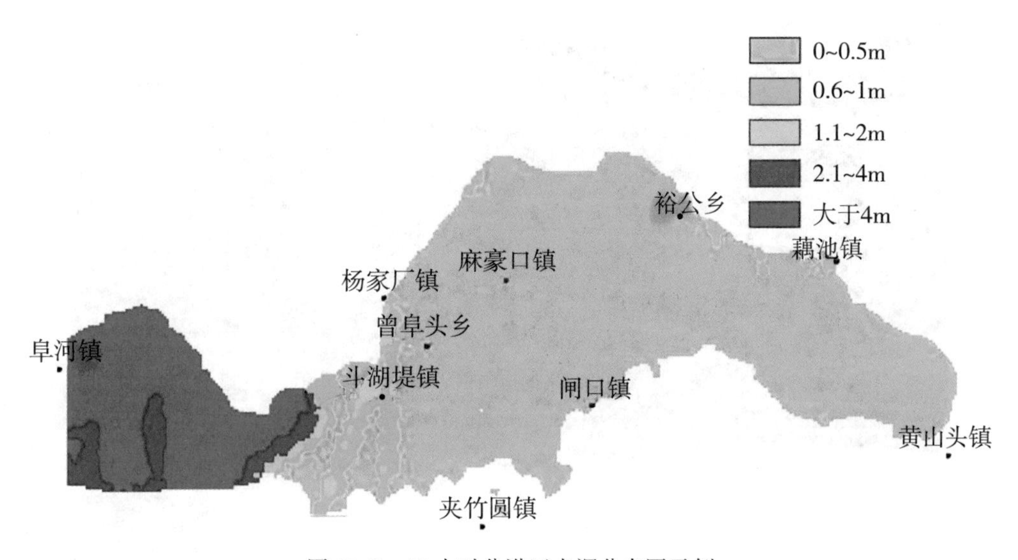

图 13.8　40 小时分洪区水深分布图示例

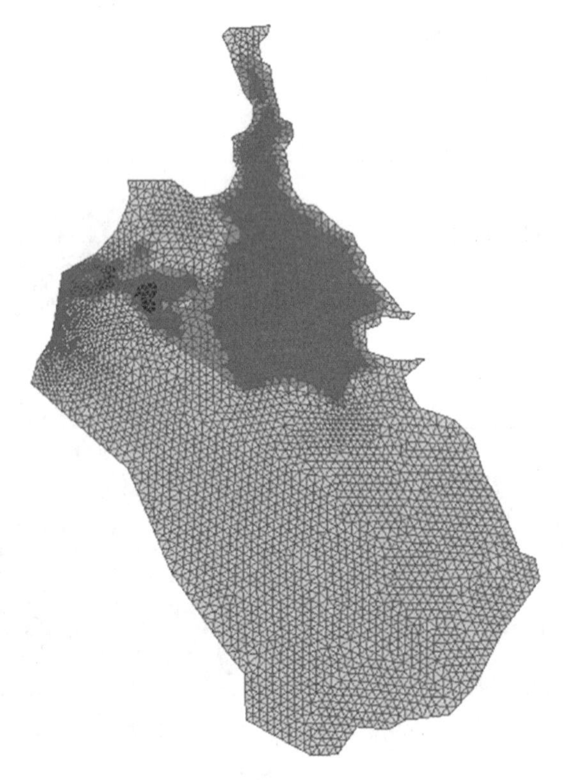

(a)某时刻东平湖洪水淹没范围二维图

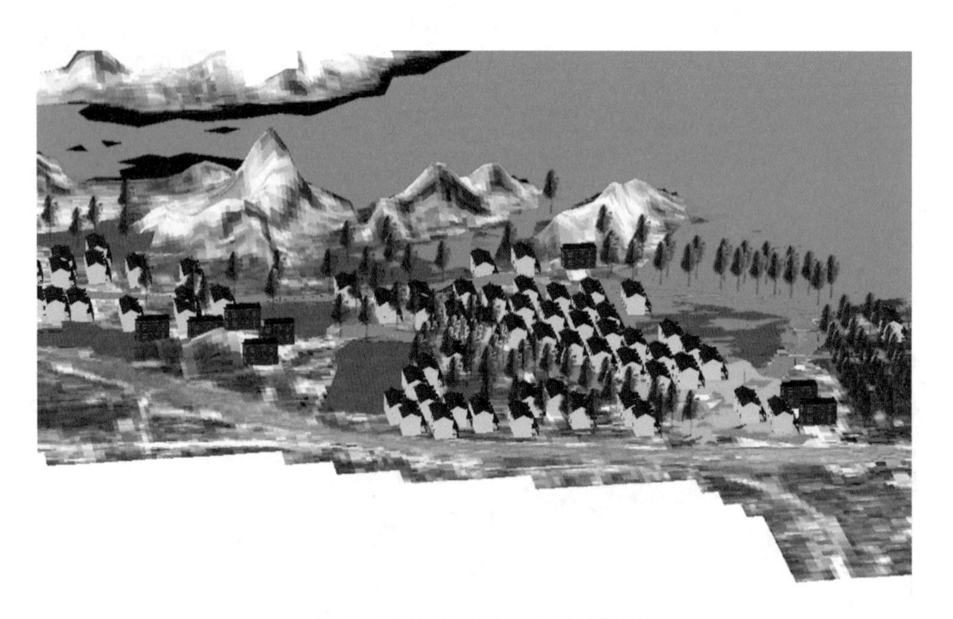

(b)某时刻东平湖洪水淹没三维图

图 13.9　基于 ArcGIS 显示淹没场景